U0142156

實用乾燥技術

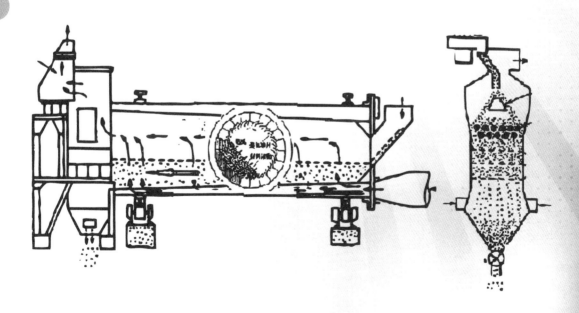

呂維明、朱曉萍 編著

五南圖書出版公司 印行

序

「乾燥」是個古老又普遍的單元操作之一，從穴居時代的晒衣及火烤魚獲等，至今日的農業、食品、中藥製劑、製紙、礦冶、石化工業、陶磁、木材，甚至電子工業光碟的生產上等眾多行業裡扮演極重要的角色。由於含溼材料在形態及物性上的各有所異，再加上裝置機制及構造的千變萬化，讓「乾燥」成了常用卻不易了解，也不容易用數學和輸送現象的理論來解析的單元操作之一，因此，乾燥至今仍屬於技藝、科學及經驗等共構的科技。有關「乾燥」操作的描述及探討，雖有一些著名學者為此著書，但因層次頗深且複雜，對從不曾接觸過「乾燥」的現場技術人員實無法在短時間內了解。為解決此困難，在日本等外國就有專家為現場技術者進行評估建議，有時會用乾燥技術入門書來幫忙經驗較淺的現場技術員。在國內，臺大農學院生物產業機電工程系馮丁樹教授很用心在乾燥穀物和食品等留下很多好教材，但因缺少該領域的專家及專業書籍，幾無繁體中文的乾燥成書供國內現場技術員參考。有鑑於此，筆者不顧才疏識淺，憑藉早年曾設計過多段懸浮床乾燥機，再加上多年來對乾燥的偏愛，也研讀了不少乾燥相關書籍、資料等，於是發心編寫此乾燥技術入門書，祈此書能提供在國內的第一線技術同仁能在短時間內了解乾燥相關的基礎知識，應用於選擇、概估及設計所需的乾燥設備或合理改善既有的乾燥裝置的操作的參考。

全書共 23 章，可分六部分。第 1 部分，第 1 章至第 5 章，涵蓋簡介和乾燥有密切關係的溼度以及乾燥用詞、基礎知識等，如什麼是乾燥？為什麼會乾？乾燥的過程、機制？如何在溼材料中注入熱能乾燥？這部分對略通乾燥的技術人員也有相當助益。

在第 2 部分，第 6 章至第 7 章，簡介各式各樣的乾燥方法及乾燥器的分類，第 8 章藉材料靜置為例，解說乾燥器的基本設計方法。第 3 部分，第 9 章至第 19 章，共十一章，包含具代表性乾燥器的概要、特性、基本理論、設計方法及適用性，並用實例介紹常見的乾燥裝置，讓當事人可依自己處理的材料找出合適的機種與操作條件。

第 4 部分，第 20 章，全章討論乾燥裝置系統的熱效率，解析不同操作方式熱效率高低的現象，並舉例解說如何提升乾燥操作系統的熱率進而達成省能的目標。第 21 章則用全章詳介乾燥裝置必備的熱源、熱交換器、流體體輸送機及供料器等輔助設備。

　　第 5 部分，第 22 章，分別解說乾燥操作常遇到的塵爆、靜電、火災等災害的原因現象，並介紹防止對策，在此章後半則詳解防塵及噪音汙染的現象和防止對策。

　　最後第 6 部分，蒐集在乾燥操作中常出現的問題，舉例說明發生的原因及解決困擾的對策。

　　編撰此書筆者首先得感謝 1957 年大學剛畢業時，在工作上受命改善既有的滾筒迴轉乾燥機及另設計新乾燥器以應倍增產量時，承蒙京都大學桐榮良三教授親切地惠寄他們剛研究完成以多段多孔板式流體化床烤小麥機的報告和指教，和臺大化工系陳成慶教授多方指教，讓一個剛大學畢業的筆者能經設計、試驗、改善，完成多段多孔板式流體化床乾燥 MSG 的新乾燥裝置，加入現場生產，亦從此與乾燥結了緣。撰此書過程亦借重了不少有關之乾燥相關的入門書籍，如：桐榮良三，乾燥裝置、乾燥裝置マニュル；亀井三郎，新版化學機械の理論と計算；國井大藏所編著的，熱的單位操作 Vol, II、乾燥技術ハンドブック；中村正秋、立元雄治，初步から學ぶ乾燥技術；田門 肇，乾燥技術入門；高橋敢一，Ch14，乾燥裝置、化學裝置ハンドブック與此領域諸先進所發表之論文或著書。沒有前人們精闢的貢獻，筆者也難以完成編撰，在此特別再對諸位先進之貢獻表示由衷的感謝和敬佩。另外，筆者也藉此感謝摯友日本東工大小川浩平教授費心地從日本古書店購贈國井大藏教授所編，已絕版的《乾燥技術便覽》一書的厚誼。

　　完成此稿之際，筆者擔心找不著有意願出版的書商，倖有五南圖書公司仗義允印這本乾燥的入門書。在此筆者對五南出版公司對國內科技圖書的支持與愛心深表敬佩與萬分的感謝。編者也藉此機會對臺大化工系多年來在工作上賦予已退休多年的筆者照顧與支持深表衷心的感謝。

編撰者

呂維明 謹識

目錄

第七章　選擇乾燥裝置流程與需檢討事項　133

第十三章　氣流乾燥器　357

第十四章　噴霧乾燥機　381

第二十一章　熱源與輔助設備　　　　　　　　　565

第一章　緒章

人類早在穴居時代就知道利用太陽熱在晒乾魚獲或穀物來久存食物，也利用陽光的熱能來去除洗濯捏乾後留存在衣裳的水分，這時蒸發的水蒸氣就被風（流動的空氣）吹走。像這樣注入熱能以蒸發方式去除固體（或固粒）裡，或濃縮液中的水分，獲得低含水率產品的操作就是一般人所知的**乾燥操作**（drying），隨著人類學會利用火，就更進一步把周遭的草木用天日晒乾後做燃料，來烘乾穀物來保存，或在調製草藥藥材等，圖 1-1 揭示三種古人利用天日晒乾食物之例。

(a) 上古晒乾漁獲

(b) 上古晒乾獸肉

(c) 利用廟埕天日晒水稻

圖 1-1　古人天日晒乾食物圖

1.1 乾燥的定義

廣義的**乾燥**是指從物質去除水分（或溶劑）的操作，但這麼說，連沉降濃縮、過濾、壓榨或蒸發等**固液分離**和**濃縮操作**都可屬於乾燥了，因此，在化學工程裡的「**乾燥**」一詞就狹義很多，只指如圖 1-2 所示，利用對流或傳導或輻射熱傳注入熱能於被乾燥物再經由**蒸發**或**昇華**方式從溼潤物質去除相對少量的水分（或溶媒），讓它轉成低含水（液）率（或全乾）的乾燥產品的操作稱謂**乾燥**。因此，乾燥操作常被安排在整個製造程序的最後階段，完成乾燥就逕送至包裝成商品或儲存。一般而言，應用過濾、沉降、壓榨等利用機械手法分離去除水分所耗的能源比乾燥利用熱能去除水分的省能很多，只是平常這些機械脫水只能將其含液率降到 20～40%，如目前家庭的洗衣機水洗洗好後的溼衣服都會借助離心脫水將其含水率只能降到

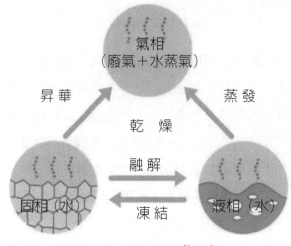

圖 1-2 乾燥操作[Tamon]

15～20%，需再用熱風乾燥烘乾就是這個緣故。但如想藉乾燥來保存食品，就得把其含水率降到 5% 以下才可有效避免食材的酸敗，如要更低的含液率（如 0.5%）就不得不借助乾燥操作來達才可。乾燥不像蒸發處理的對象只限於溶液，其要處理的對象溼潤時的材料物性，形態的多樣，包括木板、粉粒狀（particulates）、糊泥狀（pastes）、液狀（liquid）、薄片狀（flake）、長薄片（sheet），至如陶器成形固體狀，或未乾塗膜等多類，故要乾燥這些材料的乾燥方法及乾燥裝置機型也是千變萬化，圖 1-3，表 1-1 舉例列示乾燥操作依被乾燥的溼潤材料的物性，形態的多樣性及可選用的各種乾燥裝置的機型例供參考。

| 泥漿 | 糊狀漿 | 短片 | 粉末 |
| 濃縮液 | 顆粒 | 塊狀堆 | 結晶 |

成型胚　　　薄長料　　　塗膜體　　　木材

茶葉　　　水果乾　　　中藥　　　咖啡豆

圖 1-3　不同形態，不同物性的被乾燥材料例

表 1-1　依溼潤材料形態或物性，處理量可選用的乾燥裝置的機型例^(Kubota, p.28)

溼潤時狀態	材料例	合適乾燥裝置模型		
		大量連續	少量連續	少量批式
液體、泥漿狀材料	奶類、咖啡、異性化糖、調味料、中藥、植物萃取液、有機酸鈉、洗劑、磁器泥漿、金屬氧化泥漿	噴霧乾燥	滾筒乾燥	真空冷凍箱型盤棚（含真空）
		流體化床（氣體分散型）液體化床（噴於液體化媒體）		
			輸料帶真空乾燥	
糊泥狀材料濾餅狀材料	澱粉泥、黏土泥、染料、顏料、吸水性聚合物	氣流	攪拌溝槽	各種傳導受熱攪拌通氣箱形
		穿流透氣乾燥（附成型器）		
	金屬氧化物泥漿、各種汙泥	具攪拌機迴轉乾燥		
塊狀材料	煤炭、焦炭、礦石、皂土、鈣化物、肥料	迴轉、穿流透氣迴轉、豎型穿流透氣、內襯加熱管迴轉		
顆粒狀材料	水稻粒、米、麥、各種粒狀調味品、麵包粉、無機結晶、有機結晶、化學肥料、粒狀活性碳、寵物飼料	流體化床、輸帶透氣穿流透氣、內襯加熱管迴轉、迴轉	流體化床、攪拌溝槽、圓筒攪拌、多段圓盤	流體化層各種傳導受熱攪拌

溼潤時狀態	材料例	合適乾燥裝置模型		
		大量連續	少量連續	少量批式
粉狀材料	麵粉、樹脂粉末、粉狀活性碳、離氨酸、食鹽、碳酸鈣粉末	氣流、流動層、傳導傳熱併用流動層	攪拌溝槽、圓筒攪拌、流體化床、多段圓盤（傳導）	各種傳導受熱攪拌
薄片狀材料 纖維狀材料	壓扁大豆、薄片餅乾、薯片、茶葉、菸葉、CMC、藻朊酸鈉牧草、中藥	迴轉、輸帶透氣、內襯加熱管迴轉、振動液體化床	輸帶透氣、圓筒攪拌、多段圓盤	通氣箱形各種傳導受熱攪拌
成型材料 特定尺寸材料	陶磁成型物、玻璃、積層板、石棉瓦、皮革、鮮魚片、香菇、拉麵、速食麵	臺車軌道乾燥墜道 輸料吊架乾燥 輸帶透氣（拉麵）		棚式平行流
Sheet 狀材料	布料、紙張、報紙、印刷物	多段滾筒（+噴吹流）	單段滾筒或多段滾筒	
塗膜、塗布液	化妝板、車體	噴吹流、紅外線		紅外線

　　從氣體去除水分雖有時也被包含在乾燥的範圍，但正確來分，它該屬於**除溼**（dehumidification），或一種**吸附**操作（adsorption）。

　　近年來在一些產業（如干漆、塗膜等）裡，把流動狀態的液體固體化成塗膜的操作也涵蓋在乾燥，在此固體化的過程除了蒸發某些液相物質的外也發生因氧化，聚合，或架橋等化學反應發生促成液狀物質的固化，除了被含在乾燥討論外，也有人稱此過程為**硬化**，另闢領域探討。

　　此外，於蒸發水分的目的除了除去原物質的水分外，尚有調節該物質的含水率亦被歸在廣義的乾燥操作。

1.2 乾燥操作的目的

於化工程序裡，狹義的乾燥操作的**目的**常是爲了：

1. 減少重量或將產品成爲不含多餘的水分之固粒以**減輕搬運**和**減少包裝**費用。

2. **確保**產品的商品**品質**，讓消費者易於使用或辨識商品品質，如洗衣粉（液狀洗衣劑很難辨識有效成分濃度）。

3. 可**讓乾燥**產品具有某些**特性**、**機能**，或容易使用，如牛奶乾燥成奶粉後可久存，食鹽結晶乾燥後將有良好的流動性，方便於添加時較能確實撐握添加量。

4. 避免**腐蝕**、**酸敗**，如氯氣去除水分後可用鐵質容器；又如生技產品含水率低於 10%，即可抑制其活性，或降低含水率以抑制其含有的酵素失去掀起化學反應的能力，故爲**防止生技產品不腐敗**時，多將其含水率降低到 5% 以下。

1.3 乾燥裝置

乾燥操作過程從**化學工程科學**的觀點來說，它和加冷水調溼一樣屬於同時涉及固液相之相變化，且同時進行熱質傳的複合輸送現象，而能依經濟條件下乾燥某些進料量的裝置就稱爲**乾燥裝置**（或**乾燥器**），如實驗室常見的乾燥箱，裝置中較少有可動或小型機械部分的乾燥裝置就歸類稱爲**乾燥器**，而裝置中有規模較大，或有較多可動機械部分的設備的乾燥裝置就稱爲**乾燥機**或**乾燥裝置**。涉及如何設計、操

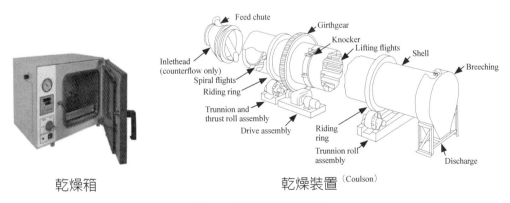

乾燥箱　　　　　　　　　　乾燥裝置 (Coulson)

圖 1-3 常見的乾燥裝置

作乾燥裝置的相關科技就屬於**乾燥技術**（工程）。

　　如上所述，乾燥是熱、質兩種輸送現象同時進行的複合輸送操作，無論以什麼手法，只要能注入熱能於溼潤被乾燥物，經過一段時間，總會把被乾燥物裡的水分乾燥到所要的低含水率，但如想以最低的建設費、最省的能量，且在不損傷環境可安全操作的乾燥裝置就不能不注意構成所使用的乾燥裝置的三**樣要素**：(1) 物質與熱媒（熱風）氣流的接觸方式；(2) 如何注入熱能於溼潤材料；(3) 如何從乾燥裝置排除汽化後所生成的水蒸氣。至於乾燥方法和乾燥裝置的分類就容留在第六章另章討論。

1.4 乾燥操作的特異性

　　乾燥操作異於其他常見的化工單元操作的地方有：

　　1. 要乾燥的溼潤材料物性，和形態的多樣性

　　如圖 1-3 與表 1-1 揭示溼潤材料物性和形態有：粉粒狀（particulates）、糊泥狀（pastes）、液狀（liquid）、薄片狀（flake）、板狀（plate）、長薄片狀（sheet），甚至如陶器已成形固體狀等多類，故要乾燥這些材料的乾燥機當然其機型種類就很多，換言之，除了不講究經濟面的實驗室常用的乾燥箱外，很難有可用於任何物質供量產的萬能乾燥裝置。

　　2. 即使同一形態的溼潤材料，其乾燥特性也可能不同，如親水性不同，或同是結晶，也得看有無結晶水，或固表的吸附水多寡也都會影響其乾燥特性。

　　3. 雖同為涉及固 - 氣兩相間的接觸操作，但操作目的產品絕大多是固相。以填充（或固粒）床為例，操作目的產物是氣相時，氣體在床內發生穿閃流（channeling）時，此系的容量係數就會減少，但同樣的穿流對乾燥操作時，就造成降低乾燥效率的原因，就乾燥目的而言，無論流過多少熱風，如熱風沒能跟溼潤面接觸去除其水分就沒達成乾燥的目的。

　　4. 經濟性是設計和操作乾燥裝置至為重要的關鍵，如前述，乾燥是高耗熱能的操作，熱能費用占總操作費的份量相當重，故設計或選擇乾燥裝置時，如能有價格較低的熱能可使用時，雖有較優的土地條件，或勞工條件等其他條件可選擇，但以長遠的觀點，就不得不選擇費用較低的熱能來達成最合乎經濟要求。

5. 由於溼潤材料其形態的多樣性，要讓材料的供料、輸送、排出順暢，常需有高度的機械工程水準的參與，另外要達成高效率的乾燥，也需要程序中其他單元操作和週邊技術的相助。以噴霧乾燥為例來說，輸送濃縮泥狀液、噴霧技術、乾燥塔內熱氣的流動、分散、製備高溫熱風的重油爐、防止噪音技術等均需乾燥工程以外的其他化工及機械方面的關聯知識。

6. 正確選擇乾燥方法和裝置機型和大小都是影響規劃整個乾燥系統的成敗的關鍵。

7. 於考慮乾燥的安裝地點時常受經濟性因素與環境因素的約束，如前者重點在熱源問題，如得考慮廠中是否有可利用的廢熱，而後者則得檢討排氣的毒性、惡臭、粉塵、溫度、噪音等多重環境因素，都是選擇地點和機型前必須做十分的調查和檢討的問題。

1.5 溼潤材料的含水（液）率的表示方式

1.5.1 溼量基準的百分比含水率

一般溼潤材料如圖 1-4 所示由固體（固相）、液相水分和含蒸氣在內的氣體所組成，一般平常社會裡，談某一溼潤材料的**含水率**時，因氣體的質量太小到可忽略不計，只計其所含的液態水分的質量與整個溼潤材料的總質量之比（常用百分比）來表示，也即一般人常用的含水率「**幾 %**」都是指該物質所含水分重量占總全重量的百分比；平常就稱為**溼量基準**的**百分比含水率**（**wet base moisture content**），w_w，這也是一般大眾慣用來表示物品中所含的水分多寡的方法，以數式表示即：

$$100w_w = \frac{m_0 - m_S}{m_0} \times 100 \; [\%] \qquad （1.5.1\text{-}1）$$

上式中 m_0 為物質的總質量，m_s 為乾涸材料的質量，w_w 是溼量基準的含水率。

1.5.2 乾量基準含水率

如圖 1-4 所示，由於被乾燥物全重量將隨乾燥過程水分遞減而有所變化，導致在工程計算上將有相當的不方便，故在工程計算時，為避免基準隨計算過程不一之

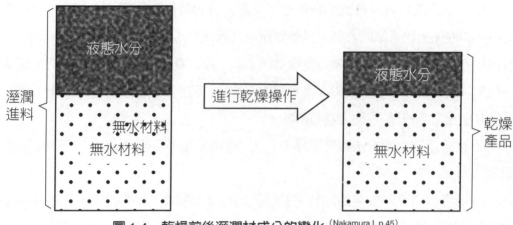

圖 1-4 乾燥前後溼潤材成分的變化 (Nakamura I, p.45)

煩，多採用如圖 1-4 所示乾燥過程被乾燥物中，不會被蒸發或昇華的無水材料的乾量來做基準，用它與其所含的液態水分的質量之比來表示其含水率，此含水率就稱為**乾量基準含水率**（或 w_d dry base moisture content* 為簡化，本書以下將使用來表示**乾量做基準的乾量基準**（dried base，或 D.B. 含水率 w_d），也即：

$$w（或 w_d）= \frac{m - m_s}{m_s} \qquad （1.5.2\text{-}1）或$$

$$m_s = \frac{m_0}{1 + w} \qquad （1.5.2\text{-}2）$$

這兩種不同基準的含水率可經由下列兩式互換：

$$w_w = \frac{w}{1 + w} \ （1.5.2\text{-}3）或 \ w = \frac{w_w}{1 - w} \qquad （1.5.2\text{-}4）$$

故在工程事務上如使用到**含水率**時，宜表明是**乾量基準**或**溼量基準**。下例 1-1，2 以實例說明工程計算上用乾量基準的方便的地方。

【範例 1-1】乾量基準與溼量基準的差異（一）

擬以乾燥器每小時處理 2,000kg 含水率（溼量基準）95% 的溼潤材料至其含水率（溼量基準）為 70% 的產品，試算每小時需蒸發多少 kg 的水分？

〔解〕

要解此題前首先得釐清題目所用的含水率是溼量基準或**乾量基準**的含水率

首先求每小時進料中的乾涸材料的進料量爲

$$(2,000)(1 - 0.95) = (2,000)(0.05) = 100 \text{ [kg/hr]}$$

1. 如題意指的是**乾量基準**的含水率時，每小時需蒸發的水分量爲

$$(100)(0.95 - 0.70) = (100)(0.25) = 25 \text{ [kg/hr]}$$

2. 如題意指的是**溼量基準**的含水率時，得先把題目中含水質改算成乾量基準的含水率。

3. 也即進料時，其乾量基準的含水率爲：$(100)(0.95)/(100 - 95) = 1,900\%$
   而乾燥產品的乾量基準的含水率爲 $(100)(0.75)/(100 - 70) = 233\%$
   故每小時需蒸發的水分量爲 $(100)(19 - 2.33) = 1,667 \text{ [kg/hr]}$

【範例 1-2】乾量基準與溼量基準的差異（二）

擬將溼量基準含水率 49% 的材料 139 kg/hr 的進料以連續乾燥至溼量基準 18% 時，試求每小時可得的乾燥產品的總量和需蒸發的水分有多少？

〔解〕

以 m'_1 和 m'_2 分別代表進料和可得乾燥產品總量，則

$$m'_1(1 - 0.49) = m'_2(1 - 0.18)$$

故 $m'_2 = 130 \dfrac{1 - 0.49}{1 - 0.18} = 80.9 \text{ kg/hr}$

需蒸發水分量 m_e 爲

$$m_e = 130 - 80.9 = 49.1 \text{ kg/hr}$$

如改以**乾量基準**重算此題：

$w_1 = 0.49/0.51 = 0.96 \text{ kg-H}_2\text{O/kg-dry solid}$

$w_2 = 0.18/0.88 = 0.22 \text{ kg-H}_2\text{O/kg-dry solid}$（本書以下 dry-solid 用 d.s. 簡示）

$m_S = 130(0.51) = 66.3$，而可得乾燥產品總量 $m'_2 = (66.3)(1 + 0.22) = 80.9$

故乾燥需蒸發水量 m_e 爲

$$m_e = 130 - 80.9 = 49.1 \text{ kg/hr}$$

如要得單位質量乾燥產品所需去除的水分質量定義爲**比蒸發量**，E 則

$E = (w_{d1} - w_{d2})/(1 + w_{d2}) = 49.1/80.9 = 0.607$〔kg－水分 / kg 乾燥產燥產品〕。

1.6 存在於溼潤材料裡的水分外觀形態

1. 水分存在的形態

　　要探討乾燥操作，就得先了解水分是以怎樣的形態和依靠何種力存在溼潤材料裡。圖 1-5 以粒子層爲例，揭示水分在其乾燥過程中以何種形態存於材料內，並如何隨乾燥過程變化，材料含有水分有；乾燥材料外尙有：

(1)存於材料內部的水分質量 m_i，如**細胞水**或**結晶水**等。

(2)依吸附力存在的水分質量，m_a，和附著於表面可流動的水分質量，m_h。

(3)依毛細管吸力存於粒子空隙的水質量，被簡稱爲**索狀毛細管水**（**funicular water** 或簡稱爲**索狀水**）的質量，m_v。

(4)**懸吊毛細管水**（**wedge or pendular water-** 或簡稱爲**懸吊水**）的質量，m_c。

　　其中**索狀水**（**funicular water**）是以連續液相存在多孔媒體的空隙，而**懸吊水**（pendular water）是大部分索狀水被蒸發去除後以楔狀懸吊於不連續的顆粒間的殘留水分，故**懸吊水**周圍就靠氣泡支撐吊著連接相隔兩顆粒子的接觸面。全加起來如下

$$m_{w,total} = \{m_i + (m_a + m_h + m_c + m_v)\}　　　　　　　（1.6\text{-}1）$$

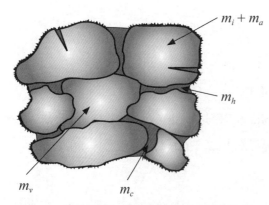
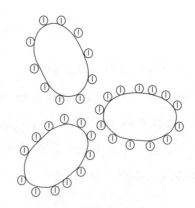

圖 1-5　水分在乾燥過程存於材料內的各　　圖 1-6　材料中水的保持狀態[Tamon, p.26]
　　　　　種形態

2. 滲透水

　　如懸濁在液（水）的相極細的粒子群時，常在其粒子表面附有同性電位，導致如圖 1-6 所示，互相反撥力可吸入水分來隔離鄰近的微粒，此力稱為**滲透吸力**（**osmotic suction force**），而被吸存的水分就稱為**滲透水**（**osmotic water**），此滲透水也得靠**滲透吸力**才能移動。

1.7 乾燥條件

　　一般乾燥溼潤材料時所指的乾燥條件包含如加於材料的熱風或輻射線等**熱能**來源的**外部要素**與溼潤材料本身所擁有的內部物性要素兩側要素，但常只指前者的熱能條件的各項條件，如加熱方式是**對流熱傳**時，其**外部乾燥條件**就指**熱風**的**溫度**、**溼度**、**風速**和**熱空氣**與**溼潤材料接觸**的方式；而**溼潤材料**的形狀大小、成分、含水率、平衡水分等物理的與化學的物性就屬於**內在乾燥條件**，都直接或間接影響乾燥過程和結果。

1.8 平衡含水率

　　任何物質放置在某一恆溫恆溼度環境裡，時間夠長，該物質之含水率將達到與環境的蒸氣壓達成平衡，這時的含水率就稱為**平衡含水率**（**equilibrium moisture content**）w_e，**平衡含水率**值會受**溫度**和**溼度**而改變，圖 1-7(a) 揭示一些常見物質在溫度 25°C，常壓時不同相對溼度時的平衡含水率，此圖也顯示物質的平衡含水率甚受其環境的相對溼度的影響。

　　如環境的相對溼度是 0% 時，所有物質的平衡含水率皆降到 0，故乾燥產品含水率勉強乾燥至其水分低於擬保存的溫度和溼度下的平衡含水率時，該物質將自動再吸收大氣中之水分回到其平衡含水率。故必須把乾燥終點保存其含水率低於平衡含水率狀態時，就必須於乾燥產品送出乾燥器就立即封入密封容器，隔絕與環境接觸，來避免已乾燥的產品再吸收溼氣回至該環境下的平衡含水率。

　　圖 1-7(b) 揭示溫度對各種材料的相對平衡含水率的影響。

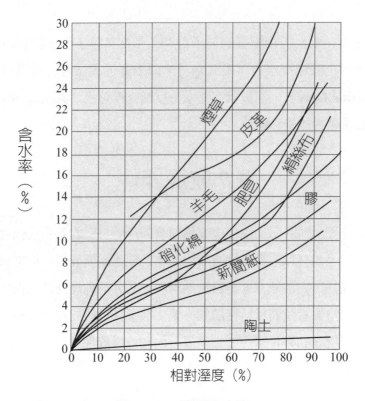

圖 1-7(a)　平衡含水率

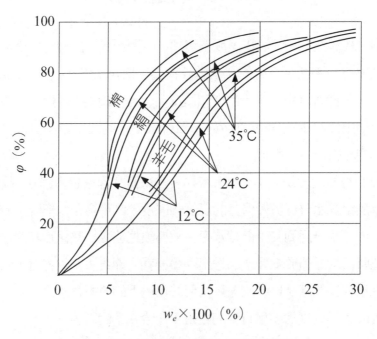

圖 1-7(b)　溫度對平衡含水率的影響

1.9 結合水、非結合水與自由含水率

圖 1-8 揭示相對溼度與乾量基準的含水率的關係，在如此圖的含水率曲線在相對溼度交於 100 ％ 線時其所含水分被稱謂**結合水（bound water）**；這些依物理化學力結合存於物質內水分，其蒸氣壓低於液體水在同一溫度下的蒸氣壓，結合水一般依吸附力，或依毛細管吸力存於物質內的毛細孔，或以細胞水型態存於有機物質。超過此含水率的游離水分則稱得**非結合水（unbound water）**；此部分水分的蒸氣壓則同於一般液體水在同一溫度下的蒸氣壓，這些非結合水一般存於固體表面或粒子間較大空隙間。

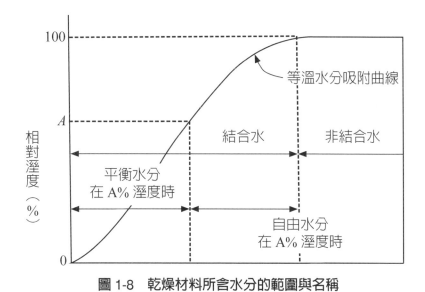

圖 1-8　乾燥材料所含水分的範圍與名稱

在某一溫度和溼度下，從全含水率減去平衡含水率之差的含水率稱爲**自由含水率（free moisture content，常用 F 代表）**，也即是一般乾燥操作條件下可去除的水分。上圖揭示被乾燥材料所含水分的範圍與名稱。

1.10 煆燒、風化和潮解^{（Toei-Kamei, P.310）}

乾燥含有結晶水的鹽類時，乾燥條件應設定只去除附著於結晶表面的水分，如也去除結晶水時，已逾乾燥操作的範疇，而另稱爲**煆燒（calcination）**，某些結

晶在某常溫下也會失去結晶水成粉狀，這現象就稱為**風化**，如硫酸鎂的結晶會在 38℃風化，故如要獲得此鹽的結晶，乾燥操作需在低於此溫度下進行才可得所要的結晶，如要得無水產品就得在高於此溫度下進行才可得所要產品。圖 1-9 揭示酸性磷酸蘇打（$Na_2HPO_4 \cdot 12H_2O$）在不同溫溼度下風化與**潮解**的條件，在此圖曲線 AB 段右下範圍此結晶會風化，在高於曲線 BC 的範圍此結晶會**潮解**，且在 B 點以上可能熔解，故要保持酸性磷酸蘇打（$Na_2HPO_4 \cdot 12H_2O$）結晶狀態環境條件就需在曲線 ABC 所圍成之溫溼度範圍。保守時宜退縮至點曲線 DEF 所圍的範圍。

不少物質乾燥後會收縮，有些有機物質在某些含水量範圍不僅會收縮，有時亦會被拉長等歪變。如前述的黏土材料在去除表面附著水期間會依去除水量成比收縮大小，但過了**臨界含水率**（見後節說明）後就因粒子已緊密接觸而不再收縮，但如木材，則在臨界含水率前不收縮而過了此點會急激地收縮到其平衡含水率。

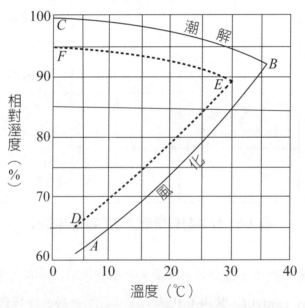

圖 1-9 酸性磷酸蘇打的風化與潮解範圍 (Kamei & Toei, Ch.10)

故乾燥厚木材，或大件陶磁半製品時不能採用急速乾燥，需用更溫和條件下以長時間去慢速風乾它才可避免物品的龜裂或彎曲，甚至在進口氣流中吹進適量蒸氣把氣體中之蒸氣壓接近飽和來抑制乾燥速率，在後段再逐漸減低其溼度的方式乾燥這些忌諱收縮或龜裂的乾燥材料。圖 1-10 揭示溼潤材料因乾燥而大小縮小的示意圖。

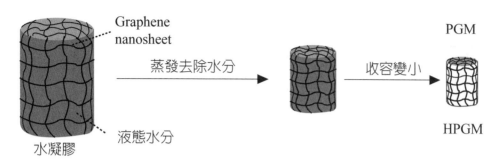

圖 1-10　溼潤材料因乾燥而收縮圖

1.11 乾燥操作的加熱方式

「**乾燥**」是利用注進熱能於溼潤材料來去除該材料所含的水分（或溶媒），以獲得低含水率或乾涸的乾燥產品的操作。一般注入熱能於溼潤材料的基本方式則有如下三種基本方式：

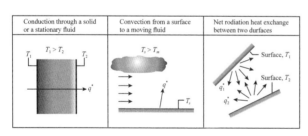 

圖 1-11　三種基本熱傳的方式

1. **對流熱傳**：依靠相間的流體（熱風）流動把高溫熱能透過界面境膜傳輸給低溫側介質，其對流熱傳速率 Q 可依如下的 Newton's Law 求得：

$$Q = hA(T_1 - T_2) \text{ [W]} \tag{1.11-1}$$

式中 h 為境膜熱傳係數 $[W/(m^2 \cdot K)]$，T_1 是高溫側流體（或固體）的溫度，而 T_2 是低溫側流體（或固體）的溫度。h 將依流體的物性，流速，改變，如是固體 h 也會隨著形狀有所不同。

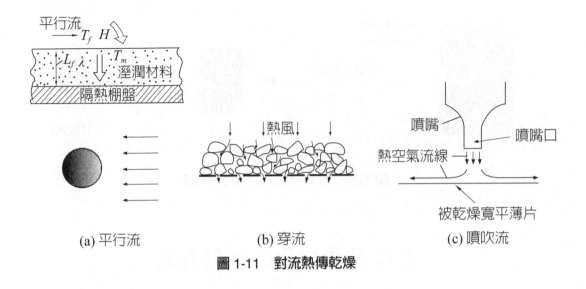

<table>
<tr><td>(a) 平行流</td><td>(b) 穿流</td><td>(c) 噴吹流</td></tr>
</table>

圖 1-11　對流熱傳乾燥

　　從廣義的角度來說，平行、穿流、噴射流，甚至使用過熱蒸氣的乾燥都屬於**對流熱傳**。

　　2. **傳導熱傳**：依靠介質的分子運動或熱振動把高溫側的熱能傳輸給低溫側的熱傳方式，其傳導熱傳速率 Q 可依 Fourier's Law 求得：

$$Q = -\lambda A \frac{\Delta T}{\Delta x} \qquad (1.11\text{-}2)$$

式中 λ 是介質材料的熱傳導度 [W/(m · K)]

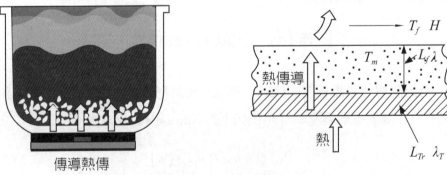

圖 1-12　傳導熱傳

3. **輻射熱傳**：在相對面的物體間的熱能是藉由輻射透過中間的媒體由高溫側傳輸給低溫側的物體，其輻射熱傳速率 Q 可依如下的 Stefan-Boltzmann 定律求得，

$$Q = \phi_{12}\sigma A(T_1^4 - T_2^4) \tag{1.11-3}$$

式中 ϕ_{12} 是**總括吸收率**而 σ 是 **Stefan-Boltzmann 常數** $= 5.67 \times 10^{-8}[\mathrm{W/m^2 \cdot K^4}]$，總括吸收率 ϕ_{12} 之值與熱傳面積成比例，也依熱傳兩方的物體的物性有所不同。

圖 1-13　輻射熱傳乾燥──烘烤燒餅

　　以上所列的是導入熱能於溼潤材料的三種基本方式，對應這基本方式的乾燥操作也可分爲單純的傳導乾燥、熱風對流乾燥和輻射乾燥的三類，此外尚有如圖 1-14 所示的介電（含微波與高週波）加熱乾燥及併用任何兩種或三種上列熱傳來注入熱能來進行乾燥的乾燥方法。

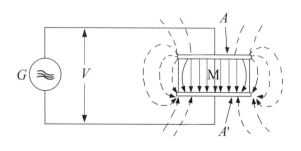

圖 1-14　高週波加熱[Isobe, p146]

📖 參考文獻

Coulson, J. M., Richardson, J. F. Backhursy, J, F., Harker, J. H.; Chemical Engineering, Vol. II, Fourth Ed., Pergamon Press, Oxford, GB. (1990); Ch.16.

Kubota, Atsushi 久保田濃；乾燥裝置，省エネルギーセンター（2.nd ed.）東京，日本（2004）；p.28.

Nakamura; 中村正秋，立元雄治；はじめての乾燥技術，日刊工業社，東京，日本·（2014）；p.45.

Tamon, H. 田門肇；乾燥技術入門，日刊工業社，東京，日本（2012）；F1, Cover; p.26.

Toei, m；桐榮良三：乾燥裝置マニュアル，日刊工業社，東京，日本（1978）。

Toei-Kamei；亀井三郎；新版 化學機械の理論と計算 產業圖書，東京，日本（1975）。

第二章 溼潤氣體的物性與溼度表

以熱氣體（絕大部分是空氣）乾燥溼潤材料時，其乾燥產品的品質甚受乾燥環境的氣體溫度與溼度的影響。要把氣體調節至擬設定的溫度和溼度的操作稱為**調溼操作**（humidification operation），增加溼度稱則為增溼（一樣以 humidification operation 表示），減小溼度就稱為**減溼**（de-humidification），而調整所需熱空氣的溫度和溼度是乾燥操作裡首要的工作，本章將介紹調溼操作所需的基本事項。

2.1 溼空氣的各種性質 (Coulson)

1. **溼度**（H, humidity）：空氣中含有的水蒸氣的量稱為溼度，其表示方式有以容積單位和質量單位兩種不同的方式。由於容積單位方式只見於氣象領域，因此方式表示時，其基準容積會隨溫度或壓力變化而變動，工程上多採用質量單位方式來表示溼度，且把其基準設定為不隨溫度或壓力改變的單位重量的乾空氣（d.a. 或 da 是乾空氣的縮寫），在計算上就簡單很多。其定義為：

$$H = \frac{18}{29}\frac{p_w}{P - p_w} = 0.620\frac{p_w}{P - p_w} \quad \text{[kg/kg-d.a.]} \qquad （2.1\text{-}1）$$

上式中 P 為全壓，P_w 為空氣中水蒸氣的分壓（亦稱為該溫度，和該全壓下的蒸氣壓）。當空氣中水蒸氣達到其飽和濃度時的溼度稱為**飽和溼度**（H_s, saturated humidity）：

$$H_s = 0.620 p_{ws}/(P - p_{ws}) \qquad （2.1\text{-}2）$$

此時的水的蒸氣壓 p_{ws} 稱為為**飽和蒸氣壓**，而 H/H_s 之比以 % 表示時稱為**相對溼度**（relative humidity，又譯為關係溼度），相對於此，**H** 就稱為**絕對溼度**（absolute humidity），表 2-1 列示了與空氣調溼相關的術語的意義和單位。

式（2.1-1）的推導 [Nakamura；p.11]：

就體積為 V，溫度為 K 的含溼空氣來說，如可套上理想氣體法則，則可有如下的關係成立：

乾空氣部分：$p_{da}V = (\frac{m_{da}}{M_{da}})R_G T$ (a)

水蒸氣部分：$pV = (\frac{m}{M_v})R_G T$ (b)

上兩式中 p 是水蒸氣的分壓，p_{da} 是乾空氣的分壓，M_v 是水蒸氣的分子量，M_{da} 是乾空氣的分子量，R_G 是氣體常數，m 是水蒸氣的質量，而 m_{da} 是乾空氣的質量。分別由式 (a) 求 m_{da}，從式 (b) 求 m，代入

$H = \dfrac{m}{m_{da}}$ 並知 $P = p_{da} + p$ 則可得：

$$H = \frac{m}{m_{da}} = \frac{M_v}{M_{da}} \cdot \frac{p}{P-p} = 0.62 \times \frac{p}{P-p} \tag{2.1-1}$$

---

2. **溼比容**（molal humid volume）：單位質量的不凝結氣體容積加其所含汽體的容積之和

$$\upsilon_H = (\frac{22.4}{29} + \frac{22.4H}{18})\frac{273+T}{273} = (0.772 + 1.24H)\frac{273+T}{273} \text{ [m}^3\text{/kg-d.a.]} \tag{2.1-3}$$

3. **溼比熱**（humid heat）：將單位質量的不凝結氣體和其所含水蒸氣升 1℃所需熱量

$$C_H = (0.24 + 0.46H) \text{ [kcal/℃ kg-d.a.]} \tag{2.1-4}$$

4. **溼熱容量**（humid enthalpy）：單位質量的不凝結氣體和其所含水蒸氣所有的熱容量之總和，如以 0℃、1 atm 為熱容量的基準時其熱容量為

$$i = 0.24T + (595 + 0.46T)H = C_H T + 595H \tag{2.1-5}$$

5. **溼球溫度**（wet bulb temperature）：將以溼布包溫度計感測部位，並不由空氣外供給熱量的絕熱條件下讓溼布之水分蒸發，因蒸發時其所需汽化熱取自空氣，故空氣溫度勢必下降，不久將達至一穩定狀態，此時該溫度計所示溫度稱為溼球溫

度，也即下式中之 T_w

$$h(T - T_w) = k\lambda_w(p_{ws} - p_w) \qquad (2.1\text{-}6)$$

上式中 h 為熱傳係數，k 為質傳係數，p_{ws} **為飽和蒸氣壓**，p_w **為水的蒸氣壓**，λ_w **為水的汽化熱**。如以溼度取代蒸氣壓，而 k 以 k_H 取代，則

$$h(T - T_w) = k_H\lambda_w(H_S - H) \qquad (2.1\text{-}7)$$

上式中 k_H 是以溼度差 ΔH 為基準的質傳係數 [kg-vapor/(s $\cdot$ m^2 $\cdot$ ΔH)]

以計算求溼球溫度的方法

依據公式

溼球溫度：$T_w = T - (H_w - H)\lambda_w / C_H$　(A)

蒸發潛熱：$\lambda_w = (2{,}500 - 2.44T_w) \times 10^3$ [J/kg-水]　(B)

溼比熱：$C_H = (1.00 + 1.88H) \times 10^3$ [J/K $\cdot$ kg-d.a.]　(C)

步驟 1.　確認已知條件，如乾球溫度 T_G [℃]，絕對溼度，H [kg-水蒸氣 / kg-d.a.]

步驟 2.　先利用溼度表，依 2.2.1 節介紹的手法，覓知溼球溫度的概值，做為第一假設值。

步驟 3.　利用式 (B) 算潛化熱 λ_w 值

步驟 4.　利用式 (C) 或 $\log p_s = 7.07406 + 1657/(T[K] - 46.13)$ [kPa]

步驟 5.　利用式 (2.1.-2) 求 H_w

步驟 6.　以上求得的 T_G, H, C_H, H_w 代入式 (A) 右邊求新的 T_w 值

步驟 7.　檢核所得的 T_w 值是否已在可接受之範圍，

步驟 8.　如不是另立新假設值，重複步驟 3～7 的步驟。

6.**絕熱飽和溫度**（adiabatic saturation temperature）：能滿足如下所示的熱收支式中的 T_{as} 稱為**絕熱飽和溫度**

$$C_H(T - T_{as}) = \lambda_w(H_{as} - H) \qquad (2.1\text{-}8)$$

上式中 λ_w 和 H_{as} 分別為在 T_{as} 的汽化熱和飽和溼度，其物理意義可藉如圖 2-1

所示的系統來說明：在完全對外絕熱的氣－液接觸裝置裡，由頂端循環供給水，空氣則由裝置下端送進系統與水接觸後由頂端出口離開裝置。如接觸面積無限大時，出口空氣必達飽和狀態，經過一段時間後此系統也可達至平衡狀態，此時在頂端的空氣和循環水的溫度就是**絕熱飽和溫度**。

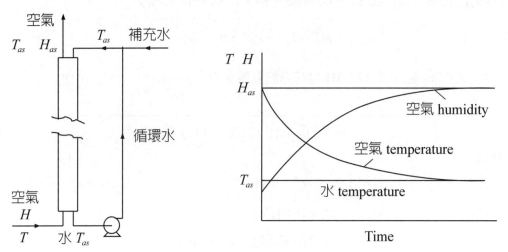

圖 2-1　絕熱飽和溫度[Kamei]

7. 於氣相境膜裡，熱傳係數與質傳係數的關係——Lewis relation

後在氣相界面的熱質傳現象的類比，兩境膜傳送係數有如下式的關係：

$$\frac{h}{k_H} = \frac{p_{B,lm}}{P - p_{wi}} (\frac{N_{Sc}}{N_{Pr}})^{1/2} C_H \qquad (2.1\text{-}9)$$

在**水－空氣**系 $N_{Sc} = 0.60$，而 $N_{Pr} = 0.71$，$p_{B,lm}/(P - p_{wi}) \approx 1$，故

$$\frac{h}{k_H} \approx C_H \qquad (1.1\text{-}10)$$

此關係是由 Lewis 初導而被知為 **Lewis 關係（Lewis relation）**。也即在水－空氣系有了熱或質傳係數任一傳達係數就可以上式求得另一傳送係數值。將（2.1-7）代入（2.1-10）可得：

$$C_H(T - T_w) \approx \lambda_w (H_S - H) \qquad (2.1\text{-}11)$$

比較上式與（2.1-8）式，可知

$$T_w \approx T_{as} \qquad\qquad (2.1\text{-}12)$$

　　也即在水－空氣系裡溼球溫度與絕熱飽和溫度幾乎相等，但需注意此關係不一定可適用於水以外的蒸氣與氣相系。

表 2-1　空氣調溼相關的術語[Coulson]

項目	意義	單位	常用記號
1. **溼　度**（humidity） 亦稱**絕對溼度**（absolute humidity）	氣體中所含汽體量 $H = \dfrac{18}{29}\dfrac{p_w}{P - p_w}$	汽體質量／不凝結氣體質量（kg vapor /kg dry air）	H
2. **克分子溼度**（molal humidity）	氣體中所含汽體量以克分子表示的溼度	汽體克分子數／不凝結氣體克分子數（kg moles vapor/kg moles of dry air）	H_{mol}
3a. **相對溼度**（relative humidity）	空氣中 p_{H_2O}/p_{air} 之比	[-]	
3b. **飽和相對溼度**（relative saturated humidity）	$(p_{H_2O}/p_{air})_{\text{Saturation}}$	[-]	
4. **百分比溼度**（percent humidity）	相對溼度以 % 表示 $\Psi = \dfrac{H}{H_s} \times 100$	%	Ψ
5. **克分子溼比容**（molal humid volume）	一克分子不凝結氣體容積加其所含汽體的容積之和	m^3/moledry air	v_H
6. **克分子溼比熱**（molal humid heat）	將一克分子溼比容的氣體升一℃所需熱量	Joule/kg moldry air ℃	C_H
7. **絕熱飽和溫度**（adiabatic saturation temperature）	在絕熱環境下空氣能達成飽和溼度的溫度	℃ or K	T_{as}

項目	意義	單位	常用記號
8. **溼球溫度**（wet bulb temperature）	在穩定條件下溼球溫度計可顯示的溫度	℃ or K	T_w
9. **露點溫度**（dew point temperature）	在恆壓下，冷卻氣體時，蒸氣首凝結於冷卻面時的溫度	℃ or K	T_d

2.2 溼空氣物性圖

2.2.1 溫度—溼度圖

此圖把空氣的溫度和溼度、比容、比熱的關係整合在同一圖表，以省逐一計算之煩。這類圖表有如圖 2-2(a) 所示的以質量（乾空氣 1 kg）爲基準的，和如圖 2-2(b) 所示以克分子爲單位，乾空氣一克分子爲基準之溫度 vs. 溼度的兩種，兩者差異以克分子爲單位，乾空氣一克分子爲基準之溫度 vs. 溼度的兩種，兩者差異是計量一是質量，而另一則係使用克分子且溫度範圍高到 600℃，其用法可說一樣。在圖 2-2(a) 的質量基準溼度表裡計算基準設定於 1kg 的乾空氣，基準環境則爲一大氣壓，溫度範圍爲 0～120℃，橫軸爲溫度，縱座標則有溼度、比容、汽化潛熱，另一橫軸則相關了縱軸之溼度和溼比熱的關係，圖中也以參數方式示出絕熱冷卻線。以下介紹圖質量基準的圖 2-2(a) 的用法，而克分子基準的溼度表用法就不重述：

1. 從已知溼度 H 求**溼比熱** C_H 如圖 2-3(a) 所示。從右側縱軸覓已知之 H 求 H 線與溼比熱的輔助線交點，從此點畫垂直線交上側 C_H 的橫座標之點則是所求 C_H。

2. 求在所給溫度 T 求飽和溼度 H_S 如圖 2-3(b)。從所給的 T 畫垂直線交 Ψ = 100% 的曲線的交點所屬的 H 值就是 H_S。

3. 已知 T，和 H 覓相對**百分比溼度** Ψ，如圖 2-3(c)，由所給的 H 畫平行橫軸之線，並由所給的 T 畫垂直線，此兩線交點處在 Ψ 曲線群所示的 Ψ 值就是所求的相對百分比溼度 Ψ。

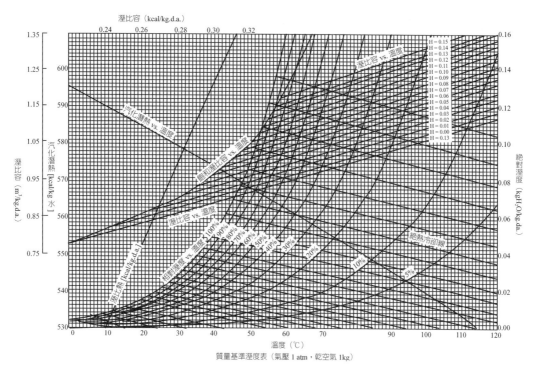

圖 2-2(a)　低溫質量基準溼度圖表 ^(日，化工便覽 4 版)

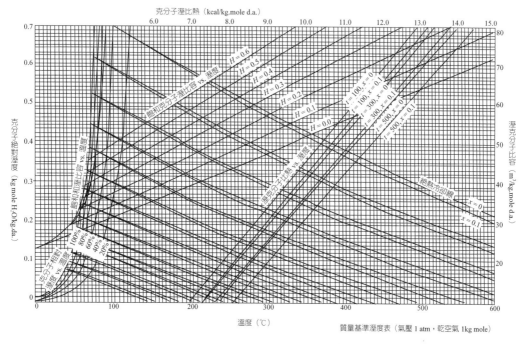

圖 2-2(b)　高溫克分子基準溼度圖表 ^(日，化工便覽 4 版)

4. 已知 T，和 H 覓對應爲溼比容 v_H：如圖 2-3(d) 所示，從以 (3) 覓得的 H 點畫平行橫軸之直線在左側示溼比容縱座標的交點所示值則是所求之 v_H。

5. 溫度 T，溼球溫度 T_w 尋覓溼度 H：如圖 2-3(e) 所示，從 T_w 的垂直線汙飽和曲線（$\Psi = 100\%$）相交點畫通過此點的**絕熱冷卻線**，此線與過所給 T 的垂直線的交點則是所求之 H 值。

所謂**絕熱冷卻線**嚴謹的說該是絕熱飽和線，也即把具有同一絕熱飽和溫度的連結而成的線，但如 2.1(7) 裡所述，在空氣－水系統裡 $T_w \approx T_{as}$，故絕熱飽和線上各點所呈狀態的空氣之溼球溫度該是此線與飽和溼度線的交點，因此絕熱飽和線可近似視爲等溼球溫度線。而操作在絕熱條件下進行時未飽和空氣和溼球溫度的水接觸時，空氣會把其顯熱給冷水降低空氣溫度，水吸收此熱後部分水將蒸發提升空氣的溼度，此操作的熱收支爲：

$$\{\lambda_w + 0.46(T - T_w)\}dH = -C_H dT \qquad （2.2.1-1）$$

因 $0.46(T - T_w) << \lambda_w$，故可把上式簡化成

$$\lambda_w dH = -C_H dT \qquad （2.2.1-2）$$

由於絕熱飽和線上各點的 C_H 值幾乎相等，故可把絕熱飽和線視爲以 $-C_H / \lambda_w$ 爲斜率的一直線，故在絕熱條件冷卻下的空氣將沿著此線降到溼球溫度 T_w，而水與空氣也達到平衡狀態。另一方面，如在如圖 2-1 的隔熱水－空氣接觸裝置，把水循環讓空氣與水接觸時水溫將冷卻到進口空氣的溼球溫度的穩定狀態，此後空氣就沿著絕熱飽和線變化。故在水－空氣系，絕熱飽和線可視爲絕熱冷卻時其變化徑路線，而稱此線爲**絕熱冷卻線**（adiabatic cooling line）或絕熱增溼線（adiabatic humidification line）。在此需注意的是此情形只存在於水－空氣系，不一定適用於其他氣－液系統。

6. **露點**溫度：如圖 2-3(f) 所示，通過 H 之水平線與飽和曲線交點在溫度座標顯示之值就是露點溫度 T_d。

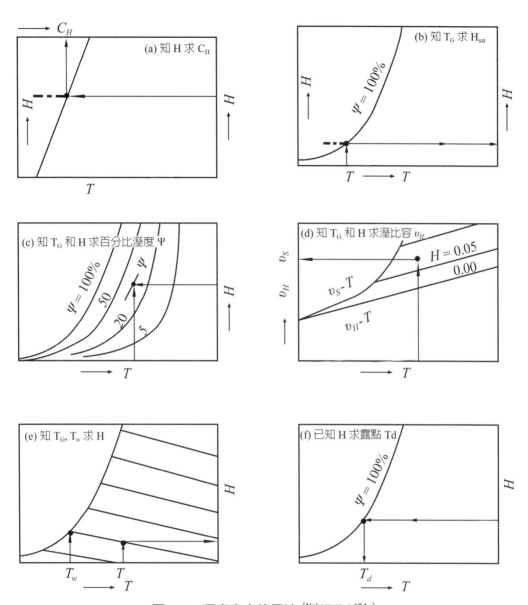

圖 2-3　溼度表之使用法 (Nakamura, p.104.;)

【範例 2-1】溼度圖表的用法

試利用圖 2-2 質量基準溼度圖表氣溫 70℃溼球溫度 34℃的空氣的溼比熱（C_H）、溼比容（v_H）、露點（T_d）。

〔解〕

利用圖 2-3(e)，在 T = 70℃，溼球溫度 34℃的等溼球線交點畫一水平線，其與

H 軸交點得 H = 0.018 [kg-H$_2$O/kg-d.a.]，再參考圖 2-3(a)，由 H 值得 C$_H$ = 0.248 [kcal/kg-d.a.·℃]，再參考圖 2-3(c)，從 T 和 H 的交點找出相對溼度的值 Ψ = 6.5%，再參考 2-3(d)，利用 T 與 H 值可求得 v_H = 1.00 [m^3/kg-d.a.]，再參考圖 2-3(f)，利用 T 與 Ψ = 100% 曲線交點可求得露點 T$_d$ = 23℃。

【範例 2-2】溼度圖表的用法

　　乾球溫度 20℃，溼球溫度 13.8℃的空氣加熱至 70℃後，送進乾燥器乾燥溼產品。乾燥器排氣的空氣溫度為 35℃，如乾燥過程可視為沿著絕熱冷卻線進行時，試求：

1. 此乾燥系各點的空氣的露點和溼度
2. 要蒸發單位質量水分所需的乾空氣質量
3. 乾燥前後的空氣容積
4. 預熱空氣所需的熱量和在乾燥室內被利用的熱量

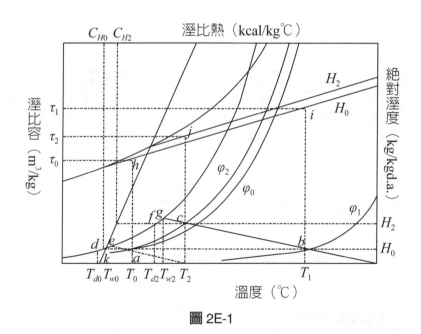

圖 2E-1

〔解〕

　　1. 從題意進料空氣乾球溫度 20℃，溼球溫度 13.8℃，故利用如圖 2E-1 所示以乾空氣質量基準的溼度表，進口點可覓得 a 點，隨即延伸 H$_0$-a 的水平線，在其與飽和溼度曲線交點 d 覓得露點（9.5℃），並知進料空氣的絕對溼度 H_0 = 0.0074 [kgH$_2$O/kg-d.a.]，如將此空氣加熱至 70℃時其相對溼度將如 b 點所代表的由 51% 降至 4.0%，溼球溫度升至 28.2℃。如用此空氣在絕熱冷卻下乾燥，至排出口就沿著絕熱冷卻線進行至 c 點，此時絕對溼度增至 H_2 = 0.022 [kgH$_2$O/kg-d.a.]，相對溼度變化為 60%。

2. 在如題意所示條件下，對乾空氣 1 kg 的含水量變化為 $H_2 - H_1$ = 0.022 − 0.0074 = 0.0146 [kg]，故蒸發（去除）I kg 水分所需的乾空氣質量為 1/(0.0146) = 68.5 [kg-d.a.]

3. 乾燥過程前後的溼比容可由 b 和 c 的溼比容可 i 點與 j 點查得為 v_1 = 0.984, v_2 = 0.903

   故其各點的空氣容量分別為

   68.5×0.984 = 67.4 [m^3]

   68.5×0.903 = 61.8 [m^3]

4. 在 b 點的溼比熱可由通過 b 點的水平線與溼比熱直線交點 k 覓得為 0.245 [kcal/kg-d.a.℃]，故預熱空氣所需的預熱熱量和在乾燥室內被利用的熱量分別為

   (68.5)×(0.2435)×(70-20) = 835 [kcal]

   (68.5)×(0.2435)×(70-35) = 584 [kcal]

   下表整理上列各項的結果：

	單位	a	b	c
乾球溫度 T	℃	20	70	35
溼球溫度 T_w	℃	13.8	28.2	28.2
相對溼度 Ψ	%	51	4	60
絕對溼度 H	[kgH$_2$O/kg-d.a.]	0.0074	0.0074	0.022
露點 T_{dew}	℃	9.5	9.5	26.2
溼比容 v_H	m^3/kg-d.a.	0.840	0.984	0.903
溼比熱 C_H	kcal/ kg-d.a.℃	0.2435	0.2435	0.2501

【範例 2-3】求空氣與蒸氣混合的溼度

乾球溫度 30℃，溼球溫度 17.7℃的空氣裡吹進 100℃的 0.02 kg steam/kg-d.a. 混合後之空氣的溼度爲多少？

〔解〕

從圖 2E-2 飽和曲線上找出 17.7℃的點畫水平線與溫度 30℃的垂直線交點 a 就是進口空氣的狀態點，由 i-T 知此點 H_a = 0.008 kg/kg-d.a.；i_a = 12.0 kcal/kg；相對溼度 Ψ_a = 30% 吹進 100℃水蒸氣 0.02 kg/kg-d.a.

故 H_b = 0.008 + 0.02 = 0.028 kg/kg-d.a.

i_b = 12.0 + 539.4×0.02 = 22.8 kcal /kg-d.a.

從 i_b = 22.8 的等熱容量線與 H_b = 0.028 kg/kg-d.a. 等溼度線交點得 b 點。

故混合後之空氣溫度爲 48℃，Ψ = 24%，而溼球溼度爲 29.5℃

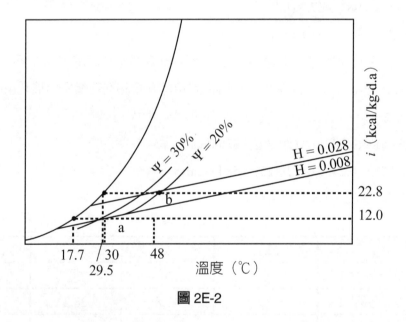

圖 2E-2

2.2.2 熱容量─溫度圖表 ^(日，化工便覽 4 版)

由於調溼操作涉及熱量之進出，不少調溼操作如使用熱容量─溫度圖表會更爲方便，圖 2-4 揭示水─空氣系的熱容量─溫度圖表之例。

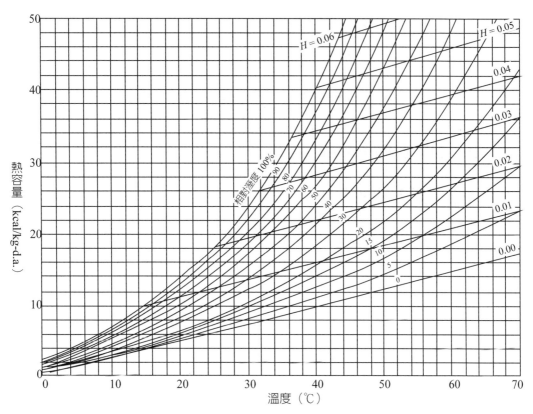

圖 2-4　水—空氣系的熱容量—溫度圖表 ^(日，化工便覽 4 版)

此圖以 1 kg 乾空氣為基準，熱容量 i 的定義為

$$i = 0.24(T - T_0) + H[\lambda_{w0} + 0.45(T - T_0)] \quad \text{[kcal/kg-dry air]} \quad （2.2.2\text{-}1）$$

上式中 0.24 和 0.45 分別為乾空氣和水蒸氣在 0～70℃的 λ_{w0} 則為對基準溫度 T_0 的汽化潛熱，$T_0 = 0$℃時 = 595 kcal/kg

$$i = 0.24 + (595 + 0.45T)H = C_H T + \lambda_{w0} H \quad \text{[kcal/kg-dry air]} \quad （2.2.2\text{-}2）$$

故飽和空氣的熱容量為

$$i_S = C_{HS} T_S + \lambda_{w0} H_S \quad \text{[kcal/kg-dry air]} \quad （2.2.2\text{-}3）$$

在圖 2-4 通過任意 H 和 T 一點之等熱容量的水平線，此線與飽和曲線交點為 T_S 和 H_S，因等熱容量故

$$i = C_H T + 595H = i_S = C_{HS}T_S + \lambda_{w0}H_S \qquad (2.2.2\text{-}4)$$

因 $C_H \doteqdot C_{HS}$，$\lambda_{w0} = \lambda_{wS}$ 故

$$\frac{H_S - H}{T_S - T} \doteqdot -\frac{C_H}{\lambda_{wS}} \qquad (2.2.2\text{-}5)$$

這關係指出等熱容量線與絕熱飽和線幾乎一致。

2.2.3 溼度與壓力的關係

上面介紹的溼度圖表均為一大氣壓下的情形，如壓力偏差小時尚可逕用這些圖表，但如壓力偏差較一大氣壓大時就有補正之必要。在溫度 T℃且壓力為 760 mmHg 時的飽和蒸氣壓為 p_{wS}，而另一壓力 P [mmHg] 時的飽和克分子溼度分別為 $H_{S,mol}$ 和 $H_{P,mol}$ 時

$$H_{S,mol} = p_{wS}/(760 - p_{wS}) \qquad (2.2.3\text{-}1)$$

$$H_{P,mol} = p_{wS}/(P - p_{wS}) \qquad (2.2.3\text{-}2)$$

從上兩式消去 p_{wS} 可得校正式

$$H_{P,mol} = \frac{760H_{S,mol}}{P[1 + H_{S,mol}] - 760H_{S,mol}} \qquad (2.2.3\text{-}3)$$

類似演算也可得質量基準時的校正式

$$H = (18/29)H_{S,mol} \qquad (2.2.3\text{-}4)$$

2.2.4 溼度的量測

量測溼度的方法有直接量測含溼空氣中的水蒸氣量，量蒸氣分壓（或濃度）再計溼度的方法，和量與含溼空氣成平衡的某物體的諸物性來推算含溼空氣的溼度等方法。

1. 直接量測法

利用裝有五氧化磷、氯化鈣或矽膠等吸溼劑的吸收瓶通試料氣體，從重量變化

來計求試料氣體的溼度。此方法量得的水分量的準確度高，但得注意流過的氣體流量的準確度示氣體中粉塵之去除及防止水分在管路中的凝結。

2. 由量測蒸氣分壓估算溼度

(1)從藉吸溼劑去除氣相中的蒸氣後氣體容積的減少來推計蒸氣分壓值，計求試料氣體的溼度。

(2)由量測露點，求知試料氣體的蒸氣壓，計求試料氣體的溼度。

(3)利用乾溼球溫度計。

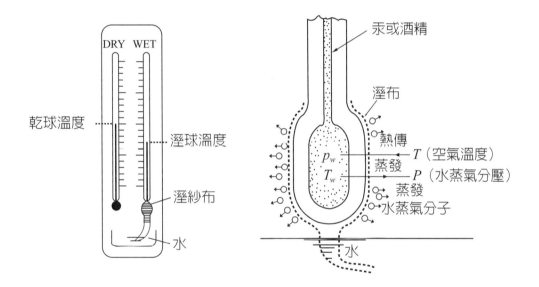

圖 2-5　乾溼球溫度計

以兩支酒精或汞球溫度計，其中一支感測球包以浸在水的溼布，並吹大於 5 m/s 的空氣，量測溼球溫度（T_w），另一支量測空氣的溫度稱為乾球溫度（T），則此兩溫度間有如下的關係：

$$p = p_w - \frac{h}{k\lambda_w}(T - T_w) \qquad （2.2.4\text{-}1）$$

上式中 $h/(k\lambda_w)$ 不大會受空氣流速、溫度和溼度的影響，大致為一定值，故令此值為 K，則

$$p = p_w - K(T - T_w) \qquad （2.2.4\text{-}2）$$

如溫度 [℃]，蒸氣壓 [mmHg] 時，$K \fallingdotseq 0.5$，故從量測所得之 T 和 T_w 再由蒸氣表讀取對應於 T_w 的蒸氣壓 p_w 則可由上式求得 p。再由

$$H = 0.620 \frac{p}{P - p} \qquad\qquad (2.2.4\text{-}3)$$

求得該空氣的絕對溼度 [kgH$_2$O/kg d.a.]

此一對乾溼球溫度計組稱爲**乾溼球溼度計**（psychrometer），而 $(T - T_w)$ 的溫度差叫做（psychrometric depression），有些乾溼球溼度計在溼球加裝小風扇，俾能產生可避免輻射熱傳之影響。

(4)由髮絲或細纖維的長度變化量測溼度：如髮絲等。

(5)纖維之長度周圍的空氣溼度改變時會改變長度，把這伸縮長度以連桿方式轉換成指針的動角度，就可讀取相對溼度（%），圖 2-6 揭示此類溼度計與溫度計（面板下面部分之併合計組之例）。

此型溼度計雖有構造簡單之優點，但需不時校準爲其缺點。

(6)利用纖維的電導度變化：纖維含浸如 LiCl 等電解質時，其電阻甚受水分之影響，故通定壓電流可直接換算成相對溼度 [%]，市上的簡易數位溼度計多屬此類。

圖 2-6 溼·溫度計

【**範例 2-4**】已知空氣氣溫、壓力及相對溼度，求露點

試求在 101.3 kPa，溫度 293K，相對溼度 50% 的空氣的露點，並求此空氣加熱到 353K 時的溼球溫度。

〔**解**〕

先將題意所給的兩溫度標示在溼度圖表如下：

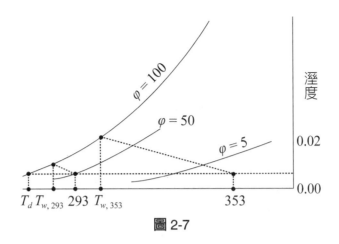

圖 2-7

1. 利用溼度圖表上，在（$T = 293, \phi = 50$）的水平線與 $\phi = 100$ 的飽和曲線交點覓得露點約在 280K。

2. 計算法求露點

從水蒸氣物性表（下表）得知

溫度 281K 時，$p_s = 1.072$ kPa，代入式（2.2.4-3），得 $H_s = 0.00665$

溫度 283K 時，$p_s = 1.072$ kPa，代入式（2.2.4-3），得 $H_s = 0.00763$

收內插法求 $H_s = 0.0076$ 的溫度得 $T_d = 282.5$K，

3. 接著利用溼度圖表求對應的 $T_{w, 353}$

在通過點（$T = 353, \phi$）的絕熱冷卻線至 $\phi = 100$ 的交點得其露點應爲 305K

將式（2.2.4-1）變形可得

$$T_w = T - \frac{\lambda_w (H_w - H)}{1.00 + 1.88H}$$

將 $T = 353$K，$H = 0.00726$ 代入上式，再把從溼度圖表覓得的 T_w 值附近以試錯法演算至上式左右兩邊相等，得

$T_w = 303$ 時，右邊 $= 305.4$K

$T_w = 304$ 時，右邊 $= 301.5$K

故眞的 T_w 該存在於 $303\sim304$K 間，正確值 $T_w = 303.7$K

溫度 [K]	273.16	280	290	300	310	320	330	340	350	360	370
p_s [kPa]	0.6112	0.991	1.9186	3.5341	6.2261	10.537	17.198	27.164	41.644	62.136	90.452

273.16K（0.01℃）是水的三相共存點溫度

2.3 非空氣—水系的溼度

絕大多乾燥操作的對象多屬於空氣—水系統，如被乾燥物中擬去除的液相不是水時，其溼度的表示法得改用如下表所示的公式求之。

表 2-2 非空氣—水系的溼度表示法 [Tamon, p.12]

溼空氣的溼度相關物性值的公式	備註
絕對溼度 H [kg- 蒸氣 ·/kg-d.a.] $$H = \frac{M_V p}{M_G(p_t - p)} \qquad (2.3\text{-}1)$$ P = 氣體中蒸氣的分壓 [Pa]，p_t = 全壓 [Pa]，M_G = 氣體的分子量，M_V = 蒸氣的分子量	・乾氣體量為基準 ・如採用溼氣體量為基準時，因含有的蒸氣量會隨過程變化而不便使用。 ・高溫度時的溼度宜採用克分子溼度表示。
克分子溼度 H_{mol} [kmol- 蒸氣 ·/kmol-d.a.] $$H_{mol} = \frac{p}{p_t - p} \qquad (2.3\text{-}2)$$	
溼比熱 C_H [J/K · kmol-d.a.] 或 [kcal/C° · kmol-d.a.] $C_H = C_{pG} + C_{pV} H \qquad (2.3\text{-}3)$ C_{pG}：氣體的平均恆壓比熱 [J/kg · °K] C_{pV}：蒸氣的平均恆壓比熱 [J/kg · °K]	・乾氣體量為基準 ・溼氣體物性 = 乾氣體物性 + 所含溼蒸氣的物性 ・此值隨溼度而異
溼比容 v_H [m³/kg-d.a.] $$v_H = 22.4 \times 10^{-3} \frac{101.3}{p_t} (\frac{1}{M_G} + \frac{H}{M_V}) \frac{1}{273} \qquad (2.3\text{-}4)$$	・溼氣體物性 = 乾氣體物性 + 所含溼蒸氣的物性 ・乾氣體量為基準 ・此值隨溼度和溫度而異

溼空氣的溼度相關物性值的公式	備註
溼空氣的熱容量—i [J/kg-d.a.] $i = C_{pG}(T - 273) + \{\lambda_0 + C_{pV}(T - 273)\}H$ $= C_H(T - 273) + \lambda_0 H$ （2.3-5） $\lambda_o = o°C$的蒸氣潛熱 [j/kg]	· 溼氣體物性 = 乾氣體物性 + 所含溼蒸氣的物性 · 乾氣體量為基準 · 飽和時的熱容量以 H_S 代入 H
絕熱冷卻變化式 $C_H(T - T_S) \approx \lambda_S(H_S - H)$ （2.3-6） $\lambda_S = T_S$；T_S = 絕熱飽和溫度 [K] H_S = 絕熱飽和溼度	· C_H 假設定值 · 忽視蒸氣所帶進之顯熱。
熱量和質量同時輸送 $h(T - T_W) = k(H_W - H)\lambda_w$ （2.3-7） h：境膜熱傳係數 [W/m² · K]；k = 境膜質傳係數 [kg-liquid/(s · m² · ΔH)]；T_w = 發生汽化時的溫度；$\lambda_w = T_w$ 時的汽化熱	· 液體表面的境膜界面同時產生熱量和質量同時輸送 · 經界面輸進液相的熱量全用在液相的汽化。
Chilton-Colburn Correlation $\dfrac{h}{k} \cong C_p(\dfrac{N_{Sc}}{N_{Pr}})^{2/3}$ （2.3-8）；$N_{Lu} = (N_{Pr} / N_{Sc})$ N_{Sc} = Schmidt 數 = $\mu_f / (\rho_f D)$：D 為擴散係數 [m²/s]， N_{Pr} = Prandtl 數 = $\mu_f C_p / k_f$；k_f = 熱傳導率 [W/(m · K)] C_p = 恆壓比熱 [j/(kg · K)]	
溼球溫度 $\dfrac{H_w - H}{T - T_W} \cong \dfrac{C_p}{\lambda_W}(\dfrac{N_{Sc}}{N_{Pr}})^{2/3}$ （2.3-9）	· 量得乾球溫度和溼球溫度可由式（2.3-9）求的 H 值

📖 參考文獻

Coulson, J. M., Richardson, J. F. Backhursy, J, F., Harker, J. H.; Chemical Engineering, Vol.II, 4th Ed., Pergamon Press, Oxford, GB. (1990).

Kamei, S, ；龜井三郎；化學機械の理論と計算，產業圖書，東京，日本（1975）。

Nakamura, Y.; 中村喜一郎，鈴木精次；化学・工業化学公式活用ポケットブック，オーム社。東京，日本（1969）；p.104。

Kunii, D.; 國井大藏；熱的單位操作 Vol, II , 第八章丸善，東京，日本（1968）。

Tamon, H.; 田門肇；"Introduction to Drying Technology" 日刊工業新聞社，東京，日本（2012）。

日本化學工學會；化工便覽 4th Ed. 丸善，東京，日本（1968）。

第三章 乾燥的過程、機制與乾燥特性曲線

3.1 乾燥的過程與機制

1. 乾燥過程——溼潤材料重量與溫度的變化，乾燥曲線

一般充分溼潤的材料（球狀），置於穩定的乾燥條件如圖 3-1(a) 所示，將充分溼潤的材料與溫度、低溼度和流速一定的熱空氣接觸並進行乾燥，此材料的含水率與品溫將隨乾燥時間而變，將此變化作圖可得如圖 3-1(b) 所示的乾燥的三個階段的變遷：

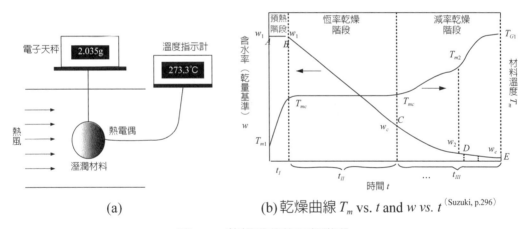

| (a) | (b) 乾燥曲線 T_m vs. t and w vs. t [Suzuki, p.296] |

圖 3-1 乾燥過程的三個階段

第 I 階段（A → B）：被乾燥物因初與加熱空氣有溫差而被加熱，品溫將升至在所設定的乾燥條件下維持動態平衡的溫度，但可視為沒有水分被蒸發，這段可說是**預熱階段**。當品溫升到熱空氣的**溼球溫度**而乾燥材料表面存有充分的游離水時，由空氣傳至乾燥材料的熱量也維持一樣的速率（也即蒸發水分速率）。此時乾燥速率將可維持一定的速率，故這第 II 階段（B → C）就稱為**恆率乾燥階段**，在這段期間溼潤材料的含水率將隨乾燥時間成比減少；當乾燥材料擁有的水分無法再覆蓋全材料表面而露出部分乾涸表面直接和熱空氣接觸時，材料溫度就逐漸上升，而蒸發

水量的速率就開始減小，這第 III 階段（C→E）就稱謂**減率乾燥階段**，如含水率 vs. 時間的變化曲線呈向上凹的曲線。第 I 階段時間可說是溼潤材料接觸熱空氣後，材料被加熱而升溫或失去顯熱降溫至與熱空氣達成平衡的一段時間，如因溼潤材料含水率高需較長的第 II 段和第 III 段乾燥時可忽略第 I 段的存在。如溼潤材料含水率低或如肥皂或聚合物等均質材料，乾燥時，常缺恆率乾燥階段而從開始就逕入減率乾燥階段。

2. Kunii 的乾燥操作的三個階段模型 [Kunii II, p.375]

於乾燥溼潤材料時，首先材料裡的水分得輸送到材料表面，再擴散透過存在於材料表面被氣流帶走。也就是要去除的水分需克服連串的材料內部對水分流動的阻力和氣相境膜的擴散阻力才能移動到材料表面。如氣相境膜的阻力乾燥過程一般可維持不變，但材料內部的阻力會隨乾燥過程增大，故乾燥操作前半是氣相境膜阻力律速，而後半過程則轉為材料內部對水分輸送阻力律速的局面。但就是同一材料，如厚度極薄時，乾燥操作全程將屬於氣相境膜阻力律速，反之，對厚材料乾燥操作全程將屬於內部對水分輸送移動阻力律速。

Kunii 藉如下圖 3-2 所示的粒子堆積床模型來說明不含預熱階段的乾燥機制和其後三段過程。圖 3-2(a) 所示的是過度溼潤的粉粒群是分散懸濁在水分裡，此時難確認其正確的空隙容積，但可認為 Φ（空隙容積為基準的含水率）> 1.0，多餘的水分被乾燥蒸發去除後各粒子間的距離就縮短構縮成如圖 3-2(b) 所示構成各粒子互接觸狀態結構，如以巨觀來看，過度溼潤的粉粒群經乾燥後進行了三維性的收縮成了外觀容積較小的固粒塊，此時物質內的所有的空隙仍然全被水分所占，也即其 Φ =1.0，如繼續乾燥，因在粒子床表面下方的水分依靠毛細管吸力往表面移動，並有空氣鑽入，在粒子床內部出現如圖 3-2(c) 所示的空隙，並在空隙間以**索狀水**（funicular water）形態存在的粒子床的空隙裡，也即以空隙容積為基準的含水率就 Φ 開始小於 1.0。如繼續乾燥下去，或乾燥能力較強時，則因由內部被吸上來的水分再也無法覆蓋全表面，而出現乾涸的表面，接近表面的粒子就直接被熱空氣加熱而品溫開始再往上升，與空氣接觸面的水分均需依靠毛細管力或擴散輸送至乾燥接觸表面，甚至氣─液接觸面積開始減少，而進入圖 3-2(d) 所示的第 I 階段**減率乾燥期**的狀態而 Φ < 1.0。如含水率續減至如圖 3-2(e) 的狀況，水分退到附著於曲率

半徑小的固粒表面，呈**懸吊水**（pendular water）的狀態存在，內部的水分就難靠毛
細管吸力往上吸，而水分蒸發界面就只好往下移，在孔隙內部蒸發的水分就靠在材
料內擴散透過固表的表面境膜逸散於大氣中。如粒子床粒子微細，層厚時，就如圖
3-2(e) 所示 Φ ≪ 1.0，床上部的水分幾乎都以懸吊水留存，在更下層部分則以索狀
水狀態存在。

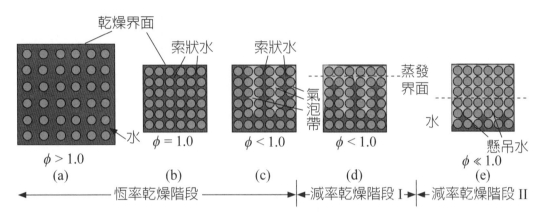

圖 3-2　Kunii 的乾燥機制模式圖解(Kunii;II.375)

3. 乾燥特性曲線

如把圖 3-1(b) 所示乾燥過程的**含水率** vs. **時間**的曲線就時間微分可得示的乾燥
過程的乾燥速率的變遷，再改以含水率做為橫座標。以乾燥速率對含水率作圖，可
得如圖 3-3 所示的結果，此圖就稱為**乾燥特性曲線**。圖中 AB 是**預熱**階段，BC 這
段是**恆率乾燥**階段，CDE 是**減率乾燥**階段，C 點是代表乾燥由恆率轉變為減率乾
燥之**臨界點**，此點的含水率就稱為**臨界含水率**（critical moisture content，詳介**參照
4.3 節**），減率乾燥階段速率的變化曲線常依乾燥材料有單段或可分為兩個不同的
階段（詳介**參照 5.1 節**）。

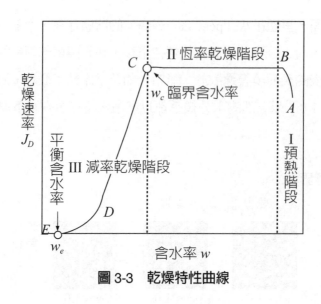

圖 3-3 乾燥特性曲線

3.2 乾燥速率

1. 乾燥速率的定義

被乾燥的溼潤材料的總質量的減少速率（也即溼潤材料質量的減少速率）除以乾燥面積之商就是一般所知的**乾燥速率**，J_D，可以數式表示如下：

$$J_D = \frac{m_M}{A}(\frac{-d\overline{w}}{dt})$$（3.2-1）

式中 J_D 是材料表面的水分的質量流速，$\overline{w}$ 或 w 均都是材料全體的平均含水率，如 w 代表局部含水率時，將以 w_{ioc} 表示。m_M 或 m_0 是總乾量質量，A 為乾燥面積，如無法量得準確的乾燥面積時，就常以水分的減少速率除以總乾量質量，m_M 並以 J_M 表示：

$$J_M = -\frac{d\overline{w}}{dt}$$（3.2-2）

J_M 就稱為乾質量為基準的乾燥速率（簡稱**乾量基準的乾燥速率**，為簡化，本書除另先言明的場合外，乾燥速率就是指**乾量乾燥速率**，也即 $J_M = J_D$）。這種表示方式是利用乾燥速率與從外面就可量測得的材料全體的平均含水率，$\overline{w}$ 有如上式所示的關係。如討論焦點置於材料內部的水分輸送現象時，材料內任一局部點（local）的水分的質量流速 J_D' 可依 Fick's 的擴散公式寫成：

$$J_D' = -\rho_S D_1 \frac{dw}{dz} \tag{3.2-3}$$

式中 z 是水分移動方向平行的空間座標軸，ρ_s 是乾材料的嵩密度[kg－乾材料／m³－溼潤材料]，而 D_1[m²/s] 是水分在被乾燥物內的**輸送（或擴散）係數**，是求材料裡的含水率分布最重要的數據。一般而言，D_1 甚依存含水率值，也即 D_1 與含水率的關係將隨材料不同而有相當大的差異。式（3.2-3）所代表的 J_D' 在材料表面之值，而 $J_D'|_{surface}$ 就是該系的乾燥速率 J_D'。前者多用於板狀材料或散裝材料裝在盤上時的乾燥，而後者則用於不定形材料的乾燥。

2. 利用乾燥曲線求乾燥時程

於執行乾燥操作時，重點常是擬把要含水率 w_1 的溼潤進料乾燥至 w_2 需要多少時間，如乾燥試驗的試料是將來量產時同樣的物質，且乾燥試驗所採用的乾燥方式與考慮中的乾燥裝置相似，就可從判讀試驗所得的乾燥曲線或乾燥特性曲線直接獲得考慮中的乾燥時程的長短、臨界含水率、恆率乾燥階段的長度。

【範例 3-1】利用乾燥曲線直接求乾燥時間 (Geankopolis, 525)

茲有含自由水率 $w_F = F = 0.38$ [kg-H₂O/kg-d.s.] 的溼潤材料，擬乾燥成 $w_F = 0.25$ [kg-H₂O/kg-d.s.] 的產品，請利用圖 3-3(b)，估計所需乾燥時程。

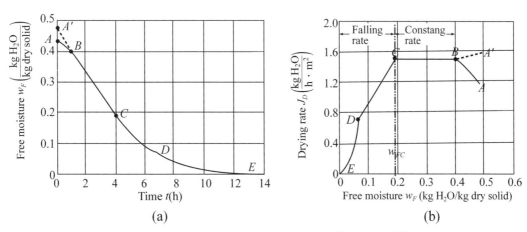

圖 3-3　乾燥曲線與乾燥特性曲線例 (Geankopolis, 525)

〔解〕

從圖 3-3(a) 的左圖，$w_F = 0.38$ 時 $t_1 = 1.28$ [hr]；$w_F = 0.25$ 時 $t_2 = 3.08$ [hr]；故所需乾燥時程 $t = t_2 - t_1 = 3.08 \quad 1.28 = 1.80$ [hr]

【範例 3-2】利用乾燥特性曲線求乾燥時間 [Geankopolis, 525]

請用圖 3-3(a) 的右圖（乾燥特性曲線）和下式重算【範例 3-1】

$$J_C = -\frac{q_m}{A}\frac{dw_F}{dt} \; ; \; t = \frac{q_m}{A}(w_{F1} - w_{F2})$$

但 $q_m(= m_0)$ 也即溼潤材料中乾涸材料的流量 [kg-ds/*hr*]

〔解〕

從乾燥特性曲線讀得：$J_C = 1.51[kg - H_2O/(hr \cdot m^2)]$，此題中 $q_m/A = 21.5$

故 $t = \frac{q_m}{A}(w_{F1} - w_{F2}) = \frac{21.5}{15.1}(0.38 - 0.128) = 1.85[hr]$

3.3 溼潤材料內水分的狀態與移動機制 [Suzuki, p.742] [Kamei-Toei, Ch.10]

乾燥材料裡液狀水分如何分布不僅對乾燥時水分的移動機制有很大的影響，並對把握乾燥後的乾燥物的品質上不能忽視的關鍵因素之一。談乾燥過程其水分的移動可分爲下列三種不同環境來討論：

1. 乾燥材料內全壓均勻時。

2. 蒸氣流與蒸氣擴散並存。

3. 水分流動與蒸氣流與蒸氣擴散並存。

乾燥材料內全壓均勻時可分爲溼潤材料和凍結材料，表 3-1 列示各種材料裡保存水分的狀態和該水分的移動機制的分類，此表所示的液相移動對乾燥程序中材料的變形或碎裂發生甚有影響。

表 3-1　各種材料裡保存水分的狀態和該水分的移動機制 (Kamei-Toei, Ch.10)

I. 材料內沒有全壓有斜率時

	與固相共存的水的各類	蒸氣壓 P	保有水分的力	水分或蒸氣的輸送機制	材料例
非親水性材料	吸附於表面的水	$p = p_w$			砂粒子
非親水性材料	毛管水（索狀水）（懸吊水）	$p = p_w$（> 100nm）$p < p_w$（< 100nm）	毛細管吸引力　表面張力	液相水移動　蒸氣擴散	粒子床磚瓦多孔性固體
非親水性材料	滲透水（懸濁狀態）	$p = p_w$	滲透吸力	液相水移動收縮量 = 蒸發水量	超微細粒子床濾餅，高含水率黏土
親水性材料	吸附於表面的水	$p = p_w$			
親水性材料	索狀吸附水（Funicular water）	$p = p_w$	毛細管吸引力	液相水移動	
親水性材料	吸附於表面的水	$p < p_w$	吸附力	蒸氣擴散	活性氧化鋁
親水性材料	滲透水（懸濁狀態）	$p = p_w$	滲透吸力	液相水移動	
親水性材料	結合水	$p < p_w$	分子間相互吸引力	液相水移動	黏土
均質材料	結合水（gel 狀態經過）	$p > p_w$	分子間相互吸引力	液相水移動	高分子溶液
均質材料	溶液	$p < p_w$		液相對流或擴散	有機物質鹽類
凍結材料	水	$p = p_{ice}$		蒸氣擴散	

（左側大分類：溼潤材料 — 非均質材料（含非親水性材料、親水性材料）、均質材料；凍結材料）

II. 材料內有全壓有斜率時

(1) 蒸氣流與蒸氣擴散共存——熱能由材料面加進，減率乾燥階段水蒸氣壓力大於系統環境的全壓（加壓方式含輻射、對流熱傳、過熱蒸氣、真空等）。

(2) 水分流動、蒸氣流與蒸氣擴散等三方式共存（傳導熱傳、高週波加熱、真空等）。

此節以下就各個溼潤材料的種類與物性做簡單的說明[Tamon, p.298]：

1. 非親水性材料

此材料指的足構成此材料的固體表面（含多孔媒質細孔表）不具吸溼性，或就是具吸溼性，其最大吸溼量 << 材料的絕乾總質量。

(1) 單一顆粒：如砂粒中實顆粒，水分是附著在溼狀固體表面，這類材料多使用熱風搬送（分散）型的乾燥裝置乾燥。

(2) 粗粒子層：粒徑數 10μm 以上的中實顆粒所堆成或結成的粒子堆（層）裡水分會依靠毛管吸引力（capillary suction pressure）以毛管水（capillary water）存於顆粒的間隙。半徑 r 的單一圓筒毛細管的毛管吸引力 p_c 可依下式求得：

$$p_c = p_L - p = \frac{2\sigma \cos\theta}{r} \tag{3.4-1}$$

式中 p_L 是水壓 p 是氣體壓，而 θ 是水與固體表面的接觸角，σ 表面張力 [Pa, N/m]。圖 3-4 揭示毛管吸壓力是隨其含水力而變，圖中 b → c 是空隙中的水分因含水率減少從索狀水形態縮變為懸吊水的過程，到 c 是其含水率成了 w_R 也即**懸吊含水率**，溼潤材料內的水分只剩下懸吊水。在此得注意水分增加與減少過程會有滯後現象（hysteresis）呈不同的回路。

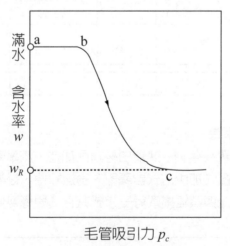

圖 3-4　含水率與毛管吸引力的關係[Suzuki, 742]

毛管吸引力與水蒸氣壓間存有如下式所示的熱力學關係的 Kelvin 式：

$$\frac{p_v}{p_s} = \exp\{\frac{-p_c M_L}{\rho_L RT}\} \qquad (3.4\text{-}2)$$

式中 M_L 是水分的克分子量，ρ_L 是水的密度，p_v 是水蒸氣壓，p_s 是飽和水蒸氣壓。

存於粒子堆空隙的水分就依靠含水率的階梯差所產生的毛管吸引力階差爲驅動力讓空隙間的液狀水產生黏性流動。可知依式（3.2-3）**所定義的液狀水的輸送（或擴散）係數 D_l 受含水率不小的影響**。

(3) 微小粒子層

粒徑 1 μm 以下的膠狀微小中實粒子懸濁在水中時如懸濁在液（水）的相極細的粒子群時，粒子間將因同種的表面電荷產生互相反撥力，可吸入水分來隔離鄰近的微粒，此力稱爲滲透吸力（osmotic suction pressure），並可如圖 3-5 所示隨著含水率減少而增加其滲透吸力，此關係常以如下式的實驗式表現：

$$p_o = \alpha \exp(-\beta \mathrm{w}) \qquad (3.4\text{-}3)$$

式中 p_o 代表**滲透吸力**（osmotic suction pressure），α、β 都是實驗常數。此力當粒子將相互接觸的直前急激呈最大值，瞬即就失去吸引力，替而起作用的是毛管吸引力。因而被吸存的水分就稱爲**滲透水**（osmotic water），此滲透水也得靠滲透吸引力才能產生性流動。在粒子相互接觸之前，粒子堆將收縮與被脫水水分同容積，而此時的含水率巧與此乾燥系的臨界含水率同值。

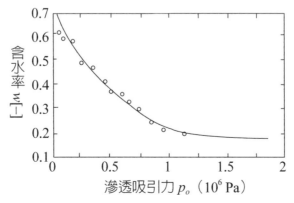

圖 3-5　黏土的滲透吸力 vs. 含水率的變化[Suzuki, p.743]

(4) 多孔質固體

多孔質固體裡水分與 (b) 節的中實粒子情形相似，依靠毛管吸引力保存水分於粒子間的空隙，但如有半徑小於 10 nm 的微細毛管存在時，就不可忽視其微細毛管水有關蒸氣壓的下降現象。

2. 親水性材料

親水性材料指的是構成材料的固體表面具有吸溼性，或固體本身具有吸附水分的特性的材料。

(1) 粒子堆（層）、多孔質固體

於高含水率區域，材料內空隙保有的水分多是自由水，其乾燥現象與非親水性粒子堆（層）或多孔質固體一樣，但隨含水率降低，首先自由水就被去除，接著就有結合水（吸附水和附著水）的移動、蒸發發生，此時其蒸氣壓將不僅受溫度的影響，亦受含水率的影響。尤其吸附水是依吸附等溫平衡曲線改變，而其移動則將依廣裁的表面擴散現象移動。

(2) 細胞質材料

單一細胞充分被水分飽和時，其細胞質和細胞中腔都被水飽和，隨著含水率遞減，細胞中腔的水分先消失，接著細胞質開始脫水，此時就有細胞質的收縮發生，這開始收縮分界的含水率大都發生在 $w = 0.36$，於木材業稱此點為**纖維飽和點**（fiber saturation point）。

3. 均質材料

如聚合物溶液、肥皂等均質材料中的水的分子對溶質，或固體成分具有良好的親和性，其蒸氣壓 vs. 含水率有如圖 3-6 所示，在含水率其蒸氣壓與含水率的關係和自由水一樣，但隨含水率減少就趨小值。而其脫水水分容積等量的材料容積的收縮會繼續到乾燥最後階段。

此類材料的水分移動依液相擴散方式進行，其擴散係數如圖 3-7 所示隨含水率減少遞減，進到某一低含水率域將有驟減的現象發生。

聚合物溶液的蒸氣壓可依如下所列的 Flory-Huggins 式相關：

$$\frac{p}{p_s} = \phi_1 \exp(\phi_2 + \chi\phi_2^2) \qquad （3.4\text{-}4）$$

　　式中 ϕ 是溶液成分容積分率，其下標的 1 是水分，2 是聚合物，χ 是水分—聚合物間相互作用的參數。

　　此系材料裡的含水率的水分擴散係數大多可依自由體積理論相關，但依此理論推估的擴散係數值常於 $w = 0$ 附近出現負值的破綻，就得另想補正。

　　又材料隨脫水可能有析出結晶的系，需得考慮結晶熱的影響。

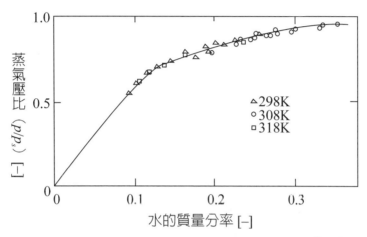

圖 3-6　Maltodextrin 水溶液的水蒸氣吸附等溫曲線[Suzuki, p.744]

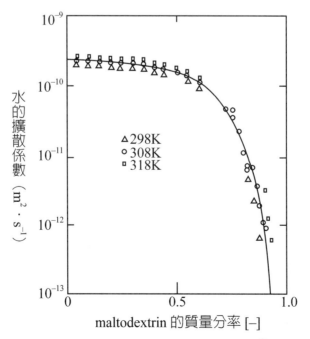

圖 3-7　Maltodextrin 水溶液中水的擴散係數[Suzuki, p.744]

4. 凍結材料

凍結材料的乾燥時，其水分的移動是因冰的昇華而發生的水蒸氣將依其壓力差的推進力所產生蒸氣流，此時係在稀薄氣相，故蒸氣流多屬於 Knudsen flow。

3.4 乾燥方法對材料的乾燥特性的影響

1. 對流（熱風）乾燥法

圖 3-8 揭示不同材料於對流乾燥過程含水率分布的變化，而圖 3-9 則揭示上圖所示的不同材料於對流乾燥的乾燥特性曲線。圖 3-9(a) 所示的是材料中水分靠毛管吸引力的砂床，在 t = 1.33 hr 前後其平均含水率就走完恆率乾燥階段（臨界含水率 w_c = 0.12）進入減率乾燥階段，此時其表面含水率就已降至圖 3-15 所揭示的 w_R 之後，表面含水率很快就降到其平衡含水率，因此在材料就出現乾涸面，且其面積逐次往內部擴大。圖 3-9(b) 是溼潤黏土與長石粉混合物，在對流乾燥下的乾燥特性曲線，這材料中水分是依靠 Osmotic 吸引力存留，在所列條件下 5 小時，含水率降到臨界含水率（w_c = 0.17），而乾燥收縮也在此時停止，而其含水率出現平坦是因含

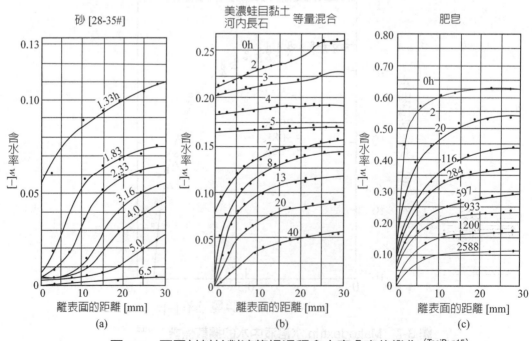

圖 3-8　不同材料於對流乾燥過程含水率分布的變化 (ToeiB; p15)

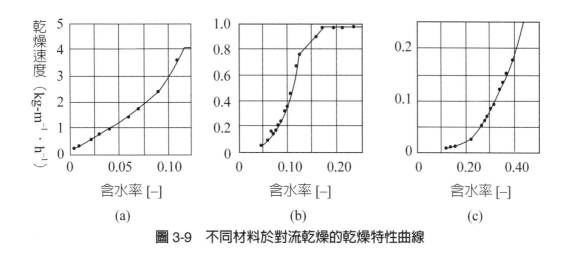

圖 3-9　不同材料於對流乾燥的乾燥特性曲線

水率 vs. Osmotic 吸引力的斜率急速變極大，導致水分移動係數也呈極大，讓材料內水分重新再分配。之後，乾燥又從表面側重新往內部進行。圖 3-9(c) 是均質材料（如肥皂）的乾燥特性曲線，其材料內的水分分布從開始至長久時間都呈單調緩慢的減少。

2. 傳導加熱法

　　傳導熱傳乾燥是如圖 3-10 所示，載有溼潤材料的高溫金屬盤或器壁經傳導熱傳被加熱的方式蒸發去除所含水分（或溶媒）達成乾燥的方法，此法相對於對流熱傳乾燥時，熱媒流體直接與溼潤材料接觸加熱來比，於傳導熱傳乾燥是熱媒流體先加熱載盤或器壁，再由接觸溼潤材料接觸的載盤或器壁以傳導熱傳進行乾燥操作，也因此傳導熱傳乾燥器亦被稱為間接加熱型乾燥器。

　　此乾燥法比對流熱傳乾燥排氣量少而減少熱能排出，故其熱效率較高，並也較適於乾燥含有臭氣成分或溶劑的溼潤材料。

　　如其底面也有可蒸發水蒸氣的空間，乾燥過程材料中心的水分分布較大，成似吊鐘形，在乾燥表面的含水率未到圖 3-3 所示的 w_R 前，其乾燥可維持在恆率乾燥階段。

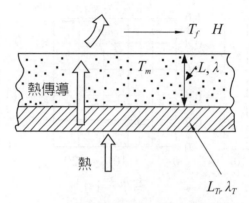

圖 3-10 傳導熱傳乾燥的基本機制[Tamon]

3. 輻射乾燥法

　　簡單地說**輻射熱傳乾燥**是如圖 3-11 簡示利用波長在 0.76～400 μm（近、中紅外線）以遠紅外線（遠紅外波長在 3～1,000 μm）的電磁波—紅外線輻射至溼潤材料加熱乾燥方法。由於紅外線能侵透距離至深也只有數百微米，故如材料厚度大於數 mm 時，其加熱效應幾乎與對流乾燥呈類似的乾燥特性。但在恆率乾燥階段材料溫度可能高於外氣的溼球溫度。在此乾燥，其熱傳速率全般較大，如材料厚度薄於 1 mm 以下時可呈中心加熱，如材料再薄時其加熱效應就呈似於微波或介電加熱的均一加熱的效果。

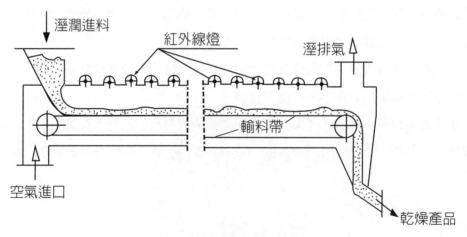

圖 3-11 輻射加熱、乾燥

4. 介電（均勻）加熱法

　　圖 3-12 中 A-A' 是兩張排成平行的金屬板（實際應用時不一定需要平行的極板也可），M 是可視爲介電體的被乾燥（加熱）物，G 是高週波電力發震機，V 是存在於兩極板間的電壓，圖中虛線代表電力線。當電壓 V 的電力以高週波數交替流過被加熱物（M）時，其分子將產生週波數 f 的配向，並導致分子間的摩擦而發熱。也即從被乾燥體內部發熱。因此按理，如被加熱體物性均勻時，均勻發熱該造成均勻的溫度分布，也即高週波介電加熱不僅可均勻加熱，且可迅速抵所需的高溫的特點。於此加熱乾燥系，如中心溫度高於水的沸點，中心部的水分將起汽化，導致水分分布曲線呈凸形，而極大點將隨乾燥過程往表面外移至乾燥終了，造成乾燥特性曲線多呈上凸形。

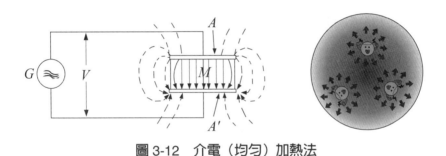

圖 3-12　介電（均勻）加熱法

5. 過熱蒸氣乾燥法

　　過熱蒸氣乾燥雖也屬對流乾燥，但其加熱熱媒氣體與要去除的水分同一物質，在恆率乾燥中材料溫度就與周圍氣相全壓的液體沸點同一溫度，故氣相中的水分移動就視該系的全壓變化的斜率成爲其主驅動勢，因此其質量輸送阻力較一般熱風對流乾燥小，而容易變成熱傳速率律速，導致此乾燥系的恆率臨界含水率變小也造成減率乾燥速率的增大。圖 3-13 比較過熱蒸氣乾燥有無含空氣時其乾燥特性曲線的差異，一般不含氣時其乾燥特性曲線有向上凸的趨勢。

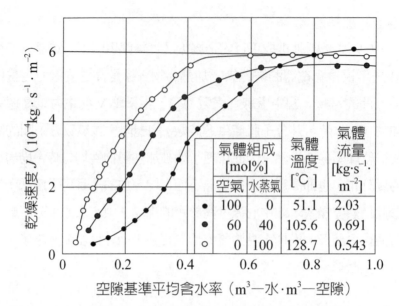

圖 3-13　多孔磁球以過熱蒸氣乾燥時的乾燥特性曲線[Suzuki, p.765]

6. 真空乾燥法

　　併用傳導或輻射熱傳在真空環境降低沸點或昇華固態冰來去除材料中水分，氣相側的質量輸送就以蒸氣的黏性流動或 Knusen Flow 成主體，此乾燥系的乾燥速率是熱傳律速或排氣速率律速就決定於熱傳裝置和排氣（真空泵）裝置的能力和配合良莠。

📖 參考文獻

Geankopolis, C. J.; Transport Process and Unit Operations. Third Edition. Pretice-Hall, London, UK.(1993).

Kunii,II; 國井大藏；熱的單位操作 Vol, II 丸善，東京，日本（1968）。

Nakaura,I.; 中村正秋 立元雄治；初步から學ぶ乾燥技術，（2nd Ed.）工業調查會，東京，日本（2005）。

Suzuki T, 鈴木 睦；化工便覽，第六版，#14，丸善，東京，日本。

Tamon 田門肇；化工便覽，第七版，「5 調溼，水冷卻，乾燥」丸善，東京，日本（2011）。

Toei, R.-Kamei;；桐榮良三，化學機械の理論と計算；龜井三郎編，產業圖書，東京，日本（1975）。

Toei, B; 桐榮良三：乾燥裝置 日刊工業社 東京，日本（1969）；F3-19, p.15; F3-20, p.19.

第四章　恆率乾燥階段與臨界含水率

4.1 恆率乾燥階段及其生成

　　水總是由高處往低處流，而熱能則是由溫度高往溫度低處傳過去，在乾燥含溼材料時，材料中所含的水分就由含水率高的部位往含水率低處移動。這水分移動則依靠如表 3-1 所介紹的保存這些水分的**毛細管吸引力**（**capillary suction potential**）、**滲透壓**（**osmotic potential**）、表面張力、分子間的吸引力的差異產生水分的移動。如用高溫熱風來乾燥初期擁有高含水率的溼潤材料爲例，則存於表面的水分因受熱蒸發離開後，原存於內部的水分就往表面移動，讓材料表面總是被水分所覆蓋，初期由熱空氣注入溼潤材料的熱能除了蒸發存於表面的水分外，部分熱能也被水分吸收提升溼潤材料的品溫，品溫升高後，在表面的水分蒸發就愈多，當汽化水分的熱量與熱空氣可供的熱量相等時，材料品溫就等於熱空氣的**溼球溫度** T_w，如材料表面水分可不斷由內部補充上來，此時乾燥速率也呈恆率，而展現如在圖 3-1(b) 和圖 4-0 所示的 BC 間是**恆率乾燥階段**，故**恆率乾燥階段**亦被稱爲**表面蒸發階段**。

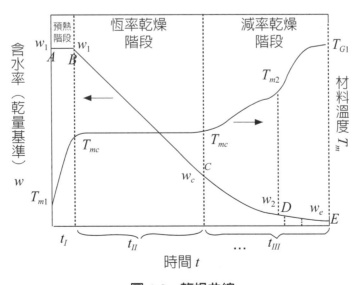

圖 4-0　乾燥曲線

4.2 加熱方法與恆率乾燥速率

於**恆率乾燥**階段，材料表面溫度幾乎一定，而幾乎等於加熱空氣的飽和溫度，也即 $T_m \doteqdot T_w$；如其周遭空氣溫度為 T，溼度為 H，則**恆率乾燥速率** J_C 可寫成：

$$J_C = (-m_s dw / A dt) = k'(p_w - p) \approx k(H_w - H) \approx h / C_H (H_w - H) \qquad （4.2-1）$$

上式中 m_s 是乾涸（無水）材料的質量 [kg]，J_C 最常用的乾燥速率，它的 SI 單位是 [kg-H$_2$O/(s・m^2)]；這是單位乾燥表面積在單位時間所蒸發的水分量，有時，也有用如 [kg-H$_2$O/(m^2・s)]、[kg-H$_2$O/(kg-d.s.・hr)] 等不同的基準的表示方式。如熱能只由溫度 T 的熱空氣供應時，在達恆率乾燥階段時，$T_m \doteqdot T_w$

$$J_C = h(T - T_w) / \lambda_w \approx k(H_w - H) \qquad （4.2-2）$$

λ_w **是在溫度** T_w **時水汽化所需的潛熱**。h 和 k 分別為**熱傳和質傳境膜係數**，C_H **為溼空氣的比熱**。如考慮於境膜所產生的溫度 T_w 的蒸氣需加熱至熱風溫度 T 所需的顯熱量時，上式需以下式取代[Toei, B, p.14]：

$$J_C = h(T - T_w) a / (e^a - 1) \lambda_w \approx (h / c_v) \ln[c_v (T - T_w) + \lambda_w]$$
$$\approx h(T - T_w) / \{\lambda_w + (c_v / 2)(T - T_w)\} \qquad （4.2-2a）$$

在此式中 $a = J_C c_v / h$，c_v 是溼比熱容量 [J/K・(kg-da)]，在如熱風溫度高到 300℃ 以上，或有溶劑蒸發的場合，不考慮使用上式，所得 J_C 可能偏高 10～15%。

熱傳和質傳境膜係數，h 值將依熱空氣如何和含溼材料接觸而有如下所列幾種不同的相關式可採用：

1. 熱風平行流過平面材料時的乾燥

(1) 如圖 4-1 所示，從單面乾燥時：熱空氣對板狀材料成平行流時，如**單位面積的熱空氣的質量流量**為 G [kg/m^2・hr]，則其對流熱傳係數 h 為：

$$h = 0.054 G^{0.8} \text{ 但 } 2,500 < G < 15,000 \qquad （4.2-3）〔工程單位〕$$
$$h = 0.0204 G^{0.8} \qquad （4.2-3a）〔SI 單位〕$$

上式中是單位材料面 1 m^2 的熱空氣的質量速率 [kg-air/m^2・hr]。

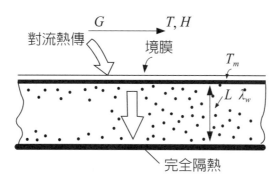

圖 4-1　平行流對流熱傳（單面）

(2) **對如材料放置於受熱的薄板容器而其受上下兩面平行流加熱時**，其恆率乾燥速率 J_C 為是棚盤底的熱傳導率

$$J_C = \{h + 1/(1/h + l/\kappa + l_s/\kappa_s)\}(T - T_m)/\lambda_w \qquad (4.2\text{-}4)$$

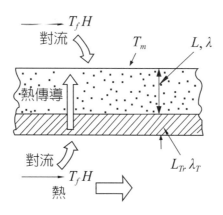

圖 4-2　平行流對流熱傳（雙面）

上式中 l、l_s 和 κ、κ_s 分別為乾燥材料的和容器盤厚度與熱傳導率，λ_T 是棚盤底的熱傳導率，此情形下雖 $T_m > T_w$，但為（4.2-1）與（4.2-4）兩式要同時成立就設定（4.2-1）＝（4.2-4）然後 H_w, T_m, λ_w 三者中任假定其中一值以試錯法求其解來得 J_C。如不知材料的 κ 值可取 $\kappa = 1.5\sim3$ kcal/m・hr ℃進行計算。

(4) **如除了對流熱傳外，材料也受熱傳導（由容器），及周遭的輻射熱傳時**，其恆率乾燥速率 J_C 為：

$$J_C = [h(T - T_m) + \{(l/\kappa + l_s/\kappa_s)\}(T_k - T_m)(A_k/A) + h_r(T_r - T_m)(A_r/A)]/\lambda_w \qquad (4.2\text{-}5)$$

T_k 為熱傳導源的溫度，T_r 為輻射源的溫度，A_k、A_r 為熱傳導與輻射熱傳時的受熱面積。如不知材料的黑度，可取 0.9～0.95。

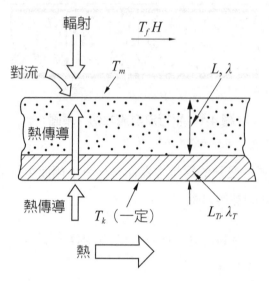

圖 4-3　平行流對流熱傳（雙面）兼有輻射熱傳[Tamon, p.36]

2. 熱空氣由二維噴嘴或銳噴垂直噴向平板成如圖 4-4 所示一種**衝擊流**（impinged jet flow）時，h 值 Frieldman 提議[3]

$h = C^1 G^{0.37}$〔工程單位〕（4.2-4）$C_1 = 66～280$（依噴嘴的構造和其配列而變）

$h = 1.17 G^{0.37}$〔SI 單位〕G 介在 3,900～19,500 kg/(hr・m^2)

上式中 G 為氣體流量。

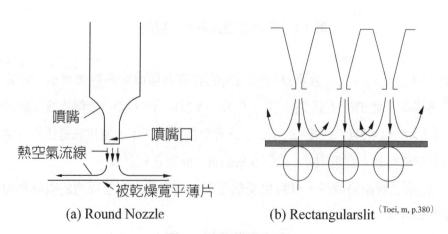

(a) Round Nozzle　　　(b) Rectangularslit[Toei, m, p.380]

圖 4-4 噴流乾燥方式

3. 溼潤材料爲單一粒子或液滴的乾燥

熱風（或過熱蒸氣）直接吹向球時熱傳現象可依下式相關：

$$N_{Nu} = 2 + 0.65 N_{\mathrm{Re}_p}^{1/2} N_{\mathrm{Pr}}^{1/3} \qquad (4.2\text{-}6)$$

上式中 N_{Re_p} 的氣體流速採用粒子與熱風的相對速度，如材料係被熱風分散呈稀濃度（粒子容積分率低於 1×10^{-3} 時可逕用上式計求，如係高濃度分散於管時熱傳係數值會更高）。

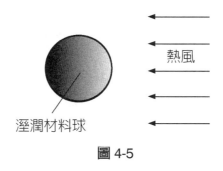

熱風

溼潤材料球

圖 4-5

4. 流體化床乾燥時表面蒸發期間的熱傳

(1) 批式流體化床時

$$N_{Nu} = 0.0135 N_{\mathrm{Re}_p}^{1.3} \qquad 10 < N_{\mathrm{Re}_p} < 57 \qquad (4.2\text{-}7)$$

(2) 連續式流體化床時

$$N_{Nu} = 4 \cdot 10^{-3} N_{\mathrm{Re}_p}^{1.5} \qquad 10 < N_{\mathrm{Re}_p} < 100 \qquad (4.2\text{-}8)$$

5. 板狀材料的眞空乾燥時：

在絕體壓力 $4 \sim 300$ mmHg 的眞空以傳導和／或輻射方式加熱時式（4.2-1）裡的 k' 可依下式求得

$$k' = 2.66 p_\pi^{-2/3} \qquad (4.2\text{-}9)$$

6. 穿流（Through flowing）乾燥速率 [Kami-Toei, p.314]

將熱風（T_1, H_1）如圖 4-6 所示強制垂直吹進粒子床來乾燥粒子床，床內的熱風的溫度與溼度就隨其過程變化，但在各個粒子的表面存有自由水分的期間，粒子的表面溫度就常保持熱風的溼球溫度 T_w，而熱風於溼度圖表上將沿著絕熱冷卻線變化，在這段期間床全床而言其乾燥速率是恆值不變，可說是穿流乾燥系的恆率乾燥階段。如乾燥速率是以 J_C [kg-H$_2$O/(hr · m^2)] 或 [kg-H$_2$O/(hr · kg-d.s.)] 表示是一恆值，其熱傳係數 h 及質傳係數 k 可依下式求得＊：

$$j_h = (h/c_p G_m)N_{Pr}^{2/3} = 1.95N_{Re}^{-0.51} ; \quad j_d = (k/G_m)N_{Sc}^{2/3} = 1.82N_{Re}^{-0.51} \quad N_{Re} < 350$$

$$j_h = 1.95N_{Re}^{-0.51} = 1.064N_{Re}^{-0.41} ; \quad j_d = 0.989N_{Re}^{-0.41} \quad N_{Re} > 350$$

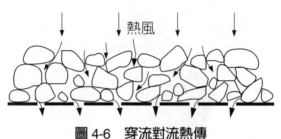

圖 4-6　穿流對流熱傳

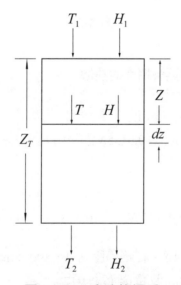

圖 4-6(a)　穿流乾燥系

就圖 4-6(a) 所示的乾燥系而言，如熱風（T_1, H_1）的質量流量是：$G_m[kg - da/(m^2$ 截面積)(s)]，在變爲（T_2, H_2）離開此乾燥系時，其**乾燥速率** J_D 可以下式表示：

$$J_D = G_m(H_2 - H_1) = \frac{G_m C_{H1}(T_1 - T_2)}{\lambda_w} \qquad （4.2\text{-}10）$$

上式中 C_H = 溼空氣的比熱容量 $[J/(K \cdot kg - d.a.)]$，λ_m = 水分的蒸發潛熱 [J/kg]，就任意床厚度 z 的・微小厚度取熱量及水分收支可得

$$-G_m C_{H1} dT = ha(T - T_w)dz \qquad (4.2\text{-}11)$$

$$G_m dH = ka(H_w - H)dz = \rho_B \frac{dw}{dt}dz \qquad (4.2\text{-}12)$$

上式中 w 為床內的局部含水率 [kg- 水分 /（kg- 無水材料）]，

ha = 熱傳容量係數 $[W/(K \cdot m^3 – 床容積)]$

ka = 水分輸送容量係數 $[kg- 水分 /(s \cdot m^3 – 床容積)]$

如全床可假設 $C_H = C_{H1}$ 積分式（4.2-11）和（4.2-12）如下式

$$\int_{T_1}^{T_2}(-\frac{1}{T - T_w})dT = \frac{ha Z_T}{G_m C_{H1}} = \int_{H_1}^{H_2}\frac{1}{H_w - H}dH = \frac{ka Z_T}{G_m} = N_1 \qquad (4.2\text{-}13)$$

$$e^{N_1} = \frac{T_1 - T_w}{T_2 - T_w} = \frac{H_w - H_1}{H_w - H_2} \qquad (4.2\text{-}14)$$

此結果代入式（4.2-10）可得

$$J_C = \frac{G_m C_{H1}(T_1 - T_w)(1 - e^{-N_1})}{\lambda_w} = G_m(H_w - H_1)(1 - e^{-N_1}) \qquad (4.2\text{-}15)$$

如積分上限 Z 改為任意床高 z 時，可與式（4.2-12）一併聯立求解就可求得床內的含水率分布。

如以從距頂部高 z 點，在此點的熱風溫度 T 可用式（4.2-14）得 $\frac{T_1 - T_w}{T - T_w} = e^{haz/G_m C_{H1}'}$，另從起始含水率 w_0 在 t 時間後變到 w 的話，從式（4.2-11）得 $\rho_B(w_0 - w) = ha(T - T_w)t/\lambda_w$。從此關係可得頂部材料含水率要變到 w_1 所需時間時，高 z 的含水率 w 為

$$\frac{w_0 - w_1}{w_0 - w} = \frac{T_1 - T_w}{T - T_w} = e^{\frac{haz}{GmC_{H1}}} \qquad (4.2\text{-}16)$$

$$w = w_0 - (w_0 - w_1)e^{\frac{haz}{G_m C_{H1}}} \qquad (4.2\text{-}17)$$

故頂部材料的含水率要降到臨界含水率間的任意點的含水率分布可由上式求

得，而該時的**平均含水率** $\overline{w}$ 可由下式表示

$$\overline{w} = \frac{1}{Z_T}\int_0^{Z_T} w\,dz = \frac{1}{Z_T}\{w_0 - (w_0 - w_1)e^{-\frac{haz}{G_m C_{H1}}}\}dz \qquad (4.2\text{-}18)$$

而當 w_1 值降到臨界含水率的時間就是此乾燥系的恆率時程，此時的 $\overline{w}$ 就是達到臨界含水率時的平均含水率。

於填充床的境膜熱傳係數 $h[\text{W/}（\text{m}^2\,\text{床截面積} \cdot \text{K}）]$ 和質傳係數 k 可藉 Hougen 等的實驗式估計：

$$\frac{h}{C_H G} = 2.407 N_{\text{Re},p}^{-0.51}\,;\ \frac{k}{G} = 2.566 N_{\text{Re},p}^{-0.51} \text{ 但 } N_{\text{Re},p} < 350 \quad (7) \qquad (4.2\text{-}19)$$

$$\frac{h}{C_H G} = 1.321 N_{\text{Re},p}^{-0.41}\,;\ \frac{k}{G} = 1.393 N_{\text{Re},p}^{-0.41} \text{ 但 } N_{\text{Re},p} > 350 \quad (8) \qquad (4.2\text{-}20)$$

式中 $N_{Re,p}$ 是以填充床的代表粒徑為基準的 Reynold 數。式（4.2-11）～（4.2-13）中之 a 是熱風與填充床中材料的有效接觸面積 $[\text{m}^2/\text{m}^3\text{-}填充容積]$，如粒子為球形時可依下式求得：

$$a = \frac{6(1-\varepsilon)}{d_p} \qquad (4.2\text{-}21)$$

依上式所得值是假設粒子所擁有的幾何表面積 100% 可當乾燥面積之值，但實際上偏離理想，有些粒子接觸面大而當不了乾燥面積，故實際上就小於上式所得的值，尤其粒子小於 3 mm 以下時粒子間產生不少閉鎖造成熱風無法接觸，而減小有效面積，粒徑大於 5 mm 以上的填充床有效面積介在 90～100%，粒徑 1.5 mm 時只剩 33%，0.8 mm 時可能只剩 5～7%。也即粒徑小於 0.003 m 時，得注意所得結果常過大而不適用。

【範例 4-1】估算穿流乾燥的恆率乾燥速率 [Kamei-Toei. p.315]

擬以穿流乾燥直徑 1.35 cm，長 1.28 cm 溼潤觸媒顆粒，粒子床厚是 5 cm，灌入熱風溫度為 82℃，$H_1 = 0.01$，質量流量為 3,900 kg/hr · m² 截面積，試求當表面蒸發階段時的**恆率乾燥速率**。但無水時粒子床的嵩密度 = 660 kg/m³，其有效乾燥表面積 = 282 m²/m³ 床，

〔**解**〕

先依試錯法求穿流粒子床氣體的平均質量流量：G'

$G' = \{3,900/(1 + 0.01)\}\{1 + (0.01 + 0.025)/2\} = 3,930 \ [kg/hr \cdot m^2 \ 截面積]$

再求觸媒顆粒的相當球徑：

觸媒短圓柱表面積 $= (2)(\pi/4)(1.35)2 + (1.35)(\pi)(1.28) = 8.3 \ [cm^2]$

觸媒短圓柱的相當球徑 $= d_{e,p} = (8.3/\pi)^{1/2}(10^{-2}) = 1.62 \times 10^{-2} \ [m]$

求熱風穿流粒子床的

$N_{Re} = d_{e,p}G'/\mu = (1.62 \times 10^{-2})(3,930)/(20 \times 10^{-6})(3,600) = 885 > 350$

依 Gamson 等的實驗式得 $k = 340$

依式（4.2-12）：$N_L = kaL/G_0' = (340)(282)(0.05)/3,860 = 1.242$

依式（4.2-13）：因 $H_w = 0.031$，$\ln\{(0.031 - 0.01)/(0.031 - H_2) = 1.242$

解上式，得 $H_2 = 0.026$，從溼度圖表覓得 $T_2 = 42.5℃$

$J_C = 3,860(0.026 - 0.01) = 61.8 \ [kg \ 水蒸氣 /hr \cdot m^2 \ 床截面積]$

故此題所求的乾燥速率 $J_D = (61.8)/(660)(0.05) = 1.87 \ [kg\text{-}水分 /kg\text{-}d.s. \cdot hr]$

4.3 影響恆率乾燥速率的操作變數——都屬於外部因素（Nakamura, I, p.38）

從式（4.2-2）可知要計求某一乾燥系統的恆率乾燥速率 J_C，所需的數據有：熱空氣的溫度 T、溼球溫度 T_w、溼度 H、飽和溼度 H_w、汽化潛熱 λ_w、境膜熱傳係數 h、境膜質傳係數 k_H，這些數據都與溼潤材料沒有關係，僅與**外部因素**的熱空氣有關。

圖 4-7 以實例來詮釋影響恆率乾燥速率 J_C 值的只有溼潤材料以外的外部因素，這實驗是將兩顆不同多孔性材質，但同一直徑大小的球吊在同一溫度、同一溼度環境乾燥，求其中圖 4-7 含水率及溼潤材料球的**溫度變化**；而圖 4-8 則揭示兩球的乾燥特性曲線。從圖 4-7 可知在恆率乾燥階段，不同材質，同一大小的兩球在恆率乾燥階段，其球心品溫都能維持於同熱空氣的溼球溫度 T_w（約 300K），顯示 T_{mC} 與材質無關。從圖 4-8 可知兩者的乾燥速率也恆率乾燥階段都維持在同一乾燥速率，

可見其 J_C 值也和**材質無關**。這些現象是起因於這階段熱空氣注入的熱能全用在汽化材料表面的水分。

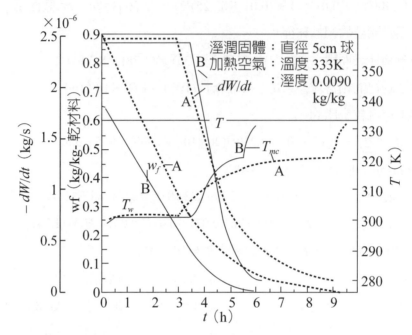

圖 4-7 不同材料的 w 及 T_m 在乾燥過程的變遷 (Nakmura, I, p.38)

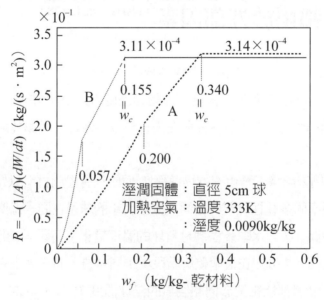

圖 4-8 不同材料的乾燥特性曲線的比較 (Nakmura, I, p.39)

故知影響**恆率乾燥速率**的操作的**外部變數**有：

1. **熱風流速**：一般而言，熱傳係數與氣體的質量流速 G 的 0.8 次方成正比。

2. **熱風的溼度**：在某一設定溫度，如其溼度減低，其溼球溫度也隨著降低而（4.2-2）式所示的恆率乾燥速率就會增大。

3. **熱風溫度**：此時其溼球溫度雖也增加但增高幅度不比空氣溫度的幅度大，故恆率乾燥速率 J_C 將以

$$J_{C2} = J_{C1} \frac{T_2 - T_{w2}}{T_1 - T_{w1}} \qquad （4.3\text{-}1）$$

的幅度增加。

4. **乾燥材料的厚度**：理論上恆率乾燥速率不受材料厚度影響，但如要把材料由 w_1 乾至 w_2，厚度增加將拉長其乾燥所需時間。

【範例 4-2】不同加熱環境與方式對恆率乾燥速率的影響 [Toei-Kamei, p.313]

1. 有面積相當寬，厚度 3 cm 的板狀材料放置薄金屬網由上下兩面以 65℃，$H = 0.02$，風速 = 3.0 m/s 的平行流空氣進行乾燥。

2. 上述材料置於 2 mm 厚的不鏽鋼盤只由上方承受 65℃，$H = 0.02$，風速 = 3.0 m/s 的平行流空氣進行乾燥（但材料的 $\kappa = 2.0$ kcal/mhr℃，不鏽鋼的 $\kappa = 22.0$ kcal/mhr℃）。

3. 此盤放在 T_k 為 120℃ 的熱板上承受 65℃，$H = 0.02$，風速 = 3.0m/s 的平行流空氣進行乾燥。

4. 放置薄金屬網，周圍溫度 100℃，而由上下兩面以 65℃，$H = 0.02$，風速 = 3.0 m/s 的平行流空氣進行乾燥。

5. 此盤放在 T_k 為 120℃ 的熱板上，上方尚有 120℃ 的熱板輻射熱給材料外亦以 65℃，$H = 0.02$，風速 = 3.0 m/s 的平行流空氣進行乾燥。

試求上列各情形下的恆率乾燥速率 J_C，並比較差異。

〔解〕

1. 由溼度表溼比容 $v_H = 0.988$，

   $G = (3)(3,600)(1 + 0.02)/0.988 = 10,800$

從（4.2-3）$h = 0.013(10,800)^{0.8} = 29.4$

因 $T_w = 33.8℃$，$H_w = 0.034$，$C_H = 0.249$，

從（4.2-2a）

$J_C = (29.4/0.249)(0.034 - 0.02) = 1.65\ [kg/m^2hr]$

由於乾燥面積是上下兩面，故其乾燥速率 $= 2J_C = 1.65 \times 2 = $ **3.3 kg/m² · hr**

2. 材料置於 2 mm 厚的不銹鋼盤，從（4.2-2）和（4.2-2a）兩式，

$J_C = \{294 + 1/(1/29.4) + 0.03/2.0 + 0.002/22)\}(65 - T_m)/\lambda_w = (29.4/0.249)(H_m - 0.02)$

由試錯法得 $T_m = 36.8℃$，$H_m = 0.0405$，代入上式得

$J_C = $ **2.42** $[kg/m^2 \cdot hr]$

3. 此部分是（4.2-2a）

式中忽視輻射的狀況，故

$J_C = \{29.4(65 - T_m) + 1/\{(0.002/22) + (0.03/2)\}(120 - T_m)/\lambda_w = (29.4/0.249)(H_m - 0.02)$

同樣以試錯法求得 $T_m = 50.9℃$，$H_m = 0.0912$ 代入上式

得 $J_C = $ **8.40** $[kg/m^2 \cdot hr]$

4. 此部分是 (1) 加上輻射熱傳，

$J_C = \{29.4(65 - T_m) + h_r(100 - T_m)\}/\lambda_w = (29.4/0.249)(H_m - 0.02)$

$h_r = (4.88)(0.95)\{373/(100)^4 - (273 + T_m)^4/(100)^4\}/(100 - T_m)$

同樣以試錯法求得 $T_m = 36.8℃$，$H_m = 0.0392$，故單面的乾燥速率為

$J_C = 2.27kg/m^2hr$，故兩面通風時乾燥速度 $= 2J_C = $ **4.54** $[kg/m^2 \cdot hr]$

5. 此部分是 (3) 加上面的 120℃板的輻射熱傳

故

$J_C = [29.4(65 - T_m) + 1/\{(0.002/22) + (0.03/2)\}(120 - T_m) + h_r(120 - T_m)]/\lambda_w$

$= (29.4/0.249)(H_m - 0.02)$

以試錯法求得 $T_m = 52.3℃$，$H_m = 0.098$ 故其乾燥速率為

$J_C = $ **9.2** $[kg/m^2 \cdot hr]$

要比較 1.～5.，把 1. 為基準得如下表：

(i) Case No.	(1)	(2)	(3)	(4)	(5)
總乾燥速率	3.3	2.42	8.4	2.72	9.2
(i)/(1)	1	0.734	2.54	1.38	2.79

4.4 臨界含水率 〔Nakamura, I, p.39〕

如圖 4-9 所示的**乾燥特性圖**（**characteristic drying curve**），圖中 AB 是預熱階段，BC 是恆率乾燥階段，CDE 是減率乾燥階段，C 點是代表乾燥由恆率轉變爲減率乾燥之分界點，此點的含水率就稱爲**臨界含水率**（**critical moisture content**），常以 w_c 表示之。

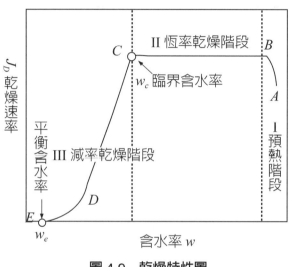

圖 4-9　乾燥特性圖

此值不僅依材料不同，或所採用的乾燥手法不同都會有所不同。如圖 4-8 顯示，溼潤材料不同時，其臨界含水率也就相差不小。材料 A 的 w_C 是 0.340，而材料 B 的 w_C 是 0.155。再看圖 4-10 顯示**臨界含水率**就是同一材料，在不同輻射熱的乾燥條件下，其臨界含水率 w_C 值有相當大的差異。

如上述，臨界含水率是恆率乾燥與減率乾燥兩階段境界點的平均含水率，在設計一乾燥裝置上是至爲重要的數據，此值既是材料在兩不同乾燥速率的分界時刻材料的平均含水率，如以有水分分布厚度 L 的堆積層狀材料來說可寫成：

$$w_c = \frac{1}{L}\int_0^L \hat{w}\,dz \qquad (4.4\text{-}1)$$

上式中 $\hat{w}$ 爲材料某點的局部含水率，z 爲堆積層的厚度座標，此 w_c 值就是同

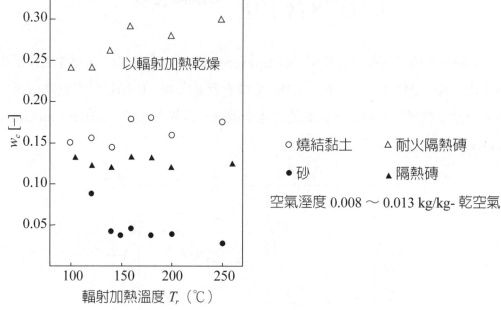

圖 4-10　臨界含水率受不同加熱溫度時的差異 ^{（Nakamura, p40.）}

一材料也依其乾燥條件不同而呈相當不同的值，如以粒狀堆積床時 w_c 值可能介在 0.08～0.12，但粒子分散成流體化床（日譯流動層，中譯流態化）且各粒可完全獨立流動時，w_c 值可小到 0.01；如材料是含均勻水分的膠狀物質 w_c 值可能 > 0.3，但當解碎成微粉末時 w_c 值將可小到 0.01。

　　就雖是同一材料，同一狀態下，如把它放在水分較容易移動的狀態，其值將變小；舉例來說，如材料用過熱水蒸氣下乾燥時其值就比用熱空氣乾燥時小的很多；但在真空下與常壓下乾燥就沒有什麼差異。

　　在設定的乾燥條件下，含水率降至前，可依最高的乾燥速率進行乾燥，而材料溫度也可保持在低溫，從乾燥操作的觀點來說不僅可縮短乾燥時間且可防止產品品質的劣化，故如何讓值降到可做到的最低值是最佳考慮點。

　　表 4-1 舉例說明了各種材料的臨界含水率受與存在於材料的水分狀態、材料厚度和乾燥條件影響的大概供參考。

表 4-1　臨界含水率的特性 (Toei 化工便覽 #3., p. 644)

材料	臨界含水率以上時存在水分的種類	臨界含水率以下時存在水分的種類	臨界含水率時表面的含水率 c_{sc}	臨界含水率時材料內部的水分分布	材料厚度的影響	乾燥條件的影響	數值例 材料	c_{sc} [%]	[%]	備註
a. 非親水性材料										
單一粒子	附著水	附著水	—	—	—	—			1～0.5 (最大 0.5)	
粒子床（堆）粒子直徑 >10¹ μm	柔狀水	懸吊水＋柔狀水	懸吊水	從圖 3-3 的平衡計算	大	小	玻璃珠 砂	3～4 5～6	6～7 8～9	(3 cm 厚) (3 cm 厚)
粒子直徑 <10⁰ μm	滲透水 柔狀水	懸吊水＋柔狀水	懸吊水	平衡關係與流動的阻力而定	大	小	輕質碳酸鈣	9	12	(3 cm 厚)
微小毛管構造材料（毛管徑 1～10⁻¹ μm）	柔狀水	懸吊水＋柔狀水	因毛管徑（微小）而起的蒸氣壓降下顯著產生的含水率	平衡關係與流動的阻力而定，表面較低，內部較均勻	中	小	素燒	2.7	3.9	
懸濁液	滲透水 柔狀水	懸吊水＋柔狀水	懸吊水	近似抛物物線分布曲線	大	小	澱粉乳滴		50	
b. 親水性材料										
單一粒子	毛管水	吸附水	與飽和蒸氣壓成平衡的濃度	均一	沒有	小	活性氧化鋁 活性碳	40 70	40 70	
粒子床（堆）	毛管水	吸附水	同上	均一	沒有	小	同單一粒子	同單一粒子	同單一粒子	
膠狀材料 材料層（溶液或為懸濁液）	滲透水	結合水	同乾燥材料空隙率值	均一	沒有	小	黏土	17～20	17～20	(3 cm 厚)
結合水	結合水	因濃度產生蒸氣壓降下顯著產生的含水率	近似抛物物線分布曲線	大	小					
細胞質材料	毛管水＋吸附水	結合水	因濃度產生蒸氣壓降下顯著產生的纖維飽和點	依材質的粗密而定	大	中	松 紙漿	65	120 83	(3 cm 厚) (3 cm 厚)
c. 溶液	溶液	溶液	因濃度產生蒸氣壓降下顯著產生的含水率	近似抛物物線分布曲線	大	中	P.V.A. 膜	32	200	(0.14 mm 厚初期)

【範例4-3】操作變數──流速，氣溫，受熱面積對恆率乾燥速率的影響[Nakamura, I, p.42]

將粒徑 5.0 cm 的多孔性固體球吊如圖 4-5，以氣溫 333K，溼度 0.0090 kg H₂O/kg-d.s./ 的熱空氣乾燥它，得 $J_C = 3.11 \times 10^{-4}$ [kgH₂O/(s · m²)]，由此得知此 Ranz-Marshall 式可寫成：

$$\frac{hd_p}{k_g} = 0.6(\frac{u_g d_p \rho_g}{\mu_g})^{1/2}(\frac{C_{p,g} \rho_g}{k_g})^{1/3} \tag{A}$$

1. 試求熱空氣流速增加 2 倍時恆率乾燥速率增幾倍？

2. 如熱空氣溫度增 60 K（亦計 393 K）時恆率乾燥速率增幾倍？

3. 如把大球容積不改，分割成球徑 2.5 cm 的 8 個球時總恆率乾燥速率增幾倍？

〔解〕

在恆率乾燥階段

$$k_H(H_w - H) = \frac{h(T - T_w)}{\lambda_w} \tag{B}$$

$$J_C = -\frac{1}{A}\frac{dW}{dt} = k_H(H_w - H) = \frac{h(T - T_w)}{\lambda_w} \tag{C}$$

1. 若 u_g 增加兩倍，從式（A）知 $h \propto \sqrt{u_g}$，同理 $k_H \propto \sqrt{u_g}$，敖從式（C）知 J_C 將增加 $\sqrt{2} \approx 1.4$ 倍

2. 當熱空氣溫度升高至 393 K，即在式（A），只有 $u_g \rho_g$ 是維持不變，故

$$\frac{h_{393}}{h_{333}} = \frac{[C_{p,g}^{1/3}\rho_g^{1/3}k_g^{2/3}\mu_g^{-1/2}]_{393}}{[C_{p,g}^{1/3}\rho_g^{1/3}k_g^{2/3}\mu_g^{-1/2}]_{333}} = (\frac{1.014}{1.008})^{1/3}(\frac{0.869}{1.026})^{1.3}(\frac{0.0331}{0.0287})^{2/3}(\frac{22.7 \times 10^{-6}}{20.1 \times 10^{-6}})^{-1/2} = 0.981$$

從式（C）知

$$J_C = k_H(H_w - H) = \frac{h(T - T_w)}{\lambda_w}$$

$$J_C = \frac{(24.0)(393 - T_w)}{(0.0227)(H_w - 0.0090)}$$

在 $T = 309$ K 時，找知 T_w 後得 $J_C = 8.06 \times 10^{-4}$ [kg/(s · m²)]，而溫度升高後的 $T - T_w = 393 - 309 = 84$ K，較升高前的 $T - T_w = 333 - 300 = 33$ K 增加了 84/33 = 2.55 倍，而 J_C 增加的倍數為 $8.06 \times 10^{-4}/3.11 \times 10^{-4} = 2.6$ 倍。

3. 固粒粒徑變為 2.5 cm 成 8 個小球群時，因 $h \propto 1/\sqrt{d}$，故 h 增加 $\sqrt{2}$ 倍，但總表面積較大球時的兩倍，故 J_c 增加 $2 \times \sqrt{2} \approx 2.8$ 倍。

〔討論〕

1. 從此範例 1. 2. 可了解增加熱空氣流速或熱空氣溫度可提升值，但也提高臨界含水率，增長了減率乾燥階段的時間，不一定有助於縮短乾燥時間。

2. 3. 的結果可知如溼潤材料可打碎成細粒，將有助於縮短乾燥時間。

4.5 溼潤材料內水分的移動與臨界含水率的關係
（Nakamura, I, p.44）

臨界含水率會依材料而異可說是材料**內部的因素**的影響，具體的說，是材料的物性，內部的結構直接影響內部水分流動的速率所致。

一般而言，溼潤材料內水分的移動是由於：

1. 依含水率差而產生的擴散、毛細管壓力、滲透壓的液狀水的流動。

2. 依蒸氣分壓差所產生的蒸氣水分的流動。

f 是液狀水分的移動量對含有液狀和蒸氣狀的全水分的移動量的比，和溼潤材料的含水率 w 則有如圖 4-11 所示的關係。令 f 代表液狀水分的移動量占全水分移動量的比，如圖中 $f = 1$，代表材料水分移動全為液狀水分，反之，$f = 0$，代表材料水分移動全為蒸氣狀水分。此圖說明含水率尚大的期間，材料內部的水分移動是以液狀形態移動，而乾燥表面附近尚能保持全面被水分所覆蓋。隨著乾燥進行，近表面的局部的含水率小於某值（圖中的 w_1）後在該處可以液狀移動的水分就急減，如含水率續降至其含水率降至圖上的 w_2 時水分以液狀移動變的很困難，導致不容易為乾涸的乾燥表面補上液狀水分，而乾燥就從蒸發表面的水分轉變成蒸發在內部的水分再靠由蒸氣擴散把蒸發的蒸氣送出乾燥表面。到這時整體材料的乾燥速率就開始遞減，也可觀測到臨界含水率的 w_c 出現。

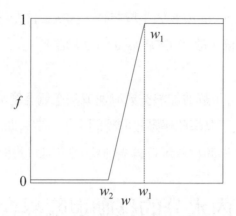

圖 4-11　液狀水分移動量與含水率的關係(Nakamura I, p, 45)

4.6 溼潤材料內部水分的擴散係數(Nakamura, I, p.47)

既然如圖 4-11 所示固體內部的水分擴散對固體內局部含水率的變化扮演重要的角色，若林等就以固體內部的液狀水分也從含水率高處向低處擴散，仿 Fick 擴散定律求解如下式的液狀水分在固體內部的擴散方程式：

$$J_w = -\rho_s D_w \frac{d\hat{w}}{dz} \qquad (4.6\text{-}1)$$

上式中 ρ_s：乾涸材料的密度 [kg-d.s./m³]，D_w = 溼潤材料內部的水分擴散係數 [m²/s]，$\hat{w}$ = 局部含水率 [kg-H₂O/kg-d.s.]，z = 水分擴散的方向座標 [m]。

圖 4-12 揭示若林等經由數值解式（4.6-1）黏土中的液狀水移動係數結果與實驗數據的對照。此結果顯示含水率大時 D_w 值也大，但到如圖 4-11 中的 w_1 值以下的 D_w 值就減小後顯示在此局部點液狀水分的移動將呈劇減是歸因於 D_w 值隨含水率的減小也減少的原因。圖 4-12 提示 D_w 值會依溼潤材料的材質、密度等內部因素而改變。

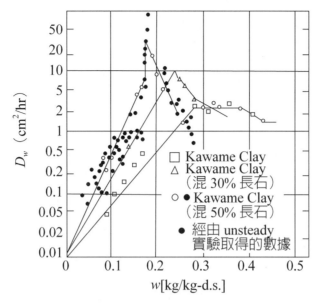

圖 4-12　黏土中水分擴散係數與含水率的關係^(Toei, C, p.626)

參考文獻

Kamei-Toei; 亀井三郎，桐榮良三；新版化學機械の理論と計算產業圖書，東京，日本（1975）。

Nakamura; 中村正秋立元雄治；初步から學ぶ乾燥技術（2nd Ed.）工業調查會東京，日本 (2005)。

Tamon, H. 田門肇；乾燥技術入門，日刊工業社，東京，日本。

Toei,B; 桐榮良三：乾燥裝置，日刊工業社東京，日本（1969）。

Toei,C.; 桐榮良三：第 21 章乾燥，詳論化學工學 II，吉田文武編，朝倉，東京，日本（1968）。

Toei,m; 桐榮良三：乾燥裝置マニュアル日刊工業社東京，日本（1978）。

Toei, 日化工便覽，第三版。

吃緊弄破碗——過分加速乾燥速率有負效應

- 上幾節裡雖介紹了如何提升乾燥速率的手法，但如盲目地加速乾燥速率可能導致被乾燥物體內的水分分布的不均勻，結果提高了臨界含水率，不僅加速進入不利的減率乾燥階段，也可能讓被乾燥物割裂。

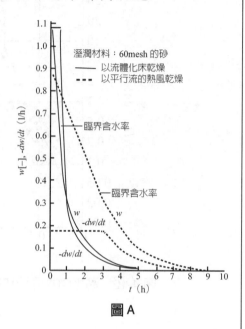

圖A

- 圖 A 揭示一 5cm 徑的溼潤球吊在 #60mesh 的砂粒用 60℃的熱風分別 (a) 在流體化床及 (b) 平行流熱風中乾燥所得的乾燥曲線的比較。前者總費的乾燥時程比後者快約兩倍，但流體化床的恆率乾燥速率大平行流系的 6 倍，比例顯示恆率乾燥速率大並不保證有預期的縮短乾燥時程，反而得擔心割裂之虞。

- 圖 B 是同一溼潤材料分別用 60℃和 100℃不同溫度的平行流乾燥時所得不同時間球內含水率分布的變遷，當表面的自由含水率＝0 時的平均含水率該是此材料在其設定的乾燥條件下的臨界含水率。也即 60℃下的恆率乾燥階段的時程（約 155 min）比 100℃下的恆率乾燥階段的時程（約 67 min）長約 2.3 倍，而乾燥至平衡含水率相差 1.8 倍。

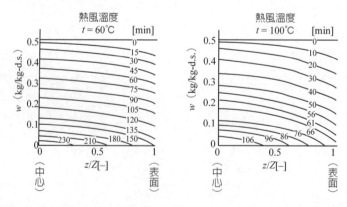

- 從所舉兩例可了解過分加速乾燥速率反而拉長乾燥速度緩慢的減率乾燥時程，又得冒劣化乾燥產品品質的風險。

第五章 減率乾燥階段

5.1 減率乾燥階段──減率乾燥速率的估算

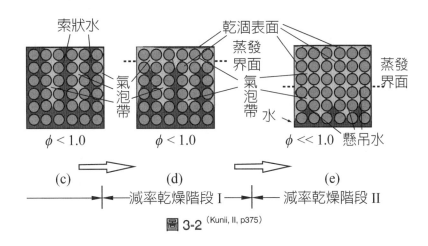

圖 3-2 $^{(Kunii, II, p375)}$

以臨界含水率為分界點，氣一液接觸面如圖 3-2 所示，開始曝露乾涸的固體材料面，部分熱風所注入的熱量用於加熱材料的 T_m 提升，而減少了蒸發水分的量，也即乾燥程序開始進入**減率乾燥階段**（**falling or decreasing drying rate period**）。

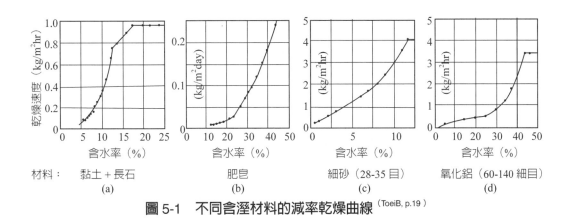

圖 5-1 不同含溼材料的減率乾燥曲線 $^{(ToeiB, p.19)}$

圖 5-1 揭示乾燥難易度不同的黏土、肥皂、細砂和微米級多孔性氧化細粒堆的乾燥特性曲線為例，來說明減率階段的乾燥速率將依乾燥過程材料內的水分移動的

難易，或材料的形狀不同而呈直線，或多段曲率不同的曲線所構成，爲演算乾燥的簡便，估算**減率乾燥階段的**速率曲線就簡化歸類成如圖 5-2 所示的四類型。

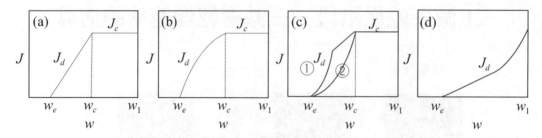

圖 5-2　四種減率乾燥曲線型態（Toei, -Kamei, p.318）

(a) 和 (b) 是材料中水分以毛細管水形態含存時可能產生的結果，如非親水性粉粒材料的堆積床，粒徑 5 mm 以下成形材料的乾燥。而 (c ①) 則出現如黏土精緻陶礙或紙槳等材料的乾燥，而 (c ②) 則是一般成形材料，或用粉末堆成的涇材料的乾燥，(d) 的減率曲線常出現於厚材，如肥皂塊等，其水分濃度梯度屬水分擴散主宰的情形的材料的乾燥，值得注意的是，這類材料的乾燥多沒有明顯或沒有恆率乾燥階段。乾燥時間如 (a) 和 (b) 時，與材料厚度成比例，(d) 時則與厚度平方成比，而 (c) 時所需時間介在前兩者之中間值。

1. 如像 (a) 所示的情形，**乾燥速率與含水率成等比率減小時，減率乾燥速率** $J_d(-d/dt)$ 爲：

$$J_d = (-\frac{dw}{dt})_d = K(w - w_e) \qquad （5.1\text{-}1）$$

上式中 w_e 爲乾燥材料的平衡含水率，此式在臨界點也可成立，故

$$(-dw/dt)_C = K(w_C - w_e) = (A/m_S)k_H(H_m - H)$$
$$K = Ak_H(H_m - H)/(m_S)(w_c - w_e) \qquad （5.1\text{-}2）$$

由（5.1-1）和（5.1-2）兩式可得在如 (a) 情形下要把該材料含水率由 w_1 減至 w_2 所需乾燥時間可由下式求得

$$\ln\frac{w_1 - w_e}{w_2 - w_e} = \frac{Ak_H(H_m - H)}{(w_c - w_e)m_S}t_d \qquad （5.1\text{-}3）$$

如熱量僅由熱空氣所供應時

$$\ln \frac{w_1 - w_e}{w_2 - w_e} = \frac{Ah(T - T_w)}{(w_c - w_e)m_S \lambda_w} t_d \qquad (5.1\text{-}4)$$

在以上各式，如令 F = 自由含水率 = $w - w_e$，$-dw = -dF$ 則**恆率乾燥階段**所需時間爲

$$t_C = \frac{F_1 - F_C}{KF_C} \qquad (5.1\text{-}5)$$

而**減率乾燥階段**所需時間爲

$$t_d = \frac{1}{K} \ln(\frac{F_C}{F_2}) \qquad (5.1\text{-}6)$$

要把材料含水率由 F_1 乾燥至 F_2 所需總時間爲

$$t = t_C + t_d = \frac{1}{K} \{ \frac{F_1 - F_C}{F_C} + \ln(\frac{F_C}{F_2}) \} \qquad (5.1\text{-}7)$$

【範例 5-1】跨減率乾燥時的總乾燥時間的估算

茲有 1 m 四方的板狀材料，未乾燥前含水率爲 80%（乾量基準），擬以 $H = 0.020$，50 ℃的空氣以 2.0 m/s 平行流過此材料來乾燥至 10% 含水率，知此材料臨界含水率爲 25%，平衡含水率爲 7%，材料乾涸重量爲 4.0 kg，求乾燥所需時間。

〔解〕

於 50℃ H = 0.020 的空氣的溼球溫度 = 30.5 ℃，$\lambda_w = 578.6$，$\upsilon_H = 0.943$

故 $h = 0.013\{(2)(3,600)(1 + 0.02)(0.943)\}^{0.8} = 23.2$ kcal/m² hr℃

由（5.1-5）式恆率時 $J_C = 23.2(50 - 30/5)/578.6 = 0.772$ kg/m²hr

這段所去除水量爲 $4 \times (0.8 - 0.25) = 2.2$ kg

如板材料兩面受熱，則 $t_C = 2.2/(0.772 \times 2) = 1.424$ hr

減率乾燥階段由（5.1-3）式

$$\ln \frac{0.25 - 0.07}{0.10 - 0.07} = [\frac{2 \times 0.772}{(0.25 - 0.07) \times 4}] t_d$$

得 $t_d = 0.834$ hr

故 $t_{total} = t_C + t_d = 1.424 + 0.834 = 2.26$ hr

2. 在上述情形，如材料是小粒子，除了可用（5.1-1、5.1-2）兩式表示其乾燥速率外，尚可假設粒子內部無溫度梯度，則空氣與材料間的熱能收支可寫成：

$$h(T - T_m)Adt = m_s(-dw)\lambda_m + m_s(C_S + C_w w)dT_m \qquad （5.1-8）$$

上式中 C_S、C_w 分別為乾材料與水的比熱，此式也表示空氣所給材料的熱能分別蒸發水分及提升了存於材料的水溫和乾材料的溫度。

另外就乾燥速率可寫出：

$$\frac{m_s}{A}(-dw/dt) = h(T - T_m)(\frac{F}{F_C})/\lambda_w \qquad （5.1-9）$$

由上兩式消去 dt 可得：

$$\frac{dT_m}{dw} = \{\lambda_m - (T - T_m)\lambda_w F_C /(T - T_w)F\}/(C_s + C_w w) \qquad （5.1-10）$$

在起始定 F_C 時，$T_m = T_w$ 就可用上式逐次計算求得 T_m、w，或 F 的關係，如將 $\lambda_m \approx \lambda_w$ 近似，則進一步把（5.1-9）簡化成：

$$\frac{dT_m}{dX} = \{\lambda_w - (T - T_m)\lambda_w F_C /(T - T_w)F\}/C_s \qquad （5.1-11）$$

再以 $F = F_C$ 時，$T_m = T_w$ 的起始條件下得：

$$\frac{T - T_m}{T - T_w} = \frac{\lambda_w F - C_s(T - T_w)}{F_C \lambda_w - C_s(T - T_w)} \cdot \left[\frac{F}{F_C}\right]^{\frac{F_C \lambda_w}{C_s(T - T_w)}} \qquad （5.1-12）$$

3. **如減率乾燥曲線如圖 5-2(b) 所示情形時**，如在 A 條件下為 J_{d1}，而恆率速率為 J_{c1}，在 B 條件下減率速率為 J_{d2}，而恆率速率為 J_{c2}，從眾多研究知有如下關係：

$$\frac{J_{c1}}{J_{c2}} = \frac{J_{d1}}{J_{d2}} \qquad （5.1-13）$$

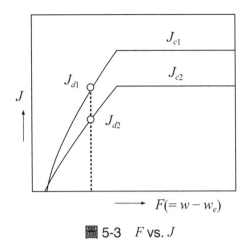

圖 5-3　*F* vs. *J*

即有了對所給材料在任意條件下的乾燥曲線就可藉用上式關係求得所要的條件下的另一乾燥特性曲線，再由所得曲線做如圖 5-4 所示之 $-dt/d\overline{w}$ vs. $\overline{w}$ 之圖，此時曲線與 w 座標圍成面積之值則為由 $\overline{w}_1$ 乾燥至 $\overline{w}_2$ 所需時間。

$$t_d = \int_{\overline{w}_C}^{\overline{w}_2} (-dt/d\overline{w}) d\overline{w} \tag{5.1-14}$$

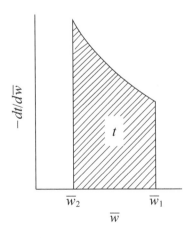

圖 5-4　$-dt/d\overline{w}$ vs. $\overline{w}$

【範例 5-2】估計平行流對流乾燥系的乾燥時間[Toei-Kamei 321]

某一泥狀材料放置在 0.3 m×0.3 m 方形網底棚盤上，以 2 m/s，35℃，$H = 0.01$ 的空氣平行吹流上下兩面乾燥，其厚度為 0.03 m，初重量 = 3.25 kg時得如下數據。

含水量（乾量基準%）	40 ～ 20	15	10	5	3	1
質量乾燥速率（%/hr）	4.32	4.0	3.3	2.2	1.6	0

此外尚知其臨界含水率為 20%，平衡含水率為 1.0%，試驗時起初含水率 = 40%，終點含水率 = 5.0%，如把材料厚增為 0.04 m，通以 70℃，$H = 0.012$，流速 2 m/s 空氣，$H = 0.012$，流速 2 m/s 空氣平行吹過平面時，所需乾燥時間為多少？

〔解〕

依所給數據製 w vs. $(-dw/dt)$ 圖，知其屬圖 5-2(b) 之情形，故可應用上節的手法求乾燥時間。

70℃，$H = 0.012$，流速 2 m/s 空氣時，$T_w = 31.0℃$，$v_H = 0.99$。$\lambda_w = 578$ 故

$h = 0.013\{2 \times 3,600 \times (1 + 0.012)/0.99\}^{0.8} = 21.5$ kcal/m^{2}hr℃

$J_D = 21.5(70 - 31.0)/578 = 1.45$ kg/m^{2}hr

因兩面加熱，故實際速率為 2 倍，$J_D = 2.90$ kg/m^{2}hr

從不含水時之數據推估其乾材料的表密度為：

$3.25/(0.3 \times 0.3 \times 0.03 \times 1.40) = 860$ kg/m^3

故單位面積棚網上之乾材料重量為：

$860 \times 0.04 = 34.4$ kg/m^2

如把恆率乾燥速率以質量速率表示則 $J_C = 2.9/34.4 = 0/0843$ [kg/kg d.s.・hr]

故此段時間為 $t_C = \dfrac{0.40 - 0.20}{0.0843} = 2.373$ [hr]

減率階段時間就依（5.1-14）製如下表：

如在 $w = 15\%$ 時其 $(-dw/dt) = (0/04)(0.0843)/(0.0432) = 0.078$

含水率	0.20	0.15	0.10	0.05	0.03
實驗速率	0/0432	0.040	0.033	0.022	0.016
$-dw/dt$	0.0843	0.078	0.0644	0.0429	0.0312
$-dt/dw$	11.86	12.80	15.52	23.3	32

用圖積分求得 $t_d = 2.245$ hr

故 $t_{total} = 2.373 + 2.245 \approx 4.62$ hr

5.2 減率乾燥階段材料內水分的移動機制（Toei, C. p.609）

以臨界含水率爲分界點，開始曝露乾涸的固體材料面，乾燥表面所需的水分需由較深的粒子層移動到乾燥表面，也即乾燥程序進入減率乾燥速率階段後，深處的水分如何輸送到乾燥表面的機制左右了減率乾燥速率，目前被提出來的相關學說有 (1) 液相水分擴散和 (2) 毛細管流動兩種學說。

5.2.1 液相水分擴散理論（Geankopolis, p.552）

在減率乾燥速率階段，如其水分是依擴散輸送方式由深層移動到乾燥表面時，其輸送現象就可依 Fick's 第二定律表示，也即：

$$\frac{\partial F}{\partial t} = D_L \frac{\partial^2 F}{\partial z^2} \tag{5.2.1-1}$$

上式中 D_L **是液態水在溼潤材料裡的擴散係數** $[m^2/hr]$，而 z 是材料層的厚度 [m] 座標。水分靠擴散移動多見於如肥皂、膠材、黏土、紡織品、皮革等材料的乾燥。

在式（5.2.1-1）來解析減率乾燥會感到困難是減率乾燥初期材料內的水分分布不均勻。在這種擴散主宰型的乾燥操作，已蒸發成水蒸氣的移動到乾燥表面的阻力很小，故液態水分在材料內的擴散主宰了減率乾燥速率。由於在乾燥表面材料的含水率已達平衡含水率，也即在乾燥表面材料的自由含水率是等於零。

如可假設在進入減率乾燥速率階段的 $t = 0$ 時，材料內的水分分布均勻，式（5.2.1-1）可積分導致：

$$\frac{F - w_e}{F_{t1} - w_e} = \frac{F}{F_{t1}} = \frac{8}{\pi^2}[e^{-D_L t(\pi/2z_1)^2} + \frac{1}{9}e^{-9D_L t(\pi/2z_1)^2} + \frac{1}{25}e^{-25D_L t((\pi/2z_1)^2} + \cdots] \tag{5.2.1-2}$$

上式中 $F =$ 材料在 t 小時的平均自由含水率，F_1 是在 $t = 0$ 時，乾燥表面的自由含水率，w_e 是材料的平衡含水率，而如乾燥是上下面均受平行流熱風時，z_1 是材料厚度之 1/2，如只有上面與熱風接觸時 $z_1 =$ 整個材料厚度。

要注意的是式（5.2.1-2）是假設 D_L 是定值下求得的結果，事實上 D_L 少能保持不變，其將受材料的含水率、品溫和周遭的溼度改變。乾燥時程夠長時，式（5.2.1-2）可只計首項近似，也即：

$$\frac{F}{F_{t1}} = \frac{8}{\pi^2} e^{-D_L t(\pi/2z_1)^2} \tag{5.2.1-3}$$

上式就 t 解，可得

$$t = \frac{4z_1^2}{\pi^2 D_L} \ln \frac{8F_1}{\pi^2 F} \tag{5.2.1-4}$$

上式如始於 $F = F_C$，那 $F_1 = F_C$，將式（5.2.1-4）就時間 t 微分可得

$$\frac{dF}{dt} = -\frac{\pi^2 D_L F}{4z_1^2} \tag{5.2.1-5}$$

如兩邊乘以 $-m_s/A$ 可得

$$J_d = -\frac{m_s}{A}\frac{dF}{dt} = \frac{\pi^2 m_s D_L}{4z_1^2 A} F \tag{5.2.1-5}$$

從式（5.2.1-4）和式（5.2.1-5）可知，如乾燥操作被內部擴散主宰夠長的時程，其乾燥速率將與其自由含水率和液相擴散係數成正比而和材料厚度的平方成反比。或可說在有限的含水量下，所需乾燥時間將為厚度的平方成正比而不受熱風速率或溼度的影響。

【範例 5-3】估算無恆率乾燥階段的平行流對流乾燥系的乾燥時間 [Geankopolis, p.553]

從某乾燥試驗得溼潤木材裡液態水的擴散係數 D_L 是 2.97×10^{-6} [m²/hr]，今有 25.4 mm 厚的木板，初期含水率 w_{t1} 知為 0.29，擬用熱風乾燥至 $w_t = 0.09$，也知其條件下的平衡含水率 = 0.04，試估算所需乾燥時程。

〔解〕

依題意 $F_1 = 0.29 - 0.04 = 0.25$，而 $F = 0.09 - 0.04 = 0.05$，1/2 板厚 = 0.0127 [m]
代入式（5.2.1-4）可得

$$t = \frac{4z_1^2}{\pi^2 D_L} \ln \frac{8F_1}{\pi^2 F} = \frac{4(0.0127)^2}{\pi^2(2.97 \times 10^{-6})} \ln \frac{8 \times 0.25}{\pi^2 \times 0.05}$$

$$= 30.8 \text{ [hr]}$$

〔另解〕

利用**圖 5-5**(a)

縱座標 $E_a = F/F_1 = 0.05/0.25 = 0.20$，

可得

$$0.56 = \frac{D_L t}{z_1^2}$$

故

$$t = \frac{z_1^2 (0.56)}{D_L} = \frac{(0.0127)^2 (0.56)}{2.97 \times 10^{-6}} = 30.4 \text{ [hr]}$$

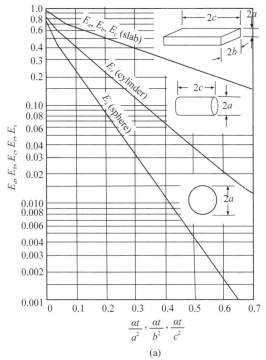

(a)

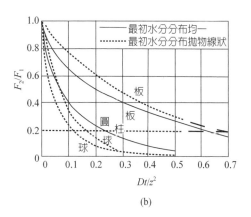

(b)

圖 5-5

【範例 5-4】利用擴散學說估計乾燥時間 (Kamei-Toei p. 322)

在某設定的乾燥條件下，乾燥厚度 0.03 m 的肥皂，把其含水率從 36% 降至 20% 費了 400 hr，如要把同一肥皂厚度 0.02 m 乾至 16%，試估計所需乾燥時間。但此肥皂的平衡含水率為 3.0%。

〔解〕

試驗時：$F_2/F_1 = (0.20 - 0.03)/(0.36 - 0.03) = 0.516$，$x = 0.03/2 = 0.015$

從圖 5-5(b) 得 $Dt/x^2 = 0.185 = D(400)/(0.015)^2$

$$D = 0.00104 \times 10^{-4} \fallingdotseq 0.001 \times 10^{-4}$$

當 $x = 0.01$m，$F_2 = 0$，16 時，$F_2/F_1 = (0.16 - 0.03)/(0.36 - 0.03) = 0.394$

故從圖 5-5(b) 得 $Dt/z^2 = 0.3$，

$0.3 = (0.001 \times 10^{-4})t/(0.01)^2$

$t = 300$ hr

5.2.2 毛細管移動學說 ^(Keey, p121)

粒子將堆成的多孔介質，藉粒子與粒子的接點構成口徑不同的毛細管路，任一毛細管的孔隙（pore）的大小是以最大該孔隙能容納的最大球的直徑來代表，而最細口徑處則稱為細腰（waist），以能內接是最細處的圓直徑代表其大小。故如微小粒子堆藉毛細管吸力保存水分的材料只要尚存**索狀水**（**funicular water**）時，乾燥速率續為恆率乾燥階段，也即要被蒸發的水分尚能順暢地流動至材料表面。

蓋全乾燥表面，乾燥速率將如圖 5-1(b)，參考圖 3-3 上的 D 點發生明顯的突降而進入減率乾燥第二階段，此時細孔裡的水蒸氣的擴散速率換由被加了熱的乾涸體內的熱傳導主宰乾燥速率。

如材料是微粒，乾燥曲線會如圖 5-2(b) 的減率乾燥第二階段曲線向下彎凹，但如材料是空隙大的多孔媒質，如砂堆，就算是進入減率乾燥第二階段，其乾燥曲線仍呈直線，顯示擴散理論是不適合用來說明水分的移動現象。

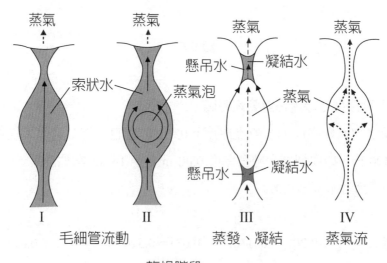

圖 5-6　毛細管內水分之移動 ^(Keey, p.121)

當其流動是毛細管流動時，修飾過的 Poiseuille 的層流公式套上毛細管吸力的式子可用來推導溼潤材料空隙裡乾燥速率的公式。在此條件下，乾燥速率與含水率 w 是成線性關係，因其乾燥機制與恆率乾燥階段是相同。故乾燥速率仍然可寫成：

$$J_d = -\frac{m_s}{A}\frac{dF}{dt} \qquad (5.2.2\text{-}1)$$

如 J_d 變化與自由含水 F 有直線關係，則

$$J_d = J_C \frac{F}{F_C} \qquad (5.2.2\text{-}2)$$

$$t = \frac{m_s F_C}{A J_C}\ln\frac{F_C}{F_2} \qquad (5.2.2\text{-}3)$$

如時間 t 指的是當 $F = F_2$ 時的時間，則

$$m_s = z_1 A \rho_s \qquad (5.2.2\text{-}4)$$

上式中 ρ_s 是乾涸材料的真密度 $[\text{kg/m}^3]$，將代入於式（5.2.2-3）可得

$$t = \frac{z_1 \rho_s F_C}{J_C}\ln\frac{F_C}{F} \qquad (5.2.2\text{-}5)$$

將上式代入下式

$$J_C = \frac{h(T - T_w)}{A\lambda_w} \qquad (5.2.2\text{-}6)$$

可得這段減率乾燥所需的時程

$$t = \frac{z_1 \rho_s \lambda_w F_C}{h(T - T_w)}\ln\frac{F_C}{F} \qquad (5.2.2\text{-}4)$$

式（5.2.2-5）和式（5.2.2-4）指出，減率乾燥階段合適以毛細管流動解釋時，其乾燥速率與材料厚度成反比而時程受厚度、熱風流速、溫度和溼度的影響。

5.2.3 辨識水分流態的方法 (Geankoplisp. 543)

要判斷水分在減率乾燥階段的機制是屬於擴散模式或**毛細管流動**模式，可將乾

燥試驗在減率乾燥階段的 F/F_C 對減率乾燥的時間在半對數座標作圖，如圖 5-7 的 B 線。如所得是一直線，則擴散學說的式（5.2.1-2）～（5.2.1-4）可套用，或**毛細管流動模式**的公式（5.2.2-5）和式（5.2.2-4）都可用來解析。

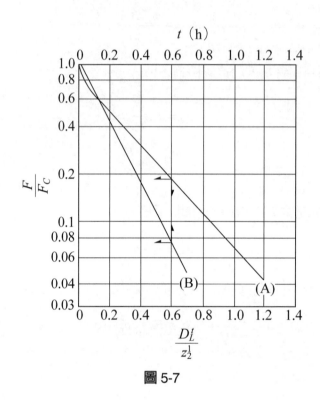

圖 5-7

　　如**毛細管流動**模式是可套用來詮釋材料內的水分的移動現象，上圖中 B 線的斜率該是 $-J_C/z_1\rho_sF_C$，從此值所得的 J_C 值與從乾燥特性曲線所得的 J_C 一致就佐證水分的移動現象是**毛細管流動**。

　　如所得的 J_C 值不相同，則材料內的水分的移動可能是得用擴散模式來詮釋。而上述的 B 線的斜率該是 $=-\pi^2D_L/4z_1^2$。實際上材料內的擴散係數隨含水率而變，而藉由試驗數據，依式（5.2.1-2）把 F/F_C vs. D_Lt/z_1^2 在半對數座標作圖（如圖 E5-4-1）中 A 線是用（F/F_I）或（F/F_C）vs. D_Lt/z_1^2 作圖得 A 線。此圖與【範例 5-3】另解所示的 Slab 中的擴散同一圖，在 F/F_C 介在 1.0～0.6 間是彎曲，在 0.6 後就呈直線。

　　要計求想求的含水率時的平均擴散係數，以 $F/F_C = 0.4$ 為例，先求在 a 直線上這點的 $(D_Lt/z_1^2)_{theor.}$ 值，再利用下式求得 $F/F_C = 1.0$～0.4 間的 D_L 的平均值

$$D_L = (\frac{D_L t}{z_1^2})_{theor.} \cdot \frac{z_1^2}{t}$$ （5.2.3-1）

但此法不宜使用於 $F/F_C > 0.6$，因在這段線是彎曲的。

【範例 5-5】樹薯根片的擴散係數的推估 [Geankopolis, p.544]

樹薯粉是將樹薯根切片乾燥後磨成所得的澱粉。茲有 3 mm 厚的樹薯根片從上下兩面在設定條件下乾燥，下表是乾燥進入減率乾燥階段所得的數據，並評斷只適合以擴散模式來詮釋其乾燥現象，試就其 F/F_C vs. t 在半對數座標紙作圖，求其 $F/F_C = 0.20$ 時的平均擴散係數。

F/F_C	t（hr）	F/F_C	t（hr）	F/F_C	t（hr）
1.0	0	0.55	0.40	0.23	0.94
0.80	0.15	0.40	0.60	0.18	1.07
0.63	0.27	0.30	0.80		

〔解〕

就其 F/F_C vs. t 在半對數座標紙作圖得如下圖

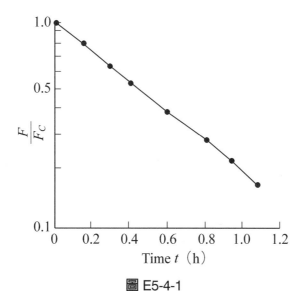

圖 E5-4-1

在 $F/F_C = 0.20$ 時，$t = 1.02$ [hr]，又從圖 5-7 的 A 線當 $F/F_C = 0.20$ 時
$(D_L t / z_1^2)_{theor.} = 0.56$

將此值代入式（5.2.3-1）得

$$D_L = (\frac{D_L t}{z_1^2})_{theor.} \cdot \frac{z_1^2}{t} = \frac{0.56(1.5 \times 10^{-3})}{1.02 \times 3{,}600} = 3.44 \times 10^{-10} \ [\text{m}^2/\text{s}]$$

5.2.4 內部擴散主宰模式──Regualr Regime Theory*[Yamamoto*]

如高分子溶液或肥皂等內部均質的溼潤材料，或活性氧化鋁等親水性多孔質材料，乾燥初期就呈減率乾燥，這些溼潤材料的特徵是其水分擴散係數值就很小，收其依存含水率性很強，隨著含水率遞減，共擴散阻力就呈指數函數方式增大。而如材料為親水性時，不僅平衡蒸氣壓也隨溫度的指數函數方式增大，也隨其含水率的函數變化，導致一旦進入低含將率區域，就一併顯示驅動蒸氣擴散力減小的特徵，結果材料內的表面含水率會於乾燥初期就減少主熱風的平衡含水率，而造成此後材料內部的水分擴散就被此阻力所支配。

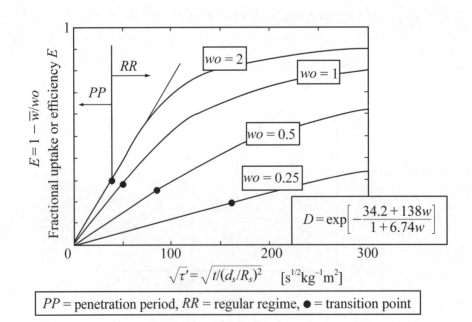

圖 5-8

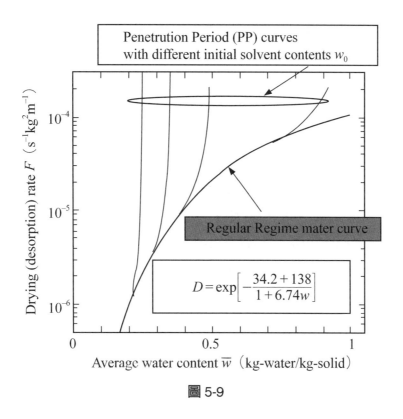

圖 5-9

　　此時，材料內的含水率，可設法解就材料內水分的 Unsteady state diffusion equation，但由於其水分擴散係數為含水率的函數，成一難解的非線形方程式而不易獲得正確解析。但很多情形，減率乾燥階段可分別成如下兩種狀況來處理。乾燥至幾恆率乾燥階段的終點，此時存於材料表面的水分只限於接近材料表面，故在減率乾燥初期，含水率的變化領域只限於很接近材料表面的深度。此領域將隨時間往裡面推廣，此時含水率分布就甚受初期條件影響，另一情況是，經過夠長的時間，含水率分布的變化就涉及材料底層，材料全層的含水率就在減少。達此情形後，初期條件就幾無影響，所得的解就與初期條件無關。Schoeber 等就把前段所得關係稱為 Penetration period（PP）；而後段所得的關係稱為 Regular regime（RR）。在材料內的水分的流束可用 Fick's law，也即依真擴散係數與含水率的斜率乘積求得時可用。圖上縱軸是 Flux F = [乾燥速率 [kg-H_2O・m^{-2}・S^{-1}]]×[乾涸材料厚度 [m]]×[乾涸材料密度 [kg・m^{-3}]]。再者曲線 RR 的形狀會依存含水率而異，但 PP 曲線的形狀則與含水率無依存性，而可由 $(dln\,F)/d(lnw) = w/w_0 - w$ 求得。故只要熱風條件一定，就可由一組實測的 RR 曲線獲得合適的乾燥速率曲線，由此圖的 RR 曲線也可推知擴散係數對含水率的依存性。

利用 RR 曲線求含水率濃度對擴散係數的影響 *

(1) 從脫附（乾燥）曲線求脫附速率 F' 為平均含水率 $\overline{w}$ 的函數

(2) 重疊 F' vs. $\overline{w}$ 所得曲線畫出 RR 曲線

(3) 從 F' vs. $\overline{w}$ 曲線求 $d\ ln\ F/d\ ln(1-E) = d\ ln\ F'/d\ ln\ \overline{w}$ 是 $\overline{w}$ 的函數

(4) 從 N_{Sh} vs. $d\ ln\ F/d\ ln(1-E)$ 相關圖得 N_{Sh} 或由下式求之

$$N_{Sh} = 4.935 + 2.456\{(d\ ln\ F/d\ ln(1-E))-1\}/[d\ ln\ F/d\ ln(1-E))+1]$$

(5) 用求 $\int_0^{\overline{w}} D\rho_s^2 d\overline{w} = 2F'/N_{Sh}$ 為 $\overline{w}$ 函數

(6) 再用下式求擴散係數 D 值

$$D = \rho_s^{-2}[2F'/N_{Sh})d\overline{w} \quad 但\ \rho_s = 1/(1+1/d_s+\overline{w}/d/d_w)$$

* 山本修一 R-R Theory，化學工學 vol.81, 2017

5.3 穿流式乾燥的減率乾燥速率 ^{（Toei, B, Ch.5）}

將熱風如圖 5-10 所示方式以垂直強制穿流材料面來進行乾燥時，粒子床內的熱風溫度與溼度將隨其流程變化，但如各個材料粒子尚有附著的自由水存在前（也即尚處在表面蒸發階段），粒子的表面溫度就保持熱風的溼球溫度 Tw，而熱風就沿著溫溼度表中絕熱冷卻線進行狀態變化。此期間，就整個粒子床來說，乾燥速率是恆率的狀態，可稱為穿流乾燥初期的恆率乾燥階段，從部分上層粒子表面乾了，但下層部分尚在表面蒸發階段時，此乾燥系就進入第一減率乾燥階段，而整層完全

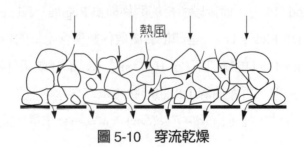

圖 5-10 穿流乾燥

脫離表面蒸發階段後，乾燥系就進入第二減率乾燥階段。

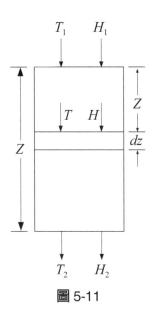

圖 5-11

　　圖 5-11 揭示典型的穿流乾燥的乾燥系的熱風的質能收支，此粒子床厚度為 Z，垂直截面積為 A，溫度 T_1，溼度 H_1 的質量流 G_m 的熱風從上方垂直吹進粒子床，以溫度 T_2，溼度 H_2 從床底排出，並假設各個床中的粒子的減率乾燥速率與其含水率成比例的減少下進行。推導過程 w 為局部含水率，$\overline{w}$ 為整粒子床的平均含水率，下標 c、e、0 各分別代表臨界、平衡、初期，並將使用下列諸無因次變數：

$$\tau = \frac{k_H at}{(1-\varepsilon)\rho_s(w_c - w_e)} = \frac{h_G at}{(1-\varepsilon)\rho_s(w_c - w_e)C_H} \qquad (5.3\text{-}1)$$

$$\varsigma = \frac{k_H azA}{G_m} = \frac{h_G azA}{G_m C_H} \qquad (5.3\text{-}2)$$

$$\pi = (H_w - H) = \frac{C_H(T - T_w)}{\lambda_w} \qquad (5.3\text{-}3)$$

$$\phi = \frac{w - w_e}{w_c - w_e} \qquad (5.3\text{-}4)$$

$$\omega = \frac{\overline{w} - w_e}{w_c - w_e} \qquad (5.3\text{-}5)$$

　　由此得：

$$\varsigma_z = \frac{k_H a Z A}{G_m} = \frac{h_G a Z A}{G_m C_H} \qquad (5.3\text{-}6)$$

$$\pi_0 = (H_w - H_1) = \frac{C_H(T_1 - T_w)}{\lambda_w} \qquad (5.3\text{-}7)$$

$$\phi_0 = \frac{w_0 - w_e}{w_c - w_e} \qquad (5.3\text{-}8)$$

$$-\frac{d\omega}{d\tau} = -\frac{d\overline{w}}{dt}\frac{\rho_s(1-\varepsilon)}{k_H a} = (-\frac{d\overline{w}}{dt})\frac{\rho_s(1-\varepsilon)C_H}{h_G a} \qquad (5.3\text{-}9)$$

$$J_t = -\frac{d\omega}{d\tau}k_H a Z = -\frac{d\omega}{d\tau}\frac{h_G a Z}{C_H} \qquad (5.3\text{-}10)$$

恆率乾燥階段

$$-\frac{d\omega}{d\tau} = -\frac{H_w - H_1}{\varsigma_z}(e^{-\varsigma_z} - 1) \qquad (5.3\text{-}11)$$

如乾燥速率用 J_i 表示，即

$$J_t = -\frac{G_m(H_w - H_1)(1 - e^{-\varsigma_z})}{A} = \frac{G_m C_{H1}(T_1 - T_w)(1 - e^{-\varsigma_z})}{\lambda_w A} \qquad (5.3\text{-}12)$$

而臨界含水率為：

$$\omega_{c1} = \frac{\phi_0 \varsigma_Z - (\phi_0 - 1)(1 - e^{-\varsigma_z})}{\varsigma_Z} \qquad (5.3\text{-}13)$$

減率乾燥第一階段

平均含水率 ω 和乾燥速率 $-d\omega/d\tau$ 可用 $\varsigma_c(\varsigma \sim 0\varsigma_z)$ 來表示：

$$\omega = (\frac{1}{\varsigma_Z})\{\ln\frac{\phi_0}{1 + (\phi_0 - 1)e^{\phi_0 \varsigma_c}} + \phi_0 \varsigma_c - (\phi_0 - 1)(1 - e^{\varsigma_c - \varsigma_z})\} \qquad (5.3\text{-}14)$$

$$-\frac{d\omega}{d\tau} = (-\frac{\pi_0}{\phi_0 \varsigma_Z})(\phi_0 - 1 + e^{-\phi_0 \varsigma_c}) \times \{e^{\varsigma_c - \varsigma_z} - 1 + \frac{1 - e^{\phi_0 \varsigma_c}}{(\phi_0 - 1)e^{\phi_0 \varsigma_c} + 1}\} \qquad (5.3\text{-}15)$$

有了上兩式就可計算 ζ_c 的 $0 \sim \zeta$ 任意值的 ω 和 $-d\omega/d\tau$，而減率第 1 段與第 2 段的境界平均含水率可依下式求得。

$$\omega_{c2} = \frac{\phi_0 \varsigma_Z + \ln \dfrac{\phi_0}{1+(\phi_0-1)e^{\phi_0 \varsigma_Z}}}{\varsigma_Z} \tag{5.3-16}$$

減率乾燥第 2 階段

$$\omega = (\frac{1}{\varsigma_Z})\{\ln \frac{1+(\phi_0-1)e^{\phi_0(\varsigma_c-\varsigma_Z)}}{1+(\phi_0-1)e^{\phi_0 \varsigma_c}} + \phi_0 \varsigma_Z\} \tag{5.3-17}$$

$$-\frac{d\omega}{d\tau} = \frac{-\pi_0(e^{-\phi_0 \varsigma_Z}-1)}{\varsigma_Z\{1+(\phi_0-1)e^{\phi_0(\varsigma_c-\varsigma_Z)}} \tag{5.3-18}$$

同第一段有上兩式就 $\varsigma_c > \varsigma_z$ 可就間計算數個 ς_c 計算含水率與乾燥速率。

全程從起始就屬減率乾燥第 2 階段

如初期含水率 $w_0 < w_c$，而 $\phi_0 < 1$，令熱風進口的 ϕ 為 ϕ_1 時

$$\omega = (\frac{1}{\varsigma_Z})\{\phi_0 \varsigma_Z + \ln \frac{\phi_1 + (\phi_0-\phi_1)}{\phi_0}\} \tag{5.3-19}$$

$$-\frac{d\omega}{d\tau} = \frac{-\pi_0 \phi_1(1-e^{-\phi_0 \varsigma_Z})}{\varsigma_Z\{\phi_0 - \phi_1 + \phi_1 e^{\phi_0 \varsigma_Z})} \tag{5.3-20}$$

可在 $w_0 \sim w_c$ 間任意點計算 ϕ_1 即可，至於床內的水分分布可參考文獻〔桐榮良三等：化學工學 30，p329（1966）〕。

【範例 5-5】求穿流式乾燥減率乾燥速率[（Tamon 化工便覽 #7p.306）]

以 80℃，$H = 0.02$，$G_m = 3,000\ kg$ 的熱風以穿流方式乾燥厚度 6 cm，含水率 0.5 的粒子床至含水率 0.2 費了 20 min，如以同一風量及溼度的熱風乾燥至含水率 0.03 時需要多長的乾燥時間？粒子床的表密度為 800 kg 乾粒子／m^3，空隙率為 0.4，單一粒子的臨界含水率為 0.1，減率階段的乾燥速率可假設與含水率成比例遞減。

〔解〕

利用溼度表知 $T_1 = 80℃$，$H_1 = 0.02$ 時 $H_{w1} = 0.0395$，故從式（5.2-12）求乾燥時間為：

$$J_t = (3000)(0.0395-0.02)(1-\varsigma^{-\varsigma_Z}) = 58.5(1-\varsigma^{-\varsigma_Z})\ [kg/hr \cdot m^2]$$

而高 6cm 的粒子床依題意乾燥時得去除的水分量為

$$(800)(0.06)(0.5-0.02) = 14.4\ [kg/m^2]$$

乾燥時間爲 20 min 故 $(20/60)J_t = 14.4$，由此式可解得 $\varsigma_z = 1.34$

當粒子床高爲 3 cm 時從式（5.2-8）可得 $\varsigma_z = 1.34/(3/6) = 0.67$

$$k_H a = (0.67)(3000)/0.003 = 6.7 \times 10^4 \, [\text{kg/hr} \cdot \text{m}^3]$$

恆率乾燥階段：

$T_1 = 60°C$，$H_1 = 0.02$ 時，$H_{w1} = 0.032$，$\pi_0 = 0.032 - 0.02 = 0.012$，從式（5.2-11）可得 $-d\omega/d\tau = -(0.032 - 0.02)(e^{-0.67} - 1)/0.67 = 0.00875$，$\rho_{app} = \rho_s(1-\varepsilon) = 800$，再由式（5.2-9）得 $-d\overline{w}/dt = (6.7 \times 10^4)(0.00875)/800 = 0.732 \, [kg\text{-}水/hr \cdot \text{kg 乾 g 乾}]$

再由式（5.2-13）$\phi_0 = (0.5 - 0.01)/(0.1 - 0.01) = 5.44$

$$\omega_{c1} = \{(5.44)(0.67) - (5.44-1)(1-0.67)\}/0.67 = 2.21$$

減率乾燥第一階段

$$\omega = (\frac{1}{0.67})\{\ln\frac{5.44}{1+(5.44-1)e^{5.44\varsigma_c}} + (5.44)(0.67) - (5.44-1)(1-e^{\varsigma_c-0.67})\}$$

$$-\frac{d\omega}{d\tau} = (-\frac{0.012}{(5.44)(0.67)}) \times (5.44 - 1 + e^{-5.44\varsigma_c}) \times \{e^{\varsigma_c-0.67} - 1 + \frac{1-e^{0.544\varsigma_c}}{(\phi_0-1)e^{5.44\varsigma_c}+1}\}$$

利用上兩式計求 ς_z 介在 $0 \sim \varsigma_z$ 間的值。

再由式（5.3-16）可爲

$$\omega_{C2} = \frac{(5.44)(0.67) + \dfrac{5.44}{1+(5.44-1)e^{(5.44)(0.67)}}}{0.67} = 0.294$$

從式（5.3-5）得 $\overline{w} = w_c + \omega(w_c - w_e) = 0.1 + 0.09\omega$

而從式（5.3-9）得 $-d\overline{w}/dt = (0.67 \times 10^4/800)(-d\omega/d\tau)$

有了 w 值可計求 $\overline{w}$，再從上式把 $-d\omega/d\tau$ 換算成 $-d\overline{w}/dt$ 值。

減率乾燥第二段

從式（5.3-18）和式（5.3-17）可得

$$\omega = \frac{1}{0.67}\{(5.44)(0.67) + \frac{(1+(5.44-1)e^{5.44(\varsigma_c-0.67)}}{1+(5.44-1)e^{5.44\varsigma_c}}$$

$$-\frac{d\omega}{d\tau} = \frac{-0.012(e^{-(5.44)(0.67)} - 1)}{0.67\{1 + (5.44 - 1)e^{5.44(\varsigma_c - 0.67)}\}}$$

用具 (ii) 同步驟 w 值可計求 $\overline{w}$，再從上式把 $-d\omega/d\tau$ 換算成 $-d\overline{w}/dt$ 值即可。

茲將上述計算結果列示於表 5E-1，總乾燥所需時間可利用表 5E-1 之值做數值積分而得。

$$t = -\int_{0.5}^{0.03} \frac{dt}{d\overline{w}} d\overline{w} = 0.73[hr.]$$

表 5E-1

$\zeta_c[-]$	$\omega[-]$	$\overline{w}\,[-]$	$-d\omega/d\tau\,[-]$	$-d\overline{w}/dt\,[h]$
	5.44	0.5	0.00875	0.732
0	2.21	$0.208(=\overline{w}_{c1})$	0.00875	0.732
0.1	1.87	0.178	0.00856	0.717
0.2	1.53	0.147	0.00808	0.677
0.3	1.19	0.117	0.00737	0.617
0.4	0.890	0.0901	0.00647	0.541
0.5	0.625	0.0663	0.00539	0.452
0.6	0.411	0.0469	0.00416	0.348
0.67	0.294	$0.0365(=\overline{w}_{c2})$	0.00320	0.268
0.7	0.254	0.0328	0.00280	0.234
0.71	0.242	0.0317	0.00267	0.224
0.72	0.230	0.0307	0.00255	0.214
0.728	0.221	0.0299	0.00246	0.205

5.4 縮短乾燥時間的方法 (Tamon, p.46)

如於第三章和本章 5.1 節所介紹，介在恆率乾燥階段與減率乾燥階段的含水率稱為臨界含水率 w_c，此 w_c 值隨乾燥方式有很大的差異，在乾燥過程中以恆率乾燥速率為最快，所以能設法讓恆率乾燥階段拉長就能縮短乾燥所需的時間，也即要縮短乾燥所需的時間，得先選能有臨界含水率最小的乾燥方法，如浥潤材料是粉粒狀材料，擬用熱空氣乾時，就該選會把粉粒材料完全分散在熱空氣中的裝置。

圖 5-12 揭示各種不同的乾燥特性曲線，以下就依各乾燥特性曲線形狀的乾燥系統如何來縮短乾燥所需的時間：

恆率乾燥速率是縮短乾燥時間的關鍵變數

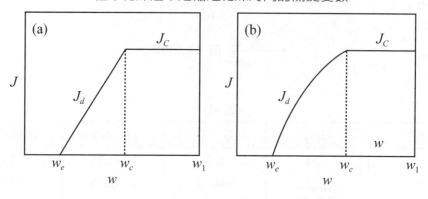

提升乾燥溫度是縮短乾燥時間的關鍵變數

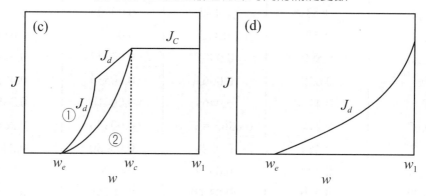

圖 5-12　乾燥特性曲線的分類 [Tamon, p43]

乾燥系統的乾燥特性曲線如圖 5-12(a) 時，減率乾燥速率將與含水率 w 成比例遞減，而乾燥至含水率 w_2 所需時間為

$$t = \frac{W}{AJ_C}[(w_1 - w_c) + (w_c - w_e)\ln\frac{w_c - w_e}{w_2 - w_e}] \qquad (5.4\text{-}1)$$

乾燥系統的乾燥特性曲線呈圖 5-12(b) 向上凸的曲線時，如已量得某一外部條件下的乾燥特性曲線時，減率乾燥速率間有

$$\frac{J_{d2}}{J_{d1}} = \frac{J_{c2}}{J_{c1}} \tag{5.4-2}$$

上式中 R_{di}，的下標 1 代表減率階段任一已知速率點的乾燥速率，而 2 則代表另一條件下的乾燥速率。而在 (b) 的狀況下乾燥至含水率 w_2 所需時間可併用式（5.4-1）和式（5.4-2）求得。從這兩式可知在 (a) 和 (b) 的狀況下，如能把 R_C 增快，減率乾燥速率也可增大，而可縮短乾燥至含水率 w_2 所需時間。

具體一點來說，提升熱空氣或降低熱空氣的溼度在 (a) 或 (b) 的狀況下對縮短乾燥所需時間有效。除此之外，選用熱傳境膜係數大的乾燥裝置也是重要的手段，如採用 impinged jet 供應熱空氣可減薄境膜厚度，進而可增大熱傳和質傳係數，導致得到較快的恆率乾燥速率。也可說巧妙改善乾燥裝置就可提升各種物性不同的溼潤材料的恆率乾燥速率。

在圖 5-12(c) 或 (d) 的狀況下，在減率乾燥階段，主宰其乾燥速率是材料內水分的移動，故設法提升熱傳境膜係數無補於事，反而在不熔融材料的限制下提高熱空氣溫度尚有些幫助。

表 5-1 整理並列示了上述縮短乾燥時間的手法。

表 5-1　**縮短乾燥時間的手法** [Tamon, p.48]

著眼點	手法與說明
・臨界含水率	・降低臨界含水率 ・選用可分散材料的熱空氣乾燥裝置 ・此手法不適於成形材料或膠體材料
・減率乾燥速率與含水率成比例減少時 ・減率乾燥速率曲線向上凸時	・把 J_C 增快，減率乾燥速率也可增大，而可縮短乾燥所需時間 ・可用提高熱空氣溫度 ・可減低乾燥空氣的溼度 ・選用熱傳境膜係數大的裝置
・減率乾燥速率曲線向下凹時 ・減率乾燥速率曲線分兩段向下凹時	・材料內水分的移動主宰乾燥速率 ・提高熱傳境膜係數無補於事 ・提高熱空氣溫度尚有些幫助

📑 參考文獻

Geankopolis, C. J.; Transport Process and Unit Operations. Third Edition. Pretice-Hall, London, UK. (1993).

Keey, R. B. Drying Priciples and Practice, Pergamon Press, Oxford, GB(1972).

Kunii, II；國井大藏；熱的單位操作 Vol, II 丸善，東京，日本（1968）。

Tamon, 日化工便覽。

Tamon, H.；田門肇；乾燥技術入門，日刊工業社，東京。日本。

Toei, B；桐榮良三；乾燥裝置，日刊工業社，東京，日本（1969）。

Toei, C；桐榮良三；Ch.21 乾燥，詳論化學工學 II，吉田文武編，朝倉，東京，日本（1968）。

Toei-Kamei；桐榮良三；新版化學機械の理論と計算，龜井三郎編，產業圖書，東京，日本（1975）。

Yamamoto, S. 山本修一；R-R Theory，化學工學 vol.81, P.46, 2017.

第六章　乾燥方法與乾燥裝置的分類

6.1 乾燥溼潤材料的方法

　　如 3.4 節與 4.2 節略述，乾燥時所涉及注入熱能於被乾燥溼潤材料的熱傳方式不同，將構成不同的乾燥方法，主要的有**對流熱傳**、**傳導熱傳**、**輻射熱傳**外，尚有如**眞空**、**冷凍**、**昇華**、**溶媒取代**、**高週波（微波）乾燥**、**流體化固粒熱媒乾燥**、**超臨界乾燥**等較少見的方法，在進一步談乾燥裝置前，先簡介一些不同的乾燥方法。

6.1.1 對流熱傳乾燥

1. 熱風對流熱傳

　　在此方法帶有高溫顯熱的氣相熱媒（廣義時該含**過熱水蒸氣**）流過溼潤材料的表面，透過兩相的境膜將其熱能輸給溼潤材料藉此熱能蒸發所含水分成蒸氣並隨氣流帶離被乾燥物的乾燥方法，對流乾燥如圖 6-1 所示，可再分爲平行流（水平流）、穿流和垂直噴吹流等不同的方式，其熱傳係數與氣流流速請參考 4.2 節之說明：

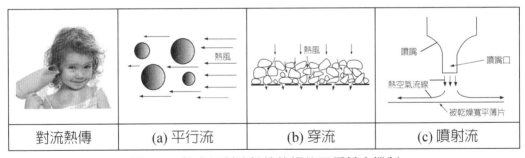

對流熱傳	(a) 平行流	(b) 穿流	(c) 噴射流

圖 6-1　熱空氣對流熱傳乾燥的三種基本機制

　　圖 6-2 揭示具有爲提高熱效率而將循環部分排氣加熱再使用的對流熱傳乾燥的流程簡圖（有關如何省能留後章再詳介）。

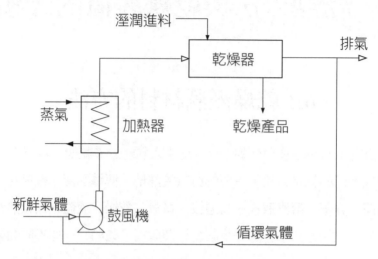

圖 6-2 循環部分排氣的對流熱傳乾燥流程(Czeslaw, p.234)

2. 過熱蒸氣乾燥

談對流熱傳乾燥時，其所使用氣相熱媒大多是熱空氣，但如被乾燥物是易被氧化或要去除的溼潤液體為可燃或有毒溶媒時，可改以 100℃ 以上的過熱蒸氣或其他如氮等惰性氣體取代熱空氣，這種對流熱傳乾燥常以**過熱蒸氣乾燥法**來涵蓋，圖 6-3 揭示過熱蒸氣乾燥的簡單流程，如採一大氣壓的過熱蒸氣來乾燥，其恆率乾燥階段品溫就在 100℃，而減率乾燥階段品溫將接近過熱蒸氣的溫度。而其乾燥特性將較使用熱空氣時所需較短乾燥時間。又由於凝結溫度也在 100℃，所以凝結器就可小些，只是得預防在乾燥器內有凝結現象發生。其他過熱蒸氣乾燥的詳介請參照第 18 章的介紹。

3. 溶媒蒸發乾燥

在前節所談過熱蒸氣乾燥裡，把過熱水蒸氣以所選擇的溶媒過熱蒸氣取代為熱媒加熱溼潤材料蒸發，其所含的液體成分的乾燥手法稱為**溶媒蒸發乾燥**（solvent drying，亦稱 evaporation drying），此法的優點為於熱媒氣體不含氧，故就是高溫下乾燥也可避免著火，而有利於乾燥可燃性液體的溼潤材料。圖 6-4 揭示此法的程序流程簡圖。

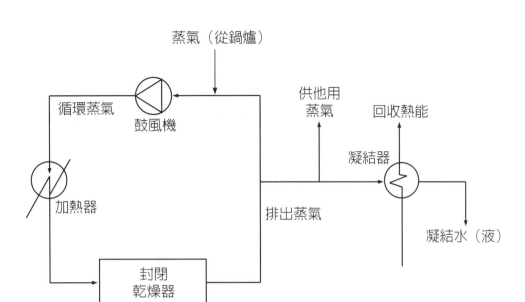

圖 6-3　過熱蒸氣乾燥的簡單流程

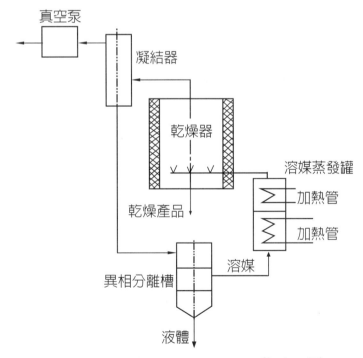

圖 6-4　溶媒蒸發乾燥程序流程簡圖^{（Czeslaw, p.237）}

4. 惰性氣體熱媒乾燥法

(1) 方法流程

如要乾燥的溼潤材料是容易引發塵爆、高可燃性或含有毒性溶媒，爲了產品品質的保護（防氧化），常用如氮氣等惰性氣體來替代空氣做加熱熱媒氣體，乾燥過程所蒸發的溶媒就利用冷凝器回收，這乾燥法就稱爲**惰性氣體熱媒乾燥法**。

圖 6-5、圖 6-6 揭示兩種此法乾燥法的流程結構與程序流程。

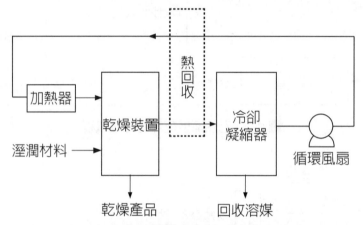

圖 6-5　惰性氣體熱媒乾燥法的流程結構

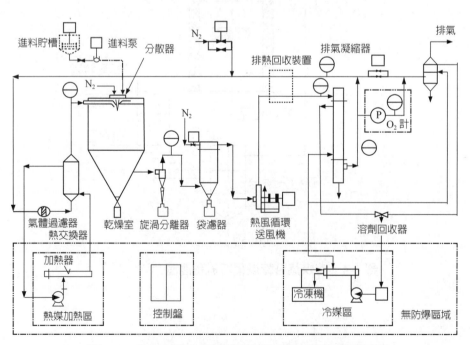

圖 6-6　用 N_2 惰性氣體熱媒為噴霧乾燥的實際流程

(2) 乾燥特性

此乾燥操作雖以氮氣替代空氣，但因分子量與空氣很近，故在熱容量、熱傳導率、熱傳係數值幾無差異，如溶媒是乙醇、丙酮、四氯化乙烯或苯等溶劑時，就因其汽化潛熱較水小很多，在 T、T_w 時的 P、P_w 都比水大，而導致其乾燥速率也較快。

(3) 乾燥裝置

惰性氣體熱媒乾燥法可使用的乾燥裝置有流體化床、氣流、迴轉滾筒、噴霧等各種較容易防止熱風漏洩的乾燥裝置，也就是需留意：

(a) 裝置對外的 Seal 部分得格外用心設計、維修。

(b) 力求系內氣體壓力分布的適正，極力抑制氣體外洩。

(c) 如含可燃性溶媒時，就需加設防爆設備。

(4) 設計時需留心的事項

選定合適於惰性氣體熱媒乾燥時，也得注意裝置所使用的各機器的能力是否配合得了乾燥操作過程的變化，如送進乾燥區的熱風溫度如不能保持設定的溫度，就不可能期待安定的操作，考慮加熱器能力時，不能只考慮正常情況，也需考慮 Start up 和 Shut down 時加熱器能力可否在合理時間內完成。

同樣的考慮也得用在冷凝回收器的設計，除了夠回收蒸發的溶媒外，是否也考慮了維持循環熱風中各成分濃度（尤其扮演溼度成分的濃度）。

6.1.2 傳導熱傳乾燥

1. 傳導熱傳乾燥

傳導熱傳乾燥是如圖6-7、圖6-8所示，載有溼潤材料的高溫金屬盤或器壁（襯套）經傳導熱傳被加熱的方式蒸發去除所含水分（或溶媒）達成乾燥的方法，此法相對於對流熱傳乾燥時，熱媒流體直接與溼潤材料接觸加熱來比，於傳導熱傳乾燥是熱媒流體先加熱載盤或器壁，再由接觸溼潤材料接觸的載盤或器壁以傳導熱傳進行乾燥操作，也因此傳導熱傳乾燥器亦被稱為間接加熱型乾燥器。

此乾燥法較對流熱傳乾燥排氣量少，故其熱效率較高，並也較適於乾燥含有臭氣成分或溶劑的溼潤材料為縮短乾燥所需時間，就得於乾燥過程翻動或攪動溼潤材料，或設法增加材料與加熱面的面積。

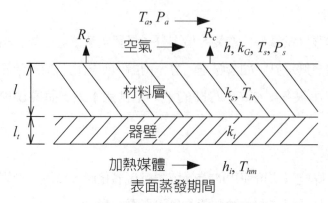

圖 6-7 恆率傳導熱傳乾燥的基本機制[Tamon, p.36]

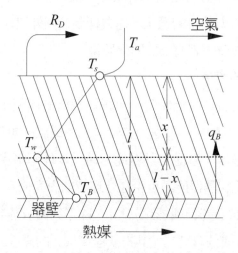

圖 6-8 減率傳導熱傳乾燥的基本機制

一般傳導熱傳乾燥，靜止層乾燥的乾燥速率可寫成：

(1) 恆率乾燥階段

$$J_{dC} = \frac{k_G}{RT}(P_S - P_a) = \frac{K(T_{hm} - T_S) - h(T_S - T_a)}{\lambda_w} \qquad (6.1.2\text{-}1)$$

(2) 減率乾燥階段

$$J_{dD} = \frac{\dfrac{k_s}{x}(T_S - T_w) + \dfrac{k_t(T_B - T_w)}{(l-x)}}{l_w} \qquad (6.1.2\text{-}2)$$

於實際裝置，為了提高其乾燥能力，會讓表面層上的氣體流動來增大 k_G 值，在進入減率乾燥階段，蒸發表面下降，就得設法降低水蒸氣在材料層內的擴散阻力，必要時攪翻材料更新蒸發面和熱傳面，來減低熱傳導的距離。

3. 傳導熱傳乾燥的特點

傳導熱傳乾燥一般而言，比熱風對流乾燥被排氣所帶走的熱量少，而擁有高的熱能效率（約在 70～85% 程度）。此外傳導熱傳型乾燥較有利的點尚有：

(1)比熱風對流熱傳型乾燥，被乾燥物少有被氧化而降低品質，另外爆炸危險也較低。

(2)如於溶劑乾燥、溶劑價高，或具爆炸危險時，傳導熱傳型乾燥較優。

(3)乾燥產品在品質上有需採用真空乾燥時。

(4)如採用熱風乾燥時，被乾燥材料容易飛散造成損失或公害時。

(5)如採用熱風乾燥時，排氣含有較難除臭成分時。

(6)如材料為甚長的薄平 Sheet 或紙張時。

6.1.3 真空減壓乾燥（含凍結乾燥）

1. 真空減壓乾燥（詳見 16.7 節）

如整個乾燥室改成密閉箱利用**傳導熱傳乾燥**，另加真空泵系，可改成如圖 6-9 所示的真空乾燥器，此類乾燥器常見於處理小量的熱敏感醫藥品或食品的乾燥。

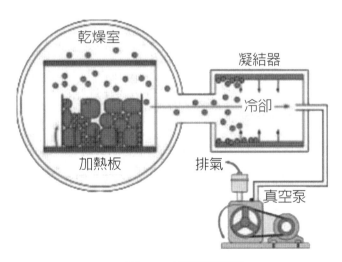

圖 6-9　真空乾燥箱

2. 凍結乾燥（也稱冷凍乾燥）（詳見第 16 章）

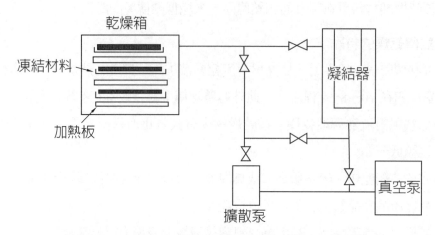

圖 6-10　批式凍結乾燥器系統簡圖 (Nakamura, I, p.113)

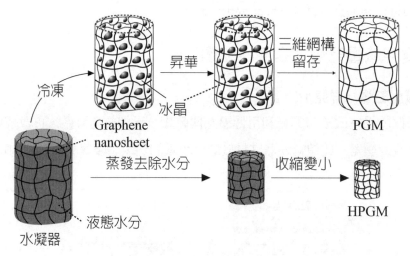

圖 6-11　批式凍結乾燥過程

　　先將擬乾燥的溼潤材料在負 30℃以上**凍結**成固相，放置密閉眞空乾燥箱的加熱棚盤上抽高眞空時，凍結存在於材料中的水分將從固相經由昇華直接成蒸氣離除，這種傳導熱停乾燥手法稱爲凍結乾燥，圖 6-10、圖 6-11 分別揭示批式凍結乾燥器系統簡圖和批式凍結乾燥的過程展示凍結乾燥可避免收縮。而此乾燥方法的特點是：

(1)乾燥時水分以冰的狀態昇華，故對材料的物理構造和成分的分布少有變化。

(2)乾燥時是在凍結狀態，也即低溫真空下進行乾燥，故其乾燥產品就算是溫度敏感物質或酵素活性等生物試料也可不失原有物性長期保存。

(3)乾燥時是在凍結的冰依序從表面氣化留下空洞，故乾燥產品多呈多孔狀，也因此容易吸水分恢復原含水狀態而被應用於製備高級的即溶咖啡等飲料，也用於防止產品有收縮的乾燥。

(4)乾燥產品含水率極低，故如以好的防溼包裝就可在常溫下長期貯存。

得注意的是乾燥過程如所加熱量過大時，將導致冰變水，就無法經由昇華現象去除水分，失去凍結乾燥的好處。凍結乾燥速率慢，且費用昂貴，多只用於醫藥品或高級機能食品。

6.1.4 利用太陽熱輻射的乾燥 [Kunii, HB, p.346]

如於首章所述，利用陽光乾燥食品穀糧是人類最早使用的乾燥手法，由於其加熱的熱能來自太陽的輻射熱傳，也屬於輻射熱傳乾燥的範疇。在室外直接接受陽光時，難免受天氣的影響而很難得均一的產品品質而較少大規模的採用，但近年來從綠色能源的利用，太陽能量大，沒有破損環境之虞，也沒有能源價格的壓力，被重新認識而應用於穀物，如水果等農作物、木材，或食品之大量低溫乾燥系統。

1. 利用太陽熱的方式

利用太陽熱的方式有讓太陽能直接輻射至被乾燥物來執行乾燥的直接加熱方式與先用集熱器吸收太陽能，再加熱熱媒流體（如空氣）用其熱風藉對流乾燥方式來去除水分的間接加熱方式兩大類，後者也可先用太陽熱加熱比熱較大的物質把太陽熱移蓄，要乾燥時再經由熱交換藉熱媒流體取出其熱能進行乾燥的蓄熱方式。

2. 直接加熱式太陽熱乾燥

圖 6-12 揭示各種不同的利用太陽熱的方式分類。要選哪一種方式較合適則需視被乾燥材料的種類、物性、處理量的多寡、裝置與操作費、因季節而異的日射，甚至補助熱量的費用等而定。

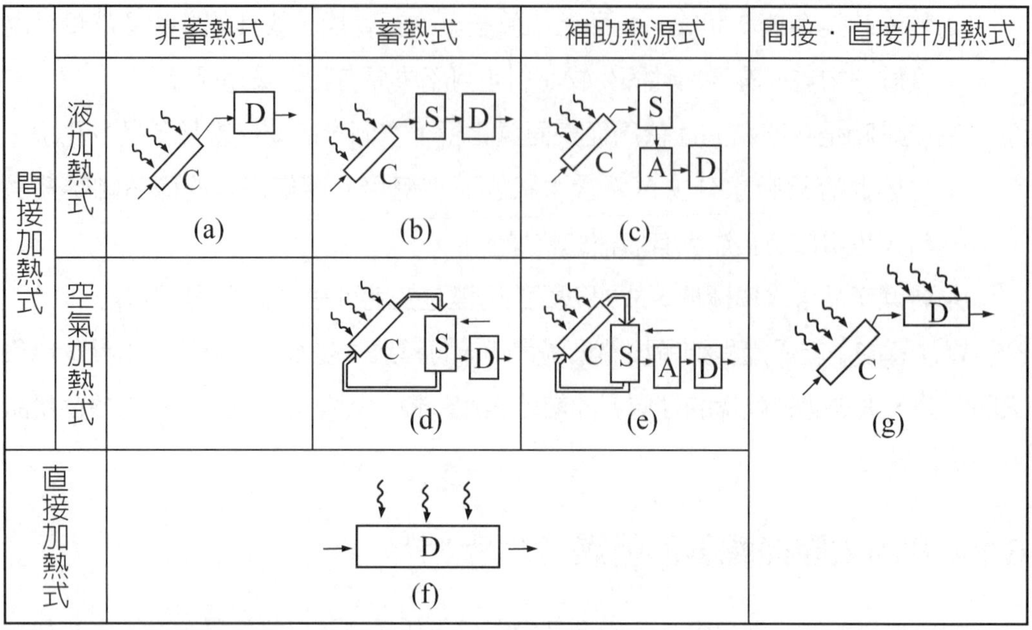

		非蓄熱式	蓄熱式	補助熱源式	間接‧直接併加熱式
間接加熱式	液加熱式	(a)	(b)	(c)	
	空氣加熱式		(d)	(e)	(g)
直接加熱式			(f)		

圖 6-12　各種不同的利用太陽熱的方式分類[Kubota, p.114]

　　圖 6-13 揭示陽光直接利用乾燥器的構造之例，在此裝置考慮了太陽光的滲透深度有限，將材料層弄薄些，上面加蓋了一層透明膜，膜與材料表面留些空間讓含蒸發出來的水蒸氣的空氣能排出，其構造至為簡單，因不必加熱空氣，但得注意如外氣溫低時，其散熱量會增大的問題。於直接加熱方式乾燥時，擬估算其乾燥速率時，材料的輻射特性（陽光吸收率）就成為重要參數（parameter）。

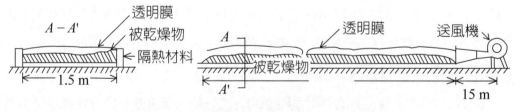

圖 6-13　陽光直接利用乾燥器[Kubota, p.114]

3. 間接加熱式太陽熱乾燥

　　(1) **集熱器**：圖 6-14 揭示間接利用太陽能時所需的太陽熱集熱器的構造簡示圖，它含有透明護玻璃蓋子、集熱板和作用熱媒流體所構成，集熱器的性能、價格就成了與其他乾燥系統比較時最重要的要素。

(2) **空氣加熱式**：利用空氣加熱式的集熱器的太陽熱乾燥比液加熱式構造也相當簡單，沒有漏液之煩，且所需動力小而被廣泛運用且價格也較低，只是集熱面與空氣間的熱傳係數較液體加熱式小很多而性能上有些比不上液加熱式。圖 6-15 揭示幾種可促進熱傳效果的空氣加熱器之例。

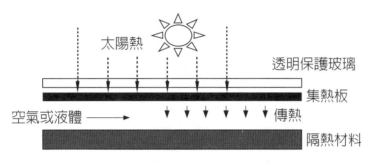

圖 6-14　**平板形太陽熱集熱器的示意圖** (Nakamuea, I, p.106)

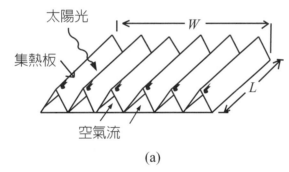

(a)

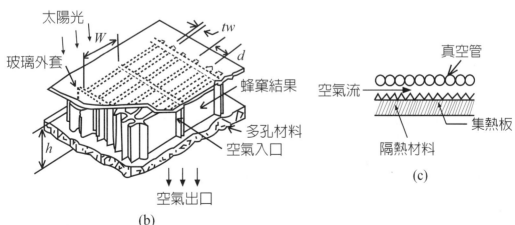

(b)

(c)

圖 6-15　**幾種可促進熱傳效果的空氣加熱器** (Kubota, p.115)

　　另爲應付日射量的變動，平常就採用如圖 6-16 所示選擇比熱較大的碎石堆蓄熱，來成補救日射量不均的缺陷。

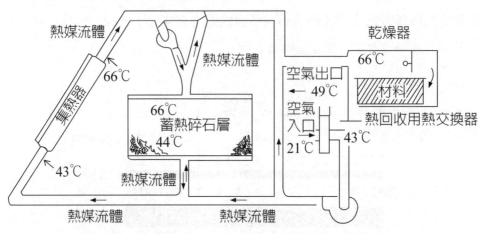

熱媒流體

熱媒流體

乾燥器

集熱器

66℃

66℃

66℃

空氣出口
← 49℃

材料

空氣入口
21℃

熱回收用熱交換器

蓄熱碎石層
44℃

43℃

43℃

熱媒流體

熱媒流體

熱媒流體

圖 6-16　具蓄熱功能的太陽光熱乾燥系統(Kubota, p.116)

　　液加熱式：爲提升集熱面與熱媒流體間的對流熱傳，液加熱式太陽熱乾燥多採用水或不凍液爲熱媒流體，爲提升集熱效率，常選用具有選擇吸收能力的集熱材料，或設法抑制集熱板與透明玻璃蓋間的自然對流。

　　利用液加熱式集熱器做爲乾燥熱源時，就另需要加熱乾燥用空氣的熱交換器，而稍加整個裝置的構造複雜些但可具蓄熱，和享有稍高的集熱效率。又如系統是傳導型熱傳乾燥系，就不需另一熱交換器，熱媒體本身就可扮乾燥熱源的功能。

6.1.5 遠紅外線乾燥

遠紅外線乾燥（第十九章另有較詳專章的介紹）

　　簡單地說輻射熱傳乾燥是如圖 6-16(a) 簡示利用波長在 0.76～400 μm（近·中紅外線）或圖 6-12(b) 示以遠紅外線（遠紅外波長在 3～1,000 μm）的電磁波——紅外線輻射至溼潤材料加熱乾燥方法。

　　紅外線或遠紅外線是物體被加熱至高溫的物體都會放射紅外線或遠紅外線，故無論是對流熱傳乾燥或傳導熱傳乾燥到某一高溫時，從高溫器都會放射紅外線，故物體溫度升到 100℃ 以上的高溫時這些物體都會放射紅外線，此時乾燥都成了併用輻射熱傳的乾燥。

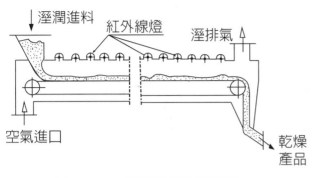

圖 6-16(a)　輻射熱傳乾燥流程　　　　　圖 6-16(b)　紅外線輻射乾燥噴漆

常用的輻射光源有 (1) 紅外線燈泡（溫度 1,700～2,200℃）放射輻射線有 80% 以上是紅外線，(2) 鞘套加熱管：以金屬管鞘封（sheathed）電熱線（金屬氧化物）通電後金屬管被加熱而放射遠紅外線，(3) 燃燒加熱紅外線熱源──將多量的氧混入燃燒瓦斯，燃燒吹向耐火物質，加熱它時耐火壁就可成一種紅外線源。

6.1.6 微波乾燥──高週波乾燥（Dielectric Dryers）（詳見第17章）

微波乾燥與輻射熱傳一樣將電磁波放射至溼潤材料來進行乾燥，但其波長（1～1,000 mm）與紅外線（0.76～3 μm）或遠紅外線（3～1,000 μm）有異，而其發熱機制和輻射熱傳也不同。微波射到水分可讓水分子直接振動只加熱水分，家電微波爐就是利用這現象來加熱食物。

國際上選定加熱用的微波的週波數（ISM 帶域）為 2,450±50 MHz，如可遵守電磁法管理電磁波的漏洩時就可用到 915±13 MHz 的範圍門波長的微波的加熱機器。週波數愈低，微波能浸透的深度為數 cm，而一般常見的 915 MHz 的微波可浸透到 10～25 cm 深。

圖 6-17 揭示微波乾燥器的結構簡圖，溼潤材料所含水分發熱所需的微波係稱為 Magnetron 的永久磁鐵受電所發生的微波，經由導電性的金屬導波管輸送微波經由可吸收反射波的 Isolator 和可調整微波強度的控制儀後送至微波覆蓋區（applicator）。微波覆蓋區可依被乾燥物的形狀而有不同形態，但大多採用一般家用微波爐的開放狀箱型構造。利用微波乾燥時此法的特點是：

1. 由於微波只振動水分，故即使溼潤材料裡水分分布不均，仍可能均一乾燥，無論被乾燥物形狀多複雜，一樣可達成均勻乾燥。

2. 因熱效率高，故可縮短乾燥時間，但由 Magnetron 產生微波時的能量效率不高，導致總括能源效率低。

3. 是利用電波加熱，故容易靠自動控制能量的動態。

4. 微波加熱具有殺菌效果而被喜用於一些食品的乾燥。

5. 微波只加熱被乾燥物，不加熱爐壁，可有冷爐的安全的工作環境。

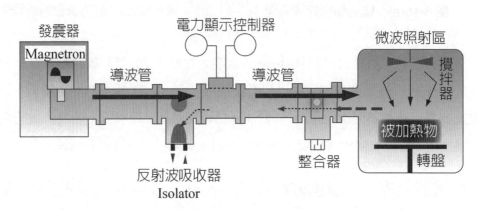

圖 6-17　微波乾燥器構造簡圖(Micro D)

6.1.7 流體化固粒熱媒體乾燥

利用流體化床容易達成均一溫度和濃度，和床中高熱傳係數的優點，將較易流體化，或易乾的固粒流體化後當做**流體化固粒熱媒體**替代氣體熱媒來乾燥懸浮在流體化床的溼潤被乾燥物體，圖 6-18 左圖揭示靜止溼潤被乾燥物依批式操作乾燥的示意圖，而圖 6-18 右圖則揭示是捲動的 Sheet 狀的溼潤材料在流體化床中利用**流體化固粒熱媒**連續乾燥的示意圖。

圖 6-19 是利用粒徑較大的固粒為**流體化固粒熱媒**來乾燥噴撒在熱媒固粒表面的泥漿狀被乾燥物。溼泥漿首先附著在熱媒固粒表面經乾涸後，藉熱媒固粒互撞解碎乾涸的被乾燥物成微粒乾燥產品，剝離的乾燥微粉粒就被流體化床的氣體帶出乾燥機，再用旋風分離器或袋濾器蒐集。

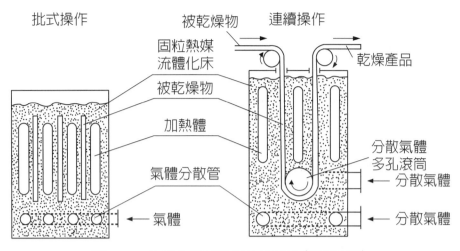

圖 6-18　流體化固粒熱媒乾燥系統(Czeslaw, p.240)

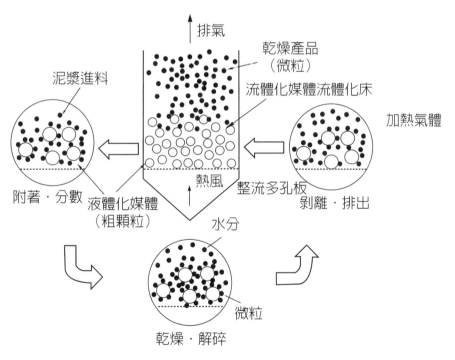

圖 6-19　流體化固粒熱媒乾燥泥漿進料示意圖(Nakamura, I, p84)

6.1.8 超音波乾燥

　　將超音波照射溼潤材料進行乾燥的方法。超音波是音波中週波數超過 20 kHz 的部分，一般人耳是聽不到的音波，較常見的超音波的應用例有超音波洗淨器、超音波加溼器和魚群探知機等。一般照射超音波於液體中，音波會讓液體中產生負壓領域而發生微小的空穴（cavity），當這空穴破壞時，瞬間中產生高溫‧高壓場（數千～數萬度，數千氣壓）。也即將超音波照射溼潤材料，材料裡的水分中會產生此種空穴，並將存在於材料表面的水分微小液滴化（霧化）飛散至材料裡來促進乾燥操作。也因此超音波乾燥法很少單獨用來乾燥，而是與其他乾燥方式併用。

6.1.9 其他較特殊型的乾燥方法

1. 超臨界乾燥[Nakamura, I, p.118]）

(1) 超臨界流體[化工辭典]

當壓力低時氣體中分子相隔很大，故不會有分子間的力的作用，但如溫度和壓力增高到氣體密度變大時分子間的距離變小導致氣體分子間的引力也產生作用，另一方面，在液相溫度升到高溫時，分子的熱能讓分子劇烈振動導致液相密度的減小，此時在由氣 - 液界面的液體蒸發成蒸氣的分子就不是一分子一分子的蒸發，而會有成群蒸發的現象，而氣 - 液界面也隨之消失，呈氣 - 液兩相無法辨別的狀態。

這狀態的物質就稱為超臨界流體，而此時的溫度和壓力就分別稱為臨界溫度和臨界壓力。圖 6-20 揭示生成超臨界流體前後分子間距離的變化和界面的消失。

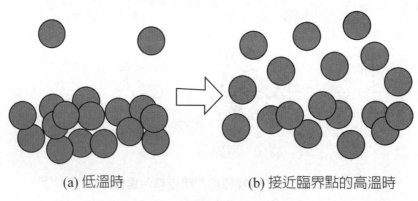

(a) 低溫時   (b) 接近臨界點的高溫時

圖 6-20　超臨界流體的生成

(2) 超臨界流體的 T-P-ρ 關係

此節以最常用於萃取的超臨界 CO_2 為例來探討超臨界流體的 T-P-ρ 關係，CO_2 的臨界壓力（P_C）為 73.8 bars，臨界溫度（T_C）為 31.1℃而臨界密度 ρ_C 是 469 kg/m^3，

圖 6-21 揭示了 CO_2 的 T-P-ρ 關係，點 TP（triple point）是三相共存點，從此點右上的曲線是沸點曲線，沿著此線有氣－液共存，此線上面是液相而下面即爲氣相存在的領域而此曲線在臨界點（critical point, CP）爲終點。沸點曲線上向上的直線是等密度線，每一間隔代表密度相差 100 kg/m³，逾過臨界點這些等密度線的密集也顯示超臨界流體的特性。

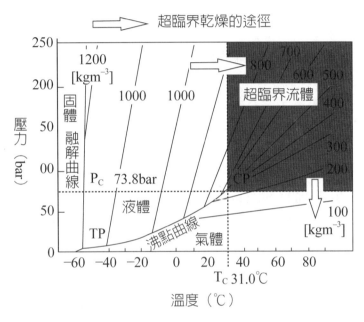

圖 6-21　CO_2 的 T-P-ρ 關係

(3) 超臨界流體的一些特性^{（化工辭典）}

由於超臨界流體具有與氣體或液體同程度的密度，也即分子間的力作用相當大，致能溶解固體或液體，又把溫度或壓力變化時不僅可改變其密度而也改變其做爲溶媒時溶解力也可連續改變，這特性是一般液體溶劑沒有的特性。另外，在超臨界狀態的溶劑分子的熱振動較液體溶媒劇烈，讓它更易滲透至液體或固體。

(4) 超臨界乾燥

圖 6-22 解說了典型的超臨界乾燥的步驟，在乾燥過程材料中不會有同時存在氣體與液體，故此乾燥產品幾乎不會有收縮的問題。

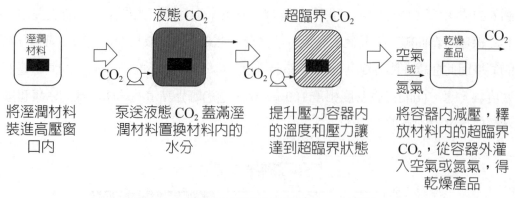

液態 CO_2 　超臨界 CO_2

| 溼潤材料 | CO_2 | 液態 CO_2 | CO_2 | 超臨界 CO_2 | 空氣或氮氣 | 乾燥產品 | CO_2 |

將溼潤材料裝進高壓窗口內

泵送液態 CO_2 蓋滿溼潤材料置換材料內的水分

提升壓力容器內的溫度和壓力讓達到超臨界狀態

將容器內減壓，釋放材料內的超臨界 CO_2，從容器外灌入空氣或氮氣，得乾燥產品

圖 6-22　超臨界乾燥的步驟^(Nakamura, I, P119)

2. 膨化乾燥法

(1) 膨化（爆膨）

如玉米粒等小吃食品在乾燥或烤焙過程會有如圖 6-23(c) 所示的膨化（pop）增大容積的現象，對這類的溼潤材料得小心設定及控制進料的定量供料及進料的含水率，也得確實控制好乾燥條件，以免乾燥產品的嵩密度失去控制或因被乾燥物的過度膨脹堵塞乾燥器內被乾燥物的流動，也可能無法用預定的包裝材料包裝。

(2)膨化乾燥法

將物體組織內所保有水分在經高壓，高溫後瞬間減壓而蒸發其水分導致組織的膨脹現象，稱為膨化。利用膨化去除大部分水分後材料原組織被破壞變成較粗糙的組織，之後如繼續乾燥其乾燥時間將縮短很多（見圖 6-23(d)），如是食品，其調理時，材料復水時間也縮短很多（見圖 6-23(e)）此乾燥手法稱為**膨化乾燥法**（**puffing drying**）。

圖 6-23(a)

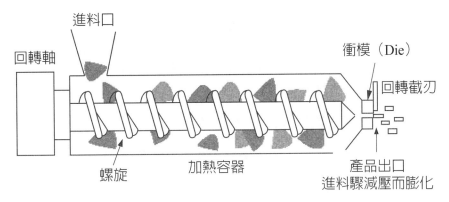

圖 6-23(b)

圖 6-23(c)

3/8" 地瓜角厚 12.5 cm
熱風溫度 67℃

穿流乾燥

—— 不經膨化處理

－‧－ 經膨化處理

水分（% W.B.）

乾燥時間（hr）

圖 6-23(d)

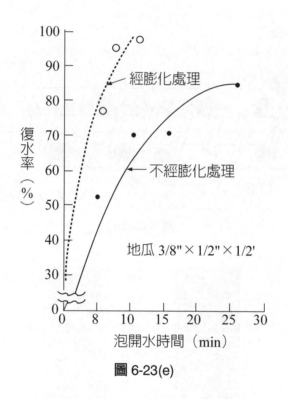

圖 6-23(e)

　　食品膨發的方式可依所使的設備、方法的不同加以分類，如：膨發槍（加熱瞬間釋壓）、擠壓機、熱風炒爆、直火燒烤膨爆、熱媒炒爆、常壓高溫油炸、眞空低溫油炸、微波加熱等方法。

4. 油炸乾燥（Frying drying）

　　乾燥方法：將食品放入加熱的食用油脂中，利用高溫油脂的熱能，來加熱被油炸食品以除去水分。油炸溫度最少也在 120℃以上，亦有達 270℃左右容易促進糖胺基酸（梅納反應）以及蛋白質的變性，導致褐變，但愈高溫易發生油脂氧化。亦有利用微波作爲輔助能源的微波油炸。

　　常見油炸乾燥製品有油炸速食麵、馬鈴薯片、油炸薯條、油炸煎餅、油炸米菓。

　　眞空油炸：於眞空下進行油炸，可降低油炸的溫度和降低油脂氧化。

圖 6-24　油炸乾燥

5. 干漆的乾燥[yahoo]

　　漆器上的干漆的乾燥不像水彩畫上的色墨靠蒸發其溶劑就可，它需從空氣中的水分吸取氧與本身含有的漆酵素起聚合硬化反應才可。其乾燥硬化手法有：

(1)低溫聚合硬化：在低溫、高溼度無風的環境下藉脫氫酵素進行漆酚（urushiol）的聚合反應硬化，生成干漆的乾燥硬化塗膜。

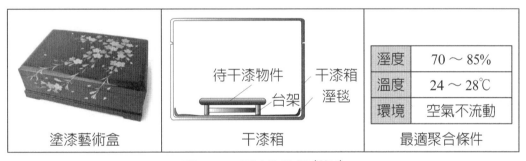

溼度	70～85%	
溫度	24～28℃	
環境	空氣不流動	

| 塗漆藝術盒 | 干漆箱 | 最適聚合條件 |

待干漆物件　干漆箱
台架　溼毯

圖 6-25　干漆的乾燥[Yahoo]

(2)高溫固化：由於上述脫氫酵素在溫度高於 60℃就失去活性，但溫度更高時，漆酚會自己聚合（加熱塗裝），尤其是將干漆塗在金屬面上，其塗膜黏著力更大，古時候武士鎧裝常用炭火的高溫來塗干漆。但如溫度高於 200℃時塗膜就可能粗糙化。一般塗佈溫度較低時，塗膜需較長的時間硬化，故要好產品得選合適的溫度與時間。

6. 晶圓的乾燥

表 6-1 **晶圓的各種乾燥方法** (Nakamura, I, p.125)

方法概介	圖	優點	缺點
藉離心力吹走附著晶圓上的水分		簡單、低廉	水紋發生率高 微粒附著率高 不適易壞的晶圓
藉 IPA 蒸乾置換存於晶圓上的水分		水紋發生率低 微粒附著率低 適易壞的晶圓	有機物殘留率高 需注意對環境的安全性
將晶圓從水中以 1 mm/s 速率拉上 IPA 蒸氣中，藉 Marangoni 力去除晶圓上的水分		水紋發生率低 微粒附著率低 適易壞的晶圓 IPA 用量較少	有機物殘留率高 較費時而處理能力較小
在真空室蒸發晶圓上的水分		簡單、低廉	微粒附著率高
用熱風蒸發晶圓上的水分		簡單、低廉	水紋發生率高 微粒附著率高 兩面不均
藉吹 IPA 蒸氣於回轉中的晶圓來去除其水分		水紋發生率低 微粒附著率低 產量大	有機物殘留率高

方法概介	圖	優點	缺點
照射紅外線來蒸發水分		適於易壞的晶圓	水紋發生率高 微粒附著率高 不適易壞的晶圓
將晶圓從溫純水中拉上，利用水的表面張力去除晶圓上的水分		簡單、低廉，產量大，對環境親切 適於易壞的晶圓	水紋發生率高

6.1.10 利用熱泵的乾燥^{（Kubota）}

　　熱泵（heat pump）指的是用機械手法將低溫熱源轉換成高溫熱源供熱能的再利用的手法，它有壓縮式、吸收式和化學法等不同的方式，乾燥領域常用的是如圖 6-26 所示的壓縮式熱泵。從乾燥器排出的低溫廢氣送至蒸發器藉用液態熱媒蒸發時吸收存在低溫廢氣的熱能成低溫低壓熱氣蒸氣，送入壓縮器成高溫高壓氣體再凝結成高溫高壓熱媒液體加熱送入乾燥器，當熱媒氣體成高溫高壓液體後再經膨脹閥減壓成低溫低壓冷媒氣準備再吸收廢熱。圖 6-27 是利用熱泵回收乾燥廢氣以低溫（27℃）乾燥農產物的例子。

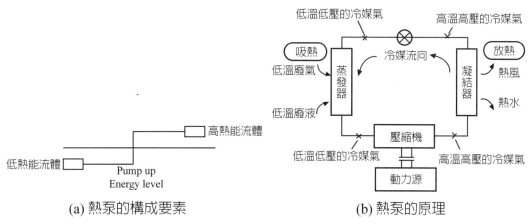

(a) 熱泵的構成要素　　　　(b) 熱泵的原理

圖 6-26　熱泵的構成要素與原理^{（Kubota, 102）}

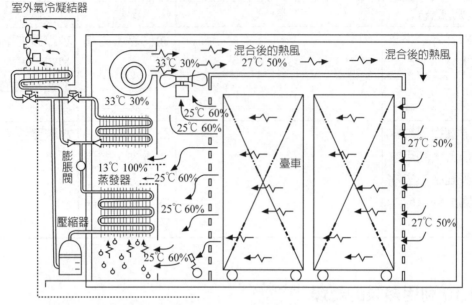

室外氣冷凝結器

混合後的熱風
27℃ 50%

混合後的熱風

33℃ 30%

33℃ 30%

25℃ 60%
25℃ 60%

臺車

27℃ 50%

膨脹閥

13℃ 100%
蒸發器 25℃ 60%

25℃ 60%

27℃ 50%

壓縮器

25℃ 60%

圖 6-27　利用熱泵以低溫（27℃）乾燥農產物的例子 ^(長嶋，Kubota, p.105)

6.2 乾燥裝置的分類

乾燥材料從溶液、泥漿、細砂、粉粒、紙張纖維、凍結生物至大塊狀的陶土成型品，可說千變萬化，因此乾燥裝置在化工裝置中，無論在處理對象、處理量都具有與其他單元操作裝置少見的很強的排他特性，如用於乾燥粉狀的乾燥機不適用於乾燥糊狀材料，乾燥大量的裝置從熱效率角度而言就不適用於處理小量生產。於表1-1 已舉例說明為乾燥操作的對象的多樣性。

如於 1.11 節所述，構成乾燥裝置三樣要素：(1) 物質與熱媒（熱風）氣流的接觸方式；(2) 如何注入熱能於溼潤材料；(3) 如何從乾燥裝置排除水分汽化所生成的水蒸氣。乾燥裝置的分類或多或少都涉及上述的三要素。

在探討如何選擇合乎程序要求而又是最經濟的乾燥裝置前，擬先來介紹乾燥的方法和不同依據的分類方法，表 6-2 列舉一些不同的分類依據也列示一些該類的裝置例供參考。

表 6-2　**乾燥裝置分類時常見的依據**[(Czeslaw, p.241)]

(a) 系統氣壓	常壓乾燥器、真空乾燥器
(b) 操作方式	連續、批式操作
(c) 熱能注入方式	對流、傳導、紅外線、電介質、昇華
(d) 乾燥媒體	熱空氣、過熱蒸氣、高溫廢氣、液相熱媒、顆粒熱媒
(e) 乾燥媒體與物科的流向	順流向、逆反流向、十字流向
(f) 乾燥媒體的流動方式	自由流動或強制流動
(g) 蒸發水氣的排除方式	隨廢熱氣排出、隨惰性氣排出、以化學吸收去除
(h) 溼潤進料的形態	液體、顆粒、泥漿、粉狀、糊泥、薄長片、塗膜、成型物件
(i) 被乾燥物的流動形態	靜置、被載或攪動、被吹散
(j) 生產規模	小（2～50 kg/hr）、中（50～1,000 kg/hr）、大（tones/hr）
(k) 乾燥機的構造	箱型（盤棚）、隧道、迴轉圓筒、滾筒、流體化床、其他

　　所以擬以最有效且最經濟要求下乾燥某一物質，就需了解各種不同乾燥裝置的適應性和性能特性，本節中將以表列方式介紹幾種較常被採用的依據來分類的內容。

1. 依溼潤材料（被乾燥物）物性分類

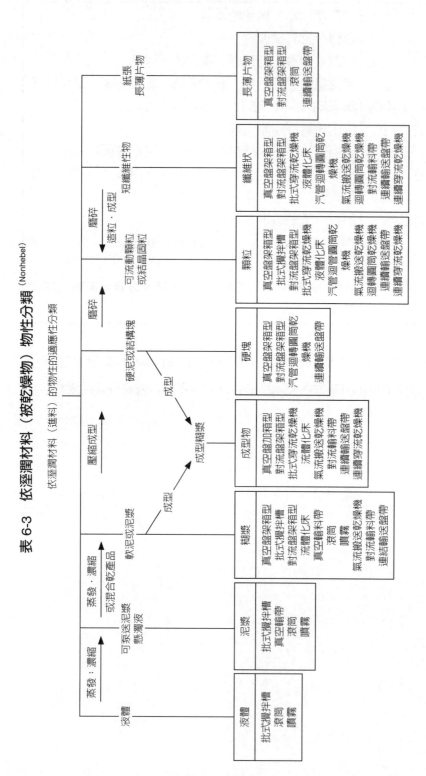

表 6-3　依溼潤材料（被乾燥物）物性分類 (Nonhebel)

2. 依導入熱能的方式分類

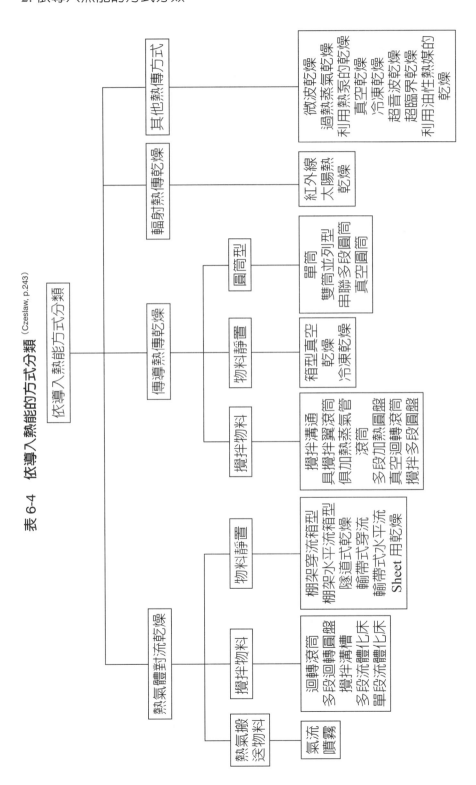

表 6-4　依導入熱能的方式分類 (Czeslaw, p.243)

3. 依生產規模與操作方式雙依據分類

表 6-5 依生產規模與操作方式雙依據分類^(Czeslaw)

依生產量規模分類

小規模生產 20 ~ 50 kg/h	中規模生產 50 ~ 1,000 kg/h	大規模生產 1,000 kg/h 以上

批式生產	批式生產	連續生產	連續生產
真空棚架箱型 水平流棚	攪拌槽型 穿流棚架箱 流體化床型	流體化床型 真空輸料帶型 滾筒對流乾燥機 噴霧乾燥機 氣流輸送乾燥機 水平流輸料帶	滾筒對流乾燥機 噴霧乾燥機 氣流輸送乾燥機 迴轉圓筒 流體化床型

4. 依程序的特殊需求的適應性分類

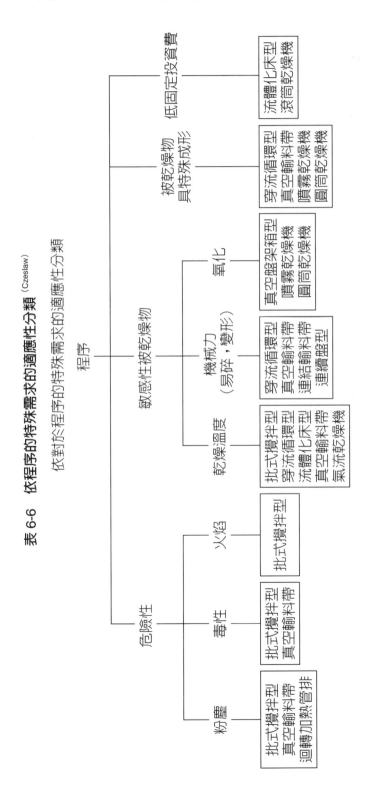

表 6-6 依程序的特殊需求的適應性分類 (Czeslaw)

5. 依操作方式及乾燥方法多重依據分類

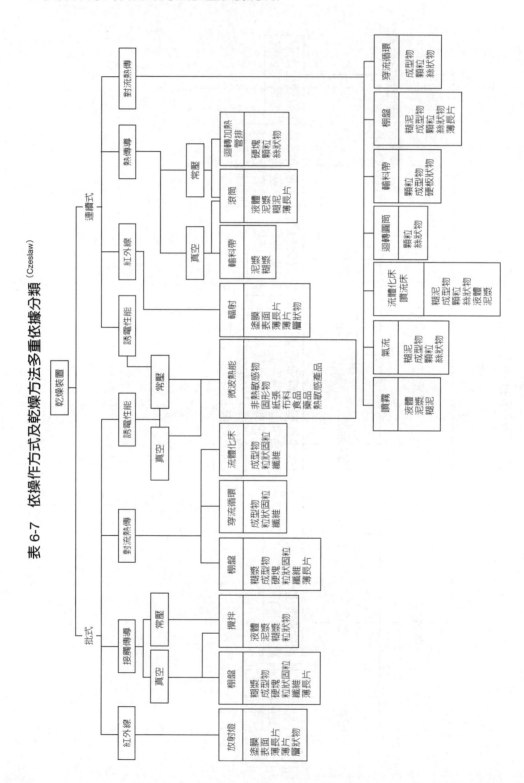

表 6-7　依操作方式及乾燥方法多重依據分類 (Czeslaw)

6. 依據相關物料與流體的動態分類

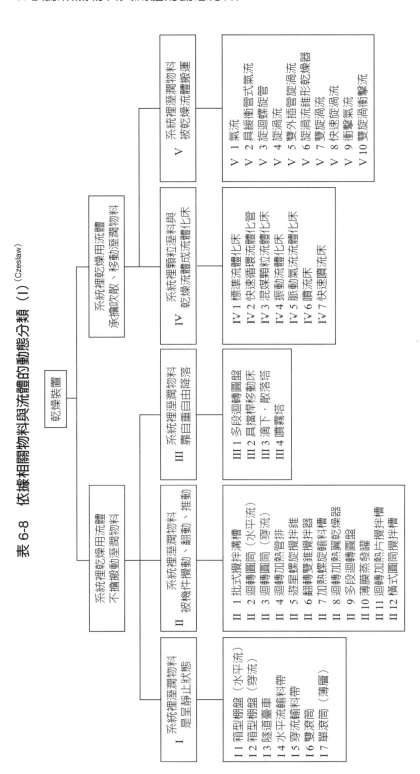

表 6-8　依據相關物料與流體的動態分類（Ⅰ）[Czeslaw]

表 6-8(a) 依據相關物料與流體的動態分類 （II-a） [Toei，化工便覽 #3]

	對流熱傳	傳導熱傳	輻射熱傳	其他
材料靜置型	箱型水平流 箱型穿流		箱型常壓 箱型真空，冷凍	誘電性加熱 （微波加熱）
材料搬送型	輸料帶水平流 涵洞臺車水平流 吊架輸料 輸料帶穿流 豎型移動床 輸料噴射流		紅外線隧道 紅外線輸帶	誘電加熱輸帶 （微波加熱）
材料攪動型	多段迴轉圓盤 流體化床 迴轉圓筒水平流 快速攪拌 迴轉穿流圓筒	多段迴轉圓盤 攪拌溝槽 攪拌圓筒 游星攪拌圓錐 迴轉加熱管排筒 襯套迴轉圓筒 振動流體化床		誘電性加熱攪拌
	對流、傳導熱傳併用流體化床			
熱風搬送型	噴霧乾燥 氣流乾燥	昇華蒸氣搬送型		
	外壁加熱氣流乾燥			

表 6-8(b) 依據相關物料與流體的動態分類 （II-b） [Toei，化工便覽 #3]

I 材料靜置或材料被搬送型乾燥器
  a. 批式箱型乾燥器
    水平流型
    穿流型
  b. 輸料帶乾燥器
    水平流型（含臺車隧道型）
    穿流型
  c. 噴流型
  d. 移動床式穿流乾燥器
	III 熱風搬送型乾燥器
	  a. 噴霧乾燥器
	  b. 氣流乾燥器
	IV 滾筒乾燥器
	  a. 單滾筒乾燥器
	  b. 串聯多滾筒乾燥器
	V 紅外線輻射乾燥器
	VI 冷凍凍結乾燥器
	VII 高週波乾燥器

II　材料攪拌型乾燥器	
a. 圓筒及溝槽式攪拌乾燥器 　　b. 捏和乾燥器 　　c. 圓盤式攪拌乾燥器 　　d. 回轉圓筒乾燥器 　　e. 回轉蒸氣管排乾燥器 　　f. 穿流式回轉圓筒乾燥器 　　g. 流體化床乾燥器	

表6-9　依據相關物料與熱媒流體接觸的方式分類（Ⅲ）[KuniⅢ.P.346]

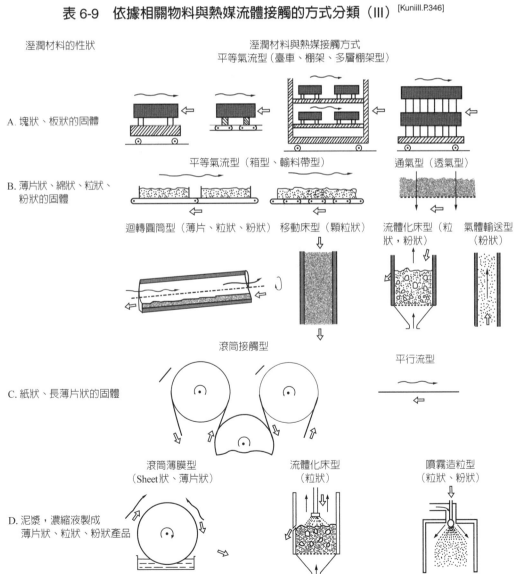

攪拌型

E. 黏稠物資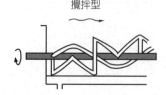

📑 參考文獻

Czeslaw Strumilo and Tadeuse Kudra; Drying: Principles, Applications and Design, Gordon and Breach Science Publishers, NY USA(1986).

Kubota, Atsushi 久保田濃；乾燥裝置；省エネルギーセンター（2.nd ed.）東京，日本（2004）。

Kunii, II；國井大藏；熱的單位操作 Vol, II 丸善，東京，日本（1968）。

Kunii, HB；國井大藏；乾燥技術ハンドブック，總合技術センター（1991）。

Micro Denshi Co., ミクロ電子 KK，マイクロ波加熱（網路資料）。

Nagashima, T. 長島徹；工業加熱，21, #5, p.50 (1985).

Nakamura, I；中村正秋立元雄治；初步から學ぶ乾燥技術，（2nd Ed.）工業調查會東京，日本（2005）。

Nakamura, II；中村正秋立元雄治；はじめての乾燥技術，日刊工業社，東京，日本（2014）。

Nonhebel, M. A. and Moss, A. A. H.; Drying of Solids in Chemical Industries; Clevelland, OH, USA.

Tamon, H. 田門肇；乾燥技術入門，日刊工業社，東京，日本（2012）。

Toei；桐榮良三：乾燥裝置マニュアル日刊工業社東京，日本（1978）。

Toei；桐榮良三；化工便覽 3rd Ed 凍結乾燥，丸善，東京，日（1969）。

日化工學會編：化工辭典 F20。

第七章 選擇乾燥裝置流程與需檢討事項

乾燥主要的目的將被乾燥物（溼潤材料）乾燥成合乎生產所設定的規格之產品，故所選擇的乾燥裝置得能把被乾燥物在安定且高效率下，乾燥成合乎要求的產品的設備才可，**由於乾燥是消耗不少熱能的操作，因此如何選擇熱效率高的乾燥方式和裝置就成了化工人員得用心去完成的工作**。圖 7-1 揭示一般選擇乾燥裝置的簡化流程。此圖左前半 [START →①] 的流程是依據基礎乾燥試驗數據或可能蒐集到的資料來進行粗（概）選合適程序目的乾燥裝置的流程，而右後半 [①→ END] 的流程是依據長時間的小規模工廠試驗（Pilot Test）結果來進行乾燥裝置的**最終選擇**與**釐定**正式規格的流程，本章將依選擇工作的順序就各階段的主要項目加以說明。

7.1 溼潤材料的特性

要選擇合適的乾燥裝置時，首先得了解要乾燥的**溼潤材料**的物理性質和化學性質，如表 7-1 所示被乾燥物的性狀，形態有很多，如液狀、泥狀、濾餅狀、塊狀、片狀、顆粒狀、絲狀、膜狀和長薄片狀等（參照圖 1-2），而選擇乾燥裝置（機）前，就得對如下所列各項加以檢討。

7.1.1 與溼潤材料形態有關事項^(Kubota, p.23)

要乾燥的溼潤材料的形態依對乾燥後的成品要求，可大致分為如下兩大類：

1. **乾燥後維持進料原有的大小和形狀**；如陶磁器的修坯、磚瓦粗坯、電子產品、絕緣體、石棉浪板、椎茸、薯片，這類材料的乾燥裝置就多選用物料靜置型和輸帶或臺車搬送型。

2. **乾燥後能成粉粒狀的乾燥產品**：另一種狀況是溼潤材料是濃縮液、泥狀、塊狀或粉粒狀，期望經乾燥後能成粉粒狀的乾燥產品，甚至依其用途或功能希望從這些溼潤材料經乾燥後再造粒成某種特定形狀的顆粒產品。故於選擇機型時，就得探討得在前程序或後程序另安插加工操作，或是否機型在乾燥過程就可同時完成此造粒的操作。

表 7-1　依溼潤材料的形狀、物性來初選擇乾燥裝置機型表 (Kubota p.28)

溼潤時狀態	材料例	合適乾燥裝置機型		
		大量連續	少量連續	少量批式
I 液體、泥漿狀材料	奶類、咖啡、異性化糖、調味料、中藥、植物萃取液、有機酸鈉、洗劑、磁器泥漿、金屬氧化泥漿	噴霧乾燥 流體化床（氣體分散型） 液體化床（噴於液體化媒體）	滾筒乾燥 輸料帶真空乾燥	真空冷凍箱型乾燥盤棚（含真空）
II 凍結、熱敏感性材料	醫藥、生技產品、食品		凍結乾燥、真空乾燥	凍結乾燥、真空乾燥
III 糊狀泥狀材料濾餅材料	澱粉泥、黏土泥、染料、顏料、吸水性聚合物 金屬氧化物泥漿、各種汙泥	氣流 穿流透氣乾燥	攪拌溝槽 穿流透氣乾燥（附成型器） 具攪拌機迴轉乾燥	各種傳導受熱熱攪拌、通氣箱型
IV 塊狀材料	煤炭、焦炭、礦石、皂土、鈣化物、肥料	迴轉、穿流透氣迴轉、豎型穿流透氣、內襯加熱管迴轉		流動層
V 顆粒狀材料	水稻粒、米、麥、各種粒狀調味品、麵包粉、無機結晶、有機結晶、化學肥料、粒狀活性碳、寵物飼料	流體化床、輸帶透氣穿流透氣、氣、內襯加熱管迴轉、迴轉	流體化床、攪拌溝槽、圓筒攪拌、多段圓盤	流動層、各種傳導受熱熱攪拌
VI 粉狀材料	麵粉、樹脂粉末、粉狀活性碳、離氨酸、食鹽、碳酸鈣粉末	氣流、流動層 迴轉、流動層	攪拌溝槽、圓筒攪拌、流體化床、多段圓盤（傳導）	各種傳導受熱熱攪拌
VII 薄片狀材料纖維狀材料	壓扁大豆、薄片餅乾、薯片、菸葉、茶葉、CMC、藻朊酸鈉牧草、中藥	迴轉、輸帶透氣、內襯加熱管、傳導傳熱併用 迴轉、輸帶透氣、振動液體化床	攪拌溝槽、圓筒攪拌、流體化床、多段圓盤	通氣箱型、各種傳導受熱熱攪拌
VIII 成型材料特定尺寸材料	陶磁成型物、玻璃、積層板、石棉瓦、皮革、鮮魚片、香菇、拉麵、速食麵	臺車軌道乾燥隧道、輸料吊架乾燥、輸帶透氣（拉麵）	通氣箱型、圓筒攪拌、多段圓盤	棚式平行流
IX 長薄片狀材料	布料、紙張、報紙、印刷物	多段滾筒（＋噴吹流）	單段滾筒或多段滾筒	
X 塗膜、塗布液	化妝板、車體	噴吹流、紅外線		紅外線

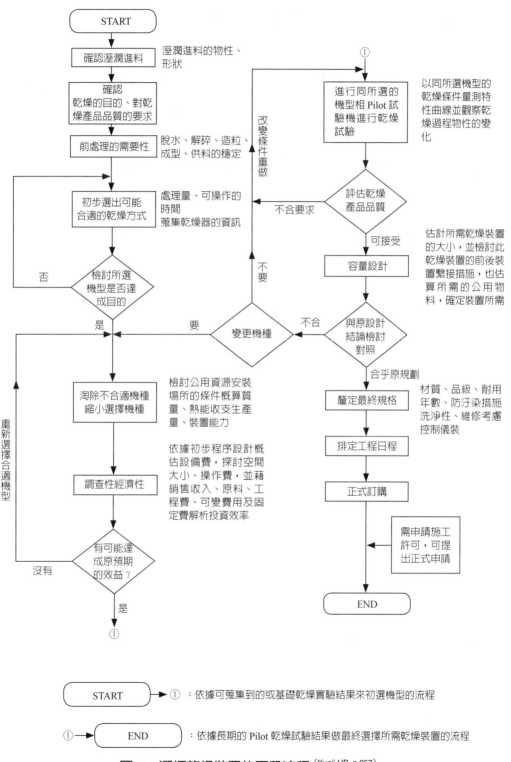

圖 7-1 選擇乾燥裝置的兩段流程 (Kunii HB, p.257)

7.1.2 與乾燥產品品質有關聯的事項 ^(Kubota, p24)

1. 乾燥產品的規格

    (1)產品的含水率（乾量基準）在出口環境下的**平衡含水率**，如為批式時，每批的平均含水率；而如為連續操作時，每小時的平均含水率。〔測量含水率的標準方法？〕

    (2)產品是否尚有溶媒帶來的殘留**臭味**？是否需在乾燥過程或另行去除臭味？

    (3)**粒徑分布**是否合乎要求；可容最大粒徑與最小粒徑是否合乎產品出售規格。

    (4)**嵩密度**；其標準量測法？

    (5)乾燥產品可容**不純物的種類與含量上限**（包含主產品分解而成的異物）。

2. 乾燥產品與品質有關的物性項目

    (1)乾燥產品結晶或形狀可容改變或破碎程度。

    (2)乾燥產品的流動性（在冷卻前與冷卻後），尤其在流進和流出受槽時的流動性。

    (3)從乾燥器排出的乾燥產品品溫是否尚需要在貯存或包裝成商品前冷卻，以避免結塊或成餅。

3. 被乾燥物在乾燥過程因熱劣化而變質的可能性

    於選定乾燥裝置時，首先得知道被乾燥材料不變質的許容溫度，依此值可判斷該採用常壓乾燥或真空乾燥，或高溫、高溼乾燥。

    有些食品原料、農作物、醫藥原料遇到高溫受熱時其物性常發生不可恢復的變化，故溼潤材料有如此物性時只能選用低溫乾燥。

    一般而言，乾燥產品的因受熱而引起的品質變化視其品溫與時間長短的而異，實際乾燥時，有不少例子是高溫短時間所得品質常優於低溫長時間乾燥所得的產品品質，因此不要依據在恆溫乾燥箱靜置長時間有些品質劣化就認定該溫度為實際乾燥裝置的溫度上限。實驗室規模試驗所得的乾燥條件可視為一參考指標，尚需從乾燥工程的觀點來選定實際裝置的乾燥條件較妥。

    考慮被乾燥物因受熱而發生熱劣化的可能性，也即了解此乾燥系可容品溫的上限，但一般因熱劣化是品溫和時間的函數，一般而言，以高溫短時間乾燥常可得品質比以長時間較低溫來乾燥可得品質較佳的乾燥產品，故不宜只顧從實驗室試驗以低溫長時間所得乾燥條件，而忽略其他可影響乾燥產品的品質的選擇。

4. 產品的形態對品質與商品價值的影響

不少食品其產品的形態成商品價值的重要因素，如常用噴霧乾燥生產奶粉和洗衣粉，噴霧條件和乾燥條件都會左右其產品的品質，對易碎物料常於乾燥過程碎毀、細粉化，都將損傷乾燥產品的商品價值，因此選機時就得加以留心如何達成所要的產品形態。

5. 如何避免和預防產品被汙染

生產醫藥品或食品過程最重要的是不得被汙染，故選機時除了乾燥過程如何使產品不被汙染外，尚得考慮乾燥裝置本身的滅菌，消毒操作的可行性，另外不少對熱敏感的食品常可能因被乾燥物附著在器件後經過長時間受熱而焦化，致產品附上焦臭，大減其商品價值。遇到有此困擾時，裝置宜加裝防止被乾燥物黏著在器壁或器件而有焦化等現象產生（如附加槌打機構或器壁材料塗布防黏層等）。

7.1.3 乾燥特性對乾燥產品品質的影響 (Toei-Kamei Ch.10, p.311)

1. 乾燥收縮

如溶液等均質材料從乾燥初期至末期，將有等於乾燥而脫水的水分容積的容積收縮現象發生。如黏土微細粒子懸濁於液體成似膠狀材料擁有滲透水時，在含水率高時，其收縮容積將等於脫水水分的容積，但一旦微固粒粒子互相接觸後，滲透吸引力就不再發生作用，導致收縮而減少的容積就變得微小。如木材等含細胞質材料，在遷移飽和點以後就會有細胞質脫水，會急激地收縮到其平衡含水率。故乾燥厚木材，或大件陶磁半製品時就不能採用急速乾燥，需用更溫和條件下以長時間去慢速風乾它才可避免物品的龜裂或彎曲，甚至在進口氣流中吹進適量蒸氣把氣體中之蒸氣壓接近飽和來抑制乾燥速率，在後段再逐漸減低其溼度的方式乾燥這些忌諱收縮或龜裂的乾燥材料（參照第一章圖 1-13）。

2. 乾燥龜裂

乾燥收縮可解釋為材料因脫水所產生的壓縮應力所引起的變形現象。一般而言，在收縮方向有些收縮速率的差異不致立即發生**龜裂**，但如乾燥不均勻時，在垂直於收縮方向的面內會有收縮速率的差異發生而在其方向誘起拉力，如此拉力本身就是非等方向性材料，細胞質就很難做到均勻的乾燥，只好對具有顯著收縮的材料在會有顯著收縮期間降低乾燥速率來抑制拉力的增大。也有些材料，會留存乾燥時所產生的拉力，乾燥後才發生龜裂，對這種情況，可把乾燥產品保存在中溫中溼度的環境來緩和拉力的作用。擬避免乾燥後有收縮時可採用冷凍乾燥（參照6.1.5節）或超臨界乾燥（參照6.1.10節）。

3. 組成的偏析

如溼潤材料是含溶解有溶質的水分的多孔媒質，或微粒懸濁在有溶質的水分在乾燥過程溶質隨毛管水或滲透水（osmotic water）移動到材料表面，在表面水分蒸發後留下高濃度溶質溶液，析出固相溶質，而形成溶質偏析的現象。雖然降低乾燥速率（尤其是恆率乾燥速率）可緩和偏析程度，但只要在空隙內有水分流動，上述的組成偏析是不可避免的。

如乾燥懸濁微粒的高分子溶液塗膜，這些微粒隨著乾燥過程偏積在乾燥表面產生微粒子濃度的偏析，要降低此類微粒濃度偏析可降低溶媒的濃度或提高溶液的黏度。

4. 香氣的散存

乾燥含溼材料如含有複數液相成分時，其中揮發性較高的成分不一定像蒸餾時優先被蒸發除去，這是因蒸餾時各成分蒸發速率快慢係依氣液各成分的平衡關係所定，但乾燥時，除了平衡關係外另有各成分在氣相境膜內及材料內的質傳輸送也會影響該成分去除的快慢，就是某成分揮發性高，但如其在材料內移動性低時，該成分就有可能多量留存在乾燥產品裡。如咖啡原液經噴霧乾燥成粉末，其在恆率乾燥階段的乾燥速率得依當時似蒸氣壓而導致高揮發性的含香氣成分散逸。隨著乾燥進入減率乾燥階段後液滴表面已生成固粒濃度高的皮膜，而在此皮膜內香氣成分的擴散係數小於水的擴散係數，結果含香氣成分就被留存在產品裡。故如要多留香氣成分時，可設法縮短恆率乾燥階段的時間即可。

7.1.4 考慮前處理的需要性

1. 脫液（水）處理

　　由於乾燥較機械脫液（水）消耗更多熱能，故能溼潤進材料送進乾燥程序前，宜考慮進料是否需要先經一段機械固液分離，如壓搾、濃縮等去除一些含水量就可減輕乾燥操作的負擔，如能將 80%WB（溼量基準含水率）的溼潤進料降低 1%WB 到 79%WB，就可減輕乾燥時必要去除水分的 6%，或許會以為得多添購高昂的脫水裝置似不合算，但結算後你會發覺比全用熱能去除水分，其操作費就大幅低了很多。如進料是懸濁液，則可考慮利用熱效率較高的多效蒸發或蒸氣再壓縮（一種熱泵），或用蒸發潛熱較水低的溶媒取代水，或用離心濃縮都是可以較少熱能去除水分的手法。

2. 磨碎、造粒等成型處理的需要性

　　就是同一材料，其大小、形態不同時，如溼潤時是凝聚狀或塊狀，將之解碎或成形成小粒狀，不僅可增加其流動性，更可增加蒸發表面積大幅改善其乾燥特性（如臨界含水率變小等），提升乾燥效率，不僅可降低熱能消耗，或也可降低乾燥機的購置費用。圖 7-2 揭示 Sakashita 相關的材料粒徑與回轉滾筒乾燥裝置的總括熱傳係數 Ua 圖，此圖顯示粒徑 1 mm 的一次粒子如凝聚成粒徑 10 mm 時，Ua 將減小至 1/10。

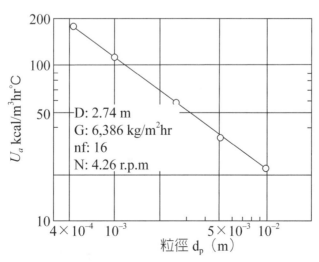

圖 7-2　回轉滾筒乾燥裝置的總括熱傳係數 U $vs. d_p$ [(Sakashita)]

3. 供料的速率和含水率的穩定性

如乾燥操作是連續操作時，就需要進料的含水率和供料速率能保持所設定的值不變，才能期待獲得合乎要求乾燥產品的品質及所期盼的熱能效率。如前程序也是連續性且可維持穩定的品質時，最好能緊鄰連結，如前程序是批式或雖是連續性但不能維持穩定的品質時，宜將處理過的進料先貯存在能混合成可維持某一穩定的品質的貯槽，再經由合適的定量供料器投進乾燥裝置乾燥。選擇中間貯存進料的貯槽裡得注意架橋、附著、上下材料中水分的變動，是否會產生壓密或再凝聚成塊堵排料或破壞形狀而影響乾燥機的性能，為避免這種現象發生，進料在進乾燥器前宜先藉成型機或解碎機以確保定量及品質穩定的供料性能。

7.2 選擇乾燥裝置需考慮的背景

1. 依乾燥的目的來選擇

如 1.2 節所列乾燥的目的有：

(1) 減少重量或將產品成為不含多餘的水分之固粒。

(2) 確保產品的品質，讓消費者易於辨識商品品質。

(3) 讓產品容易保存或使用。

(4) 避免腐蝕。

如 (1) 單為去除溼潤材料所含的水分，就可選熱效率高和乾燥速率快的機型，如屬 (2) 項，為確保產品的品質，就得考慮能於乾燥獲後的乾燥產品可在合乎需求的乾燥條件下操作的機型。

2. 依溼潤材料的形狀‧物性來選擇

溼潤材料的形狀有：塊狀、粒子狀、粉狀、薄片狀、液體、糊泥狀、纖維狀、片狀甚至如印刷時的塗膜，表 7-1 示不同溼潤材料依處理量可適用的乾燥裝置的類別例供參考，至於各乾燥機的特徵就另章再做介紹。

(1) 反應性

有些材料被加熱就引起化學反應，有些是受熱後可能與熱空氣中的氧起反應，此時得採用低溫條件或改用惰性氣體替代熱空氣做為乾燥流體。

(2) 黏性、附著性、凝聚性、靜電特性等

某些材料在乾燥過程受熱後相碰會互黏成塊或碰黏於器壁，這些黏著現象造成故障或乾燥不均的缺陷，此時得選用有解碎功能的攪拌翼或分散機能的乾燥機型，或接觸材料襯防黏襯膜。選機時，宜多參考以往既有裝置的資料。

(3) 產品被汙染的可能性

產品在乾燥過程被汙染，在食品和醫藥品領域就成相當嚴重的缺陷，尤其熱敏感性材料，如因黏著或附著而長時間滯留在乾燥器內而焦化，將使全產品附著焦臭，嚴重損毀了該產品品質。

3. 從操作方式及處理能量來選擇

依據需要乾燥的溼潤材料的量多少和可操作的時間的長短來選擇，一般乾燥操作可大分為：

(1) 批式

常用於少量多樣產品的場合，如單機操作時，進料與排料時相當於沒生產的呆機時間，故有些量，又不想浪費呆機時間時可採用如下圖 7-3 的輪作串聯式操作方式，或可採用如隔室迴轉盤也適於如少量製藥程序。

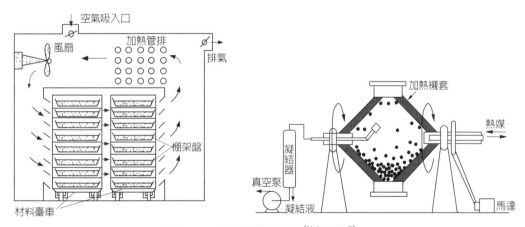

圖 7-3　批式乾燥操作（Nakamura, II）

(2) 連續式

適合於大量單一進料的乾燥。

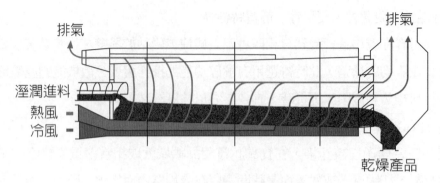

圖 7-4　連續乾燥操作

(3) 半批式

不想浪費呆機時間時可採用如下圖 7-5 的多機輪作串聯式操作方式，或可採用如隔室迴轉盤，也適於如少量製藥程序。

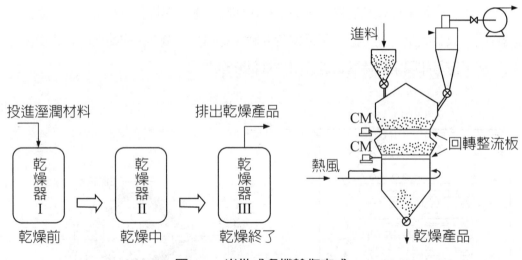

圖 7-5　半批式多機輪作方式

7.3 了解乾燥裝置的構造與能力

1. 乾燥特性

如已於第 3 章所述，擬決定乾燥條前，要有該溼潤材料的乾燥特性，尤其乾燥特性曲線是估計乾燥時間所必須的資料，如無法獲取該項資料，至少亦得有臨界含水率的值，在茲吾人不得不提醒乾燥特性曲線和臨界含水率的值是依熱媒氣體與材料的接觸方式、材料的形狀、大小而有所不同的特點。

2. 乾燥裝置內材料的附著、黏固性

無論溼潤材料或已乾燥好的產品在乾燥器內的流動或搬送能否順暢流通是對能否獲得所期待品質的乾燥產品的關鍵，如材料在乾燥器內滯留時間不理想（如滯留時間分布幅度過廣），勢必導致產品含水率的不均，另如材料會附著或黏著於乾燥裝置器壁，再成長成大塊黏著物時，就是容易構成乾燥操作的障礙，或破毀產品品質的主因。

3. 洗淨設計

於醫藥品、食品、尖端素材等領域，其程序多屬於少量多種的工廠，每換品種時需洗淨乾燥裝置，故選機時就必要可得完善洗淨效果之構造的乾燥裝置。

4. 環境對策

由於大部分的乾燥裝置都使用大量的加熱空氣，其排氣又含不少微粉，有時又含臭氣，如不經除塵淨化，直接排到周遭大氣中就會造成嚴重的環境困擾。此外所使用的大型鼓風機的噪音和振動也是惡化環境因素之一。另得注意的是如排氣含有高溫、高濃度的微粉時，裝置就得設法避免粉塵爆炸的措施以策操作的安全。將在第 20 章更詳細探討這問題。

7.4 考慮能源效率或環境保護、安全來選擇

乾燥是消耗熱能相當大的單元操作，因此從如何削減熱能費，避免熱廢氣環境空氣品質，得盡力提升能源的利用效率。如考慮同工廠內是否向足量的高溫排氣可利用，或考慮同工廠內是否有可利從乾燥操作排出的廢氣的操作？最近多考慮循環使用乾燥排氣，將在第 20 章更詳細探討這問題。

7.5 初選合適的乾燥方法和機型

預選合適乾燥方法和機型的初選，得把乾燥產品的形態和品質的要求放在腦海

裡，以乾燥對象的溼潤材料的狀態為基礎來進行。然後再考慮所需處理量和操作方式，依這些基本項目為基礎做為可概算裝置容量（大小）的初選，**表 7-3** 則合併對溼潤材料的適應性、乾燥方式、處理量、乾燥時間、可能遭遇的問題等多元的選擇表。

1. 初步檢討項目

(1) 可用的熱能源與價格──蒸氣、瓦斯、燃料油、廢熱氣。

(2) 電力與價格。

(3) 乾燥用和冷卻產品用氣體（空氣）是否需要淨化？

(4) 乾燥排氣是否另需除臭或過濾淨化？

(5) 乾燥系統所產生的噪音或震動如何預防或降低？

(6) 可用空間的限制？

(7) 維修、操作和管理乾燥操作的環境是否完善舒適？

(8) 是否有品質管理設施和儀控設備？

此外，要安裝乾燥裝置地點與空間需同時考慮含此乾燥裝置的前後程序在內的全體配置、操作性、安裝和維修時是否有足夠空間出入，實際上常常被要求安在既存的廠房裡，而得面對想不到的不方便於操作的限制，也因此能早些時間把握安裝乾燥裝置的所需空間大小，就可避免實際操作時才發覺一些空間不夠的尷尬。

2. 就初選所得裝置進行初步經濟評估

初選時可先選兩、三種較合適的機型做初步檢討的對象做裝置容量概算比較，再篩選較合適的機型做進一步檢討其經濟性，由於乾燥裝置既屬整個程序上的生產設備，就得對如下所列各點的經濟性是否合乎程序上的要求：

(1) 乾燥裝置的固定投資是否在程序預算容許的金額

依據所估出乾燥裝置本體的設備費在涵蓋前後程序設備，所需廠房架臺等的預算總額中所占的比率，就可明確清楚檢討中的乾燥裝置在整個程序中所分擔與角色，可讓之後檢討時可能遭遇的問題或對如何應付限制條件不致走錯方向。

(2) 初估所需設備費、操作成本，並預估產品品質

如乾燥器機型不同，雖產量和含水率相同，其設備費、操作費，甚至乾燥產品的品質可能有相當大的差異。故在評估不同機型大小的乾燥器的所得產品品質時，務必確實了解評估所用的各個數據的來源的可靠性及數據的準確，避免因用不可靠資料，導致實際生產時才發覺誤算之弊。

表 7-3　不同溼潤材料適應的乾燥裝置的特性比較表 (Sakashita)

溼潤材料形態	液狀泥狀		凍結材料	糊泥狀			粉狀			粗粒狀			塊狀			短片狀		單纖維		連續薄片		大成型材料			塗料
材料例	濃縮牛奶		醫藥品	矽膠、澱粉、黏土、鈦白、微粉煤、濾餅			PVC、石膏、黏土、顏料			溶性磷肥、活性碳、鈦鎂礦、砂			粉碎煤、焦碳、礦石			菸葉、壓扁黃豆		煤絲、纖維狀、糊料、人造絹		紙張、布料、報紙		木材柱材、板、合成板材、菸葉、皮革、陶磁器（成型物）			樹脂塗料、油漆塗膜
乾燥生產方式	連續大量	連續少量	批式少量	連續大量	連續少量	批式少量	連續大量	連續少量	批式少量	連續大量	連續少量	批式少量	連續大量	連續少量	批式少量	連續少量	批式少量	連續大量	批式少量	連結大量	連續少量	連續大量	批式連續	批式少量	批式連續
熱風搬送　氣流乾燥				◎			◎			◎															
噴霧乾燥	◎			○																					
材料攪拌型　迴轉滾筒										◎															
多段迴轉圓盤							◎																		
溝槽型攪拌					◎		◎																		
連結多段流體化床					◎		◎																		
水平多室流體化床					◎		◎																		
單段連續流體化床						○			○		○														
批式單段流體化床				◎			◎			◎															
材料搬送型　輸帶連續穿流													◎			◎		◎				○			
迴轉滾筒穿流													◎			◎									
豎型移動床穿流				◎						○			○												
箱型批式穿流												○													
隧道連續																					◎	◎			
輸帶連續水平流						●	●	●		●	●		●			●	●								
批式乾燥箱						●	●	●		●	●	●		○	○		◎		◎					◎	
靜置型　衝擊（噴射）流乾燥機																					◎				◎
材料攪拌型　溝槽型攪拌				◎															○						
圓筒攪拌																									
平板攪拌					◎				●																
蒸氣管排拌動										◎									○						
多段攪拌																									
真空回轉						○	○				○														
材料靜置型　真空乾燥（不凍結）																									
凍結乾燥（先凍結）			◎																						
圓筒型　圓筒滾筒型		◎																		◎	◎				
長圓筒型																				○	○				
紅外線乾燥																									◎
高週波乾燥																								◎	
過熱蒸氣乾燥						○			○			◎			○								○		

（備考）乾燥器的適用度依序是 ◎＞○＞●

7.6 進行基礎乾燥試驗^{（Kubota）}

執行基礎乾燥試驗確認初選結果

做完紙上可檢討的機型初選、公用費量、所需空間和所選機型的經濟性的概估，接下來該以實際溼潤材料進行實驗室規模的基礎乾燥試驗來背書前段檢討結果，尤其擬乾燥的材料是完全沒有前例或新產品，或所選擇的機型是新的乾燥方式時，進行實驗室規模的乾燥試驗就絕不可省略的。

要注意的是 (1) 基礎乾燥試驗裝置應使用實際裝置縮小，或至少得相似的實驗裝置始可獲得有用的數據；(2) 所試的溼潤材料必須使用將來實際操作時要乾燥的同一材料，因若是含水率差一些，其物性可能就有很大的差異，不少材料其物性具有不同的經時變化的情況，導致試驗所得乾燥特性與乾燥時的舉動與實際生產時有相當差異的現象。因此，基礎乾燥試驗前一定得確認試料和實際生產時的進料是否有差異，忽略探討試驗時的進料含水率和物性有變動時的影響，將推翻以前推估的裝置能力外，亦將誤判初選的結果。

在基礎試驗，該取得如圖 7-6 的乾燥特性曲線圖，此曲線中 AB 是預熱階段，平常進料被熱媒加溫到熱風的溼球溫度時間比較短，水分量變化不大，可忽略不計。BC 這段是恆率乾燥階段，在這階段被乾燥物品溫與熱風的溼球溫度維持幾乎

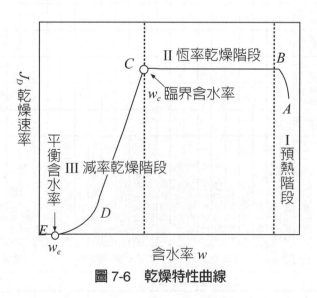

圖 7-6　乾燥特性曲線

相等而乾燥速率可維持不變，故就算是易受熱劣化的材料，只要溼球溫度低於可容上限溫度，仍可提升熱媒溫度來提升乾燥速率。CDE 是減率乾燥階段，C 點是代表乾燥由恆率轉變為減率乾燥之臨界點，此點的含水率就稱為**臨界含水率**（critical moisture content，詳介參照 4.4 節），於減率乾燥階段因物質內水分減少，導致水分移動的阻力增高，讓乾燥速率降低，要計求這段的乾燥過程，雖可先求水分在物質內的擴散係數，但就實用觀點來說，建議依第 5 章所介紹利用乾燥特性曲線來估算較簡單又正確，除了上段所談的臨界含水率外，如 1.7.1 節所介紹任何物質擺在恆溫恆溼度環境裡，只要時間夠長，該物質之含水率將達到與環境的蒸氣壓成平衡，而這時的含水率稱為**平衡含水率**（equilibrium moisture content），其值會受**溫度和溼度**而改變，如被乾燥材料有必要乾燥到低於出口環境條件下的平衡含水率時，就得考慮提升熱風溫度來降低平衡含水率，或得使用降低熱風的溼度。此時需注意排出的低含水率產品可能吸收大氣中的水分而引起產品的潮解結餅（塊），故須有密封的收藏設備，或可減溼的空調管理。

7.7 中間工廠試驗

　　雖然**基礎乾燥試驗**可提供乾燥特性曲線、臨界含水率、平衡含水率等足以估計乾燥裝置的容積、大小，但卻無法確認實際操作時的附著性、分散性、凝聚或噴流性，也很難提供乾燥產品的收縮或膨化程度，也即單靠**基礎乾燥試驗**數據來設計乾燥裝置是很難如意獲得滿意品質的乾燥產品。

1. 乾燥產品的附著

　　乾燥過程，產品對器（壁）的附著性的強弱，將嚴重左右裝置機型和裝置內部的構造設計，尤其是附著於器件的材料後繼續成長，不僅將影響該機器的安定運轉外，可能長時間受熱劣化，或變質後混進產品破壞了應有的產品品質，甚至轉成粉塵爆炸的火種。由於產品的附著現象不一，很難有標準對策，但選機時最低程度得檢討如下各點。

(1)於執行**中間工廠乾燥試驗**時多做長期運轉，詳察附著成長的狀況，考慮有無合適的對策。如加裝搥打機、外加振盪器、加裝高壓噴嘴或內襯防黏層以預防材料的黏著。

(2)簡化可能黏著部位的機件，必要時加裝可隨時清除的構造。

2. 被乾燥材料的分散性、凝聚性或噴流性

粉粒體不同於流體就是它擁有難於相處的分散性、凝聚性或噴流性，由於它有這些特性，常讓材料從封口部位噴流出來，或貯槽裡架橋堵住材料的順暢流動，敲亂定量供料器的正常功能，故執行**中間工廠乾燥試驗**時就得被乾燥材料在裝置內流動時可出現這些特異性發生的可能，於選機型時一併考慮合適的設計的裝置除上述兩項外乾燥過程因其乾燥特性而可能發生的乾燥收縮、龜裂、膨化、組成偏析等現象也需加以注意。

7.8 釐訂乾燥裝置的規格

1. 與乾燥產品有關事項

經由中間工廠規模的乾燥試驗，就可依據檢討的結果來釐訂擬購置的乾燥裝置的規格。在選擇乾燥裝置，雖省能、省勞力等觀點是重要，但其乾燥產品是否合乎商品要求更爲重要，故釐訂訂購規格（如於 7.1.(2) 節詳列）前應具體列舉必要的品質條件，依據這些條件爲基礎來釐定裝置的最終規格。

2. 與裝置操作有關事項

一般而言，批式操作的乾燥裝置較容易釐訂其標準操作，但任何連續式乾燥裝置還是需經一段起動到穩定操作狀態（start up），和從穩定到完全關機（shut down）的非穩定操作期間。以前這開機與關機要自動化較難（數位控制發達的現在，該可藉程式控制來解決此問題），一般還需靠經驗的手動操作來達成，而調整期間的產品常不合要求，而且停機與開機期間得把裝置加熱或冷卻而損失不少熱能，也因此連續式乾燥裝置較理想的安排是能 24 小時的操作方式，但採用 24 小時不停的連續操作時，所有機件都得合乎耐久運轉的設計。

無論是連續式或批式乾燥裝置關機後都得考慮能清除裝置內的溼潤進料的設計，以避免殘留進料結塊，堵住氣體通路或黏著在機件化成汙染源。

3. 儀裝、程控

藉適當的儀裝來控制乾燥程序各重點操作條件是確保操作能依 Pilot test 所確認的操作條件能再現於實際傢動的生產裝置操作，適時修正出現於實際程序的外亂因素，例如進料的流量、含水率、乾燥用熱風的條件的變動，以達成最佳的乾燥效率下生產乾燥產品品質能維持在所要求的範圍。

7.9 裝置的代表尺寸的概估

● 裝置容積．所需熱傳面積的概估 [(Toei, B, p.9)]

要比較從初選出來的幾種乾燥裝置的能力，得先估計裝置可能的**容積**，或所需的**熱傳面積**做比較基準，而要估計這些值可先計算該乾燥操作所需的熱量 Q_{req} 和熱風或熱源供進的熱量 Q_{sup}，再讓 $Q_{sup} = Q_{req}$ 來進行粗估。

利用熱風**對流熱傳**式乾燥器時，其所**供應熱傳量** Q_{sup} 和所需熱傳量 Q_{req} 為：

批式操作時

$$Q_{\text{sup}} = haV(T - T_m) \tag{7.9-1}$$

$$Q_{req} = q_{mb} / t_D \{(C_m + w_1 C_w)(T_w - T_{m1}) + (w_1 - w_2)(\lambda_w) + (C_m + w_2 C_w)(T_{m2} - T_w)\} \tag{7.9-2}$$

上式中 t_D 是乾燥時間

連續操作時

$$Q_{\text{sup}} = haV(T - T_m)_{lm} \tag{7.9-3}$$

$$Q_{req} = q_m \{(C_m + w_1 C_w)(T_w - T_{m1}) + (w_1 - w_2)(\lambda_w) + (C_m + w_2 C_w)(T_{m2} - T_w)\} \tag{7.9-4}$$

(1)如乾燥方式為**熱傳導式**時

$$Q_{\text{sup}} = UA(T_k - T_m) \tag{7.9-5}$$

上式中 q_{mb} 是批式乾燥時，該批投入的溼潤材料以**乾涸材料量**表示之值，如 q_m 是連續乾燥時，它是乾涸材料的質量流量；T_m 是溼潤材料的溫度 [℃]，T（或 T_G）是熱風溫度 [℃]，$(T - T_m)_{lm}$ 材料在進口與出口處的熱風與材料溫度差的對數平均值 [℃]，ha 是乾燥裝置的熱傳容量係數 [kcal/h・℃・m³]，U 是總括熱傳係數 [kcal/

hr・℃・m² 材料接觸熱傳面]，而 T_k **是熱源溫度** [℃]，V **是能達成所設定的乾燥量的乾燥裝置的容積。**

能供給乾燥所需熱量 Q 所要的乾燥器容積 V [m³]，或乾燥面積 A [m²]，如想乾燥裝置的大小弄小就得：①把 ha 做大，或②把表面乾燥時間弄長，也即壓低**臨界含水率**，如溼潤材料是粉粒狀材料時，可加以攪拌或把材料用熱風分散。

表 7-4 列示各種乾燥裝置在常用操作條件下的 ha 和 U 值，表中所列示的熱風進口溫度數值只適於溼潤材料對熱的敏感度不高的材料。又所示的值是針對單位裝置容積 [1 m³] 的值，不是只指穿流時熱風流過的床容積，此值包含了材料層外上下的空間容積在內。

在熱傳導式乾燥器，式中 T_m 雖會隨乾燥過程升高，但估算時可取起始和最終時的平均值就可。又式中的總括熱傳係數的數值會隨材料層的表（有效）熱傳導率（多依含水率）而變，故只好經由實驗求的可靠值，如乾燥器有攪拌器協助分散時 U 值也需經由實驗求的可靠值。

要注意，利用此表估算所得結果，只是一種**概算值**，實際可靠的設計尚需依本章以下所介紹將整個乾燥時程分成預熱階段、恆率乾燥階段、減率乾燥階段等三階段，分別就各段進一步取其精確的熱能收支和質量收支，再求各階段所需的熱量、長度或容積、熱傳面積、乾燥時間才可。另外，各溼潤材料具有不同的乾燥特性，為確實把握設計的可靠性，事前必須使用擬乾燥的溼潤材料做預備試驗獲得其**乾燥特性曲線**（如圖 7-7）。

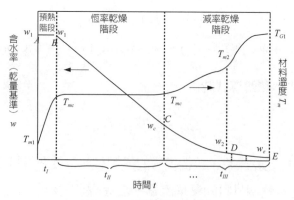

圖 7-7　乾燥特性曲線

表 7-4　各種乾燥裝置能力概算數據（Toei, B, p.10）

批式熱空氣對流乾燥器				
型式	ha（kcal/hr℃ m³） （乾燥器容積）	臨界含水率 （%）	$(T-T_m)$ （℃）	進口空氣 溫度（℃）
箱型 （平行流）	200 ～ 300 （$h=20 \sim 30$）	20% 以上	30 ～ 100	100 ～ 150
箱型 穿流通氣	3000 ～ 8000（粒狀） 1000 ～ 3000（泥狀整形） 床厚（0.1 ～ 0.15 m）	同上	50	100 ～ 150

【範例 7-1】概估迴轉圓筒乾燥機大小 （Toei, mp. 25）

迴轉圓筒乾燥機茲有含水率（DB）15%的粒狀溼潤材料擬乾燥至含水率（DB）1%，知此材料不是熱敏感性材料，想乾燥的量有 10 噸／小時，初選的乾燥裝置機型為迴轉圓筒乾燥機，並採並流操作時，試概估其裝置容積。

〔解〕

去除水分所需的熱量

$$Q_{evap} = \{10 \times 10^3 /(1+0.15)\}(0.15-0.01) \times 565 = 6.88 \times 10^5 \,[\text{kcal/hr}]$$

如預熱至蒸發溫度需提升材料溫度 60℃，而材料的比熱 = 0.3 kcal/kg℃時預熱所需熱量為：

$$Q_{preh} = \{10 \times 10^3 /(1+0.15)\}60 \times 0.3 = 1.57 \times 10^5 \,[\text{kcal/hr}]$$

故所需總熱量

$$Q_{total} = Q_{evap} + Q_{preh} = (6.88+1.57) \times 10^5 = 8.45 \times 10^5 \,[\text{kcal/hr}]$$

如機型為**迴轉圓筒乾燥機**時從表 **7-5** 查取此條件下，$(T-T_m)_{lm} = 180$, $ha = 120$，可得所需**迴轉圓筒乾燥機的容積** V 為：

$$V = 8.45 \times 10^5 /(180 \times 120) = 39.1 \,[\text{m}^3]$$

表 7-5 連續式熱空氣對流乾燥器

型式	ha	臨界含水率	減率曲線	$(T-T_m)_{lm}$	進口空氣溫度（℃）
迴轉型	$100 \sim 200$	$2 \sim 3$	減率 1 段	向流 80～150 平行流 100～180	200～600 300～600
氣流	$3000 \sim 6000$	$1 \sim 2$	不需考慮	只有同向流 100～180	400～600
槽型攪拌	$300 \sim 800$	$2 \sim 3$	不需考慮	只有同向流 100～180	300～600
流體化床	$2000 \sim 6000$	$2 \sim 3$	不需考慮	單段 50～150 多段 80～100	100～600 200～350
噴霧	20（大粒）～ 80（微粉）	$30 \sim 50$	減率 1 段	向流 80～90 並流 70～170	200～300 200～450
迴轉穿流通氣	$300 \sim 1500$	$2 \sim 3$	減率 1 段	80～100	200～350
垂直穿流通氣	$5000 \sim 13000$	$2 \sim 3$	減率 1 段	反向流 100～150	200～300
涵洞型	$200 \sim 300$ ($h = 20 \sim 30$)	同箱型	減率 1, 2 段	反向流 30～60 平行流 50～70	100～200 100～200
涵洞型（噴流）式	$h = 100 \sim 150$	同箱型	減率 1 段	30～80	60～150
帶狀輸料型（平行流）	$40 \sim 80$	同箱型	減率 1, 2 段	同涵洞型平行流式	100～200
帶狀輸料型（穿流）	$700 \sim 2000$	同上	減率 1 段	40～60	100～200

表 7-6　熱傳導式乾燥器

型式	U（kcal/hr°C cm^2－材料接觸加熱面）	臨界含水率	$(T-T_m)$（℃）
滾筒型	100～200 薄料（加熱面大）	10	50～80
雙筒型	60～130 糊狀液（加熱面小）	2～5	50～100
溝槽攪拌 汽管排迴轉圓筒	70～150	2～5	50～100

如採用內徑為 2.5 m 的圓筒時，乾燥器的截面積 A：

$$A = (2.5)^2 (\pi/4) = 4.9 \, [\text{m}^2] ，$$

而筒長，L：

$$L = 39.1/4.9 \approx 8.0 \, [\text{m}]$$

這些概算結果只可供初步經濟評估之用。

【範例 7-2】概估所需噴霧乾燥裝置的容積、熱量與空氣流量

擬利用噴霧乾燥，從含水率150%（乾量基準）濃縮液 5,800 kg/hr 得含水率3.6%（乾量基準）的粉體產品 2,400 kg/hr。試估所需乾燥室的容積、所需熱量和空氣流量。

但進口加熱空氣溫度為 200℃，H$_0$ = 0.01 kg/kg-d.a. 排氣溼度 H$_e$ = 0.04～0.05 kg/kg-d.a.，粉體產品品溫為 75℃，進料濃縮液已預熱至進口加熱空氣的溼球溫度（＝45℃）

〔解〕

1. 所需熱量的估計

需去除水分總量 ΔW：

$$\Delta W = (2,400)(1.5 - 0.036) \doteqdot 3,510 \, [\text{kg/hr}]$$

水的潛熱 = 565 kcal/kg 時

如粉體產品比熱為 0.35 時，

乾燥所需熱量 $q_d = \{3,510(565) + 2,400(0.35)(75 - 45)\} = 2,008,350$ kcal/hr

2. 所需空氣量及熱量：假設 $H_e = 0.0475$ kg/kg-d.a

從質量收支，所需乾空氣質量流量 G

$$G = \Delta W / (H_e - H_0) = \frac{3,510}{0.0475 - 0.010} = 93,600 \text{ [kgdriedair/hr]}$$

假設由器壁有 25% 熱損，而排氣溫度 $= T_2$

$$\frac{(2,008,350)(1.25)}{(0.25)(200 - T_2)} = 93,600 \quad \text{解得 } T_2 = 92.7℃$$

故乾燥所需總熱量 $Q = (2,008,350)(1.25) = 2,510,440$ [kcal /hr]

3. 乾燥室容積；採用 $ha = 50$ kcal/m³hr℃

因 $q_d = haV(\Delta T)_{lm}$

$$(\Delta T)_{lm} = \frac{(200 - 45) - (92.7 - 45)}{\ln \dfrac{(200 - 45)}{(92.7 - 45)}} = 63.3$$

$\therefore V = (2,008,350)/(63.3)(50) = 634.3$ [m³]

如塔徑 $= 7$ m，則塔高為

Height $= (634.6)(49)/(\pi/4) = 16.5$ [m]

如塔徑 $= 8$ m，則塔高為 Height $= 12.6$ [m]

【範例 7-3】概估所需氣流乾燥管大小、熱量、空氣流量及鼓風機功率

擬以氣流乾燥器將每小時 2,000 kg（乾量）的平均粒徑 10 μm 的含水率 20%（溼量基準）濾餅乾燥為含水率 2%（溼量基準），試估所需乾燥管容積、熱量、空氣流量和鼓風機所需功率。

但進口加熱空氣溫度：300℃；排氣溫度：85℃；材料比熱：0.4 kcal/kg-d.s.℃ 出口材料溫度：65℃；而此材料不需解碎器。

〔解〕

1. 乾燥所需熱量：

乾量基準含水率 $X_0 = 0.2/0.8 = 0.25$；$X_e = 0.02/0.8 = 0.204$

需去除水分：$(0.25 - 0.204) \times 2,000 = 459$ [kg/hr]

如水的潛熱 $= 565$ [kcal/kg]

$q_d = [(459)(565 + (65 - 20)] + (2,000)(0.4)(65 - 20) = 316,000$ [kcal/hr]

2. 所需乾空氣質量流量 G

假設此對外熱損爲 15%，

$$G = \frac{(316,000)(1.15)}{(0.241)(300-85)} = 7,013 \, [\text{kg} \cdot \text{d.a./hr}]$$

因 $H_0 = 0.015$

$H_e = 0.015 + (459/7,013) = 0.08045$

故總需熱量 $Q = (7,013)(0.241)(300-20) = 363,379 \, [\text{kcal/hr}]$

3. 乾燥管

熱空氣與材料溫差的對數平均爲

$$(\Delta T)_{lm} = \frac{(300-20)-(85-65)}{\ln\dfrac{(300-20)}{(85-65)}} = 98.5 \, [^\circ\text{C}]$$

採用 $ha = 1,000 \, \text{kcal/m}^3\text{hr}^\circ\text{C}$，則所需乾燥管容積 V 爲

$$V = \frac{316,000}{(1,000)(98.5)} = 3.21 \, \text{m}^3$$

加熱空氣在氣流乾燥管頭尾的平均溫度 $\overline{T}_{av} = \dfrac{300+85}{2} = 192.5 \, [^\circ\text{C}]$

加熱空氣在氣流乾燥管頭尾的平均溼度 $H_{av} = \dfrac{0.015+0.08045}{2} = 0.0477$

故流在管內的氣體平均流量爲

$$(7,013)(0.772+1.24\times0.0477)(\frac{273+192.5}{273}) = 9938 \, [\text{m}^3/\text{hr}] = 2.76 \, [\text{m}^3/\text{s}]$$

如風速設定爲 20 m/s 則管徑是 $D = (\dfrac{2.76\times4}{20\times\pi})^{1/2} = 0.41 \, [\text{m}]$

如風速設定爲 20 m/s 時，則所需管長是：$L = \dfrac{3.21}{(\dfrac{\pi}{4})(0.41)^2} = 24.3 \, [\text{m}]$

📖 參考文獻

Kubota, Atsushi 久保田濃；乾燥裝置；省エネルギーセンター（2.nd ed.）東京，日本（2004）。

Kunii, D (KHD) 國井大藏編，乾燥技術ハンドブック，總合技術センター（1991）。

Nakamura, I；中村正秋立元雄治；初步から學ぶ乾燥技術，（2nd Ed.）工業調查會東京，日本（2005）。

Nakamura-II；中村正秋立元雄治；はじめての乾燥技術日刊工業社，東京，日本（2014）。

Sakashita，阪下瀜：最新粉體プロセス技術，日刊工業社東京，日本（1,993）。

Toei；桐榮良三：乾燥裝置日刊工業社東京，日本（1969）。

Toei；桐榮良三：乾燥裝置マニュアル 日刊工業社 東京，日本（1978）。

Toei, R.；桐榮良三；亀井三郎編；Ch.10，新版化學機械の理論と計算產業圖書，東京，日本。

第八章 材料靜置與搬送型乾燥裝置

8.1 批式材料靜置型乾燥器

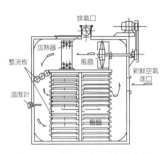①批式水平流型乾燥箱

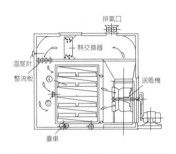②批式穿氣流箱型乾燥箱

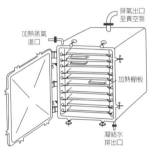③批式真空型乾燥箱

圖 8-1(a) 各種箱型批式乾燥器

8.1.1 批式裝置的分類簡介

1. 分類

是最早出現於實驗室或試產期用的批式乾燥箱依熱媒氣體與被乾燥物接觸時的流動方向分類可分為如表 8-1 所示幾類：

表 8-1 各材料靜置型—箱型批式乾燥器的相異

	對流熱傳	傳導熱傳	輻射熱傳	其他
材料靜置型	箱型水平流 * 箱型穿流	箱型常壓 * 箱型真空，冷凍	箱型常壓 * 箱型真空，冷凍	誘電性加熱 （微波加熱）

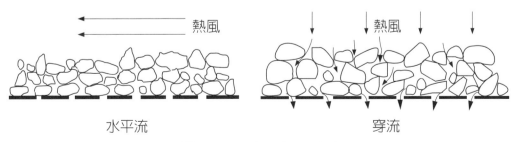

圖 8-1(b) 水平流 vs. 穿流

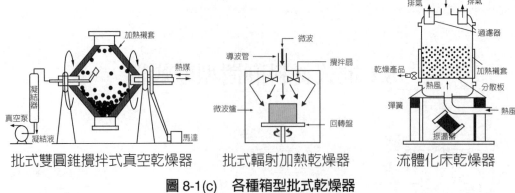

批式雙圓錐攪拌式真空乾燥器　批式輻射加熱乾燥器　流體化床乾燥器

圖 8-1(c)　各種箱型批式乾燥器

2. 特點

一般箱型批式乾燥器共通的特點是：

(1) 適於小量多品種的乾燥。

(2) 材料是靜置的，故不虞破損，或有粉塵的困擾。

(3) 適於經由電腦程式進行改變乾燥過程中的溫度。

為編輯上說明各專業乾燥器時的完整，對流熱傳中的穿流，傳導熱傳的眞空和冷凍，誘電性加熱等乾燥的乾燥箱在這裡只稍提幾句，詳細的就容在後述各章另行說明。

3. 構造

以下據此前提，只簡略說明簡介材料靜置型—箱型批式乾燥器的重點：

(1)**批式平行流（水平流）乾燥箱**（圖 8-1(a) ①）：這型乾燥箱，器內熱風流速大都採用 1.0 m/s，但依被乾燥物物性可使用 0.6～3 m/s，而盤上被乾燥物堆高一般堆到 20～50 mm 高，但重要的是得求器內乾燥表面風速均勻，避免有部分熱風流通不均，就需較大的熱風循環風量提高平均流速。

(2)**批式穿流（through flowing）型或攪拌型乾燥箱**（圖 8-1(a) ②）：因穿流的熱風得流穿棚盤上的材料床，故棚盤底得使用金屬網或可通氣的多孔板，棚架構造與①相似，但得考慮如何使穿流流速分布能全面均勻，必要時得每層得加設整流板使每層熱風能均勻等流量。溼潤被乾燥物堆高一般在 45～65 mm，特殊例有高到 300～1,000 mm。穿流熱風速率一般在 0.6～1.2

m/s，其穿流氣體壓降宜控制在 5～30 mm 水柱，偶也有高達 50 mm 水柱之特例。此型乾燥箱的乾燥速率較水平流型乾燥箱有 4～10 倍。由於穿氣流箱型乾燥器得注意棚架上鋪溼潤材料時，得力求均勻，好讓熱風可均勻穿流各段的材料層，每層熱風流量大，而棚架層數少很多。更多有關穿流乾燥說明和設計範例請參照第 9 章與 8.1.3 節。廣義的角度來說，批式流體化床乾燥機也可屬於穿流型乾燥器。

(3)**批式（非凍結）真空型乾燥箱**（圖 8-1(a)③），凍結乾燥箱請參照 16.7 節）：如圖 8-2 所示，水的沸點會隨系統而變，也就是說如系統壓力比常壓低，在整個箱容積抽到某一真空條件下，溼潤材料中的水分將在低溫就汽化成水蒸氣逸出，真空乾燥器就是利用此原理，在密閉的真空乾燥箱進行乾燥操作，圖 8-3 揭示真空乾燥箱的系統構造的示意圖。既得把材料中的水分汽化成水蒸氣，就需設法供熱給被乾燥物，只好利用加熱給棚盤以傳導熱傳，或可在箱裡裝紅外線燈以輻射熱傳提供液態水分蒸發所需的熱能，這種乾燥方式稱為**真空乾燥**，由於系統減壓，故水分將在低溫就汽化成水蒸氣，而常用來乾燥如藥品、蔬菜或水果食品等對熱較敏感的材料。

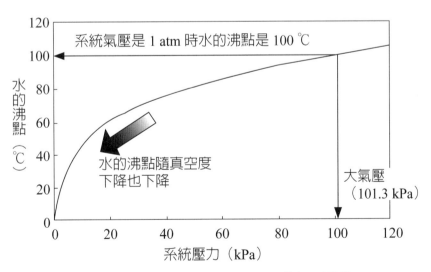

圖 8-2　系統壓力與水沸點的關係 (Nakamural, P.113)

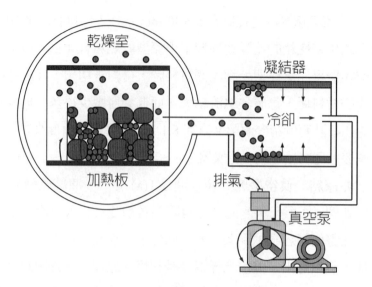

圖 8-3 真空乾燥箱的系統構造

一般箱內由數段加熱棚盤構成，段棚間隔約在 5～15 cm，被乾燥物質以層高不逾 3 cm 爲宜，加熱方式有從構成棚架的加熱板（靠蒸氣等熱媒以傳導熱傳加熱），或可藉輻射加熱或微波加熱。加熱板與盤底，及盤底與被乾燥物間的接觸熱阻不小，導致加熱源溫度至材料表面溫度差間的總括熱傳係數低的只有 10～15 [kcal/hr・m²]，就是好的也只有 30～40 [kcal/hr・m²]，而其恆率乾燥速率差的只有 0.5 [kg/hr・m²]，好的可達 5.0 [kg/hr・m²]，採輻射加熱時，則在 0.5～1.5 [kg/hr・m²]，乾燥時間的估計請參照 8.3.2 節，表 8-2 揭示上述水平流與眞空型等批式箱型乾燥器的運轉數據供選機或設計時參考。

表 8-2(a) 批式平行流型乾燥箱的運轉例 [(Toei, m, p.29)]

溼潤進料	顏料	染料	醫藥品	觸媒	Ferrite	矽氟化鈉	樹脂	食品
處理量（kg）	2,000	850	150	900	3,900	1,450	200	300
進料含水率（%W.B.）	80	75	40	75	40	30	5	15
產品含水率（%W.B.）	1	1	0.5	2	0.5	8	0.5	4
進料嵩比重（kg/L）	0.7	0.7	0.5	1.2	1.3	1.1	0.7	0.5
熱風溫度（℃）	130～90	180～80	80	120	250	110	55	80

溼潤進料	顏料	染料	醫藥品	觸媒	Ferrite	矽氟化鈉	樹脂	食品
乾燥時間（hr）	12	6	7	13	7	6	8	3
乾燥面積（m²）	78	35	28	32	80	42	30	46
熱源	蒸氣	蒸氣	蒸氣	蒸氣	重油	電氣	蒸氣	蒸氣
動力（kW）	11	7.5	1.5	6.25	14.7	4.45	1.5	2.2

表 8-2(b)　批式真空（棚架式）乾燥箱的運轉例 [Toei m, p.30]

溼潤進料	醫藥品	醫藥品	染料	銅粉	溶媒	樹脂	酵母	食品
處理量（kg）	200	130	900	500	960	150	70	350
原料水分（%W.B.）	15	40	66	5	92.2	15	80	10
製品水分（%W.B.）	0.5	1	4.5	0	0	0.8	11	4
進料嵩比重（kg/L）	0.5	0.25	1.2	2.0	1.2	0.55	1.0	—
熱風溫度（℃）	60	75	132	60	150	95～50	40	80
乾燥時間（hr）	20	16	10	2	3	10	30	2.4
乾燥面積（m²）	20	17	35	6.4	26	15	7	21
真空度（mmHg）	25	5	36	50	—	10～5	60～4	10
熱源	溫水	溫水	蒸氣	溫水	蒸氣	溫水	溫水	溫水
動力（kW）	11	7.5	7.5	1.5	—	3.7	11	11

8.1.2 批式熱風平行流對流熱傳型乾燥箱的設計基本式 [Nakamura, I, p.131]

1. 在乾燥系材料內其品溫、含水率均勻且熱風溫度也如圖 8-4 所示，呈均勻同值

　　(1) 恆率乾燥階段的品溫

　　　　於恆率乾燥階段，被乾燥材料的品溫 T_{mc} 將和其所接觸的熱風（熱媒氣體）的溫度和溼度所成平衡的溼球溫度相等，如熱風的溫度和溼度分別以 T_1 和 H_1 表示，其溼球溫度 T_w 可從溼度圖表覓得。

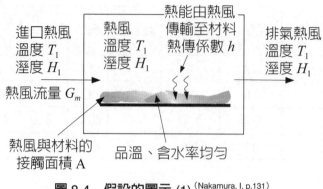

圖 8-4　假設的圖示 (1) (Nakamura, I, p.131)

(2) 預熱進料所需時間與熱量

因蒸發的水分不多，如假設預熱進料期間可忽視不計時，這段時間由熱風注入於進料的熱量可依對流熱傳的公式求得，也即

$$Q = hA(T - T_m) \tag{8.1.2-1}$$

上式中，A = 材料與熱風所接觸的總面積 $[m^2]$，h = 對流熱傳係數 $[W/(m^2 \cdot K)]$，T = 熱風的溫度 $[K]$，T_m = 材料溫度 $[K]$

另就此系取其熱能收支可得：

〔使材料溫度上升的顯熱量〕＝〔熱風注入於材料的熱量〕

$$m_s(C_s + w_1 C_w)\frac{dT_m}{dt} = hA(T_1 - T_m) \tag{8.1.2-2}$$

上式中，C_s = 乾涸材料的比熱 [J/（kg 乾涸材料）· K]

$\quad C_w$ = 水分的比熱 [J/（kg 水分）· K]；

$\quad m_s$ = 乾涸材料的質量 [kg]

$\quad w_1$ = 進料初期的乾量基準含水率 [kg- 水分 /(kg-ds)]

既假設乾燥過程熱風 T_1 保持不變，故進料材料品溫要從 T_{m1} 升到 T_w 所需時間 t_1 可積分式（8.2.1-2）而得：

$$t_I = \frac{m_s(C_s + w_1 C_w)}{hA}\ln\frac{T_1 - T_{m1}}{T_1 - T_{mc}} \tag{8.1.2-3}$$

(3) 恆率乾燥階段的時程

於恆率乾燥階段，材料品溫 $T_{mc}(=T_w)$ 且維持不變，在此階段熱風注入材料的對流熱傳熱量可視為全用在水分，而材料的含水率將由 w_1 降到其臨界含水率 w_c，而此系在這段的熱能收支可寫成：

〔從材料表面蒸發水分所需的蒸發潛熱〕=〔從熱風注入材料的對流熱傳熱量〕

$$-m_s \frac{dw}{dt}\lambda_w = hA(T_1 - T_m) \qquad (8.1.2\text{-}4)$$

上式中 λ_w = 水分蒸發潛熱 [j/kg- 水分]

積分上式可得恆率乾燥階段的時間 t_{II}

$$t_{II} = \frac{m_s(w_1 - w_c)\lambda_w}{hA(T_1 - T_{mc})} \qquad (8.1.2\text{-}5)$$

也可由式（4.2-2），利用 J_c 逕算 t_{II} 如下：

$$t_{II} = \frac{m_0(w_1 - w_c)}{J_C A} \qquad (8.1.2\text{-}6)$$

(4) 減率乾燥階段的時程

於減率乾燥階段此系在這段的熱能收支可寫成：

〔蒸發水分所需的蒸發潛熱〕+〔材料溫度上升的顯熱量〕

=〔從熱風注入材料的對流熱傳熱量〕

$$-m_s \frac{dw}{dt}\lambda_w + m_0(C_0 + w_1 C_w)\frac{dT_m}{dt} = hA(T_1 - T_m) \qquad (8.1.2\text{-}7)$$

由於減率乾燥速率 J_d 隨時間減少，其減少過程是複雜而不是都可以簡化式表示，為求減率乾燥階段的時程，一般就得以圖積分的方式求之。如減率乾燥速率 J_d，與材料內的自由含水率（$w_f = w - w_e$），即

$$J_d = -m_s \frac{dw}{dt} = J_d \frac{w - w_e}{w_c - w_e} \qquad (8.1.2\text{-}8)$$

將式（8.1.2-8）代入式（8.1.2-7），並積分後可解得減率乾燥階段的時程 t_{III}

$$t_{III} = \frac{m_s(w_c - w_e)}{J_d A}\ln(\frac{w_c - w_e}{w_2 - w_e}) = \frac{m_s(w_c - w_e)\lambda_w}{hA(T_{G1} - T_{mc})}\ln(\frac{w_c - w_e}{w_2 - w_e}) \qquad (8.1.2\text{-}9)$$

2. 在乾燥系材料內其品溫、含水率都均勻，但熱風在進入口、排氣口的溫溼度不同時（如圖 8-5）

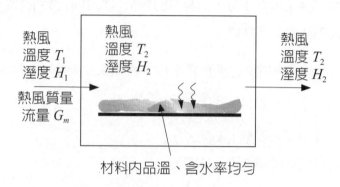

圖 8-5 **假設圖示 (2)** (Nakamura, I, p.135)

將上節（8.1.2）推導過程的各式中 hA 改用下式就可：

$$hA \Rightarrow \frac{G_m C_H hA}{hA + G_m C_H} \qquad （8.1.2\text{-}10）$$

但上式中，C_H = 熱風的溼比熱 [K/kg-d.a.]，（d.a.= 乾空氣）

G_m = 乾空氣的流入質量流量 [kg-d.a./s]

3. 在乾燥系材料內其品溫、含水率都均勻，但熱風以栓流（均流速）流過乾燥表面或穿流透氣流過粒子床（如圖 8-6(b) 流體化床亦是）

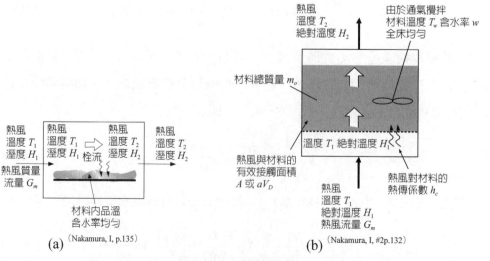

圖 8-6 **假設圖示 (3)**

將上節推導過程的各式中改用下式就可：

$$hA \Rightarrow G_m C_H \{1 - \exp(-\frac{hA}{G_m C_H})\} \qquad (8.1.2\text{-}11)$$

【範例 8-1】估計批式平行流乾燥箱的乾燥時間 [Nakamura, I, p.134]

茲有溼潤材料，品溫為 20℃，乾涸材料質量為 10 kg，知初期含水率 0.5（乾量基準）。知其臨界含水率是 0.2，平衡含水率是 0.05，其可供乾燥表面積有 0.5 m²，比熱是 800 J/(kg・K)。擬利用 80℃的熱風（溼度為 0.02 [kg- 水蒸氣 /kg-d.s.] 平行流乾燥箱乾燥至含水率為 0.1，如知熱風與材料間的熱傳係數為 20 [W/(m²・K)]，也知其減率乾燥速率式可依式（8.1.2-8）表示。試估所需的乾燥時間。

〔解〕

恆率乾燥階段的品溫，依熱風溫度 80℃，$H_e = 0.02$ 查溼度表，此熱風的溼球溫度為 36℃。

1. **預熱時間**

查知水的比熱為 4,200[J/(kg・K)] 依式（8.1.2-3）

$$t_I = \frac{m_s(C_s + w_1 C_w)}{hA} \ln \frac{T_1 - T_{m1}}{T_1 - T_{mc}} = \frac{(10)(800 + (0.5)(4,200)}{(20)(0.5)} \ln \frac{(353 - 293)}{(353 - 309)} = 1461 \, [s]$$

$$\approx 0.4 \, [hr]$$

2. **恆率乾燥階段時程**

依式（8.1.2-8）

$$t_{II} = \frac{m_s(w_1 - w_c)\lambda_w}{hA(T_{G1} - T_{mc})} = \frac{(10)(0.5 - 0.2)(2,400 \times 10^3)}{(20)(0.5)(353 - 309)} = 16,364 \, [s] \approx 4.5 \, [hr]$$

3. **減率乾燥階段時程**

依題意，從式（8.1.2-8），減率乾燥階段時間為：

$$t_{III} = \frac{m_s(w_c - w_e)\lambda_w}{hA(T_{G1} - T_{mc})} \ln(\frac{w_c - w_e}{w_2 - w_e}) = \frac{(10)(0.2 - 0.05)(2,400 \times 10^3)}{(20)(0.5)(353 - 309)} \ln \frac{(0.2 - 0.05)}{(0.1 - 0.05)}$$

$$= 8,989 \, [s] \approx 2.5 \, [hr]$$

故總乾燥時間 $= V_I + V_{II} + V_{III} = 0.4 + 4.5 + 2.5 = \underline{7.4 \, [hr]}$

【範例 8-2】以近似式求批式乾燥所需時間

茲有無機顏料裝在深 3.2 cm，表面積 (66×66) cm² 的棚盤，從上下兩面通

107℃的平行流的熱風（H = 0.114），C_H = 0.295 [kcal/kg-da]‧℃]，求得 J_{DC} = 0.986 [kg/kg-ds‧hr] 時，試估計以批式乾燥至含水率為 0.01 所需的時間。

〔解〕

在缺少乾燥速率的實測值或可用的推算式時，批式乾燥所需的乾燥時間可依下式近似。

依題意 J_{DC} = 0.986 [kg/kg-ds‧hr]，w_1 = 1.00，w_c = 0.30，w_2 = 0.01，w_e = 0.0

將這些值代入上式得

$$t_{bd} = \frac{0.30 - 0}{0.986} \left\{ \frac{1.00 - 0.30}{0.30 - 0} + \ln\frac{0.30 - 0}{0.01 - 0} \right\} = 7.2 + 10.4 = \underline{17.6} \text{ [hrs]}$$

【範例 8-3】 批式平行流乾燥箱的設計 (Inazumi, Ch.12p.196)

茲有含水率 w_1 為 0.8 [kg/kg-ds] 的粒狀濾餅，擬設計每天可生產能乾燥此濾餅至含水率 w_2 為 0.01 [kg/kg-ds] 的 2,040 kg 產品的批式兩臺車式箱型乾燥器。從試驗知其臨界含水率 w_c = 0.40 [kg/kg-ds]，乾燥材料的嵩密度 = 640 [kg/m³]，所使用熱風溫度 T_1 = 104℃，流過棚盤上的熱風流速 u = 2.0 [m/s]，棚盤深為 2.5 cm，一邊長為 76.2 cm 的正方形盤，熱風可流通的盤距是 1.3 cm，熱風密度 = 0.04 [kg/kg-da]，溼潤材料的熱傳導率 k = 1.49 [kcal/m‧hr‧℃]。如盤的熱放射率 ε = 0.8，h_c = 19.8 [kcal/m²‧hr‧℃]，輻射熱傳係數 h_r = 8.78 [kcal/m‧hr‧℃]，並知 T_m = 52.2℃，H_m = 0.098 [kg/kg-ds]

〔解〕

$$(T - T_m) = \frac{T_1 - T_2}{\ln\{(T_1 - T_m)/(T_2 - T_m)\}}$$

當熱風流過上下兩盤距空間後其溫度會降低，故為要計算恆率乾燥時間就得先求得 $(T - T_m)_{ave}$，熱風離開棚盤的溫度 T_2 可依下式求得

$$T_2 = T_m + (T_1 - T_m)e^{-N_T}$$

當熱風從棚盤兩面流過經對流與輻射加熱，另一面經傳導加熱時

$$N_T = (h_c + h_r)\left\{ 1 + \frac{A_0 + A}{1 + (h_c + h_r)(l/k + l_b/k_b)} \right\}\left(\frac{T_c - T_m}{T - T_m} \right)$$

上式中 A_0 是棚盤的外表面積 [m²]，l 與 l_b 分別是材料厚度及底盤厚度，k 及 k_b 分別是材料及底盤材料的熱傳導率 [kcal/m · hr · ℃]，由這些值可得

$$N_T = 1.37$$

而 $T_2 = 52.2 + (104 - 52.2)e^{-1.37} = 65.6$ [℃]

並得在恆率乾燥階段 $(T - T_m)_{ave}$，可由

$$(T - T_m)_{ave} = \frac{T_1 - T_2}{\ln\{(T_1 - T_m)/(T_2 - T_m)\}} = (104 - 65.6)/\ln[(104 - 52.2)] = 28.4 \ [℃]$$

再由下式求恆率乾燥階段的時間 t_C 為

$$t_C = \rho_m \lambda_m l(w_0 - w_c)/h_t(T - T_m)_{ave} = (640)(510)(0.025)(0.8 - 0.4)/(47.8)(28.4) = 2.72 \ [\text{hrs}]$$

減率乾燥階段所需的時間就依

$$t_{bd} = t_{bc}w_c \ln(w_c/w)(w_0 - w_c) = (2.72)(0.4)\ln(0.4/0.01)/0.8 - 0.4) = 10.1 \ [\text{hrs}]$$

故理論上總乾燥所需時間為

$$t_{net} = t_{bc} + t_{bd} = 2.72 + 10.1 = 13.0 \ [\text{hr}]$$

實際操作尚含推進及拉出臺車和卸材料等準備和整理時間，故單一 Shift 所需時間得再加些，以 14 hrs 較合適。

為達成本題要求每天生產能乾燥產品 2,040 kg，每 Shift 乾燥器得生產的產品量為：$(2,040)(14)/24 = 1,190$ kg/shift

單位面積棚盤可負擔的產量是：$(640)(0.025) = 16.0$ kg/m²，每棚盤面積 = 0.580 m²

故所需棚盤數為 $(1,190)/(16.0)(0.580) = 128$ 盤，如每部臺車是高 2 m，可有 32 段棚架，則此乾燥箱就需可容納 2 部臺車的空間就可。

所需熱風流量是

$$2(2)(0.762)(2/32 - 0.025)(32)(3,600) = 13,200 \ [\text{m}^3/\text{hr}]$$

但乾燥器容臺車外上下左右尚需留些空間加部分漏洩，實際流量得加些，故所

需熱風流量就設定爲 15,000 [m³/hr]

以上計算是以初期條件下計算，到了減率乾燥階段似不必須要如此大量的低溼度熱風，而可考慮循環部分排氣，如排氣溼度設定 $H_2 = 0.061$ 是可循環的排氣量爲

$$100(H_1 - H_a)/(H_2 - H_a) = 100(0.04 - 0.015)/(0.061 - 0.015) = 55\%$$

8.1.3 批式熱傳導（間接加熱）型乾燥箱的基本設計式 (Nakamura, I, P.136)

於熱傳導型乾燥箱，被乾燥物將敷排在可發熱的加熱板（或棚板或有加熱的攪拌翼周圍）上，蒸發水分所需的熱能就靠熱傳導方或注入材料裡（如圖8-7所示）。

熱傳導的熱量 Q_K 即可依下式估計：

$$Q_K = U_K A_K (T_h - T_m) \tag{8.1.3-1}$$

上式中 A_K = 熱傳導面積（加熱面積與材料接觸面積 [m²]）

T_h = 加熱面的溫度溫度 [K]，

U_K = 總括熱傳導係數 [W/(m² · K)]

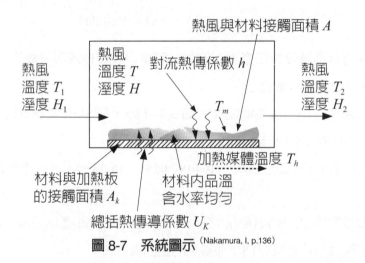

圖 8-7　系統圖示 (Nakamura, I, p.136)

在熱傳導型乾燥箱有時加供熱風來加強注入熱能，此時多加的對流熱傳熱量可依 8.1.2 節的式（8.1.2-1）估計後一併計算，如乾燥箱器壁與材料表面溫度差大時，就得考慮兩者間的輻射熱傳所帶來的熱量。

1. 在乾燥系材料內其品溫、含水率均勻，內外熱風溫度呈同一溫度

此系因被乾燥物量對乾燥器的乾燥能力小很多，就可能呈其品溫、含水率均勻，內外熱風溫度呈同一溫度狀況，在此節將探討乾燥器內熱風溫度 T_G 是一定時，乾燥此少量材料所需的時間的方法。

(1) 恆率乾燥階段的材料品溫

於熱風乾燥時，品溫將經一段預熱升至 T_{mc}，熱風乾燥時，這溫度會等於熱風的溼球溫度 T_w，但於熱傳導乾燥時的 T_{mc} 可依如下所述的方法求得，

首先就此系蒸發水分時的熱收支：

〔從材料表面蒸發水分所需的熱量（水分的蒸發潛熱）〕

=〔靠對流熱傳由熱風注入材料的熱量〕+〔靠熱傳導注入材料的熱量〕

$$k_H A(H_m^* - H_1)\lambda_w = hA(T_1 - T_{mc}) + U_K A_K(T_h - T_{mc}) \qquad （8.1.3\text{-}2）$$

上式中：

H_1 = 熱風的絕對溼度 [kg- 水蒸氣 /kg-d.a.]

H_m^* = 在 T_{mc} 的飽和絕對溼度 [kg- 水蒸氣 /kg-d.a.]

k_H = 絕對溼度基準質量輸送係數 [kg- 水蒸氣 /(s · m² · ΔH)]

可滿足式（8.1.3-2）的 T_{mc} 就是此乾燥系在恆率乾燥階段品溫 T_{mc}。

由於式（8.1.3-2）右邊多了熱傳導而來的熱量，故就比熱風的溼球溫度高。

(2) 預熱時程

如可假設預熱材料階段沒有水分蒸發，此系在預熱材料階段的熱收支可寫成

〔預熱材料所需的熱量〕=〔靠對流熱傳由熱風注入材料的熱量〕+〔靠熱傳導注入材料的熱量〕

$$m_0(C_0 + w_1 C_w)\frac{dT_m}{dt} = hA(T_1 - T_m) + U_K A_K(T_h - T_m) \qquad （8.1.3\text{-}3）$$

積分上式可得預熱階段的時間為：

$$t_I = \frac{m_0(C_0 + w_1 C_w)}{\alpha + \beta} \ln \frac{\alpha T_{G1} + \beta T_h - (\alpha + \beta)T_{m1}}{\alpha T_{G1} + \beta T_h - (\alpha + \beta)T_{mc}} \qquad （8.1.3\text{-}4）$$

上式中 $\alpha = hA, \beta = U_K A_K$

(3) 恆率乾燥時程

從此時程的熱收支：

〔從材料表面蒸發水分所需的熱量（水分的蒸發潛熱）〕+〔材料升溫所需熱量〕=〔靠對流熱傳由熱風注入材料的熱量〕+〔靠熱傳導注入材料的熱量〕

也即

$$-m_0\frac{dw}{dt}\lambda_w = hA(T_1-T_{mc})+U_KA_K(T_h-T_{mc}) \qquad （8.1.3\text{-}5）$$

在恆率乾燥時程，材料含水率將由 w_1 減少至其臨界含水率 w_c，而其所需時間 t_{II} 為

$$t_{II} = \frac{m_0(w_1-w_c)}{J_C A} = \frac{m_0(w_1-w_c)\lambda_w}{\alpha(T_1-T_{mc})+\beta(T_h-T_{mc})} \qquad （8.1.3\text{-}6）$$

(4) 減率乾燥時程

從此時程的熱收支可寫成

〔從材料表面蒸發水分所需的熱量（水分的蒸發潛熱）〕+〔材料升溫所需熱量〕=〔靠對流熱傳由熱風注入材料的熱量〕+〔靠熱傳導注入材料的熱量〕

也即：

$$-m_0\frac{dw}{dt}\lambda_w + m_0(C_0+w\,C_w)\frac{dT_m}{dt} = hA(T_1-T_m)+U_KA_K(T_h-T_m) \qquad （8.1.3\text{-}7）$$

如式（8.1.3-7）左邊第一項可以類似式（8.1.1-8）的方式表示，而左邊第 2 項的上升品溫所需熱量可忽略不計時，材料含水率由 w_c 減少至 w_2 所需時間為

$$t_{III} = \frac{m_0(w_c-w_e)}{\gamma(H_m^*-H_1)}\ln(\frac{w_c-w_e}{w_2-w_e}) \qquad （8.1.3\text{-}8）$$

$\gamma = hA/C_H$

H_m^* = 在 T_{mc} 的飽和絕對溼度 [kg- 水蒸氣 /kg-d.a.]，平常該會隨時間變化，為計算方便使用在此減率乾燥階段的平均值。

2. 在乾燥系材料內其品溫、含水率均勻，但熱風在進入口、排氣口溫的溼度不同時

雖此乾燥系熱風進入口排氣口溫溼度不同，但乾燥器內材料內其品溫，含水率都均勻時計算各階段的乾燥時間只要將 8.2.1 節的各式的 α 和 γ 改用如下所示的公式取代原式中 α 和 γ 就可：

$$\alpha \Rightarrow \frac{G_m C_H hA}{hA + G_m C_H} \tag{8.1.3-9}$$

$$\gamma = \frac{G_m hA}{\{G_m C_H + hA(w_2 - w_e)/(w_c - w_e)\}} \tag{8.1.3-10}$$

3. 在乾燥系材料內其品溫、含水率均勻，但熱風以栓流（均流速）流過乾燥表面

如熱風以栓流（均流速）流過材料表面，計算各階段的乾燥時間只要將 8.2.1 節的各式的 α 和 γ 改用如下所示的公式取代原式中 α 和 γ 就可：

$$\alpha \Rightarrow G_m C_H \{1 - \exp(-\frac{hA}{G_m C_H})\} \tag{8.1.3-11}$$

$$\gamma = G_m \frac{w_c - w_e}{w_2 - w_e} \{1 - \exp(-\frac{hA}{G_m C_H} \cdot \frac{w_2 - w_e}{w_c - w_e})\} \tag{8.1.3-12}$$

* 批式穿流通氣乾燥（through circulation drying）移至第 9 章，而批式輻射加熱乾燥器請看第 19 章。

8.2 連續式乾燥器的種類與其設計基本式 (Toei, B, Ch.2.2)

8.2.1 連續式熱風乾燥器的種類

現在工業上用最多的熱風乾燥器該是連續式熱風乾燥器，如依擬乾燥的溼潤材料與熱風的接觸狀態來分類可有：

1. 材料被分散在熱風來完成乾燥，如氣流乾燥、噴霧乾燥等。

2. 材料在被攪翻移動並同時與熱風接觸的乾燥方式，如多段旋轉圓盤熱風乾燥器。

　　3. 材料被機械或熱風攪動以並流、逆向流、穿流（或稱十字流，或直交流）等方式連續移動並經由與熱風接觸進行乾燥，如流體化乾燥、迴轉圓筒（滾筒）乾燥、溝槽攪拌乾燥均屬此類，且可說是乾燥裝置的主流機型。

　　4. 材料靜置在輸料帶與**平行流**熱風接觸的乾燥裝置，有穿流輸料帶乾燥器、隧道型平行流乾燥裝置和**平行流**輸料帶乾燥器等。

　　5. 材料本身移動與周遭熱風或噴射流熱風接觸的乾燥方式，如 Sheet 狀的紙張或布料、膠帶，熱風接觸方式有噴射流、十字流或平行流等方式，另外，熱源有來自輻射熱源或加熱滾筒的熱傳導熱傳等不同熱源。

8.2.2 操作方式

　　依熱風與溼潤被乾燥材料的移動方向，在設計上可分為**並流**（co-current flow）、逆向流（counter current flow）和**穿流**（cross flow）等三類，圖 8-8 揭示前兩種不同互流的乾燥器內其熱風和被乾燥材料的流向，及含水率、溫度的變遷。

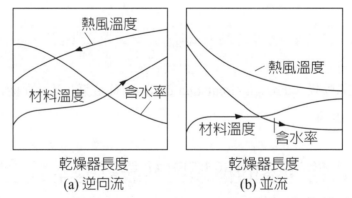

圖 8-8　不同熱風和被乾燥材料的流向時的乾燥特性(Toei, B, p.25)

　　1. 如氣流乾燥器，和大部分的迴轉圓筒乾燥器多屬於**並流式**，在同向流式乾燥系，其表面蒸發階段，雖材料會與高溫熱風接觸，但材料品溫仍可維持熱風的溼球溫度。當材料被推進乾燥的後半期時，熱風溫度多已降到低溫，就較不會損壞乾燥產品的品質，但此方式就較不易也不適於獲得低含水率的乾燥產品。

　　2. 反之，**逆向流式**乾燥系雖有利於獲得低含水率乾燥產品，但不適於乾燥熱敏感的溼潤材料，也由於於近排出口的預熱段，熱風將與溫度低的進料接觸，可有助於提升乾燥系的熱效率。此逆流方式的乾燥器有大部分的豎型多段流體化床、輸帶平行流乾燥器、豎型移動床乾燥器和少部分的噴霧乾燥器。

3. 在**穿流（十字流）**式乾燥系不同於同向流式或逆流式，在各區段其熱風與物料可在一直保持不變的條件下進行乾燥，故設計時可依據同乾燥條件的批式乾燥試驗結果（單位時間、單位截面積的乾燥數據）規模放大就可。

如上述溼潤材料在連續乾燥器內熱風的條件隨著場所變化，依材料的含水率來作圖的乾燥特性曲線和第 3 章所介紹的在熱風條件不變的穩定條件所得的完全不同，圖 8-9 舉示在隔熱條件下逆向流和同向流的連續乾燥系的非穩定下的乾燥特性曲線供參考。在同向流系，在恆率乾燥階段就是使用相當高溫的熱風，材料品溫仍在其溼球溫度，進入減率乾燥階段，品溫雖進入受熱上升時期，但此時熱風溫度也已降低，而不致於讓乾燥產品受高熱而損傷品質，但如乾燥目的是獲得很低含水率時，就較不容易，而勢必考慮加另一段乾燥器的必要。

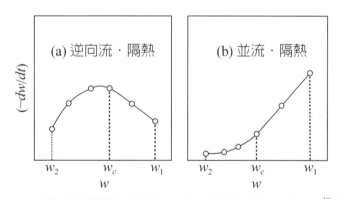

圖 8-9　不同熱風和被乾燥材料的流向時的乾燥速率的變遷[Toei, B, p.29]

在逆向流式連續乾燥系就相反地較容易獲得低含水率的乾燥產品，但要防止高熱損傷產品品質，熱風的進口溫度就受到限制，而因產品品溫相當高，其所帶出的顯熱量也不能忽視，為下一段包裝，常需另加冷卻段，有時又得防冷卻時有可能再吸附冷風中的水分，增高了產品的含水率。以熱效率而言，一般並流系較逆向流系為高。

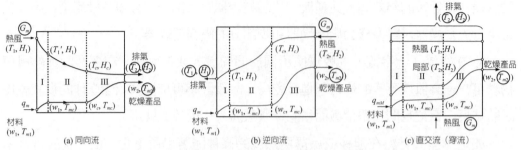

圖 8-10　不同流向時的乾燥特性 (Tamon, 化工便覽 #7, p.310)

8.2.3 連續並流對流乾燥器的設計基本式

1. 乾燥系所涉及的諸操作變數 (Toei, B Ch.2.2)

　　為簡化演算過程的說明，本節將以乾燥系的減率乾燥速率與被乾燥材料的含水率成比例的狀況為對象。

　　圖 8-10 揭示出擬探討的**同向流**(中村)、**逆向流**系和**直交流（穿流）**三種**連續乾燥系裡**溼潤材料和熱風的操作變數的狀態變遷，圖中 T，H，w 分別代表溫度、溼度、乾量基準的含水率，

　　G_m = 以乾空氣為基準的熱風質量流量 [kg-d.a./s]

　　q_m = 以乾涸材料為基準的溼潤材料供料流量（供料速率）[kg-d.s./s]

　　i_G = 溼氣體的熱容量 [J/kg-d.a.]

　　下標 1、2 就分別代表進口和出口，c 代表恆率乾燥，I、II、III 就分別代表預熱區（階段）、恆率乾燥區（階段）和減率乾燥區（階段）。

　　為簡化推導，於此節的推導時將不考慮對系外的熱損，也即以對外隔熱的條件下進行。當溼潤材料進入乾燥系與熱風接觸，熱風將把熱能傳給材料來加溫材料蒸發水分，熱風溫度下降，溼度增加，就整乾燥系取水分的收支可得

〔材料中水分的變化量〕＝〔熱風中水分的變化量〕

$$同向流：q_m(w_1 - w_2) = G_m(H_2 - H_1) \qquad (8.2.3\text{-}1)$$

$$逆向流：q_m(w_1 - w_2) = G_m(H_1 - H_2) \qquad (8.2.3\text{-}2)$$

同樣取整乾燥系取熱容量的收支可得

〔溼潤材料的熱容量的變化〕＝〔熱風中熱容量的變化量〕

（並流，穿流）：$q_m(C_0 + C_w w_1)T_{m1} - q_m(C_0 + C_w w_2)T_{m2} = G_m(i_{G2} - i_{G1})$　　（8.2.3-3）

（逆向流）：$q_m(C_0 + C_w w_1)T_{m1} - q_m(C_0 + C_w w_2)T_{m2} = G_m(i_{G2} - i_{G1})$　　（8.2.3-4）

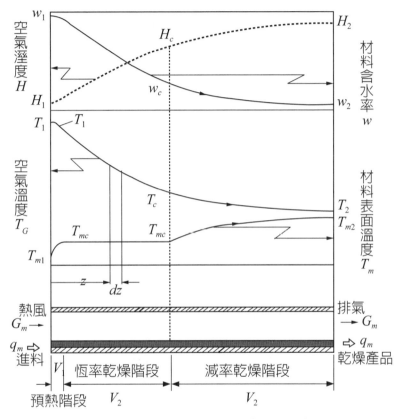

圖 8-11　並流系的乾燥系 ^(Kunii, II, p.390)

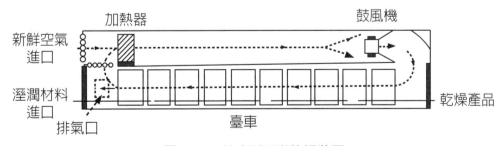

圖 8-12　並流型隧道乾燥裝置

2. 乾燥器所需容積的計算 [Nakamura, II, p.137] —— 容積法

(1) 預熱階段所需的乾燥器容積

如可假設在此階段由熱風注入材料的全熱能只用在提升材料品溫至熱風的溼球溫度，沒有水分在預熱期間蒸發，則這期間的材料與熱風間的熱量收支可寫成

〔材料品溫上升所需的熱量（材料所增加的顯熱）〕

=〔熱風注入材料的熱量（對流熱傳量）〕=〔熱風所失去的熱量〕

如圖 8-11 第 I 階段所示，材料品溫是由進口溫度升到恆率乾燥起始點的 T_{mc} 而熱風溫度則由進口溫度的 T_1 降到 T_1'，

$$q_m(C_0 + w_1 C_w)(T_{mc} - T_{m1}) = ha(T - T_m)_{lm} V_I = -G_m C_H (T_1' - T_1) \qquad (8.2.3\text{-}5)$$

上式中 a = 乾燥器單位容積所擁有的材料表面積 $[m^2/m^3]$

V_I = 預熱階段所需的乾燥器容積 $[m^3]$

$(T - T_m)_{lm}$ = 預熱階段熱風與材料間溫度差的對數平均值

將式（8.2.3-5）就 V_I 解，可得預熱階段所需的乾燥器容積如下：

$$V_I = \frac{G_m C_H (T_1 - T_1')}{ha} \frac{\ln(T_1 - T_{m1})/(T_1' - T_{mc})}{(T_1 - T_{m1}) - (T_1' - T_{mc})} \qquad (8.2.3\text{-}6)$$

(2) 恆率乾燥階段的材料品溫和所需的乾燥器容積

a. 材料品溫

於式（8.2.3-6）中，T_1' 和 T_{mc} 為未知數，為求這些值就得另想途徑。當完成材料的預熱時，熱風溫度是 T_1' 而溼度卻與進口時的溼度一樣 H_1，於**恆率乾燥階段**，可從恆率乾燥速率之式得

$$J_c = h(T_1' - T_{mc}) / \lambda_w = k_H (H_m^* - H_1) \qquad (8.2.3\text{-}7)$$

上式中 H_m^* 是熱風在 T_{mc} 時的飽和絕對溼度 [kg- 水蒸氣 /kg-d.a.]

在式（8.2.3-7），假定一個值就可獲得相對的 H_m^*，求出能同時滿足式（8.2.3-5）和式（8.2.3-7）的 T_{mc} 和 T_1'

b. 所需的乾燥器容積

在恆率乾燥階段，是假設了材料從熱風所接受的熱能全用在水分的蒸發，但熱

風的溫度和溼度將有變化，故嚴謹而言，T_{mc} 無法保持不變。從水分在兩相間的移動，其收支式可寫成

〔從材料蒸發的水分量〕＝〔材料中減少的含水量〕＝〔熱風中增加的水蒸氣量〕

$$J_c a = -q_m \frac{dw}{dV} = G_m \frac{dH_G}{dV} \qquad （8.2.3\text{-}8）$$

也即在恆率乾燥階段，熱風的溼度 H 將由 H_1 增高至 H_c，如在溫度 T_{mc} 的飽和絕對溼度 H_m^* 可維持不變時，恆率乾燥階段所需的乾燥器容積可依下式估算：

$$V_{II} = \frac{G_m}{k_H a} \ln \frac{H_m^* - H_1}{H_m^* - H_c} = \frac{q_m (w_1 - w_c)}{k_H a (H_c - H_1)} \ln \frac{H_m^* - H_1}{H_m^* - H_c} \qquad （8.2.3\text{-}9）$$

$$= \frac{q_m C_H (w_1 - w_c)}{ha(H_c - H_1)} \ln \frac{H_m^* - H_1}{H_m^* - H_c}$$

從恆率乾燥階段注入材料的熱收支也可求得 V_{II} 的另一公式

〔蒸發水分所耗的熱量（水的汽化潛熱）〕＝〔熱風所減少的熱量〕

$$J_c a \lambda_w = -q_m \lambda_w \frac{dw}{dV} = -G_m C_H \frac{dT}{dV} \qquad （8.2.3\text{-}10）$$

由此可得

$$V_{II} = \frac{G_m C_H}{ha} \ln \frac{T_1' - T_{mc}}{T_c - T_{mc}} = \frac{q_m \lambda_w (w_1 - w_c)}{ha(T_1' - T_c)} \ln \frac{T_1' - T_{mc}}{T_c - T_{mc}} \qquad （8.2.3\text{-}11）$$

c.減率乾燥階段所需的乾燥器容積

於減率乾燥階段，其熱風與材料間的水分和熱量收支可分別寫成

〔從材料蒸發的水分量〕＝〔熱風中增加的水蒸氣量〕

$$q_m (w_c - w_2) = G_m (H_2 - H_c) \qquad （8.2.3\text{-}12）$$

〔蒸發水分所耗的熱量（水的汽化潛熱）〕＝〔熱風所減少的熱量〕

$$q_m \lambda_w (w_c - w_2) = G_m C_H (T_c - T_2) \qquad （8.2.3\text{-}13）$$

將式（8.2.3-8）和式（8.2.3-10）中的 J_c 改減率乾燥速 J_d 可得相關的兩式，而 J_d 就以式（8.2.1-8）表示，並假定在此階段 H_m^* 可使用其平均值，減率乾燥階段所

需的乾燥器容積 V_{III} 可用下式估算：

$$V_{III} = \frac{G_m}{k_H a} \int_{H_c}^{H_2} \frac{w_c - w_e}{w - w_e} \frac{dH}{H_m^* - H_2}$$

$$= \frac{G_m(w_c - w_e)}{k_H a\{(w_2 - w_e) - \dfrac{G_m}{q_m}(H_m^* - H_2)\}} \ln \frac{(w_2 - w_e)}{(w_c - w_e)} \frac{(H_m^* - H_c)}{(H_m^* - H_2)}$$

$$= \frac{G_m C_H(w_c - w_e)}{ha\{(w_2 - w_e) - \dfrac{G_m}{q_m}(H_m^* - H_2)\}} \ln \frac{(w_2 - w_e)}{(w_c - w_e)} \frac{(H_m^* - H_c)}{(H_m^* - H_2)} \qquad （8.2.3\text{-}14）$$

d. 圖解法 [Suzuki 日化工手冊 14.5]

在減率乾燥階段，在乾燥過程將同時有水分蒸發和材料被加熱，如在溼度圖表繪出就有如圖 8-13(a) 所示。在預熱階段 I，將只有熱風因加熱進料而降其溫度，而在第 II 段的恆率乾燥階段熱風將沿絕熱冷卻線增加其溼度直到 (T_c, H_c) 臨界含水率的點，再繼續乾燥，熱風該起於 (T_c, H_c) 經由曲線途徑至上節所述的 (T_2, H_2) 出口點，爲省去煩雜的演算，將以連這兩點的直線近似其途徑，由於實際曲線上凸情形不大，以直線近似誤差該僅小，如就此階段其熱風與材料間的水分收支得：

$$q_m(w_c - w_2) = G_m(H_2 - H_c) \qquad （8.2.3\text{-}15）$$

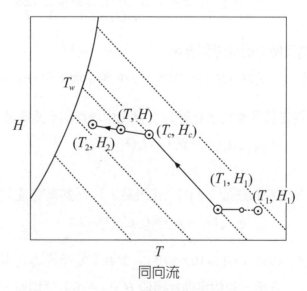

圖 8-13(a)　乾燥過程熱風的變化 [Toei, B, p.33]

從上式該可計求對應於這階段的對應於 w 的熱風的溼度 H。有此 H，可在如圖 8-13b 所示的溼度圖表連結（T_c, H_c）與（T_2, H_2）兩點的直線的交點，獲得對應 H 的熱風溫度 T，和所對應的溼球溫度 T_w，在此微小區間該有下式成立：

$$q_m\lambda_w(w_c - w_2) = ha(T - T_w)(F/F_c)dV \qquad (8.2.3\text{-}16)$$

利用此式就 $w_c \sim w_2$ 間的數個 $q_m\lambda_w(w_c - w_2)/ha(T - T_w)(F/F_c)$ 值做如圖 8-13 的圖積分可得 V_{III}：

$$\int_{w_c}^{w_2}\{q_m\lambda_w(-dw)F_c/ha(T - T_w)F = \int dV = V_{III} \qquad (8.2.3\text{-}17)$$

整個乾燥系所需的總容積爲

$$V_{Total} = V_I + V_{II} + V_{III} \qquad (8.2.3\text{-}18)$$

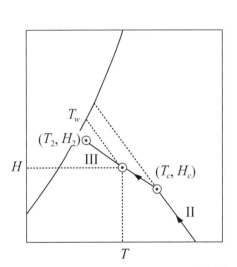

圖 8-13b　乾燥過程熱風的變化 (Toei, B, p.33)

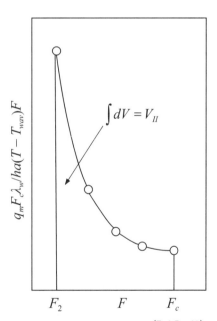

圖 8-13c　圖積分求 VIII (Toei, B, p.33)

【範例 8-4】 (Nakmura)

擬含水率 = 0.5 的粒狀溼潤材料以 0.1 [kg-d.s./s] 的速度送進連續式**並流**的乾燥系烘乾至含水率 0.1，試估算此乾燥裝置所需的乾燥器容積。

材料條件：初期進料品溫 293K，比熱容量 800 [kg-d.s.・K]，臨界含水率 = 0.2，平衡含水率 = 0.05，乾燥機 1 m³ 的有效乾燥表面積爲 10 m²。

熱風條件：進口氣溫 = 393K，絕對溼度 = 0.02，熱風流量 = 5.0 [kg-d.a./s]，熱風與材料間的對流熱傳係數 = 30 [W/m²・K]

乾燥速率的條件：減率乾燥速率可依下式

$$J_d = -m_s \frac{dw}{dt} = J_d \frac{w - w_e}{w_c - w_e} \qquad （8.2.3\text{-}3）$$

〔解〕

1. 表面蒸發階段的品溫：

依式（8.2.3-5）可計求如下：

$$(0.1)\{800 + (0.5)(4,200)\}(T'_1 - 293) = -(5.0)C_H(T_2 - 393)$$

另將 Lewis 關係式代入下式

$$J_c = h(T'_1 - T_{mc}) / \lambda_w = k_H (H_m^* - H_1)$$

可得 $C_H(T'_1 - T_{mc}) = G_m(H_c - H_1)$

如於 Lewis 關係式中的絕對溼度採用 H_1 與 H_c 的平均值即 H_c 可從下式求得：

〔材料中水分的減少量〕=〔熱風中水分的增加量〕，也即

$$q_m(w_1 - w_c) = G_m(H_c - H_1)$$
$$(0.1)(0.5 - 0.2) = (5.0)(H_c - 0.02)$$

解之，得：$H_c = 0.026\,[\text{kg} - \text{vapor/kg} - \text{d.a.}]$

又從 Lewis 關係式得知 $C_H = 1{,}049\,[\text{J/kg-d.a.}]$，假設合適的 T_c 就可求對應的 λ_{wc} 和 H_m^*。有了這些值，可尋求同時滿足

$$q_m(C_0 + w_1 C_w)(T_{mc} - T_{m1}) = ha(T - T_m)_{lm}V_I = -G_m C_H(T'_1 - T_1) \qquad （8.2.3\text{-}5）$$
$$J_c = h(T'_1 - T_{mc}) / \lambda_w = k_H (H_m^* - H_1) \qquad （8.2.3\text{-}7）$$

兩式的 T_{mc} 和 T'_1 也即爲 $T_{mc} = 315$ K 而 $T'_1 = 392$ K，又此時對應於材料溫度的飽和絕對溼度查知 $H_m^* = 0.053\,[\text{kg/kg-d.a.}]$

2. 預熱階段所需的乾燥器容積

依式（8.2.3-6）

$$V_I = \frac{G_m C_H (T_1 - T_1')}{ha} \frac{\ln(T_1 - T_{m1})/(T_1' - T_{mc})}{(T_1 - T_{m1}) - (T_1' - T_{mc})}$$

$$= \frac{(5.0)(1,038)(393 - 392)}{(30)(10)} \cdot \frac{\ln\{(393 - 293)/392 - 315)\}}{(393 - 293) - (392 - 315)} = 0.20 \; [m^3]$$

3. 恆率乾燥階段所需的乾燥器容積

依式（8.3.2-9）

$$V_{II} = \frac{q_m C_H (w_1 - w_c)}{ha(H_c - H_1)} \ln \frac{H_m^* - H_1}{H_m^* - H_c}$$

$$= \frac{(0.1)(1,043)(0.5 - 0.2)}{(30)(10)(0.026 - 0.020)} \ln \frac{0.053 - 0.020}{0.053 - 0.026} \approx 3.49 \; [m^3]$$

4. 減率乾燥階段所需的乾燥器容積

依式（8.2.3-14）

$$V_{III} = \frac{G_m C_H (w_c - w_e)}{ha\{(w_2 - w_e) - \dfrac{G_m}{q_m}(H_m^* - H_2)\}} \ln \frac{(w_2 - w_e)}{(w_c - w_e)} \frac{(H_m^* - H_c)}{(H_m^* - H_2)}$$

$$= \frac{(5.0)(1,051)(0.2 - 0.05)}{(30)(10)\{(0.1 - 0.05) - \dfrac{(5.0)}{(0.1)}(0.053 - 0.028)\}} \ln \frac{(0.1 - 0.05)(0.053 - 0.026)}{(0.2 - 0.05)(0.053 - 0.028)} \approx 2.24 \; [m^3]$$

要注意的是以上的演算裡假定了飽和絕對溼度 $H_m^* = 0.053$，而計 C_H 值時所使用的絕對溼度使用 H_c 和 H_2 的平均值。

故此題所求的連續同向流乾燥器的**總容積** V 為

$$V = 0.20 + 3.49 + 2.24 = \underline{5.93} \; [m^3]$$

如乾燥器的截面積 = 1.2 $[m^2]$ 時，所求的連續同向流乾燥器的總長度 L 為

$$L = 5.93/1.2 = 4.94 \; [m]，$$

而進口熱風的質量流量 = 4.2 $[kg\text{-}d.a./(s \cdot m^2)]$

【範例 8-5】估計並流型迴轉圓筒乾燥器所需乾燥器的容積 ^(Suszuki 化工手冊 14.5)

擬選用**並流**型迴轉圓筒乾燥器來乾燥，乾燥含水率 10%[D.B.] 的溼潤粉粒材料至 1%D.B.，處理量為每小時 以無水材料為基準 5,000 kg，熱風進口溫度逞 300℃，溼度為 0.02 [kg- 水 /kg-d.a.]，由實驗得知此材料的臨界含水率為 3%D.B.，平衡含水率可忽視。無水材料比熱為 1,300 J/(kg・K)，溼潤材料進口溫度是 10℃，熱風排氣溫度為 120℃，乾燥產品品溫為 70℃，熱風在迴轉筒的流量為 4,000 [kg-d.a./(m² ・ hr)]，熱傳容量係數是 150 [W/(m³ ・ K)]，試求所需乾燥器的容積。

〔解〕

依題意 q_m = 5,000/3,600 = 1.389 [kg-d.s./s]，w_1 = 0.10，w_2 = 0.01，H_1 = 0.02，將這些值代入式（8.2.3-1）得

$$1.389(0.1 - 0.01) = G_m(H_2 - 0.02)$$

又 C_0 = 1,300 J/(kg・K)；C_w = 4,185 [J/(kg・K)]；T_1 = 300℃；T_2 = 120℃，T_{m1} = 10℃；T_{m2} = 70℃；i_1 = 進口熱風（T_1, H_1）的熱容量 = 369×10³ [J/(kg-d.a)]；i_2 = 出口排氣（T_2, H_2）的熱容量 = (121 + 2,728×10³) [J/(kg-d.a)]，將這些值代入式（8.2.3-3）可得

$$1.389(1,300 + 4,185×0.1)×10 + 369×10^3 G_m$$
$$= 1.389(1,300 + 4,185×0.01)×70 + (121 + 2,728H_2)×10^3 G_m$$

就 G_m 解上式得 G_m = 2.314[kg/s]，H_2 = 0.074 [kg- 水蒸氣 /kg-d.a.]

1. 材料預熱階段

進口熱風的比熱查知為 1,064 [J/(kg・K)]，將此值代入（8.2.3-4）得

$$(2.341)(1,064)(300 – T_1') = (1389 + 4,185×0.1)(T_{mc} - 10)$$

假設 T_{mc} = 55℃，解上式得 T_1' = 257℃，查此值與溼度 H_1 = 0.02 的熱風的 T_w 一致，故可認為 T_{mc} = 55℃的假設為正確，再由式（8.2.3-3）

$$(2,314)(1,064)(300 - 257) = 150V_1\{(300 - 10) - (257 - 55)\}/\ln(300 - 10)/(257 - 55)\}$$

解之，得 V_1 = 2.90 [m³]

2. 恆率乾燥階段

T_{mc} = 55℃時的水蒸發潛熱查知為 λ_w = 2,370×10³ [J/kg]，將此值代入式（8.2.3-4）得

$$(2,314)(1,065)(257 - T_c) = (1,389)(0.1 - 0.03)(2,370 \times 10^3)$$
$$= 150 V_{II}(257 - T_c)/\ln\{(257 - 55)\}$$

解之，得 T_c = 164℃，V_{II} = 10.20 m³

由於 $H_c = q_m(w_1 - w_c)/G_m + H_1$

$H_c = 1.389(0.1 - 0.03)/2.314 + 0.02 = 0.0618$

在溼度圖上通過（H_1 = 0.02）的絕熱冷卻線和 H_c = 0.0618 相交之點（Tc）=155℃與上求到 T_c=164℃顯有些差，這是因式（8.2.3-5）裡沒考慮發生的蒸氣升到氣體的溫度所需的顯熱所致，雖從溼度圖所得的 T_c=155℃較正確，但在此解裡仍將續採用 T_c=164℃。

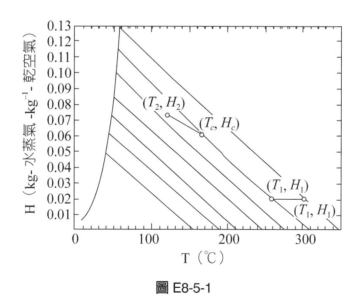

圖 E8-5-1

3. 減率乾燥階段

在溼度圖上揭示了各階段的熱風的狀態，本解中仍假定於**減率乾燥階段**熱風將沿著連結（T_c = 164, H_c = 0.0618）和（T_2 = 120, H_2 = 0.074）兩點的直

線變化。

至此,已知諸元,對應於(T_c, H_c)的 T_{wc} = 55℃,對應於(T_2, H_2)的 T_{w2} = 53.6℃,兩者間的 T_{wav} = 54.3℃,而在 54.3℃的汽化潛熱 λ_w = 2,373×10³[J/ kg],在 w_c 和 w_2 間,對應於任意的 w 的 H 值可藉質量收支式求得

$$1.389(0.1 - w) = 2.314(H - 0.02)$$

如 w = 0.025 時,H = 0.0648,從縱軸(H 軸)0.648 的線與(T_c, H_c),和(T_2, H_2)連線交點的垂直線交點得相對的熱風溫度 T = 153℃。

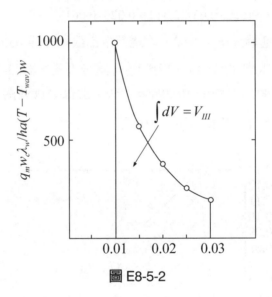

圖 E8-5-2

表 E8-5-1

w	H	T	$\dfrac{q_m w_c \lambda_w}{ha(T - T_{wav})w}$
0.030	0.0618	164	202
0.025	0.0648	153	267
0.020	0.0677	140	380
0.015	0.0707	130	580
0.010	0.0737	120	1004

再就數個 w 值計算如表 E8-5-1 所示相對的 H,T 和利用表 1 的各值繪,

$q_m w_c \lambda_w / ha(T - T_{wav})w$ vs. w 的曲線由此曲線做圖積分得減率乾燥階段所需的乾燥器容積 $V_{III} = 9.45$ [m³]

故此題所述乾燥操作所需的乾燥器總容積

$$V = V_I + V_{II} + V_{III} = 2.90 + 10.20 + 9.45 = 22.6 \text{ [m}^3\text{]}$$

如乾燥器的熱風質量流量選用 4,000 [kg-d.a./(m² · hr)]，則所需的截面積 A 為

$$A = G_m(3,600)/(4,000) = (2.314)(3,600)/4000 = 2.09 \text{ [m}^2\text{]}$$

如迴轉圓筒**直徑**是 1.63 [m]，則所需乾燥器筒長為

乾燥器**筒長**，$L = 22.6/2.09 = 10.8$ [m]

8.2.4 連續逆向流對流乾燥器所需的容積估算（圖 8-17）

1. 容積法

估算逆向流對流乾燥器所需的容積的公式可經由類似上節並流系的途徑求得，茲僅列其推導的結果。

(1) 預熱階段所需的乾燥器容積：V_I

$$V_I = \frac{G_m C_H (T_1' - T_1)}{ha} \frac{\ln\{(T_1 - T_{m1})/(T_1' - T_{mc})\}}{(T_1 - T_{m1}) - (T_1' - T_{mc})} \qquad （8.2.4\text{-}1）$$

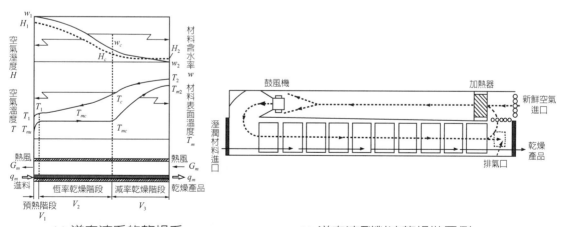

(a) 逆向流系的乾燥系　　　　　(b) 逆向流型對流乾燥裝置例

圖 8-17　逆向流系的乾燥 [Kunii, II, p.396]

(2) 恆率乾燥階段所需的乾燥器容積 V_{II}

如 H_m^* 可視為不變時：

$$V_{II} = \frac{G_m}{k_H a} \ln \frac{H_m^* - H_c}{H_m^* - H_1} = \frac{q_m(w_1 - w_c)}{k_H a(H_1 - H_c)} \ln \frac{H_m^* - H_c}{H_m^* - H_1} \qquad (8.2.4\text{-}2)$$

$$V_{II} = \frac{G_m C_H}{ha} \ln \frac{T_c - T_{mc}}{T_1' - T_c} = \frac{q_m \lambda_w(w_1 - w_c)}{ha(T_c - T_1')} \ln \frac{T_c - T_{mc}}{T_1' - T_{mc}} \qquad (8.2.4\text{-}3)$$

(3) 減率乾燥階段所需的乾燥器容積

$$V_{III} = \frac{G_m}{k_H a} \int_{H_c}^{H_2} \frac{w_c - w_e}{w - w_e} \frac{dH}{H_m^* - H_2}$$

$$= \frac{G_m(w_c - w_e)}{k_H a \{(w_2 - w_e) - \frac{G_m}{q_m}(H_m^* - H_2)\}} \ln \frac{(w_c - w_e)}{(w_2 - w_e)} \frac{(H_m^* - H_2)}{(H_m^* - H_c)} \qquad (8.2.4\text{-}4)$$

2. 長度法 [Kunii, II, p.397]

(1) 隔熱逆向流連續式熱風乾燥裝置的設計 —— 長度法（**圖 8-17 所示**）

連續式熱風乾燥操作如採用熱風與溼潤材料移動如圖 8-17 所示的逆向接觸，對於減率乾燥階段較難乾燥的材料因遇到溫差、溼度差較大的熱風，可以較短時乾燥時間生產低含水率的產品，但得注意因水分低時接觸到高溫熱風就有熱敏感而起產品變質或著火的危險。

首先還是如前節就全系取其熱能收支可得

$$G_m \overline{C}_H (T_2 - T_1) = q_m \{C_m + w_2 C_w + (W_b / q_m) C_b\}(T_{m2} - T_0) + q_m(w_1 - w_2)\lambda^* + Q_l \qquad (8.2.4\text{-}5)$$

而在熱風排氣口的空氣溼度 H_1 可以下式表示

$$H_1 = H_2 + q_m(w_1 - w_2)/G_m \text{（相對於 } T_{G1}' \text{ 的熱風的飽和溼度）} \qquad (8.2.4\text{-}5a)$$

就全乾燥系的熱效率 η_H 可仿式（8.2.3-4）和式（8.2.3-6）得

$$\eta_H = \frac{q_m(w_1 - w_2)\lambda^*}{G_m \overline{C}_H(T_2 - T_0)} \approx \frac{T_2 - T_1}{T_2 - T_0} \qquad (8.2.4\text{-}5b)$$

當已知 q_m, w_1, w_2, H_2 時，叮參照高溫溼度圖表，估計在恆率乾燥階段的溼潤表面溫度的平均溫度 T_{m1}，再假定稍高於 T_{m1} 的溫度為 T_l，也如同順向流的場合，定

義乾燥裝置的熱傳效率 η_a

$$\eta_a = 1 - \frac{Q_l}{G_m \overline{C}_H (T_{G2} - T_{G1})} \qquad (8.2.4\text{-}6)$$

接著就分段來探討求預熱、恆率乾燥、減率乾燥三階段的裝置所需長度的求法，預熱階段：將式（8.2.3-5）中 T_1 以 T_1' 取代得

$$G_m C_{H1}(T_1' - T_1)\eta_a = bL_1 h(T_1' - T_{m1}) = q_m \{C_m + w_1 C_w + (W_b / q_m)C_b\}(T_{m1} - T_0) \quad (8.2.4\text{-}7)$$

而該可由上式取得 L_l。

恆率乾燥階段：

$$G_m \overline{C}_H dT \eta_a = (bdz)h(T - T_{m1}) = -\lambda_w q_m dw = -\lambda_w G_m dH \qquad (8.2.4\text{-}8)$$

如乾燥表面是全被水分覆蓋，則同順向流操作，T_{m1} 可保持定值，而 T_{Gc} 該同於溼熱風的溼球溫度，故積分上式，當 $z = L_1$ 時，$T_G = T'_{G1}$，$w = w_c$，$H - H_1$ 可得下式

$$\frac{T - T_{m1}}{T_1' - T_{m1}} = \exp[\frac{bh}{G_m \overline{C}_H \eta_a}(z - L_1)] \qquad (8.2.4\text{-}9)$$

$$G_m \overline{C}_H \eta_a (T - T_1') = \lambda_w q_m (w_1 - w) = \lambda_w G_m (H_1 - H) \qquad (8.2.4\text{-}10)$$

將從式（8.2.4-9）和式（8.2.3-10）求 $w = w_c$ 時的 T 當做 T_c，則恆率乾燥階段所需長度可由式（8.2.4-9）求得。如有如圖 8-18 的乾燥特性曲線時，可從圖覓得對應的乾燥速率 J_c，就可依前段同樣的計算可得與式（8.2.3-11）相同的式。

減率乾燥階段

此階段的熱能收支可類同式（8.2.3-14）求得

$$G_m \overline{C}_H dT \eta_a \eta_w = \lambda_w (bdz)J_d = -\lambda_w q_m dw = -\lambda_w G_m dH \qquad (8.2.4\text{-}11)$$

η_w 同式（8.2.3-13）所定義的係數，而 J_d 為減率乾燥速率，於同向流操作的式（8.2.3-15）與式（8.2.3-16）可改寫成

$$G_m \overline{C}_H (T - T_c)\eta_a \eta_w = (\lambda_w q_m)(w_c - w) = \lambda_w G_m (H_c - H) \qquad (8.2.4\text{-}12)$$

$$L_3 = \frac{G_m \overline{C}_H \eta_a \eta_w}{b\lambda_w} \int_{T_{Gc}}^{T_{G2}} \frac{dT}{J_d} \tag{8.2.4-13}$$

如此可求得已知 T_1 和 T_2 的逆向流連續式熱風乾燥裝置各階段的長度。

8.2.5 恆溫乾燥操作 ^{（Kunii, II, p.397）}

圖 8-18 揭示理想的恆溫逆向流連續乾燥系的簡圖和諸操作變數在系內變遷之例，在此系，它在裝置內（或在裝置外）擁有加熱系內的空氣維持設定的溫度 T，故在此恆溫乾燥系其操作特性幾乎跟乾燥試驗的所得的相同，但如排氣空氣溼度高時，熱風溫度可視同溼潤材料表面溫度，假定該空氣的溼球溫度，藉此來修正恆率乾燥速率就可。此時應用前項的結果可成立以下各式：

全乾燥系的熱能收支式：

維持此系得保持設定 T 所需的加熱量為

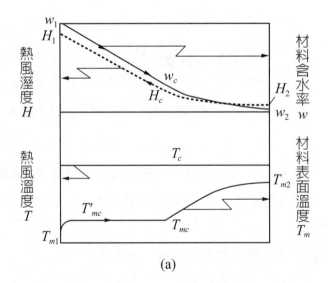

(a)

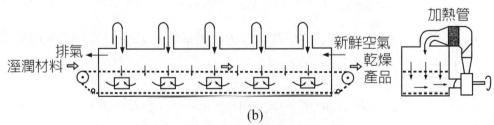

(b)

圖 8-18　恆溫逆向流乾燥系 ^{（Kunii, II, p.397）}

$$加熱量 = q_m\{C_m + w_2 C_w + (W_b / q_m)C_b\}(T_{m2} - T_0) + q_m(w_1 - w_2)\lambda^* + Q_l \quad （8.2.5\text{-}1）$$

在此定義裝置的熱傳效率為

$$\eta_a = 1 - \frac{Q_l}{加熱量} \quad （8.2.5\text{-}2）$$

對預熱階段，由下式

〔流進此區的熱風所輸出的熱能〕〔熱傳效率〕＝〔注入溼潤材料的熱傳量〕
＝〔乾涸材料所受加熱量〕＋〔水分所受的加熱量〕＋〔器臺，輸料帶等所受的加熱量〕

$$G_m C_{H1}(T_1 - T_1')\eta_a = bL_1 h(T_1 - T_{m1}) = q_m\{C_m + w_1 C_w + (W_b / q_m)C_b\}(T_{m1} - T_0)$$

得

$$bL_1 h(T_1 - T_{m1}) = q_m\{C_m + w_1 C_w + (W_b / q_m)C_b\}(T_{m1} - T_0)$$

恆率乾燥階段可由式（8.2.3-9）於恆率乾燥階段，在距出口 z 距離處，就微小厚度 dz 取其熱能收支可得

〔流進此區的熱風所輸出的熱能〕〔熱傳效率〕＝〔注入溼潤材料表面的熱傳量〕
＝〔蒸發水分的潛熱〕〔熱風中溼度增加帶來的蒸氣量〕

也即

$$-G_m \overline{C}_H dT \eta_a = (bdz)h(T - T_{m1}) = -\lambda_w q_m dw = \lambda_w G_m dH$$

得

$$(bL_2)h(T - T_{m1}) = \lambda_w bL_2 J_C = \lambda_w q_m(w_1 - w) = \lambda_w G_m(H_1 - H) \quad （8.2.5\text{-}4）$$

對減率乾燥階段可由式（8.2.5-4）中將 T 以 T_2 取代和式（8.2.3-26）兩式可用來求 L_3。

$$G_m \overline{C}_H(T_2 - T_c)\eta_a \eta_w = (\lambda_w q_m)(w_c - w) = \lambda_w G_m(H_{Gc} - H_G) \quad （8.2.5\text{-}6）$$

$$L_3 = \frac{G_m \overline{C}_H \eta_a \eta_w}{b\lambda_w} \int_{T_{Gc}}^{T_{G2}} \frac{dT}{J_d} \quad （8.2.5\text{-}7）$$

　　圖 8.17 所示的加熱器，理論上可有很大的傳熱面積，讓循環空氣溫度升到幾近加熱管的表面溫度，但實際上不可能讓加熱面積太大，故如期望全系溫度均勻，故得從材料進口端逐漸改變各段加熱器的加熱面積才可。

8.3 用 Enthalpy-Humidity Chart 描述乾燥程序
（Strummillo etc, p.118）

　　雖然 Enthalpy-Humidity Chart 不是那麼普遍，但歐洲系統常用此溼度圖表直接以圖解乾燥程序，此節就簡介此圖解法，供讀者參考。

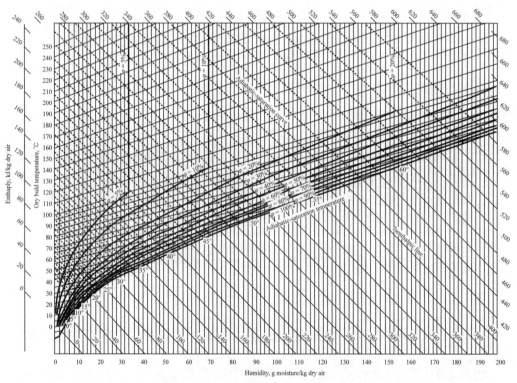

圖 8-19　Enthalpy-Humidity Chart

8.3.1 理想乾燥器

　　空氣（熱風）在理想乾燥器的變遷可有如下兩段：

1. 空氣在不改變其絕對溼度 H_1 進器外的加熱器加熱。

2. 溼潤材料所含的水分在 i（熱焓量）不變下蒸發成蒸氣加入熱風。

3. 上述兩段變遷在圖 8-20 熱焓量 vs. 溼度座標上的 AB 和 BC 所描述，A 點代表空氣加熱器前的起始點（ig_0，T_0，φ_0）進入加熱器熱至 T_1，B 點（ig_1，T_1，φ_1）；再從 B 點沿通過該點的等熱焓線（ig = const.）交熱風等溫線（Tg_2 = const.）於 C，此點該代表此乾燥器出口的條件點，而線條 ABC 代表熱風在此理想乾燥器的變遷。再從 C 點拉一平行於橫軸座標線交 AB 於 D，則 CD 長度等於熱風通過此乾燥器全程的溼度變化（H_2-H_0），如此溼度表橫軸長度 1 mm -0.003 kgmoisture/kg 的溼度變化，則 $H_2 - H_0 = CDS_H$，

既然 $$\frac{G_m}{W_w} = \frac{1}{H_2 - H_0} = \frac{1}{CDS_H} \qquad (8.3.1\text{-}1)$$

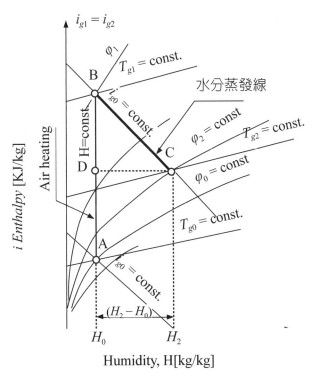

圖 8-20 理想乾燥器（Δ = 0） (Strumillo 等，p.128)

既然 $$\frac{G_m}{W_w} = \frac{1}{H_2 - H_0} = \frac{1}{CDS_H}$$

故 $\dfrac{G_m}{W_w} = \dfrac{1}{CDS_H}$ （8.3.1-2）

同手法可得

$$q_{ext} = \frac{G_m}{W_w}(i_{g1} - i_{g0}) = \frac{ABS_i}{CDS_H}$$ （8.3.1-3）

令 $S = \dfrac{ABS_i}{CDS_H}$ 則：

$$q_{ext} = \frac{AB}{CD}S$$ （8.3.1-4）

以上介紹如可 *i-H* 的溼度表取得 AB，CD 的長度就可利用上式計得理想乾燥器所需熱量大小。

8.3.2 實際乾燥器 ^{（Strumillo 等，p.132）}

而乾 $q_{ext} = \dfrac{G_m}{W_w}(i_{g2} - i_{g1}) + q_{mat} + q_{eqp} + q_{loss} - q_{int} - T_m c_{lm}$ （8.3.2-1）

和

$$\Delta = \frac{G_m}{W_W}(i_{g2} - i_{g1}) = (q_{in} + T_{m1}c_{lw}) - (q_{mat} + q_{int} + q_{loss})$$ （8.3.2-2）

就上兩式解析，就 Δ 值可有如下三種不同的狀況：

1. $\Delta = 0$；也即 $(q_{in} + T_{m1}c_{lw}) = (q_{mat} + q_{int} + q_{loss})$ （8.3.2-3）

或可說 $\Delta = \dfrac{G_m}{W_W}(i_{g2} - i_{g1}) = 0$，但 $\Delta = \dfrac{G_m}{W_W} \neq 0$；故 $i_{g2} = i_{g1}$ 而在理想乾燥器的操作就在等熱焓量條件下進行。

2. $\Delta < 0$；也即 $(q_{in} + T_{m1}c_{lw}) < (q_{mat} + q_{int} + q_{loss})$ （8.3.2-4）

$\Delta = \dfrac{G_m}{W_W}(i_{g2} - i_{g1}) < 0$ 而 $i_{g1} > i_{g2}$ （8.3.2-5）

故在此系排氣的熱焓量將比將進入乾燥器的外圍的大氣大。

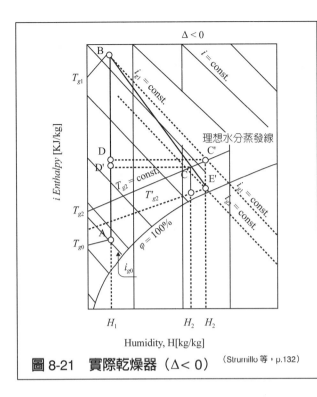

圖 8-21　實際乾燥器（Δ< 0）　(Strumillo 等，p.132)

參考圖 8-21
要在 $i\text{-}H$ 溼度圖繪出此乾燥系，首先依 $i_{g2} = i_{g1} - \Delta W_w/G_m$ 當理想乾燥器繪出如左圖中的 ABC'，找出 i_{g1} 的等焓線任選一點 C' 再依下式計 C'E' 的長度，在由 C' 垂直線上得 E'，Δ 值得依式（5，50）計求。再從 B 拉實線 BE' 則是此實際乾燥器的操作過程，通過 C' 點的等溫線，此線與 BE' 的交點就是 C 點，並點出 T_{g2} 值。而通過 E' 點的等焓線給 i_{g2} 值。

3. $\triangle > 0$；也即 $(q_{in} + T_{m1}c_{lw}) > (q_{mat} + q_{int} + q_{loss})$

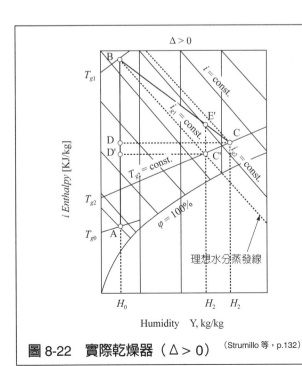

圖 8-22　實際乾燥器（Δ > 0）　(Strumillo 等，p.132)

參考圖 8-22
在 $\triangle > 0$ 條件下，實際操作線將在理想線的上方，故先由 C'E' = ΔC'D'(S_H/S_i) 求出，在 i_{g2} 等焓線與通過 C' 的垂直線覓得 E' 連 BE' 得實際操作線與等溫線（T_{g2}）相交點則為此乾燥系的排出口點。

圖 8-23 揭示幾種乾燥系用 *i*-H 溼度圖圖解例供參考。

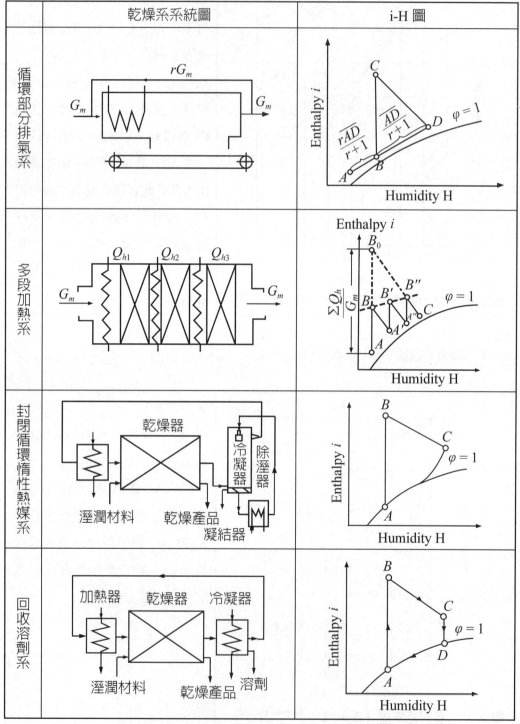

圖 8-23　其他幾種乾燥系用 i-H 溼度圖圖解例

8.4 衝擊流（或噴射流）型乾燥器 —— 捲狀長薄片的連續對流乾燥

　　要求極短時間來乾燥乾塗布或溼的連續印刷紙、塗布色料、塗布薄膠體軟片時，常需採 5～50 倍流速的熱風噴射塗覆溶劑或印刷面來以很短的時間乾燥，機制上它屬於靜置材料搬送型的連續乾燥器，常見有 (1) 弓型輸輪噴射乾燥器、(2) 浮漂式衝擊流乾燥器、(3) 水平輸帶型衝擊流乾燥器等。

　　衝擊流（或噴射流）型乾燥器是利用熱風經由噴射流垂直吹向薄片狀的被乾燥物時，其流速高達 10～100 m/s。在高速衝擊乾燥面時產生極大的總括熱傳係數，和很大的乾燥速率，很適宜印刷物或塗布後的薄片的乾燥。圖 8-25 揭示常見的三種衝擊流（或噴射流）型乾燥器。

● 衝擊流（或噴射流）型乾燥器的特點 [Toei, m 3.1.3]

　　1. 因噴射熱風流速在 10～100 m/s，導致其總括熱傳係數較平行流或穿流型乾燥系大 5～10 倍，裝置大小也隨之減少很多。噴出流時其熱傳係數為

$$h_C = CG^{0.77} \, [\text{kcal} / \text{hr} \cdot \text{m}^2 \cdot \degree\text{C}] \qquad (8.4.1)$$

　　上式中 G 是噴出熱風的質量流量 [kg/hr · m²Sheet area]；C 是依①噴嘴與材料面的距離，②噴嘴的形狀，和③開孔比而定的常數，其值在 0.1～9.4；例如① = 10 cm，② $d = 3$ mm，③ = 0.04 時，$C = 0.17$

　　2. 因乾燥時間小到 0.5～5 分鐘，就少有因加熱而變性的現象，而得相當均勻的乾燥產品。

　　3. 可依噴嘴（排）分成複數區分，以過程採用噴射不同流速或不同熱風溫度，可減少總排氣量，而節省熱能使用量。

　　4. 構造簡單，且可以把熱風產生機構和送風機切離乾燥機，以利空間有效使用。

　　5. 如能採用浮漂式兩面乾燥（如圖 8-25(b)）時，可省反轉面另行乾燥之煩。

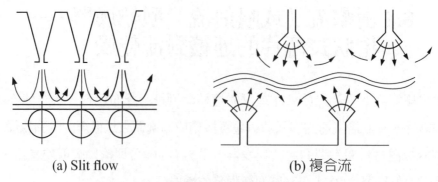

(a) Slit flow　　　　　　　(b) 複合流

圖 8-24　不同型噴嘴的比較[Toei, m, p.38]

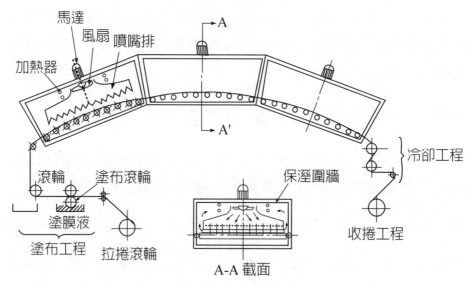

圖 8-25(a)　彎曲輸料型噴流乾燥器[Toei, m, p.35]

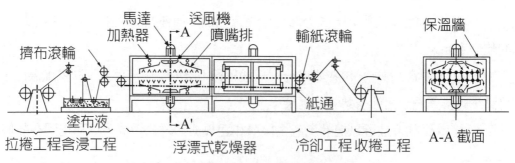

圖 8-25(b)　浮漂式衝擊流乾燥器[Toei, m, p.36]

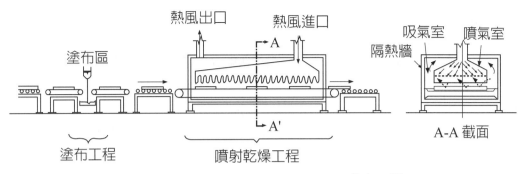

圖 8-25(c)　水平輸帶型衝擊流乾燥器 [Toei, m, p.36]

　　表 8-3 揭示了噴射衝擊流連續乾燥器的操作例供參考，於選用此型乾燥器需注意循環使用熱風時乾燥加進的可燃性溶劑蒸氣濃度可能增高而引起爆發的危險。

表 8-3　噴射衝擊流乾燥器的操作例 [Toei, m, p.40]

		紙板塗印	硬紙板	含浸紙	PVDC 膠液	磁帶	車輛零件
形式		水平輸料器	水平輸料器	漂浮輸帶	彎弓輸帶	彎弓輸帶	水平輸料器
處理量（m/min）		1.2	10	120	30	150	2
塗布量（g/m²）		300	150	20	10	10	8
乾燥時間（min）		8	5	0.5	1	0.2	5
乾燥溫度（℃）		70	140	110	100	60	180
熱源		蒸氣	燈油	蒸氣	蒸氣	蒸氣	燈油
裝置尺寸（m）	機長	10	20（3段）	10	30	30	10
	機寬	3	3	2.5	3	2	2
	機高	3	4	3	2	1	3
噴嘴形式		細長口（Slit）	細長口（Slit）	複合	細長口（Slit）	細長口（Slit）	細長口（Slit）
噴射流速（m/s）		12	15	25	15	15	15

📖 參考文獻

Inazuni；稻積彥二；調溼裝置，Ch.12，化學裝置便覽 藤田重文編，科學技術社，東京，日本（1977）。

Kunii, II；國井大藏；熱的單位操作 Vol, II 丸善，東京，日本。

Nakamura, I；中村正秋 立元雄治；初步から學ぶ乾燥技術，（2ⁿᵈ Ed.）工業調查會，東京，日本（2005）。

Nakamura-II；中村正秋 立元雄治；はじめての乾燥技術，日刊工業社，東京，日本（2014）。

Strumillo, Czeslaw and Tadeuse Kudra; Drying: Principles, Applications and Design, Gordon and Breach Science Publishers, NY USA(1986).

Suzuki, M；鈴木睦；調溼，水卻，乾燥化工便覽，第六版 S iv 圖解法。

Tamon, H. 田門肇；乾燥技術入門，日刊工業社，東京，日本（2012）。

Toei, B；桐榮良三：乾燥裝置 日刊工業社，東京，日本。

Toei, m；桐榮良三：乾燥裝置マニュアル 日刊工業社東京，日本。

第九章　穿流型乾燥器

穿流型乾燥就如圖 9-1(b) 所示，將以加壓熱風讓熱空氣能穿流流過固粒材料層間的空隙，來去除材料擁有的水分的乾燥方式。其種類有：批式和連續兩大類，而其共同的**特點**是：

1. 可乾燥的材料很廣，甚至特性複雜的浥潤材料都可處理。

2. 可供熱空氣與浥潤材料的接觸面積大。

3. 乾燥時，水分得擴散的距離短。

4. 容易設定各種乾燥條件（溫度、浥度、風速、乾燥時間）。

5. 除附加攪拌外，甚少破壞材料或粒子的形狀。

6. 熱風流速不大，故甚少有微塵飛散。

7. 操作單純，容易管控。

而其**問題點**有：

1. 所需裝置大小較大。

2. 裝置得防止熱風的閃流（channeling）而較複雜些。

3. 材料床需有熱風可流的空隙（必要時得先造粒成型）。

9.1 批式穿流通氣乾燥（Batch Type Through Circulation Drying）（Geankopolis, p.533）

之前所談的都是如圖 9-1(a) 所示乾燥空氣以**平行流**過材料表面的對流熱傳，但乾燥顆粒材料時，如將乾燥熱空氣如圖 9-1(b) 所示垂直穿流通過材料層則不僅可讓空氣充分與材料粒子接觸，而可省不少空間。圖 9-1(c) 的比較更顯示穿流乾燥在速率上的優異。

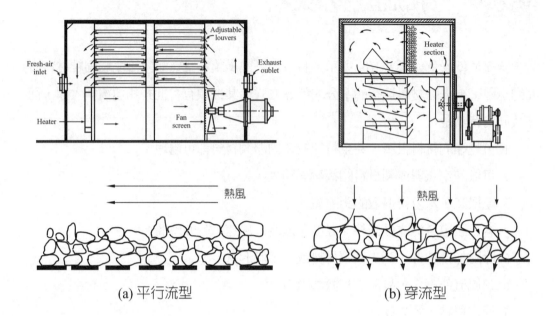

(a) 平行流型　　　　　　　　(b) 穿流型

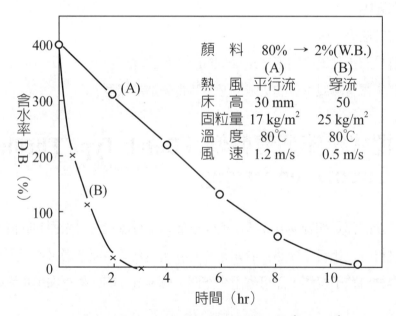

(c) 平行流乾燥與穿流乾燥速率的比較 [Toei, m, p28]

圖 9-1　箱型平行流與穿流透氣乾燥

• 批式穿流乾燥時間的估計

如以圖 9-2 代表粒子層，溼度 H_1，溫度 T_1 的空氣以質量流量 G 由上方穿流粒子層。而至下方出口溼度與溫度已變爲 H_2，T_2 時，其乾燥速率爲

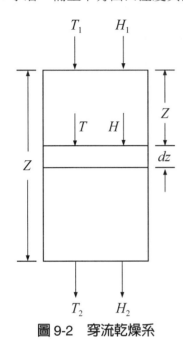

$$J_D = G(H_2 - H_1) \qquad (9.1\text{-}1)$$

如以床中微小厚度取其熱收支，

$$dq = -GC_H AdT \qquad (9.1\text{-}2)$$

式中 C_H 爲空氣的溼比熱而熱傳方程式爲

$$dq = haAdz(T - T_w) \qquad (9.1\text{-}3)$$

將（9.1-2, 9.1-3）兩式重排積分可得

$$\frac{ha}{GC_H}\int_0^z dz = -\int_{T_1}^{T_2}\frac{dT}{T - T_w}$$

$$\frac{haz}{GC_H} = \ln\frac{T_1 - T_w}{T_2 - T_w} \qquad (9.1\text{-}4)$$

圖 9-2　穿流乾燥系

式中 G 單位在上式是 [kg/s · m^2]，而 a 是熱傳表面面積 [m^2/m^3 床容積]，而 z = 床厚度 = x_1 [m]；在乾燥空氣平行流過材料表面時：

$$t_C = \frac{m_S}{AJ_D}(w_1 - w_2) = \frac{m_S\lambda_w(w_1 - w_2)}{Ah(T - T_w)} \qquad (9.1\text{-}5)$$

如 $m_S = x_1 A\rho_S$ 故

$$m_S/A = \rho_S/a$$

將上式代入（9.1-5）式並令 $w_2 = w_C$，可得穿流通氣時恆率乾燥時段時間長度爲

$$t_C = \frac{\rho_S\lambda_w(w_1 - w_C)}{ha(T - T_w)} \qquad (9.1\text{-}6)$$

同一手法可導出減率乾燥時間 t_d 爲

$$t_d = \frac{\rho_s \lambda_w w_C \ln(w_C / X)}{ah(T - T_w)} \tag{9.1-7}$$

在穿流乾燥時空氣溫度隨其穿流深度不斷在改變，而（9.1-6, 7）兩式僅能適用於某一特定深度，故擬估計整床深度 z 時就得採用溫差變化的對數平均

$$(T - T_w)_{lm} = \frac{(T_1 - T_w) - (T_2 - T_w)}{\ln \frac{(T_1 - T_w)}{(T_2 - T_w)}} = \frac{(T_1 - T_2)}{\ln \frac{(T_1 - T_w)}{(T_2 - T_w)}} \tag{9.1-8}$$

將（9.1-4）與（9.1-7）式合併可得

$$(T - T_w)_{lm} = \frac{(T - T_w)(1 - e^{-haz/GC_H})}{haGC_H} \tag{9.1-9}$$

將此式代入（9.1-6）可得恆率乾燥時間 t_C 為

$$t_C = \frac{\rho_s \lambda_w (w_1 - w_C)}{GC_H (T_1 - T_w)(1 - e^{-haz/GC_H})} \tag{9.1-10}$$

同手法將（9.1-8）式代入（9.1-7）式可得減率乾燥時段的長度 t_d

$$t_d = \frac{\rho_s \lambda_w w_C \ln(w_C / w)}{GC_H (T - T_w)(1 - e^{-haz/GC_H})} \tag{9.1-11}$$

有些困難於應用上式是甚難知 w_C 值。

在粒子床，如空氣質量流量 [k/hr · m²- 穿流面積] 為 G' 時，熱傳係數為

Hougen and Wilke $\quad h/G'C_H = 2.407(d_pG'/\mu)^{-0.51} \quad k/G' = 2.566(d_pG'/\mu)^{-0.51}$

Gamson and Thodos $\quad h/G'C_H = 1.312(d_pG'/\mu)^{-0.41} \quad k/G' = 1.393(d_pG'/\mu)^{-0.41}$

$G' = $ 溼空氣的質量流量

【範例 9-1】估計批式穿流乾燥所需的時間 [Geankopolis, p.547]

茲有短圓柱狀材料，徑 6.35 mm，長 25.4 mm 堆成粒子床，其含水率 $w_1 = 1.0$ kgH₂O/kg- 乾涸體，並知其平衡含水率 $w_e = 0.1$ kgH₂O/kg- 乾涸體，臨界含水率 $w_c = 0$，50 kg-H₂O/kg- 乾涸體，擬以 121.1℃，$H_1 = 0.04$ kgH₂O/kg- 乾空氣，流速 0.881m/s 穿流通氣方式乾燥至 $w_2 = 0.50$ kgH₂O/kg- 乾涸體，如粒子床**厚度**（L_1）為 50.8 mm 試估計乾燥所需時間。乾涸材料密度 = 1,602 kg/m³，而堆積床乾涸材料的嵩密度 =

641 kg/m^3。

〔解〕

依題意 $F_1 = w_1 - w_e = 1.0 - 0.01 = 0.99$ kgH$_2$O/kg- 乾涸體

$F_C = w_C - w_e = 0.5 - 0.01 = 0.49$ kgH$_2$O/kg- 乾涸體

$F_2 = w_2 - w_e = 0.10 - 0.01 = 0.09$ kgH$_2$O/kg- 乾涸體

121.1℃，$H_1 = 0.004$ 的空氣的溼球溫度 $T_w = 47.2$℃，$H_w = 0.074$ kgH$_2$O/kg- 乾空氣

空氣溼比容 = 1.187 m^3/kg dry air，故其密度 =(1 + 0.04)/1.187 = 0.876 k/m^3

故進口乾空氣的質量流速為：

$$G' = v\rho(\frac{1}{1.+0.04}) = 0.811 \times (3600) \times (0.876)(1/1.04) = 2,459 \text{ kgd.a/m}^2\text{hr}$$

在此，$G' =$ 溼空氣的質量流量

由於進口 $H_1 = 0.04$ 而 $H_w = 0.074$，平均溼度可採 $H_{av} = 0.05$，故穿流空氣平均質量流速為

$$\overline{G'} = 2,459 + 2,459(0.05) = 2,582 \text{ kg/m}^2\text{hr} = 0.6831 \text{ kg/s} \cdot \text{m}^2$$

由於 1 m^3 床含有 641 kg 的固體，故該床的空隙度 = 1 − (641/1,602) = 0.60

短圓柱堆積床的表面積可由 $a = \dfrac{4(1-\varepsilon)(l+0.5d_C)}{d_C l}$，而其代表徑 $d_p = (d_C l + 0.5d_c^2)$

式中 l 是短圓柱長，d_c 是其外徑，故分別求得

$a = 283.5$ m^2/m^3，$d_p = 0.0135$ m，$L_1 = 0.0508$ m

查表得知空氣黏度 = 7.74×10^{-2} kg/m · hr. 故

$$N_{Re} = \frac{d_p \overline{G'}}{\mu} = \frac{0.0135(2,582)}{7.74 \times 10^{-2}} = 450$$

$$h = 0.151 \frac{\overline{G'}^{0.59}}{d_p^{0.41}} = \frac{0.151(2,582)^{0.59}}{(0.0135)^{0.41}} = 90.9 \text{ W/m}^2 \cdot \text{K}$$

由於在 $T_w = 47.2$ 時 $\lambda_w = 2,389$ kJ/kg，此空氣溼比熱 $C_H = 1.099 \times 10^3$ J/kg K，**恆率乾燥時間**為：

$$t_C = \frac{\rho_S \lambda_w (w_1 - w_C)}{GC_H (T_1 - T_w)(1 - e^{-haz/GC_H})}$$

$$= \frac{641(2389 \times 10^6)(0.0508)(0.99 - 0.49)}{(0.683)(1.099 \times 10^3)(121.1 - 47.2)[1 - e^{-(90.9 \times 283.5 \times 0.508)/(0.683 \times 1.099 \times 10^3)}]}$$

$$= 850 \text{ s} = 0.236 \text{ hr}$$

減率階段

$$t_d = \frac{\rho_S \lambda_w w_C \ln(w_C/w)}{GC_H (T - T_w)(1 - e^{-haz/GC_H})}$$

$$= \frac{641(2389 \times 10^6)(0.0508)(0.49)(\ln 90.49/0.09)}{(0.683)(1.099 \times 10^3)(121.1 - 47.2)[1 - e^{-(909 \times 283.5 \times 0.508)/(0.683 \times 1.099 \times 10^3)}]}$$

$$= 1{,}412 \text{ s} = 0.392 \text{ hr}$$

總乾燥時間 $= t_C + t_d = 0.236 + 0.392 = \underline{\textbf{0.628 hr}}$

表 9-1 列示一些穿流型箱型乾燥器運轉例供參考。

表 9-1 穿流型箱型乾燥器運轉例 ^(Toei m, p30)

材料	顏料	醫藥品	觸媒	樹脂	撒用調味粉	胺基酸粉
處理量（kg）	200	260	370	35	100	200
原料水分（% W. B.）	60	65	—	35	31	50
製品水分（% W. B.）	0.3	0.5	—	10	3	2
進料嵩比重（kg/L）	0.56	0.5	0.92	0.8	0.51	0.5
熱風溫度（℃）	60	80	400	150	100	80
乾燥時間（hr）	5	6	—	3	40	1
乾燥面積（m²）	6.5	5.8	4.6	0.63	6.6	6.8
熱源	蒸氣	蒸氣	煤氣	蒸氣	電氣	蒸氣
動力（kW）	11	11	3.7	—	7.5	11

9.2 連續式穿流乾燥裝置

連續式穿流乾燥裝置有：

1. 材料靜置搬送型

(1) 輸帶穿流乾燥器。

(2) 移動床式穿流乾燥器。

2. 材料攪動搬送型

(1) 迴轉圓筒對流熱傳乾燥裝置。

(2) 迴轉蒸氣管排傳導熱傳乾燥器。

(3) 圓筒及溝槽式攪拌穿流乾燥器等。

9.2.1 輸帶穿流乾燥器分類與特點

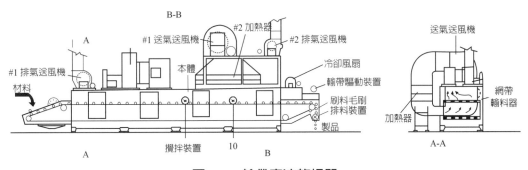

圖 9-3　輸帶穿流乾燥器

1. 分類

(1) 依段數分類：單段型、複合型、多段型

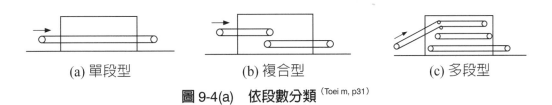

(a) 單段型　　　　(b) 複合型　　　　(c) 多段型

圖 9-4(a)　依段數分類 [Toei m, p31]

(2) 依穿流熱風流向分類

(a) 下向通氣型　　　　(b) 上向通氣型　　　　(c) 複合通氣型

圖 9-4(b) 依穿流熱風流向分類^(Toei m, p31)

(3) 依排氣方式分類

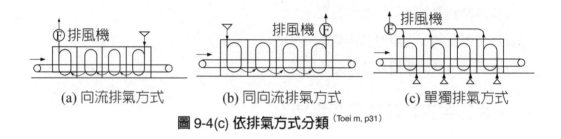

(a) 向流排氣方式　　　(b) 同向流排氣方式　　　(c) 單獨排氣方式

圖 9-4(c) 依排氣方式分類^(Toei m, p31)

(4) 依帶緣的止洩方式分類

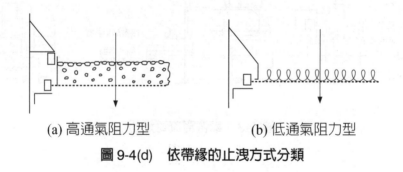

(a) 高通氣阻力型　　　　　(b) 低通氣阻力型

圖 9-4(d)　依帶緣的止洩方式分類

2. 特點

　　(1) 由於溼潤材料均勻靜置在可透氣的水平網帶或多孔板帶，乾燥過程不會受振動或衝擊而有破損。

　　(2) 如進料是泥狀，可事先造粒成 3～8 mm 徑的粒狀或棒狀材料就可適用此型乾燥器乾燥。

　　(3) 如採複合型通氣方式，可防止有阻礙通風，或乾燥不均勻的困擾。

　　(4) 如採用多段式設計，可利用換段時翻裝物料來達成良好的通氣性或可於後段減率乾燥階段增高材料厚度增大材料的比表面積也可提升乾躁速度。

(5) 用環狀網帶，可利用帶的返回過程清除阻塞表面來保持正常的通氣。

9.2.2 設計重點 (Takahashi, p.394)

1. 熱風循環方式

(1) 就各區的循環送風機獨立進行吸排氣。

(2)對材料流向可同向流或逆向流送熱風，依流向順序排部分排氣至下一循環區。

(3) 合併幾臺循環排風機一併做吸排氣。

在上述三種熱風循環方式中以第 (3) 方式構造及操作都較簡單，且可得高熱效率而被廣泛採用。

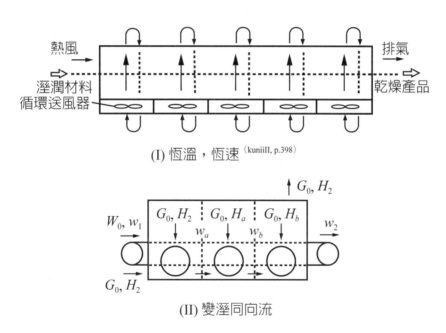

(I) 恆溫，恆速 (kuniiII, p.398)

(II) 變溼同向流

(IIIa) 同向流　　　　　(IIIb) 逆向流

圖 9-5　各種熱風循環方式 (Takahashi, Ch.14)

2. **溼潤材料的前造粒（成型）**：如材料是似泥巴狀時，爲了增加乾燥表面積，將加以造粒成顆粒狀，不僅可增加乾燥表面積，也可降低氣體流過材料層時的壓降。鋪平造粒後的材料宜求均勻且避免顆粒受壓變形而堵塞輸料帶的通風孔。

3. **與設計有關的諸元**[Takahashi, Ch.14]

(1) **循環熱風溫度**：應了解溼潤材料對溫度的上限（許容溫度），一般而言，要得高熱效率和縮短的乾燥時間，熱風溫度愈高較有利。但如上述得在溼潤材料和構造材料可容的溫度。平常輸帶型乾燥器使用熱風多靠水蒸氣間接加熱而得，故其溫度該在 150～160℃，如熱風來自燃燒爐，也多在 200℃以下。

(2) **吹向材料層的風速**：如【範例 4-3】所述，風速愈大，所得乾燥速度愈大，但氣體壓降也增高，故設定穿流流速時得考慮速度上之利與壓力降增高而來的動力費間取其平衡。經驗上採用的風速（空塔基準）在 1～1.3 [m/s]。

(3) **顆粒層的厚度**：由於乾燥速度雖受顆粒層的厚度的增高的影響，但其減少幅度不是成比例，一般採用的層厚在 30～100 mm，鋪層顆粒時應力求均勻，以避免熱風逸穿流現象發生。

(4) **乾燥器的長度**

以上所舉的各項諸元決定就可考藉設定條件來考慮假定乾燥時間，t。再就所需的溼潤材料的處理量 F'，及選定輸料帶的寬度 B，則**乾燥器的長度**爲

$$l = \frac{3,600F't}{BL'\rho_B} \qquad (9.2\text{-}1)$$

式中 L' 爲輸料帶上顆粒層的厚度，一般輸料帶的寬度爲 1～2.5 m。

(5) **熱容量係數**，ha

如材料造成 10 mmφ×50 mm l 時 ha 可藉下式估計

$$H_a = 26G^{0.75}$$

求得。一般 ha 值介於 7,000～20,000 [kcal/m^3 · hr · ℃]。

(6) **乾燥速率**

穿流乾燥時，恆率乾燥速率可在任意條件下依下式估算

$$W(\frac{dw}{dt})_c = \frac{ha}{\lambda_w}\frac{(1-e^{-N_t})(T_1-T_w)}{N_t} \tag{9.2-2}$$

$$N_t = \frac{T_1-T_2}{(\Delta T)_{lm}} = \frac{haV_m}{G_0 C_{H1}} \tag{9.2-3}$$

穿流乾燥時的減率乾燥速率：一般情況下，知在條件 A 其全程的乾燥速率時，在另一條 B 的減率乾燥速率為

$$(\frac{dw}{dt})_{d,B} = (\frac{dw}{dt})_{d,A} \times \frac{(\frac{dw}{dt})_{c,B}}{(\frac{dw}{dt})_{c,A}} \tag{9.2-4}$$

(6) 乾燥時間

由於乾燥時間依 (1) 項所介紹的熱風循環方式有不同的計算法，分述如下：

a. 方法 (1) 時：在此條件下乾燥條件是 Steady，故乾燥時間可由其乾燥特性值（曲線）直接求得。

b. 方法 (2) 時：將乾燥系全程區分成三區，各區的質量收支式可寫成

$$G_0(H_2-H_1) = q_m(w_1-w_2) \tag{9.2-5}$$

$$G_0(H_a-H_1) = q_m(w_1-w_a) \tag{9.2-6}$$

$$G_0(H_b-H_a) = q_m(w_a-w_b) \tag{9.2-7}$$

$$G_0(H_2-H_b) = q_m(w_b-w_2) \tag{9.2-8}$$

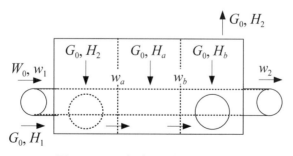

圖 9-5(a)　方法 (2) 變溼同向流

首先假設值，並由式（9.2-6）求 H_a，就此 w_a 值再另假設值並由式（9.2-7）求 H_b 值，重複此錯試計算至兩途求得 H_b 值一致，求得可用的 w_a 和 w_b。再用此值依式（9.2-2）～（9.2-4）計求各區段的乾燥速率，並就各區作如圖 b 的 dt/dw *vs. w* 圖積分求得各區段的乾燥時程 t，

$$t_1 = \int_{w_1}^{w_a} (\frac{dt}{dw})dw \ ; \ t_2 = \int_{w_a}^{w_b} (\frac{dt}{dw})dw \ ; \ t_3 = \int_{w_b}^{w_2} (\frac{dt}{dw})dw \qquad （9.2-9）$$

既然各區爲等長，勢必滿足 $t_1 = t_2 = t_3$ 的條件，如錯試法所得結果不滿足此條件就得重新改變假設值運算至滿意爲止。

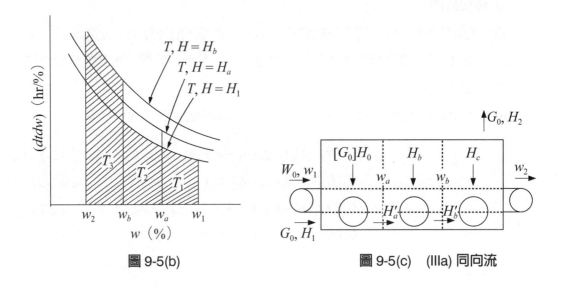

圖 9-5(b) 　　　　　　　　　 圖 9-5(c)　　(IIIa) 同向流

c. 方式 (3)（如圖 9-5c）

如圖 c 區分成三等分長，全系的質量收支如式（9.2-5），各區的質量收支式如下：

$$q_m(w_1 - w_a) = [G_0](H_a' - H_a) = G_0(H_a' - H_1) \qquad （9.2-10）$$

$$q_m(w_a - w_b) = [G_0](H_b' - H_b) = G_0(H_b' - H_a') \qquad （9.2-11）$$

$$q_m(w_b - w_2) = [G_0](H_2' - H_c) = G_0(H_2 - H_b') \qquad （9.2-4）$$

如設定排氣溼度 H_2（關係溼度採用 60% 較合適）則可由式（9.2-5）求得 G_0，

再來假定 w_a 值，可由式（9.2-10）計得 H_a 和 H'_a 兩值，再假定 w_b 值，可由式（9.2-11）計得 H_b 和 H'_a 兩值，另一方面也可由式（9.2-4）求得另 H'_b 和 H_c 值，在此需兩途所得 H'_b 值需一致，否則改假定 w_b 值重複試算至一致。再利用這些結果以同 (b) 所介紹的手法求各區段的乾燥時程 t，這些時程值需滿足 $t_1 = t_2 = t_3$ 和 $t_1 + t_2 + t_3 = t$ 的條件，並求可滿足這些條件的 w_a 和 w_b 值，再決定各區段的乾燥時程 t，熱風穿流顆粒層的壓降。

　　熱風穿流顆粒層的壓降可依下式概估

$$\Delta P = 0.87v^2 L' \quad (10 \text{ mm}\phi \times 50 \text{ mm}) \qquad （9.2\text{-}13）$$

$$\Delta P = 3.8v^{1.6} L' \quad (1 \text{ mm}\phi \times 2 \text{ mm}) \qquad （9.2\text{-}14）$$

$$\Delta P = 6.0v^{1.6} L' \quad (0.8 \text{ mm}\phi \times 1.8 \text{ mm}) \qquad （9.2\text{-}15）$$

$V = $ 空塔流速 $= 0.6 \sim 2.0$ [m/s]

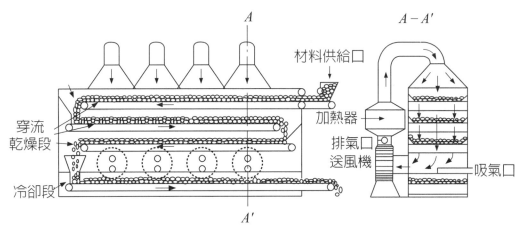

圖 9-6　三段輸帶穿流乾燥器 [Toei-Kamei; p.326]

【範例 9-2】－單段輸帶型穿流連續乾燥器的設計 [Takahashi, p.400]

　　有溼潤泥料造粒成 5 mm$\phi \times$ 50 mm 長的 pellets，ρ_B 是 850 [kg/m³]，比熱是 0.2 [kcal/kg℃] 材料的許容溫度 = 150℃，外氣溫度 = 20℃，溼度 = 0.012，擬用 110℃ 的熱風以輸帶穿流乾燥器乾燥含水率 32%（D.B.）至 0.5%（D.B.），每個月（25 工作天 ×24 hrs/day）的乾燥品產量為 160 噸／月。穿流流速採用 1 [m/s]，輸帶上顆

粒層厚度 = 40 mm，乾燥試驗結果如下：

含水率 %(D.B.)w	$82 \sim 40$	35	30	25	20	15	10
乾燥速率 [kg/kg-d.s.・hr]	2.22	2.10	1.91	1.74	1.44	1.26	1.08

w	8	6	4	2	1	0.5
$\left(\dfrac{dw}{dt}\right)_{\exp}$	0.84	0.72	0.62	0.36	0.24	0.036

利用此數據知熱容量係數爲 10,300 [kal/hr・℃・m³ 材料層]，可用的熱源有 Gauge Pressure 7.0 kg/cm² 的飽和水蒸氣。

〔解〕

選採 110℃爲進口穿流熱風的溫度，穿流流速設定 1 [m/s]，層厚採用 40 [mm]。先假定乾燥時間 = 41 [min]，輸料帶寬 = 2.24 [m]，則乾燥器全長 L 該爲

$$L = \frac{(\frac{160,000}{25 \times 24})(1+0.82)(\frac{41}{60})}{(0.04)(2.24)(850)} = 4.35 \, [\text{m}]$$

熱風循環採取逆向流的方式如圖 Ex9-2-1 所示，各區分長度約 1.45 [m]，第一區分的熱風循環量是

$$(2.24)(1.45)(1)(3,600) = 11,600 \, [\text{m}^3/\text{hr}]$$

由於進口熱風溼度採用平均 0.023 則 $[G_0]$ 爲

$$[G_0] = 11,600/1.13 = 10,300 \, [\text{kg-d.a./hr}]$$

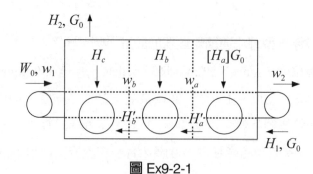

圖 Ex9-2-1

從式（9.2-5）排氣溼度 $H_2 = 0.048$ 則

$$G_0(0.048 - 0.012) = (265)(0.82 - 0.005)$$

解之，得

$$G_0 = 6,000 \text{ [kg-d.a./hr]}$$

再就式（9.2-10）、（9.2-11）、（9.2-12）取各區分的質量收支得〔＊注意採逆向流導致有些正負號有變化〕

$$(265)(w_a - 0.005) = (10,300)(H_a' - H_a) = (6,000)(H_a' - 0.012) \quad （78A）$$

$$(265)(w_b - w_a) = (10,300)(H_a' - H_b) = (6,000)(H_b' - H_a') \quad （79B）$$

$$(265)(0.82 - w_b) = (10,300)(0.048 - H_c) = (6,000)(0.048 - H_b') \quad （80C）$$

開始錯試演算，首先 $w_a = 0.07$，假定則從式 (A) 得 $H_a' = 0.0149$；就此再假設 $w_b = 0.37$ 而從式 (B) 得 $H_b' = 0.0281$，另從式 (C) 得 $H_b' = 0.0282$，此兩結果幾乎一致，由此得 $w_a = 0.07$，$w_b = 0.37$；而各區分的熱風溼度為 $H_a = 0.0132$，$H_b = 0.021$，$H_c = 0.0375$，由此於各區分的乾燥條件是：

第 1 區分：$T = 110℃$；$H_a = 0.0132$；$v = 1$ [m/s]

第 2 區分：$T = 110℃$；$H_b = 0.021$；$v = 1$ [m/s]

第 3 區分：$T = 110℃$；$H_c = 0.0375$；$v = 1$ [m/s]

下來利用式（9.2-2）及式（9.2-3）計算此乾燥系的恆率乾燥速率，

第一區分

$$N_t = \frac{(10300)(2.24)(1.45)(0.04)}{(10300)(0.246)} = 0.525$$

$$q_m = \frac{(2,24)(1.45)(0.04)(850)}{1 + 0.82} = 61 \text{ [kg]}$$

當 $T = 110℃$，$H_a = 0.021$ 時，$T_w = 38℃$，$\lambda_w = 574.5$ [kcal/kg]，故：

$$\left(\frac{dw}{dt}\right)_c = \frac{(10,300)(2.24)(1.45)(0.04)}{(61)(574.5)} \cdot \frac{(1 - e^{-0.525})(110 - 38)}{0.525} = 2.16 \ [kg - H_2O / kg - d.s.]$$

對第二區分

$$N_t = \frac{(10300)(2.24)(1.45)(0.04)}{(10300)(0.249)} = 0.523$$

當 $T = 110℃$，$H_a = 0.021$ 時，$Tw = 38.5℃$，$\lambda_w = 574.3$ [kcal/kg]，故：

$$(\frac{dw}{dt})_c = \frac{(10,300)(2.24)(1.45)(0.04)}{(61)(574.3)} \cdot \frac{(1-e^{-0.523})(110-38.5)}{0.523} = 2.15 \ [kg-H_2O/kg-d.s.]$$

對第三區分

$$N_t = \frac{(10300)(2.24)(1.45)(0.04)}{(10300)(0.256)} = 0.508$$

當 $T = 110℃$，$H_a = 0.021$ 時，$Tw = 46℃$，$\lambda_w = 571$ [kcal/kg]，故：

$$(\frac{dw}{dt})_c = \frac{(10,300)(2.24)(1.45)(0.04)}{(61)(571)} \cdot \frac{(1-e^{-0.508})(110-38.5)}{0.508} = 1.97 \ [kg-H_2O/kg-d.s.]$$

在此用式（9.2-4）計算得如下表的結果。

$w(\%)$	$\left(\dfrac{dw}{dt}\right)_{exp}$	1 區分 $\left(\dfrac{dw}{dt}\right)_{d1}$ $=\left(\dfrac{dw}{dt}\right)_{exp}\times\dfrac{2.16}{2.22}$	2 區分 $\left(\dfrac{dw}{dt}\right)_{d2}$ $=\left(\dfrac{dw}{dt}\right)_{exp}\times\dfrac{2.15}{2.22}$	3 區分 $\left(\dfrac{dw}{dt}\right)_{d3}$ $=\left(\dfrac{dw}{dt}\right)_{exp}\times\dfrac{1.97}{2.22}$
82～40	2.22	2.16	2.15	1.97
35	2.1o	2.05	2.04	1.87
30	1.91	1.87	1.86	1.70
25	1.74	1.70	1.69	1.55
20	1.44	1.41	1.40	1.28
15	1.26	1.23	1.22	1.12
10	1.08	1.06	1.05	0.96
8	0.84	0.82	0.8l	0.75
6	0.72	0.71	0.70	0.64
4	0.62	0.61	0.60	0.55
2	0.36	0.35	0.35	0.32
1	0.24	0.233	0.234	0.214
0.5	0.036	0.0352	0.035	0.032

爲求各區分的乾燥時間，將對各區分做所得的（dw/dt）的倒數對 w 作圖積分得各區分的乾燥時間得

$$t_1 = \int_{w_2=0.05}^{w_a=0.07} (\frac{dt}{dw})dw = 13分30秒$$

$$t_2 = \int_{w_a=0.07}^{w_b=0.37} (\frac{dt}{dw})dw = 13分30秒$$

$$t_3 = \int_{w_b=0.37}^{w_1=0.82} (\frac{dt}{dw})dw = 13分48秒$$

可說 $t_1 = t_2 \doteqdot t_3$，也即首先所假定的 $w_a = 0.07$ 和 $w_b = 0.37$ 是可接受，故總乾燥時間是 $t_{total} = t_1 + t_2 + t_3 = 40$ 分 30 秒，與假定的 41 分大約一致。故所要的乾燥器寬度 = 2.24 [m]，長 = 4.35 [m]。

於此**逆向流**乾燥系，第 3 區分其含水率從 82% 降至 37%，於第 2 區分則從 37% 降至 7%，在第一區分從 7% 乾燥至所要的 0.5%。

在第 3 區分可認爲全在恆率乾燥階段，熱風輸進材料的熱能可視全用在預熱材料與表面水分的蒸發，也即這區分所需的熱量爲

$$(265)(0.2 + 0.82)(46 - 20) + (265)(0.82 - 0.37)(571) = 75,020 \text{ [kcal/hr]}$$

在第 3 區分再加熱循環空氣的熱量爲

$$(75,020)(10,300 - 6,000)/10,300 = 31,400 \text{ [kcal/hr]}$$

要把外氣加熱至 110℃所需熱量爲

$$(6,000)(0.245)(110 - 20) = 132,000 \text{ [kcal/hr]}$$

在第 2 區分，已進減率乾燥階段，材料品溫也將由 46℃漸升，假定其平均蒸發溫度是 68℃，則此區分用於加熱材料與水分的蒸發的熱量爲

$$(265)(0.37 - 0.07)\{558 + (1)(68 - 46)\} + (265)(0.2 + 0.005)(100 - 90) = 49,250 \text{ [kcal/hr]}$$

如於乾燥產品出口其品溫是 100℃，也再假定平均蒸發溫度庇 95℃，則此區分用於加熱材料與水分的蒸發的熱量爲

$$(265)(0.07 - 0.005)\{542.5 + (1)(95 - 90)\} + (265)(0.2 + 0.005)(100 - 90) = 9945[kcal/hr]$$

如認為第 2 區分和第 3 區分裡熱風 G_0 移動流出入熱量幾乎相等，則乾燥所需的總熱量為

$$75,020 + 49,250 + 9945 = 134,215[kcal/hr]$$

如粗估全系其他**熱損**為總量則 10%，即 13422[kcal/hr]，加上此值則乾燥**所需的實際總熱量**為

$$31,400 + 132,000 + 49250 + 9,945 + 13,422 = 236,710[kcal/hr]$$

故此乾燥系的**熱效率**是 57%

表 9-2 列示一些輸料帶型穿流乾燥器的運轉例供參考。

9.3 迴轉型連續式穿流乾燥裝置 (Toei B, p.77)

1. 種類

分為熱風端側吹進型及熱風側週吹進型。迴轉圓筒穿流乾燥裝置的一般特點有：

(1)因採用穿流通氣方式，熱輸送容量係數（在 300～1,500 kcal/hr · ℃ · m³）較回轉圓筒乾燥器大三倍以上，故乾燥器容器可小很多。

(2)由於採穿流乾燥，乾燥時間較短，且乾燥均勻度也較佳。

(3)材料不必使用搯片（lift blade）搬動，而可避免不少材料的破毀或粉化。

(4)材料移動是靠滾筒的滾動（kiln action）向前移動，故進導氣翼片磨損較小。

(5)滯留量可提高至 20～25% 而可省裝置的容積，且靠調節平均滯留時間乾燥至相當低含水率。

(6)運轉相當平穩，且容易管理。

2. 構造

(1) 熱風端側吹入型（圖 9-7、9-9）

如圖 9-7 和 9-9 所示附有如圖導氣翼片（louvre）的胴體內壁其前端自先端側

表9-2　輸料帶型穿流乾燥器的運轉例 (Toei m, p34)

材料種類		礦石碎粒	氧化鈦	T樹脂	有機藥品	碳酸鎂	穀類	有機顆粒	短纖維	撒用調味品
材料供料速率 [kg-製品/h]		5000	250	42	150	210	420	109		600
乾燥器尺寸	長度 [m]	17.7	9.0	19.2	8.1	14.6	6	6.5	10.6	13
	寬度 [m]	3.5	3.2	2.4	2.4	3.2	1.7	1.3	2.5	3.5
	高度 [m]	2.5	2.4	2.5	2.3	2.4	3	3.1	2.5	4
輸料帶尺寸	長度 [m]	14.5	5.6	16.2	5.6	11	5 (3段)	3.05	22.5	9
	寬度 [m]	2.2	2.2	1.5	1.5	2.2	0.7	1.05	1.5	2
材料層厚度 [cm]		10	4~5	3	3	4.5	5~6	2.5	6~7	30
填充負荷 [dry-kg/m²]		78.5	22.5	6.8	7.9	8.3	35.7	13.8	1~2.5	5~6
輸料帶種類		金屬鋼	金屬鋼	金屬鋼	金屬網	金屬網	金屬網	Nylon網	篩板	金屬網
供給方法		皮帶輸料帶	擠壓器	氣流輸送管	滑汁	擠壓器	自然落下	造粒器	貯槽排出	迴轉閥
粒子大小	徑 [mm]	—	6φ	—	1.5φ	6φ	球狀 3φ	球狀 16φ	30μφ	短片狀
	長度 [mm]	15~30 L	15~30 L		2~4 L	15~30 L			60 L	
材料含水率 [%]		18.0	82.0	150	64.5	166.5	35	11	40	22
產品含水率 [%]		2.0	0.005	0.01	0.001	0.01	16	0.2	6.5	3.1
蒸發速率 [kg/h]		800	204	62	97	410	75.6	14.7	40	110
空氣溫度 [°C]		150	130	80	70	150	60	60	約90	100
空氣濕度 [kg-水/kg-dryair]		0.08	0.044	0.03	—	—	0.039	—	0.04	0.04
乾燥時間 [h]		0.5	1	3	0.4	5/6	2/3	0.4	1/7~1/2	0.15~0.2
空氣速度 穿流截面積 [m/s]		0.8	1.0	1.1	1.1	1.0	1.2	1.7	0.2	0.8
送風機	能力 [m³/min]	500×4	250×3	170×9	180×3	250×6	120×2	159×2	130×6	350×3
	靜壓 [Pa]	750	1200	700	900	1200	1750	1000	600	750
	動力 [HP]	10×4	10×3	3×9	5×3	10×6	7.5×2	7.5×2	3×6	10×3
空氣加熱面積 [m²] (以翅管計算)		—	340	—	—	580	30			

以稍度傾斜延伸至出口端，被投入的溼料在風速較大的進口端儘量分散經預熱靠 Kiln action 轉動進入溫度較高之恆率乾燥階段，此時熱風通過導氣翼片間隙吹進移動過來的材料層下方，依穿流方式與材料接觸進行乾燥，材料在乾燥器的滯留時間可藉調整出口端裝有如圖 9-7(b) 所示的堰板和排出閘開口控制。

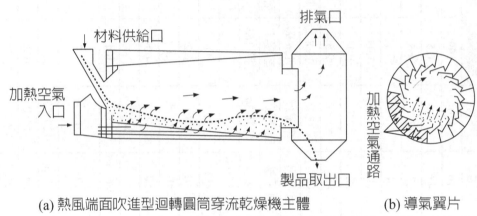

(a) 熱風端面吹進型迴轉圓筒穿流乾燥機主體　　　　(b) 導氣翼片

圖 9-7　熱風端面吹進型迴轉圓筒穿流乾燥機（一）

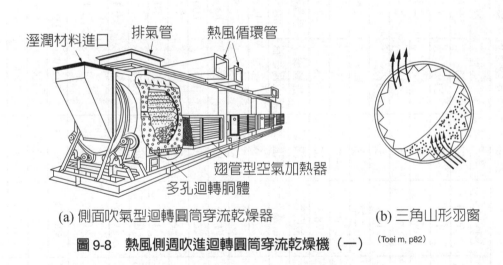

(a) 側面吹氣型迴轉圓筒穿流乾燥器　　　　(b) 三角山形羽窗

圖 9-8　熱風側週吹進迴轉圓筒穿流乾燥機（一） (Toei m, p82)

迴轉胴體由兩組齒輪帶動的外胎以水平支持迴轉，迴轉速率約在迴轉圓筒乾燥器的一半，週速在 10 m/min 程度。其所需空間也較迴轉圓筒乾燥器小。此型乾燥器構造導氣翼片構造較複雜，每批操作後清掃不易，導致衛生性較差是其缺點。

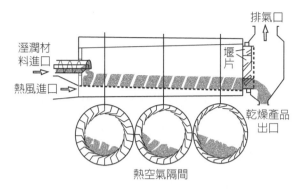

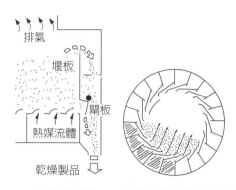

(a) 熱風側週吹進迴轉圓筒穿流乾燥機　　　(b) 出口堰板　(c) 導氣翼片的剖面圖

圖 9-9　熱風端面吹進型迴轉圓筒穿流乾燥機（二）

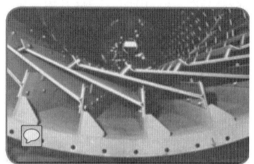

Pictured above: Louvres

圖 9-10　導氣翼片的構造

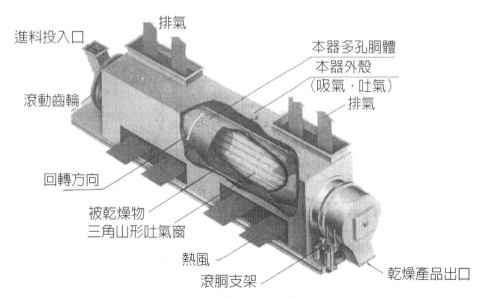

圖 9-11 熱風側週吹進迴轉圓筒穿流乾燥機（二）

(2) 熱風側面吹入型

由上述 (1) 節所介紹的熱風端面吹進型迴轉圓筒穿流乾燥機初看是頗理想的設計，實用時遭遇其導氣翼片構造相當複雜，每批操作後清掃不易，導致衛生性較差，維修也不易都是其缺點，熱風側面吹入型連續式穿流乾燥裝置，改用由外周有多孔胴體配合如圖 9-8(b) 所示的三角山形導氣翼片替代，進料投入前端後，靠從胴體多孔再經由三角山形導氣翼片也流有斜度的胴體的 Kiln action 移向出口，在移動過程熱風依穿流方式與材料接觸進行預熱、完成乾燥並至冷卻等操作。一般迴轉胴體在軸區分割如圖 9-8 和 9-11 所示成 3～4 個預熱、恆率乾燥、減率乾燥、冷卻等獨立箱型單位，可有獨自的熱風溫度、循環風量、排氣量、冷卻條件來完成所設定的乾燥操作。但也因此，這些各懷各種支持裝置就導致裝置容積增大的缺點。圖 9-12 則揭示外殼箱的進氣區和排氣區的止洩構造：

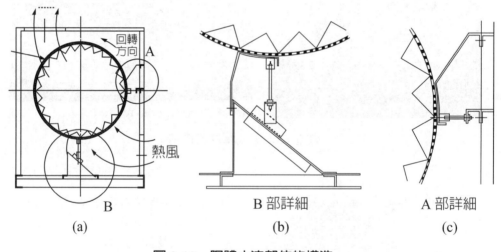

圖 9-12　胴體止洩部位的構造

3. 設計方法──容積法（一）^(Toei B, Ch.5)

此型迴轉型穿流乾燥裝置異於上節所介紹的輪帶型穿流乾燥裝置點在主滾筒的迴轉和傾斜所引起的材料顆粒的一邊被攪翻、混合，一邊向出口移動，故設計程序就 (1) 先計算熱輸送，和質量輸送估計裝置的大小和乾燥時間，再 (2) 設法調整內滾筒的傾斜度，出口端的堰高讓材料顆粒的平均滯留時間會等於乾燥時間。但實際上材料的移動機制甚受材料的物理形狀、裝置的構造的影響，不易有可靠的手法做定量的估計，因此，這裡將只就 (1) 項所提的如何估計裝置的容量，一般材料的滯留時間是可調整堰高來控制，但還是得注意滯留時間幅度太大。

以下介紹的設計方法有如下所列的假定：

(1) 熱風均一透過通風孔板吹進穿流區域

(2) 乾燥器裡的材料層高是一樣高

(3) 在預熱階段沒有水分蒸發

(4) 在恆率乾燥階段材料品溫是進口熱風的溼球溫度

依如上的假定下乾燥系內的空氣和材料的狀態如下圖所示

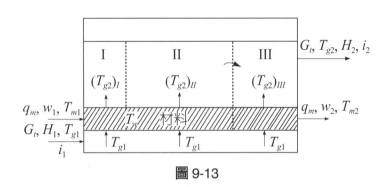

圖 9-13

(1) 進口熱風溫度的決定[Toei B, Ch.5]

進口熱風溫度的決定需依材料的可容溫度上限而定，在此裝置，熱風與材料一起是以同向流，但從熱風與材料接觸的角度來說它是直交流，材料層全體均一受熱風接觸，因此熱風溫度不可高於材料的可容溫度上限，但設定時應盡量採用可能的高溫以利乾燥。一般採用 70～250℃，但得注意裝置材質的耐溫上限。

(2) 熱風流量 G_t [kg/hr] 的決定

乾燥系所需的熱風流量得由全系的熱容量（enthalpy）和質量兩收支來決定。如材料品溫收 T_m（℃），被乾燥材料的比熱為 Cs [kcal/kg℃]，下標 1.2 分別代表進口處和出口處，則全系的熱容量（enthalpy）和質量兩收支可寫成：

$$G_t i_1 + q_m (C_s + w_1) T_{m1} = G_t i_2 + q_m (C_s + w_2) T_{m2} + q_l \qquad (9.3\text{-}1)$$

$$G_t (H_2 - H_1) = q_m (w_1 - w_2) \qquad (9.3\text{-}2)$$

i 是熱容量（enthalpy）[kcal/kg]

$$i_1 = 0.24T'_{g1} + (595 + 0.46T_{g1})H_1$$
$$i_2 = 0.24T'_{g2} + (595 + 0.46T_{g2})H_2 \qquad (9.3\text{-}3)$$

在式（9.3-1）、（9.3-2）和（9.3-3）中，q_m, w_1, w_2, C_s 該是既知之值，T_{m1}, T'_{g1}，H_1 是選了合適的空氣後可得知項。乾燥產品在排出口的溫度 T_{m2}，可能接近 T_{g1}，但宜推定稍低於 T_{g1} 值。出口處的熱風溫度 T_{g2} 雖可設定接近於進口熱風條件 的 T_{g1}, H_1 的隔熱下的飽和值，但實際上就設定熱風中的水分不凝結在排氣管以上 的溫度。q_l 是全系對外界的熱損，不易正確估計而以下式估算：

$$q_l = (0.10 - 0.15)G_t i_1 \qquad (9.3\text{-}4)$$

H_2 是可依式（9.3-2）

用 G_t 的函數表示，故將此代入式（9.3-3）得

$$i_2 = 0.24T_{g2} + \{H_1 + \frac{q_m(w_1 - w_2)}{G_t}\}(595 + 0.46T_{g2}) \qquad (9.3\text{-}5)$$

將式（9.3-3）、（9.3-4）和（9.3-5）及 q_m, w_1, w_2, C_s, T_{m1}, T_{m2}，代入式（9.3-1） 的熱容量收支式，可就 G_t 解而得其值。有此值可從進口熱風的熱容量扣除 q_l 得 T_{g1} 如下：

$$T_{g1} = T'_{g1} - \frac{q_l}{G_t c_H} \qquad (9.3\text{-}6)$$

(3) 乾燥器容積的估計[桐B]

首先得假定合適的所需乾燥時間，t（也即材料在乾燥器內的滯留時間），如**滯 留量** W_x，而已知供料量 q_m，則 W_x 為

$$W_x = tq_m \qquad (9.3\text{-}7)$$

如顆粒的嵩密度為 ρ_B（bulk density），則 W_x/ρ_B 將是顆粒材料所填充的容積， V_p，而此值對全乾燥器容積 V 之比稱為保存率（hold-up，以 X 表示）時，即 V 可 由下式估計：一般迴轉圓筒乾燥器 X 值大多介在 0.1～0.15，但此型乾燥器在 0.15～ 0.2。有了 V 值，就可算出乾燥器長 L 和內筒徑 D。決定內筒徑時應注意由底吹進

粒子層的風速不宜過強造成粒子的過度飛散。

(4) 恆率乾燥速率

乾燥器的長度 L，內筒徑 D，及滯留量決定後，該可以下式計算要穿流材料層的熱風流量 [kg/hr·m²]，

$$G = G_t/A_s \qquad (9.3\text{-}8)$$

上式中 A_s 是熱風可吹進內筒的面積 [m²]，如材料顆粒的代表徑是 d_p [m]，則穿流系熱風流動的 N_{Re} 是

$$N_{Re} = \frac{d_p G}{\mu_g} \qquad (9.3\text{-}9)$$

一旦知 N_{Re}，則可依式

$$haD_p = 0.476N_{Re}^{0.8}$$

計算 ha 值，並進一步求 ς_L 值，因

$$\varsigma_L = \frac{haVX}{GA_s C_{H1}} \qquad (9.3\text{-}10)$$

式中 X 是材料保存率 hold-up（fraction），將上式變形可得此系的恆率乾燥速率 [J_c] 如下式

$$\phi_c \equiv (-\frac{dw}{dt}) = \frac{G_0 C_H (T_1 - T_w)}{\rho_B \lambda_w L} \cdot (1 - e^{-\varsigma_L})$$

$$\phi_c = \frac{GA_s C_{H1}(T_1 - T_w)(1 - e^{-\varsigma_L})}{W_x \lambda_w} \qquad (9.3\text{-}11)$$

(5) 乾燥時間的決定

a. 恆率乾燥時間 t_{II}

$$t_{II} = \frac{w_1 - w_2}{\phi_c} \qquad (9.3\text{-}12)$$

b. 減率乾燥時間，t_{III}

假定減率乾燥速率 ϕ_d [J_d] 是與含水率成比例減小，則

$$\phi_d = -Kw \qquad (9.3\text{-}13)$$

則減率乾燥時間，t_{III} 可依下式計求：

$$t_{III} = \frac{w_c}{\phi_c} \ln \frac{w_c}{w_2} \qquad (9.3\text{-}14)$$

c. 預熱材料時間 t_I

如預熱材料所需的熱量為 q_I

$$q_I = q_m(c_s + w_1)(T_w - T_{m1}) \qquad (9.3\text{-}15)$$

如穿流通過預熱區的熱風量用 G_I 表示，而 $(T_{g2})_I$ 來表示在預熱區通過顆粒層的熱風的平均溫度，則

$$q_I = G_I(T - (T_{g2})_I C_{H1} \qquad (9.3\text{-}16)$$

$$G_I = G_t \frac{V_I}{V} \qquad (9.3\text{-}17)$$

但 V_I 是預熱區所需的容積 $[m^3]$，利用以上式子可算 q_I 值，故假定 V_I 值，再依式（9.3-17）求 G_I，再依（9.3-16）求 $(T_{g2})_I$，因在預熱過程品溫將從 T_{m1} 增高至 T_w，故採其平均值 $(T_{m1})_I = (T_{m1} + T_w)/2$ 再由 $(T_{g2})_I$ 和 $(T_{m2})_I$ 兩值求其對數平均

$$(\Delta T)_{lm} = \frac{T_{g1} - (T_{g2})_I}{\ln \dfrac{T_{g1} - (T_m)_I}{(T_{g2})_I - (T_m)_I}}$$

再由

$$q_I = haV_I(\Delta T)_{lm} \qquad (9.3\text{-}18)$$

計得 V_I，如所得 V_I 值與假定值一致就可採用，不然重複錯試計算。有了 V_I 則預熱階段的滯留時間 t_I 是

$$t_I = \frac{V_I \rho_B X}{q_m} \qquad (9.3\text{-}19)$$

而全程乾燥時間是

$$t_{total} = t_I + t_{II} + t_{III} \qquad (9.3\text{-}20)$$

比對最先所假定的乾燥時間是否一致，不然就得重複錯試計算。

【設計範例 9-3】 迴轉穿流乾燥器的概估設計 [Toei m, p84]

擬設計迴轉穿流乾燥器來乾燥每小時 5 噸含水率 22%（D.B.）至 2.0% 的平均粒徑 15mm 的塊狀材料，試估算其乾燥器容積、所需熱能、所需熱風風量及所需迴轉動力。但於進口的熱風溫度為 280℃，排氣口的熱風溫度為 100℃，乾燥產品品溫是 90℃，迴轉胴體的風速為 10 m/min。

〔解〕

1. **乾燥所需熱能**

   需去除的水分量 ΔW 是

   $$\Delta W = (5,000)(0.22 - 0.02) = 1,000 \,[\text{kg/hr}]$$

   如水的汽化熱 $\lambda_w = 565\,[\text{kcal/kg}]$，材料的比熱 $Cs = 0.25\,[\text{kcal/kg} \cdot \text{℃}]$，則
   乾燥所需熱能 $q_D = \{(1,000)(565) + (5,000)(90 - 20)\} = 670,000\,[\text{kcal/hr}]$

2. **所需風量與熱量**

   如裝置對外的熱損有 15%，則**所需風量** G 為

   $$G = \frac{670,000 \times 1.15}{(0.25)(280 - 100)} = 17,100\,[\text{kg/hr}]$$

   而所需熱量 q_t 為

   $$q_t = (17,100)(0.25)(280 - 20) = 1,110,000\,[\text{kcal/hr}]$$

3. **所需乾燥器容積**

   如乾燥過程材料平均品溫假設為 60℃，取其對熱風的對數平均溫度差為

   $$(\Delta T)_{lm} = \frac{(280 - 60) - (100 - 60)}{\ln \dfrac{280 - 60}{100 - 60}} = 106\,[\text{℃}]$$

   從概估表選取熱輸送容量係數 $ha = 500\,[\text{kcal/} \cdot \text{℃} \cdot \text{m}^3]$ 則

$$V = \frac{670,000}{(500)(106)} = 12.6 \,[\text{m}^3]$$

如選熱風的穿流流速 = 1 m/s，而在 280℃，$H = 0.025$ 時比容爲 1.62 [m³/kg]
則熱風的容積流量爲

$$(17,100)(1.62) = 27,700 \,[\text{m}^3/\text{hr}]$$

也即穿流所需的吹進筒壁面積爲

$$A = \frac{27,700}{(3,600)(1)} = 7.7 \,[\text{m}^2]$$

如穿流所需的吹進筒壁面積占 1/4 的內筒外側，

$$(\pi / 4)DL = 7.7$$

如採用內筒外徑 = 1.6 [m]，則 L ≒ 6.2 [m]

考慮兩端投入及排出的干擾，各加長 0.75 m 則乾燥器全長度就成 $L = 7.7$ m

4. 所需迴轉動力

依經驗公式迴轉動力 $P = 0.8DL$ [kW]

$$P = (0.8)(1.6)(7.7) = 9.86 \,[\text{kW}]$$

表 9-3 列示一些迴轉型穿流滾筒乾燥裝置的運轉例供參考。

表 9-3　迴轉型穿流滾筒乾燥裝置的運轉例 (Toei m, p.86)

	塑膠碎粒	焦碳	壓扁大豆	顆粒砂糖	寵物飼料	加料小麥	火柴棒	高分子凝聚劑
處理量（kg/hr）	1,200	7,000	450	5,000	2,000（製品）	1,000（製品）	300（製品）	220（製品）
乾燥前含水率（% D. B.）	0.5	22	12	1.7	31.6	66.7	122	270
乾燥後含水率（% D. B.）	0.02	2.5	2.5	0.05	7.5	22	5.3	12.4
材料粒徑（mm）	4 立方	10	—	0.38	5	破碎粒	2×50	膠狀破碎物
材料的表比重（一）	0.6	0.5	—	0.8	0.7	0.7	0.4	0.7
熱風溫度（℃）	170	280	60	100	150	120	120	100～120
乾燥時間（min）	120	20	20	6	10	33	18	70 + 300

	塑膠碎粒	焦碳	壓扁大豆	顆粒砂糖	寵物飼料	加料小麥	火柴棒	高分子凝聚劑
裝置尺寸								
直徑（mm）	2,100	2,600	1,500	1,700	960	960	960	960
長度（mm）	8,000	8,000	4,000	4,000	12,000	9,000	9,000	1,200
滾筒迴轉速度（rpm）	1.67	0.8～3.2	1.1～4.4	1.2～4.8	1.2～4.8	1.2～4.8	1.2～4.8	1.2～4.8
驅動電動機（kW）	11	11	11	3.7	1.5	1.5	1.5	3.7
堰片形式	一般型	一般型	一般型	一般型	三角山型	三角山型	三角山型	三角山型

4. 連續式穿流乾燥操作設計方法（二）——長度法 [*（Kunii, II, p.404）]

　　如圖 9-14 所示的連續式穿流乾燥系可視為如圖 8.11 所示的同向流乾燥系，則視同 8.3.1 節的隔熱同向流連續操作，並可藉用圖 3-10 及 3-11 兩乾燥曲線時，全

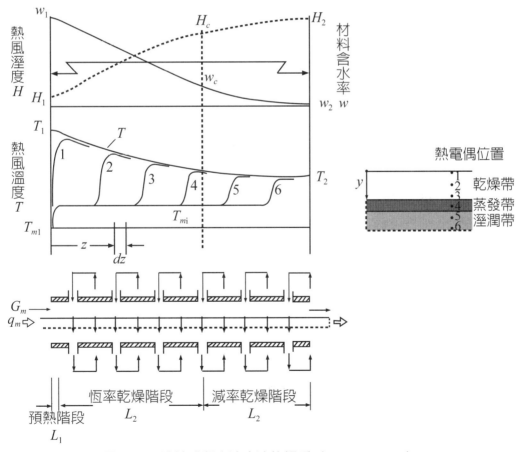

圖 9-14　連續式順向流穿流乾燥系（Kunii, II, Ch.8）

系的熱能收支可用（8.2.3-1），也即

$$G_m \overline{C}_H (T_1 - T_2) = q_m \{C_m + w_2 C_w + (W_b / q_m)C_b\}(T_{m2} - T_0) + q_m(w_1 - w_2)\lambda^* + Q_l \quad （9.3-21）$$

此時該系的 G_m 可從上求得。

如溼潤材料中溼潤帶的溫度 T_{mi} 可視同對應於溫度 T_1，溼度 H_1 的溼球溫度 T_{wc}，而預熱階段的長度 L_1 和熱風溫度可從下式求得。

$$G_m C_{H1}(T_1 - T_2)\eta_a = bL_1 h^*(T_1 - T_{wc}) = q_m\{C_m + C_w w_1 + (W_b / q_m)C_b\}(T_{wc} - T_0) （9.3-22）$$

上式中 h^* 不是一般所指的熱傳係數而是 T_1 時的乾燥速度乘上 $\lambda^* / (T_1 - T_{m1})$ 的值，而

$$\eta_a = 1 - \frac{Q_l}{G_m \overline{C}_H (T_1 - T_2)} \quad （9.3-23）$$

於恆率乾燥階段，如圖 9-11 右圖中的乾燥帶的溫度已受熱升高，故此段的熱能收支得改收下式取代式（8.2.3-9）

$$-G_m \overline{C}_H dT_G \eta_a = \lambda_w (bdz)J_c + (bdz)C_m \rho_m (1-\varepsilon)\frac{dy}{dt}(T - T_{mw}) \quad （9.3-24）$$

$$bJ_c dz = -q_m dw = G_m dH \quad （9.3-25）$$

上式中 $(\frac{dy}{dt})$ 是如圖 9-11 右圖隨著乾燥進行已乾燥帶往下推深的速率，在恆率乾燥階段，它會隨 $(T - T_{mc})$ 差大小成比例變化之值。

於圖 8.17 所示的乾燥系會從恆率乾燥轉變為減率乾燥的時刻該是蒸發帶達到底時，舉例如下圖 9-12 有不同厚度層的溫度變化曲線就可依此推估蒸發帶的厚度 δ，亦即

$$\frac{w_2}{w_1} = \frac{\delta}{l} \quad （9.3-26）$$

上式中 l 是溼潤材料層的厚度。如假定於恆率乾燥階段乾燥帶擴張的進行速率等於溼潤材料層的減小速率，則

$$J_C = \rho_m (1-\varepsilon)w_1(\frac{dy}{dt}) \quad （9.3-27）$$

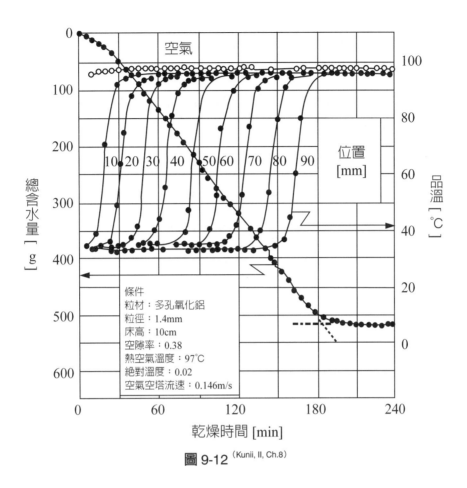

圖 9-12 (Kunii, II, Ch.8)

將式（9.3-27）代入（8.2.6.-3）並整理後可得

$$-G_m\overline{C}_H dT\eta_a = (bdz)J_C\{\lambda_w + \frac{C_m(T-T_{mc})}{w_1}\}$$ （9.3-28）

如溼潤材料含水率 w_1 很大，導致 $\lambda_w \gg \frac{C_m(T_G - T_{mc})}{w_1}$ 時，可利用熱風平行流乾燥操作時所得的諸式來估算 L_2，

$$\frac{T - T_{m1}}{T_1' - T_{m1}} = \exp[-\frac{bh}{G_m\overline{C}_H\eta_a}(z - L_1)]$$ （9.3-29）

$$G_m\overline{C}_H\eta_a(T_1' - T) = \lambda_w q_m(w_1 - w) = \lambda_w G_m(H - H_1)$$ （9.3-30）

$$L_2\cdot = \frac{G_m\overline{C}_H\eta_a}{b\lambda_w\cdot}\int_{T_2}^{T_1'}\frac{dT}{J_C}$$ （9.3-31）

不然，即可用下式以圖積分估算 L_2，

$$L_2 = \frac{G_m \overline{C}_H \eta_a}{b\lambda_w} \int_{T_{G2}}^{T'_{G1}} (\frac{1}{J_C}) \frac{dT_G}{1+\dfrac{C_m(T_G - T_{mc})}{w_1 \lambda_w}} \qquad (9.3\text{-}32)$$

於減率乾燥階段，就得如前節（熱風平行流乾燥）一般，得導入代表眞用於水分蒸發的比率的 η_w，再假設此值在減率乾燥階段可視爲一定，就可同熱風對流乾燥一使用式（8.3.3-15）和式（8.3.3-16）來估算 L_3。

$$G_m \overline{C}_H (T_c - T)\eta_a \eta_w = (\lambda_w q_m)(w_c - w) = \lambda_w G_m (H - H_c) \qquad (9.3\text{-}33)$$

$$L_3 = \frac{G_m \overline{C}_H \eta_a \eta_w}{b\lambda_w} \int_{T_{G2}}^{T_{Gc}} \frac{dT}{J_d} \qquad (9.3\text{-}34)$$

但如於減率乾燥階段，從熱風注入溼潤材料的熱能中，用於蒸發水分的比數用下式時

$$\eta_w = \frac{\text{在全減率乾燥階段使用在蒸發水分的熱能量}}{\text{在全減率乾燥階段注入於被乾燥材料的熱能量}}$$

估算 η_w 時，需注意輸進被乾燥材料的熱能中用於提升無水材料溫度的熱能只能計用於厚度 δ 的量。

於穿流乾燥，熱風要穿流溼潤固粒層得克服一些不小的阻力，系統裡稍有易洩漏氣流之缺陷就難期待讓熱風均勻穿流溼潤固粒層而減低了乾燥能力。

9.4 穿流型傳導熱傳攪拌乾燥器

如於圖 9-13 所示的溝槽型攪拌乾燥器槽底改成可通氣的多孔板，從槽低通氣時，當 u/u_{mf} 值大於 0.5，可使攪拌扭力降到不通氣時的 20%，原靜滯或被壓至槽壁部分的固粒都消失，而懸浮在半流體化的粒子床裡（如圖 9-13(b) 所示），就如圖 9-14 之例所示就急減，而讓我們可利用這改善，既可降低攪拌粉粒體床所需的動力，更可加速從加熱管圈所應熱量的迅速擴散提升乾燥能力外，攪拌扭力的減小，尚可降低壓擠材料的環境，來乾燥較軟微細粉避免微粉絮聚成顆粒前乾燥好，就有助於後段操作的處理（handling）。它雖不屬於**迴轉型連續式穿流乾燥裝置**，但不少機制與功能相似，就另闢一節來介紹攪拌型傳導熱傳穿流乾燥器。

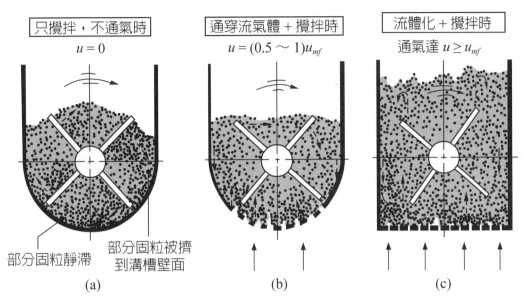

只攪拌，不通氣時
$u = 0$

通穿流氣體 + 攪拌時
$u = (0.5 \sim 1)u_{mf}$

流體化 + 攪拌時
通氣達 $u \geq u_{mf}$

部分固粒靜滯

部分固粒被擠
到溝槽壁面

(a)　　　　　　　(b)　　　　　　　(c)

圖 9-13　穿流型攪拌乾燥器固粒的舉動

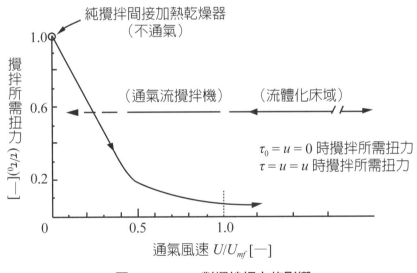

純攪拌間接加熱乾燥器
（不通氣）

1.00

攪拌所需扭力

（通氣流攪拌機）　　（流體化床域）

0.6

$\tau_0 = u = 0$ 時攪拌所需扭力
$\tau = u = u$ 時攪拌所需扭力

0.2

$[(\tau/\tau_0)]$ [—]

0　　　　0.5　　　　1.0

通氣風速 U/U_{mf} [—]

圖 9-14　u/u_{mf} 對攪拌扭力的影響

9.4.1 裝置概介

　　如圖 9-14 示意圖所示攪拌型傳導熱傳穿流乾燥器，在攪拌乾燥器槽底加裝可通氣的底盤供懸浮。分散投進來材料，並乾燥所需的部分熱空氣，也藉通氣降低攪拌粉粒體床所需功率外，靠攪拌器和 Kiln action 把乾燥過程的固粒材料推向出口

端。因穿流氣體量只及流體化床的 5～20%，就足夠把乾燥蒸發的蒸氣帶往系外，
而能降低從排氣除塵的負荷。又因通了氣，就是粉粒保存量高至 100% 尚可容易攪
拌混合，可省所需裝置容積至 1/2 外，就是槽壁與迴轉熱傳面間隙稍大也不會有材
料停滯在此間隙的困擾，乾燥終了時粗粒也可藉稍增通氣量完全排出器外。圖 9-15
則是穿流型傳導熱傳攪拌乾燥系流程之例。

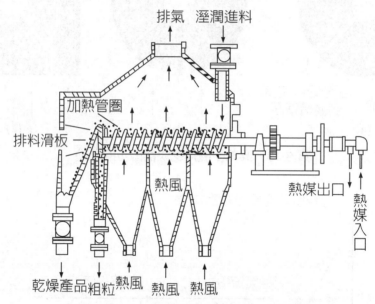

圖 9-15(a)　穿流型傳導熱傳攪拌乾燥器

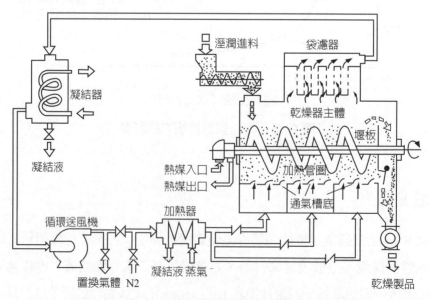

圖 9-15(b)　穿流型傳導熱傳攪拌乾燥系流程

9.4.2 穿流型傳導熱傳攪拌乾燥器特點

優點

1. 因主要熱能來自傳導熱傳，熱效力高，所需通氣量低，操作費低。

2. 排氣量小，又含塵低，只要小除塵裝置就可。

3. 系統構造單純，所需功率、設備費都低。

4. 操作容易管控，操作終了時可完全排出材料。

5. 靠單機就可乾燥至低含水率。

6. 很少有乾燥不均的現象。

7. 產品溫度可比不通氣的攪拌乾燥器低 5～10℃也即可用於低軟化點材料的乾燥。

9.4.3 性能的比較

1. **設備費**：與同處理量的攪拌乾燥器，流體化床乾燥器大小是差不多，但所需通氣熱風量只要流體化床乾燥器的 1/5～1/6，故在鼓風機、集塵設備等設備可省不少費用。

2. **操作費**：此器的排氣量及凝結蒸發液體所帶走的熱容量只及同大小的流體化床乾燥器的 30%，所需蒸氣量則 2/3 就夠。從一日處理進料一噸的公用費一年可省日圓 10,000,000 圓。

3. **攪拌扭力**：

於攪拌型的乾燥器裡攪拌的功能在促進傳熱面與固粒材料的熱傳及乾燥作的均勻。在穿流型傳導熱傳攪拌乾燥器裡，由槽底送進的熱風幫了固粒懸浮，同時也降低了攪拌所需的扭力，表 9-4、圖 9-16、17 是大橋以試驗器就流動性較佳的粟米、流動性較差的麥芽糖結晶，及低軟化性樹脂以實驗探討迴轉速度、材料的含水率，和通氣量對攪拌扭力之關係的結果。由於固粒溼時難求得可供基準的 u_{mf}，故圖 9-17 所用橫座標的的 u_{mf} 值仍沿用以乾粉所測得的數據。在材料溼度差 20%（W.B.）時，攪拌所需扭力為乾材料時的 2～3 倍，而 u_0/u_{mf} 小時，轉速愈高，扭力愈小，隨 u_0/u_{mf} 增大，攪拌轉速對扭力大小的影響就愈小。攪拌溼材料所需的扭力變化較像流動性差的麥芽糖的情形，其受通氣量影響而產生扭力低減效果頗顯著。

符號	材料	粒徑 μm	嵩比重 kg/m^3	u_{mf} m/S
ⓐ	粟	1500 ～ 1700	800	0.43（實測值）
ⓑ	麥芽糖	840 ～ 1700	490	0.37（實測值）
ⓒ	麥芽糖	300 ～ 840	490	0.11（實測值）
ⓓ	樹脂	AV. 250	550	0.02（計算值）

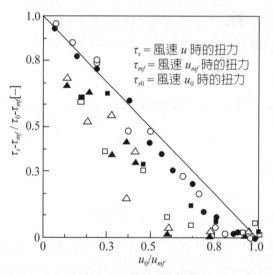

圖 9-16　粉粒乾時穿流風速對攪拌扭力的影響

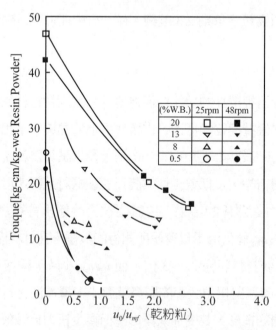

圖 9-17　溼粉粒時穿流風速對攪拌扭力的影響

9.4.4 適應材料

穿流型傳導熱傳攪拌乾燥器可用於批式操作來乾燥高含水率濾餅，黏稠性泥也可連續操作方式乾燥低軟化點樹脂，需滯留時間均勻的材料，或藉適當的穿流風速下乾燥性較軟的顆粒材料。表 9-4 列示一些穿流型傳導熱傳攪拌乾燥器的運轉例，而圖 9-18 則提供此乾燥器的價格供參考。

表 9-4 穿流型傳導熱傳攪拌乾燥器的運轉例

	食品添加物	煤碳	無機系新素材	無機系新素材
供料量 [kg-D.S./h]	200(D.S)	3,000	330(D.S)	740(D.S)
進料含水率 [% D.B.]	25	14.5	100	100
產品含水率 [% D.B.]	0.3	3.0	0.1	0.1
平均粒徑 [m/m]	0.75	0.8	濾餅狀	濾餅狀
嵩比重 [kg/m³]	700	700	1,500	1,500
熱媒溫度 [℃]	143	200	179	179
乾燥時間 [min]	130	14	200	200
熱傳面積 [m²]	9.8	10	17.8	114
迴轉數 [r.p.m]	2～8	3～30	2～9	1.1～4.6
乾燥尺寸				
寬 [m]	0.7	0.75	0.95	1.75
長度 [m]	0.8	0.85	1.05	……
高度 [m]	2	2.4	2.4	5.4
管圈直徑 [m]	0.6	0.6	0.8	1.5

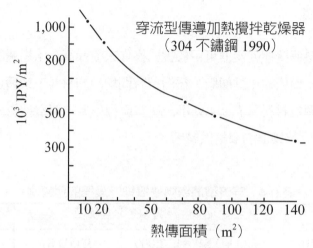

圖 9-18 傳導加熱攪拌乾燥器價格

9.5 連續式豎型移動床穿流（十字流）乾燥器[Toei, m, p.40]

1. 種類

(1)從床中設置的導氣翼片吹進熱風型。

(2)從側面羽板閘片吹進熱風型。

(3)移動層穿流乾燥器的特點。

(4)操作多屬連續，適於大量可自由流動顆粒材料的乾燥。

(5)構造簡單操作容易，進料多半從頂部投入，靠自重往下移動，產品經由下端的定量排出器排出，少需人工操作。

(6)所需動力低，穿流熱風壓降在 10～100 [mm 水柱]，且器內少有可動部分。

(7)所需安裝床面積小。

(8)可自由調整顆粒材料的滯留時間。

(9)適用對象：以 2mm 以上不黏筒或絮聚顆粒的大量乾燥，如稻穀聚酯需長乾燥時間的物料，焦碳、煤的乾燥。

【設計範例 9-4】概估豎型移動層穿流乾燥器[Toei m, p44]

擬設計供乾燥 5,000 [kg-d.s./hr] 的平均粒徑 5 mm 的顆粒材料，從含水率 20%（D.B.）至 10%（D.B.），材料 $\rho_B = 800$ [kg-d.s./m³]，可用的熱風是 80℃，$H = 0.01$ [kg/kg-d.a.]，無水材料比熱是 0.3 [kcal/kg·℃]，擬採用的穿流流速為 0.5 [m/s]。乾燥試驗在一層厚 300 mm 的顆粒層進行，乾燥至 10% 含水率費了 72 分鐘。此間平均品溫為 40℃，產品品溫為 63℃。

〔解〕

首先估計穿流熱風吹進面積，依乾燥試驗結果所需材料滯留時間 $t = 1.2$ [hr]，顆粒層厚 $L = 0.3$ [m]，故滯留材料容積

$$V = q_m t / \rho_B = (5,000) \times (1.2)/(800) = 7.5 \text{ [m}^3\text{]}$$

故所需穿流熱風吹進面積為

$$A = V / L = 7.5 / 0.3 = 25 \text{ [m}^2\text{]}$$

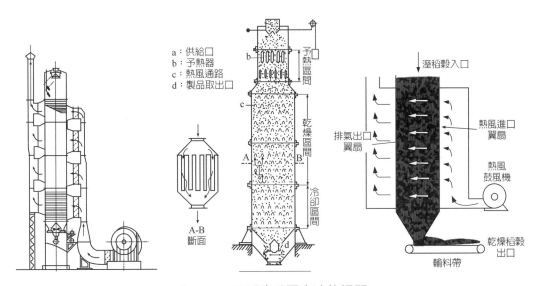

a：供給口
b：予熱器
c：熱風通路
d：製品取出口

予熱區間
乾燥區間
冷卻區間

A-B 斷面

溼稻穀入口
排氣出口翼扇
熱風進口翼扇
熱風鼓風機
乾燥稻穀出口
輸料帶

圖 9-19 豎型移動層穿流乾燥器

據此，所要的乾燥器尺寸大約如下圖所示。在下端有排出斜口，可能減少有效容積，就把層厚增加為 0.35 [m]。

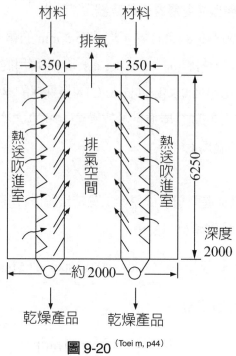

材料　　　材料

排氣

|← 350 →|　|← 350 →|

熱送吹進室　排氣空間　熱送吹進室

6250

深度 2000

←―約 2000―→

乾燥產品　　乾燥產品

圖 9-20 (Toei m, p44)

以此尺寸，所需全熱風容積流量為

$$0.5 \times 25 \times 60 = 750 \ [\text{m}^3/\text{min.}]$$

再就所探討的乾燥系取熱量收支，但所需熱風量 $= G_0$，排氣平均溼度 $= H_2$，熱風溼比熱 $= C_H$，0℃時的水汽化熱 $=597$ [kcal/kg]，則

熱風帶進的熱量 $= G_0(C_{H1}T_1 + \lambda_0 H_1) = G_0(0.24 \times 80 + 597 \times 0.01) = 25.6 G_0$

材料帶進的熱量 $= q_m(C_s T_1 + w_1)T_{m1} = (5000)(0.3 + 0.2)(10) = 25,000$

排氣帶走的熱量 $= G_0(C_{H2}T_2 + \lambda_0 H_2) = G_0(0.24 \times 40 + 597 \times H_2) = 9.6 G_0 + 597 G_0 H_2$

故熱能收支式為

$$25.6 G_0 = 25,000 = 9.6 G_0 + 597 G_0 H_2 + 130,000 \tag{1}$$

而質量收支式為

$$
\begin{aligned}
&G_m(H_2 - H_1) = q_m(w_1 - w_2) \\
&G_m(II_2 - 0.01) - 5,000(0.2 - 0.1)
\end{aligned}
\tag{2}
$$

解上兩式的聯立方程式得

$$G_m = 40,200 \ [\text{kg/hr}]$$

$$H_2 = 0.022 \ [\text{kg} - \text{H}_2\text{O/kg.d.a.}]$$

由於 80℃的空氣比容 $v_{H1} = 1.01 \ [\text{m}^3/\text{kg} - \text{d.a.}]$，故所需熱風量為：40,200×1.01/ 60 = 677 $[\text{m}^3/\text{min}]$。

從熱收支所得熱風量為677 $[\text{m}^3/\text{min}]$，與從乾燥試驗結果推估的熱風量750 $[\text{m}^3/\text{min}]$ 有差異，可能從乾燥試驗結果推估熱風量時會包含約 10% 的對外界的熱損，故實際設計時應在 677 $[\text{m}^3/\text{min}]$ 加上約 10% 的對外界的熱損才合適。

表 9-5　移動層穿流乾燥器的運轉例（Morita）

材料	產品量 [kg/hr]	含水率 [%] 原料→產品	粒徑 [mm]	熱風溫度 [℃]	乾燥尺寸 寬 × 深度 × 高度 [m]	乾燥時間 [min]	送風量 [m²/min]	送風機動力 【IP】
焦碳	7800	11 → 0.7	15	205	2.8φ×11.0	48	700	75
玉米粒	25000	22 → 16.3	10	90	2.65×3.0×12.4	60	3500	150

📃 參考文獻

Geankopolis, C. J.; Transport Process and Unit Operations. Third Edition. Pretice-Hall, London, UK.(1993).

KuniiII；國井大藏；熱的單位操作 Vol, II，丸善，東京，日本（1968）。

Morita, M.；森田正實；通氣乾燥裝置 乾燥，化學工業社，東京，本（2,000）。

Takahashi 高橋敢一，Ch14，乾燥裝置；化學裝置ハンドブック（藤田重文等編），朝倉書店，東京，日本（1967）。

Toei B；桐榮良三：乾燥裝置 日刊工業社 東京，日本（1969）。

Toei-Kamei；桐榮良三；新版 化學機械の理論と計算 產業圖書，龜井三郎編，東京，日本（1975）。

Toei m；桐榮良三：乾燥裝置マニュアル 日刊工業社 東京，日本（1978）。

第十章　機械攪拌乾燥器

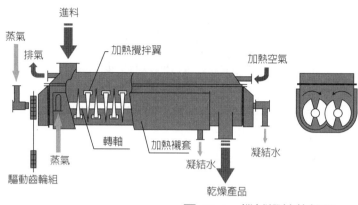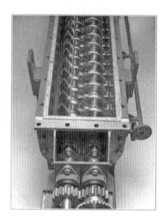

圖 10-1　機械攪拌乾燥器

在人類生活上或各種產業都會產生大量含固體物質的排水，就是經濃縮的汙泥，其含水率常高到 95%，再經脫水也常尚有 80% 水分，得依靠乾燥降低至 10% 以下才可燒乾它，始可做擇地掩埋處理。

一般汙泥不僅量大，且為高黏性而頗難處理的淫潤材料，多借重如下節要介紹的**圓筒型及溝槽型機械攪拌乾燥器**來乾燥。

10.1 圓筒型及溝槽型機械攪拌乾燥器

1. 種類[Toei, m, p.46]

 (1)熱風對流乾燥式

 (2)傳導熱傳乾燥式

  a. 低速攪拌型

  b. 高速攪拌型

2. 特點[Toei, m, p.46]

 (1)**熱風對流乾燥式**（如圖 10-1(a)，及 10-2）

  a. 由於採用高速攪拌翼（外周速 5～15 m/s），產生淫潤材料和熱風間擁有良好的接觸，可享有低臨界含水率，一般材料都降至 2～3%，且熱傳容量係數可達 300～1,000 [kcal/hr .℃ .m³]。

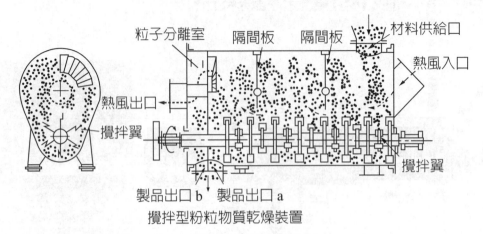

攪拌型粉粒物質乾燥裝置

圖 10-1(a) 熱風對流攪拌乾燥器[Toei, m, p.47]

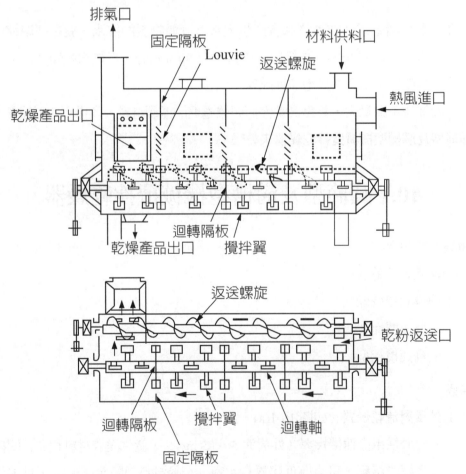

圖 10-2 具回饋輸料熱風對流攪拌乾燥器[Toei, m, p.47]

b. 乾燥器前半部的水分蒸發頗大,讓器內熱風溫度急降,故就是用高溫熱風也不致使品溫上升太高。

c. 乾燥時間不長(2～10 min),故器內材料的滯留量少。

d. 可處理塊狀材料,如進料水分高時,可適當設定條件下,可得造粒效果。

(2) 低速攪拌型傳導熱傳乾燥器[桐 m](如圖 10-3(a)～(d))

a. 由於攪拌翼本身也成為熱傳導面,所以此乾燥器單位容積擁有的熱傳面積就大,熱傳係數雖依溼潤材料的物性而異,但其數值在 70～300 [kcal/hr・℃・m²]。

b. 此類乾燥器攪拌翼外周速屬低速(0.1～1.5 m/s),但被乾燥材料可受一樣的攪拌作用,故乾燥效果相當均勻。

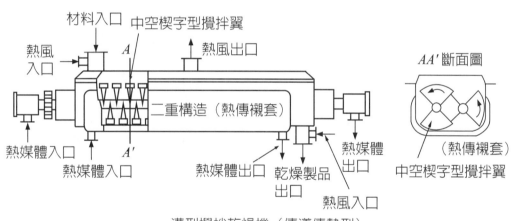

溝型攪拌乾燥機(傳導傳熱型)

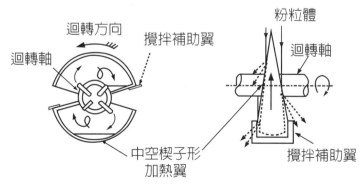

(a) 熱風對流乾燥式

圖 10-3 低速傳導熱傳攪拌乾燥器[Toei, m, p.48]

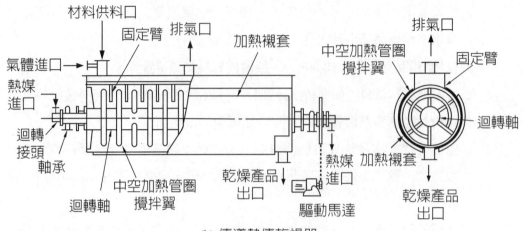

(b) 傳導熱傳乾燥器

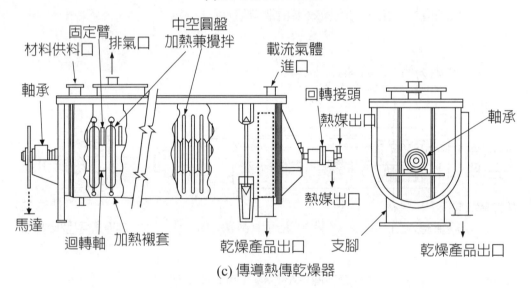

(c) 傳導熱傳乾燥器

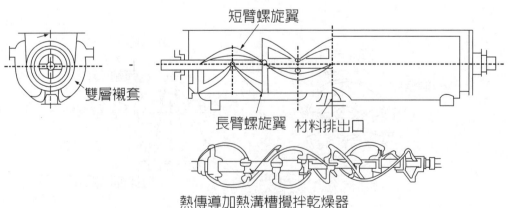

熱傳導加熱溝槽攪拌乾燥器

(d) 傳導熱傳乾燥器

圖 10-3　低速傳導熱傳攪拌乾燥器 [(Toei, m, p.48)]　（續）

c. 帶走蒸發的氣體量少，故少有材料微粉飛散，容易處理排氣問題。

d. 此類乾燥器可容納的保有率約為胴筒容積的 70～80% 之大，故雖屬小型，但可有頗長的滯留時間，且容易調節。

e. 由於攪拌翼外周速屬低速，攪拌翼的磨耗也極小。

f. 可在加壓或減壓（真空）條件下操作。

(3)高速攪拌型傳導熱傳乾燥器（如圖 10-4(a) 和 (b)）

a. 由於攪拌翼屬高外周速（5～15 m/s），故材料點襯套的熱傳面是高速度接觸，其熱傳係數可達 100～400 [kcal/hr · ℃ · m²]。

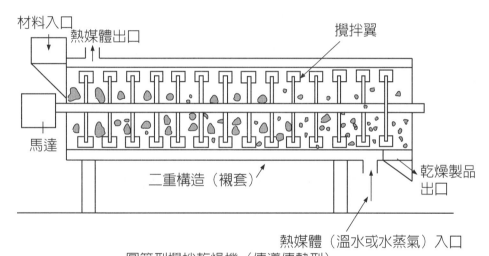

圓筒型攪拌乾燥機（傳導傳熱型）

(a) 傳導熱傳乾燥器[Nakamura-II, p.115]

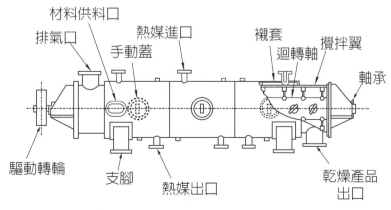

(b) 傳導熱傳乾燥器[Toei, m, p. 49]

圖 10-4　高速攪拌型傳導熱傳乾燥器

    b.帶走蒸發的氣體量少,故少有材料微粉飛散,容易處理排氣問題。

    c.此類乾燥器可容納的保有率小,其滯留時間在 1～5 min,但可改攪拌翼
    的方向或角度調節。

    d.可在加壓或減壓(真空)條件下操作。

3. 構造扼要與適用範圍[Toei, m, p.50~54]

(1) 熱風式

    由於攪拌翼採用高速外周速(5～15 m/s)來攪拌溼潤材料,除如焦碳等頗硬
的材料外,對供料材料的形態要求不高,可適用於如微粉碳、石膏、黏土、穀類、
合成樹脂粉都可適用。但對如砂糖,或藥品忌被碎粉化的材料,或如某些塑膠顆粒
得乾燥至極端低含水率的材料就不適用。

    如廢水汙泥供料時含水率高到 85% 以上時,就得考慮利用如圖 10-2 所示具有
回饋部分乾燥成品的構造的乾燥器。

    一般採用的熱風平均流速在 0.5～2 m/s,表 10-1 揭示此類乾燥器的使用例供
參考。

表 10-1　熱風對流熱傳式溝槽攪拌乾燥器運轉例[Toei, m, p.54]

項目 \ 材料名	下水汙泥	活性汙泥	石膏	黏土	黏土
處理量(kg/hr)	201	21	7,000	1,400	27,300
乾燥前水分(% D. B.)	355	495	23.5	43	33
乾燥後水分(% D. B.)	17.6	23.3	2.5	1.0	4.2
熱風溫度(℃)	600	350	650	800	650
驅動機動力(kW)	11	3.7	37	15	75×2
乾燥器尺寸 胴幅(mm)	1,200	400	2,450	1,600	3,400
乾燥器尺寸 胴高(mm)	2,000	900	3,100	2,400	4,200
乾燥器尺寸 胴長(mm)	3,600	2,500	6,600	5,200	8,300
備註	具回饋產品與進料混合乾燥產品呈 2～5 mm 的粒狀	具回饋產品與進料混合乾燥產品呈 2～5 mm 的粒狀			

【範例 10-1】熱風式溝槽型攪拌乾燥器的概估設計 [Toei, m, p.56]

擬設計熱風式溝槽型攪拌乾燥器來乾燥每小時 2.0 噸（乾量）含水率 25%（D.B.）平均粒徑 0.8 mm 的粉狀材料至含水率 2.0%（D.B.），已知條件有：熱風溫度 = 250℃，$H_1 = 0.025$，$T_{m1} = 20℃$，排氣在出口溫度 = 95℃，$H_2 = 0.081$，乾燥產品品溫 $T_{m2} = 80℃$，攪拌翼的外周速度 = 8 m/s，試概估所需熱量、所需熱風流量、乾燥器容積及大概尺寸。

〔解〕

1. 每小時乾燥所需熱量

要去除的水分量 ΔW

$$\Delta W = (2,000)(0.25 - 0.02) = 460 \, [kg/hr]$$

水的汽化熱 $\lambda_w = 566 \, [kcal/kg]$，如材料的比熱 $C_s = 0.3 \, [kcal/kg℃]$ 時，則乾燥所需熱量 Q_d 為

$$Q_d = \{(460)(566) + (2,000)(80 - 20)\} = 296,360 \, [kcal/hr]$$

2. 所需熱風流量和熱量

假設此乾燥系對外界的熱損是所需熱量的 7.0%，熱風的平均比熱為 0.25 [kcal/kg℃] 時，所需熱風流量 G_t 為

$$G_t = \frac{(296,360)(1.07)}{(0.25)(250 - 95)} = 8,180 \, [kg/hr]$$

而每小時**所需的熱量** Q_t 為

$$Q_t = (8,180)(0.25)(250 - 20) = 470,350 \, [kcal/hr]$$

3. 乾燥器所需容積及尺寸

如材料在乾燥過程的平均品溫是 65℃時，熱傳的對數平均溫差為

$$(\Delta T)_{lm} = \frac{(250 - 65) - (95 - 65)}{\ln \dfrac{250 - 65}{95 - 65}} = 85 \, [℃]$$

如採用熱傳容量係數 ha=400 [kcal/hr · m³ · ℃] 時，乾燥器所需容積 V 為

$$V = \frac{296,360}{(400)(85)} = 8.7 \,[\text{m}^3]$$

在熱風進口及排氣口的熱風量分別為

$(8,180)(1.55) = 12,680 \,[\text{m}^3/\text{hr}]$（250℃, $H_1 = 0.025$）

$(8,180)(1.2) = 9,820 \,[\text{m}^3/\text{hr}]$（95℃, $H_2 = 0.081$）

如設定器內熱風流速是 1.0 m/s，則截面積 A 為：

$$A = \frac{\dfrac{12,180 + 9,820}{2}}{(3,600)(1)} = 3.1 \,[\text{m}^2]$$

故所求乾燥器長度 L 是：

$$L = 8.7/3.1 = 2.8 \,[\text{m}]$$

(2) 低速攪拌型傳導熱傳乾燥器

如圖 10-3(a)～(d)、圖 10-4(a) 和 (b) 所示，此類攪拌型傳導熱傳乾燥器構造上相同的地方是都具有可加熱襯套裝的溝槽容器，裝有一支或複數支中空迴轉軸及攪拌翼，可流通熱媒以傳導熱傳方式加熱接觸的涇潤材料，被加熱的材料就一邊被加熱一邊被攪拌翼推入楔子翼與襯套中的空間往前移到出口，再跨越堰口排出。一般遞載氣體是從產品出口端導入，流過材料層的表面從另一端的排氣口排出，也因氣體量不大，氣體流通所需的截面也不大。

此類乾燥器適用的對象很多，表列示一些使用例供參考。

表 10-2　傳導熱傳式溝槽攪拌乾燥器（低轉速）運轉例 ^(Toei, m, p55)

項目＼材料名	碳酸鈣	可寧土	PP 粉末	醬油壓渣	煤炭粉末	氯化鉀	ADS 粉末
處理量（kg/hr）	1,000	4,000	6,300	1,670	670	360	1,500
乾燥前含水率（%D.B.）	11	31.6	有機溶劑 0.1	40.8	38.8	5.3	100
乾燥後含水率（%D.B.）	0.5	6.9	0.01	14.9	5.3	0.05	1.5

材料名\ 項目	碳酸鈣	可寧土	PP 粉末	醬油壓渣	煤炭粉末	氯化鉀	ADS粉末
材料平均粒徑（mm）	0.01	0.22	0.23	$3 \times 1.5t$ 長片狀	0.05	$0.18 \sim 0.84$	0.27
材料表密度（kg/m³）	480	880	450	370	740	760	340
熱媒種類	水蒸氣	水蒸氣	水蒸氣	水蒸氣	水蒸氣	水蒸氣	水蒸氣
熱媒溫度（℃）	164	164	120	161	170	178	115
乾燥時間（min）	27	33	20	16	120	45	120
熱傳面積（m²）	17.7	49	82.5	26.3	34.8	10.4	195
攪拌軸迴轉數（rpm）	30	18	18	20	27	16	9
驅動機動力（kW）	7.5	7.5×2	22×2	5.5×2	19	3.7	37
攪拌翼型式	中空楔子型	中空楔子型	中空楔子型	中空楔子型	中空圓板型	中空圓板型	中空圓板型
乾燥器尺寸　迴轉體直徑（mm）	500	600	800	400	1,210	660	2,130
胴幅（mm）	920	1,900	2,700	1,270	1,370	780	2,286
胴高（mm）	720	850	1,050	600	1,600	1,050	2,800
胴長（mm）	3,100	4,000	4,600	3,550	2,250	2,100	4,500

(3) 高速攪拌型傳導熱傳乾燥器

如圖 10-4(a) 和 (b) 所示，此類傳導熱傳乾燥器是由具有加熱襯套的圓筒，在中心部備有多數的攪拌翼的迴轉軸運轉將以高速迴轉，從供料端被投入的溼潤材料藉由攪拌翼迴轉時產生時離心分散在加熱襯套面接觸受熱進行乾燥往排出端移動，材料在器內滯留時間頗短只有 1～5 分鐘，大部分被應用在回收合成樹脂顆粒裡的溶劑的回收。表 10-3 揭示一些應用例。

表 10-3 傳導熱傳式溝槽攪拌乾燥器（高轉速）運轉例 [Toei, m, p.55]

項目＼材料名	PE 粉末	PP 粉末	安定劑	TPA	氫氧化鋅
處理量（kg/br）	3,500	2,950	80	5,000	1,200
乾燥前含水率（% D.B.）	11.0	66.6	5.2	38.8	670
乾燥後含水率（% D.B.）	0.1	0.1	0.8	0.1	45
蒸發去除成分	碳化氫	碳化氫	碳化氫	醋酸	水
熱媒種類	水蒸氣	水蒸氣	溫水	水蒸氣	水蒸氣
熱媒溫度（℃）	108	121～130	45	160	155
傳熱面積（m²）	21.8	26.0	7.9	40.3	18.5
遞載氣體	N_2	N_2	N_2	N_2	熱風
攪拌翼迴轉率（rpm）	220	200	235	145	270
驅動馬達動力（kW）	75	55	22	75	37
乾燥器 筒胴徑（mm）	1,060	1,210	610	1,370	910
筒胴長（mm）	6,600	7,800	4,200	9,600	6,600

【範例 10-2】低速攪拌型傳導熱傳乾燥器概估設計 [Toei, m, p.56]

擬設計低速攪拌型傳導熱傳乾燥器來乾燥每小時 800 kg（乾量）含水率 15%（D.B.）的平均粒徑 0.1 mm 的粉狀材料主含水率 0.5%（D.B.）試執行**概估設計**求所需熱量、熱傳面積、所需風量。但 $T_{m1} = 60℃$，$T_1 = 20℃$，$H_1 = 0.025$（D.B.）$T_{m2} = 110℃$，熱媒蒸氣溫度 = 143℃，攪拌翼外周速 = 0.4 m/s

〔解〕

1. 乾燥所需的熱量
   需去除的水分量

$$\Delta W = (800)(0.15 - 0.005) = 116 \,[\text{kg/hr}]$$

如水的汽化熱 $\lambda_w = 566 \,[\text{kcal/kg}]$，$C_s = 0.3 \,[\text{kcal/kg℃}]$ 時乾燥所需的熱量為

$$Q_d = \{(116)(566) + (800)(110 - 20)\} = 86,910 \,[\text{kcal/hr}]$$

2. 所需傳導加熱面積

如品溫在進口端 = 60 [℃]，出口端 = 110 [℃]，則熱傳的對數平均溫差為

$$(\Delta T)_{lm} = \frac{(143-60)-(143-110)}{\ln\dfrac{143-60}{143-110}} = 54 \; [℃]$$

如傳導加熱面與材料的表面熱傳係數 h_{av} = 130 [kcal/m^2 · hr · ℃]，則所需熱傳面積為

$$A_{Cond} = \frac{86,910}{(54)(130)} = 12.4 \; [\text{m}^2]$$

採用如圖 10-5 所示的乾燥器的直徑 = 0.4 的中空楔子形攪拌翼的設計 33 組（每組兩片）分成為兩轉軸安裝於寬 0.75 m，長 3.1 m 具加熱襯套似溝槽，則楔子形攪拌翼的熱傳面積可有 9.1 m^2，而襯套加熱面積有 3.7 m^2，共計 12.8m^2，如材料的表密度 =550 [kg/m^3]，則粉體材料在乾燥器內的平均滯留時間為

$$\bar{\tau} = \frac{0.65}{(800)/(550)} = 0.447 \; [\text{hr}] = 26.8 \; [\text{min}]$$

3. 所需風流量

此器只需帶走蒸發產生的水蒸氣用的遞載氣體，而排氣溫度的露點和溼度查知分別為 75℃，H_2=0.4，H_1=0.025，則所需風量

$$G_m = \frac{116}{(0.4-0.025)} = 310 \; [\text{kg d. a./hr}]$$

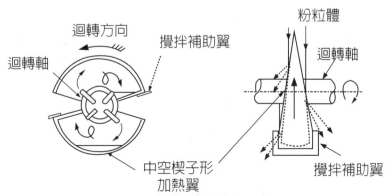

圖 10-5　楔子形攪拌翼[(Toei, m, p.48)]

10.2 機械攪拌式眞空乾燥器

1. 種類

凡乾燥器可密封且耐住外壓的構造都可使用爲眞空乾燥器，常依其如何攪拌分類，代表的有

(1)圓筒攪拌型圖（如圖 10-6）。

(2)雙重倒圓錐迴轉型（如圖 10-7）。

(3)倒圓錐型攪拌乾燥器（如圖 10-8）。

2. 特點

(1)可使用低溫得頗快速的乾燥，而合乎熱經濟要求。

(2)可使用低溫乾燥不耐熱的材料。

(3)可乾燥對忌有被空氣中的氧氧化或有發火危險的材料。

(4)可乾燥對含有溶劑或有毒氣體成分的材料。

(5)可乾燥到相當低含水率。

(6)由於需密封，裝置有軸封或供料和排出口就不易保持漏洩，或耐外壓的設計而不利於裝置的連續化或大型化。

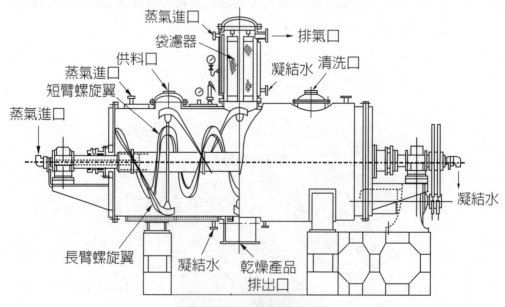

圖 10-6　圓筒攪拌式真空乾燥器 (Toei, m, p.59)

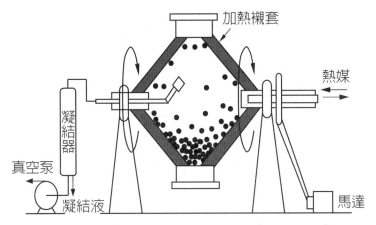

圖 10-7　雙圓錐攪拌式真空乾燥器^{（Nakamura-II, p.99)}

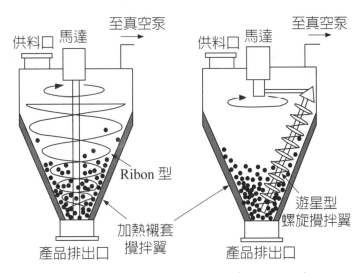

圖 10-8　倒圓錐型攪拌乾燥器^{（Nakamura-II, p.99)}

3. 構造簡介與適用範圍

(1) 圓筒攪拌型真空乾燥器

圖 10-6 揭示此型真空乾燥器構造概況，主體是圓筒就真空操作來說是最耐壓，且可擁有較大的熱傳面積，但就清掃及維修而言則是較不便，攪拌翼多採長短臂雙重螺旋攪拌翼（對批式操作時排出產品有利），此外也有錠型或加熱管排型，就乾燥材料的特性來選定。真空乾燥操作大多採用批式。一般操作時的填充率為下半部圓筒容積的 0.9～1.2 倍，攪拌翼的外周速度約介在 12～30 m/min，不超過 40 m/min。表 10-4 列示一些圓筒攪拌型真空乾燥器運轉例供參考。

表 10-4　**圓筒攪拌型真空乾燥器運轉例**[Toei, m, p.63]

	樹脂顏料	合成樹脂粉體	白土	無機藥品	有機藥品	有機藥品中間體	工業用洗劑
溼潤材料供料量（kg）	340	1,300	40	350	1,000	500	2,000
進料含水率（% D. B.）	81.2	2	25	3	57	150	125
產品含水率（% D. B.）	11.1	1	0	0.1	0	0.2	10.5
材料粒徑（mm）	—	2ϕ 以下	澱粉	粉狀	微粉	濾餅	粉狀
材料表密度（kg/m³）	600	700	650	630	840	500	910
乾燥時間（hr）	3.5	2	24	3	7	2.5	8
乾燥器尺寸：							
直徑（m）	0.8	1.3	0.48	0.73	0.96	0.96	1.15
長度（m）	1.5	3	0.75	2.5	5	3	4.5
材料填充率（容積 %）	74.5	48	45	53	34	50	49
總加熱面積（m²）	3.1	12.1	0.6	5.8	26	10.2	15
襯套熱媒	溫水	溫水	蒸氣	溫水	溫水	溫水	蒸氣
蒸氣壓力（kg/cm² abs）	—	—	2.9	—	—	—	2.8
進口熱媒溫度（℃）	80	80	—	80	85	65～85	—
操作真空度（mmHg abs）	10	20	0.1	100	80～10	150～100	100
攪拌條件：							
迴轉速度（rpm）	5.4	12	15	10	10	5	5
動力（kW）	3.7	15	1.5	3.7	7.5	5.	15
真空裝置：	油迴轉真空泵	油迴轉真空泵	油迴轉真空泵	Water Jet	Steam Ejecter	Nash Hytor	Nash Hytor
排氣量（m³/min）	1.9	1.6					
動力（kW）	3.7	2.2					
集塵裝置	無	5M² 袋濾器		無	袋濾器	5M² 袋濾器	

(2) 雙重倒圓錐回轉型眞空乾燥器[Toei, m, p.63]

如圖 10-7 所示是由具有可當加熱用的襯套的圓錐併接而成，就依靠圓錐槽回轉或槽內的 Lifter 來翻動材料接觸加熱面受熱來進行乾燥，蒸發的蒸氣則藉眞空差從軸心的濾筒被排出至系外的凝結器回收。此型**眞空乾燥器**內部構造簡單，不僅易排清產品，和清掃內部，因乾燥時不停翻轉，材料不易黏滯在加熱面，而能提供良好的總括熱傳係數，其乾燥時間比棚盤式**眞空乾燥器**可縮短許多。其載重能力（塡充率）介在全容積的 30～50%，回轉數在臨界回轉速 N_C 的 30%（$N_C = 42.3/\sqrt{D}$，但 D 是最大回轉徑 [m]）。

眞空乾燥器適用對象頗廣，含糊泥狀或粉粒狀，平常如表 10-4 所示，如維他命、抗生物質等高熱敏感材料或需低含水率的產品。一般總括熱傳係數如是不黏結材料在 100～120 [kcal/hr · m² · ℃]，如是黏結材料時，總括熱傳係數只及一半，介在 60～80 [$kcal/hr · m² · ℃$]。表 10-5 列示一些雙圓錐攪拌型眞空乾燥器運轉例供參考。

表 10-5　雙圓錐攪拌式真空乾燥器運轉例[Toei, m, p.63]　[桐 m]

	合成樹脂碎粒	無機藥品結晶	無機鹽類粉狀	片狀有機藥品	有機藥品粉狀	醫藥品粉狀
處理量（kg）	340	300	800	250	1,100	1,400
原料含水率（% D. B.）	0.5	5	2	0.1	19	4
製品含水率（% D. B.）	0	0.1	0	0	0.2	0.5
原料粒徑（mm）	$3 \times 4l$	針狀結晶	20 mesh 以下		30 mesh 以下	微粉
原料密度（kg/m³）	700	420	800	700	550	460
乾燥時間（hr）	2	5	4	1.5	7.5	5～6
乾燥尺寸，全容積（m³）	0.96	1.5	1.87	0.6	3.3	9.16
直徑（m）	1.2	1.43	1.57	1.08	1.9	2.7
回轉徑（m）	1.55	1.75	1.83	1.2	2.3	3.65
材料充塡率（容積%）	50.5	48	53.5	59.5	60	33.2
全加熱面積（m²）	4.5	5.1	7.5	3.3	10.9	21.8
襯套用熱媒	熱油	溫水	溫水	溫水	蒸氣	溫水
蒸氣壓力（kg/cm² abs）	—	—	—	—	1.5	—
熱媒入口溫度（℃）	80～120	60～90	40～80	45	—	70
操作真空度（mmHg abs）	0.1	30	50	25	50	0.8
回轉數（rpm）	5	4	4	5.1	6	1.25

	合成樹脂 碎粒	無機藥品 結晶	無機鹽類 粉狀	片狀 有機藥品	有機藥品 粉狀	醫藥品 粉狀
動力（kW）	2.2	1.5	1.5	0.75	7.5	5.5
真空裝置	Mechnical Booster	Steam- Ejector	Nash Hytor	Nash Hytor	Water Ejector	Rotary Vacuum P.
排氣量（m²/min）	10		4.7	共用		
動力（kW）	1.5		11			
集塵裝置	0.8M² 袋濾器	無	無	旋渦離心 分離器	4M² 袋濾器	旋渦離心 分離器

10.3 多段迴轉圓盤乾燥器 （Motoyama, KHB, p.377）

1. 種類

多段迴轉圓盤乾燥器依其乾燥方式可有如下三類：

(1)（TT Type）：熱風對流乾燥型（如圖 10-9）。

(2)（TTB Type）：常壓傳導加熱型（如圖 10-10）。

(3)（VTT Type）：眞空傳導加熱型（如圖 10-10(a)）。

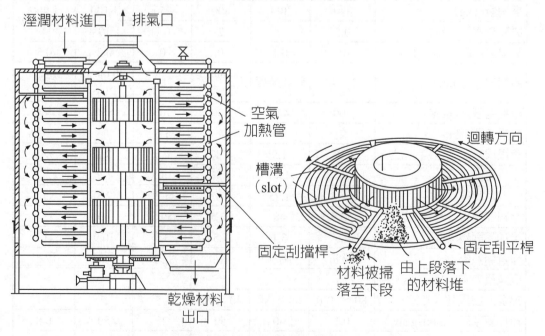

圖 10-9　熱風對流乾燥型多段迴轉圓盤乾燥器（turbo shelf dryer） [Walas]

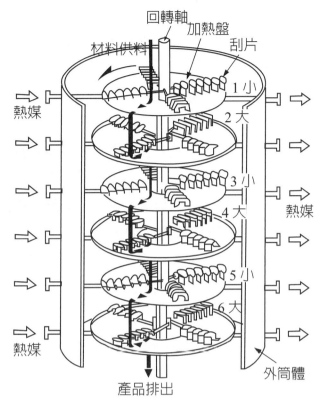

圖 10-10　傳導加熱型迴轉圓盤乾燥器^{（KHB.379）}

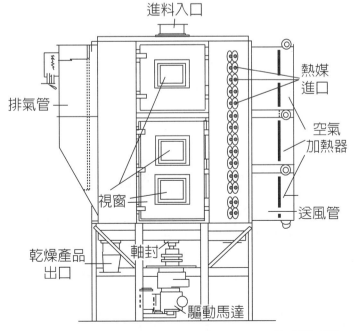

圖 10-10(a)　傳導加熱型迴轉圓盤乾燥器外觀^{（KHB, p.381）}

2. 特點

(1) 材料的翻動和乾燥同時在進行，故總括熱傳係數可達 60～130 [kcal/hr·m² · ℃]，對面積要求有利。

(2) 迴轉圓盤段數、攪拌刮翼可依需要增減來調整材料的滯留時間，很適合於最後階段的乾燥器。

(3) 一般攪拌刮翼回轉速度低（外周速度最快也在 0.8 [m/s]），很適合對怕乾燥過程破損的材料的乾燥。

(4) 因整個裝置是一密閉系，故不會有異物混入，如是傳導加熱型時，排氣量很小，不需煩於飛塵，很適合於兼有回收溶媒的程序。

(5) 除風扇以外沒有振動及噪音產生，且為豎型，所需安裝面積不大。

(6) 各段的乾燥溫度可任意設定，也可插進冷卻段，有利於防止品質劣化。

(7) 操作簡單且安定。

(8) 如採 VTT 型，更可降低噪音，且可乾燥易被高溫熱變質的物質，可乾燥至極低含水率。

3. 構造簡介與適用範圍

(1) 熱風對流乾燥型迴轉圓盤乾燥器

其構造如圖 10-9 所揭示，溼潤材料投進最上段轉盤經由固定刮平桿鋪平於轉盤與徑向吹進出的熱風接觸進行對流乾燥，轉一周後被固定擋掃桿掃落至下的轉盤，熱風與材料成逆向流接觸，但熱風逐段加熱減低其溼度，最後由頂部排氣口排出，溼潤材料往下流下時也可插進冷卻段，排出已冷卻的乾燥產品。表 10-6 揭示了一些熱風對流乾燥型迴轉圓盤乾燥器（turbo shelf dryer）的使用例供參考。

表 10-6　熱風對流乾燥型迴轉圓盤乾燥器（turbo shelf dryer）的使用例 (KuniiKHB, p.293)

物質名	處理量 kg/hr	蒸發成分	含水率〔溼量基準（%）〕		乾燥媒體	乾燥溫度 ℃
			原料	製品		
高氯酸鹽鎂	100	水	40.0	0.1	N₂	60
氯化烯	500	水	75.0	5.0	惰性氣體	200
粒狀肥料	5000	水	12.0	2.0	空氣	110

物質名	處理量 kg/hr	蒸發成分	含水率〔溼量基準（%）〕		乾燥媒體	乾燥溫度 ℃
			原料	製品		
醫藥品 A	250	水	14.0	0.3	空氣	100
B·H·C	1500	水	1.5	1.0	空氣	60
氧化劑	80	水	25.0	0.2	空氣	80
鹽基性碳酸鎂	450	水	80.0	3.0	惰性氛置	150
醫藥品 B	50	水	15.0	1.0	惰性氛置	80
A·B·S 樹脂	150	水	35.0	1.0	惰性氛置	120
高氯酸銨	100	水	0.2	0.01	惰性氛置	90
△特殊 A·B·S 樹脂	300	水	70.0	1.0	N_2	90
△高級漂白粉	210	水	38.0	1.0	N_2	80
＊聚丙烯	30	己烷	50.0	0.2	N_2	90
＊有機藥品	200	甲醇	38.0	3.0	惰性氣體	70
＊片狀合成樹脂	4000	己烷	70.0	0.2	N_2	100
＊聚酯樹脂	170	甲醇	20.0	1.0	惰性氣體	50
醫藥品 C	134	水	7.0	1.0	空氣	53
醫藥品 D	110	水	10.0	1.0	空氣	60
△環氧樹脂	277	水	8.0	0.5	空氣	50
IC 用感光粉末	40	水	27.0	0.7	空氣	50
石炭粒	87	碳化氫	20.0	0.1	碳氫化合物	210
無機物結晶粉末	1537	水	2.5	0.2	空氣	80
合成樹脂粉末	180	甲醇	5.0	1.0	空氣	40
添加劑	372	水	20.0	1.0	空氣	80
有機物粉末	141	水	15.0	0.2	空氣	80
觸媒	87	水	21.0	1.0	空氣	90
觸媒	52	水	26.0	0.7	空氣	170
澱粉	500	水	15.0	0.1	空氣	140

註：圖中△印者是與氣流乾燥機併連使用；而＊印者則具有溶劑回收裝置一併使用。

(2) 傳導加熱型迴轉圓盤乾燥器

無論是乾燥在常壓或減壓真空條件操作傳導加熱型迴轉圓盤乾燥器的構造重點都如圖 10-10 所揭示。有大小加熱圓盤交互配置，進料從頂部中心投進最上段小加熱圓盤，每盤配有四支推送材料的刮片翼棒，將翻動材料往徑向內外把盤上材料如圖上黑實線所示推落至下段盤，至最底盤中央經由排出口送出乾燥產品。加熱盤多採用類似 Dimple- Jacket 的構造，讓圓盤可耐壓至 3 kg/cm^2，如熱媒溫度需高於 140℃就不宜用水蒸氣而改用熱媒油。如材料含的是溶劑時，遞載氣體得改用氮氣等惰性氣體，經凝結回收溶劑後循環使用惰性氣體。

如特點項已述，此型乾燥器適用對象涵蓋粉粒至片狀材料，尤其產品所要求的含水率很低的乾燥。表 10-7 揭示了一些傳導加熱型迴轉圓盤乾燥器的使用例供參考。

表 10-7　傳導加熱型多段迴轉圓盤乾燥器的使用例 [Toei, m, p.67]

材料名稱	樹脂	有機物	藥品	藥品	活性炭	硫黃	砂糖
揮發分名稱	溶劑	丙酮及水	水	水	水	水	水
處理量（Dry kg/hr）	840	168	650	145	140	150	1,600
乾燥前液分（% W. B.）	60	30	3	15	70	20	3
乾燥後液分（% W. B.）	3	10	0.1	0.15	3	0.5	0.12
材料粒徑（mm）	0.2～0.3	0.8	0.02～0.03	< 0.03	0.5～3	2～5	0.2～1
材料的表密度（—）	0.5	0.5	0.9	0.8～1.0	—	—	—
產品的表比重（—）	0.3	0.6		0.5～0.6	—	—	—
熱風溫度（℃）	130	65	100	110	150	125	110
乾燥時間（min）	60	30	45	10	29	30～45	15～20
乾燥器總乾燥面積（m⁴）	88.2	27.6	42.8	12.4	27.6	27.6	27.6
乾燥圓盤段數	35	11	17	5	11	11	11

材料名稱	樹脂	有機物	藥品	藥品	活性炭	硫黃	砂糖
外筒形狀	丸形	八角形	八角形	八角形	八角形	八角形	八角形
外筒直徑（m）	2.1	2.1	2.1	2.1	2.1	2.1	2.1
外筒高度（m）	5.7	1.9	2.8	0.9	1.9	1.9	1.9
主軸迴轉速（rpm）	2.97～11.9	1.5～6.2	0.5～6	1.36～4.5	0.58～2.6	0.58～2.6	0.58～2.6
驅動機動力（kW）	5.5	2.2	3.7	1.5	2.2	2.2	2.2
備註	溶劑回收型	溶劑回收型	具有冷卻板				

使用傳導加熱型迴轉圓盤乾燥器，要保持所定到性能就得防止異物黏著於加熱面，尤其是含有油脂的材料，常有黏著層生成，而降低熱傳導的能力。表 10-8 是德國 Krausss Maffei 就此型乾燥器的標準尺寸，可供選機時的參考。

表 10-8　德國 Krausss Maffei 傳導加熱型迴轉圓盤乾燥器標準尺寸 (Motoyama T, KHB.p.382)

型號	12/5	20/5	20/7	20/9	20/11	20/14	20/17	20/23	20/29	20/35
加熱盤尺寸	12 型	20 型								
加熱盤總段數	5	5	7	9	11	14	17	23	29	35
乾燥面積（m²）	33.8	12.4	17.5	22.4	27.6	35.2	42.8	57.9	73.1	88.2
驅動馬達（kW）	0.75	1.5		2.2		3.7			5.5	
加熱盤分段數		1			2		3	4	5	6
加熱空氣流量（kg/H）	630	1,090	1,380	1,670	1,960	2,380	2,850	3,700	4,570	5,440
排氣量（m³/min）	9	15	19	23	27	33	40	51	63	76

【範例 10-3】傳導加熱型迴轉圓盤乾燥器的概估設計 (FunaokaKHB, p.385)

擬依據如下表的小規模乾燥試驗數據設計每小時可乾燥進料含水率 40%[W.B.] 的 PVC 粉末至 0.5%[W.B.] 的產品，

表 EX1　小規模乾燥試驗數據及設計條件 (FunaokaKHB, p.385)

實驗結果		設計條件	
初期水分	37.8%〔W. B.〕	進料名稱	PVC 粉末
最終水分	0.5%〔W. B.〕	進料處理量	95[W. B.] = 57kg[D. B.]
盤上進料的厚度	10 mm	進料水分	40%〔W. B.〕
原料的重量	0.50 kg〔W. B.〕	製品水分	0.5%〔W. B.〕
	= 0.31 kg〔D. B.〕	進料嵩比重	0.5
乾燥時間	64 min	製品的許容溫度	80 ℃
		熱源水蒸氣	1.5 kg/cm²G 或溫水

〔解〕

　　由於小規模試驗用了乾燥至含水率 38.7%[W.B.] 的進料，而實際乾燥時進料含水率為 40%[W.B.]，求所需乾燥時間只好外插法估計，也即所需乾燥時間 t_{actual}：

$$t_{actual} = 64 + 5（外插多出的時間）= 69 \text{ [min]}$$

試驗機單位面積的進料量（m）為：

$$m = 0.31/0.1 = 3.1 \text{ [kg/m}^2]$$

故實際要用的乾燥機單位面積的**乾燥速率** J_D 為

$$J_D = m/(t_{actual}/60) = 3.1/(69/60) = 2.7 \text{ [kg-d.s]}/(m^2 \cdot \text{hr}).$$

亦即實際裝置所需轉盤總面積（A）為

$$A =（進料供料流量）/ J_D = 57/2.7 = 21.1 \text{ [m}^2]$$

如依表 10-8 的標準尺寸該用 TTB20/9 型的**傳導加熱型迴轉圓盤乾燥器**。

▌ 參考文獻

Funaoka, K.；船岡賢一溝型攪拌乾燥裝置，p.385，乾燥技術ハンドブック，國井大藏編，總合技術センター（1991）。

Motoyama T. 本山武夫；多段圓盤乾燥機，乾燥技術ハンドブック，國井大藏編，總合技術センタ（1991）。

KHB: Kunii, D. 乾燥技術便覽

Nakamura, I；中村正秋 立元雄治；初步から學ぶ乾燥技術，（2nd Ed.）工業調查會東京，日本 (2005)。

Toei, m；桐榮良三：乾燥裝置マニュアル 日刊工業社 東京，日本（1978）。

Wales, S.; Chemical Engineering Equipment Butterworth, Boston, MA, USA(1988).

第十一章　流體化床乾燥器

11.1 流體化 [Lu-I]

在圖 11-1(a) 所示之粒子床由下端供給之流體流量逐漸提高，粒子床中之粒子將承受流體帶來之拉曳力，當此力小於粒子床之重力和粒子間之摩擦力時，粒子床呈固定床之特性，但流體拉曳力超過上述重力和摩擦力，最上層粒子就開始如圖 11-1(b) 懸浮於流體，而呈膨脹狀態，也就是說最上層粒子開始晃動時之狀態稱為**起始流體化**（minimum fluidization），而此時之流速就稱為**最小流體化流速**（minimum fluidizing velocity）。如流體為氣體，流體化之粒子床就膨脹如圖 11-1(c) 所示似沸騰中之水一般的**氣泡床**（bubbling bed），當床徑太窄而氣體流速大時，流體化之粒子床常呈 slugging bed，流體流速大於粒子之**終端速度**後，粒子就被流體帶著走，此狀態稱為**氣流輸送域**（pneumatic transport regime）。如上述利用流體懸浮粒子床成為具有似流體之氣—固之混合流體的現象就稱謂**流體化**（fluidization，中國譯為流態化，日譯為流動層），圖 11-2 揭示粒子床流體化後具有流體般可流動之例。

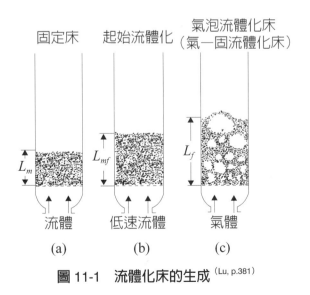

圖 11-1　流體化床的生成 [Lu, p.381]

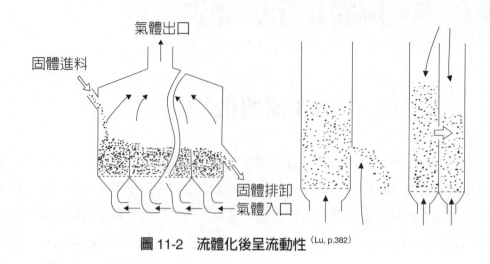

圖 11-2　流體化後呈流動性 (Lu, p.382)

11.1.1 流體化床之優缺點

優點

1. 粒子床流體化後，粒子就呈似流體一般能自由流動，讓粒子能隨時取出或添加，使易於連續操作。

2. 床內粒子呈良好之完全混合，整床之溫度或濃度均勻狀態，易於檢測整床溫度及濃度，使反應或熱質傳程序得以控制。

3. 整床混合良好，故不易發生局部過熱或溫度或濃度之暴升，提升了程序之安全性。

4. 粒子與流體有良好之相對運動，使流體化之粒子系的熱、質傳係數大於固定床，使同大小之裝置之處理能力增大好幾倍。

5. 粒子流體化使此程序易於大規模化。

缺點

1. 由於粒子在床內呈完全混合狀態，致單段連續操作時，粒子之滯留時間極為不均勻，甚至剛添加之粒子會由出口流出，此時需採用多段化設計。

2. 由於粒子之激烈運動互撞，使易碎固粒容易磨損或碎裂生成細粒。

3. 進料有微粒或粒子磨損所產生之細粒易被流體吹走，故必須有回收被飛散之微粒之設備，也因此流體化床不適處理價昂之微粒。

4. 粒子過細時氣體甚易短路逸流，致不易獲得均勻之流體化床，此時需加以機械攪拌始能獲均勻之流體化床。

5. 由於粒子之激烈運動，易磨損裝置內之表面或配管等構造物，此時裝置材質宜採用耐磨材料。

6. 不適於具黏結性粒子。

11.1.2 流體流經流體化床之壓降

在如圖 11-3(a) 所示之粒子床逐漸增加流體流速時，流體流過粒子床所產生之壓降 ΔP_{Bed} 與流體流速之關係將如圖 11-3(b) 之虛線（O-A-B-C-D）所示，流體流經固定床一般在 $\log \Delta P$ vs. $\log u$ 作圖時以直線增加至頂點 B，此時流體拉曳力已克服粒子床之淨重力和粒子間之摩擦力，開始懸浮粒子，然後 ΔP_{Bed} 因粒子已懸浮沒有粒子間之摩擦而降至 C，維持此值至 $u >$ 粒子的終端速度後，兩側壓端間的 ΔP_{Bed} 會降低。如在 D 點開始減低流體流速，則 $\log \Delta P$ vs. $\log u$ 之變化將沿著 D-C-E-F 變化，直線 DE 之轉折點 E 所代表之 u 將是**起始流體化流速**（u_{mf}）。

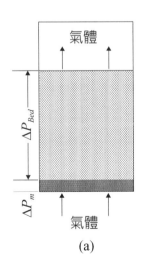
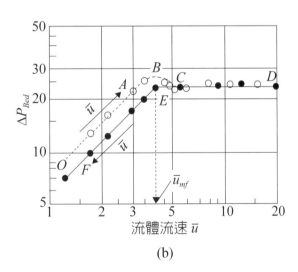

(a)　　　　　　　　　　(b)

圖 11-3　流體流經流體化床之壓降[Lu, p.383]

粒子床壓力降可以 Ergun 之壓力降式表示：

$$\frac{\Delta P}{L} = k_1' \frac{1}{D_P^2} \cdot \frac{(1-\varepsilon)^2}{\varepsilon^3} \mu u + k_2' \frac{1}{D_P} \frac{(1-\varepsilon)}{\varepsilon^3} \rho u^2$$

或

$$\Delta P_{Bed} = k_1' \frac{1}{D_P^2} \cdot \frac{(1-\varepsilon)^2}{\varepsilon^3} \mu u L + k_2' \frac{1}{D_P} \frac{(1-\varepsilon)}{\varepsilon^3} \rho u^2 L \qquad (11.1.2\text{-}1)$$

上式中 $k_1' = 150$，而 $k_2' = 1.75$

11.2.3 起始流體化流速，u_{mf}

從上兩節之說明，已清楚可從式

$$\Delta P_{Bed} = k_1' \frac{1}{D_P^2} \cdot \frac{(1-\varepsilon)^2}{\varepsilon^3} \mu u L + k_2' \frac{1}{D_P} \frac{(1-\varepsilon)}{\varepsilon^3} \rho u^2 L \qquad (a)$$

和下式

$$\Delta P_{Bed} \cdot A = A L_{mf} (1-\varepsilon_{mf})(\rho_s - \rho)g \qquad (b)$$

(a)、(b) 兩式得起始流體化流速，也即合併此兩式，並引進形狀係數 ϕ_s，可得

$$\frac{1.75}{\varepsilon_{mf}^3 \phi_s} \left(\frac{D_p u_{mf} \rho}{\mu} \right)^2 + \frac{150(1-\varepsilon_{mf})}{\varepsilon_{mf}^3 \phi_s^2} \left(\frac{D_p u_{mf} \rho}{\mu} \right) = \frac{D_p^3 \rho_g (\rho_s - \rho)g}{\mu^2} \qquad (11.1.3\text{-}1)$$

上式中 D_p 是相當球徑，上式可適用於非球型粒子之粒子床。

在 $N_{Re,p} < 20$ 或微粒粒子床，上式可化簡成：

$$u_{mf} = \frac{D_p^2(\rho_s - \rho)}{150 \mu} \cdot \frac{g \varepsilon_{mf}^3 \phi_s^2}{1-\varepsilon_{mf}} \qquad (11.1.3\text{-}2)$$

在 $N_{Re,p} > 1000$ 或粗粒粒子床，式（11.1.3-1）可化簡成：

$$u_{mf}^2 = \frac{D_p(\rho_s - \rho)}{1.75\rho} \cdot g \varepsilon_{mf}^3 \phi_s \qquad (11.1.3\text{-}3)$$

如事先無法得知 u_{mf} 和 ε_{mf} 值，可將式（11.1.3-1）改寫成：

$$K_1 (N_{Re,p})_{mf}^2 + K_2 (N_{Re,p})_{mf} = \frac{D_p^3 \rho(\rho_s - \rho)g}{\mu^2} = N_{Ga} \qquad (11.1.3\text{-}4)$$

上式中 $K_1 = \dfrac{1.75}{\varepsilon_{mf}^3 \phi_s}$，而 $K_2 = \dfrac{150(1-\varepsilon_{mf})}{\varepsilon_{mf}^3 \phi_s^2}$。

對 $N_{\mathrm{Re},p} > 1000$ 及粗粒子床，式（11.1.3-1）改寫成：

$$(N_{\mathrm{Re},p})_{mf} = \left[(28.7)^2 + 0.0494 \left(\frac{D_p^3 \rho(\rho_s - \rho)g}{\mu^2} \right) \right]^{1/2} - 28.7 \qquad （11.1.3\text{-}5）$$

或

$$(N_{\mathrm{Re},p})_{mf} = [(28.7)^2 + 0.0494 N_{Ga}]^{1/2} - 28.7 \qquad （11.1.3\text{-}6）$$

對 $N_{\mathrm{Re},p} < 20$ 或細粒粒子床，應用 Wen 與 Yu 之實驗值寫成：

$$(N_{\mathrm{Re},p})_{mf} = [(33.7)^2 + 0.0408 N_{Ga}]^{1/2} - 33.7 \qquad （11.1.3\text{-}7）$$

這些式只需粒子之球形係數 ϕ_s 和 D_{sph}（代表粒徑）及 ρ_s 就可粗估 u_{mf} 值，但與實際相差約 ±15%。表 11-1 列示不同粒子、不同大小時之 ε_{mf} 值供估計 u_{mf} 時之參考。

表 11-1　參考 ε_{mf} 值 [Levespiel]

粒徑（mm）	0.02	0.05	0.07	0.10	0.20	0.30	0.40
碎砂 $\phi_s = 0.67$		0.60	0.59	0.58	0.54	0.50	0.49
球形砂 $\phi_s = 0.86$		0.56	0.52	0.48	0.44	0.42	
混合砂			0.42	0.42	0.41		
碎煤、碎玻璃	0.72	0.67	0.64	0.62	0.57	0.56	
煤		0.62	0.61	0.60	0.56	0.83	0.51
碎活性碳	0.74	0.72	0.71	0.69			
觸媒 $\phi_s = 0.58$				0.58	0.56	0.55	
金剛砂		0.61	0.59	0.56	0.48		

11.2 流體化床乾燥器

11.2.1 流體化床乾燥器（Fluidized Bed Dryer）特點與分類

1. 特點

(1) 流體化床內粒子流動激烈，發揮極佳的混合效應，導致全系溫度均一，且可自由調節，故可得很均勻的乾燥結果。

(2) 流體化床內，熱能傳達甚速，故乾燥能力頗大。

(3) 容易控制粒子的滯留時間的長短，故流體化床乾燥器能將材料乾燥至相當低的含水率。

(4) 已流體化的粒子床具有如圖 11-2 所示具同如流體的流動性，極易輸送到任何地點。

(5) 裝置沒有可動零件或部位，構造簡單，也容易操作，但另一方面，可處理的材料的形狀、大小就受限。

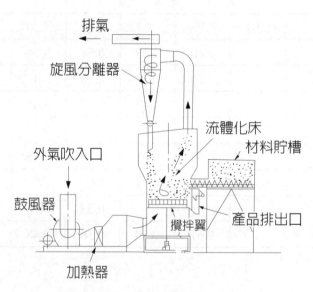

圖 11-4　批式流體化乾燥器 (Toei, m, p.99)

2. 分類

 (1)**熱風對流加熱型**

  a. 單段批式

  b. 半批式（半連續式）

  c. 單段連續型

  d. 多段連續型

   (a) 橫型流體化床

    i. 單室橫型連續流體化床

    ii. 多室橫型連續流體化床

    iii. 多塔串聯連續流體化床

   (b) 豎型連續多段流體化床

    i. 溢流管多段流體化床

    ii. 迴轉閥式多段流體化床

    iii. 定時翻轉閥式多段流體化床

    iv. 多孔板多段懸浮床

 (2)**間接熱傳導加熱流體化床**

 (3)**振動和振動輔助流體化床式**

 (4)**噴流床式**

 (5)**其他**

11.2.2 批式流體化床乾燥[KuniiHII]

 批式流體化乾燥器有可將裝進去的材料隨意設定乾燥時間而得均勻乾燥效果的優點，較適合多品種少量生產程序，雖每批操作都需人工排料與清除的麻煩，但也可避免因長久運轉而有可能因被乾燥物附著在器件後經過長時間受熱而焦化，致產品附上焦臭的困擾。

 圖 11-4 所示乾燥器的圓形整流板具有熱風能依切線方向吹進，使熱風產生旋迴流，乾燥好時可藉其離心力協助排料的設計，其底盤上的攪拌翼可有打散凝聚的粒子群，提升流體化的品質。

在如圖 11-5 左圖所示的批式流體化床，通以溫度 T 的空氣進行乾燥，可得如右圖的乾燥特性曲線，由於床內良好的混合，一般情形下逸出氣體溫度與床內溫度相等。$T_g = T_e$，在其操作的前半段，是屬於恆率乾燥階段，當材料含水率低於臨界含水率 w_c 後床溫急升逐近於進口氣體溫度。

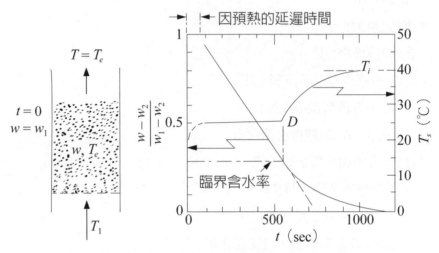

圖 11-5　批式流體化床乾燥特性曲線 $^{（Kunii \& Levespiel, p.415）}$

1. 恆率乾燥階段

在恆率乾燥階段，此系熱能收支為

〔氣體所損失的熱能〕＝〔床內材料蒸發水分所需熱能〕

也即

$$\rho_g u_0 C_g (T_{gi} - T_e) dt = -\rho_p L_m (1 - \varepsilon_m) \lambda_w dw \qquad （11.2.1\text{-}1）$$

上式中 L_m，ε_m 分別為靜止床高，和空隙度，ρ_s 為粒子密度，ρ_g 為氣體密度，在恆率乾燥階段 $w > w_c$，而 T_e 可視為不變，故

$$w_1 - w = \frac{\rho_G}{\rho_s} \cdot \frac{C_H (T_1 - T_e)}{\beta \lambda_w} \cdot \frac{t}{(1 - \varepsilon_m)(L_m / u_0)} \qquad （11.2.1\text{-}1）$$

故

$$J_c = \frac{w_1 - w_C}{t} = \frac{\rho_G}{\rho_s} \cdot \frac{C_H(T_1 - T_e)}{\beta \lambda_w} \cdot \frac{1}{(1 - \varepsilon_m)(L_m / u_0)} \qquad (11.2.1\text{-}1)$$

材料如裂煉用觸媒或活性氧化鋁等微細粉末時，w_c 甚近 w_e，也即乾燥此類粉末可說全段均是恆率乾燥操作。

2. 減率乾燥階段

材料如樹脂等水分或揮發性成分很強含在材料內部時其乾燥速率就得看水分如何由內部擴散至**顆粒**表面，假定材料係 $d_p = 2r_o$ 的球**顆粒**，就單一球而言，其水分的擴散式可寫成

$$\frac{\partial c}{\partial t} = D\{\frac{1}{r^2} \cdot \frac{\partial}{\partial r}(r^2 \frac{\partial c}{\partial r})\} \qquad (11.2.1\text{-}2)$$

上式中 c 為材料的水分質量分率，在 $t = 0$ 時 $c = c_0$。減率乾燥一開始，顆粒表面的水分濃度是 c_e 而上式的邊界與起始條件為

$$\begin{aligned}
t &= 0，r = r，w = w_1 \\
t &= t，r = r，\frac{\partial w}{\partial r} = 0 \\
t &= t，r = r_o，w = w_c
\end{aligned} \qquad (11.2.1\text{-}3)$$

在任何時間 t 時，**顆粒**內之平均含水率為

$$\overline{w} = \int_0^r \frac{4\pi r^2 w dr}{\frac{4}{3}\pi r_o^3} \qquad (11.2.1\text{-}4)$$

將（11.2.1-2）式以（11.2.1-3）所給條件解，再用（11.2.1-4）式可得

$$\frac{\overline{w} - w_e}{\overline{w_1} - w_e} = \frac{6}{\pi^2} \sum_{n=1}^{n} \frac{1}{n^2} \exp[-(n\pi)^2 \frac{Dt}{r_o^2}] \qquad (11.2.1\text{-}5)$$

圖 11-6 中曲線 1 揭示 $D = 1 \times 10^{-6}\,\text{cm}^2/\text{s}$，$r_o = 0.05$ cm 時（11.2.1-5）所表式的乾燥為擴散律速的情形。而曲線 2、3、4、5，則是 $\rho_g/\rho_p = 5 \times 10^{-4}$，$(w_1 - w_e) = 0.5$，$C_g(T_{gi} - T_e)/\lambda_w = 0.1$ 時（11.2.1-1）式水蒸氣平衡律速時參數（L_m/u_0）分別為 0.02、0.1、0.2、0.4 含水率與時間的變化情形。

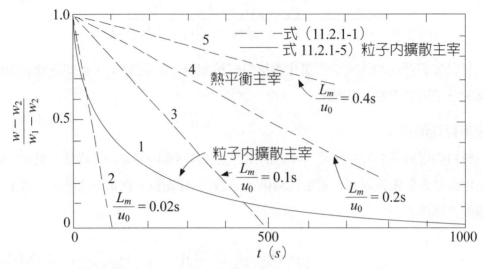

圖 11-6　批式流體化床乾燥的恆率與減率階段含水率的變化情形^(Kuniill, p.386)

在 $(L_m/u_0) = 0.02$ 時，氣體在床內只滯留 0.02s，此流體化床顯然是淺床，故曲線 #2 與 #1 相交於 $F/F_0 = 0.6$，而大部分時間屬擴散律速，在 $(L_m/u_0) = 0.4$ 時（曲線 5）則氣體的滯留時間為 0.4s，該是床高相當高的流體化床，含水率的降低速度成為床溫度高低的主宰，也即是從頭到處在恆率乾燥階段。再看 $(L_m/u_0) = 0.1$（曲線 #3）時，在乾燥 400 秒時平衡律速與擴散律兩曲線相交在大約 $\dfrac{\overline{w} - w_E}{w_1 - w_E} = 0.13$ 附近，

在 500 秒後粒子內的水分擴散已成了律速因素，也即 $w_C \doteqdot 0.13$，而乾燥也由此點進入減率乾燥階段。

11.2.3 連續式橫型流體化床乾燥器

1. 單室橫型連續流體化床乾燥器

圖 11-7 揭示此型乾燥器之一例，從供料口進來的溼潤材料藉下面吹上來的熱風沿著材料流向構成橫長的流體化床，要將材料乾燥至設定的含水率，常需延長材料的滯留時間，而得提高床裡的滯留量，導致需比多室型更大的動力。但如提升供料速度，材料的流動可接近栓流型流動，此特性較適於冷卻高溫材料，如以 15℃ 的空氣可把 78℃ 的化肥冷卻到 25℃ 只要床面積 1.6 m 長 ×2.5 m 寬的床面積的流體化床和 35 kW 的鼓風機就夠。表 11-2 揭示此型乾燥器的一些操作例。

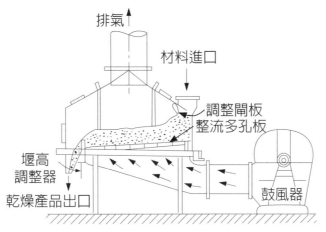

圖 11-7　單室橫型連續流體化床乾燥器 (Toe, m, .p90)

表 11-2　單室橫型連續流體化床乾燥器操作例 (Toei, m, p.89)

材料	處理量 （t/hr）	粒徑	含水率 入口→出口 （%）	蒸發 水量 （t/hr）	製品分布		裝置 直徑 （m）	熱風溫度 吹進→排出 （℃）
					旋風分離器 （%）	粗粒 （%）		
石灰石	100～ 125	-1/2"	2→0.25	—	14	86	2.7	150～200→ 94～107
石炭	375(wet)	-1/4" ～100#14	14→9	37～74	49	51	4.2	500～680 →63～70
高爐渣	35(wet)	—	10～22→ 0.1～0.4	—	—	—	2.4	—

2. 橫型多段隔室型流體化床乾燥器

　　圖 11-8 揭示橫型多段隔室型流體化床乾燥器之一例，在此型機在各隔室的粒子被充分混合，依次移動至鄰室，故在出口產品的粒子的滯留時間分布幅度可隨隔室數增加而變小，而可期待較均勻的乾燥品質的產品。圖 11-9 揭示於進口段增設攪拌裝置，就是稍微有凝聚性的進料可藉攪拌作用打散能形成流體化床。表 11-3 列示此型乾燥器的一些操作例供參考。

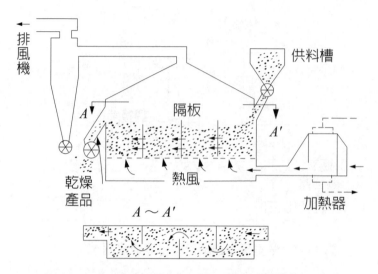

圖 11-8 橫型多段隔室型流體化床乾燥器(ToeiB. p.298)

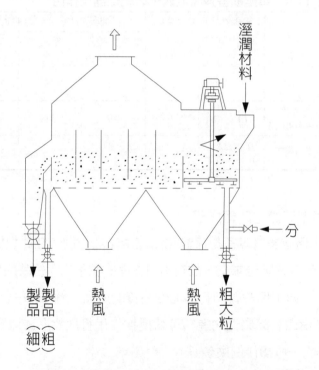

圖 11-9 具攪拌器橫型多段隔室型流體化床乾燥器(Toei, m.p.89)

11.2.4 橫型多室連續流體化床乾燥器的設計 [Toei, B, p.274] —— 流體化床乾燥器的設計要項

1. 靜止時粒子層的厚度 z [m]

這數據是決定裝置的底面積和流體化床的壓降時必須的值，如將此高度取大，雖可減小所需裝置的底面積較小，但床厚高時，床膨脹成流體化床後，隨風逸飛的粒子會增多，同時流體化床的壓降也隨之增大的缺點，一般採用的靜止層的厚度為 50～150 mm，最高有到 300 mm 的程度。

表 11-3　橫型多段隔室型連續流體化床乾燥器操作例 [Toei, m, p.91]

裝置型式	多室橫型	多室橫型	多室橫型		多室橫型	多室橫型	多室橫型	橫型 1 室
被乾燥物	PVC	硫酸鐵	粒狀肥料		顆粒糖	壓縮大豆	火山灰	化成肥料
溼潤時型態	粉狀	粉狀	粉狀		粉狀	短片狀	粉狀	粉狀
代表粒徑（mm）	0.1	0.25	2.5		0.39	10	4.8	
真比重	1.4		2.5		1.59			
表比重	0.55	0.47	1.3		0.85	0.26		
處理量（kg 製品 /hr）	2,400	470（投入量）	4,400		20,000	3,500	10,000	7,900
操作	乾燥	煆燒	乾燥‧冷卻		冷卻	冷卻		冷卻
乾燥前水分（% D.B.）	3	附著水分 0 $FeSO_4H_2O$	8.1		0.05	—	6	
乾燥後水分（% D.B.）	0.3	$FeSO_4$	1		0.02	—		
冷卻前材料溫度（℃）		—	76		45	100		78
冷卻後材料溫度（℃）			53		30 以下	45		25
熱風溫度（℃）	85	600	160	30	13	35		15
底面積（m²）	4.5	3.2	1.5	0.75	7.6	3.8	11	4
滯留時間（min）		40						2
送風機 風量（m³/min）	120	60 (Nm³/min)	320	150	320	260		528

裝置型式	多室橫型	多室橫型	多室橫型		多室橫型	多室橫型	多室橫型	橫型 1 室
靜壓（mmAq）								
馬達（kW）	18.5		37	18.5	55	37		
排風機								
風量（m³/min）	130		440		350	290		
靜壓（mmAq）								
馬達（kW）	15		37		7.5	45		
使用熱源	水蒸氣	重油	燈油					

2. 形成流體化床所需的風速，v [m/s]

形成流體化床所需的風速的大小，大都依據代表粒徑的終端速度來決定，如粒徑在 500 μm 以上時，流體化風速就採其終端速度的 40～80% 的流速，粒徑小時，易凝聚，故不宜採依據單一粒子的終端速度來決定，宜使用實際要乾燥的粒子進行試驗量測其流體化初速至終端流速較妥。

3. 乾燥產品的品溫 T_m 或 T_{m2} [℃]

如乾燥過程需經由減率乾燥階段時，產品的品溫已被加熱而比所接觸的熱風溼球溫度高排出，此時任意含水率的產品品溫可依下式計求：

$$\frac{(T_1 - T_m)}{(T_1 - T_w)} = \frac{\lambda_w F - c_s(T_1 - T_w)(F/F_c)^{F_c \lambda_w / c_s (T_1 - T_w)}}{F_c \lambda_w - c_s(T_1 - T_w)} \qquad （11.2.4\text{-}1）$$

上式中 F = 材料的自由含水率 [—]，F_c = 材料的臨界含水率 [—]

如乾燥產品含水率高於臨界含水率，則品溫該是熱風的溼球溫度，利用流體化床乾燥時，大部分的材料的臨界含水率都在 2～3%。

4. 進口熱風的溫度，T_1 [℃]

由於材料粒子在流體化床運動劇烈，進入系內的熱風同時得與剛投入的高含水率粒子及近於完成乾燥的粒子接觸，故決定送進流體化床的熱風溫度必須考慮材料的可容溫度，不得讓幾近完成乾燥的粒子受高溫而受損。另得注意的是在流體化床乾燥系大部分粒子處於減率乾燥階段，已不需太多熱量，也因此送進過量的高溫熱風反導致提高排氣的溫度，而降低此乾燥系的熱效率，故就是材料的可容溫度高時，該否提高進口熱風的溫度是有再慮的必要。

5. 流體化床的壓力損失，$\Delta P\,[kg/m^2]$

　　如前述，流體化床的壓降幾乎等於單位流體化床面積上所載有粒子材料的全重量，亦即

$$\Delta P = \rho_B z \qquad\qquad (11.2.4\text{-}2)$$

6. 乾燥器的熱容量係數 $ha\,[kcal/m^3\cdot hr\cdot{}^\circ C]$

　　就粒徑 0.5～1.2 mm 大小的固粒材料其熱容量係數可依下式計得

$$N_{Nu} = hd_p k_g = 4\times10^{-3}N_{Re}^{1.5} = 4\times10^{-3}(d_p u_0 \rho_g / \mu_g)^{1.5} \qquad (11.2.4\text{-}3)$$

　　靜止時流體化床的單位容積裡粒子擁有的表面積 a 為

$$a = 6\rho_B / \rho_s d_p = 6(1-\varepsilon)/d_p \qquad\qquad (11.2.4\text{-}4)$$

　　就 0.9 mm 以下的小粒子，宜再利用圖 11-10 所示的修正係數加以修正，得注意如 100 μm 以下的微小粒子，實際值不到計算值的 8%，此時宜靠實驗求實際上可用的 a 值。

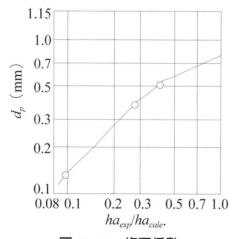

圖 11-10　修正係數

7. 多孔整流板的面積 ── 流體化床的面積 A [m^2]

有了上列各項值，所需流體化床的面積可依如下各式求得：

恆率乾燥階段：

$$q_m\lambda_w(w_1-w_2) = G_0(T_1-T_w)(1-e^{-\frac{haz}{G_0C_H}})A_{fc} \qquad （11.2.4\text{-}5）$$

減率乾燥階段：

$$q_mc_s\ln\{(T_1-T_{m1})/(T_1-T_{m2})\} = G_0C_H(1-e^{\frac{haz}{G_0C_H}})A_{fd} \qquad （11.2.4\text{-}6）$$

$$A = A_{fc}+A_{fd} \qquad （11.2.4\text{-}7）$$

如此系應用在只是冷卻或單純加熱時可應用式 (6) 計求即可。

8. 流體化床的膨張率與排出口堰高 ξ

於橫式連續流體化床的出口端緣設高度 ξ 的堰板，達穩定狀態後，如繼續供料，就有些流至出口端的粒狀材料溢過堰板排出，此時停下供料，但繼續讓材料流體化，經過一段時間後粒子就不再溢出停止排料，在此一刻，停止流體化的氣體，材料成靜止床，此床的高度即是此流體化床的靜止時的高（厚）度 z^*，而 $\xi/z^* = N_V$ 就是此流體化床在此操作條件下的**膨張率**，N_V 而可有下式與氣體流速關聯。

$$N_V-\frac{1}{u-u_{mf}} = 25/N_{Re_t}^{0.44} \qquad （11.2.4\text{-}8）$$

式中 $N_{Re_t} = \dfrac{d_pu_t\rho_g}{\mu_g}$

9. 粒子在乾燥器內的滯留時間，t [hr]

粒子在乾燥器內的滯留時間，t 可依下式計算得

$$t = z\rho_BA/q_m(1+\frac{w_1+w_2}{2}) \qquad （11.2.4\text{-}9）$$

【範例 11-1】橫型連續流體化乾燥器的設計 [Toei m, p.101]

擬設計一橫型連續流體化乾燥器來乾燥水分 8%（WB）的無機物結晶 3 噸／每小時至 0.3%（WB）的產品，已知條件有：

進口熱風溫度 =130℃，H=0.015；流體化床內氣體流速為 0.4 [m/s]，代表粒徑 = 110 [μm]；表比重 = 0.75；比熱 c_s = 0.3 [kcal/kg・℃]；熱容量係數；在水分蒸發階段 ha = 5,000 [kcal/m³・hr・℃]，加熱階段 ha = 2,000 [kcal/m³・hr・℃]，產品品溫 = 118℃。求估計 (a) 乾燥所需熱量，(b) 流體化床底面積，(c) 所要風量及動力，(d) 粒子在器內的平均滯留時間。

〔解〕

換算含水率為乾量基準的含水率 w

乾燥前，$w_1 = 0.08 / 0.92 = 0.087$ [kg/kg – d.s.]

乾燥產品，$w_2 = 0.003 / 0.997 = 0.003$ [kg/kg – d.s.]

臨界含水率 $w_c = 0.05$

乾涸材料質量流量 $q_m = 3,000/(1+0.087) = 2,760$ [kgd.s./hr]

故乾燥需去除的水分量 $\Delta W = (2.760)(0.087-0.003) = 232$ [kg – H₂O/hr]

1. 乾燥所需熱量

    從題意，進口熱風溫度 = 130℃，H = 0.015，此條件下，溼球溫度 T_w = 41°，λ_w = 573 [kcal/kg] 故乾燥所需熱量

    $$q_{drying} = [(232)\{573+(41-20)\} + 2,760(0.3(118-20)] = 219,000 \text{ [kcal/hr]}$$

2. 流體化床底面積

    熱風（130℃，$H = 0.015$）在流體床風速為 0.4 [m/s]，故所需熱風的質量流量為

    $$G_0 = (3,600)(0.4)/1.16 = 1,241 \text{ [kg/m}^2\text{・hr]}$$

    如設定靜止時材料層厚度 z = 200 [mm]，則各階段所需的底面積為恆率乾燥（蒸發水分）階段：

    $$q_m \lambda_w (w_1 - w_2) = G_0 (T_1 - T_w)(1 - e^{\frac{-haz}{G_0 C_H}}) A_{fc} \qquad （11.2.4\text{-}5）$$

    $$(2,760)(573)(0.087 - 0.003) = (1,241)(0.25)(130 - 41)(1 - e^{-(5,000)(0.2)(0.5)}) A_{fc}$$

    解之得 $A_{fc} = 5.01$ [m^2]

    預熱材料至溼球溫度所需底面積

$$q_m c_s \ln\{T_1 - T_{m1})/(T_1 - T_{m2})\} = G_0 C_H (1 - e^{-\frac{haz}{G_0 C_H}}) A_{fd} \qquad (11.2.4\text{-}6)$$

則

$$(2,760)(0.3)\ln\frac{130-20}{130-41} = (1,241)(0.25)(1-e^{-(5000)(0.2)(0.25)})A_p$$

解之，得 $A_p = 0.59 \,[\text{m}^2]$

減率乾燥（加熱）階段：

$$(2,760)(0.3)\ln\frac{130-41}{130-118} = (1,241)(0.25)(1-e^{-(5000)(0.2)(0.25)})A_{fd}$$

解之，得 $A_{fd} = 7.4$

故流體化床底面積是由 $A = A_{fc} + A_p + A_{fd}$

$$A = 5.01 + 0.59 + 7.4 = 13 \,[\text{m}^2]$$

3. 所要風量及動力

送進流體化床的風量 G 是 $G = G_0 A$，故

$$G = (1,241)(13) = 16,100 \,[\text{kg/hr}]$$

在流體化床排氣口的氣混 T_2 和 H_2

$$(16,100)(0.25)(130 - T_2) = 219,000 \,，\, T_2 = 75.6 \,[^\circ\text{C}]$$

熱風增溼量

$$\Delta H = 232 / 16,100 = 0.014$$

$$\therefore H_2 = 0.015 + 0.014 = 0.029 \,[\text{kg/kg} - \text{d.a.}]$$

依據這些值，查表得**露點為** $T_{dew} = 32^\circ\text{C}$

假設鼓風機吸風口的排氣溫度為 65℃，排氣的容積量 V_g

$$V_g = (16,100)(0.772 + 1.24 \times 0.014)(\frac{273 + 65}{273}) = 16,100[m^3 / hr] = 269 \,[\text{m}^3/\text{min}]$$

壓降 $\Delta P_f = z\rho_B = (0.2)(750) = 150 \,[\text{mmAq}]$

如將加熱器、整流板、袋濾器、管路的其他總壓降有 300 mmAq，則總壓降 = 530 mmAq，故鼓風機（效率 = 0.6）**所需動力** P 為

$$P = \frac{(269)(530)}{(4,500)(0.6)} = 52.8 \text{ [HP]} = 39.4 \text{ [kW]}$$

另此流體化床乾燥器所需熱量 Q_{total} 為

$$q_{total} = (16,100)(0.25)(130 - 20) = 443.000 \text{ [kcal/hr]}$$

4. 粒子在器內的平均滯留時間 t

$$t = \frac{Az\rho_B}{q_m} = \frac{(13)(0.2)(750)}{2,760} = 0.706 \text{ [hr]} = 42.4 \text{ [min]}$$

11.2.5 連續式單段流體化床乾燥 (Kunii)

在批式流體化床，任一在床內受空氣空氣加熱時間都相同，故每一粒子的溫度或含水率可說都相等，但在如圖 11-11 所示的連續流體化床裡，粒子滯留時間不一，故粒子溫度就不等，低溫粒子碰高溫粒子時，將有熱傳現象產生，對床中特定

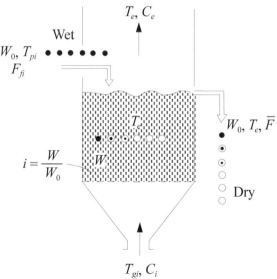

圖 11-11　連續流體化床 (Kunii & Levenspiel, p.420)

粒子（Sph 下標）取其含水量收支時，可得

〔粒子含水率的變化量〕

=〔從溼粒子蒸發至粒子周遭的氣相〕

=〔受鄰近粒子熱能而蒸發的含水分〕

如以 $F = w - w_e$ 代表自由水分，即

$$-(\frac{\pi}{6}d_p^3)\rho_p dF = \pi d_p^2 k_d (H_{Sph} - H_e)dt = \frac{\pi d_p^2 h_p (T_e - T_p)dt}{\lambda_S} \qquad （11.2.5-1）$$

上式中 k_d 是粒子表面與周遭氣相間的質傳係數，而 h_p 是粒子表面與周遭粒子間的熱傳係數，另一方面，流體化床內氣相溫度可由粒子與周遭的熱收支求得

〔傳至粒子的熱能〕=〔從進入床內的溫度 T_{gi} 的空氣〕+〔從床內的加熱面〕=〔用於提升粒子溫度或蒸發水分的熱能〕+〔被較低溫粒子取走的熱能〕+〔熱損〕

也即

$$A_B u_0 \rho_g C_g (T_{gi} - T_e) + q_h = W_0 (F_p - \overline{F})[\lambda_S + C_W(T_e - T_p)] + W_0 C_S (T_e - T_p) + q_{loss} （11.2.5-2）$$

上式中 W_0 **是乾量基準的進料流量**，F_p 是粒子的自由含水率，C 為比熱，C 之下標 g、p、w 分別為氣體、粒子固體、水。假定進料粒子含水量高，出去粒子幾乎到乾涸，無熱損也無其他加熱面存在，從上式可得

$$T_e = T_{gi} - \frac{W_0 F_p \lambda_S}{A_B u_0 \rho_g C_g} \qquad （11.2.5-3）$$

從（11.2.5-1）式顯示提升床溫度可提升乾燥速率而（11.2.5-2）或（11.2.5-3）式則顯示在設定的流體化條件下，床溫仍可減小進料量或插置加熱面來提升床溫。

從（11.2.5-1）可得

$$-dF = \frac{6h_p (T_e - T_P)dt}{\rho_p d_p \lambda_S} \qquad （11.2.5-4）$$

如在恆率乾燥階段，粒子表面溫度可視為對空氣溫度 T_e 的溼球溫度 T_w，可積

分上式得

$$\frac{F_0}{F_p} = 1 - \frac{t}{\tau} \qquad (11.2.5\text{-}5)$$

但 $\tau = \dfrac{\rho_p d_p F_p \lambda_w}{6h_p(T_e - T_p)} = \text{〔乾涸粒子所需時間〕}$

再看出口處粒的滯留時間分布，如流體化床是理想混合狀態，即

$$E(T) = \frac{1}{\bar{t}} e^{-t/\bar{t}} \qquad (11.2.5\text{-}6)$$

但 $\bar{t} = \dfrac{W}{W_o}$

上式中是粒子在床內的**滯留時間分布函數**（**Residence Time Distribution Function**），而出口處出料的平均含水率是

$$\overline{F} = \int_0^\tau F E(t) dt \qquad (11.2.5\text{-}7)$$

將（11.2-5, 6）兩式與（11.2.5-7）一起完成積分可得

$$\frac{\overline{F}}{F_p} = 1 - \frac{1 - e^{-\tau/\bar{t}}}{\tau/\bar{t}} \qquad (11.2.5\text{-}8)$$

在減率乾燥階段，將是擴散律速狀態

$$T_e - T_p \propto e^{-B't} \qquad (11.2.5\text{-}9)$$

是由流體化條件與乾燥變數的複雜函數，而個別粒子的含水率是

$$\frac{F}{F_p} = e^{-B't} \qquad (11.2.5\text{-}10)$$

$$\frac{\overline{F}}{F_p} = \frac{1}{1 + B't} \qquad (11.2.5\text{-}11)$$

【範例 11-2】連續式單段流體化床乾燥的設計[KuniiII]

茲有多孔性顆粒材料含有 $F_0 = 0.20$，擬利用單段流體化床連續乾燥至 $\overline{F} = 0.04$，一些條件為：

乾涸體：$\rho_p = 2,000 \text{ kg/m}^3$，$C_s = 0.84 \text{ kJ/kg} \cdot \text{K}$，$W_o = 7.5 \times 10^{-4} \text{ kg/s}$，$T_{p0} = 20°\text{C}$

氣體─空氣：$\rho_g = 1 \text{ kg/m}^3$，$C_g = 1.00 \text{ kJ/kg} \cdot \text{K}$，$u = 0.3 \text{ m/s}$，$T_{gi} = 200°\text{C}（\text{dry}）$

水分：$\lambda = 2,370 \text{ kJ/kg}$，$C_w = 4.2 \text{ kJ/kg} \cdot \text{K}$，

流體化床：$d_B = 0.1 \text{ m}$，$L_m = 0.1 \text{ m}$，$\varepsilon_m = 0.45$

(a)如此系無熱損，試求床裡氣相溫度 T_e

(b)試求單一粒子乾燥至無水所需時間 τ

(c)設計可乾燥每小時 3,600 kg 的進料的流體化乾燥裝置

〔解〕

1. 床溫 T_e

   由（11.2.5-2）式

   $$\frac{\pi}{4}(0.1)^2(0.3)(1.00)(200-T_e) = (7.5 \times 10^{-4})(0.20-0.04)[2,370+4.2(T_e-20)]$$
   $$+ (7.5 \times 10^{-4})(0.84)(T_e-20)$$

   就 T_e 解上式得 $T_e = 60°\text{C}$

2. 求 τ

   由

   $$\frac{\overline{F}}{F_p} = 1 - \frac{1-e^{-\tau/\bar{t}}}{\tau/\bar{t}} \qquad （11.2.5-8）$$

   故 $\dfrac{0.04}{0.20} = 1 - \dfrac{1-e^{-\tau/\bar{t}}}{\tau/\bar{t}}$

   以試錯法解左式得

   $$\frac{\tau}{\bar{t}} = 0.46$$

   小規模裝置的總滯留量 W_B 為

   $$W_B = \frac{\pi}{4}(0.1)^2(0.1)(1-0.45)(2,000) = 0.863 \text{ kg}$$

   故粒子在床之平均滯留時間為

$$\bar{t} = \frac{W_B}{W_o} = \frac{0.863}{7.5 \times 10^{-4}} = 1,150 \text{ s}$$

故乾燥至無水所需時間 τ 爲

$$\tau = (1,150 \times 0.46) = 529 \text{ [s]}$$

3. 要處理 3,600 kg/hr 或 1.0 kg/s 之大型裝置，先求粒子總滯留量

$$W_{B, large} = 1,150 \times (1.0) = 1,150 \text{ kg}$$

由

$$A_B u_0 \rho_g C_g (T_{gi} - T_e) + q_h = W_0 (F_p - \bar{F})[\lambda_S + C_W (T_e - T_P)] + W_0 C_S (T_e - T_p) + q_{loss}$$

$$（11.2.5\text{-}2）$$

$$A(0.30)(1)(200 - 60) = (1)(0.20 - 0.04)[2,370 + 4.2(60 - 20)] + (1)(0.84)(60 - 20)$$

由上式求 A 得大規模裝置之截面積爲

$A = 10.5 \text{ m}^2$

如是圓形截面，其直徑：$d_B = 3.65$ m

而**氣體流量**爲：$Au_0\rho_g = (10.5)(0.3)(1) = 3.14$ kg/s

【範例 11-3】以單段連續流體化床乾燥器去除溼 [KuniiII, p.408]
溼潤聚合物中的水分及溶劑（n-heptane）

　　茲有如圖 11-12 所示的**單段連續流體化床乾燥器**來去除溼潤聚合物中的水分及回收溶劑，亦因此此乾燥系擬採用 200℃的過熱水蒸氣爲熱媒及流體化氣體。從小規模工廠試驗得知流體化床床溫爲 105℃，而平均滯留時間爲 1,000 [s] 時，可去除溼潤聚合物中的水分從 100%（DB）→ 20%（DB）n-heptane 從 120%（DB）→ 20%（DB）如處理量設定爲：以乾量基準 1.8 [噸 / 每小時] 或 = 500 [g/s] 試估算：

　　1. 熱能完全來自過熱水蒸氣時所需的裝置大小。

　　2. 利用 1. 所估的過熱水蒸氣流量的蒸氣爲流體化氣體，其他所需熱能改由如圖 11-13 所示的水蒸氣管排供應時所需的裝置大小。

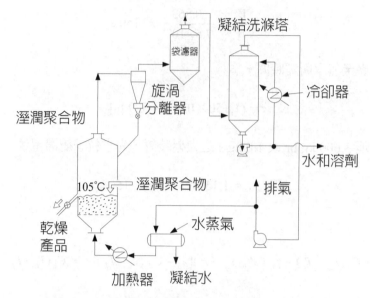

圖 11-12　乾燥溼潤聚合物中的溶劑^(KuniiII, p.408)

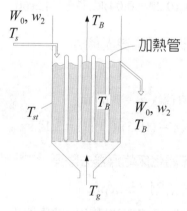

圖 11-13^(KuniiII, p.407)

設計所需數據及假設：

假設：此乾燥系對外界無熱損

乾涸材料物性：$\rho_s = 1.6$ [g/cm³]；$C_s = 0.3$ [cal/g]；$T_s = 20$ [℃]

水分物性：$C_l = 1$ [cal/g℃]；$\lambda_w = 540$ [cal/g]；$C_g = 0.46$ [cal/g℃]；$\rho_g = 0.58 \times 10^{-3}$ [g/cm³]

n-heptane：$C'_l = 0.58$ [cal/g℃]；$\lambda'_w = 78$ [cal/g]；$C'_g = 0.53$ [cal/g℃]；$\rho'_g = 3.2 \times 10^{-3}$ [g/cm³]

流體化氣體（水與 n-heptane 的混合氣）：$T_g = 20$ [℃]；水與 n-heptane 的混合質量比：1/14；體積比：0.283/0.717

流體化床：$u_{mf} = 2$ [cm/s]；$u_0 = 60$ [cm/s]

蒸氣加熱管：外徑 = 6 [cm]；$h_w = 540$ [kcal/m² · hr · ℃] = 0.015 [cal/cm² · s · ℃]

過熱水蒸氣飽和溫度 $T_{st} = 238$ [℃]

〔解〕

1. 於不使用間接加熱的加熱管時，此系的熱能收支依式（11.2.5-2）可寫成

$$A_B u_0 \rho_g C_g (T_{gi} - T_e) + q_h = W_0(F_p - \overline{F})[\lambda_S + C_W(T_e - T_P)] + W_0 C_S(T_e - T_p) + q_{loss} \quad (11.2.5-2)$$

也即

$$A_t u_0 [(0.283)(0.58 \times 10^{-3})(0.46) + (0.717)(3.2 \times 10^{-3})(0.53)](200 - 105)$$
$$= (500)(0.3)(105 - 20) + (500)(1.0 - 0.2)[(1)(105 - 20) + 540]$$
$$+ (500(1.2 - 0.2)[(0.58)(105 - 20) + 78] = 326,500 \ [cal/s]$$

解上式 $A_t u_0 = 2.65 \times 10^6$ [cm³/s]

因乾燥，氣相多出的水蒸氣和 n-heptane 的蒸氣量為

$$\frac{(500)(1.0 - 0.2)}{0.58 \times 10^{-3}} + \frac{(500)(1.2 - 0.2)}{3.2 \times 10^{-3}} = 0.846 \times 10^6 \ [\text{cm}^3/\text{s}]$$

因此增加量，流體化床整流板上的氣體流速升為

$$(60)\frac{2.65 \times 10^6}{2.65 \times 10^6 + 0.846 \times 10^6} = 45.5 \ [\text{cm/s}]$$

而 $A_t = \dfrac{2.65 \times 10^6}{45.5} = 5.83 \times 10^4$ [cm²] = 5.8 [m²]

以此整流板的面積，推算流體化床的內徑 $D_t = 273$ [cm]

由於粒子的平均滯留時間為 1,000 [s]，床上粒子流體化床的質量 W 為

$$W = (1,000[\text{s}])(500[\text{g/s}]) = 5 \times 10^5 \ [\text{g}]$$

靜止時的床高 L_m 為

$$L_m = \frac{5 \times 10^5 \ [g]}{(5.83 \times 10^4 \ [cm^2](1 - 0.5)(1.6 \ [g/cm^3])} = 10.7 \ [cm]$$

以上是基於靜止粒子床的空隙為 0.5 推計。

床高只有如此薄的流體化床，其橫行的混合不會理想。故實際打造時宜增高一倍的 $L_m = 20$ [cm] 較安全。

2. 併用間接加熱時的設計

依題意過熱水蒸氣流量僅使用上題的 1/4，故

$A_t u_0 = 2.65 \times 10^6/4 = 6.63 \times 10^5$ [cm^3/s]

$\therefore u_0 = 60(6.63 \times 10^5/(6.63 \times 10^5 + 8.46 \times 10^5)) = 26.4$ [cm/s]

$A_t = 6.63 \times 10^5/26.4 = 2.51 \times 10^4$ [cm^2]

$L_m = 10.7(5.83 \times 10^4/2.5 \times 10^4) = 24.9$ [m]

但上所得的 L_m 是據於平均滯留時間是 1,000 [s] 而得之值，再依式（11.2.5-2）的熱能收支式

$(6.63 \times 10^5)[(0.283)(0.58 \times 10^{-3})(0.46) + (0.717)(3.2 \times 10^{-3})(0.53)](200 - 105) + A_w(0.015)(283 - 105) = 326,500$

$\therefore Aw = 1.228 \times 10^5$ [cm^2] = 12.28 [m^2]

管排是中心軸以 12[cm] 的 pitch 的正方形排列，其占裝置橫截面的分率為

$$1 - \frac{(\pi/4)(6[cm])^2}{(12[cm])(12[cm])} = 0.804$$

故裝置的截面積與內徑是

截面積：$2.51 \times 10^4/0.804 = 3.12 \times 104$ [cm^2]

內徑：199 [cm] ≒ 2.0 [m]

加熱管的數應為：3.12×10^4 [cm^2]/12 × 12 = 217〔支〕

而管長是 1.228×10^5 [cm^2]/(π)(6 [cm])(217) = 30 [cm]

為安全長可加倍為 60 cm，床靜置時高為 40 [cm] 較安全。

11.2.6 塔式連續多段乾燥流體化乾燥器

圖 11-14 揭示兩種此型乾燥器的簡圖，它比連續單段型在出口產品的滯留時間

分布幅度狹窄，可得較均勻的乾燥產品，此外因多段化的緣故，所需的流體化床整流板面積小，可減不少送熱風所需的動力，且有更高的熱效率都是此型乾燥器的好處。但如何維持氣密而穩定由上往下搬是粒子群，技術上的問題也不少，依其搬送粒子群方式多段乾燥流體化床可有如下不同幾種設計：

1. 溢流管式（圖 11-14(a)）

類似多段蒸餾塔的構造，床上的粒子群依靠溢流管端與流體化床的 head deference 流進溢流管流至下段床，熱風可逆流向上移動或如圖 11-14(a) ②所示各段獨立吸排熱風。

2. 迴轉閥多段半批式流體化床乾燥器

圖 11-14(b) 揭示兩種在溢流管下端裝迴轉閥來避開溢流管的不穩定性及調節床上的滯留量的多段流體化床，但如含微粉較多的材料就容易因這些微粉滲進迴轉零件而發生故障。也因此就改銳孔蓋或彈性遮板替代迴轉閥。只是可採用的範圍不大。

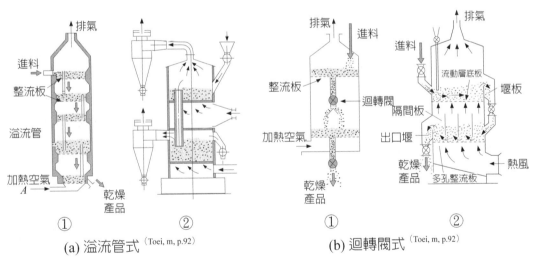

(a) 溢流管式 (Toei, m, p.92)　　(b) 迴轉閥式 (Toei, m, p.92)

圖 11-14　塔式多段流體化床乾燥器 (KuniiHll)

3. 定時翻轉盤式多段流體化床乾燥器

圖 11-15 揭示上下具有定時可翻轉底盤（多孔整流板）來倒下床上的材料至下一段，或產品排出斗。材料先在上段乾燥到某一含水率後藉翻轉整流板將半成品交給下段流體化床，繼續乾燥至設定的含水率。此設計可說完全避開了溢流管或迴轉閥的故障的問題，只是將受大小的侷限。

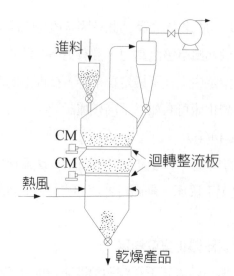

進料

CM

CM 迴轉整流板

熱風

乾燥產品

圖 11-15　定時翻轉盤塔式多段流體化床 [Toei, mp.96]

11.2.7 多孔板懸浮床乾燥器 [Toei, B, p.285]

　　此型懸浮床的特徵是如圖 11-16(a) 所示由具有孔徑大材料粒徑數倍的多孔板以如垂直向設置等間距，利用從下方吹上的熱風懸浮材粒子於多孔板上，並利用孔徑上下壓力差的變化讓懸浮粒子靠自重或衝碰掉落至下段，在各多孔板上材料與熱風成逆向流維持板上的懸浮床，互相接觸進行加熱或乾燥操作。掉落至塔底的粒子則經由迴轉閥排出。如進料中的微粉粒的終端速率小於頂段的風速，這些微粉粒會在沒乾燥前就被排氣帶離多段多孔板塔，如於排氣口另接如圖 11-16(b) 所示的氣流乾燥管，就成為可利用排氣熱能以氣流乾燥方式乾燥被排氣帶走的微粉粒之與氣流兩乾燥系的串聯系（氣流乾燥的說明容後節再詳）。表 11-5 揭示一些多孔板塔懸浮床乾燥器的運轉例。

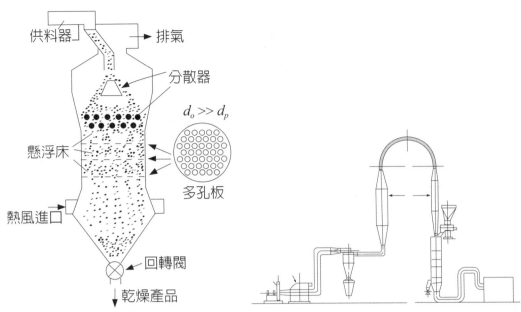

(a) 逆向多段多孔板懸浮床[Lu(I), ToeiB]　(b) 多段多孔板懸浮床與氣流兩乾燥系的串聯[Imasaka, P.128]

圖 11-16　逆向多段多孔板懸浮床乾燥系統

表 11-5　多孔板懸浮床乾燥器的運轉例[Toei, B, p.297]

進料溼潤材料	磷酸渣粒	砂	小麥	麥	煤碳	硫胺	焦碳
操作	乾燥	冷卻	焙燒	冷卻	乾燥	乾燥	乾燥
塔內風速 [kg/hr・m²]	7800	3000	10700	15000	6010	8350	7240
塔底風速 [m/sec]	4.35	0.7	4.5	3.15	2.07	2.15	2.66
供料速度 [kg/hr・m²]	3500	1770	2400	2720	7310	4950	6140
供給比 [kg・材料 / kg・乾燥空氣]	0.325	0.59	0.23	0.18	1.21	0.59	0.85
平均粒徑 [mm]	0.95	0.54	3	3	0.8	0.3	1.5
進料含水率 [% D. B.]	13.0	—	20.4	2.8	8.45	2.08	4.77
產品含水率 [% D. B.]	0.1	—	2.8	1.8	2.05	0.3	0.6
進料品溫度 [℃]	20	350	20	150	20	20	20
製品溫度 [℃]	200	22	150	30	70	35	130
進口熱風溫度 [℃]	300	20	325	20	164	54	220
排氣溫度 [℃]	90	150	100	44	47	25	73
一段的壓力降 [mmW. C.]	11	2	8	10	14	16	9
段數	4	14	10	6	2	3	3

1. 懸浮床之生成 [Ju, p.139-155]

多孔板懸浮床除具有一般多段式流體化床的優點之外，尚有構造簡單、易於維修以及氣體流經多孔板的壓降損耗較小的優點。Ju 等人（2003）的研究指出，其所可形成之穩定懸浮床型態包括振盪淺床、氣泡床及湧騰床三種類型，其中以氣泡床最符合工業操作之需求。各種懸浮床之局部孔隙度的數值如表 11-6 所示。

表 11-6　各種型態懸浮床之局部孔隙度值

懸浮床類型	振盪淺床	氣泡床	湧騰床
局部孔隙度（ε）	< 0.88	< 0.88-0.93	< 0.9

在形成穩定氣泡懸浮床的過程中，將歷經五個階段，包括：誘發期、第一成長期、振盪淺床暫態期、第二成長期及穩定期等五個階段，各階段的主要粒子掉落機制分別為 raining、weeping、dumping（O- 振盪床）、weeping、dumping（B- 氣泡床），懸浮床系統各階段之壓降變化、粒子排放速率及狀態如圖 11-17 所示。

影響懸浮床形成的操作變數包括開孔比（m）、進料速率（F）、常規化的氣體流速（u_o/u_t，u_o 為氣體流經孔洞的平均流速，u_t 為單一粒子在空氣中的終端速度）、銳孔孔徑 / 粒徑比（d_o/d_p）及顆粒密度（ρ_p）。

實驗所得的穩定操作範圍為：開孔比（m）= 0.31～0.52；常規化的氣體孔流經孔洞速度（u_o/u_t）= 0.8～1.25；進料速率（F）= 0.082～0.455 kg/s.m^2

利用計算淨壓降（ΔP）的方式可以用來預測懸浮床的成長，計算方式如下：

$$\Delta P = K\Big(\int_{t=0}^{t=t_r} F(t)dgt - \int_{t=0}^{t=t_r} D(t)gdt\Big)$$

$$= K\Big(\int_{t=0}^{t=t_r} F(t)gdt - \int_{t=0}^{t=t_1} D_1(t)gdt - \int_{t=0}^{t=t_r} D_2(t)dgt\Big)$$

$$= K\left\{F(t)gt_r - K_1 F(t)mg\Big(1-\frac{d_p}{d_o}\Big)^2 t1 - K_2\frac{D_o}{A_c}\int_{t=t_1}^{t=t_r}\frac{\dfrac{W(t)}{A_c}g}{\dfrac{1}{2}\rho_f u_o^2}dt\right\}$$

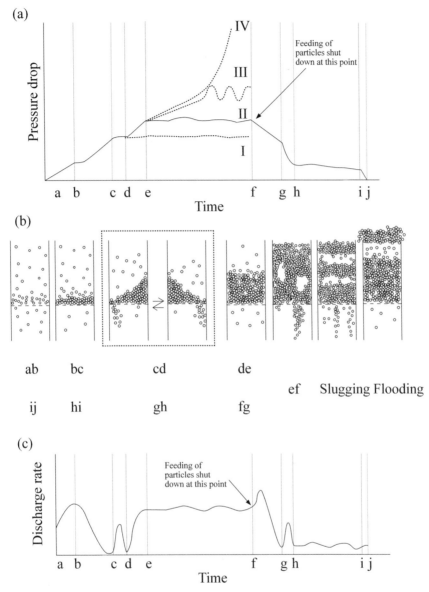

圖 11-17　懸浮床系統各階段之壓降變化、粒子排放速率及狀態

　　其中 K1、K2 為比例常數；ρ_f 為氣體密度；$F(t)$ 為單位面積的粒子進料速率；$D(t)$ 為單位面積的粒子排料速率；D_0 為氣體流速為零的情況下，粒子自多孔板自然掉落的速率，其正比於 $\sqrt{g}\,(do - dp)^{2.5}\rho_p m$（Tanaka, 1979）；$D_1$ 為 raining 時期，單位面積的粒子排料速率；D_2 為 dumping 時期，單位面積的粒子排料速率；t_1 為懸浮床由誘發期轉換至成長期的時間；t_r 為實驗的操作時間。

(1) 當操作時間 $t_r < t_1$ 時，

$$\Delta P = KF(t)gt_r - KK_1 f(t)mg\left(1 - \frac{d_p}{d_o}\right)^2 t_r$$

(2) 當操作時間（$0_r > t_1$）時，

$$\Delta P = KF(t)gt_r - KK_1 f(t)mg\left(1 - \frac{d_p}{d_o}\right)^2 t_1 - KK_2 \frac{2g\rho_p m\sqrt{g}(d_o - d_p)^{2.5}}{\rho_f u_o^2}\int_{t=t_1}^{t=t_r}\frac{W(t)}{A_c}dt$$

求解一次微分方程式後可得

$$\Delta P = \frac{K\rho_f u_o^2}{2g\rho_p mK_2\sqrt{g}(d_o - d_p)^{2.5}} \times \left[F(t)Ac_g - e^{-\left(\frac{2g\rho_p mK_2\sqrt{g}(d_o - d_p)^{2.5}}{A_c\rho_f u_o^2}\right)(t+C^*)}\right]$$

其中 A_c 爲懸浮床管柱之截面積，C^* 爲積分常數

$$K = 0.408\mathrm{m}^{-0.051}\left(\frac{F}{\rho_p u_t}\right)^{-0.045}\left(\frac{u_o}{u_t}\right)^{-0.003}\left(\frac{u_s}{u_t}\right)^{-0.098}$$

$$K_1 = 1.321 \times 10^{-3}\mathrm{m}^{0.09}\left(\frac{F}{\rho_p u_t}\right)^{0.031}\left(\frac{u_o}{u_t}\right)^{-1.22}\left(\frac{u_s}{u_t}\right)^{-2.634}$$

$$K_2 = 3.33 \times 10^2\mathrm{m}^{4.893}\left(\frac{F}{\rho_p u_t}\right)^{1.155}\left(\frac{u_s}{u_t}\right)^{-0.408}$$

$$C^* = -6.08 \times 10^{-2}\mathrm{m}^{-1.8}\left(\frac{F}{\rho_p u_t}\right)^{-0.344}\left(\frac{u_s}{u_t}\right)^{-2.523}$$

　　由於懸浮床的床高爲設計上的一項重要參數，當局部孔隙度爲已知時，也可以利用式（***）計算出床高 L。

$$L = \frac{KF\rho_f u_o^2 A_c}{2K_2\rho_s m(\rho_p - \rho_f)(1 - \varepsilon)(d_o - d_p)^{2.5}g^{1.5}}$$

2. 多孔板式懸浮床乾燥器設計要項 [(Takahashi, p.393)]

(1) 多孔板

　　需依溼潤材料與乾燥產品的物性，來選定孔徑大小，和開孔比。一般開孔比在 0.3～0.45，孔徑則如材料較乾時採用重量中位徑的 15 倍，對較溼的材料就倍數需大些。上下多孔板的間距視流體化床的膨脹程度後 150～400 mm，但最上段與排氣

口的 free board 高得考慮粒子被帶走的問題，多增高至 1 m。

(2) 乾燥產品品溫 T_m [℃]

可依下式計求之 ^{（Takahashi, p.393）} ：

$$\frac{T_1 - T_m}{T_1 - T_w} = \frac{\lambda_w - F - c_s(T_1 - T_w)(F / F_C)^{F_C \lambda_w / c_s(T_1 - T_w)}}{F_C \lambda_w - c_s(T_1 - T_w)}$$

上式中 F = 材料的自由含水率，F_C = 材料的臨界含水率

平常如乾燥產品含水率可高於臨界含水率時，乾燥產品溫度該在所接觸的熱風涇球溫度。於流體化床乾燥系，其臨界含水率多在 2～3%。

(3) 所需熱風風量，G_0 [kg/hr]

一旦乾燥產品品溫 T_m，則所需熱風風量就可依下式求得

$$G_0 C_{H2}(T_2 - T_1) = q_m(c_s + w_2)(T_{m2} - T_{m1}) + (w_1 - w_2)[\lambda_{w2} + (T_{w2} - T_{m1}) + 0.45(T_1 - T_{w2})]$$

（11.2.7-1）

$$q_m(w_1 - w_2) = G_0(H_2 - II_1)$$

（11.2.7-2）

上式中下標 1，2 分別代表塔頂和塔底。

(4) 熱風速度 u [m/s]

將就材料乾燥產品的調和平均粒徑的粒子（在塔頂或塔底，選對流動較不利的 case）計算其終端速度，u_t [m/s]，求熱風流過孔穴時的流速 u_o 與 u_t 之比 u_o/u_t 之值介在 0.9～1.3 的 u_o 為其風速。

(5) 塔徑，D [m]

利用在 (3) 所求得 G_0 加算此乾燥系對外的熱損之值 G'_0 和上項所選定的 u_o 該可算出塔徑，D 值。

(6) 流體穿流流體化粒子床時的壓降 ΔP [kg/m²]

赤尾提出下式流體穿流流體化粒子床時的壓降 ΔP，

$$\frac{(\Delta P / \rho_s d_p)^2}{\cos^2 \varphi} - \frac{(92 \frac{u_o - u_t}{u_t})^2}{\sin^2 \varphi} = 8^2, \varphi = (\frac{30 - n'}{60})\pi$$

（11.2.7-3）

當 $(d_p/d_o m) < 0.18$；$1.0 < (u_o/u_t) < 2.0$ 時，

$$n' = 470(d_p / d_o)^{0.6}(W' / m\rho_s\sqrt{gd_o})^{0.6} \qquad （11.2.7\text{-}4）$$

當 $(d_p/d_o m) > 0.18$；$1.0 < (u_o/u_t) < 1.4$ 時，

$$n' = (1.15\times10^{18})(e^{-4.9m}d_p^5 d_o^{-2})(W' / m\rho_s\sqrt{gd})^{1.3} \qquad （11.2.7\text{-}5）$$

W' = 材料供料速率 [kg/m^2 · s]；m = 開孔比；d_o = 孔徑 [m]

(7) **熱容量係數**，$ha'X_0$ [kcal/m^{2}hr$^\circ$C]

多段連續流體化床乾燥器的熱容量係數，ha' 是以下式定義：

$$q = ha'X_0(\Delta T)_{lm} \qquad （11.2.7\text{-}6）$$

上式中 d = 流體化床粒子 1 kg 擁有的有效熱傳面積 [m^2/kg-d.s.]，X_0 = 流體化床材料滯留量 [kg/m^2]；$(\Delta T)_{lm}$ = 材料與熱風的對數平均溫差；當 0.6mm < d_p < 1.4mm；$1.0 < u_o/u_i < 2.2$；$(\Delta P/\rho_s d_p) < 70$，時，

$$ha'X_0 = 480(\Delta P / \rho_s d_p)^{0.75}(u_o / u_t)^{1.5} \qquad （11.2.7\text{-}7）$$

(8) **必要段數**，n

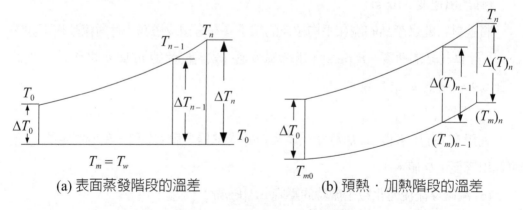

(a) 表面蒸發階段的溫差　　　　　(b) 預熱 · 加熱階段的溫差

圖 11-18　系統的溫差[Takahashi]

a. 於表面蒸發階段：

$$ha'X_0 = G_0 C_H\{\ln(T_n - T_w)/(T_0 - T_w)\}/nA \qquad （11.2.7\text{-}8）$$

式 A = 流體化床的面積 [m^2]

b. 於材料加熱階段：

$$ha'X_0 = G_0C_H[\ln\{(T_n - (T_m)_n)/\{T_0 - (T_w)_0\}\}]/nA\{1 - (G_0C_H/q_mc_s)\} \quad （11.2.7\text{-}9）$$

式中 q_m = 材料供料流量 [kg-d.s./hr]

【範例 11-4】設計多孔板式懸浮床乾燥器 [Toei, B, p.285]

擬設計一多孔板式連續多段流體化床乾燥器來生產每小時 2.5 噸〔含水率 0.5%（WB）〕的微分煤碳，進料的含水率是 12%（WB），知其結合含水率 = 3%，其粒徑分布如下表所示：

> 0.5 mm	0.5 ～ 0.3 mm	0.3 ～ 0.15 mm	0.15 ～ 0.08 mm	< 0.08 mm
12.6%	32.2	36.0	8.5	10.7

進料微粉煤碳的其他物性：

c_S = 0.3 [kcal/kg℃]；表比重 = 1.36；真比重 = 1.6；溫度 = 20℃；著火溫度 = 220℃；此進料含水率雖高，但一被熱風衝吹就易散成顆粒狀；另得注意的是材料表面附著稍許重油，導致容易著火。

熱源有燃燒 C 級重油而得的 200℃ 燃燒熱風。

〔解〕

1. 多孔板規格的選擇

如題意說明，材料屬易分散成顆粒，故選積算重量 50% 的為代表徑，依其粒徑分布（圖 11-19(a)），知 d_p = 0.28 [mm]，考慮預熱階段，進料尚溼多少有凝聚，故把多孔板的孔選大些，d_o = 15 [mm]，但加熱區及乾燥區就選 d_o = 10 [mm]，開孔比選小些，m = 0.35。

2. 塔中風速（空塔基準）的決定

以壓力最小的頂段做為設定風速的基準，而各粒徑的終端速度就利用圖 11-19(b) 來決定。如塔段熱風溫度是 95℃（經由試錯法估計），粒徑 0.28 mm 的粒子在頂段的終端速度為 1.7 [m/s]，其一半值 = 0.85 [m/s]，擁有此終端速度的粒徑查圖 11-19(b) 知為 0.14 mm，進料裡粒徑小於 0.14 mm 的重量 % 查知為 19%，故可能有 19% 的進料被排氣帶飛出此多段多孔板塔，也勢必在排氣口後另加裝可乾燥這部分的氣流乾燥管 **。如此氣流乾燥管的出口排氣溫度是 70℃，離開塔頂的排氣溫度 T_1 是 $T_1 - 70 = (0.19)(200 - 70)$，也即 $T_1 = 95[℃]$。

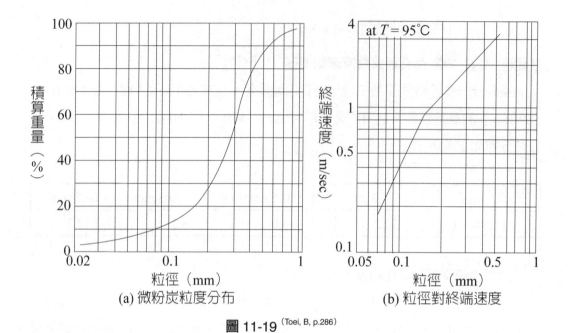

(a) 微粉炭粒度分布　　　(b) 粒徑對終端速度

圖 11-19 [Toei, B, p.286]

〔** 氣流乾燥管的設計請參照後節〕

　　爲計算流體化床裡粒子的終端速度，依粒徑分布求其進料的調和平均徑（harmonic mean）得爲 0.33 mm，其在 95℃的氣流裡的終端速度爲 $u_t = 1.98$ [m/s]，而穿過孔板中孔的流速 u_o 爲：$u_o = \dfrac{0.85}{0.35} = 2.42$ [m/s] 而 $u_o/u_t = 1.22$，故該進料粒子在多孔板上可生成穩定的流體化（懸浮）床才是。

(1) 熱風流量 G_0

(2) $\dfrac{(T_1 - T_m)}{(T_1 - T_w)} = \dfrac{\lambda_w F - c_s(T_1 - T_w)(F/F_c)^{F_c\lambda_w/c_s(T_1-T_w)}}{F_c\lambda_w - c_s(T_1 - T_w)}$ 　　　　　　　　（11.2.4-1）

(3) 利用上節的式（11.2.4-1）亦即在此 $T_2 = 200℃$，$H_1 = 0.02$，$T_w = 50.5℃$，$\lambda_w = 568.8$ kcal/kg，$F_c = 0.02$，$c_s = 0.3$ kcal/kg℃，$F = 0.05/0.995 = 0.00502$，諸值代入上式

$$\frac{200 - T_m}{200 - 50.0} = \frac{(568.8)(\frac{0.005}{0.995}) - (0.3)(200 - 50.5)(\frac{0.00502}{0.02})^{\frac{(0.02)(568.8)}{(0.3)(200-50.5)}}}{(0.02)(568.8) - (0.3)(200 - 50.5)}$$

$$\therefore T_m = 72 \ [^{\circ}\text{C}]$$

乾涸材料質量流量 q_m

$$q_m = \frac{(2,500)((1-0.19)}{1+(\dfrac{0.005}{0.995})} = 2,020 \ [\text{kg}-\text{d.s./hr}]$$

蒸發水分量 ΔW

$$\Delta W = (2,020)(\frac{0.12}{0.88} - \frac{0.005}{0.995}) = 265 \ [\text{kg/hr}]$$

所需熱風流量 G_0 可利用式（11.2.7-1），亦即

$$G_0 C_{H2}(T_2 - T_1) = q_m(c_s + w_2)(T_{m2} - T_{m1}) + (w_1 - w_2)[\lambda_{w2} + (T_{w2} - T_{m1}) + 0.45(T_1 - T_{w2})]$$

$$（11.2.7\text{-}1）$$

$$G_0(0.25)(200-95) = (2,020)\{(0.3 + \frac{0.005}{0.995})(72-20)$$

$$+ (\frac{0.12}{0.88} - \frac{0.005}{0.995})[568.8 + (50.5-20) + (0.46)(95-50.5)]\}$$

$$\therefore G_0 = 7,500 \ [\text{kg}-\text{d.a./hr}]$$

如假設此乾燥系對外有 10% 的熱損，故實際所需熱風量 G'_0

$$G'_0 = (7,500) \times (1.1) = 8,250 \ [\text{kg/hr}]$$

而排氣增溼度為

$$\Delta H = 265/8,250 = 0.0321$$

故離頂段的排氣溼度於頂段 $T_1 = 95^{\circ}\text{C}$，$H_1 = 0.0521$，查表比容 $v_H = 1.12 \ \text{m}^3/\text{kg}$ 於塔頂的風量容積流量 $V \ [\text{m}^3/\text{s}]$

$$V = (2,250)(1,12) = 9,250 \ [\text{m}^3/\text{Hr}] = 2.57 \ [\text{m}^3/\text{s}]$$

(4) 塔徑的決定，$D \ [\text{m}]$

熱風在頂段的風速 = 0.85 [m/s]，故塔徑 D 為

$$\frac{\pi}{4}D^2 = \frac{2.57}{0.85} = 1.96 \ [\text{m}]$$

爲方便就決定爲 $D = 2.0$ [m]

(5) 多孔板塔各段的溫度分布

a. 加熱階段

就此段取熱收支得

$$(7,500)(0.25)(200 - T_a) = 2020(0.3 + 0.005)(72 - T_w)$$

假設 $H_a = 0.02$ 用試錯法解上式得 $T_a = 192℃$，$T_w = 50℃$

b. 乾燥階段

$$(7,500)(0.25)(192 - T_b) = (2020)(\frac{012}{0.88} - \frac{0.005}{0.995})(569)$$

$\therefore T_b = 112℃$

c. 預熱階段

$$(7,500)(0.25)(112 - T_1) = 2020\{(0.3 + \frac{0.005}{0.995})(50 - 20) + (\frac{0.12}{0.88} - \frac{0.005}{0.995})[(1)(50 - 20) + (0.46)(95 - 50)]\}$$

解之，$T_1 = 95℃$

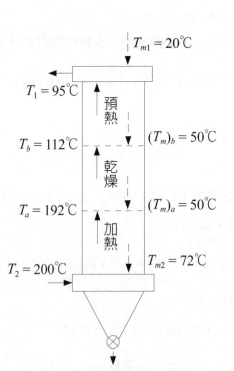

圖 11-20　多孔板式多段流體化床乾燥器 [(Toei, B, p.288)]

(6) 氣體穿流材料床的壓降

a. 加熱階段

平均溫度 T_{av} = (192 + 200)/2 = 196 [℃]；溼度 = 0.02；溼潤比容 v_H = 1.37 m³/kg，故此階段的熱風容積流量 V = (8,250)(1.37)/3,600 = 3.14 [m³/s]。由於塔徑 = 2 m，多孔板的有效面積 = 3.14 [m²]，故熱風在床中的流速 u = 3.14/3.14 = 1.0 [m/s]，因開孔比為 0.35，故流體穿過銳孔的流速 u_o = 1/0.35 = 2.86 [m/s]。在平均溫度的氣流中，代表徑 0.33 mm 的粒子的終端速度知為 *2.06 [m/s]，故 u_o/u_t = 1.39。在加熱階段多孔板孔徑 = 10 [mm]，開孔比 = 0.35，收 $d_p/(d_o)(m)$ = 0.33/ [(10)(0.35)] = 0.0943* < 0.18 就利用式（11.2.7-4）估算 n'

$$W' = \frac{2,020}{(3,600)(3.14)} = 0.178 \,[\text{kg/m}^2 \cdot \text{s}]$$

利用式（11.2.7-4）

$$n' = (470)(\frac{0.33}{10})^{0.6}[\frac{0.178}{(0.35)(1,600)\sqrt{(9.8)(10\times10^{-3})}}]^{0.6} = 0.99$$

再由式（11.2.7-3），

$$\varphi = (\frac{30-0.99}{60}) = 1.53 \,[\text{rad}]$$

$\cos^2 \varphi = 0.00244$；$\sin^2 \varphi = 0.998$

$$\frac{(\frac{\Delta P}{\rho_s d_p})^2}{0.00244} - \frac{[(29)(1.39-1)]^2}{0.998} = 8^2$$

$\dfrac{\Delta P}{\rho_s d_p} = 0.685$　　ΔP = 0.363 mm 水柱

b. 乾燥階段

以同一手法得

u = 0.93 [m/s]；u_o/u_t = 0.99；n' = 0.99；$\dfrac{\Delta P}{\rho_s d_p}$ = 0.595；ΔP = 0.315 mm 水柱

c. 預熱階段

$$u = 0.845 \, [\text{m/s}] \; ; \; u_o/u_t = 1.19 \; ; \; n' = 0.78 \; ; \; \frac{\Delta P}{\rho_s d_p} = 0.48 \; ; \; \Delta P = 0.253 \, \text{mm 水柱}$$

(7) 各階段的熱容量係數，$ha'X_0 \, [\text{kcal/m}^2\text{hr}^\circ\text{C}]$

熱容量係數的定義為：

$$ha'X_0 = 480(\Delta P / \rho_s d_p)^{0.75}(u_o / u_t)^{1.5} \qquad （11.2.7\text{-}7）$$

故各階段的熱容量係數可得如下：

a. 加熱區段：$ha'X_0 = 480(0.685)^{0.75}(1.39)^{1.5} = 594 \, [\text{kcal/m}^2\text{hr}^\circ\text{C}]$

b. 乾燥區段：$ha'X_0 = 480(0.595)^{0.75}(1.31)^{1.5} = 488 \, [\text{kcal/m}^2\text{hr}^\circ\text{C}]$

c. 預熱區段：$ha'X_0 = 480(0.48)^{0.75}(1.19)^{1.5} = 360 \, [\text{kcal/m}^2\text{hr}^\circ\text{C}]$

(8) 所需多孔板數，n

a. 加熱區段：將式（11.2.7-9）改寫成

$$n = \frac{\ln(\frac{(\Delta T)_n}{(\Delta T)_0})}{(\frac{ha'X_0 A}{G_0 C_H})[1 - \frac{G_0 C_H}{q_m c_s}]} = \frac{\ln\frac{128}{142}}{(\frac{594 \times 3.14}{7{,}500 \times 0.25})[1 - \frac{7{,}500 \times 0.25}{2020 \times (0.3 + 0.005)}]} = 0.055 段$$

也即加熱區段所需多孔板數，n 為 1 段

b. 乾燥區段：將

$$ha'H_0' = G_0 C_H \{\ln\frac{(T_n - T_w)}{(T_0 - T_w)}\} / nA$$

式（11.2.7-8）改寫成

$$n = \frac{\ln(\frac{(\Delta T)_n}{(\Delta T)_0})}{(\frac{ha'X_0 A}{G_0 C_H})} = \frac{\ln\frac{142}{62}}{(\frac{488 \times 3.14}{7{,}500 \times 0.25})} = 1 段$$

也即加熱區段所需多孔板數，n 為 $1 + 1 = 2$ 段

c. 預熱區段：將式（11.2.7-9）改寫成

$$n = \frac{\ln \frac{62}{75}}{(\frac{360 \times 3.14}{7,500 \times 0.25})[1 - \frac{7,500 \times 0.25}{2020 \times (0.3 + 0.136)}]} = 2.3 \; 段$$

也即加熱區段所需多孔板數加安全，n 取 2.3 + 2 ≒ 5 段，而總段數 = 5 + 2 + 1 = 8 段。表 11-7 揭示一些多孔板塔懸浮床乾燥器的運轉例供設計或選擇時的參考。

表 11-7　多孔板塔懸浮床乾燥器的運轉例 [ToeiB p297]

進料溼潤材料	磷酸渣粒	砂	小麥	麥	煤碳	硫胺	焦碳
操作	乾燥	冷卻	焙燒	冷卻	乾燥	乾燥	乾燥
塔內風速 [kg/hr · m²]	7800	3000	10700	15000	6010	8350	7240
塔底風速 [m/sec]	4.35	0.7	4.5	3.15	2.07	2.15	2.66
供料速度 [kg/hr · m²]	3500	1770	2400	2720	7310	4950	6140
供給比 [kg · 材料 / kg · 乾燥空氣]	0.325	0.59	0.23	0.18	1.21	0.59	0.85
平均粒徑 [mm]	0.95	0.54	3	3	0.8	0.3	1.5
進料含水率 [% D. B.]	13.0	—	20.4	2.8	8.45	2.08	4.77
產品含水率 [% D. B.]	0.1	—	2.8	1.8	2.05	0.3	0.6
進料品溫度 [℃]	20	350	20	150	20	20	20
製品溫度 [℃]	200	22	150	30	70	35	130
進口熱風溫度 [℃]	300	20	325	20	164	54	220
排氣溫度 [℃]	90	150	100	44	47	25	73
一段的壓力降 [mmW. C.]	11	2	8	10	14	16	9
段數	4	14	10	6	2	3	3

3. 懸浮床之穩定操作 [Ju, p.139-155]

承本節前面所述，懸浮床孔板的開孔比（m）、銳孔孔徑 / 粒徑比（d_o/d_p）以及顆粒密度（ρ_p）都會影響懸浮床的穩定操作。

(1) 開孔比

懸浮床與傳統流體化床最大的不同點就在於多孔板的孔洞，其除了供氣體通入之外，同時亦為顆粒掉落的唯一管道。隨著開孔比增加，將減少粒子滯留於多孔板上方的機率，也就愈不容易形成懸浮床。反之，開孔比愈低，粒子雖較易形成懸浮床，但也容易形成溢流狀態。若擬達到穩定操作，需介於兩者之間。對於單一粒徑的 Geldart（1973）D 群粒子而言，其可穩定操作之懸浮床的開孔比係介於 31～52% 之間。圖 11-21 所顯示的即是在不同開孔比的條件下，能夠形成 $\rho_p = 1043$ kg/m^3 之 2 mm 粒子穩定懸浮床的操作範圍圖。圖中可看出，開孔比不同時，所形成之穩定懸浮床的型態也有所不同。開孔比低（0.31）時，僅會形成湧騰床，且操作範圍小；而開孔比高（0.52）時，僅會形成氣泡床，且操作範圍亦極小。因此，較佳的開孔比為 0.42～0.48 之間。

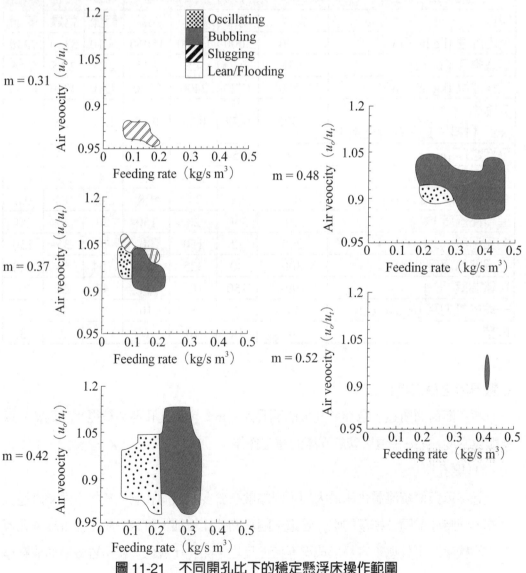

圖 11-21　不同開孔比下的穩定懸浮床操作範圍

(2) 銳孔孔徑／粒徑比（d_o/d_p）

在操作條件相同的情況下，d_o/d_p 數值增加將使得粒子更容易掉落孔洞，如原本為穩定操作的氣泡床，將有可能轉變為稀釋床；如原本為溢流狀床的懸浮床，亦有可能因 d_o/d_p 提高而轉變為湧騰床。除了形成穩定床的型態轉變之外，在適當提高 d_o/d_p 數值（$3.5 \rightarrow 4.0$）值，可穩定操作的氣體流速與固體粒子進料速率的上限會增加，亦即使得氣泡床的穩定操作範圍擴大，床體亦較不易形成湧騰現象。但過度增加 d_o/d_p 數值（$4.0 \rightarrow 4.5$）時，對於擴大穩定操作範圍的影響不大。

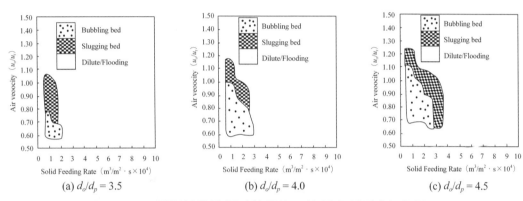

圖 11-22　不同銳孔孔徑／粒徑比下的穩定懸浮床操作範圍

(3) 顆粒密度（ρ_p）

顆粒密度過小時，僅能在適中的氣體流速和較低的固體粒子進料速率範圍內操作，因為氣體流速或固體進料速率大易造成粒子逸失或溢流而無法操作。同樣的，顆粒密度過大時，僅能在高的氣體流速和較低的固體粒子進料速率範圍內操作，以免粒子床稀薄或粒子溢流。而當粒子密度高時，不會形成穩定的振盪淺床，但若粒子的密度相近，可穩定操作範圍將相當近似。

11.2.8 批式振動乾燥機與振動輔助連續流體化床乾燥器

利用振動的化工裝置有振動輸料器、振動研磨器、振動升料器、振動流體化床等，在乾燥器則有單靠振動與傳導加熱的振動乾燥器與在靜置型流體化床附加振動來輔助較不易流體化的粉粒體的振動流體化乾燥器兩大類。

1. 振動乾燥機的構造與特點

(1) 構造

振動乾燥機依其容器是豎型或橫（水平）型容器分成如圖 11-23、24 所示兩大類。豎型振動乾燥器是將在豎型容器本體下部斜一角度裝上兩部振盪馬達，讓它能如圖 11-23(b) 所示做斜橢圓狀的振動，讓容器內的粒子能沿器壁爬上再向中心部滑下，並做圓周方向的旋迴流動，避免粒子在中心部積成滯呆區，在中心區設突起部讓粒子流回圓周部，同時也利用成加熱面的一部分。

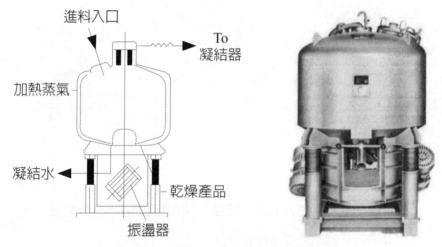

圖 11-23(a)　豎型振動乾燥器

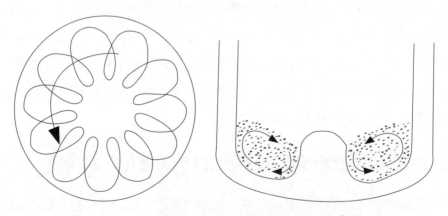

圖 11-23(b)　豎型振動乾燥器的粒子流動流態 ^(Miozutani)

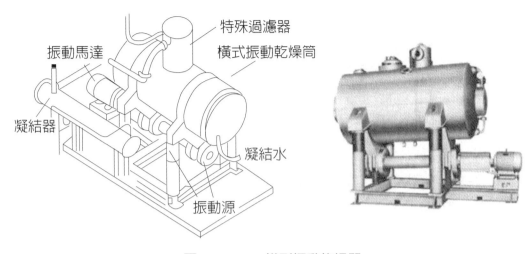

圖 11-24(a)　橫型振動乾燥器

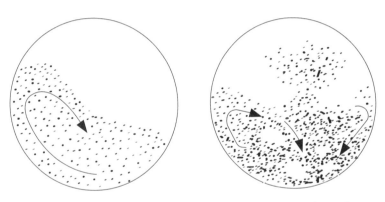

圖 11-24(b)　橫型振動乾燥器的粒子流動流態[Mizutani]

　　橫型振動乾燥機則在水平圓筒容器外部裝振動源讓容器內粒子做如圖 11-24(b) 所示的圓周方向的流動，粒子中密度較大的粒子會沿器壁做同心圓狀的流動，細粒或密度小的粒子就可能跑進氣體成小氣泡向上噴流，好受下方遞載氣體相似的流體化現象，無論豎型或橫型其常用振動數在 1,200～1,500 cpm，全振幅在 3 mm 程度。

(2) 振動乾燥機的特點

a. 可藉振動攪動粉粒體

　　i. 可不用空氣能得粒子群的流體化。

　　ii. 雖可流體化，粉粒體被破損程度小。

　　iii. 由於粒子群流體化，雖靠襯套加熱，少有局部加熱的問題。

iv. 因不用氣體流體化，粉粒體的吹散損失少。

v. 乾燥產品流動性較佳，易於排出。

b. 裝置構造簡單可帶下列優點：

i. 處理簡單，亦容易洗淨。

ii. 適於注重衛生的產品。

iii. 操作過程材料少被汙染，適合多樣產品的生產時的更換進料。

c. 裝置多為密閉構造，都採用襯套的間接加熱方式

i 熱媒更換方便。

ii. 可採用真空乾燥，藉惰性氣體封閉防止材料或產品的熱劣化，或氧化。

iii. 適合去除或回收有機溶媒。

iv. 亦可乾燥泥漿或膠狀泥等材料。

d. 可投入解碎用媒體，而可

i. 同時進行某些材料的解碎與乾燥。

ii. 也可灌入泥漿同時進行蒸發濃縮與乾燥。

e. 容器內材料的攪拌是靠裝在外面的振盪器，故

i. 驅動動力小。

ii. 磨損少。

(3)應用例

a. 配合醫藥品程序的構造要求^{（Mizutani）}

於醫藥品生產程序在無菌要求下，乾燥器需滿足 (a) 醫藥品品溫需在 35℃以下，加熱面溫度低於 70℃；(b) 能考慮洗淨性（衛生）、滅菌性（殺菌功能）；及保持無菌的構造；(c)防止異物的產生或混入；(d) 生產操作環境的清淨度的保障；(e) 前後程序的無菌度。為滿足這些要求，裝置內接粉部的研磨，去死角的設計，封密方法的加強。圖 11-25 是考慮上述各點後做到 CIP class100 的成功流程例。

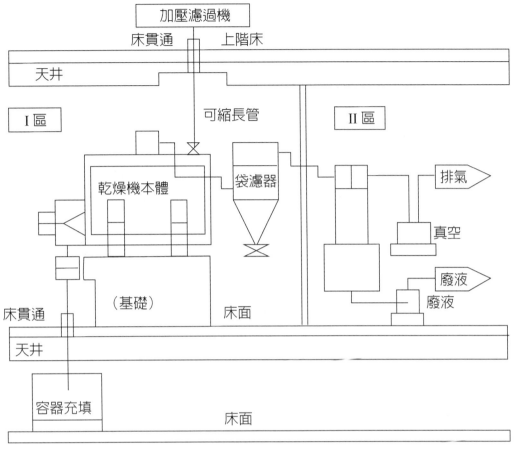

圖 11-25⁽Miozutani⁾

b. 研磨材的乾燥

　　如磨光光學玻材、金屬鏡面完磨、矽光碟的精研、磨光所使用的熔融氧化鋁、碳化矽爲主材料的研磨材，其在液體中精密分級使材料擁有很細且粒度均勻的優異特性，只有振動乾燥機可免攪拌翼，或轉軸的磨碎，將這些磨材乾燥成細又均勻的產品。另一特點就是省了攪拌機和轉軸的磨損的麻煩。

c. 高機能樹脂的乾燥

　　使用於半導體和電子材料的高機能樹脂的乾燥過程如有異物混入將嚴重損毀其高價性能，之前使用錐形乾燥機乾燥所得產品，檢查結果竟有約 50% 不良產品，主要是進料及排料時由周圍環境混進，改用進出口均連上彈性塑管隔離後，得到不良率降到零的好結果。

d. 染料的乾燥

如要有黏著性的染料使用具有攪拌機的溝槽型乾燥器來進行乾燥,每批換進料需費在洗淨乾燥室的時間要三天左右,但如使用振動乾燥機,因沒有攪拌機或軸封部門,洗淨乾燥室只要半天,且因乾燥室空間單純容易檢查,提升不少乾燥的稼動率。

2. 振動輔助連續流體化床乾燥器

如上節所述,在靜止的粉粒體群附加機械振動可使粒子群流動,故對一些流體化初速過大的粒子也即使用振動輔助流體化床可使原較難流體化的粗重粒子也可在較小的風速流體化和乾燥(如參照圖11-26(a)),甚至可不通氣也可讓粒子流體化。

也就是藉振動來減少流體化所需的熱風量。故藉此方式來乾燥高含水率的多,又有附著性凝聚性的超微米粒子。此型流體化床可在器外附加加熱襯套經由間接傳導熱傳加熱,把乾燥室減壓至真空成真空流體化乾燥進料,表 11-8 揭示一些應用例。

但因機械振動是有方向的制限,故連續操作時不易控制粒子的滯留時間,另在振動床,大粒子移動速率較快,而可能導致乾燥不均勻。

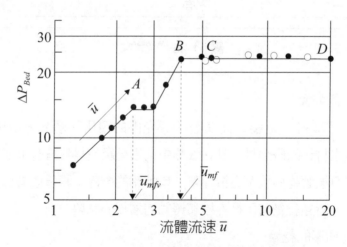

圖 11-26(a)　振動改變流體化床起始流速 u_{mf}

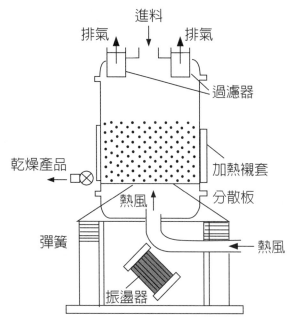

圖 11-26(b)　批式振動輔助連續流體化床乾燥器(Nakamura)

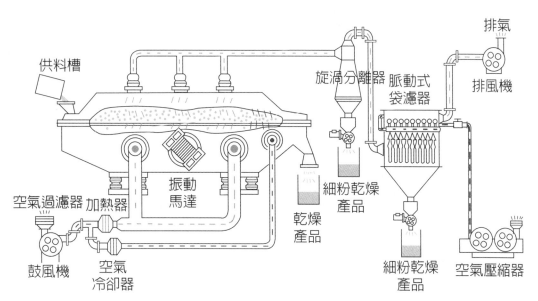

圖 11-26(c)　橫式振動輔助連續流體化床乾燥器外觀圖

表 11-8　振動流體化床乾燥機的應用例 (Naskamural, p.83)

材料	樹脂	染料	氧化鋁	金屬粉
溶媒	甲醇	苯	水	水
處理量 [kg- 製品 / 批]	13	1270	1200	1200
材料含水率 [kg- 溶媒 /kg-DB]	0.63	0.43	0.28	0.20
製品含水率 [kg- 溶媒 /kg-DB]	0.0095	0.0010	0.00030	0.00050
材料粒子徑 [mm]	0.10	微粉	0.0090	0.070 ～ 0.080
材料嵩密度 [kg/m³]	480	850	2400	3000
乾燥時間 [h]	3.3	8.0	10	3.6
乾燥機全容積 [m³]	0.032	2.1	1.0	0.66
乾燥機尺寸（DL）[m]	0.25×0.5	1.1×2.2	1.6×0.8	0.75×1.5
熱傳面積 [m²]	0.39	6.0	3.3	2.5
熱媒體入口溫度 [℃]	55（溫水）	132（水蒸氣）	132（水蒸氣）	132（水蒸氣）
乾燥機內壓力 [kPa]	2.9 ～ 8.0	4.0 ～ 6.7	53	11 ～ 41
振動週波數 [Hz]	25	25	20	25
振幅 [mm]	3.0	3.0	3.0	3.0
排氣量 [m³/min]	0.5	1.25	1.25	1.25

表 11-9　真空振動流體化床乾燥機的應用例 (桐 m)

原料名	有機工業產品	金屬粉	有機工業產品	碳粉	染料	陶瓷粉	電觸氧化鋁
溼潤材料處理量 [kg]	570	1200	660	244	1270	75[1]	1200
溼潤材料含水率 [%D.B]	18	20	30	400	43（溶劑）	100（エタノール）	28
製品含水率 [%D.B]	0.2	0.05	6.5	0.32	0.1	0.1	0.03
材料粒徑 [μm]	微粉	平均70～80 μm	70～150 μm	數 μm	微粉	數 μm	9 μm
乾燥時間 [h]	8	3.6	18	19	8.0	2.0	10
裝置全容積 [m³]	1.1	0.56	1.6	0.66	2.09	0.156	1.9

原料名	有機工業產品	金屬粉	有機工業產品	碳粉	染料	陶瓷粉	電觸氧化鋁
有效熱傳面積 [m²]	4.2	2.5	4.5	2.5	6.0	1.1	3.3
襯套使用熱媒	溫水	水蒸氣	溫水	水蒸氣	水蒸氣	水蒸氣	水蒸氣
熱媒入口溫度 [℃]	70	132	50	108	132	132	132
乾燥真空度 [kPa]	5.3	10.7～41	0.7～2	5.3	4～6.7	27	53

註：使用 Nylon 球 50 公升當流體化媒粒

　　平常的流體化床雖可充分攪亂床中的粒子，但此機可有 (1) 如粒子是微粉成溼潤粉體，可利用有振動下的少量流體來流體化；(2) 已流體化的粒子混合相當良好；(3) 如材料係熱敏感材料，此器可供低溫操作的環境；(4) 可循環流體做封閉系統操作。水谷利用如圖的振動流體化乾燥機依溼式乾燥手法，在保持粉體表面的平衡含水率下優先分離了甲醇、乙醇、丙酮等溶劑。算是振動流體化床的特殊應用例。圖 11-27 揭示利用上述溼式乾燥分離甲醇與丙酮之例。

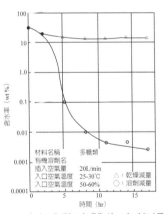

(a) 以活動流體化床乾燥甲醇

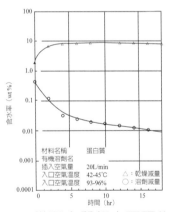

(b) 從蛋白質趕走丙酮的乾燥

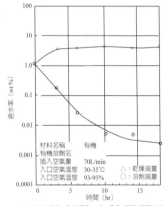

(c) 從碳基酸去除丙酮的乾燥

圖 11-27 (Migutamni)

11.2.9 其他流體化床乾燥器

1. 間接熱傳導加熱型流體化床乾燥器

　　在流體化床內安插可依熱媒加熱的襯套或加熱片，依熱傳導方式加熱流體化粒子群，則所需的氣流只負擔使粒子流體化和帶走乾燥產生的蒸氣而可減少所需風量及只帶走熱能,而可減小裝置的大小。但加熱面的增設對附著性較大的材料是不宜採用。圖 11-28 揭示兩種中小規模的**間接熱傳導加熱型**的流體化床乾燥器供參考。表 11-10 列示間接熱傳導加熱型流體化床乾燥器的運轉例供參考。

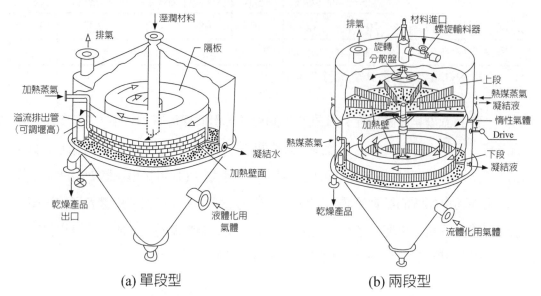

(a) 單段型   (b) 兩段型

圖 11-28　間接熱傳導加熱型的流體化床乾燥器(Strumilo, p.281, 282)

表 11-10　間接熱傳導加熱型流體化床乾燥器的運轉例(桐 m)

裝置型式	加熱管內插型（圖 11-28(a)）	加熱管內插型（圖 11-28(b)）
溼潤材料	PVC	聚丙烯
溼潤時材料形態	粉狀	粉狀
代表粒徑（mm）	104μ	$0.02 \sim 1.5$
真比重	1.4	0.93
表比重	0.485	0.38
處理量（kg/ 製品 hr）	4,500	4,800
操作種類	乾燥	乾燥
乾燥前含水率（% D.B.）	28.5	43
乾燥後含水率（% D.B.）	0.2	0.03
進口熱風溫度（℃）	熱風　85 溫水　85	105
流體化床底面積（m²）	流體化床　144 加熱管　144	17.8
流體化滯留時間（min）	55	

2. 噴流床乾燥器（Spout Bed Dryer） ^(Strumilo)

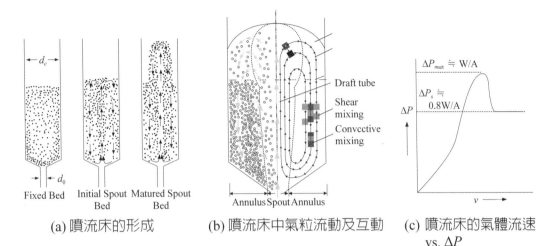

(a) 噴流床的形成　　(b) 噴流床中氣粒流動及互動　　(c) 噴流床的氣體流速 vs. ΔP

圖 11-29　噴流流體化床

　　噴流流體化床是在具有如圖 11-29(a) 所示裝有固粒（粒徑 d_p）的錐底的圓筒（底管徑）中心以逐漸增速吹進向上氣流至該固定床中心部開始鬆動呈流體化，當 Spout 頂升至表面時的進氣流速稱為最低噴流速度（minimum spout velocity, v_{min}），如繼續提升噴流氣速，噴流尖（spout）就被往上提升構成完整的噴流流體化床，可達此高度將維持至某一最高度的靜止床的高度常以 L_{max} 代表，如再提升噴流氣速，此床就轉呈 Slug bed，無法獲得粒子可循環的噴流流體化床。Mathur 和 Gishher 指出 v_{min} 與操作變數的關係可依下式表示：

$$v_{min} = (\frac{d_p}{D_C})(\frac{D_0}{D_C})^{1/3} \{\frac{2gL(\rho_p - \rho_f)}{\rho_f}\}^{1/2} \qquad （11.2.8-1）$$

　　上式中 d_p 是粒徑 [m]，D_C 是筒徑 [m]，D_0 是噴氣管徑 [m]，L 是靜止時的床高 [m]，ρ_p, ρ_f 分別是固粒和氣體的密度 [kg/m^3]，g 是 9.8 [m/s^2]。此式只適用於粒子表面平滑的固粒。從中心軸被吹上來的粒子就如圖 11-29(b) 所示於表面散布構成軸心外的粒子往下流向噴氣口，再被吹進氣流吹往上移動，呈粒子與部分氣體在筒內構成循環流，在中心噴流區固粒就跟熱風進行活撥的乾燥操作，在周圍往下流區就藉粒子間的接觸促粒子間含水率均勻。一般的噴流床所採用氣體流速 L 小時約在 0.2 [m/s]，在厚度較大時在～1.0 [m/s]。Marlek 依據多人的實驗結果指出要造出好的

Spout，D_0 和 d_p 的比例有如下的限界：

$$D_0, D_0/d_p \leq 20$$

而筒底端的吹氣進口有如圖 11-30 所示的不同設計，並指出吹氣進口的口徑 D_S 可依下式決定：

$$D_S = (0.115 - \log D_0 - 0.031)^{0.5} \qquad （11.2.8\text{-}2）*$$

* 此式 D_s 及 D_0 需用英吋值（inch）

可得 Spout 的最高噴流體化床時的 $L_{\max}$ 就可依下式計得

$$(\frac{L_{\max}}{D_C}) = 0.54(\frac{D_C}{d_p})^{075}(\frac{D_C}{D_0})^{0.4}(\frac{\phi^2}{\rho_p})^{1.2} \qquad （11.2.8\text{-}3）$$

ϕ 是固粒的形狀係數，固粒為球時，$\phi = 1$。

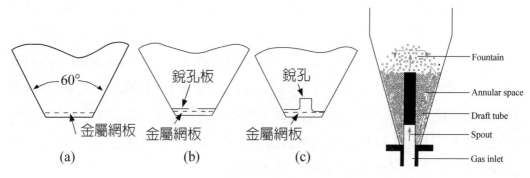

圖 11-30　不同吹氣進口的設計 ^(Strumilo, p.307)

至於 Spout Bed 的氣體壓降尚無滿意可用的相關式，Madonna 和 Leva 提議可逐用 Max Leva 所建議的計算填充床的壓降式，但式中壓損指數 n 用 1.25。Malek 則依 $D_c = 6"$ 的圓筒系粒子用小麥得如圖 11-31 的結果，其結果顯示 L 愈高，其 Δp_s 的實驗值有集中一點（在等於 W/A 的 80%）的趨勢。

考慮工業上裝置時都會想利 L_{max}，其實靜止填充床的高度趨近 L_{max} 值其壓降可視近 0.8W/A 值，床高低時，要注意這些粒子重量多被筒壁支撐，導致壓降相當小的事實。一般而言：$(\Delta p_s/L)$ 與粒子基準的 $N_{\mathrm{Re},p}$ 來說 $(\Delta p_s/L) \propto N_{\mathrm{Re},p}^{1.25}$。舉例來說

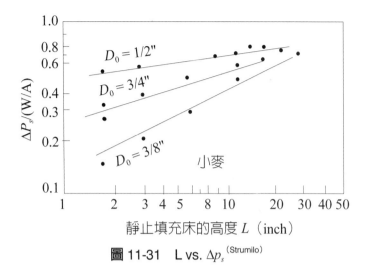

圖 11-31　L vs. Δp_s (Strumilo)

一般 $(\Delta p_s/L)$ 之值多在 13〜80 [cm 水柱 /m]；如在粒徑 3.7 mm 小麥在 6 吋塔（orifice 徑 3/8"）時，當 L_{max} = 0.71 [m] 時，Δp_s = 430 [mmWC]，空塔流速是 1.15 [m/s]，當銳孔徑 = 2" 時，L_{max} = 0.38 [m]，Δp_s = 208 [mmWC]，空塔流速是 1.05 [m/s]，如已知粒子特性，可從式：$D_0/d_p \leq 20$ 求 D_0，再由式（11.2.8-3）求得 L_{max}，再利用 0.8 W/A 的關係求得 $(\Delta p_s/L_{max})$ 值。

另一方面可從式（11.2.8-1）求得 v_{min}，藉此可計出相當的 $N_{Re,p}$，然後在縱軸為 $(\Delta p_s/L_{max})$，橫軸為 $N_{Re,p}$ 從已得點畫斜率 = 1.25 的線，就可得各條件的壓損。

噴流流體化床構造簡單，且只用少量通氣量就可流體化粗粒，而被廣泛利用在批式操作，但也可串聯如圖 11-32，做連續乾燥。

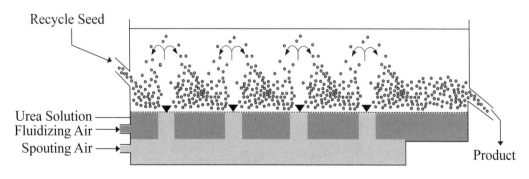

圖 11-32　Spout Bed 的連續乾燥操作

3. 脈動型流體化床乾燥器（Pulse fluidized bed dryer）

圖 11-33 揭示一種脈動型流體化床乾燥器，此型流體化床異於一般流體化床，從整流板上來的熱風不是全面均勻吹上來，而把熱風進入區隔成大小不同的幾區，藉熱風分配器對各區隔時吹進不同風量（甚至中斷供氣），此圖是把進口區分成四個區域，靠熱風分配器交互供吹熱風之例。如此設計可減少熱風流量，但對乾燥所需時間幾乎沒有變化。尤其對較不容易流體化的顆粒材料交互採用短時供大量熱風克服難流體化的困擾，和少量通風的操作，可達成以較少的熱風流量來以流體化方式乾燥。

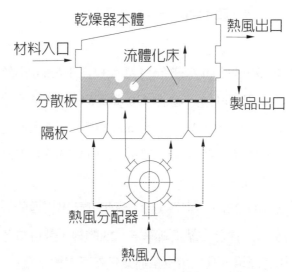

圖 11-33　脈動型流體化床乾燥器(Nakamura, I, p.84)

11.3 流體化床乾燥器的適用範圍

雖上面談了不少流體化床乾燥器的優點，擬選用它來乾燥前，宜再就被乾燥材料溼潤時的形態和物性，及對乾燥產品所要求的品質與規格。

不少溼潤材料經乾燥後可呈粉粒狀，但當它尚溼潤時，含水率稍高就凝聚成塊狀，呈大粒徑的粒子單靠吹進熱風不容易流體化，需靠機械攪碎或混合一些乾產品再解碎始可流體化。如材料乾時就成塊狀或長片狀（Sheet 狀）或泥狀時，一般不適用流體化床乾燥器。此外，如石灰粉，麵粉類溼潤時具有頗大的黏著性，或如一些共聚合物，於乾燥時易帶靜電附著在器壁面，或溫度上升就會急凝固來阻礙流體化的材料也得重新考慮。

　　利用流體化床做連續乾燥時產品中水分分布或多或少是難免，但該可善用多室或多段化減少這缺點，尤其流體化床底面積愈大，滯留時間分布的幅度就會愈小。

　　可當為流體化床乾燥的材料最合適的是乾燥時呈粒狀的材料而其粒徑在 50～300 篩目（mesh）的粉狀材料至粒徑 1～5 mm 程度的粒狀材料，有些材料雖可流體化但需大流速，所需裝置和動力增大，經濟上就不合算。合乎經濟的風速不宜逾 3～4 m/s，如需較大風速才能流體化的材料，或可考慮塔式多段流體化床來處理。

　　如乾燥產品的含水率是需在其臨界含水率（一般在 2～3%）以下，如產品含水率是可高於臨界含水率時，就該改採用氣流乾燥器來乾燥較妥。

　　流體化床乾燥的粒子滯留時間可從數秒至數小時可隨意調整，而適於需經長時間的減率乾燥階段的材料的乾燥，也即是否該選用流體化床來乾燥是決於材料上述的材料溼潤時的物性是否合適於流體化而不是所需乾燥時間的長短。

　　如不少食品或合成樹脂等物質進料含水率高，可容溫度低，流體化風速低的材料，宜檢討投入熱量與風量的平衡，而考慮間接加熱型的乾燥器。

11.4 乾燥操作時需注意事項 —— 流體化床乾燥裝置的問題點與對策

1. 流體化乾燥器的流動缺點

　　流體化床因構造簡單，總括熱容量係數 ha 大（約在 8,000～24,000 kJ/(hr・K・m³)）而被廣泛採用來顆粒狀的粉粒體材料的乾燥。而流體化床乾燥器的流動良莠對其能否發揮乾燥功能至為重要。可能左右其流動狀態的原因有：(1) 風量不足，(2) 整流多孔板被堵塞，(3) 進料溼潤材料水分過高而互相黏著等。故於設計流體化乾燥裝置時就需對整流板的開孔口徑，其孔的配布（layout），開孔比與被乾燥材料的流動特性一併做全盤的考量去設計。風速雖得依被乾燥材料的物性來設定，但平常風速以其空塔速率多採用在 1～2 [m/s] 就可得合適的流動狀態。依上述前提來檢討則對所提三項讓流動狀態惡化的原因該可想到：

(1) **風量不足**：熱風進口的風閘（damper）開度設定不對導致熱風流量不足，平常可從整流板下的熱風進口室的靜壓是否維持在設定值來監控，亦依此靜壓值來調整風閘的開度和鼓風機的送風量。

(2) **整流多孔板的堵塞**：如乾燥用的熱風含有粉塵或進料中的微粉經長時間運轉後都有可能附著在整流板孔孔隙面而堵塞氣流的通路，另外停止乾燥後未乾材料將堆留在整流板上時可能吸收氣中溼氣結塊或成餅堵住整流板的孔穴，於再啟動時氣體無法流過整流板，故設計流體化床乾燥器時需設停機後可清除殘留在板上的材料用的 Handhole，及視窗（圖 11-34）。

圖 11-34 (Tamon, p.148)

如進料中有大於平均粒徑很多的顆粒時，這些不易被流體化的顆粒將沉積在整流板上阻礙用於流體化粒子的氣流不均勻，最後進料就成堆停在整流板而終止進料粒子的流體化。故如進料有大於平均粒徑很多的顆粒時就應事先設法去除這些過大粒子，才能繼續保持粒子床的流體化狀態。

(3) **進料溼潤材料水分過高而互相黏著**：從視窗觀察材料的流體化狀態，也檢視乾燥產品的粒度分布是否正常做為控制進料溼潤材料水分的依據，並不時注投入口區的多孔板孔是否有被堵塞，必要時可考慮於投入區添裝攪拌器（見圖11-35）。

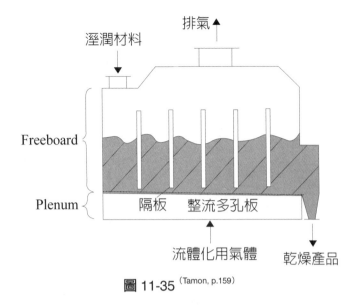

排氣

溼潤材料

Freeboard

Plenum

隔板　整流多孔板

流體化用氣體　乾燥產品

圖 11-35 ^(Tamon, p.159)

2. 流體化乾燥器的流體化品質缺點

影響流體化乾燥器的流體化品質的因素和其對策如下各項：

(1) 流體化床的空塔氣體流速低於代表粒徑的最低流體化起始流速

設定空塔流速（v）可參考代表粒徑粒子的終端速率（v_t），一般 $v/v_t = 0.2$～0.8，設定 v 時需同時考慮風速大小對流體化流動的品質，對粉塵飛散，及風量增減對熱能需求量的影響。

(2) 流體化床的靜止床高太低（或太高）

如靜止床高太低時，熱風一吹很容易發生氣體的竄流（channelling，如圖 11-36 左圖），一些小區域無法獲得均勻流體化床，最低靜止床高得視進料粒子材料的性狀，但一般多採用高 150 mm 以上。

相反情形的靜止床過高時，整床粒子床將被熱風往上推舉又降下流的往復（slugging）運動（如圖 11-36 的右圖），此現象於靜止床高且粒子會黏結時容易發生。防止 Slugging 除避免靜止床過高外，如溼潤材料水分高時，可將整流板進料區的分散孔徑開稍大些，以大些風速加強粒子床的流體化。

(3) 流體流過整流板時的壓降（Δp）太小

如流體流過整流板時的壓降太小，容易使粒子床內的流速分布不均勻，但如此壓降過大將增高動力消耗，一般此壓降是〔粒子全重量 / 床面積〕的 1/10～1/3。

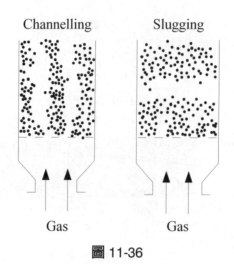

圖 11-36

(4) 投入進料區的材料沒均勻分散所致

　　一般較適合於用流體化床來乾燥的材料是平均粒徑在 0.05～0.3 mm 程度的粉狀材料至粒徑 5～6 mm 程度的塊狀材料，且少附著性、凝聚性弱，流動性好的粉粒體。但同一材料溼潤時在材料進口區因溼潤而有較高的附著性或凝聚性以原設定的空塔風速難於分散導致不能獲得良好的流體化動態，常採用的對策是於進料區加裝分散用攪拌器，或如圖 11-37 所示於熱風進口室加設隔板，稍增進口區的風速來改善進口區的流體化流動。

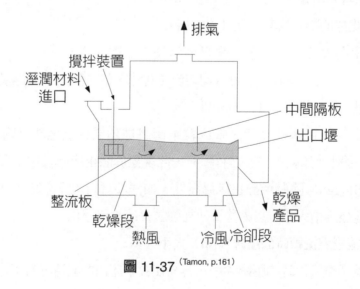

圖 11-37 (Tamon, p.161)

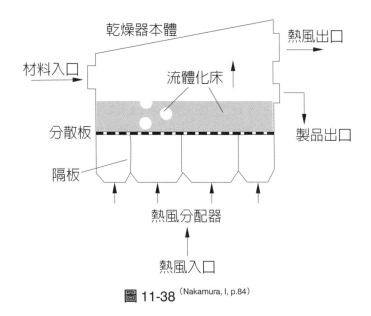

圖 11-38 (Nakamura, I, p.84)

3. 連續式流體化床乾燥器的產品含水率不穩定，甚至不良

　　流體化床乾燥裝置擁有構造簡單，總括熱容量係數 ha 大，而廣泛被採用於粒狀食品等的乾燥。操作方式也兼有批式和連續式兩方式，如是批式操作時其均一品質就不成問題，但產能有限；如操作是連續式，從其似穩定的流態外表覺察不出在產品排出口的乾燥產品，其含水率分布幅度有相當大的缺點，其原因有：

　　(1) 流體化床內粒子混合極為活潑，構成不少粒子衝向流動方向縮短在床內的滯留時間，讓出口的乾燥產品含水率不均勻。

　　(2) 前述影響裝置的流體化床品質各項都會劣化乾燥產品的滯留時間，分布幅太廣而導致產品的品質不均，於各項所列對策均可有效改善產品的品質均勻。

4. 進料宜事先篩除過大的粒子

　　如進料中有大於平均粒徑很多的顆粒時，這些不易被流體化的顆粒將沉積在整流板上阻礙用於流體化粒子的氣流不均勻，最後進料就成堆停在整流板而終止進料粒子的流體化。故如進料有大於平均粒徑很多的顆粒時就應事先設法去除這些過大粒子，才能讓裝置繼續保持良好流體化品質。

5. 從流體化乾燥裝置飛散出來的粉塵

　　粉塵從流體化乾燥裝置飛散出來多寡取決於熱風風量大小與被乾燥物的粒徑分

布。如細粉多時，就得把排氣的塔徑稍擴大（如圖 11-39、40）讓上升風速降些，避免從流體化床帶多量的也該是產品的細粉。流體化床塔的乾舷區（freeboard）是指流體化床界面至排氣口的這段空間，是用來抑制要飛出流體化床的細粉的功能。平常隨著乾燥材料的進展，原聚在一起的粒子堆逐漸鬆散，流體化這些群粒所需的流體化風速也隨之逐降，這些現象將使後半區的流體化流動轉較激烈，甚至該調小此段的風速，來減少粉塵從流體化乾燥裝置飛散的細粉。另外，由於氣固流體化床多屬氣泡床，當氣泡在界面破裂時其噴射流速頗大，足以彈走較細粉稍大的粒子，避免這類損失，平常排氣段高都有 1～2 m 高。

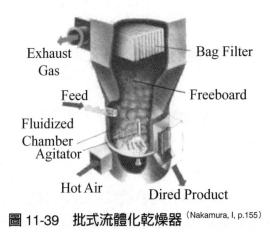

圖 11-39　批式流體化乾燥器（Nakamura, I, p.155）

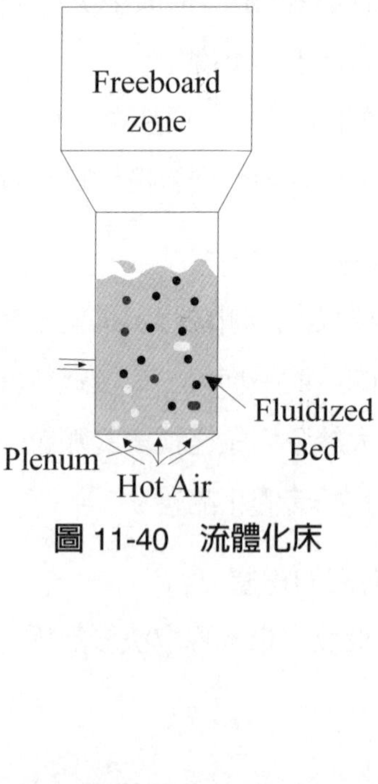

圖 11-40　流體化床

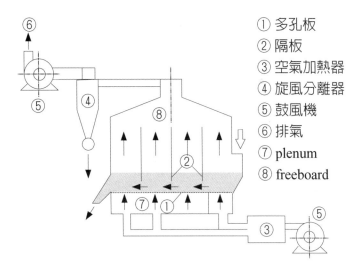

① 多孔板
② 隔板
③ 空氣加熱器
④ 旋風分離器
⑤ 鼓風機
⑥ 排氣
⑦ plenum
⑧ freeboard

圖 11-41 連續式流體化床乾燥系統^(Nakamura, I, p.156)

📄 參考文獻

Imasaka；今阪；連續流動層乾燥裝置；乾燥，化學工業社，東京，日本，（2000）。

Ju, SP., Lu* WM, Kuo HP, Chu FS, Lu, YC, "The formation of a suspension bed on dual flow distributors", *Powder Technology, 131* (2003).

朱曉萍，「雙向流多孔板式懸浮床形成機制及穩定操作之研究」，博士論文，國立台灣大學（2003）。

KuniiII；國井大藏；熱的單位操作 Vol, II 丸善，東京，日本（1968）。

Kunii, D. and Levenspiel; Fluidization Engineering; 2'nd ed., Kodansha, Tokyo, JapanI (1991).

Levenspiel, O.; "Engineering Flow and Heat Exchange." Plenum, U.S.A. (1984); T1; Ex11-2, Kunii & Levenspiel

Lu, W.；呂維明 "Fluidized Bed Dryer," *Taiwan Engineering, 12*(3&4), (1959)。

Lu, W. 呂維明；流體力學與流體操作，Ch.16，流體化，高立，台北，台灣。

Mizutani, S；水谷榮；振動乾燥機の進展と振動流動層乾燥機への展開，最近の化學工學 52；日化學工學會編，化學工業社，東京，日本（2000）。

Mujumdar, A. Advanced Drying Tecnology, 2'nd Ed.CRC Press, New York(?); F30

Nakamura, I；中村正秋 立元雄治；初步から學ぶ乾燥技術，（2nd Ed.）工業調查會東京，日本（2005）；F23(b), p.82; F30, p.84; T7, p.81

Takahashi 高橋敢一，Ch14，乾燥裝置；化學裝置ハンドブック（藤田重文等編），朝倉書店，東京，日本（1967）；F17, p.394; S11.2.7, (1), p.393

Tamon, H. 田門 肇；乾燥技術入門，日刊工業社，東京，日本（2012）；F31, p.148; F32, p,159; F34, p.161; F35, p.155; F37, p.156

Toei, B；桐榮良三乾燥裝置 日刊工業社 東京，日本（1969）；F8, p.298; F18, p.286; F19, p.288; T5, p.297; T6, p.297; S11.2.4, p.274 Ex14-4, p.285

Toei, m；桐榮良三：乾燥裝置マニュアル 日刊工業社 東京，日本（1978）F7, p90; F9, p.89; F15, p.96, F14(a), p.92; F14(b), p.92; F15, p.96; T2, p.92; T3, p.91; T8, p.98; S11.3, p.100; Ex11-1, p.101

第十二章　迴轉圓筒乾燥器

　　迴轉圓筒乾燥器（rotary dryers）是以具有小斜度的迴轉圓筒為主體，材料由高的一端供進，於通過圓筒過程直接與熱風接觸以**對流加熱**傳熱〔如圖 12-1(a)，俗稱**迴轉圓筒乾燥器**〕，和圓筒內具有蒸氣管排或有襯套以**傳導加熱**方式傳熱進行乾燥的**具蒸氣管排迴轉圓筒乾燥器**（如圖 12-1(b)，steam tube rotary dryers）兩大類，是很早就被開發且至今仍被業界廣泛使用的乾燥器之一。

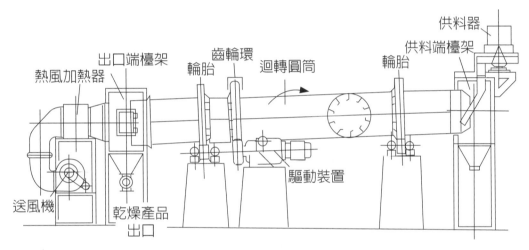

圖 12-1(a)　迴轉圓筒乾燥器

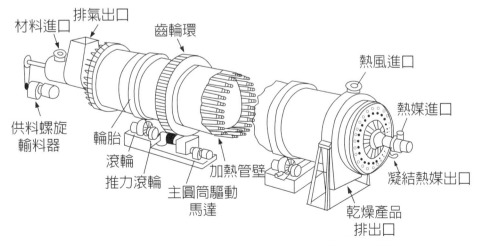

圖 12-1(b)　具蒸氣管排迴轉圓筒乾燥器 ^(Coulson, p.702)

12.1 迴轉滾筒乾燥器

12.1.1 迴轉滾筒乾燥器種類 ^(Toei, B, p.136)

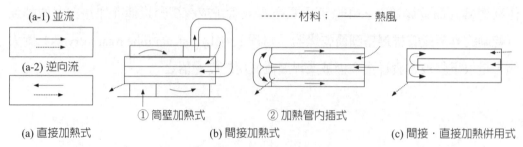

圖 12-2　迴轉滾筒乾燥器裡熱風與材料接觸方式分類 ^(龜井‧桐榮 p.328)

　　用熱風為熱源，熱風直接以對流熱傳為主傳熱方式，故其分類就依熱風與材料間的傳熱方式與流向來分成如圖 12-2 所示如下三類：

　　1. 直接加熱式迴轉圓筒乾燥器

　　有 (1) 並流、(2) 逆向流、(3) 穿流（直交流或十字流），但穿流已在第 9 章討論，本章不再重述。

　　2. 熱風透過加熱面傳導熱傳間接與加熱材料

　　(1) 藉襯套或管壁間接加熱材料（圖 12-2(b) ①）；(2) 內插蒸氣管加熱管排間接加熱材料（圖 12-2(b) ②）這類迴轉滾筒乾燥器就被稱具蒸氣管排迴轉圓筒乾燥機（steam tube rotary dryer）。

　　3. 併用熱風直接加熱與藉管壁傳導傳熱兩方式。

12.1.2 熱風加熱式迴轉滾筒乾燥器優點與缺點

1. 優點 ^(Toei, B, p.135)

　　(1) 操作是連續，有利量產。

　　(2) 合適於大量處理，例如化學肥料的乾燥大至每小時乾燥 120 噸。

　　(3) 構造簡單，容易操作和維修。

　　(4) 對進料條件的變化之包容性大。

(5) 視材料可使用 800～1000℃的高溫熱風。

2. 缺點^(Toei, B, p.135)

(1) 安裝空間相當大。

(2) 器件大構造費頗鉅，安裝或拆修不易。

(3) 使用熱風爲熱源時，熱傳容量係數小，熱效率低。

(4) 材料的滯留時間長，且易受粒徑大小的影響，滯留時間分布大，而不適於需嚴格管制可容溫度限制的材料的乾燥。

12.1.3 迴轉滾筒乾燥器的構造^(Takahashi, p.390)

1. 圓筒胴體

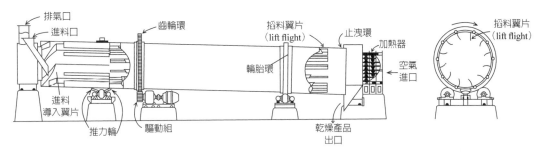

圖 12-3　迴轉圓筒乾燥器構造簡圖

此機的主體的圓筒胴體多採用鋼板，不銹鋼或鑄鐵焊接或鉚釘所製，如屬高溫即就襯耐火材磚，輕量型（用於砂糖等）板厚在 4.5～6 mm，中量型（用於化學肥料等）就用 6～15 mm，重量型（用在水泥原料，煤炭等）則用 14～21 mm 厚的鐵板，避免進料漏洩，在進料端口裝有與筒體軸心成 45～60° 角度的導入翼片，筒體內內部沿著周壁裝有**搯料翼片**（lift flight）（如圖 12-4），其功能是隨著圓筒迴轉將堆在筒下部的材料搯升至某一角度再讓材料落下，讓被乾燥材料有更好的接觸以促進乾燥。搯料翼片的構造有如圖 12-4 所示不同形狀，但大多採用設計較單純的 (a) 型設計。

1. 圖 12-4 各種形狀的 Lift^(Toei m p.71)

避免筒體前後移動的推力環輪多用鑄鐵鑄造用鉚釘套在筒外，轉動滾筒的驅動多用變速馬達加齒輪組組成，可調整滾筒的轉速，熱源有各種燃燒爐，或利用蒸氣等熱媒的翅管空氣加熱器，而圓筒兩端與固定架組間則均設如圖 12-5 所示的止漏封環。

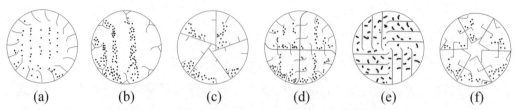

(a) 最常見容易打形的形狀，被 Lifter 帶上的粒子靠自由降落。
(b) 適合於材料較圓滑不構成死角且較易附著的材料。
(c) 分割滾筒截面，讓材料在每一迴轉多做沿隔板傾瀉流動；可讓 Hold up 增至 15%。
(d) 比 (c) 設計有更多與熱風接觸。
(e) 適於較容易破損的材料，可讓 Hold up 增至 25%。
(f) 可用於 (c) 與 (d) 的設計放大規模較大時。

圖 12-4　各種形狀的 Lift [Toei m p.71]

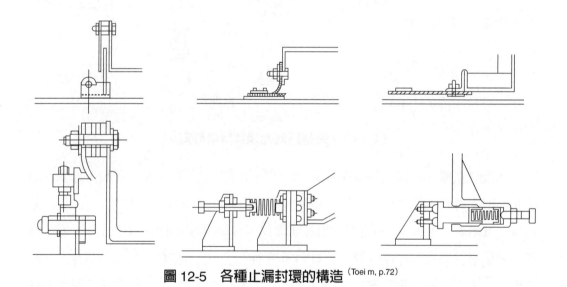

圖 12-5　各種止漏封環的構造 [Toei m, p.72]

2. 搯升翼（lifter）的形狀、數量和最適保存量

絕大部分的迴轉圓筒乾燥器內部沿著周壁裝 Lift（搯升翼，如圖 12-6），其功能是隨著圓筒迴轉將堆在筒下部的粉粒材料搯升至某一角度再讓材料落下，讓被乾燥材料有更好的接觸以促進乾燥。圖 12-6(a) Lift1 揭示幾種筒內典型的 Lift 的實照，和 Lift 相關的名稱。

　　圖 12-6(b) 則揭示單種 Lift 和 Lift 間距不同時被搯升粉粒材料量與撒下時的差異。一般材料溼潤度高時多用少數的互線翼，較不黏的材料可使用有屈折的翼片其每周的片靴 $n/D = 10\sim14$，翼片寬長則以其先端不被材料埋沒的大小，約是筒內徑的 1/8～1/12 的程度。如圓筒徑大於 3 m 時可考慮為熱風和材料的均一分散將以隔板將截面隔成 4～5 區分如圖 12-4(c)～(f) 並於隔板添設小翼片。導致材料滯留在乾燥器內的平均時間也加長，這是因從 Lift 落下到筒壁面的粒子跳往出口的量減少所致。如再繼續增速供料，則粒子的平均滯留時間會開始減小。這是有些材料不被 Lift 搯升沿著筒底往出口移動的結果。

　　故就材料保存量而論，其最佳保存量該是開始減小的量，一般最佳保存量是乾燥器容積的 8～13% 程度。

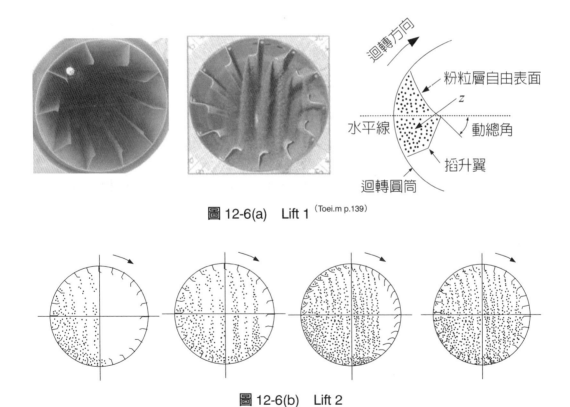

圖 12-6(a)　　Lift 1 ^(Toei.m p.139)

圖 12-6(b)　　Lift 2

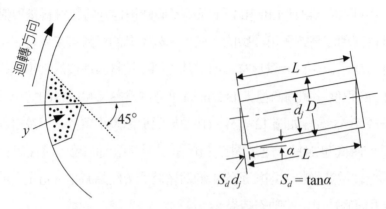

圖 12-6(c)　Lift 3 ^(Takahashi, p.390)

3. 保存率、平均滯留時間及滾筒的傾斜

　　迴轉圓筒乾燥器材料的平均滯留時間一般介在 5～30 min 程度，無風時的保存率 X_0[%] 及平均滯留時間依 Shinohara 是

$$X_0 = k'F/(DS_dN) \qquad (12.1.3\text{-}1)$$

$$k' = 0.105Y^{0.5}(1+0.41N)[d_p]_{mm}^{-0.16},\ X_0 \le X_{0opt} \qquad (12.1.3\text{-}2)$$

$$[t_0]_{min} = 60ZX_0/100F \qquad (12.1.3\text{-}3)$$

　　但 k' 是 [%·Hr/min]，$[d_p]_{mm}$ 是粒徑 [mm]，筒徑 $D = 0.14～1.83$ [m]，$Y = 5～40\%$，$[d_p]_{mm} = 0.51～3.6$ [mm]，$N = 2～55$ [rpm] 的範圍，Y [%] 依圖 lift 3 的定義所示各項尺寸依下式可求的 Lift 能搯上的容量，

$$Y = 100ny/(\pi/4)D^2 \qquad (12.1.3\text{-}4)$$

　　但 $n = $ lift 的片數

　　從翼形和翼片數可計求的 X_{0opt} 是無風時的最佳保存率。

　　通熱風時的保存率及平均滯留時間 Shinohara 給的公式為

$$X = k'F\rho_b[d_p]_{mm}^{0.5}/\{ND(S_d\rho_b[d_p]_{mm}^{0.5} \mp 5\times10^3 G_m)\}\ (-逆向流，+同向流) \qquad (12.1.3\text{-}5)$$

$$[t_0]_{min} = 60ZX/100F，但 X \le X_{0pt} \qquad (12.1.3\text{-}6)$$

　　如無 Lift 作用時，

$$[t_0]_{min} = 0.19Z/(NS_dD) \qquad （12.1.3-7）$$

一般滾筒的傾斜在 0～0.08 程度。

12.1.4 迴轉圓筒乾燥器的設計要項 [Takahashi, p.390]

1. 製品溫度

$$\frac{T_2 - T_{m2}}{T_2 - T_w} = \frac{\lambda_w F - c_s (T_2 - T_w)(F/F_c)^{F_c \lambda_w / c_s (T_2 - T_w)}}{F_c \lambda_w - c_s (T_2 - T_w)} \qquad （12.1.4-1）$$

2. 乾燥所需風量

出入口的 Enthalpy balance: $W_0 = q_m$

$$G_0 i_1 + W_0 (c_s + w_1)T_{m1} = G_0 i_2 + W_0 (c_s + w_2)T_{m2} \qquad （12.1.4-2）$$

$$i = 0.24T + H(595 + 0.46T) \qquad （12.1.4-3）$$

$$G_0 (H_2 - H_1) = W_0 (w_1 - w_2) \qquad （12.1.4-4）$$

實際風量就（12.1.4-2）與（12.1.4-4）式所得 G_0 加可能由熱損所需量約 5～10%，逆向流時從（12.1.4-2）與（12.1.4-4）式適當設定 T_1、T_2，再由（12.1.4-1）式求 T_{m2}，就可求得 G_0 與 H_1，如為並流時，可適當設定 T_1、T_2 再假定 T_{m2}，經由（12.1.4-1）～（12.1.4-4）式可計算 G_0，H_2；再由式（12.1.4-1）求對應於 T_2、H_2、T_{m2}，檢核這與事先假定的 T_{m2} 是否一致，否則重複錯試試算。

3. 乾燥器滾筒直徑

就（12.1.4-2）與（12.1.4-4）式所得 G_0 加算 15～20% 的 G_0，考慮被乾燥物不被飛散率不要大於 3～5%，而一般採用熱風在器內的質量流量介在 3,000～8.000 kg/m² · hr。

4. 熱容量係數

$$UaD/G^{0.46} = 1.125(n-1)/2 \quad 但 \ n = 6～16 \qquad （12.1.4-5）$$

除用為冷卻操作外，所得值有過大之虞，可打七～八折。

$$UaD = 15(+0.2N)X^{0.6}d_p^{-0.75} \qquad （12.1.4-6）$$

5. 乾燥滾筒的長度

利用下列各式可求得乾燥所需的熱量。

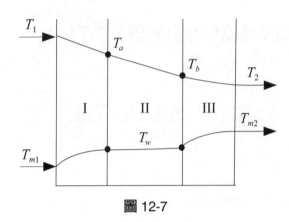

圖 12-7

預熱材料階段：

$$q_1 = W_0(c_s + w_1)(T_w - T_1) = G_0 c_{H1}(T_1 - T_a) \qquad (12.1.4\text{-}7)$$

恆率乾燥（蒸發）階段：

$$q_2 = W_0(w_1 - w_2)\{\lambda_w + 0.46(T_2 - T_w)\} = G_0 c_{H1}(T_a - T_b) \qquad (12.1.4\text{-}8)$$

減率乾燥階段：

$$q_3 = W_0(w_c - w_2)\{\lambda_w + 0.46(T_2 - T_m)\}$$
$$+ W_0(c_s + w_2)(T_2 - T_w) = G_0 c_{H1}(T_b - T_2) \qquad (12.1.4\text{-}9)$$

即

$$q_{total} = q_1 + q_2 + q_3 \qquad (12.1.4\text{-}10)$$

各階段的對數平均溫度差為

$$(\Delta T_1)_{lm} = \{(T_1 - T_{m1}) - (T_a - T_w)\} / \ln \frac{T_1 - T_{m1}}{T_a - T_w} \qquad (12.1.4\text{-}11)$$

$$(\Delta T_2)_{lm} = (T_a - T_b)\} / \ln \frac{T_a - T_b}{T_b - T_w} \qquad (12.1.4\text{-}12)$$

$$(\Delta T_3)_{lm} = \{(T_b - T_w) - (T_2 - T_{m2})\} / \ln \frac{T_b - T_w}{T_2 - T_{m2}} \qquad （12.1.4\text{-}13）$$

雖各階段 Ua 值是有些差，如以平均值通用則

$$UaV = q_{total} / (\Delta T_L)_{lm} = q_1 / (\Delta T_1)_{lm} + q_2 / (\Delta T_2)_{lm} + q_3 / (\Delta T_3)_{lm} \qquad （12.1.4\text{-}14）$$

從式（12.1.4-10）和式（12.1.4-14），所需乾燥器長 L 可由下式算出

$$q = Ua(\frac{\pi}{4} D^2 L)(\Delta T_L)_{lm} \qquad （12.1.4\text{-}15）$$

6. 材料保存率與滯留時間

滾筒內材料的保存率的一部分是屬於不被 Lift 搯上，沿著筒底壁滑走（kiln action）到排出口，所以決定材料的保存率是該材料搯不起的範圍的上限。最佳材料保存率與 Lift 的搯上容量的關係是

$$X_{opt} = X_{0, opt0} = 3.0Z^{0.4} \qquad （12.1.4\text{-}16）$$

但

$$Z = 100nz'/(\pi D^2/4) \qquad （12.1.4\text{-}17）$$

z' = 單一 Lift 搯上的材料容量 [%]

式（12.1.4-16）的 Z 是以材料粉粒的動安息角為 $\pi/4$ 時的值。一般採用的最佳材料保存率為 12%。至於迴轉滾筒乾燥器內材料的滯留時間 θ 多介在 15～30 [min]，θ 與材料保存率 X 有如下式的關係：

$$\theta = LX\rho_B / 100[F] \qquad （12.1.4\text{-}18）$$

7. 迴轉速率，傾斜，搯上翼（lift）

平常滾筒的迴轉速率就筒胴體的平常周速能在 15～30 m/min 的轉速就可。滾筒胴體的傾斜可先由式（12.1.4-16），和（12.1.4-17）求材料保存率，由式（12.1.4-18）求滯留時間就可由 Friedman 所導的下式計得

$$[\theta]_{min} = \frac{0.23L}{DsN^{0.9}} \pm 2.0 \frac{\beta LG}{[F]} \qquad （12.1.4\text{-}19）$$

但 + 逆向流；－ 同向流

$$\beta = 5 \times 10^{-3} (d_p)^{-1/2} \qquad (12.1.4\text{-}20)$$

Lift 的數多，搯上的量愈多，但對溼潤材料，lift 的間距過狹時恐發生閉塞的現象，就該減少 Lift 的數目。避免發生閉塞，lift 的間距可採 0.5 m。對較溼的材料，形狀多用直線翼，對較乾的材料可採先端有些彎曲的翼片，其尺寸宜可滿足式（12.1.4-16），式（12.1.4-17）等兩式為宜。

8. 乾燥器所需動力

計算滾筒內材料穩定流動下在迴轉所需的三種動力可由下式計算：

(1) 搬移筒內材料所需的動力

$$P_{HP1} = 13.33 D^3 L \rho_s N (\sin \alpha \cdot c_1 + D N^2 c_2) \qquad (12.1.4\text{-}21)$$

上式中

$$c_1 = 4.57 \times 10^{-3} \sin^3 \theta'$$
$$c_2 = 9.61 \times 10^{-7} (1 - \cos^4 \theta')$$

但 $\theta' = $ 中心角 [deg]

(2) 讓滾筒迴轉所需的動力

$$P_{HP2} = 1.868 \times 10^{-3} M D_m^2 N^2 \qquad (12.1.4\text{-}22)$$

但 $D_m = $ 滾筒的平均徑 [m]，$M = $ 滾筒部分的重量 [ton]

(3) 抵抗筒體支持部的摩擦的動力

$$P_{HP3} = 0.697 D_T N (M + W_T)(\mu D_B / D_R) / \cos \beta \qquad (12.1.4\text{-}23)$$

式中 D_T 是輪胎徑 [m]，W_T 是保存量的材料重量 [ton]，D_B 是軸承徑 [m]，D_R 是支持滾輪（roller）徑 [m]，β 是輪胎與滾輪的接觸角 [deg]，故讓滾筒迴轉所需的動力是

$$P = (P_{HP1} + P_{HP2} + P_{Hp3}) / \eta$$

表 12-1　熱風對流迴轉圓筒乾燥機的運轉例 (Toei, m, p.74)

材料種類	石灰石	煤碳	化學肥料	果實粕	牧草	玉米醬	活性汙泥	調合黏土	木材碎片	醬油粕	黏土(漿土)
代表粒徑 [mm]	5～20	20	16	15	50	8～0	泥狀	2.9	5～10	5～20	2～10
直徑 [m]	2.6	2.1	2.4	2.3	1.7	1.5	1.5	2	1.7	1.2	1.7
長度 [m]	18	30	25	24.5	20.2	17	5.5	15	10	7.3	13
排風流量 [kg/h]	14300	18590	2260	19000	6900	7100	3200	24400	6000	1420	5400
熱風入口溫度 [℃]	550	150	950	600	460	520	850	—	500～600	300～500	700～800
材料含水率 [%DB]	2.3	9	15	300	400	150	567	15	80	67	17
產品含水率 [%DB]	0	4	1.5	10	8～13	10	10	1	1.5	12	6.4
處理量 [製品 -kg/h]	48400	15000	6000	2650	700	2000	190	10000	1500	1500	13600
燃料消費量	石灰	排熱	煤氣	C重油	B重油	C重油	B重油	石炭	重油油砂	A重油	C重油
燃料消費量 [kg/h]	337	—	135	600	210	220	85	550	100	70	160
迴轉乾燥機方式	直接加熱向流			直接加熱並流				間接直接加熱型	直接加熱並流		
迴轉乾燥機種類				排氣部分循環				破碎攪拌	排氣部分循環		

η 是減速裝置的效率。一般 P_{HP2} 是只有起動時所必要的動力，可不必計含在驅動馬達的容量內。另一 Allis Chalmers 公司採用的較簡單的式為

$$P = K'D^3 \sin^3 \theta' NL \qquad (12.1.4\text{-}24)$$

是材料安息角為 40° 時其值為 0.018。

【範例 12-1】迴轉圓筒乾燥機的概估設計 [Toei, m, p.75]

擬將 100% 含水率（D.B.），平均粒徑 8 mm 的粒狀材料（10℃）乾燥至 10%（D.B.），材料的嵩密度是 700 [kg-ds/m³]，需處理的量是 5 [ton-ds/hr]，可使用的熱風溫度為 500℃，$H_1 = 0.03$ [kg/kg-da] 排氣溫度 = 140℃，乾燥產品品溫 = 75℃，筒內材料保有率知為 10%，無水物比熱 = 0.3 [kcal/kg・℃]。

〔解〕

所需熱風流量

1. 進口熱風的熱容量：

$i_1 = (0.248)(500) + \{597 + (0.473)(500)\}0.03 = 149$ [kcal/kg − da]

溼潤材料帶進入的熱量 $= 5,000(0.3 + 1.0)(10) = 65,000$ [kcal/hr]

排氣的熱容量：$i_2 = 0.24(140) + \{597 + (0.46)(140)\}H_2 = 33.6 + 661.4H_2$ [kcalkg-da]；H_2 是排氣的絕對溼度

乾燥產品帶走的熱量 $= 5,000(0.3 + 0.1)(75) = 150,000$ [kcal/hr]

從全系的熱量收支得

$$149G_0 + 65,000 = G_0(33.6 + 661.4H_2) + 150,000 \qquad (1)$$

從蒸發的水分的質量收支可得

$$5,000(1.0 - 0.1) = G_0(H_2 - 0.03) \qquad (2)$$

上兩式中 G_0 是乾燥所需乾空氣的氣體流量，解上列式 (1) 及式 (2)，得

$$G_0 = 32,000 \, [\text{kg} - \text{da/hr}]\,；H_2 = 0.129 \, [\text{kg/kg} - \text{da}]$$

如有近 10% 熱損，$G_0 = 35,000$ [kg − da/hr]

2. 胴體直徑，D

由於粒徑相當大，就再把熱風的質量流速 G 增大為 $G = 6,000$ [kg–da/m²/hr]，

則 $D = \sqrt{4G_0/\pi G} = 2,700$ [mmdiam]

3. 熱傳容量係數 Ua：一般迴轉滾筒乾燥機的 Ua 在 $100\sim200$ [kcal/m³·hr，℃]，徑愈大，Ua 有減小的趨勢，此設計就概估 $Ua = 150$ [kcal/m³·hr，℃]。

4. 胴體容積與長度 *

先求此乾燥系的熱風與材料的對數平均溫度差

$$(\Delta T)_{lm} = \frac{(T_1 - T_{m1}) - (T_2 - T_{m2})}{\ln\dfrac{(T_1 - T_{m1})}{(T_2 - T_{m2})}} = \frac{(500 - 10) - (140 - 75)}{\ln\dfrac{500 - 10}{140 - 75}} = 210 \ ℃$$

為求所需熱傳量 q，在此假定所有水分在熱風的溼球溫度蒸發，即 $T_w = 65℃$，而此時，水的潛熱 = 560 [kcal/kg]，而 q 為

胴體容積 $V = q/Ua \cdot (\Delta T)_{lm} = 2,900,000/(150)(210) = 92$ [m³]

胴體長度 $L = V/A = (V/\pi)/4D^2 = (92/\pi)/4(2.7)^2 = 16$ [m]

5. 所需總熱量

如大氣氣溫足 10℃，則要氣體由 10℃ 升到 500℃ 的熱量 Q 為

$$Q = G_0 C_H (500 - 10) = (36,000)(0.262)(490) = 4,490,000 \text{ [kcal/hr] **}$$

故熱效率 $\eta = q/Q = 2,900,000/4,490,000 = 64.6[\%]$

6. 迴轉速度 N：

一般經驗式為 $ND = 1\sim11$，$D = 2.7$[m]，故就 N-3.3 [rpm]

7. 滯留時間 $(\theta)_{min}$

$$(\theta)_{min} = 60L\rho_B X/100q_m = (60)(16)(700)(10)/(100)(5,000) = 13.44 \text{ [min]}$$

上式中 q_m 是 ds（dried solid）的供料速度 [kg/hr]，X 是材料的占有空間率（hold up）[%]，假設 $X = 10\%$，

8. 所要動力 $P(HP) = DL = (2.76)(16) = 44.2$ [HP]。

* 正確的算法應分預熱、恆率乾燥、減率乾燥三階段各求其對數平均溫差求之。

** 此假定所有水分在熱風的溼球溫度蒸發。

【範例 12-2】逆向流迴轉圓筒乾燥器的設計 [Takahashi, p.398]

擬設計逆向流迴轉滾筒乾燥器來乾燥每小時 12 噸（乾重）含水率 4.0%（D.B.）的粒狀材料至 0.1%（D.B.）的產品。已知數據有：無水 cs = 0.44 [kcal/kg・℃]，溼潤料材的表比重 = 0.75，真比重 1.50，安息角 40°，可容溫度 150℃，粒徑分布如下表

4 mm 以上	4～2	2～1	1～0.2	0.2 以下
10[%]	32.5	29	18.5	10

熱源使用重油，材料進口溫度 40℃，外氣溫度 20℃，進口熱風溫度 150℃，H_1 = 0.02 [kg/kg-d.a.]，排氣溫度設定為 56℃（逆向流）。臨界含水率 = 0.02 [kg/kg-d.s.]

〔解〕

利用式（12.1.4-1）

$$\frac{T_2 - T_{m2}}{T_2 - T_w} = \frac{\lambda_w F - c_s(T_2 - T_w)(F/F_c)^{F_c\lambda_w/c_s(T_2-T_w)}}{F_c\lambda_w - c_s(T_2 - T_w)}$$

$$150 - T_{m2} = (150 - 46)\{\frac{(571)(0.001) - (0.44)(150-46)(\frac{0.001}{0.02})^{0.25}}{(0.02)(571) - (0.44)(150-46)}\}$$

解上式得 T_{m2} = 86.5[℃]

採用逆向流，從此系的質能收支式（12.1.4-2）及（12.1.4-4）

$$G_0 i_1 + W_0(c_s + w_1)T_{m1} = G_0 i_2 + W_0(c_s + w_2)T_{m2} \qquad (2)（12.1.4-2）$$

$$i = 0.24T + H(595 + 0.46T)$$

$$G_0(H_2 - H_1) = W_0(w_1 - w_2) \qquad (4)（12.1.4-15）$$

得

$$(12,000)(0.04 - 0.001) = G_0(H_2 - 0.02) \qquad (a)$$

$$i_1 = (0.24)(56) + (595 + 0.46 \times 56)H_2 = 13.4 + 620.8H_2 \qquad (b)$$

$$i_2 = (0.24)(150) + (595 + 0.46 \times 150)(0.02) = 49.3$$

解 (a) 及式 (b) 的聯立方程式得

$$G_0 = 22,000 \,[\text{kg/hr}], \ H_2 = 0.041 \,[\text{kg/kg} - \text{d.a.}]$$

假設此乾燥系對外熱損為乾燥所需熱量的 20%，則其所需的熱風量為

$$G_0' = 22,000 \times 1.2 = 26,400 \,[\text{kg/hr}]$$

$$H_1' = 0.02 + \frac{469}{26,400} = 0.0378$$

故在排氣口的熱風質量流量為

$$G_w' = (26,400)(1 + 0.0378) = 27,398 \,[\text{kg/hr}]$$

故如排氣口的排氣質量速率為 3,400$[\text{kg/m}^2]$，則

$$\frac{\pi}{4}D^2 = \frac{27,348}{3,400} \quad \therefore D = 3.2 \,[\text{m}]$$

依下式（12.1.4-25）求熱容量係數，但設定保存量為 12%

$$UaD/G^{0.16} = 19X^{0.5}（逆向流） \qquad （12.1.4\text{-}25）$$

$$Ua(3.2)/(3400)^{0.16} = 19(12)^{0.5}$$

得 $Ua = 76 \,[\text{kcal/m}^3 \cdot \text{hr} \cdot \text{℃}]$

加熱材料所需的熱量 q_3 如平均蒸發溫度 = 66℃，則為

$$q_3 = (12,000)(0.4 - 0.001)\{559 + 0.46(66 - 46)\} + (12,000)(0.44 + 0.001)(86.5 - 46)$$
$$= 342,000 \,[\text{kcal/hr}]$$

恆率乾燥階段所需的熱量為

$$q_2 = (12,000)(0.04 - 0.02)\{(571) + (0.46)(56 - 46)\} = 342,000 \,[\text{kcal/hr}]$$

預熱階段所需的熱量為

$$q_1 = (12,000)(0.44 + 0.04)(46 - 40) = 34500 \,[\text{kcal/hr}]$$

故此乾燥系所需的總熱量為

$$q_{total} = \sum_i^3 q_i = 514,500 \text{ [kcal/hr]}$$

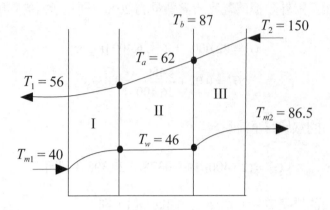

如上圖所示各階段的熱風溫度設為 T_a, T_b 則

從加熱階段

$$(22,000)(0.248)(150 - T_b) = 342,000$$

$$T_b = 87 \text{ ℃}$$

從恆率乾燥階段

$$(22,000)(0.255)(87 - T_a) = 138,000$$

$$T_a = 62 \text{ ℃}$$

從予熱階段

$$(22,000)(0.255)(62 - T_2) = 34,500$$

$$T_2 = 56 \text{ ℃}$$

求各階段的對數平均溫度差

$$(\Delta T_3)_{lm} = \frac{(150 - 86.5) - (87 - 46)}{\ln\dfrac{150 - 86.5}{87 - 46}} = 55.5 \text{ ℃}$$

$$(\Delta T_2)_{lm} = \frac{(87 - 46) - (62 - 46)}{\ln\dfrac{87 - 46}{62 - 46}} = 26.5 \text{ ℃}$$

$$(\Delta T_1)_{lm} = \frac{(62-46)-(56-40)}{2} = 16\,^{\circ}\mathrm{C}$$

再從式（12.1.4-14）得

$$UaV = \frac{514,500}{(\Delta T_L)_{lm}} = \frac{34,500}{16} + \frac{138,000}{26.5} + \frac{342,000}{55.5} = 13,530$$

$$(\Delta T_L)_{lm} = 38.1\,^{\circ}\mathrm{C}$$

從式（12.1.4-15）得求乾燥器長度 L 爲

$$514,500 = (76)(\frac{\pi}{4})(3.2)^2 L(38.1)$$

$\therefore L = 22$ [m]

從式（12.1.4-18）得材料的平均滯留時間 θ 爲

$$\theta = (22)(12)(750)/(100)\frac{(120,000)(1+0.04)}{(\frac{\pi}{4})(3.2)^2} = 1.28\ [\mathrm{hr}] = 77\ [\mathrm{min}]$$

從式（12.1.4-20），$\beta = 5\times10^{-3}(1.5\times10^{-3})^{-1/2} = 0.129$

利用式（12.1.4-19）求滾筒胴體的傾斜

$$77 = \frac{(0.32)(22)}{(3.2)s(2.5)^{0.9}} + \frac{(2.0)(0.129)(22)(3,400)}{1,540}$$

$\therefore s = 0.015$

利用式（12.1.4-16）求 Lift 的掐上容量 Z，

$$12 = 3.0Z^{0.4}$$

得 $Z = 33$[%]

如選擇 Lift 數爲 20 翼，則從式（12.1.4-31）得

$$33 = (100)(20)z/(\frac{\pi}{4})(3.2)^2$$

得 $z = 0.134$

故設計 Lift 形狀得付其容量爲 0.134 才可。

乾燥器所需動力：

從式（12.1.4-21），假設材料保存率（hold up）= 12%，c1 = 2×10^{-3}，c2 = 8×10^{-7}，故器內移動材料所需動力為

$$P_{HP1} = (13.3)(3.2)^3(22)(1.50)(2.5)(2 \times 10^{-3} \sin 40^o + 3.2 \times 2.5^2 \times 8 \times 10^{-7} = 47 \text{ [HP]}$$

而迴轉滾筒所需的動力是

$$P_{HP2} = (1.868)(10^{-3})(70)(3.8)^2(2.5)^2 = 11.9 \text{ [HP]}$$

胴體克服摩擦的動力為

$$P_{HP3} = (0.697)(3.8)(2.5)(70+16)(0.1)(\frac{0.18}{0.85})/\cos 30^o = 14 \text{ [HP]}$$

故 $\sum P_{HPi} = 47 + 11.9 + 14 = 72.9$ [HP]

如不計 P_{HP2} 則所需動力為 61 [HP]，除以減速裝置的效率 65% 時，則所需動力該是 $P_{total} = 61/0/65 = 94$ [HP]。

12.1.5 改善迴轉圓筒乾燥機熱效率的案例

由於迴轉圓筒乾燥機構造單純，容易操作和保養，而被廣泛使用於粒狀或粉狀材料的乾燥，近年來更推廣刮泥漿渣，生垃圾的乾燥、冷卻、熱回收等操作。值得檢討的是如本章 12.1.2(3) 所述使用熱風為熱源時，熱傳容量係數小，熱效率低，致裝置容積大。為提升其熱效率而可檢討的地方有：

1. 增設排氣的循環迴路管系，控制排氣的溼度與循環量，當可回收些廢熱而提升熱效率。

2. 考慮如何增加堆積在滾胴底的粒子能與熱風接觸。

3. 加強胴體的隔熱保溫以減少放熱熱損。

4. 減少對由表面積不少的齒輪組與輪胎的散熱損失。

5. 設法減少 Air seals 部的漏氣帶走的熱量。

Yamato 展示了兩項改善的例子：

1. 加設固定多岐熱風吹入管排，提升乾燥機的 U_a 值

於滾筒中心加設如圖 12-8(b)、(c) 所示的固定多岐熱風吹入管排，將熱風以如

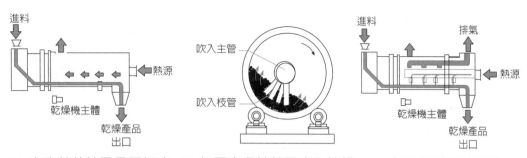

(a) 未改善前熱風是平行流　(b) 加固定多岐熱風吹入管排　(c) 加設後熱風的流向

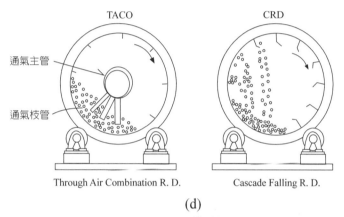

(d)

圖 12-8　加設 Through Air-Tube 的迴轉滾筒胴底粒子有無浮動的差異

圖 12-8(c) 垂直向吹進堆積在胴底的粒子層，攪亂在胴底靜止的粒子輕度浮遊，讓胴底粒子充分與熱風接觸可進行乾燥，較如圖 12-8(a) 的未改良前增加了 Ua 值。

　　圖 12-8(d) 比較有無加設多岐熱風吹入管排的迴轉滾筒乾燥機滾筒胴裡粒子浮動差異，改善後的特點有：

(1) 可處理粒狀，塊狀的進料外，也可處理各種形狀不同的進料。

(2) 搯翼片（lift brade）縮小，可減低對被乾燥物破損程度。

(3) 由吹入管吹進熱風可直接和原料接觸，可提升乾燥速率。

(4) 吹入風量不大，可降低粉塵的飛散。

(5) 可提升原料的保存率，而可縮小所需裝置的容積。

(6) 只要熱風溼度低，低溫熱風也可用，也即合適的排氣也可用。

　　2. 於胴內**加裝具解碎功能的攪拌機組**，來適應乾燥具黏著性或附著性的材料（另可參照 Ch.18.6(4) 的說明）。

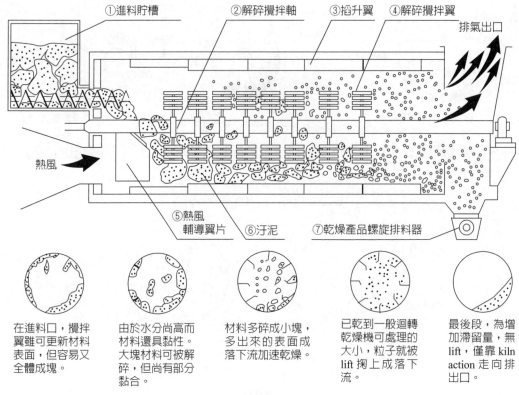

在進料口，攪拌翼雖可更新材料表面，但容易又全體成塊。

由於水分尚高而材料還具黏性。大塊材料可被解碎，但尚有部分黏合。

材料多碎成小塊，多出來的表面成落下流加速乾燥。

已乾到一般迴轉乾燥機可處理的大小，粒子就被lift 搯上成落下流。

最後段，為增加滯留量，無lift，僅靠 kiln action 走向排出口。

圖 12-9　汙泥乾燥機（Nakayasu-KH, p.420）

12.2 蒸氣管滾筒乾燥器（Steam Tube Dryers）

　　要乾燥溼潤材料易受溫度損傷，或含水率高時，怕熱風溫度太高，不然怕所需熱風量太大，導致所需的乾燥器容積膨大，熱效率又低，或吹散粉塵多等困擾，此時可考慮以蒸氣為熱源的 Steam tube dryer。

12.2.1 蒸氣管圓筒乾燥器分類與特點

　　1. 開放大氣型

　　2. 密閉型

12.2.2 特點 ^(Toei, m p.77)

1. 因加熱面是由多數時蒸氣管群構成，加上**轉爐作用**（kiln action）材料與加熱面接觸良好，單位面積的熱傳量相當大，如再採用翅管式蒸氣管，其一部乾燥器熱傳面積最大約 2,000 m² 之例。下表以同一容積為基準，比較了不同乾燥器的乾燥能力。

表 12-2　不同乾燥器的乾燥能力的比較

乾燥器種類	迴轉圓筒乾燥器（熱風直接加熱）	雙重迴轉圓筒（直接，間接加熱）	迴轉圓筒乾燥器間接加熱	蒸氣管滾筒乾燥器間接加熱
相對乾燥能力	1.0	1.35	0.7	3.0
熱效率	30～55%	75～85%	40～60%	70～90%

2. 熱效率高：由於是屬傳導型的熱傳，器內負擔攜走蒸發水分所需的氣體可減到很少。因此被排氣帶走的熱能少，熱效率可高達 80～90%。

3. 亦因排氣量少，粉塵飛散的困擾亦小。

4. 於密閉型，排氣中的蒸氣（溶媒）凝結回收後遞載氣體可循環使用，如遞載氣體採用惰性氣體就可乾燥可被氧化的材料或含易引火性的溶劑的材料。

5. 經濟性佳

(1) 同一處理量，所需乾燥容積小。

(2) 所需附屬設備較小或少。

(3) 熱效率高，動力也只要一半就夠。

(4) 粉塵汙染問題小。

(5) 所需空間或廠地面積小。

(6) 操作穩定性高。

(7) 機器耐用年限長。

12.2.3 構造

1. 開放大氣型

　　雖是另稱蒸氣管滾筒乾燥器（steam tube dryer, S.T.D）其構造外觀如圖 12-10 和 12-11 所示，跟普通的迴轉筒（滾筒）乾燥器幾乎相似，本體於溼潤材料進口端有可對應胴體因溫度變化而發生的熱膨脹的伸縮管板，另一端則具有能供給蒸氣（或熱媒液）至各蒸氣管的分岐管板（manifold head），蒸氣凝結所生成的凝結水就依胴體的傾斜流至分岐管板從蒸氣頸管排出系統外。

　　藉螺旋輸料器供入胴內的材料就被前端的 Flight 搯進筒裡，隨滾筒迴轉移向排出口端的排料滑槽，成乾燥產品被排出。另一方被加熱蒸發成蒸氣的水分就被遞載氣體（carrier gas）在器內與被乾燥材逆向流動從排氣管排至集塵器經由排風器排出系外。

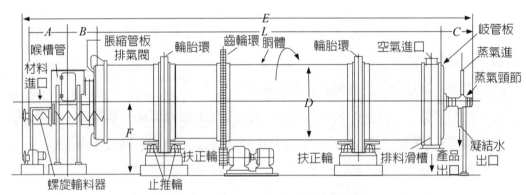

圖 12-10　大氣開放型蒸氣管滾筒乾燥器(Toei, m, p.75)

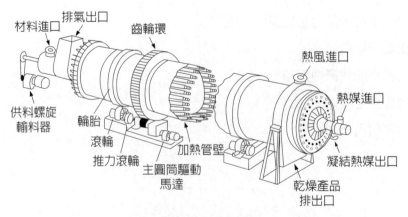

圖 12-11　蒸氣管滾筒乾燥器構造圖(Toei, m, p.76)

2. 密閉型

密閉型蒸氣管滾筒乾燥器的基本構造如圖 12-12 所示，絕大部分與開放型蒸氣管滾筒乾燥器相同，所不同的是在進出口兩端空氣、排氣的喉管部分與迴轉胴體接觸部分為止洩而採用軸封構造，所有氣體、蒸氣、凝結水的進出均集中在中心線。

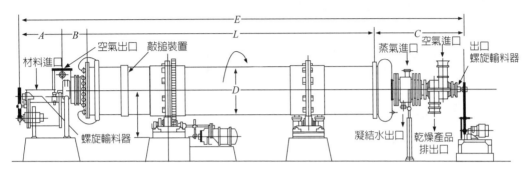

圖 12-12　密閉型蒸氣管滾筒乾燥器 (Toei, m, p.76)

12.2.4 適用對象

由於蒸氣管滾筒乾燥器也是迴轉圓筒乾燥器的一種，故各種粉粒狀、短片狀、小塊狀的材料如壓商豆粕，玉米碎等，大容量且重視熱效率的材料，又如聚乙烯、TPA 等含有機溶媒的材料需乾燥極低水分的物質，都宜採用蒸氣管滾筒乾燥器乾燥。如要乾燥活性汙泥或 CMC 等糊狀材料可能乾了後不難剝離加熱面的材料時，就得考慮裝槌打裝置。表 12-3 揭示蒸氣管滾筒乾燥器的操作例供參考。

表 12-3 傳導熱傳蒸氣管圓筒乾燥器的操作例 (Toei, m, p.81)

材料名	含水率 (%)（原料→製品）		製品量 (kg/hr)	乾燥器 直徑 (m) × 長 (m)	傳熱面積 (m²)	水蒸氣壓力 (kg/cm²G)	加熱溫度 (℃)	迴轉數 (rpm)
三聚化胺樹脂	11.1	0.1	910	0.965×9	45	0.46	110	6
聚合烯樹脂	43	0.1	1,800	3.05×15	619	溫水	90	2.5
氯化乙烯樹脂	25	0.1	5,000	2.44×20	585	溫水	85	3
ABS	16	1	230	1.37×6	55	溫水	80	5
氫氧化鋁	13.6	0.1	3,200	1.83×10.5	170	5	158	4
碳氫酸鈉粉末	25	0.1	12,500	1.83×20	510	10	183	4
大豆粕	18	15	15,300	1.83×18	288	0.8	116	4.6
玉米碎	132.5	6.4	990	1.83×20	322	6	164	4
剩餘汙泥	900	37	155	1.37×15	150	10	183	5

表 12-4　STD 迴轉乾燥器的標準尺寸 [(Ishi, p83)]

面積 × 長度	傳熱面積 (*)	迴轉數	動力	尺寸（mm）								
D×L	m²	rpm	kW	A	B	C	E	F	G	M	N	
965× 5,000	25	6	2.2	970	520	570	7,250	960	630	266	1,095	
8,000	40	"	3.7	"	"	"	10,250	"	"	"	"	
11,000	55	"	3.7	"	"	"	13,250	"	"	"	"	
1,370×3,000	80	5	7.5	1,310	700	920	11,200	1,250	900	"	1,500	
11,000	110	"	7.5	"	"	"	14,200	"	"	"	"	
14,000	140	"	"	"	"	"	17,200	"	"	"	"	
1,830×9,000	145	4	"	1,550	960	950	12,750	1,610	1,080	320	1,930	
12,000	193	"	11	"	"	"	15,750	"	"	"	"	
15,000	241	"	"	"	"	"	18,750	"	"	"	"	
18,000	290	"	15	"	"	"	21,750	"	"	"	"	
2,440×12,000	286	3	11	2,290	1,000	1,300	17,050	2,060	1,350	485	2,540	
18,000	580	"	15	"	"	"	23,050	"	"	"	"	
24,000	770	"	30	"	"	"	29,050	"	"	"	"	

* 可能依營排列而有變化，此表取最大值。

【範例 12-3】蒸氣管滾筒乾燥器的概估設計 [(Toei, m, p.80)]

擬設計開放型蒸氣管圓筒乾燥器來乾燥每小時 5 噸（D.S.）平均粒徑 0.1 mm 的粉狀材料，從含水率 22%（D.B.）乾燥至 2%（D.B.），試估所需的乾燥熱傳面積、胴筒尺寸、所需風量。

〔解〕

需乾燥去除的水分量 ΔW = 1,000 [kg/hr]，如汽化熱；λ_w = 565 [kcal/kg]，材料比熱；C_s = 0.3 [kcal/kg · ℃]，乾燥產品溫度 = 90℃，則乾燥所需的熱量 q_d = 670,000 [kcal/hr]；估計所需風量可不必經由熱收支，可由排氣溫度及溼度計求，一般 90℃ 的乾燥產品溫度，其相對溼度 80% 的排氣，其風量可採取與去除的水分量 ΔW 等量的風量，也即 1,000 [kg/hr] 就可，加熱此風量至 90℃ 所需熱量 q_a = (1,000)(0.25)(90 − 20) = 17,500（kcal/hr），假設此乾燥系對外熱損爲 15%，則 q_{total} = (670,000)(1.15) + 17, 500 = 788,000 [kcal/hr]。

如使用 80℃ 蒸氣求其全系的對數平均溫度差，得 $(\Delta T)_{lm}$ = 122℃，取總括熱傳係數 U = 40 [kcal/m² · hr · ℃]，可得所需熱傳面積 A_k = (788,000)/(122)(40) = 161 [m²]。

如圓胴徑 = 1.37 [m]，可有 10 m²/m 的乾燥器規格，則乾燥器長 L = (161)/(10) = 16.1 [m]，如其迴轉周速是 22 m/min，則其所需動力 P_{HP} = 7.5 [HP]。

表 12-4 列示 STD 迴轉乾燥器的標準尺寸供參考。

📃 參考文獻

Coulson, J. M., Richardson, J. F. Backhursy, J, F., Harker, J. H.; ChemicalEngineering, Vol. II, Fourth Ed., Pergamon Press, Oxford, GB. (1990).

Ishii, Yasuo；石井康雄；スチーム・チユーブ ドライヤー，乾燥，化學工業社，東京，日本（2,000）。

Takahashi 高橋敢一，Ch14，乾燥裝置；化學裝置ハンドブック（藤田重文等編），朝倉書店，東京，日本（1967）。

Toei-Kamei；桐榮良三；龜井三郎編；Ch.10，新版 化學機械の理論と計算 產業圖書，東京，日本（1975）。

Toei B；桐榮良三：乾燥裝置，Ch.5 日刊工業社 東京，日本（1969）。

Toei, m；桐榮良三：乾燥裝置マニュアル；日刊工業社 東京，日本（1978）。

Yamato, Koichi；回轉乾燥機の進展 , 最近の化學工學 52, 乾燥工學の進展 , p135, 化學工學會編 (2000); p,135.

第十三章　氣流乾燥器

乾燥好的產品呈粉粒狀而當尙是溼潤時可能呈泥狀、塊狀或粒粉狀，經分散或解碎後投入熱風氣流中分散，與熱風氣流一起流過乾燥管，完成所要的乾燥操作的裝置。

由於材料完全分散在氣流中，而可擁有很大的有效乾燥面積，一般的管長下其熱容量係數可達 2,000～6,000 [kcal/hr・m³・℃]，由於其分散，幾呈單粒微小粒子，其臨界含水率就顯著下降，導致全乾燥過程在表面蒸發形態（亦即恆率乾燥階段），故氣流乾燥就是採用進口溫度高到 400℃的熱風，產品其品溫也只有 50～60℃的低溫。用 400℃以上高溫熱風，1 kg 的乾熱風可蒸發 0.1～0.15 kg 的水分，其熱效率可達 60% 之高。另外特點是其乾燥操作甚迅速，可在 0.5～2 秒中完成，也因此少有產品受熱變質的困擾。此外其優點尙有裝置簡單且處理能力頗大，這特點少有其他類型乾燥器可比。但氣流乾燥器所需送風量大，導致壓力損失大，不適於磨耗性大的顆粒材料的乾燥，是氣流乾燥的短處。

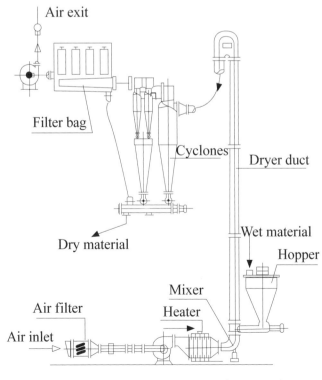

圖 13-1　典型的氣流乾燥系統 (Czeslaw p.344)

13.1 分類與特點

13.1.1 分類

1. 依有系統的組合分類

(1) 直接投入型：適於如結晶鹽類、合成樹脂或粉粒媒等雖因水分存在而呈低程度的凝聚，但碰高速熱風就衝突分散的材料的乾燥。（圖 13-3(1)）

(2) 附有分散器型：只靠高速氣流衝不散，但只要稍給打擊就可分散的材料，如麩酸濾餅、PVC 粉等。（圖 13-3(2)）

(3) 附有解碎機型：黏結力較大的濾餅，結構強需藉機械力打碎的材料，如澱粉濾餡、活性汙泥、矽藻土、碳酸鈣、氫氧化鋁等。（圖 13-3(3)）

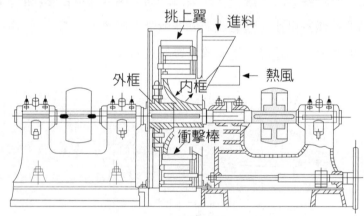

圖 13-2　解碎機 ^(Toei B, p210.)

(4) 高含水率進料型：含有超高水分呈泥漿狀的材料只好摻合一部分乾燥產品降低其含水率，經混合後再送進分散機或解碎機打散。（圖 13-3(4)）

(5) 含粗粒進料型：乾燥管具有分級段，挑出雖經解碎但顆粒尚大的材料，在分級段被挑出送回解碎機再解碎。（圖 13-3(5)）

(6) 間接加熱型：適於處理含溶劑等有毒或危險性液體的材料的乾燥。（圖 13-3(6)）

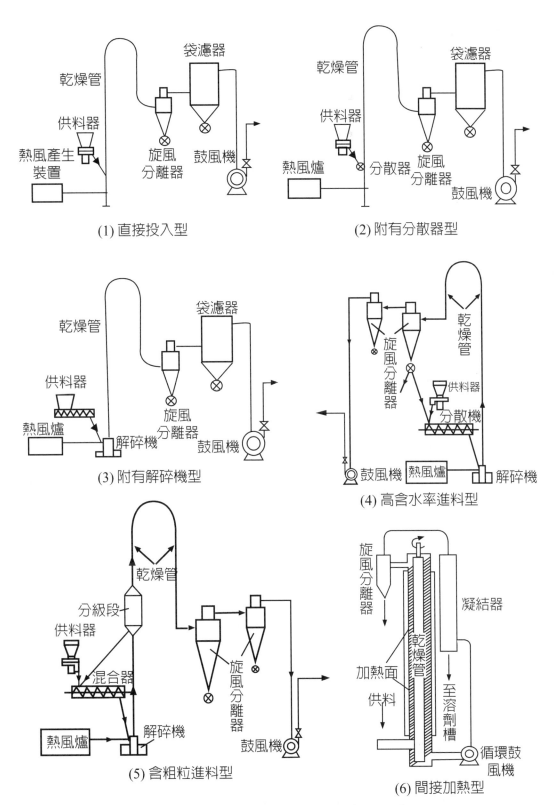

圖 13-3　**各種氣流乾燥器的機型**^(Toei B, p.211)

2. 依乾燥管的形式分類^(Toei)

2. 依乾燥管的形式分類^(Toei)

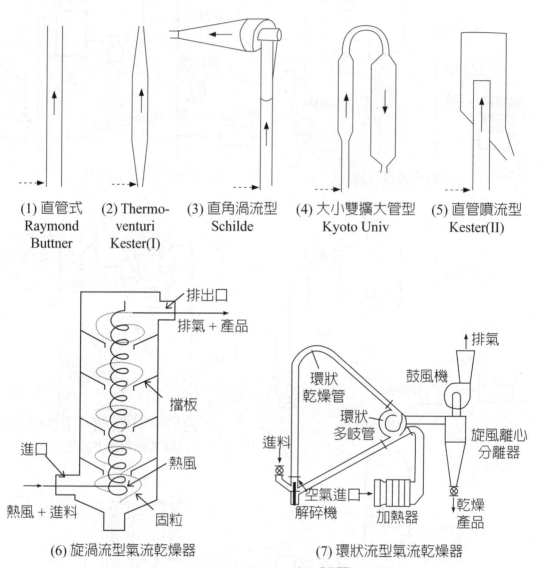

(1) 直管式
Raymond
Buttner

(2) Thermo-
venturi
Kester(I)

(3) 直角渦流型
Schilde

(4) 大小雙擴大管型
Kyoto Univ

(5) 直管噴流型
Kester(II)

(6) 旋渦流型氣流乾燥器

(7) 環狀流型氣流乾燥器

圖 13-4　**各種乾燥管的形式**^(Toei. 化工便覽 #3, p.679)

各型的特性如下：

(1) 直管型：多用於水分較容易蒸發的材料。

(2) 是考慮了延長材料的滯留（乾燥）時間的設計。

(3) 在直管後瑞在轉彎時加於渦流運動以避免粒子在水平移動時的沉積。

(4) 材料投入之後的加速段給足夠大的氣體流速，至粒子已達其終端流速後，擴大管徑來延長材料的滯留（乾燥）時間，可用於乾燥低水率要求的乾燥。

(5) 此設計動機同 (4)，而有可省床面積之利，但於接旋風分離器區恐有粒子堆積之憂。

(6) 旋渦流型氣流乾燥器。

(7) 環狀流型氣流乾燥器。

13.1.2 氣流乾燥器的特點

1. 優點

(1) 可在極端短時間內得乾燥產品，整個乾燥過程在數秒中完成。

(2) 因溼潤粉末材料會被熱風打散呈單一微粒，其所含水分都呈附著於表面的水分，依表面蒸發完成均勻的乾燥，如粒徑小於 50 μm 時，不難乾到 0% 水分。

(3) 乾燥能力很大，一部氣流乾燥器其蒸發水量可達 8 ton/hr。

(4) 裝置構造單純，所需空間不大。

(5) 氣流乾燥材料與熱風流動屬於並流方式且乾燥時間極短，故就算是進口熱風溫度高至 700℃，其乾燥產品的品溫也很少高於 70～90℃。

2. 缺點

(1) 因需大量高速熱風，其動力消耗不小。

(2) 因顆粒粉末以高速在乾燥管流動，如屬磨耗性材料時，就不適使用。

(3) 因乾燥管表面面積大，如隔熱不良時，熱損較大。

(4) 蒐集產品多靠旋風分離器，為防止微塵飛散需加設袋濾器來除塵。

13.2 氣流乾燥器的適用範圍 （Toei, B, p.100）

一般粉粒狀材料大都可用氣流乾燥方式乾燥，就是泥狀或塊狀材料也可只多裝解碎機或加混合部分來乾燥產品降低含水率，就可使用氣流乾燥器乾燥到臨界含水率附近。一般粒徑小於 0.5 mm 以下的粉粒材料可不論其臨界含水率，將其乾燥至 0.3～0.5% 含水率。如要求含水率再低時，就得後接有更長滯留時間的乾燥器，如流體化床乾燥器等。但如吸附性或細胞質材料要乾燥至含水率低於 2～3% 就有困難，此外如鈦白、粗製葡萄糖高黏著性的材料，或可產生有毒氣體的材料就都不適用。

13.3 設計氣流乾燥器的主要基準^{（Imasaka-）}

要設計氣流乾燥器前，對其相關的要項的基準最穩當的做法還是得利用小規模氣流乾燥器執行實驗取得，以下所提的是大略的基準值，可供規劃試驗或做初步選型式時的參考。

1. 進口熱風溫度：乾燥用熱風有兩大類 (a) 經過加熱器的乾淨空氣（或如 N_2 等惰性氣體）而得的潔淨高溫熱風，常使用熱風溫度可在 150～500℃，(b) 於瓦斯爐、重油燃燒爐或燃煤爐所得燃燒氣經除塵後直接供為乾燒熱風，其熱風溫度可在 300～600℃，如溫度超過被乾燥物的可容最高溫時，應先查熱風的溼球溫度。雖進口熱風溫度愈高，熱效率也會高，但需避開被乾燥物因受高溫的質變。

2. 排氣溫度：一般可接受的排氣在排氣鼓風機的出口的溫度是在 50～80℃的範圍，平常把要送進緊接乾燥管至旋風分離器（Cyclone）的排氣溫度不要高於吸進熱風的絕熱飽和溫度 20℃以上，亦即以 60～90℃為排氣進旋風分離器的熱風溫度來設計。如排氣溫度近其露點溫度，將可能有水滴析出在除塵濾袋上，導致得停機清除而無法繼續乾燥。

3. 乾燥產品溫度：一般氣流乾燥器的乾燥產品溫度多在 40～60℃，這也是氣流乾燥器的特點之一，也即此型乾燥器材料被分散良好，導致其臨界含水率降低，如要乾燥至比其臨界含水率低的水分時，得交由如流體化床等適於減率乾燥的乾燥器較合適。正確可依下式計算而得：

$$\frac{T_2 - T_{m2}}{T_2 - T_w} = \frac{\lambda_w F - c_s(T_2 - T_w)(F/F_c)^{F_c\lambda_w/c_s(T_2-T_w)}}{F_c\lambda_w - c_s(T_2 - T_w)} \qquad （13.2\text{-}1）$$

4. 乾燥管的型式

常見於工業上的氣流乾燥器的乾燥管有如圖 13-4 所示的幾種型式。

13.4 氣流乾燥器的設計

關於氣流乾燥器的設計手法有龜井、桐榮和國井等的設計法，其實也蠻相似的，就分別簡介並舉例說明如下：

13.4.1 今阪的手法 [(Imasaka, p.114)]

1. 不具解碎機的氣流乾燥器的設計（如圖 13-3(1) 和 13-3(2)）：

(1) **乾燥所需的熱量**：可就進出該系的熱風和被乾燥材料的熱容量收支求之。

$$G_m i_1 + q_m (C_s + w_1) T_{m1} = G_m i_2 + q_m (C_s + w_2) T_{m2} \qquad （13.4.1\text{-}1）$$

$$i = 0.24T + H(595 + 0.46T) \qquad （13.4.1\text{-}2）$$

一般乾燥器的熱效率，故乾燥所需的熱風流量 G_m 可由上式求得。

(2) **熱風在乾燥管內的流速與管徑**

一般熱風在管內的流速得看其速率夠不夠打散因含水分而稍有凝聚的溼潤材料，及夠不夠快到帶走分散了的顆粒，一般設定的流速在 20～40 [m/s] 的範圍，視能吹走材料中最大的顆粒的來設定 $\bar{u}_f$，再由下式求乾燥管**管徑**，D

$$\bar{u}_f = G_m v_H / (3,600)(\frac{\pi}{4}) D^2 \qquad （13.4.1\text{-}3）$$

桐榮提議：①如材料屬於比較容易乾燥而產品含水率在 1～0.5% 時，風速可採用 15～20 [m/s]。②如材料是乾燥後成 $100\mu m$ 以下的粒子，一般溼潤時含水率高（如活性碳、木粉等），宜採用 3 [m] 長的加速段 + 8～10 [m] 長的擴大管，再連 6～8 [m] 長的下降管（風速採 15 [m/s]）。③如材料屬於需經解碎機的材料時，可考慮連接擴大管徑的乾燥管長約 10～20 [m]，但解碎後屬於容易乾燥的材料，其管長只要 6～10 [m] 就夠用。

(3) **熱容量係數，** ha

在乾燥管裡被乾燥材料從熱風收受的熱量是：

$$G_m C_{H1}(T_1 - T_2) = haV(T - T_m)_{lm} \qquad （13.4.1\text{-}4）$$

在恆率乾燥階段，所有收受的熱量全用在水分蒸發，故：

$$q_m (w_1 - w_2)\lambda_w = haV(T - T_m)_{lm} \qquad （13.4.1\text{-}5）$$

如可知 w_2 值，則可從式（13.4.1-4）和式（13.4.1-5）求得 T_2 值，也得 ha 和 V 等諸值。有了這些值，所求的乾燥管管長也可計得。

一般 ha 值可依下式估計而得：

$$a = \frac{q_m(1+w_1)}{\zeta_v d_p'^3} \text{ 或 } a = \frac{q_m(1+w_1)(\xi_s)(d_p'^2)}{\xi_v d_p'^3 \rho'} / \{3,600(\frac{\pi}{4})D^2 u_m\} \qquad （13.4.1\text{-}6）$$

上式中 ξ_s 是面積係數（球時 $\xi_s = 1$），α_v = 體積係數（如球時 $\alpha_v = \pi/6$），u_m = 材料流速；故 α_s/α_v 當粒子是球形時其值 = 6.0，砂時 = 7.0，硫銨時 = 6.4，硫化礦時 = 7.0；一般可用 $\alpha_s/\alpha_v = 6$ 進行計算。

求熱傳境膜係數 h，桐榮提議如下的實驗式：

當 $240 < N_{(Re)_{rel}} < 1,300$

$$N_{Nu} = (hd_p'/k_f) = 4.35 \times 10^{-4} \pm \cdot N_{(Re)_{rel}}^{1.95} \qquad （13.4.1\text{-}7）$$

當 $0.05 < N_{(Re)_{rel}} < 240$

$$N_{Nu} = (hd_p'/k_f) = 1.44 \pm \cdot N_{(Re)_{rel}}^{0.47} \qquad （13.4.1\text{-}8）$$

上式中 $N_{(Re)_{rel}} = [d_p'(u_f - u_p)] \rho_f / \mu_f$

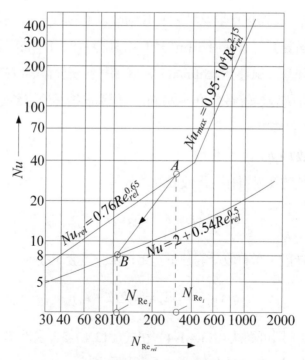

圖 13-5　氣流乾燥器加速階段 N_{Nu} 的變化 (Topei, #3CHHD, p.681)

如圖 13-5 所示，在氣流乾燥系統的粒子加速階段 $u_p = 0$，N_{Re_i} 和 $N_{Nu_{max}}$ 的交點 A 與當終速階段的 $u_p = u_f - u_t$ 所代表的 N_{Re_t} 與 $N_{Nu} = 2 + 0.54N_{Re_t}^{0.5}$ 的交點 B 的連線 AB 代表了粒子的 N_{Nu} 在加速段的變化過程，也即終速段的 N_{Nu} 可以 B 點的 N_{Nu} 值代表，也實驗值即與依計算所得的 N_{Nu} 值相差 $10\sim20$ 倍，故設計時宜採用實驗值較可靠。下標 f 代表氣體（如 air），p 代表粒子材料，k_f 是流體的熱傳導係數，d'_p 代表溼潤時的粒徑，d_p 代表乾燥好時的粒徑。Robert 另建議下式求熱傳境膜係數 h：

$$h = 2 + 0.303(\alpha 1_v / D_v)^{0.6}(k_f / k_{vapor})^{0.5} \qquad （13.4.1-9）$$

如沒有相對速度時，

$$h = 2k_f / d_p \qquad （13.4.1-10）$$

在上段中出現的粒子流速得用下式用逐段積分法求之。

$$\frac{du_p}{dt} = \frac{\rho_f C_D (\pi/4)d'^2(u_f - u_p)^2}{2Kd'^3 \rho'_p} - g(\frac{\rho'_p - \rho_f}{\rho_p}) \qquad （13.4.1-11）$$

$$\therefore g(\rho'_p - \rho_f)/\rho_p \approx g$$

而 $d'_p \rho'_p$ 和 $d_p \rho_p$ 的關係是

$$\frac{\pi}{6}d_p^3 \rho_p(1 + w_1) = \frac{\pi}{6}d'^3_p \qquad （13.4.1-12）$$

式（13.4.1-11）中的 K 是依材料而異的特性值，一般可用 $= \pi/6$ 就可，或依 Shephered 和 Lappel 提議的 C_D vs. $N_{(Re)_{rel}} = \dfrac{d'_p(u_f - u_p)\rho_f}{\rho_f}$ 的圖表查取亦可。

當粒子飛走一段距離後，達穩定的終速，其後其與流體的相對終端速度呈一定流速，如從式（13.4.1-7）或式（13.4.1-8）可察知熱傳境膜係數 h 也趨定值。故當粒子達穩定的終速後，可考慮將管徑擴大讓氣相流速變小些，延長粒子的滯留時間較有利於乾燥操作，常用的擴大管段的流速是最大粒子的浮遊流速 $= 3m/s$ 程度。

2. 具解碎機的氣流乾燥器的設計（如圖 13-3(3)，13-3(4) 和 13-3(5)）： [Takahashi, p.385]

在解碎機為中心的熱量收支式可寫成：

$$q_m(w_1 - w_2)\lambda_w = G_m C_{H1}(T_1 - T_2) = haV(T - T_m)_{lm} \qquad （13.4.1-13）$$

依 Imasaka 提供的實驗式（如圖 13-6 所示）為

$$haV = 250(\log(q_m/d_p\rho_p)) - 1.8 \qquad (13.4.1\text{-}14)$$

一般 haV 值大約介在 150～450 [kcal/hr℃]。

當溼潤進料量、進料材料物性與解碎機的大小選定後，可用上式決定 haV 值，再依式（13.4.1-13）用上節相同手法求其他事項。

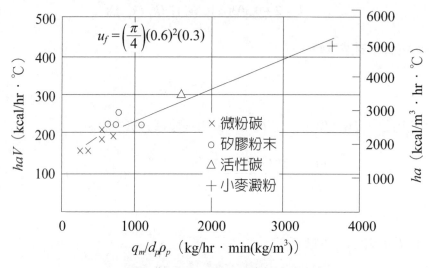

圖 13-6　解碎機的熱容量係數(Takahashi, p.386)

【範例 13-1】不具解碎機氣流乾燥器的概估設計(Toei, m p.119)

擬使用**不具解碎機氣流乾燥器**乾燥每小時 2 噸（D.B.）平均粒徑 150 μm，含水率 20%（W.B.）的脫水濾餅至 2%（W.B.）。試概估所需乾燥器的容積、所需熱量、所需熱風流量及鼓風機所需的動力大小。

數據：熱風在進口溫度 = 300℃；在乾燥管出口溫度 85℃；品溫 = 65℃；材料比熱 C_s = 0.4 [kcal/kg · ℃]，此系不具解碎機，濾餅經分散器打散迺投入乾燥管。

〔解〕

1.乾燥所需熱量

首先換算含水率為乾量基準

$w_1 = 0.2/0.8 = 0.25$

$w_2 = 0.02/0.98 = 0.0204$

每小時需去除的水分量 ΔW

$$\Delta W = (2{,}000)(0.25 - 0.0204) = 459 \,[\text{kg/hr}]$$

知水的汽化熱 $\lambda_w = 565\,[\text{kcal/kg}]$，則乾燥所需的淨熱量 Q_d

$$Q_d = [(459)\{565 + (65-20)\}] + (2{,}000)(0.4)(65-20) = 316{,}000\,[\text{kcal/hr}]$$

2. 所需熱風流量與總熱量

如本系對外的熱損是淨熱量的 15%，則所需熱風流量為

$$G_m = \frac{(316{,}000)(1.15)}{(0.25)(300-85)} = 6{,}761\,[\text{kg} - \text{d.s./hr}]，而排氣的溼度 H_2$$

$$H_2 = 0.015 + \frac{459}{6{,}761} = 0.083$$

而所需總熱量為

$$Q_{total} = (6{,}761)(0.25)(300-20) = 473{,}300\,[\text{kcal/hr}]$$

3. 乾燥管

於全系裡的熱風和材料的溫度差的對數平均溫度差為

$$(\Delta T)_{lm} = \frac{(300-20)-(85-65)}{\ln \dfrac{300-20}{85-65}} = 98.5\,℃$$

如保守選擇乾燥管的 ha 為 $1{,}000\,[\text{kcal/hr} \cdot ℃ \cdot \text{m}^3]$，則所需乾燥管的容積 V_{dt} 是

$$V_{dt} = \frac{316{,}000}{(1{,}000)(98.5)} = 3.21\,[\text{m}^3]$$

於乾燥管的平均溫度與溼度分別是

$$\overline{T} = \frac{300+85}{2} = 192.5[^oC]；\overline{H} = \frac{0.015+0.083}{2} = 0.049$$

故管內熱風的平均容積流量是

$$(6,761)(0.772 + 1.24 \times 0.049)((273 + 192.5)/273) = 9,600 \ [\text{m}^3/\text{hr}] = 2.67 \ [\text{m}^3/\text{s}]$$

如設定管內平均氣體流速 $u_f = 12 \ [\text{m/s}]$，則乾燥管徑 D 為

$$(\frac{\pi}{4})D^2(12) = 2.67$$

$\therefore D = 0.53 \ [\text{m}]$

而所需乾燥管管長 L 為

$$L = \frac{3.21}{(\frac{\pi}{4})(0.53)^2} = 14.4 \ [\text{m}]$$

故乾燥管的尺寸為 $530\varphi \times 14,400^L \ [\text{mm}]$

4. 鼓風機的動力

於鼓風機吸入口 $T = 85℃$，$H_2 = 0.083$ 則所需鼓風機的排風量為

$$V_f = (6,761)(0.772 + 1.24 \times 0.083)(\frac{273 + 85}{273}) = 7,700 \ [\text{m}^3/\text{hr}] = 129 \ [\text{m}^3/\text{min}]$$

此系的壓力損如是：

加熱器	30 mm 水柱	空氣過濾器（進口）	30 mm 水柱
乾燥管	100 mm 水柱	旋風分離器	100 mm 水柱
袋濾器	200 mm 水柱	其他	30 mm 水柱

共計 510 mm 水柱，故效率 60% 的鼓風機所需動力 P 為：

$$P = \frac{(129)(0.051)(10^4)(0.0098)}{(60)(0.6)} = 17.9 \ [\text{kW}] = 24 \ [\text{HP}]$$

13.4.2 Kunii 的手法 [Kuniill, p.410]

大部分氣流操作是並流操作（co-current operation），圖 13-7(a)～(c) 揭示了在氣流乾燥管中固—氣兩相溫度、溼度隨其流過的距離的變化，也揭示離開解碎器的微粒如何被高溫熱空氣加速之例。從這些氣—固兩相的溫度、氣相溼度和材料的含水率等變化，可了解氣流乾燥是因在進口段採用高溫差，大部分水分在進口段就被去除，故了解進口段氣—固兩相的舉止是設計氣流乾燥器的關鍵。

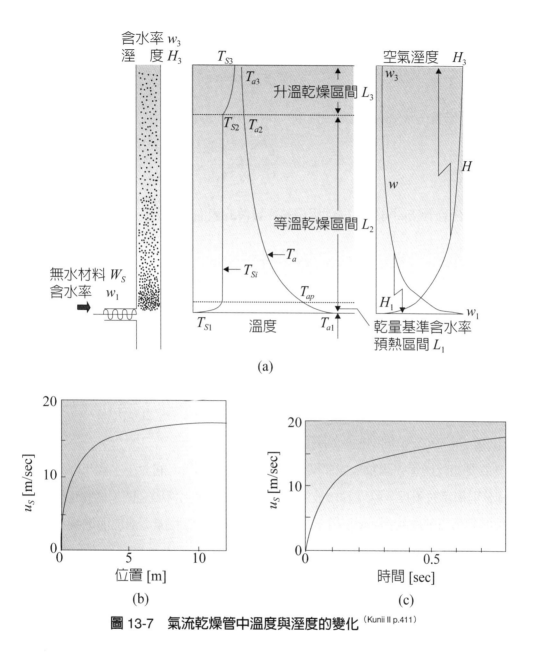

圖 13-7　氣流乾燥管中溫度與溼度的變化 [Kunii II p.411]

　　在任意一小段乾燥管單位容積裡固粒所占的容積分率 $(1-\varepsilon)$ 時，管中固粒之質量流量為

$$A_t u_p (1-\varepsilon) \rho_p = W_S$$

式中 A_t 為管截面積，ε 為空隙度，u_p 為固粒流速。

乾量基準的氣體流量 G 爲

$$A_t\overline{u}_f\rho_f = G$$

式中 $\overline{u}_f$ 爲氣體在管中的表觀流速，從上兩式消去 A_t 得

$$1-\varepsilon = \frac{W_S}{G}\cdot\frac{\rho_f}{\rho_S}\cdot\frac{\overline{u}_f}{u_S} \tag{13.4.2-1}$$

另在任意管空間可供氣—固兩相熱、質傳的表面積 a 爲

$$a = \frac{6(1-\varepsilon)}{\phi_p d_p} \tag{13.4.2-2}$$

式中 ϕ_p 爲固粒的球形係數。

加熱氣分散於氣相固粒間的對流熱傳係數

$$\frac{hd_p}{k_f} = 2.0 + 0.6N_{\mathrm{Pr}}^{0.333}\left(\frac{d_p\rho_f\Delta u}{\mu_f}\right)^{0.5} \tag{13.4.2-3 55}$$

式中 $\Delta u = u_f - u_p = $ 氣固兩相的相對速度。

故要知乾燥管中固粒—氣體間的熱係數值就得知 Δu 的大小。圖 13-8 和圖 13-7(c) 分別揭示粒子投入乾燥管後被氣流加速時 u_S 的變化情形之例，從此也了解氣—固粒的相對流速隨管長，x 位置增加而遞減，亦即 h 值將隨 x 增加而遞減。圖 13-8

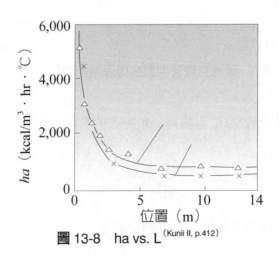

圖 13-8　ha vs. L $^{\text{(Kunii II, p.412)}}$

揭示氣流乾燥管中 ha 值隨 x 增加而遞減之例。雖進口段 ha 的較高值可由此段的 Δu 值大、固粒所占的容積分率（$1-\varepsilon$）值大等兩現象來說明，但在進口處固粒常未完全分散，故實際 ha 值比以式（13.4.2-3）求得的推計值小。

氣流乾燥系也可視為一並流乾燥系，故其熱收支式也可適用，而預熱段長度 L_1 可從修正的熱收支所得下式求得

$$GC_{H1}(T_{f1}-T_{fp})\eta_a = A_t L_1 ha(T_{f1}-T_{S1}) = W_S(C_S+X_1 C_w)(T_{Si}-T_{S1}) \qquad （13.4.2-4）$$

要求恆率階段長度可修正式（Kunii, II, p.394，式 8.24）來得到下式

$$-(G\overline{C}_H dT_f)(\eta_a) = (A_t dx)ha(T_f-T_{Si}) = -\lambda W_S dX = \lambda G dH \qquad （13.4.2-5）$$

如果 $\overline{ha}$ 值可適用於整個恆率階段，而 T_{S1} 可採用進口空氣所對應的溼球溫度時，上式中 T_f 與 x 的關係可在 $x=L_1, T_f=T_{fp}$ 的條件下積分式（13.4.2-4）而得

$$\frac{T_f-T_{Si}}{T_{fp}-T_{Si}} = \exp\left[-\frac{A_t}{G\overline{C}_H\eta_a}\right]\int_{x=L_1}^{x} ha\,dx \qquad （13.4.2-6）$$

如水分都是附著在固粒表面，則固體材料開始升溫時，可把此後段熱傳視為只有加熱固體而無水分蒸發，故從式（13.4.2-5）可得

$$-(G\overline{C}_H dT_f)(\eta_a) = (A_t dx)ha(T_f-T_{Si}) = W_S C_S dT_S \qquad （13.4.2-7）$$

從圖 13-8 也可知在此階段 ha 可視為定值，故在 $x=L_1+L_2$，$T_f=T_{f2}$，$T_S=T_{S2}$ 積分上式可得

$$\frac{T_f-\dfrac{T_{S2}\beta_1 T_{f2}}{1+\beta_1}}{T_{f2}-\dfrac{T_{S2}\beta_1 T_{f2}}{1+\beta_1}} = \exp\left\{-\frac{1+\beta_1}{\beta_2}[x-(L_1+L_2)]\right\} \qquad （13.4.2-8）$$

$$T_S = T_{S2}+\beta_1(T_{f2}-T_f) \qquad （13.4.2-9）$$

式中

$$\beta_1 = \frac{G\overline{C}_H\eta_a}{W_S C_S} \qquad （13.4.2-10）$$

而

$$\beta_2 = \frac{G\bar{C}_H\eta_a}{A_t ha}$$ （13.4.2-11）

如固粒爲多孔質且水分擴散至表面有阻力時，此段仍存有蒸發水分的現象，而傳到固粒的熱能當中只有 $1 - \eta_w$ 的分率是用於固粒爲升溫，故式（13.4.2-7）可修正爲

$$-(G\bar{C}_H dT_f)(\eta_a) = (A_t dx)ha(T_f - T_{Si})(1 - \eta_w) = W_S C_S dT_S$$ （13.4.2-12）

亦即式（13.4.2-8）和（13.4.2-9）中 β_1 和 β_2 中的 η_a 改用 $\eta_a(1 - \eta_w)$，而 ha 則改用 $ha(1 - \eta_w)$ 即可。

以上所討論是基於單一粒子徑的情形，如進口固粒經解碎後有廣幅的粒徑分布，就得考慮管長是否適於粗粒，另一方面，細粒是否易被過熱而產生意外災害（如著火、塵爆等）。

【範例 13-2】 (Kunii, II, p.415)

擬將每小時 4,167 kg/hr 含水率 2.5%（乾量基準）的硫銨以氣流乾燥至含水率 0.2%，如加熱空氣溼度爲 0.01 kg/kg-d.a.，進口溫度 300℃，大氣溫度爲 20℃，進料硫銨：粒徑 0.1～0.5 mm，比熱 0.35 kcal/kg・℃，終端速度介在 0.39～2.82 m/s，密度爲 1,770 kg/m³，而 ha 值如下表，能用於蒸發水分和預熱固粒的熱能占總熱能的 90%，也即 $\eta_a = 0.90$，並知臨界含水率 $w_c = 0.01$ [kg/kg-d.s.]。

試計算所需乾燥管管長、管徑。

表 E1

距進口距離 [m]	0	0.5	1	1.5	2	3	4
ha [kcal/m³・hr・℃]	23,000	10,000	6,000	4,500	3,500	3,000	3,000

〔解〕

從溼度圖表查得溼度 0.01，溫度 300℃的溼球溫度 = 58℃，$H_{sat.} = 0.293$ [kg/kg-d.a.]。如設定出口相對溼度爲30%，則其出口的絕對溼度 $H_2 = 0.203 \times 0.3 = 0.060$

[kg/kg-d.a.]，故管中平均溼度爲 0.03545 [kg/kg-d.a.]，C_H = 0.256 [kg/kg-d.a.℃]，λ_w = 600 [kcal/kg]。

先假設出口氣溫爲 90℃，硫銨品溫爲 80℃，取此系之熱能收支時，乘以熱效率 η_a = 0.90 就考慮了熱損，故整系的熱能收支爲

$$\{G_m(0.256)(300-90)\}(0.90) = (4,167)\{0.35 + (0.002)(1.0)\}(80-20)$$
$$+ (4167)(0.0025 - 0.002)(600)$$

從上式求得 G_m = 3,007 [kg/hr]。

1. 預熱階段

如預熱階段 $C_{H1} \approx C_H$，則從式（13.4.2-4）得

$$(3,007)(0.256)(300 - T_1')(0.90) = A_t L_1(23,000)(300 - 58) = (4167)\{0.35 + (0.025)(1)\}(58 - 20)$$

由 L_1 爲預熱段管長，從上式分別得 T_1' = 214 [℃]，$A_t L_1$ = 0.0107 [m³]。查圖表在 195℃，平均 $\overline{H}$ = 0.035 [kg/kg − d.a.] 的空氣比容爲 35 m³/[kg-mol · d.a.]，故 1 kg-d.a. 的容積爲 35/22.4 = 1.563 m³/kg-d.a.。

因最大粒子的終端速度爲 2.82 m/s，故採用氣體流速 30 m/s 應足以輸送所有顆粒，所以氣流輸送管（也即乾燥管）的截面積 A_t 可由下式求得

$$3,007 = (A_t)(30)(3,600)(1.563)$$

故 A_t = 0.04352，而其直徑爲 d_t = 0.235 m。

2. 恆率階段

依式（13.4.2-6）得：

$$\frac{T_f - 58}{214 - 58} = \exp\left[-\frac{0.04352}{(3,007)(0.256)(0.90)}\int_{0.5}^{x} ha\,dx\right]$$
$$= \exp\left[-0.00006282\int_{0.5}^{x} ha\,dx\right]$$

利用所給 ha 與 z 關係求 $\frac{T - 58}{214 - 58}$ vs. z

表 E-2

z [m]	0.25	1	2
$\dfrac{T\text{-}58}{214\text{-}58}$	1	0.627	0.461

硫銨的水分可認為僅附著在表面,從式(13.4.2-5)對應於 $T_w = 58℃$ 的蒸發潛熱 λ_w 為 564 [kcal/kg],故

$$(3,007)(0.256)(0.90)(214 - T_c) = (564)(4,167)(0.025 - 0.002) = (564)(3,007)(H_2 - 0.01)$$

解上式得 $T_2 = 136 \,[℃]$,$H_2 = 0.0219 \,[\text{kg/kgda}]$

$$\frac{T - 58}{214 - 58} = \frac{136 - 58}{214 - 58} = 0.50$$

可給 0.50 的 z 可從上表內插得 $z = 1.70$ [m],故恆率階段管長 L_2 為

$$L_2 = 1.70 - 0.25 = 1.45 \text{ m}$$

3. 在減率階段

從式(13.4.2-8, 9)得

$$\frac{T - (T_{mc}\beta_1 T_c)/(1+\beta_1)}{T_{f2} - (T_{m2}\beta_1 T_c)/(1+\beta_1)} = \exp[-\frac{1+\beta_1}{\beta_2}\{z - (L_1 + L_2)\}] \qquad (13.4.2\text{-}13)$$

$$T_m = T_{mc} + \beta_1(T_c - T) \qquad (13.4.2\text{-}14)$$

式中

$$\beta_1 = \frac{G_m \overline{C}_H \eta_a}{q_m C_S} \qquad (13.4.2\text{-}15)$$

而

$$\beta_2 = \frac{G_m \overline{C}_H \eta_a}{A_t h a} \qquad (13.4.2\text{-}16)$$

先由式(13.4.2-15.16)求 β_1 和 β_2

$$\beta_1 = \frac{(3,007)(0.256)(0.90)}{(4,167)(0.35)} = 0.475$$

$$\beta_2 = \frac{(3,007)(0.256)(0.90)}{(0.04352)(3,000)} = 5.306$$

再由式(13.4.2-8)解上式得 $z = 9.04$ [m];再由式(13.4.2-14)

$$T_{m2} = 58 + (0.475)(136 - 90) \approx 80 \,^{\circ}\!C$$

故 $L_1 = 0.25$ m，$L_2 = 1.45$ m，$L_3 = 7.34$ m，$G_m = 3,007$ [kgd.a./hr]；$u_f = 30$ [m/s]，$d_t = 0.24$ [m]；$L = 9$ [m]。

表 13-1～13-3 分別列示 (1) 直接投入型，(2) 附有分散器型，(3) 附有解碎機型氣流乾燥器的運轉例供設計時的參考。

表 13-1　直接投入型氣流乾燥裝置的運轉例 [Toei, m p.121]

處理物	米糠	硫銨副產品	木屑	粉狀焦碳	鈦鐵礦
溼潤時形狀	粉狀	粉末	粉狀	粉末	粉末
處理量（kg- 製品 /hr）	450	2,000	4,600	4,000	4,000
乾燥前水分（% D.B.）	230	3.1	77	11.1	6.4
乾燥後水分（% D.B.）	15	0.2	50	5.3	0.1
材料粒徑（mm）	—	0.25	0.6	0.2	0.25
熱風入口溫度（℃）	400	150	220	250	300
出口排氣溫度（℃）	90	70	60	105	80
製品溫度（℃）	50	65	38	85	70
乾燥管徑（mm）	720	360	380	540	380
乾燥管管長（m）	25	8	16	22	15

表 13-2　具分散器型氣流乾燥裝置的運轉例 [Toei, mp.122]

處理物	麩酸	有機藥品	PVC	無水芒硝	ABS 樹脂
溼潤時形狀	粉狀	濾餅	粉狀	濾餅	粉狀
處理量（kg- 製品 /hr）	400	200	2,000	3,000	500
乾燥前水分（% D. B.）	20	6.5	20	3	43
乾燥後水分（% D. B.）	1	0.3	1.5	0.5	2
材料粒徑（mm）	0.05	—	0.13	0.3	0.35
熱風入口溫度（℃）	180	120	140	200	140

處理物	麩酸	有機藥品	PVC	無水芒硝	ABS 樹脂
出口排氣溫度（℃）	80	70	70	95	70
乾燥產品品溫（℃）	60	60	50	75	47
乾燥管管徑（mm）	500	410	650	400	630
乾燥管管長（m）	15	6	25	10	27
解碎機 　形式	放射狀迴轉翼	迴轉型	放射狀迴轉翼	放射狀迴轉翼	放射狀迴轉翼
動力（kW）	3.7	1.5	3.7	0.75	2.2

表 13-3　具有解碎機型氣流乾燥裝置的運轉例[Toei, m.p, 123]

處理物	澱粉	活性汙泥	碳酸鈣	氫氧化鋁	矽藻土	鈦鐵礦
溼潤時形狀	濾餅	濾餅	濾餅	濾餅	濾餅	糊狀物
處理量（kg- 製品 /hr）	1,000	720	1,050	3,000	3,500	240
乾燥前水分（% D. B.）	78	567	122	13.5	270	56
乾燥後水分（% D. B.）	17	11.1	o.5	0.1	11	0.2
材料粒徑（mm）	—	—	0.002	0.05	0.06 以下	0.06
熱風入口溫度（℃）	135	400	400	350	600	425
解碎機出口熱風溫度（℃）	46	—	180	130	230	375
出口排氣溫度（℃）	43	80	120	100	90	225
製品溫度（℃）	42	64	70	80	70	60
乾燥管徑（mm）	650	1,500	750	550	1,350	175
乾燥管管長（m）	12	20	25	18	25	10
解碎機 　形式	解碎機	解碎機	解碎機	Cage-Mill	解碎機	Cage-Mill
動力（kw）	25	82	15×2	11	30×2	7.5

13.5 氣流乾燥器的概估設計與經濟評估 ^{（Takahashi, p.402）}

1. 以乾燥每小時 7 噸粉煤比較氣流乾燥器 vs. 迴轉滾筒乾燥器

從表 11-4 所列的比較，氣流乾燥器不僅購置安裝費用低很多外，在運轉操作上，熱效率高，且所需熱量只有迴轉滾筒乾燥器的 2/3，所需床面積也只要 2/5 就夠，只是動力費之比為 3/2。

表 13-4　氣流乾燥器 vs. 迴轉滾筒乾燥器的比較 ^{（Takahashi, Ch.14）}

	氣流乾燥器	迴轉乾燥器
所要面積（m²）	40	100
總動力（HP）	90	60
所需熱量（kcal/hr）	560,000	840,000
每噸所需熱量（kcal/t）	80	120
熱效率（%）	60	40
進口熱風溫度（℃）	300	300
乾燥產品（煤）溫度（℃）	55	85
排氣溫度（℃）	55	85

2. 表 13-5 以乾燥每小時 900 kg 含水率 100% 超微顏料濾餅比較氣流與噴霧乾燥器

從乾燥器的初選表可選用來乾燥此溼潤濾餅，除了氣流與噴霧乾燥器外尚有穿流輸帶、熱傳導型滾筒乾燥器等，穿流輸帶乾燥器與滾筒乾燥器均有乾燥後尚需磨細的麻煩，外滾筒乾燥器尚有能否完全剝離的問題，採用噴霧乾燥則需稀釋濾餅成 33% 濃度的泥漿始可噴霧，但其產品為多孔性微粉較容易分散於水的優點而值得採用。採用氣流乾燥時可用 430℃ 熱風得優良產品，原著稱乾燥時用 50% 乾燥產品混合進料，桐榮認為如用輸帶送料器直接把濾餅投入解碎機該可省產品的的循環。在乾燥產品的顏色品質兩者均可達同一標淨，產品的表密度氣流乾燥的產品較高，且其分散於水的速度也稍差些，但總設備費差 3 倍，總合乾燥費差 1.5 倍，就不能爭了。

表 13-5　比較氣流乾燥器 vs 噴霧乾燥器[TakahashiCh.14]

	噴霧乾燥器	氣流乾燥器
裝置大小	$3.6\ m\phi \times 3.6\ m^H$ 有效高度（迴轉圓板式）	全安裝面積 $5.4\ m \times 3.6\ m \times 6\ m^H$ （含解碎機）
裝置費用（含附屬設備）	1,150 萬圓	360 萬圓
安裝費用（不含建築）	540 萬圓	180 萬圓
總設備費	1,690 萬圓	540 萬圓
每 100kg 產品操作費用（拆舊、工資、動力、燃料、維修費）	50.3 圓	32.0 圓
包裝費	8.9 圓	7.1 圓
總操作費 /45 kg	59.2 圓	39.1 圓
產品特性		
嵩密度（kg/m^2）	772	883
色調	標準	標準
粉塵	幾乎沒有粉塵	稍有些粉塵
分散於水的速率（sec）	10	12

Perry, J. H.: Chem. Engrs' Handbook, p.874 (1950)

　　3. 表 13-6 以乾燥 10 噸／含水率 8% 粉煤來比較氣流、迴轉滾筒、雙重圓筒迴轉三種乾燥器如只依總經費來比較，間接‧直接加熱的雙圓筒迴轉乾燥器（構造最複雜）有利，但如考慮安裝所需的床面積所涉及的廠房建築，基礎工程等費用，最有利的選項該是氣流乾燥裝置。

表 13-6　氣流，單圓筒迴轉滾筒，和雙單圓筒迴轉滾筒乾燥器的比較[Takahashi, p.407]

	氣流乾燥器	單圓筒迴轉 乾燥器	雙圓筒迴轉 乾燥器
(1) 熱效率〔%〕	60	49.5	75
(2) 公用設施			
重油〔l/ton- 乾燥粉炭〕	8.81	10.9	7.83

	氣流乾燥器	單圓筒迴轉乾燥器	雙圓筒迴轉乾燥器
電力〔kWh/ton- 乾燥粉炭〕	8.4	7.16	4.81
工業用水〔m³/ton- 乾燥粉炭〕	0.38	0.13	0.13
(3) 乾燥裝置工程費〔萬日圓〕	1050	2000	2400
(4) 產品價格 / 〔日圓 / 噸產品〕			
公用費基準	122.4	127.15	89.41
總經費基準	158.4	184.5	155.7
(5) 安裝所需床面積〔m²〕	48	154	168

Comment：粒子在 Cyclone 繼續進行乾燥操作被忽略。

參考文獻

Kccy, R. B. Drying Principles and Practice, Pergamon Press, Oxford, G B(1972); F1；

Imasaka M.；今阪正典：乾燥裝置，桐榮良三編，日刊工業社 東京，日本（1969）。

Imasaka M.；今阪正典；氣流乾燥裝置；乾燥，化學工業社，東京，日本（2,000）。

Kunii；國井大藏；熱的單位操作 Vol, II 丸善，東京，日本（1968）。

Takahashi K. 高橋敢一；Ch14，乾燥裝置；化學裝置ハンドブック（藤田重文等編），朝倉書店，東京，日本（1967）。

Toei, B；桐榮良三：乾燥裝置 日刊工業社 東京，日本（1969）。

Toei, m；桐榮良三：乾燥裝置マニュアル，日刊工業社 東京，日本（1978）。

第十四章　噴霧乾燥機

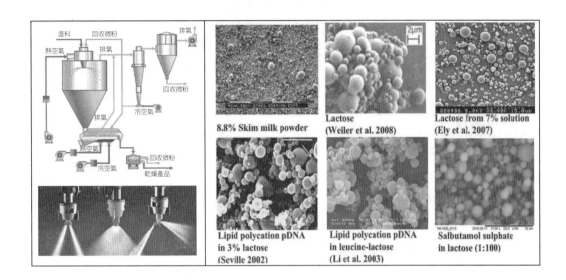

8.8% Skim milk powder

Lactose
(Weiler et al. 2008)

Lactose from 7% solution
(Ely et al. 2007)

Lipid polycation pDNA
in 3% lactose
(Seville 2002)

Lipid polycation pDNA
in leucine-lactose
(Li et al. 2003)

Salbutamol sulphate
in lactose (1:100)

14.1 噴霧乾燥法

　　噴霧乾燥法是將溶解或懸濁有被乾燥材料溶液或泥漿等液狀等材料藉噴霧器微粒化，讓微粒化的液滴與高溫熱風接觸來去除水分得球形或球殼狀的粉粒體乾燥產品的乾燥方法。所得產品的平均粒徑多在 20～200 μm 的球狀，**嵩（表）密度（bulk density）** 在 200～1,000 [kg/m³] 程度，所需乾燥時間只有 5～30 秒之短，因此很少有被乾燥材料受高熱而發生變質，但由於熱風流速不大，導致此裝置的熱容量係數 ha 只有 20～100 [W/K·m³]，因此裝置容積大就成了此乾燥方式的缺點之一。由於乾燥時間短，常很難一口氣乾燥到低含水率，因此很多情況下，就於後段連結一部可完成減率乾燥階段的裝置，如流體化乾燥器，來獲得所要的低含水率的乾燥產品。

14.1.1 噴霧乾燥機的特點

　　1. 直接從液狀（含泥漿和懸濁液）不必經過濾、分離、粉碎或分級等操作得粉粒狀的乾燥產品。

2. 用於乾燥易受熱而變質的材料。

3. 於可使用高溫熱風,有助於提高操作的熱效率。

4. 選用適當的噴霧方式,可得中空球狀的產品。

5. 選擇合適的操作條件生產合意物性(如含水率、嵩密度、粒徑分布等)的產品。

6. 採用連續操作,而適於大量生產的程序。

14.1.2 噴霧乾燥機的分類

噴霧乾燥機的分類大致可依 (1) 依熱風與原液的接觸方式,或依 (2) 如何微粒化原液來分類。

1. 依熱風與原液的接觸方式分類

可分為如圖 14-1 所示 (1) 並流(同向流)型,(2) 向流(逆向流)型,和並向混合型等三大類:

(1) 並流型

並流型裡的噴霧液滴與熱風為同一流向,在流動過程中,蒸發水分往排氣口移動,經重力沉降或旋風分離器分離產品。

a. 橫式並流型:熱風與從噴嘴射出的噴霧流進同心圓的塔內,做旋迴流流向排出口,圖 14-2(a) 所示的是早期被開發用來生產奶粉時所使用的 Merrell-Soul 型噴霧乾燥器,乾燥完的奶粉靠重力沉積在塔底,藉螺旋輸料器將產品排出到系外。於 1960 年代 Comings 開發了如圖 14-2(b) 所示的利用雙流體噴嘴噴射乾燥器用來生產奶粉,它不僅成功地避免了乾燥粒子附著於器壁,也防止乾燥粒子再被捲回高溫熱風,其尺寸只要直徑 0.92 [m],表 3.8 [m] 的裝置能每小時蒸發 800 [kg/hr] 的水分,乾燥時間只有 0.2 秒之短,也即其熱容量係數達 1,300 [$kcal/m^3 \cdot hr \cdot ℃$],是 Merrell-Soul 型的 60 倍,只是產品粒徑多小於 10 μm,較得用心蒐集。

b. 垂直並流下降型:

在此型乾燥器中,熱風和噴霧流都如圖 14-1(a) 所示,均垂直向下降,液滴一開始就有機會與高溫熱風接觸,故就算是不易乾燥的材料也可乾燥,而能以低品溫排出。

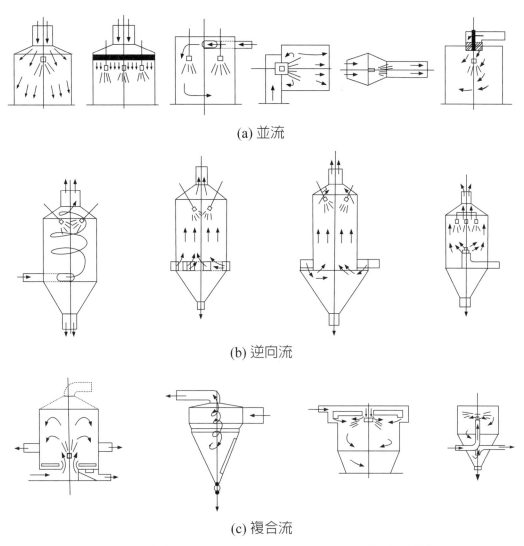

(a) 並流

(b) 逆向流

(c) 複合流

圖 14-1　噴霧乾燥器內熱風與液滴的接觸方式 (Takahashi, p387)

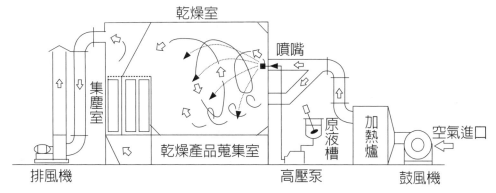

圖 14-2(a)　Merrell-Soul 型水平噴霧並流乾燥器 (ToeiB, p.90)

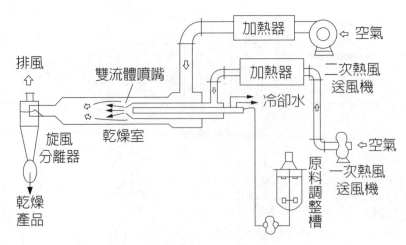

圖 14-2(b)　水平噴射並流噴霧乾燥器^{（ToeiB p.91）}

接觸極短時間後與熱風一起下降，如圖 14-3 所示，熱風從塔頂以垂直向或旋回流下降，與從迴轉圓盤射出的液滴成直角並繼續乾燥，最後可與排氣一併進入塔外的旋風分離器回收乾燥產品，或下降沉積在塔底再經由輸料帶排出至產品儲槽。

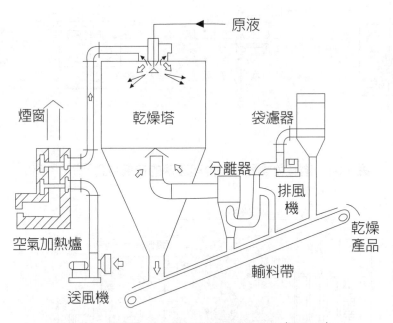

圖 14-3　垂直並流下降型噴霧乾燥器^{（ToeiB p.91）}

(2) 垂直上升向流型

如圖 14-4 所示，熱風從塔底部上升流與下降的液滴呈逆向流，此型比較其他熱風—液滴的接觸方式熱效率高，惟恐熱風從頂排出流量大時帶走乾燥粉粒，故塔內風速只能設定在 0.3～0.6 [m/s]，導致需直徑較大，塔高較高的乾燥塔，有到 30 [m] 高的例。

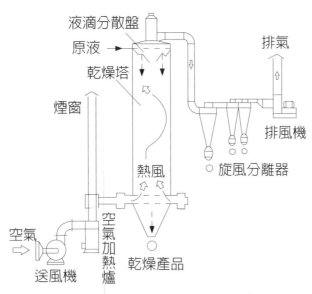

圖 14-4　垂直上升向流型噴霧乾燥器 (ToeiB p.92)

如圖 14-5(a) 所示，採用被廣稱爲 Swenson 型的噴嘴噴霧的乾燥器，熱風似旋風分離器一樣從塔上部以切線旋回流進入與噴下降的液滴接觸，因熱風的切線流速頗快能與液滴充分接觸混合，可以高乾燥效率和高捕集效率進行乾燥操作，而常被利用在乾燥無機鹽類材料。塔內溫度受熱風旋回流的影響壁溫較高，液滴滯留時間在 6 秒左右，因此常發生未乾燥的粒子附著於器壁，得加裝 10～20 rpm 的迴轉刮除耙，剝落附著在器壁的粉粒，故此型乾燥機不適合於有熱變性的材料。

Niro 公司則推出如圖 14-5(b) 所示的乾燥器，它的狀況較近似垂直下降型，熱風靠進口管的分配板與液滴成逆向流或並流（同向）式的接觸，此型乾燥器粒子在塔內可滯留長達 18～30 秒，故可採用較低溫的熱風也可得充分乾燥，而被採用來乾燥血漿或合成樹脂等有熱變性物質。

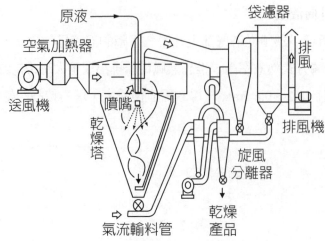

圖 14-5(a)　垂直下降混合型噴霧乾燥器[(ToeiB p.93)]

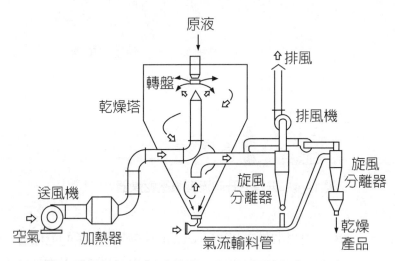

圖 14-5(b)　垂直下降混合型噴霧乾燥器[(ToeiB p.93)]

(3) 垂直上升混合型

　　如圖 14-5(c) 所示，迴轉盤或垂直上升混合型噴霧乾燥器裡，熱風和噴霧流均從底部射出，吹升往上部排出口，被帶上升的液滴受重力影響就與上升的熱風成逆向流動，因此大部分粗粒就下降流，乾燥後沉積在塔底，被抓取落入輸帶送料器，送到產品貯槽，而部分細粉則隨熱風被乾燥後送進旋風分離器分離後投進輸帶送料器也送到產品貯槽。此機乾燥槽側壁有切線通冷風讓側壁有一層冷風層可減低乾燥物受熱變質之虞。此型乾燥器多使用二流體噴嘴來增長液滴在槽內氣流中的滯留時間，因此此型機適合規模較小的實驗室程序。

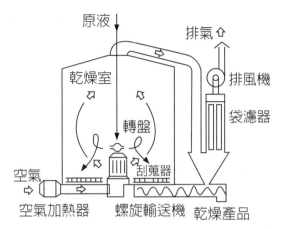

圖 14-5(c)　迴轉盤或垂直上升混合型噴霧乾燥器 [（ToeiB p.93）]

2. 依如何微粒化（Atomizing）原液來分類

　　液體要從高處管端噴出微粒化成微小液滴的機制，是隨流速的增速會有如圖 14-6 所示的幾個階段，滴下→平滑流→遷移流→波狀流→紐狀噴霧流→膜狀噴霧流。而液體從管端加壓噴出時，其破碎則經脈流破碎→屈曲破碎→噴霧破碎的三個階段。噴霧乾燥則是利用最終的噴霧破碎把原液微粒化成微小液滴來乾燥液狀或泥漿狀物質成乾燥的粉粒的操作。上述的脈流破碎是液體流速在數 m/s 的範圍發生，隨著流速增高，空氣的阻力超過液體的表面張力時破碎，就從屈曲流變為噴霧流，此時液體流速已達 10 m/s 左右，它的進化受液體的黏度、表面張力、流出孔徑和管端的形狀而異。

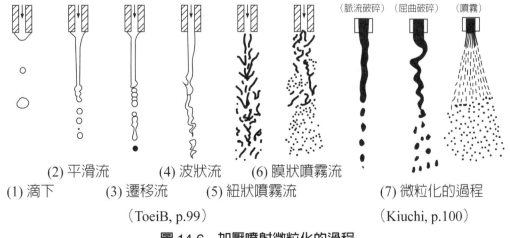

(2) 平滑流　　　(4) 波狀流　　(6) 膜狀噴霧流

(1) 滴下　　　(3) 遷移流　　(5) 紐狀噴霧流

（ToeiB, p.99）　　　　　(7) 微粒化的過程

（Kiuchi, p.100）

圖 14-6　加壓噴射微粒化的過程

在噴霧乾燥常用的微粒化手法有：(1) 加壓噴嘴，(2) 迴轉圓盤，和 (3) 二流體噴嘴等，分別介紹如下：

(1) 壓力噴嘴（Pressure nozzle）

於壓力噴霧，原液經串聯三部的唧筒泵讓液壓增高至 $30 \sim 200$ [kg/cm²] 的高壓，經渦流室或旋轉溝產生離心流再經銳孔噴出，**壓力噴嘴**依其如何產生離心流而分如圖 14-7 所示有 (a) 渦流室型和 (b) 離心型兩種。由於依高壓噴嘴噴出而形成壓噴霧液膜中心常呈有空氣蕊存在，故此類噴嘴也被稱謂中空型噴嘴。

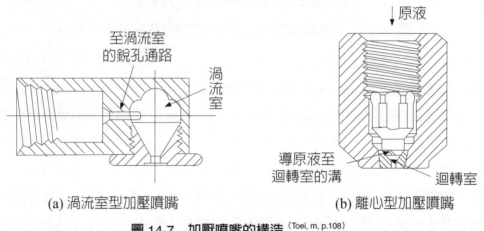

(a) 渦流室型加壓噴嘴　　　　　　　　(b) 離心型加壓噴嘴

圖 14-7　加壓噴嘴的構造[Toei, m, p.108]

經加壓噴嘴微粒化所得的液滴代表徑則有如下的 Turner 的實驗式

$$[\overline{D}_p] = 286 d_e^{1.59} F^{-0.54} \sigma^{0.6} \mu^{0.22} \qquad (14.1.2\text{-}1)$$

$$[\overline{D}_p] = 301 d_e^{1.52} F^{-0.44} \sigma^{0.7} \mu^{0.16} \qquad (14.1.2\text{-}2)$$

上式中 $[\overline{D}_p]$ 是微粒液滴的代表徑 [μm]，d_e 是銳孔口徑 [mm]，F 是原液供料流量 [kg/s]，σ 是原液的表面張力 [N/m]，μ 是原液的黏度 [Pa·s]。

(2) 迴轉圓盤離心微粒化器（High speed rotating atomizer）

在高速（$6,000 \sim 20,000$ rpm）迴轉的上注流原液時，液體受離心力將沿著轉盤射出與周圍的空氣衝突，被破碎而成微小的液滴，噴霧乾燥就利用此原理來微粒化原液。圖 14-8 揭示幾種不同設計的高速迴轉圓盤離心噴霧的轉盤的示意圖。迴轉圓盤離心微粒化器的優點是：

a. 就算是供液流量有 ±25% 變動，仍可得同一物性（粒度分布、嵩密度等）的噴霧液滴。

b. 此法所得的液滴大小分布較加壓噴嘴法所得的粒度分布較窄、均勻。

c. 操作中不易發生閉塞，就是高黏度原液也一樣順暢。

缺點是：

a. 如轉盤不平衡，其振盪對軸承損傷力大。

b. 不適用於水平、並流和垂直逆向流型的乾燥系。

c. 機械構造得耐得住超高速迴轉的強度。

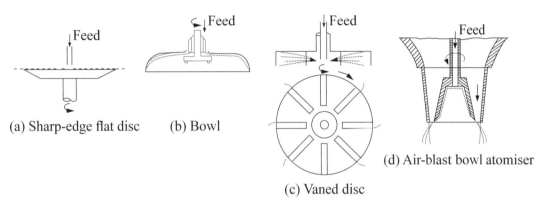

(a) Sharp-edge flat disc　　(b) Bowl

(c) Vaned disc

(d) Air-blast bowl atomiser

圖 14-8　高速迴轉圓盤離心微粒化器(Coulson, Ch.16)

對高速迴轉圓盤離心噴霧器微粒化所得的液滴代表徑則有 Frieman 的實驗式：

$$\frac{D_{sp.v.}}{D} = 0.2(\frac{4\Gamma}{\rho_l ND^2})0.6(\frac{\mu}{\Gamma})^{0.2}(\frac{\sigma\rho_l L}{\Gamma^2})^{0.1} \qquad （14.1.2-3）$$

$D_{sp.v.}$ = 圓盤直徑 [m]，N = 轉盤迴轉數 [1/s]，μ = 黏度 [Pa·s]，ρ = 液體密度 [kg/m³]，σ = 液體的表面張力 [N/m]，L = 圓周溼潤的長度 =（翼片數 n× 翼高 b）[m]，Γ = L 單位長的供液質量流量 [kg/（m of L·s）]。

(3) 二流體噴嘴（**Two fluid nozzle**）

可用高壓力氣體與低壓原液一起吹過銳孔一樣可噴霧微粒化，此種噴嘴視兩流體是在噴嘴內部混合或在噴嘴外面混合而分類為 Internal-Mixing 型與 External Mixing 型，圖 14-9 揭示其構造：

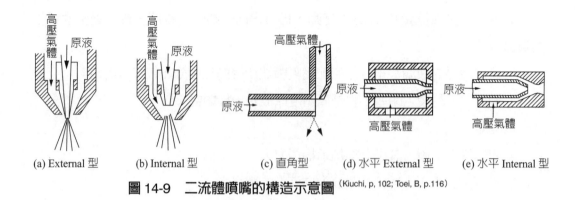

(a) External 型　　(b) Internal 型　　(c) 直角型　　(d) 水平 External 型　　(e) 水平 Internal 型

圖 14-9　二流體噴嘴的構造示意圖(Kiuchi, p, 102; Toei, B, p.116)

此型噴霧器所產生液滴大小可調整空氣壓就可調整，對液量供料速度的變動的影響比加壓噴嘴好得多，但粒度分布較廣與動力消費較大是其缺點。一般噴霧壓只要 2～5 kg/cm²G，的空氣壓時，不需高壓的送液泵，裝置較小，故合適於小量處理的噴霧乾燥。

二流體噴嘴微粒化所得的液滴代表徑則有 Tanazawa 的實驗式：

$$[\overline{D}_p] = 585 \times \frac{10^3 \sigma^{1/2}}{u \rho_l^{1/2}} + 597 \{ \frac{10\mu}{(\sigma\rho_l)^{1/2}} \}^{0.45} (\frac{10^3 Q_{liquid}}{Q_{air}})^{1/2} \qquad （14.1.2-4）$$

上式中 $[\overline{D}_p]$ = **代表液滴徑** $[\mu m]$，Q_{liquid} = **液體流量** $[m^3/s]$，Q_a = **空氣流量** $[m^3/s]$，其他符號同上段各式。表 14-1 比較了上述三種噴霧機的性能。

表 14-1　三種噴霧機的性能的比較((Toei B, p.96))

		高速迴轉圓盤型	加壓噴嘴型	二流體噴嘴型	備考
原液條件	(1) 一般溶液	可	可	可	
	(2) 泥漿	可	可	可	
	(3) 容易燒焦物	需稍作注意	可	可	
	(4) 黏度變化	改變迴轉速處理	對策困難	以變更空氣壓對應	
	(5) 處理能量	調節範圍大	調節範圍最小	調節範圍稍小	
原液供料	(1) 壓力	低壓～ kg/cm²	高壓 10～250 kg/cm²	低壓～ 5 kg/cm²	需設法消除泵的脈動
	(2) 泵	Mono, Centrifugal, Diaphragm pump	plunser pumps （3 連）	Mono, Centrifugal, Diaphragm pump	
	(3) 泵的維修	容易	難	容易	
	(4) 泵的價格	不貴	高	不貴	

		高速迴轉圓盤型	加壓噴嘴型	二流體噴嘴型	備考
噴霧機	(1) 價格	高	不貴	不貴	泥漿時可能噴嘴會被塞住
	(2) 保修	容易	容易	最容易	
	(3) 動力費	中度	稍低	最大	
乾燥室	(1) 室尺寸	大	小	小	
	(2) 高	小	大	中	
	(3) 熱風方向	並流	並流，向流	並流，向流 並向流（混合）	
乾燥產品	(1) 粒度	細	粗	微粒，造粒	操作條件被原液條件左右
	(2) 表比重	小	大（向流）	小	
	(3) 水分	低	高	低	
	(4) 粒度均一性	稍廣	良	良	

14.2 乾燥粉粒的性狀

噴霧乾燥所得的產品大多上多孔性的不同球狀，這仍由於微粒化液狀原料時，其表面張力使其成球狀液滴後再進入乾燥過程，且一般乾燥速率大在數秒間就乾燥的結果。影響其形狀是有相當多的因素而頗為複雜，但成怎樣的產品直接影響到該產品的品質，故設定乾燥條件就得特別用心。

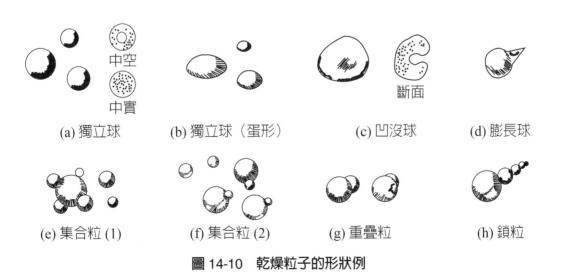

(a) 獨立球　　(b) 獨立球（蛋形）　　(c) 凹沒球　　(d) 膨長球

(e) 集合粒 (1)　　(f) 集合粒 (2)　　(g) 重疊粒　　(h) 鎖粒

圖 14-10 乾燥粒子的形狀例

以乾燥糊精（dextorine）為主成分的進料所得乾燥粒就呈多孔性球狀易溶的產品，乾燥時若不用心於微粒化裝置的特性和熱風的條件時，產品就多成葫蘆狀的固粒而影響其商品品質。注意裝置和熱風條件可得球固粒的特性，就可用於陶磁或電子材料所需的超微米粉（0.001～數微米）的造粒。

另一例是日常生活中常見的奶粉，濃奶噴霧乾燥時其蛋白質成分易在表面成皮膜，而於乾燥初期就生成包全球的膜，於後段經膨脹破裂或收縮，讓粒子成多面體或蛋狀的粉粒，讓產品奶粉粒可保存香氣成分且具易溶性特性而提升其商品價值。

再看裝置特性對產品粉粒的影響例，在醫藥生技程序上，乾燥對熱敏感的材料時，其微粒化裝置就得達成液滴粒徑的微細化，讓液滴能在低溫又短時間內乾燥才可防止材料的變性。

14.3 乾燥室的大小

如前述，乾燥室的型狀大小逕受原料液微粒化裝置的型式左右，一般而言，除了逆向流式塔外，熱風都由塔頂中央或側面送入與微粒化後的液滴接觸進行乾燥。

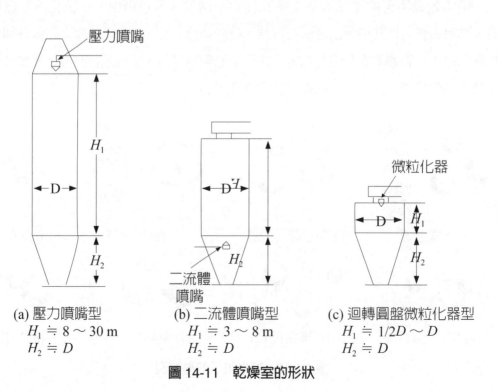

(a) 壓力噴嘴型
$H_1 \fallingdotseq 8 \sim 30$ m
$H_2 \fallingdotseq D$

(b) 二流體噴嘴型
$H_1 \fallingdotseq 3 \sim 8$ m
$H_2 \fallingdotseq D$

(c) 迴轉圓盤微粒化器型
$H_1 \fallingdotseq 1/2D \sim D$
$H_2 \fallingdotseq D$

圖 14-11　乾燥室的形狀

一般採用迴轉圓盤型微粒化器時，乾燥室塔徑較大，而圓筒部長度採塔徑的一半至一直徑高，平底型塔時也差不多採這樣的尺寸。此時底部倒圓錐部高度都採一個直徑的高度。如採二流體噴嘴的微粒化器時，塔圓筒部的高度就視噴嘴的噴射距離來決定，如採壓力噴嘴時，就視噴射角度、噴射距離、噴射時間、空塔流速來決定。如是逆向流式塔，且採用噴嘴微粒化器時塔高可逾 30 m 的例也不少。

塔徑多以熱風空塔速度在 0.2～0.5 m/s 來估計，但在逆向流塔，可得依噴霧的液滴大小，取更低的直徑大小。

【範例 14-1】估計液滴代表徑和所需塔徑 ^(Tamon，化工便 #7, p.321)

兹有每小時 $F = 200$ kg 的原液黏度 $\mu = 10^{-2}$ [Pa · s]，密度 $\rho = 1,100$ [kg/m³]，表面張力 $\sigma = 0.05$ [N/m]，如擬以高速迴轉圓盤型的噴霧乾燥器（**圓盤徑** $D = 0.15$ [m]，**翼片數** $n = 36$，**翼高** $b = 0.015$ [m]，**迴轉數** $N = 200$/s）乾燥它，試求噴霧液滴的代表徑爲多少，並試估乾燥塔塔徑爲多少 m。

〔解〕

1. **霧液滴的代表徑** $D_{sp, v}$

   依 Friedman 的實驗式

   因 $L = nb = (36)(0.015) = 0.54 [m], \Gamma = F / L = (200 / 3600) / 0.54 = 0.103 [kg/(m · s)]$

$$\frac{D_{sp.v.}}{D} = 0.2(\frac{4\Gamma}{\rho_l ND^2})0.6(\frac{\mu}{\Gamma})^{0.2}(\frac{\sigma\rho_l L}{\Gamma^2})^{0.1} = 0.2\{4\frac{0.103}{1100 \times 200 \times 0.15^2}\}^{0.6}(\frac{0.01}{0.103})^{0.2}$$

$$(0.05 \times 1,100 \times \frac{0.54}{0.103^2})^{0.1} = 0.000989$$

   故 $D_{sp.v} = (0.000989)(0.15) = 1.48 \times 10^{-4} = 148$ [μm]

2. **燥塔塔徑的估計**

   利用 Herring 等人的公式求圓盤下方 0.9 m 處可採取 99% 的全噴霧量的半徑 R_{99} [m]

$$R_{99} = \frac{13D^{0.21}F^{0.25}}{(3.47 \times N^{0.16})} = (13)(0.15^{0.21})\frac{(200^{0.25})}{(3.47 \times 12,000^{0.16})} = 2.10 [m]$$

   估計**塔徑** D_C 就得考慮 R_{99} 與 D_C 間的係數，從小規模試驗得此係數爲 0.9，故

$$D_C = 0.9 \times 2R_{99} = (0.9)(2 \times 2.10) = 3.78 \, [\text{m}]$$

至於塔高依實驗機所得乾燥時間來估計。

14.4 噴霧乾燥裝置的問題點

1. **蒸發能力**：於噴霧乾燥系蒸發水分所需的熱量全靠熱風的顯熱供給，就是提升進料原液的溫度所增的所得顯熱熱能幾不可能蓋過蒸發潛熱，也即熱風溫度才是決定噴霧乾燥系的蒸發能力的關鍵，圖 14-12 說明了熱風溫度與蒸發水分的能力的關係。

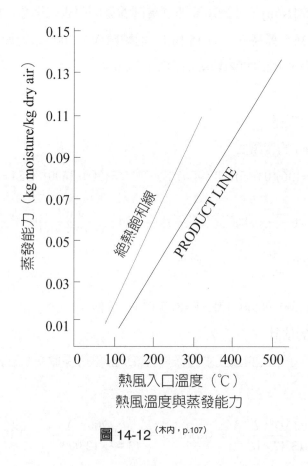

熱風溫度與蒸發能力

圖 14-12 ^(木內，p.107)

2. **產品的含水率**：乾燥產品的含水率與排氣的溫度與外氣的溼度有關，乾燥產品品溫代表了對應的蒸氣壓，熱風中的水蒸氣分壓如大於產品品溫對應的蒸氣壓時，氣相中的水分將被產品吸附。由於於噴霧乾燥系，排氣與產品是並行流，故擬壓低產品水分宜升高排氣溫度或降低排氣的絕對溼度。

　　3. **外氣溼度的影響**：像臺灣，多溼季節和乾燥季節大氣條件變化不小，故如年中不改變入口熱風溫度和排氣溫度的設定就會影響產品含水率，這點是值得用心。

　　4. **原液濃度**：一般濃度增高，產品的嵩密度就增高，隨黏度變化粒度也增大，但有的物性有相反的現象。

　　5. **產品的粒徑**：

　　(1) 迴轉圓盤型：如要細小粒子可增加轉速，要粗粒子可減轉速。

　　(2) 加壓噴嘴：噴射流速受自噴霧壓力的動能做微粒化，故粒度跟噴霧壓力和銳孔徑而定，一般與噴霧壓成正比，而與銳孔徑成反比。但渦流室型加壓噴嘴有微妙的關聯性，宜做實驗確認。

　　(3) 二流體噴嘴：噴霧氣壓會改變原液流量也即產品的粒度，只有銳孔徑不符處理量時只靠氣壓有時解決不了問題。

　　6. **塔內氣流**：塔內氣流流態左右粉粒附著於塔壁，如何使熱風與液滴的接觸可避免逆旋渦流出現，就成了決定熱風進口方式，位置的關鍵。

　　7. **高黏性液的微粒化的困難**：以前這是難題之一，但自 29,000 rpm 的高轉圓盤開發後已可 600,000 cp 以上的高黏性原液微粒化，

　　8. **排氣除塵**：隨著噴霧乾燥被大量使用後其排氣中的微粒逸散就成管制上的重點，如盛產奶粉的紐西蘭就規定排氣中微粉量不得逾 250 mg/Nm^3，不少廠商開始採用 Bag house，或 Multi cyclone 來防止微粉的逸散。

1. 噴霧乾燥操作時粉體黏著於壁面相關的問題

　　操作噴霧乾燥裝置不容許將進料噴到器壁或落至乾燥室底面黏著在器壁、器底，不設法清除附著粉體將受熱褐變並剝落混進產品，使產品成為不合格產品。

　　如操作正常時，乾燥產品用放大鏡觀察大多呈均勻球形粉粒，但如有黏著等現象時，產品中就有扁平顆粒混進產品。進料液滴會黏著在器壁的原因有：

　　(1) 噴霧器所噴出的液滴徑太大

　　如液滴係由噴嘴噴出，就可能噴霧壓比設定值低，此時黏著現象多發生在乾燥室底面。應檢查送液泵的運轉是否正常。

　　如液滴係由 Atomizer 摔出，可能因 Aomizer 的迴轉數過大導致摔出液滴少離心力大而多黏注於噴霧塔（室）上部器壁，反之，迴轉數過小時黏著現象就可能發生在乾燥室底面，應檢查噴霧轉盤回轉速是否正常。

　　另進料濃縮液黏度大，或濃度比設定值高時，也較容易發生黏著於器底的現象。

　　(2) 熱風吹進乾燥室時流態有偏流，導致有些靠近壁面部位的熱風吹粉粒往排出口的力量不夠，而促成其附近期粉粒黏著在器壁。

　　(3) 如液滴係由噴嘴噴出，而噴嘴有堵塞，導致所噴出液滴滴徑分布變廣，大滴徑所成的未乾燥粒子就容易黏著在底面或器壁，供應管系宜加裝過濾器並常做檢查去除堵塞物。

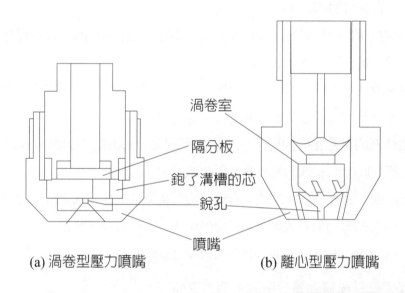

渦卷室

隔分板

鉋了溝槽的芯

銳孔

噴嘴

(a) 渦卷型壓力噴嘴　　　　　　　(b) 離心型壓力噴嘴

(c) 迴轉型圓盤噴霧器

圖 14-13　霧噴嘴與圓盤噴霧器 (Tamon, p.169)

(4) 噴嘴的銳孔，或 Atomizer 的 Core 的溝寬經磨耗變大，也有可能使噴霧液滴增大而產生未乾燥粒子就容易黏著在底面或器壁。

(5) 如乾燥成分溶解度較高，碰到高溫壁面也容易使粒子黏著於器壁。

(6) 環境大氣絕對溼度變化使乾燥粒子水分增高也易使粒子黏著於器壁。

對策就檢查是否有上述各項原因存在，而設法去除原因，另把塔內壁面磨平滑也可減少粉粒的黏著。

(7) 熱風流量過大，液滴在乾燥室滯留時間不足，致尚未乾燥粉粒黏著於底面或排氣管壁。

(8) 小規模裝置乾燥所得產品物性與量產規模所得產品物性相差很多。

14.5 適用範圍

構成懸濁液、乳化液等，如經由他法處理時容易發生熱變性的材料適用噴霧乾燥製成乾燥粉粒產品，雖原液黏度求低，但近年來已有開發高黏性用的噴嘴，可採用噴霧乾燥黏度範圍也增大不少，常見利用噴霧乾燥的產品有：

牛奶及蛋製品：奶粉、脫脂奶粉、乳糖、蛋黃、蛋白

碳水化合物：麥芽萃取液、澱粉、葡萄糖

植物‧果實：香蕉、芒果、麵筋、果汁

咖啡‧茶：即泡咖啡、即泡茶粉精

醫藥：抗生物質、血清、肝臟萃取液、維他命、胺基酸、peptone 等

洗劑：洗衣粉

表 14-2 比較上述三種噴霧機的性能，供參考。

表 14-2　噴霧乾燥器的實際運用例（一） (Toei m, p.111)

材料	洗衣粉	咖啡萃取物	藥品	麥芽糖	洗衣粉	洗衣粉	觸媒	全奶
製品量（kg/hr）	1,000	100	100	300	300	3,000	870	454
原料水分（％ W. B）	40	70	50	40	70	40	92	65

材料	洗衣粉	咖啡萃取物	藥品	麥芽糖	洗衣粉	洗衣粉	觸媒	全奶
製品水分（% W. B）	2～3	3～4	3	3	1～2	10	1	3
製品代表粒徑（μ）	200	200	—	300	300	400	40～150	7～10
製品嵩密度（g/cm³）	0.20	0.20	0.14	o.66	0.20	0.30	—	—
水分蒸發量（kg/hr）	660	226	94	190	700	1,800	10,000	805
熱風入口溫度（℃）	240	148	150	140	300	280	470	266
熱風出口溫度（℃）	100	82	80	80	130	90	210	63
噴霧方法	迴轉圓盤			加壓噴嘴				二流體噴嘴
裝置型式	並流			並流		向流	混合流	並流
塔徑（m）	7	5.4	4.2	5	1.5	5	6	0.92
圓筒部長度（m）	5	5.4	2	3.5	10	18	5	3.8
圓錐部長度（m）	7	—	4	5	1.5	5	7.5	—
熱容量係數（kcal/hr ℃ m³）	13	17	18	18	168	26	123	1,320

陶磁器材料：黏土、高寧土、滑石、Alumina、水玻璃

無機化學品：氯化鋁、砒酸鈉、碳酸鈉、氰化鈉等

有機化學品：蟻酸鋁、酪酸鉀、醋酸鈉等

聚合物：氯化膠、合成橡膠、樹脂、聚硫化物等

表 14-3 列示了一些噴霧乾燥器的實際運用例。

表 14-3　噴霧乾燥器的實際運用例（二） ^(Toei m, p.111.)

材料	胺基酸	氧化鋅	Oligo 糖	氧化鐵	醫藥品原料
製品量 [kg · h^{-1}]	346	65	928	1369	11.6
原料固形分 [%]	40	35	40	68	30
製品水分 [%]	3	0.5	3	0.5	3
產品平均粒徑 [μm]	55	50	40	140	20
產品嵩密度 [kg · m^{-3}]	500	1500	440	1300	400
蒸發水分量 [kg · h^{-1}]	494	35	572	633	25
熱風溫度 [℃]	180	150	150	300	180
排風溫度 [℃]	100	52	95	95	70
噴霧方法	迴轉圓盤	迴轉圓盤	加壓噴嘴（3 支）	加壓噴嘴（3 支）	二流體噴嘴
接觸方式	並流	並流	並流	並流·向流複合	並流
塔徑 [m]	7.8	3.5	5.8	6.5	0.97
圓筒部高度 [m]	7.8	1.5	15	7.5	2

14.6 噴霧乾燥器大小的估計例

【範例 14-2】概估設計及所需乾燥室容積的估計 ^(Toei, m, p.112)

　　擬採用噴霧乾燥好每小時 5,800 [kg/hr]，含水率 150%（DB）的溶液乾燥成含水率 3.6%（DB）的產品 2,400 kg/hr，試估算此乾燥器的所需容積、所需熱量、所需熱風流量，但進口熱風溫度為 200℃，$H_1 = 0.01$ [kg/kg-da]，排氣溼度在 0.04～0.05，產品品溫設定 75℃。噴霧液溫是在入口熱風的溼球溫度 45℃。

〔解〕

1. 乾燥器所需熱量

　　此操作每小時需去除的水分量 ΔW

$$\Delta W = (2,400)(1.5 - 0.036) = 3,510 \text{ [kg/hr]}$$

如水的汽化熱是 $\lambda_w = 565$ [kcal/kg]，則乾燥所需熱量爲

$$q_d = \{(3,510)(565) + (2,400)(0.35)(75 - 45) = 2,008,350 \text{ [kcal/hr]}$$

2. 所需熱風量及熱量

所需熱風量可由全系的質量收支式得如下

$G = \Delta W / (H_2 - H_1)$ 如估計本系對外熱損是必要熱量的 25%，則排氣溫 T_2 是

$$\frac{(2,008,350)(1.25)}{(0.25)(200 - T_2)} = 93,600$$

$\therefore T_2 = 92.7$ [℃]

此 T_2 值對設定的出口品溫尚合適。而**總需要熱量**爲

$$q_{total} = (2,008,350)(1.25) = 2,510,440 \text{ [kcal/hr]}$$

3. 乾燥器的所需容積的概估

如此乾燥採用並流方式，原液溫度 45℃，乾燥產品品溫 75℃，故全系的對數平均溫度差爲：

$$(\Delta T)_{lm} = \frac{(200 - 45) - (92.7 - 75)}{\ln(\frac{200 - 45}{92.7 - 75})} = 63.3 \text{ [℃]}$$

如熱容量係數 ha 估取 50 [kcal/hr · m³]，乾燥器的所需容積 V 爲

$$V = (2.008,350)/(63.3)(50) = 634.3 \text{ [m}^3\text{]}$$

如塔徑採取 7 [m] 塔高 h 爲

$$(\pi/4)(49)h = 634.6$$

$\therefore h = 16.5$ [m]

如塔徑採取 8 [m] 塔高 h 爲

$$(\pi/4)(64)h = 634.6$$

$\therefore h = 12.6$ [m]

塔徑，塔高得視液滴的飛翔軌道、乾燥速率一起考慮做決定。

📰 參考文獻

Coulson, J. M., Richardson, J. F. Backhursy, J, F., Harker, J. H.; Chemical Engineering, Vol. II, Fourth Ed., Ch.16; Pergamon Press, Oxford, GB. (1990).

Kiuchi, Akio；木內昭男；噴霧乾燥裝置，乾燥；p.97 化學工業社，東京，日本（1969）。

Kubota, Atsushi 久保田濃；乾燥裝置；省エネルギーセンター（2.nd ed.）東京，日本（2004）

Takahashi 高橋敢一，Ch14，乾燥裝置；化學裝置ハンドブック（藤田重文等編），朝倉書店，東京，日本（19670）。

Tamon, H 田門肇；「5 調溼，水冷卻，乾燥」化工便覽，第七版；丸善，東京，日本（2011）。

Tamon, H. 田門肇；乾燥技術入門，日刊工業社，東京，日本（2012）。

Toda, Minoru 多田豊；化學工學―解説と演習，朝倉書店，東京，日本（2008）。

Toei；桐榮良三：乾燥裝置 日刊工業社 東京，日本（1969）。

Toei；桐榮良三：乾燥裝置マニュアル 日刊工業社 東京，日本（1978）。

第十五章　傳導熱傳式滾筒連續乾燥裝置

　　傳導加熱型乾燥裝置是經由加熱面藉傳導熱傳加熱被乾燥材料進行乾燥的裝置，傳導加熱被利用於真空乾燥，具有相當高效率熱傳方式，常見於材料靜置型的真空乾燥箱或冷凍乾燥裝置。利用蒸氣加熱的單一或複數迴轉滾筒在表面以傳導加熱方式來連續乾燥溶液或泥漿有如圖 15-1(a) 所示**滾筒乾燥裝置**，來乾燥帶狀捲狀材料，有如圖 15-1(b) 所示的**多段滾筒乾燥器**。

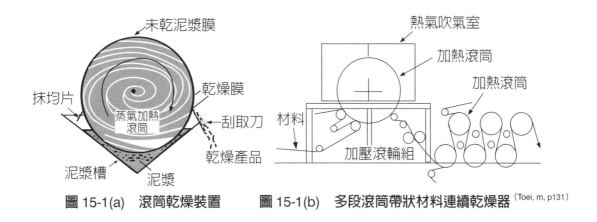

圖 15-1(a)　滾筒乾燥裝置　　**圖 15-1(b)　多段滾筒帶狀材料連續乾燥器**^(Toei, m, p131)

15.1 滾筒乾燥裝置

　　於如圖 15-1(a) 所示的加熱滾筒外塗覆一層泥漿薄膜，利用傳導加熱被乾燥材料的方式，在常壓或真空下去除其水分，刮除後可得短薄片或粉粒狀的乾燥產品，因其乾燥時間只有 10 秒至 30 秒之短，可避免材料物性的熱變，且無排氣或飛塵之困擾，又可連續操作，而被喜用於生產高價或有毒性的溶液或泥漿的乾燥。

　　利用滾筒乾燥裝置經由傳導加熱被乾燥材料時，因其乾燥時間只有 10 秒至 30 秒之短，很難像真空乾燥箱把其熱傳過程依近似穩定狀態來解析，通常熱傳係使用 [kcal/m^2・hr・℃] 為單位，但因過程不僅極短，材料變化又大，幾乎難能量測可資用的數據，導致實務上多用 [kg- 蒸發水分 /m^2・hr] 或 [kg-product/m^2・hr] 來表示。一般乾燥泥漿的**滾筒乾燥裝置**狀況好的可達 150 [kcal/m^2・hr・℃]，但大都為 5～50 [kg 水分／m^2・hr]。

15.1.1 分類 ^(Toei, m, p.124)

1. 依滾筒的筒數和組合分類

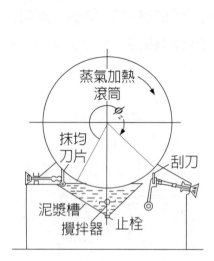

(a) Single Drum System

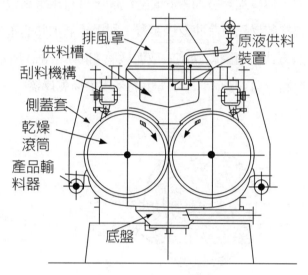

(b) Double Drum System

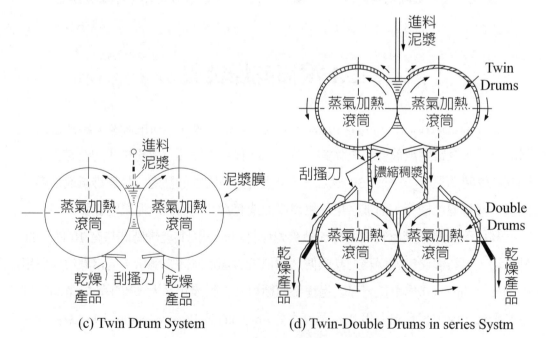

(c) Twin Drum System

(d) Twin-Double Drums in series Systm

圖 15-2　依滾筒的筒數和組合分類

2. 依供料方式分類

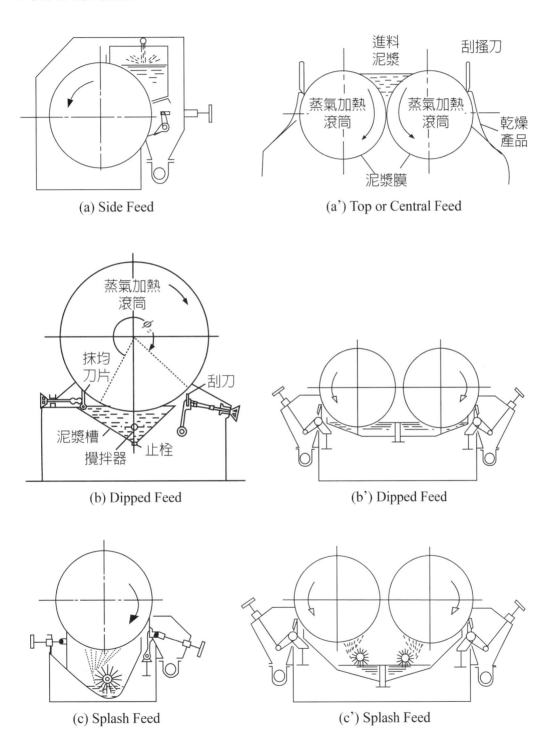

(a) Side Feed

(a') Top or Central Feed

(b) Dipped Feed

(b') Dipped Feed

(c) Splash Feed

(c') Splash Feed

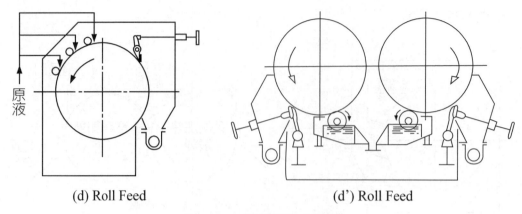

(d) Roll Feed　　　　　　　　　(d') Roll Feed

圖 15-3　依供料方式分類

3. 依排氣方式可分為如下三類：

　　(1) 開放式

　　(2) 閉封式

　　(3) 眞空式

15.1.2 滾筒乾燥器的特點 ^(Toei, m, p.125)

　　1. 一般滾筒乾燥器的乾燥時間相當短，在 10～15 秒，被乾燥材料很少長時間曝露在高溫，故適合於熱敏感或對高溫有危險性物質的乾燥。

　　2. 同上理由如有：(1) 對在空氣中有爆炸或變質的材料，(2) 溶劑屬於高價或有毒時，(3) 需要眞空操作時，(4) 恐材料飛散而引起危險的材料，(5) 材料遇熱會凝結或變爲可塑性的材料時，是合適用來其乾燥。

　　3. 重金屬溶液或懸濁液藉由滾筒乾燥器可以用簡單且低價的方式，連續轉變爲粉末或短片狀乾燥物。

　　4. 由於滾筒乾燥屬於熱傳導型，故此乾燥的熱效率可達 80～90% 之高，合乎熱經濟。

　　5. 裝置內部構造至爲簡單，甚易清洗，適合屬於少量多種的食品或藥品工業的生產。

　　6. 由於其重要操作變數如滾筒迴轉數、熱源的溫度、乾燥時泥漿膜厚度容易變更，可適應多變性原料的乾燥。

7. 只要整套裝置如下圖安置在真空器內，就可在減壓條件下操作。

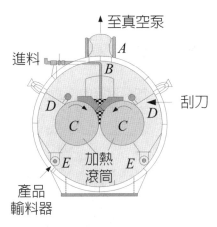

圖 15-4 真空型滾筒乾燥器

15.1.3 構造

1. 雙滾筒乾燥器（Double Drum Dryer）

如圖 15-2(b) 所示，該裝置的主要部分是兩個同大小且被蒸氣加熱的滾筒所構成，兩筒接觸上方設有進料的儲槽，由內側往下的方向迴轉，附著於迴轉滾筒外表的泥漿膜厚可藉由調整兩滾筒的間距來設定，因此兩滾筒分別為固定轉筒與遊動轉筒，在運轉中，後者有可自由設定間距的調節機制。一般此間距在 0.4～0.1 [mm]。

滾筒乾燥器從剖面圖看來，其構造實在單純，但乾燥好的乾餅是要靠刮刀刮下，如表面不平，可能只刮清刮刀接觸到筒表面的部分，而留下不平的乾餅續留在表面繼續再加熱甚至燒焦，結果產品就被燒焦的焦狀物汙染。加工時並需考慮筒表面熱膨脹所致的結果，故正確的製造方式除了刮刀的刀刃部得熔著耐熱耐磨耗性硬合金外，在鉋床修面時亦需在與乾燥時的**同一高溫下熱加工**，始可避免不良結果之發生。

滾筒上方一般設有排氣罩，下部亦套以底盤，以吸收乾燥過程所去除的蒸氣。

圖 15-5 揭示加熱滾筒的剖面示意圖，也概示迴轉接頭及凝結水排出的路程。圖 15-6 則揭示滾筒的變速裝置之一例。

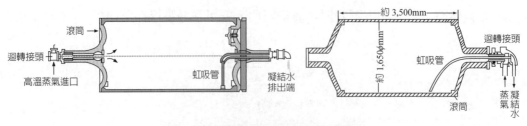

圖 15-5　加熱滾筒的剖面示意圖

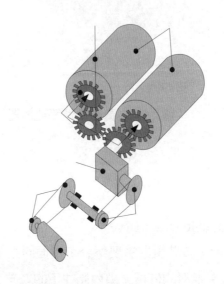

圖 15-6　變速裝置之一例

2. Twin Drum Dryers

如圖 15-2(c)、15-3(b')、(c')、(d') 所示，Twin drum dryer 與 Double drum dryer 的構造大都相似，由具有兩個同大小且被蒸氣加熱的滾筒所構成，但進料有如圖 15-3（右圖）所示，原液不僅可由頂部（center feed）進料，也可由底部靠沾漬（dip）、濺噴（splash），和靠著快速迴轉的滾輪棒等幾種不同的方式吸舖原液。

3. 單滾筒乾燥器（Single Drum Dryers）

單滾筒乾燥器如其名只具有單滾筒，乾燥機制與上述 Twin drum dryer 除滾筒數不同外大致相同，進料方式則以圖 15-3(a) 的 Side feed 和 15-3(d) 的 Roll feed 有些相異。

(1)Side Feed Drum Dryer：是在滾筒的上側部加裝了進料罩，靠有彈簧壓著機構壓著在滾筒的一上角，有此進料罩就可在鋪上滾筒前讓進料原液繼續濃縮，適用於低濃度原液或析晶性生成物的乾燥。

(2)Roll Feed Drum Dryer：如圖 15-3(d)，在滾筒的一上側角安插 2～3 支鋪料滾筒棒，將原液分成 2～3 次鋪上加熱滾筒表面，棒的安插位置對此乾燥機的乾燥能力有微妙的效應，故設計時該預留操作中可隨時調整的方便，此型乾燥機常用於糊狀物質、α 澱粉的生產程序。

4. 適用範圍

滾筒乾燥機一般適用於溶液、有流動性的泥漿或懸濁液，但不適用雖呈溼潤狀但不附著在滾筒表面的材料的乾燥。

適用例有：活性剩餘汙泥、離子交換塔的逆洗液、排煙洗滌廢液、逆滲透膜濃縮液、食品工場廢液、鍍金廢液、醫藥品、顏料、染料等有機／無機溶液或泥漿等。

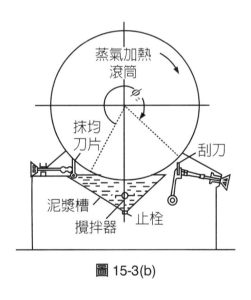

圖 15-3(b)

15.1.4 滾筒乾燥器的設計 ^(Toei, B, p.324)

每小時擬乾燥的原料量：W_1 [kg/hr]，含水率（D.B.）$= w_1$，每小時乾涸材料 $= W_2$ [kg/hr]，含水率 w_2，即每小時乾燥器需蒸發的水分量 q_w 為：

$$W_1 = W_2 + q_w \tag{15.1.4-1}$$

$$q_w = W_1(1 - \frac{1+w_2}{1+w_1}) = W_2(\frac{1+w_1}{1+w_2} - 1) \tag{15.1.4-2}$$

如材料附著在滾筒的圓弧的中心角爲 ϕ_z，則材料附著在滾筒表面的時間 t_h 爲

$$t_h = \frac{\phi_z \cdot 60}{360n} \text{ [sec]} \tag{15.1.4-3}$$

上式中 n 是滾筒每分鐘的轉速 [rpm] 而加熱面積 A 爲

$$A = \frac{\pi Dl\phi_z}{360} \text{ [m}^2\text{]} \tag{15.1.4-4}$$

上式 D = 筒徑 [m]，l 是筒的寬度 [m]，故單位加熱面積每小時得乾燥的原料量 [g/m^2] 爲

$$W_1' = \frac{1,000W_1}{An(60)} \tag{15.1.4-5}$$

如原液的密度爲 ρ [kg/m^3]，舖料於滾筒時液相的厚度 [mm] 爲

$$\varsigma = \frac{W_1'}{\rho} \text{ [mm]} \tag{15.1.4-6}$$

如於章首所述，設計一**滾筒乾燥器**，嚴格來說，附著在迴轉滾筒表面的溼原液膜中的乾燥現象理應依不穩定過程處理，但將成相當複雜的問題，故實際設計多採用以整個過程中的平均總括熱傳係數 U_m [kcal/hr · m^2 ·℃] 或依單位加熱面積的平均水分蒸發速度 R_m [kg/hr · m^2] 來表示其乾燥能力。

$$R_m = \frac{1}{t_h A}\int_0^{t_h} Rdt = \frac{q_w}{t_h A} \text{ [kg/hr · m}^2\text{]} \tag{15.1.4-7}$$

而平均總括熱傳係數 U_m 是

$$U_m = \frac{1}{t_h}\int_0^{t_h} Udt = \frac{q_{ave}}{T_D - T_s} \tag{15.1.4-8}$$

上式中 q_{ave} 是乾燥過程的平均熱傳速率 [kcal/m^2 · hr]，T_D 是筒體加熱蒸氣溫度 [℃]，而 T_s 是材料表面溫度 [℃]。另是

$$q_{ave} = \frac{1}{t_h} \int_0^{t_h} q\,dt = \frac{Q}{A} \qquad (15.1.4\text{-}9)$$

表 15-1、15-2 分別揭示雙滾筒及單滾筒乾燥器的實際操作例，而表 15-3(a) 則列示 Double drum dryer 的尺寸供參考。

表 15-1　Double Drum Dryer 的操作例 ^(Marutani, p.127)

	水分（W.B.）		蒸氣壓力 kg/cm²	滾筒迴轉速 rpm	進料溫度 ℃	進料方式	能力	
	原液	製品					kg 製品 / M²hr	kg 水分蒸發 /M²hr
磺酸鈉	53.6	6.4	4.4	8.5	73	槽	37.8	38.5
硫酸鈉	76.0	0.06	4.0	7	65	″	15.0	47.7
磷酸鈉	57.0	0.9	6.3	9	82	″	40.1	53.1
醋酸鈉	39.5	0.44	5.0	3	95	″	7.4	4.4
″	40.5	10.03	4.7	8	93	″	25.2	11.6
″	63.5	9.53	4.7	8	77	″	15.9	23.3

表 15-2　Single Drum Dryer 的操作例 ^(Marutani, p.127)

	水分（W.B.）		蒸氣壓力 kg/cm²	滾筒迴轉速 rpm	進料溫度 ℃	進料方式	能力	
	原液	製品					kg 製品 / M²hr	kg 水分蒸發 / M²hr
硫酸鉻	48.5	5.47	3.5	5	—	Spray film	18.0	15.0
″	48.0	8.06	3.5	4	—		6.4	4.9
″	59.5	5.26	1.7	2.5	70°		7.5	10.0
″	59.5	4.93	3.85	1.8	65°	Splash	11.3	15.0
″	59.5	5.35	3.7	4.8	68°	″	18.4	24.1
″	59.5	4.57	3.7	5.8	68°	Dip pan	16.4	22.0
植物膠	60～70	10～12	1.4～2.1	6～7	—		5～7.8	6.1～15
亞砷酸鈣	75～77	0.5～1.0	3.1～3.5	3～4	—		10～14.7	29～47
碳酸鈣	70	0.5	3.2	2～3	—		7.3～14.7	17～34

　　圖 15-7、15-8、及 15-9 就以滾筒乾燥機生產脫脂奶粉時，操作變數（如處理量、加熱溫度滾筒迴轉速度等）變化時，對平均熱傳速率、總括熱傳係數和平均乾燥速率的影響做了一些解析，可知平均熱傳速率與單位加熱面積的附著量成比例增加，而平均熱傳速率則隨乾燥時間的增加而減小。增加加熱溫度時乾燥能力當隨之而增，但過高溫度將導致液膜的發泡而有負面影響，而回轉速的增加對乾燥機的能力增大影響不大。表 15-3 簡示各變數的常用範圍供參考。

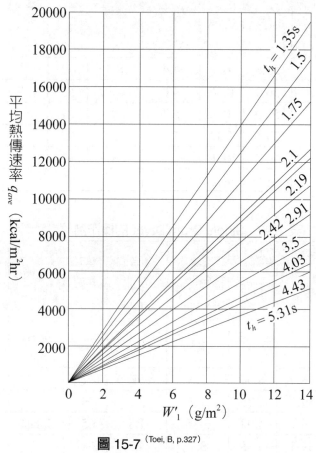

圖 15-7 [(Toei, B, p.327)]

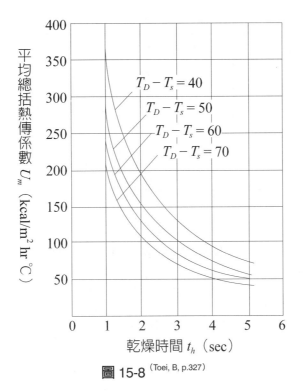

圖 15-8 ^(Toei, B, p.327)

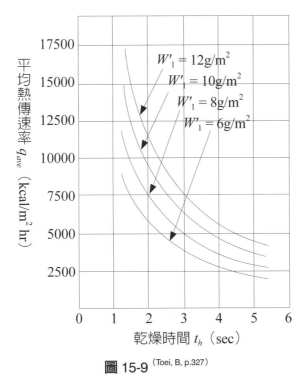

圖 15-9 ^(Toei, B, p.327)

表 15-3 [(Toei, m, p.130)]

總括熱傳係數	$U_m = 600 \sim 450$ [kcal/hr・m^2・℃]
滾筒迴轉速	$n = 4 \sim 6$ [rpm]
溫度差	$\Delta T = 40 \sim 50$ [℃]
熱傳量	$Q = 2 \sim 3 \times 104$ [kca/m^2]
所要動力	$P/m^2 = 0.6 \sim 0.7$ [HP]
熱效率 η	$\eta = 80 \sim 90$ [%]

表 15-3(a)　Double Drum Dryer 的尺寸

機型 Model	胴面積（m^2） Drum surface area	胴體尺寸（mm） Drum dimensions		電動機 （kW） Motor	安裝尺寸（mm） Installation space		
		直徑 Diameter	長度 Length		寬 Width	長度 Length	高度 Height
KDD-1	1.0	635	300	1.5	1,700	1,800	1,540
KDD-2	2.0	635	500	2.2	1,700	2,180	1,540
KDD-4	4.0	635	1,000	3.7	1,700	2,870	1,630
KDD-6	6.0	635	1,500	5.5	1,700	3,620	1,630
KDD-9	9.0	950	1,500	5.5	2,400	3,670	2,160
KDD-12	12.0	950	2,000	7.5	2,400	4,550	2,185
KDD-16	16.0	1,270	2,000	11.0	3,150	4,650	2,860
KDD-22	22.0	1,270	2,800	15.0	3,150	5,670	2,920
KDD-30	30.0	1,590	3,000	19.0	3,900	5,970	3,630
KDD-40	40.0	1,590	4,000	22.0	3,900	7,040	3,790

15.1.5 與其他乾燥裝置的比較 [(Marutani, p.125)]

　　可把泥漿或濃縮溶液直接乾燥成固體的主要乾燥機有：噴霧乾燥機、真空迴轉乾燥機、溝槽型攪拌乾燥機、凍結乾燥機和目前討論的滾筒乾燥機。以下就以滾筒乾燥機為中心來比較其諸特性：

　　1. 單一機器擁有能力若依水分蒸發量來表示，則滾筒乾燥機有 1,500 [kg/hr] 程度的能力，雖不是最大，已可處理相當量了。

2. 就熱效率而言，因加熱方式採用傳導熱傳，而可高至 70～90%，比對流加熱型的噴霧乾燥機的 40～70% 高很多。

3. 乾燥時間在 10～90 [sec]，雖不如噴霧乾燥機的 5～40 [sec] 快，但比其他乾燥機已短很多，而適於乾燥一些熱敏感的材料。

4. 乾燥產品呈薄片狀，少微粉，可適於不喜吸溼或微粉飛散的材料。

圖 15-10

5. 所需空間小，約 20～36 [kg 蒸發 /m^3]，比真空迴轉乾燥機的 7～9 [kg 蒸發 / m^3]、噴霧乾燥機的 1～1.5 [kg 蒸發 /m^3] 小很多。

6. 圖 15-11 比較了滾筒乾燥機與真空回轉乾燥機和噴霧乾燥機的設備費，滾筒乾燥機可說是此類乾燥機裡的低價機型。

7. 圖 15-12 則比較噴霧乾燥機與滾筒乾燥機的操作費，其顯示採用傳導熱傳的滾筒乾燥機在操作費上也占了優勢。

但滾筒乾燥機除有刮刀的保養與更新的麻煩外，滾筒表面也得定期再研磨。

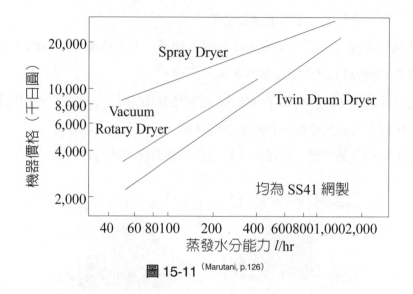

圖 15-11 (Marutani, p.126)

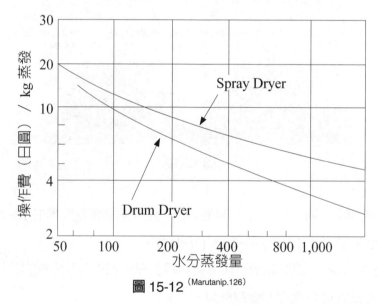

圖 15-12 (Marutanip.126)

15.2 連續多段滾筒乾燥器

15.2.1 裝置的簡介

　　連續多段滾筒乾燥器原來就是為乾燥未乾捲綑紙張和溼潤帶狀物料而設計，故常見於造紙工業和紡織工廠，如於首章所提，乾燥去除溼潤材料的費用比機械操作

（離心脫水、濃縮、過濾、壓搾等）更貴。從經濟觀點，要進行乾燥前，應儘量以前處理採用機械操作去除可去除的水分。乾燥紙張或帶狀薄片材料的**多段滾筒乾燥器**如依加熱滾筒的配置和筒數分類，主要如下圖 15-13 所示幾種：

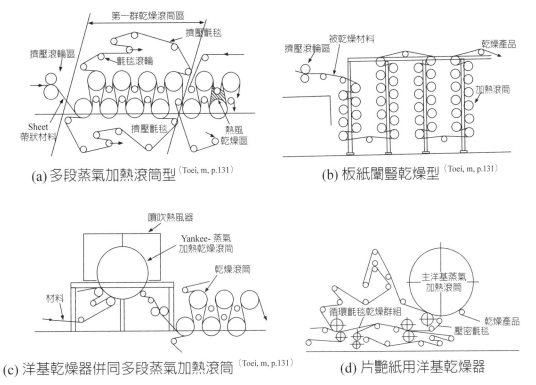

(a) 多段蒸氣加熱滾筒型[Toei, m, p.131]　　(b) 板紙閘豎乾燥型[Toei, m, p.131]

(c) 洋基乾燥器併同多段蒸氣加熱滾筒[Toei, m, p.131]　　(d) 片艷紙用洋基乾燥器

圖 15-13　主要乾燥紙張用連續多段滾筒乾燥器

　　圖 15-13(a) 所示的是徑 1.25～1.5 [m] 的加熱滾筒群配成上下兩段的乾燥群（串成 4～5 群），專用於薄紙、高級印刷用紙、報紙用紙，而圖 15-14 則是揭示造紙程序後段以連續多段滾筒乾燥器乾燥紙張的流程示意圖，其在乾燥部分裝有近 50 套串聯的加熱滾筒讓含溼紙張通過來乾燥紙張，抄紙首先將處理好的紙漿濃度調理至 1.3% 上下，送到環狀循環的金屬網帶舖成均厚的薄層，當此紙漿薄層被網狀輸帶搬運時，其所含的水分，就靠重力滴下，往網下有負壓吸水箱繼續進行脫水，再經一兩段上下擠壓滾輪擠出水分，就脫去了大部分水分。然後被送至一兩段預熱滾筒與擠壓滾輪組，再擠些水分並預熱材料至蒸發所需的溼球溫度，開始展開正面的乾燥蒸發操作。這類多段滾筒乾燥器的滾筒的配置就依被乾燥材料的物性和產品所

需的規格而異，圖 15-13(b) 所示爲滾筒做縱向的配置，是專用於板紙或紙漿板的乾燥，圖 15-13(d) 所示的是專用於單面亮艷紙的筒徑有 2.4～3.6 [m] 大之加熱滾筒所構成的洋基乾燥器，爲避免產品產生皺摺及讓紙材料能密貼於加熱滾筒，除以氈毯帶緊壓密材料外，也藉氈毯吸除材料中的部分水分使其密貼。這些氈毯吸除水分就另設小加熱滾筒系來乾燥後循環使用。有些洋基乾燥器的主加熱滾筒加套蓋，如圖 15-13(c) 所示的噴吹熱風罩可提升產品的乾燥度，或如此圖所示，於後段另加一組多段蒸氣加熱滾筒群。圖 15-15 揭示這類多段滾筒乾燥系裡紙漿材料的溫度、含水率及水分蒸發速率等如何隨乾燥過程變化的實際情況。

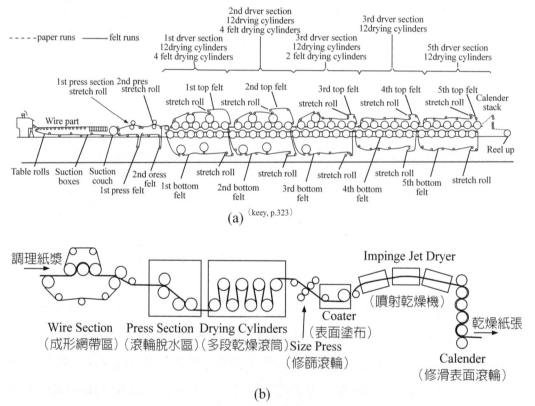

圖 15-14　造紙程序的紙張乾燥流程示意圖之例

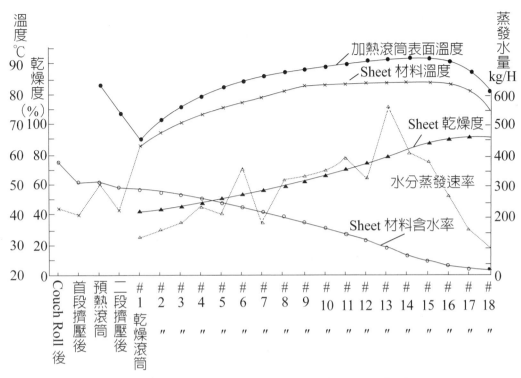

圖 15-15 多段滾筒乾燥系操作變數的變化 [keey]

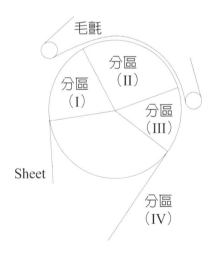

圖 15-16 乾燥區分

15.2.2 帶狀材料乾燥過程的數值解析與概估所需加熱面積 (ToeiB林信也)

利用多段滾筒乾燥來乾燥如紙張等帶狀材料的特徵可說其所涉及的主要熱傳是傳導熱傳，材料與每一加熱滾筒接觸乾燥的時間非常短，且其過程是**非穩定現象**。

如就單一加熱滾筒來考察其熱傳過程可寫成：

$$\frac{\partial^2 T}{\partial x^2} + \frac{1}{V^2}\frac{\partial^2 T}{\partial t^2} = \frac{1}{\alpha}\frac{\partial T}{\partial t}$$ （15.2.2-1）

上式中 x [m] 是帶狀材料的厚度，T 是溫度 [°C]，t 是時間 [hr]，$\alpha = k_e/(\rho c_p)$，是材料的熱傳導度 [kcal/(kg°C)]，V 是帶狀材料的移動速度 [m/hr]，ρ 是材料的密度 [kg/m³]。式（15.2.2-1）於實際操作條件可簡化如下式近似：

$$\frac{\partial^2 T}{\partial x^2} = \frac{1}{\alpha}\frac{\partial T}{\partial t}$$ （15.2.2-2）

解式（15.2.2-2）所需的邊界條件就得如圖 15-16 所示分成四個區分如下

分區 (I)：材料與加熱滾筒最初接觸處

分區 (II)：材料被壓密氈毯覆蓋處

分區 (III)：材料離開壓密氈毯處

分區 (IV)：材料離開加熱滾筒至接觸下一加熱滾筒前間，依如上區分後，此熱傳系統的起始條件與邊界條件就可寫成：

起始條件：當 $t = 0$ 時 $T = f(x)$

邊界條件：就區分 (I)，及區分 (III) 而言：

$$k_e(\frac{\partial T}{\partial x})_{x=0} = h_1(T_C - T_{x=0})$$ （15.2.2-3）

$$k_e(\frac{\partial T}{\partial x})_{x=X} = -h_2(T_{x=X} - T_a) - k_{m2}(y_2 - y_a)$$ （15.2.2-4）

而就區分 (II) 而言：

$$k_e(\frac{\partial T}{\partial x})_{x=0} = h_1(T_C - T_{x=0})$$ （15.2.2-5）

$$k_e(\frac{\partial T}{\partial x})_{x=X} = -h_2(T_{x=X} - T_f) - k_{m2}(y_2 - y_f)$$ （15.2.2-6）

而就區分 (IV) 而言：

$$k_e(\frac{\partial T}{\partial x})_{x=0} = -h_1(T_a - T_{x=0}) - k_{m2}(y_{x=0} - y_a) \qquad（15.2.2\text{-}7）$$

$$k_e(\frac{\partial T}{\partial x})_{x=X} = -h_2(T_{x=X} - T_a) - k_{m2}(y_{x=X} - y_a) \qquad（15.2.2\text{-}8）$$

上式中 h = **熱傳係數**，k_m = **質傳係數**（由 analogy 得 $k_m = 4.65T_b h$），y **是氣相中水蒸氣的克分子率**，下標 a：空氣，b：沸點，C 是滾筒外表面，f 是氈毯，1 代表滾筒與帶狀材料的接觸面，2 代表帶狀材料的表面。

如該乾燥系沒有壓密氈毯，就沒有區分 (II) 的邊界條件存在。要得此系的乾燥過程就得應用上列的邊界條件去解式（15.2.2-2）或式（15.2.2-1）的偏微分方程式，而遇有減率乾燥時，乾燥速率尚需加以適當的修正。一般多採用電腦以數值解方式求解，由於加熱滾筒爲數太多，就是用電子計算機解，上述計算規模還是相當龐大，只好考慮用平均溫度取代實際的溫度分布，做如下所示的簡化，以單純的熱能收支式爲基礎式：

就區分 (I)，(II) 及 (III)，

$$T_{\Delta t} = T_C - (T_C - T_0)\exp(\frac{-h_1\Delta t}{W(w+C_s)}) \qquad（15.2.2\text{-}9）$$

$$\Delta w = w_0 - w_{\Delta t} = (\frac{-dw}{dt})_{t=0} \cdot \frac{l^{0.77}}{V} \qquad（15.2.2\text{-}10）$$

$$W(\frac{-dw}{dt}) = k_m(y_w - y_a) \qquad（15.2.2\text{-}11）$$

對區分 (IV) 則：

$$(\frac{dT}{dt})_{t=0} = \frac{Q_{t=0}}{W(\frac{\rho_s C_s + \rho_l w}{1+w})(\frac{1}{\rho_s} + \frac{w}{\rho_l})} \qquad（15.2.2\text{-}12）$$

$$Q_{t=0} = Q_{conduction} + Q_{radiation} + Q_{evaporation}$$

$$Q_{conduction} = -h_2(T_0 - T_a)$$

$$Q_{radiation} = h_R[(\frac{T_0}{100})^4 - (\frac{T_a}{100})^4] \qquad（15.2.2\text{-}13）$$

$$Q_{evaporation} = \lambda_w W(\frac{-dw}{dt})_{t=0}$$

$$T_{\Delta tIV} = T_0 - (\frac{dT}{dt})_{\Delta tIV} \qquad (15.2.2\text{-}14)$$

$$\Delta w = 2(\frac{-dw}{dt})_{t=0} \frac{l^{0.77}}{V} \qquad (15.2.2\text{-}15)$$

上諸式中，l 是各分區的長度，Δt 是各分區的滯留時間，W 是單位接觸加熱面積上固體材料的重量，w 是含水率，下標 0 代表進各分區時的值。

要進行數值解前得注意下列各項：

①實際上加熱滾筒的溫度不是全部固定，將隨著進程徐徐升溫。

②乾燥過程進入減率乾燥階段後，$(\frac{-dw}{dt})$ 就不能用式（15.2.2-11）表示，需修正如下式

$$(\frac{-dw}{dt})_d = (\frac{-dw}{dt})_c \times (\frac{w}{w_c}) \qquad (15.2.2\text{-}16)$$

圖 15-17、15-18 分別揭示數值解式（15.2.2-12）的一例，圖 15-17 揭示於各加熱滾筒上紙材料的溫度，計算過程因前 10 個滾筒的表面有汙垢，可能降低熱傳係數而取 h_1 = 146 [kcal/hr m^2 ℃]，其後各滾筒就採用較高的 h 值 390 [kcal/hr m^2 ℃]，當紙張含水率低於臨界含水率 w_c 後，熱傳係數也採低值的 h = 146 [kcal/hr m^2 ℃]。而圖 15-18 則揭示於各加熱滾筒上紙材料的含水率。表 15-4 列示一些乾燥其他中級紙與報紙的操作例供參考。

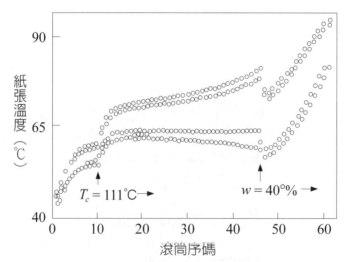

圖 15-17　各加熱滾筒上紙張的溫度 (ToeiB, p.318)

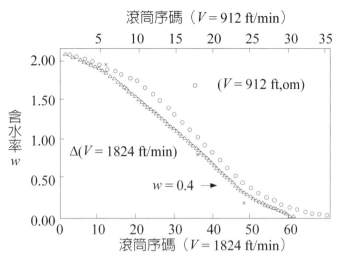

圖 15-18　各加熱滾筒上紙張的含水率 ^(ToeiB, p.318)

表 15-4　多段蒸氣加熱滾筒型的操作例 ^(ToeiBp.319)

紙的種類	中級紙				新聞用紙			
於熱面的蒸發速率（kg/m²hr）	5	7	8	10	13	15	17	19
含水率（%）	38	36	35	35	34	32	31	30
總水蒸發量（kg/hr）	1.500	1.639	1.714	1.714	1.794	1.969	2.065	2.176
蒸發熱量（keal/hr）	966	1,053	1,100	1,100	1,150	1,259	1,319	1,382
熱傳量（kcal/hrm²）	3,220	3,850	5,134	6,417	8,333	9,590	10,860	12,120
水蒸氣壓（atm）	1.15	1.25	1.6	1.9	2.0	2.2	2.4	2.7
加熱溫度（℃）	103.0	105.4	112.7	118.0	119.1	122.6	125.5	129.3
紙張的平均溫度（℃）	52	56.4	60.7	63.0	62.6	63.6	64.5	66.3
U（kcal/m²hr℃）	67.1	78.6	98.7	116.7	146.2	162.5	178.0	192.4
h（kcal/m² · hr℃）	69.7	82.2	104.5	124.9	159.2	178.9	197.6	215.6

　　利用解上節所導的式（15.2.2-12）─非穩定熱傳式來求乾燥過程各操作變數的變化似是嚴謹，但至目前，尚需視狀況插用一些估計值才勉強可得如圖 15-17、15-18 的結果，也因此決定乾燥某量的紙張所需的加熱滾筒面積仍需依靠同一件下的實驗值或利用小規模試驗機做試驗取近似值進行概估。以下列示概估所需的加

熱滾筒面積可用的一些數據供參考。

①帶狀材料的移動速度：一般帶狀材料：200～1,000 [m/min]，需較慢的材料：50 [m/min]，需較快移動的材料，如薄葉紙時：1,500 [m/min]。

②乾燥產品的重量範圍，一般紙張：9～465 [g/m²]，紙板：50～1,000 [g/m²]。

③被乾燥材料的寬度：0.5～10 [m]。

④含水率，前段初期含水率（D.B.）較高的材料（如紙板）可高達 200 [%]，低的如高級紙：120 [%]，而乾燥紙張產品含水率在 4～9 [%]。

⑤使用蒸氣壓：洋基乾燥器的加熱滾筒最高使用蒸氣壓高至 11 [kg/cm²G]，一般紙張時有低至 −0.1 [kg/cm² G]。

一般於蒸氣加熱滾筒的**表面水分蒸發速率** R_C'' [kg/m²hr] 可依下式表示：

$$R_C'' = \left[單位時間內蒸發的水分量 \right] / \left[材料與加熱滾筒接觸的面積 \right] \tag{a}$$

$$R_C'' = \frac{V \times 3,600 \times 坪量 \times 10^{-3} \times (w_i - w_0)}{\pi \cdot D \cdot n \cdot (1 + w_0)}$$

上式中 V 是帶狀材料的移動速率 [m/s]（與上節使用不同單位）；w_i：初期含水率 [—]，w_0 是乾燥產品含水率 [—]，D：滾筒外徑 [m]，n：滾筒的支數，坪量：**材料單位面積所含水分重量** [g/m²]，這些對一般紙張都有可參考的數據，如為紙張，可參考 TAPPI（＝美國紙‧紙漿技術協會）的技術資料，表 15-5 列示多段圓筒乾燥器的運轉例供參考。

【範例 15-1】所需滾筒數的概估 [Toei, m, p134.]

茲有報紙用紙材料擬用外徑 1.5 [m]，V=10 [m/s]，坪量 52 [g/m²]，$w_0 = 8$ [%]，表面水分蒸發速率在蒸氣壓是 1.4 [kg/cm²G] 時，$R_C'' = 14.14$ [kg/m²hr]，

試求此乾燥系所需的加熱滾筒的支數。

〔解〕

從式 (a)：

$$n = \frac{V \times 3,600 \times 坪量 \times 10^{-3} \times (w_i - w_0)}{\pi \cdot D \cdot R_C'' \cdot (1 + w_0)} = \frac{10 \times 3,600 \times 52 \times 10^{-3} \times (1.5 - 0.08)}{\pi \times 1.5 \times 14.14 \times (1 + 0.08)} = 36.9$$

故所需的加熱滾筒的支數為 37 支

表 15-5　**多段圓筒乾燥器運轉例**[Toei, m, p.134.]

	新聞紙	新聞紙	上質紙	Craft boald	Craft pulp	合成纖維紙漿	Rayon pulp
滾筒數	53	35	32	45	28	40	40
滾筒直徑 [m]	1.52	1.83	1.52	1.52	1.52	1.52	1.52
滾筒長度 [m]	3.65	8.60	3.75	5.23	3.45	3.45	3.45
有效傳熱面積 [m²]	823	1,636	520	1,031	370	520	501
製品速度（製品重量）[kg/hr]	8,424	19,532	7,956	2,254	5,630	4,800	5,750
移動速度 [m/min]	800	770	390	410	44.4	30	35.4
製品厚度 [mm]	0.08	0.08	0.13	0.24	1.05	1.05	1.0
材料供給溫度 [℃]	10 ～ 30	10 ～ 30	10 ～ 30	10 ～ 30	30 ～ 50	30 ～ 50	45
材料含水率 [%]	150	156	150	170	113	100	12.2
製品含水率 [%]	7.5	5.3	5.3	7.5	25	7.5	7.3
製品重量 [g/cm²]	0.0054	0.0052	0.010	0.018	0.07 ～ 0.072	0.68	0.8
平均蒸氣壓力 [kg/cm² · G]	1.4	1.7	2.0	5.6	1.5 ～ 2.3	1.5 ～ 2.3	1.2
水蒸氣消費量 [kg/kg- 蒸發水分]	1.5	1.4	1.6	1.8	1.4	1.9	1.65
處理能力 [kg 製品 /hr · m²]	10.4	10.4	15.2	12.7	15.3	9.3	11.45
乾燥時間 [sec]	18.5	15.2	22.9	30.7	160	360	292
平均乾燥速度 [g- 水 /hr · m²]	13.5	17.1	21.1	13.0	12.1	7.7	12.3
通風方式	強制通風	同			左		―

▤ 參考文獻

Keey, R. B. Drying Principles and Practice, Pergamon Press, Oxford, GB(1972).

Marutani. R 丸谷理朗；ドラムドライヤー；乾燥，化學工業社，東京，日本（2,000）。

Obashi Koshi，大橋公司；ドラムドライヤー，乾燥技術ハンドブック，p.501，總合技術センタ
ー，東京，日本（平成 3 年）。

Toei, B；桐榮良三：乾燥裝置 日刊工業社 東京，日本（1969）。

Toei, m；桐榮良三：乾燥裝置マニュアル 日刊工業社 東京，日本（1978）。

第十六章　凍結、眞空乾燥

16.1 凍結乾燥 ^(Kawamura)

凍結乾燥是先將被乾燥材料在冰點以下（−30℃上下）的溫度下凍結後，在其狀態放置在 100 Pa 以下的低眞空環境下加熱，藉昇華將材料中結冰的水分去除來完成乾燥的操作方法。圖 16-1 揭示水的溫度 vs. 壓力的相圖。從這水的相圖，可知在三相點以下的壓力‧溫度範圍，固態冰直接與氣相的水蒸氣達成平衡，在這樣的條件下，加進材料的熱能就被用於昇華潛熱，在維持氣相平衡外壓下，品溫維持恆溫並使固相冰逐序昇華，直接成水蒸氣脫離材料。圖 16-2 揭示凍結乾燥與一般熱風乾燥在是否收縮上之差異。由於其三維網構幾乎不變，故乾燥後的產品再加水，其復原性無論在外形或香味方面皆良好，而被食品產業所喜愛。

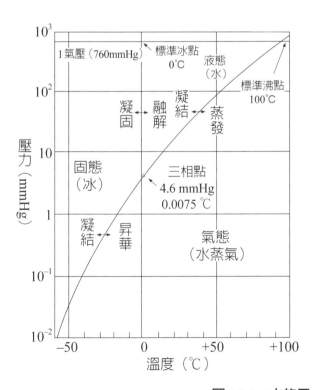

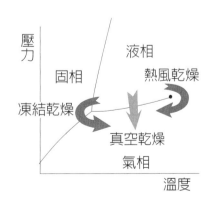

圖 16-1　水的三相圖

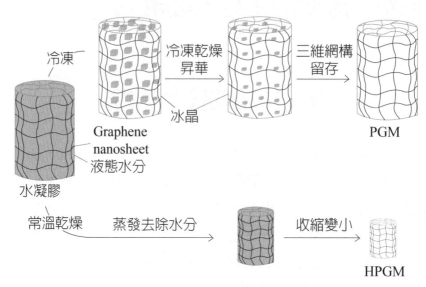

圖 16-2　凍結乾燥與熱風乾燥的差異

16.2 程序系統、乾燥操作程序^{（Kawamura, p.342）}

　　圖 16-3 揭示把凍結乾燥操作從構造與程序兩角度來看的系統內容，而圖 16-4 則為實驗用冷凍系統例。

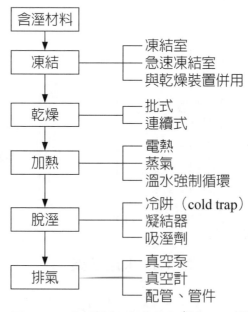

圖 16-3　凍結乾燥系統內容^{（Motoyama, p.160）}

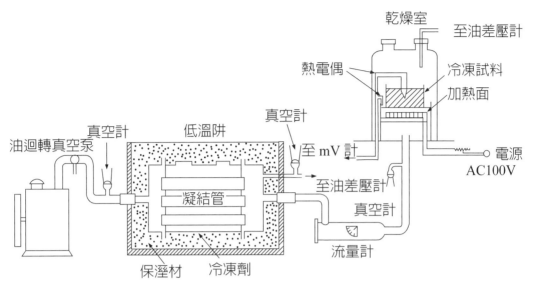

圖 16-4　實驗用批式凍結乾燥裝置之一例 (Kawamura, p345.)

1. 凍結

　　其中最重要而常被忽視的「凍結」步驟，如生產乾燥蔬菜時，重要的是不要破壞其細胞組織，維持新鮮度，又能保存其所含的營養，目前已知的手法是用液態空氣噴霧做急速凍結的手法，而不能像把抗生素放在 –30～–50℃的冷凍室長達 30 小時來凍結蔬菜。就是要用冷凍室來凍結溶液時，也得預先將該溶液預冷到近其凝固點，再送入凍結室急速過冷，才可獲得適合凍結乾燥的結晶組織。總之，雖只是看來簡單的凍結，但其結晶是否均質，凍結速度是否合適等都密切影響凍結乾燥的成敗。

2. 乾燥室—加熱、昇華乾燥

　　收容凍結好的原料，在 –10～–30℃、1 mmHg 上下的真空的條件，昇華原料中的水分成水蒸氣，中小型的裝置多採用多段式棚架，但處理量小的實驗裝置就有如圖 12-3(a)、(b) 所示直接連接乾燥器與真空泵的簡化裝置，在量產的藥廠或食品工廠則不乏有可處理量大到數百公斤至三噸原料，棚段數 20～40，總面積到 100 m² 的大型化裝置。一般工業規模的凍結乾燥器的操作溫度，壓力雖依原料的物性而異，但大多在 –10～–30℃，1 mmHg 前後，而有些乾燥室也兼加凍結區或加熱裝置。

(1) 加熱

a. 所需熱量

$$\frac{dq}{dt} = \Delta H_s(\frac{-dw}{dt}) = \Delta H_s AR''$$ （16.2-1）

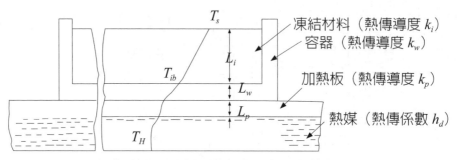

圖 16-5　使用傳導加熱時的溫度分布示意圖

b. 傳導熱傳

$$\frac{dq}{A\,dt} = k_i \frac{T_{ib} - T_s}{L_i}$$ （16.2-2）

平常加熱方式有使用電熱或用如上圖所示用熱媒加熱盤底，如是後者則：

$$\frac{dq}{A\,dt} = \frac{T_H - T_s}{1/h_H + L_p/k_p + L_w/k_w + L_i/k_i}$$ （16.2-3）

導上式是將冰晶視同平板寫出來的式子，如冰晶結構特異時，其溫度分布不一定是直線，量溫度時宜注意冰晶材料和棚盤是否充分接觸。

c. 輻射加熱

利用紅外線燈等輻射加熱是將熱能直接以輻射方式傳至昇華面，故生成了乾燥層後此層就會遮阻輻射線，因此輻射加熱只能用在薄淺層材料的乾燥，其熱傳式為：

$$\frac{dq}{A\,dt} = \frac{k_i \beta \Delta T}{e^{-\beta L} + \beta L - 1}$$ （16.2-4）

上式中 $\beta = $ **輻射線吸收率** [1/m]，L 長冰晶材料厚度 [m]，ΔT 是受熱面至冰層內部的溫度差。故材料應選適當的紅外線波長，讓 β 值小，則即使溫差較小也可得到跟傳導加熱一樣的加熱速率。

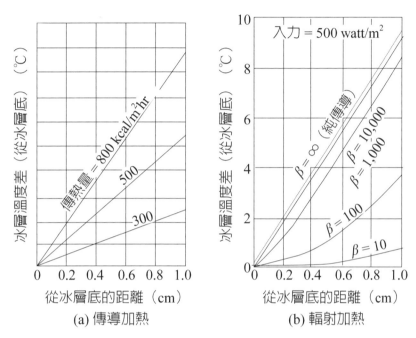

圖 16-6　冰層中的溫度分布例（Kawamura, p.357）

d. 高週波加熱

微波乾燥與輻射熱傳一樣將電磁波放射至溼潤材料來進行乾燥，但其波長（1～1,000 mm）與紅外線（0.76～3 μm）或遠紅外線（3～1,000 μm）有異，其發熱機制和輻射熱傳也不同。微波射到水分可讓水分子直接振動，只加熱水分，家電微波爐就是利用這現象來加熱食物。下表列舉此加熱法的優缺點：

表 16-1　高週波加熱法的優缺點（Kawamura.p358）

優點	缺點
a. 內部發熱型而效率高，很快達穩定狀態	a. 有電氣零件的消耗，設備費較昂貴
b. 容易調節其發熱量	b. 需注意因材料不均質而起的溫度不均勻
c. 可做選擇性加熱	c. 需小心電流的漏洩而起災害

高週波加熱的發熱量可依下式估計

$$P = \frac{5}{9} f E \varepsilon \tan \delta \times 10^{-9} \, [\text{kW/cm}^3] \qquad (16.2\text{-}5)$$

上式中 P：**單位容積材料的發熱量** [kW/cm³]，f：**週波數** [Mc]，E：**電場強度** [V/cm]，ε：**誘電率** [—]，$\tan \delta$：**損失效率** [—]

一般常用的週波數為：

短波：f：數 [Mc]；波長：數十 [m]

超短波：f：數十～數百 [Mc]；波長：數 [m]

極短波：f：數百 [Mc]；波長 <1[m]

一般 f 值大的範圍指向性較好且發熱量較大，而常被用於容量及誘電力較小的乾燥。

(2) 乾燥過程

圖 16-7 揭示了含固形成分 10% 的溶液凍結後在凍結乾燥器乾燥的過程。

*：流量可作氣體平衡條件，解得，在真空條件下也勉強可用質傳速率或壓力分布條件計求乏。

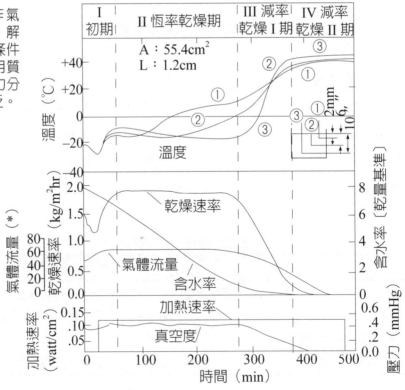

圖 16-7　凍結乾燥特性曲線之一例（Kawamura, p.351）

a. **初期**：視材料的預備凍結狀態，或得在乾燥室凍結而異，如已完成凍結的材料初期的時間相當短，除非材料有融解的現象，否則不成問題。

b. **恆率乾燥階段**：這段是凍結乾燥的特殊階段，大部分需藉乾燥去除的水分就在這恆率乾燥階段依受熱從昇華面直接昇華成蒸氣脫離原料，而昇華面逐次消失後退，而昇華面溫度和乾燥速率均保持恆溫直至所有冰晶消失，此階段乾燥室的壓力約可保持一定。

c. **減率乾燥第 I 階段**：當材料擁有的冰晶消失後，脫水機制就受材料的固體結構所約束，轉變成水分的脫附機制，而乾燥速率曲線就呈直線下降，如維持繼續加熱，就更動了熱的平衡，材料溫度就開始爬升，但此轉移點有時不是那麼明確。

d. **減率乾燥第 II 階段－收尾階段**：此段的操作特性可當一般的真空乾燥處理。溫度就依加進於系裡的熱量與排氣流量而定，而乾燥系的壓力將很接近此系真空泵可達到的真空度。圖 16-8 則揭示代表性的凍結乾燥過程之一例。

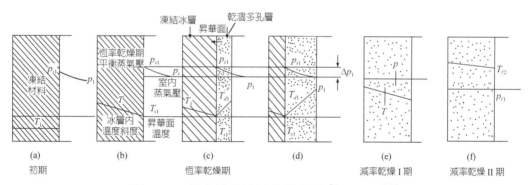

圖 16-8　代表性的凍結乾燥過程(Kawamura. p.353)

3. 真空排氣系

　　為保持乾燥室的殘留空氣壓在 10～2 mmHg 上下的真空，就需要有此能力的真空泵與合適的排氣管路系。真空泵多採用油封式迴轉泵，規模較大時則使用機械增壓泵，或多段噴射器。有關真空泵的排氣請參照 Perry's Chemical Engineering Handbook 或日本化學工學便覽專章的詳介。

4. 排氣的凝結，凝結液蒐集 —— 冷阱（Cold Trap）

　　為避免乾燥室蒸氣壓成飽和而妨礙昇華，就得有可凝結並排除凝結液的系統，一般多用低溫凝結阱（冷阱，cold trap），多採用一般蒸氣凝結器同樣的多管式、管圈式或板框式熱交換器，得注意的是需防止不均勻的結冰堵塞蒸氣氣流的通路，在眞空下遇冷結冰長厚後表面溫度上升會導致凝結能力的下降，如是連續操作時，宜有兩臺以上的凝結器交互使用。低溫凝結阱還需有可製造 −40℃以下冷卻能力冷媒的冷凍機。

蒐集汽化的水分亦可於末段或全程採用化學吸附劑來吸附去除氣相中的水分（chemical adsorption trap）。這吸附式蒐集阱得滿足如下的幾個條件：

(1) 吸附劑的吸溼能力要大。

(2) 平衡蒸氣壓要小。

(3) 吸溼速率要大。

(4) 價廉且易於再生。

(5) 容易使用且不具腐蝕性，等。

工業上常用的吸附劑有矽膠、分子篩等物理吸附劑，但由於再生這些吸附劑需200℃以上的高溫，且其吸附熱相當大，而導致再生所需時間長的缺點，但如需低含水率乾燥產品，常於乾燥後段採併用高眞空泵與吸附劑蒐集阱。圖 16-9 揭示其一例。

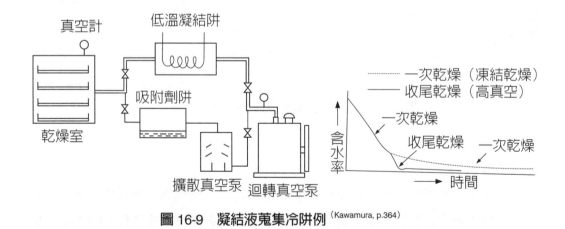

圖 16-9　凝結液蒐集冷阱例 (Kawamura, p.364)

5. 其他附屬機器和儀器：爲控制整個系統的眞空度與溫度所需的量測儀器、控制系統和讓原料送進高眞空區，或從高眞空區取出乾燥產品的機器門閥等。

16.3 凍結乾燥的特點（Motoyama, p.163）（Kawamura, p.342）

1. 由於材料中的水分在低溫下依凍結狀態昇華去除，故材料性狀的物理構造上或化學的變化極小。

2. 脫水率高。

3. 容易保持無菌狀態，就是有稍許殘留菌仍可乾燥至該菌無能力增殖。

4. 高真空環境已達甚難起氧化反應的狀態。

5. 此操作甚少損失材料中的揮發性成分，故乾燥產品可保有原有的香味成分。

6. 冷凍乾燥過程可不損原有構造，所得乾燥產品，再加水的復原性良好。

7. 溶解乾燥產品時，不另產生凝固性物。

8. 乾燥產品不會有表面硬化現象。

9. 乾燥過程可防止起泡現象。

10. 如產品是屬於不安定性，乾燥後會延長有效期限。

11. 產品可不損本來的物性，做成長期保存的乾燥產品。

幾乎大部分的水分會在恆率乾燥階段去除，材料中的冰層會隨著乾燥過程後退至冰層消失。這段過程，昇華界面的溫度保持恆溫（$-20\sim-5°C$程度），操作壓力也大致可保持定值。昇華面上部的多孔筒部對乾燥時水蒸氣的移動不構成阻力。冰層消失後，乾燥特性將轉入減率乾燥階段，也就是在飽和蒸氣移動時被構成多孔質的固體吸附的水分脫附的時段，其速度大約與含水率成比例，而在這段材料溫度雖會急激上升，但在減率乾燥的末期，水分還會繼續脫附至其上升的材料溫度成平衡的含水率，故於減率乾燥末期品溫雖會上升至常溫程度，但因已無水分存在而不會損害材料品質。一般乾燥末期的操作壓力會逐漸減小到 10^{-2} mmHg 的真空。

上述狀況是敘述原料是較稀薄的溶液和組織較粗鬆的固體的凍結乾燥的過程，如材料是組織較緻密的固體或膠質溶液時，就沒有恆率乾燥階段，而乾燥就從進入較緩和的減率乾燥階段開始，而冰層內的乾燥速率就產生對應於凍結材料的熱傳導率的溫度的斜率，但如材料厚度不超過 10 mm，乾燥速率在 $1\sim2$ kg/m^2 程度的情況下，就是達其上限也不成問題，就是乾燥層的溫度受從冰層昇華上來蒸氣的作用，幾不會有溫度上升的問題。

16.4 乾燥速率

1. 河村的手法 [Kawamura, p.347]

由於凍結乾燥裡的質量輸送是發生在高眞空下，可藉代表眞空影響的 Knudsen 數 $N_{Kn}=$（分子的平均自由行程）/（有關移動的代表距離）表示則可分爲：$N_{Kn} < 0.01$ 的黏性流域，$N_{Kn} > 10$ 的分子流域，N_{Kn} 介在 $0.01\sim10$ 的中間流域三種不同流域。如昇華面（下標以 1 代表）和凝結面（下標以 2 代表）相對時，考慮沒有流動時的單向擴散，其在黏性流域的**昇華速率** [kg/s・m²] 當擴散距離 $=l$[m]，蒸氣的擴散係數 D [m²/s]，$M_0 =$ 水的分子量 [kg/kg-mol] 時 R'' 可寫成

$$R'' = Dp_\pi M_0 / RTlp_{Bm}(p_1 - p_2) \qquad (16.4\text{-}1)$$

而如有流動存在的單向擴散時**昇華速率** R'' 爲

$$R'' = k_G(p_\pi / p_{Bm})(p_s - p) \qquad (16.4\text{-}2)$$

上兩式中 R 是氣體常數 [$= 62.36$ m³・mmHg/kg mol・K]，是對應於材料表面溫度 T_s 的平衡蒸氣壓 [mmHg]，而流動本身是水蒸氣壓差所形成。

如是分子流域，擴散時昇華速率 R''

$$R'' = \alpha_M \sqrt{\frac{M_0 g_c}{2\pi RT_1}}(p_1 - p_2) = \alpha_M k_m(p_1 - p_2) \qquad (16.4\text{-}3)$$

上式中 g_c 是 [**重力換算係數** $= 1.33 \times 10^2$ kg/mmHg・m・s²]，也是 Langmuir 在分子蒸發式所採用的最大移動速率，而 α_M 是考慮了兩面的有關質量輸送有關的適應係數。

$$k_m = \sqrt{\frac{M_0 g_c}{2\pi RT_1}}$$

對中間流域的**昇華速率** R'' 可用如下式的補間式

$$R'' = (p_s - p)/\{(1/\alpha_M k_m) + (p_{Bm}/k_G p_\pi) = K(p_s - p) \qquad (16.4\text{-}4)$$

如操作條件，α_M 和常壓下的 k_G 可知就可依上列各式求得昇華速率 R''；而 Ede

從不同材料的試驗數據提出下式求昇華速率 R''

$$R'' = 4 \times 10^{-5}(p_s - p) / p_{Bm} \qquad (16.4\text{-}5)$$

Strickland-Constable 則從利用式（16.4-3）整理所得數據得，而末澤（Suezawa）等在 $p > p_{Bm}$ 條件下，在眞空在 1mmHg 程度時，確認式（16.4-3） $\alpha_M = 0.44\pi \sim 0.63$ 的可用性。隨著全壓的增加，R'' 會減小，故操作時有必要設法讓 p_{Bm} 值儘量趨小。

2. Sandall's Model For Freeze Drying Rate (Geankopolis,) (Sandall)

圖 16-10 揭示一含溼原料在凍結乾燥裝置中進行乾燥，乾燥所需的熱能是經由傳導熱傳，或由氣相氣體的對流熱傳或輻射熱傳先注入已乾的固體再藉傳導熱傳到待乾燥的冰層，也有從底板經傳導熱傳通過冰層到昇華的表面。整個乾燥過程需注意冰層溫度超過融點以致融毀了冰晶。圖 16-11 是 Sandall 所擬的由雙面的熱傳至

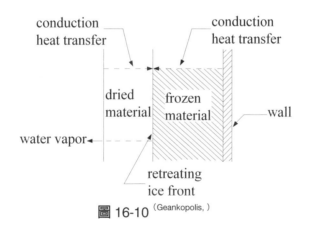

圖 16-10 (Geankopolis,)

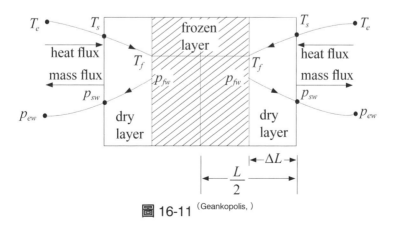

圖 16-11 (Geankopolis,)

冷凍乾燥冰層的簡化模型圖，熱能經由對流熱傳輸進已乾涸的固體，再以傳導熱傳至進行昇華的界面，在此，傳到氣固界面的熱量該等於從界面以傳導熱傳傳到在進行昇華的界面的熱量，如可把這段熱傳視爲虛擬穩定狀態，則可以下式表示：

$$q = h(T_e - T_s) = \frac{k}{\Delta L}(T_s - T_f) \qquad (16.4\text{-}6)$$

上式中 q 是**熱傳量** [W or J/s]，h 是對流熱傳係數 [W/m^2・K]，T_e 是外周氣相溫度 [℃]，T_s 是乾涸材料表面溫度 [℃]，T_f 是進行昇華面的溫度，k 是乾涸材料的熱傳導率 [w/m・K]，同一道理，從昇華表面氣化的水蒸氣的速率爲：

$$N_A = \frac{D'}{RT\Delta L}(p_{fw} - p_{sw}) = k_g(p_{sw} - p_{ew}) \qquad (16.4\text{-}7)$$

上式中 N_A 是昇華的水蒸氣的克分子流量 [kg-mol/s・m^2]，k_g 是乾涸表面的質傳係數 [kg-mol/s・m^2・atm]，p_{sw} 是在乾涸表面的水蒸氣分壓 [atm]，p_{ew} 是在外週圍的水蒸氣分壓 [atm]，D' 是水蒸氣在乾涸材料中擴散係數以平均值代表，將式（16.4-6）重組合可得

$$q = \frac{1}{1/h + \Delta L/k}(T_e - T_f) \qquad (16.4\text{-}8)$$

而式 (2) 也可改寫成

$$N_A = \frac{1}{1/k_g + RT\Delta L/D'}(p_{fw} - p_{ew}) \qquad (16.4\text{-}9)$$

這些式中 h 和 k_g 是依氣相流速和乾燥器的特性而定的值，T_e 和 p_{ew} 是依外環境的操作條件而定的值，k 和則依被乾燥材料而定的值。

在虛擬穩定狀態下，此系的熱・質通量的關係可寫成

$$q = \Delta H_s N_A \qquad (16.4\text{-}10)$$

但 ΔH_s 爲冰晶的昇華熱 [J/kg-mol]，而 p_{fw} 是依氣溫 T_f 而定的蒸氣壓，也即

$$p_{fw} = f(T_f) \qquad (16.\text{-}4\text{-}11)$$

將式（16.4-8）和（16.4-9）代入式（16.4-10）可得

$$\frac{1}{1/h+\Delta L/k}(T_e-T_f)=\Delta H_s\frac{1}{1/k_g+RT\Delta L/D'}(p_{fw}-p_{ew}) \qquad （16.4\text{-}12）$$

再把式（16.4-6）、式（16.4-9）代入式（16.4-10）可得

$$\frac{k}{\Delta L}(T_s-T_f)=\Delta H_s\frac{1}{1/k_g+RT\Delta L/D'}(p_{fw}-p_{ew}) \qquad （16.4\text{-}13）$$

如 T_g 和 T_s 增高，是可增高乾燥速率，但得注意也碰到兩個限制，第一個限制是乾燥固體的頂部外表溫度不能太高，以免引起乾燥產品發生熱變，第二限制是 T_f 必須遠低於熔點。又當 $k/\Delta L$ 值比 k_g 和值小時就得注意，因此將導致 T_s 增高。如想再提升乾燥速率，就得設法提高 k 值，故整個凍結乾燥操作是受熱傳良否的控制。

擬解上面所導的方程式，$\triangle$L 就得找出過程中的自由含水率與乾燥前自由含水率之比 x 的關係，則令

$$\Delta L=(1-x)\frac{\Delta L}{2} \qquad （16.4\text{-}14）$$

而凍結乾燥速率與質量通量 N_A 可有如下關係

$$N_A=\frac{L}{2}\frac{1}{M_AV_S}(-\frac{dx}{dt}) \qquad （16.4\text{-}15）$$

上式中 M_A 是水的分子量，V_s 是原材料容積中被 1 kg 的水所占的容積，也即 $(V_s=1/X_0\rho_s)$，X_0 是原始自由水分用 kgH$_2$O/kg dry-solid 表示的值，是乾涸材料的嵩密度 [kg/m^3]。把式（16.4-8）、式（16.4-10）、式（16.4-14）和式（16.4-15），可得此乾燥系的熱傳式如下：

$$\frac{L}{2}\frac{\Delta H_s}{M_AV_S}(-\frac{dx}{dt})=\frac{1}{1/h+(1-x)(L/2)k}(T_e-T_f) \qquad （16.4\text{-}16）$$

同手法可得乾燥系的質傳式如下：

$$\frac{L}{2}\frac{\Delta H_s}{M_AV_S}(-\frac{dx}{dt})=\frac{1}{1/k_g+RT(1-x)(L/2)D'}(p_{fw}-p_{ew}) \qquad （16.4\text{-}17）$$

如在外境膜熱傳係數 h 很大時,將式(16.4-16)積分自當 $t = 0$,$x_1 = 1.0$ 至 $t = t$ 時,$x_2 = x_2$,而得把材料乾燥至冰層名 x_2 所需的時間,t 如下:

$$t = \frac{L^2}{4kV_S} \frac{\Delta H_s}{M_A} \frac{1}{T_s - T_f} (x_1 - x_2 - \frac{x_1^2}{2} + \frac{x_2^2}{2}) \qquad (16.4\text{-}18)$$

上式中 $\Delta H_s/M_A$ 是昇華熱 [J/kgH$_2$O]。

以下各點是 Sandall 等比較預測值與實驗值所得的注意事項:

如已知材料物性,系統的熱‧質傳係數,且環境的溫度 T_e 和蒸氣的分壓值是已設定,則式(16.4-13)可利用來昇華溫度 T_f。因一般而言,在純蒸氣環境下,h 是很高,故 $T_e \fallingdotseq T_s$,而且在解式(16.4-13)時,T_f 和 p_{fw} 是可用蒸氣與壓力有如式(16.-4-11)平衡關係,而式中的溫度 T 可以 $(T_f + T_s)/2$ 近似。Snadall 等也用如圖 12-8 所示的雙面昇華模式成功預測去除 65～90% 冰晶的乾燥時間,並知昇華溫度幾乎維持不變。但去除最後 10～35% 的材料中水分時,乾燥速率就比預測值慢下很多。

Sandall 等也指出,少數乾涸材料的有效熱傳導率 k 受物性、系的全壓及其他氣體成分的存在的影響,而乾涸材料的有效擴散係數 D' 則受材料的結構、N_{Kn} 及分子擴散度的函數。

16.5 裝置的規劃和操作時的注意事項 ^{（Motoyama, p.162）}

最常見的凍結乾燥機有從批式凍結乾燥箱到擁有棚面積超過數百 m^2 程度的大型批式凍結乾燥機,也有在容器內裝輸料帶載可放連續乾燥的大設備。關於凍結乾燥的主要步驟已在 16.2 節說明就不再重述. 但要規劃或要操作此一設備時該注意的事項有:

1. 還沒開始執行乾燥操作前切勿提升被乾燥物的溫度。

2. 尤其要避免已凍結好的被乾燥物發生局部融解。

3. 真空系統的排氣速率將於起動前決定被乾燥物品溫的上升溫度,因此溫度對乾燥結果有很大的影響。

4. 如有兩個乾燥室時,起動初期該先用大排氣量的真空泵來加速真空度的提升。

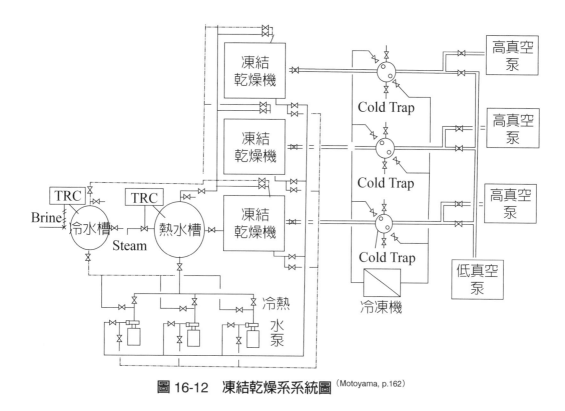

圖 16-12　凍結乾燥系系統圖（Motoyama, p.162）

5. 乾燥室與冷阱的連結管需設計使它不要產生太大的壓差。

6. 冷阱的溫度宜在 –35～–45℃，因此冷媒溫度就需在 –45～–50℃程度，比這值低反而將降低效率徒增設備費。

7. 加熱方式無論採用電熱或熱水都很難避免局部加熱的困擾，最好的手法是決定合理的加熱溫度，拉長乾燥時間，設法控制好加熱的方法。

8. 為節省設備費可考慮取消使用冷阱，直接靠真空泵排出水蒸氣，並在泵排氣口凝結器的作法，但此時得選用合適的真空泵及泵所用油的再生方法。

9. 乾燥好時要拿出產品時就得洩氣破真空，此時如何導入空氣得注意。

10. 如採用冷阱，最適冷阱溫度宜設定在對應於昇華面溫度的蒸氣壓 55% 程度的溫度。

16.6 冷凍乾燥器的分類與操作費 （Kawamura, p.383）

16.6.1 冷凍乾燥器的分類

冷凍乾燥器可依其處理的材料的用途來分類成：

1. 醫藥‧生技產品用凍結乾燥器（另譯：凍乾器）（如圖 16-13(a)、16-13(b) 和 16-14(a) 等）。

2. 食品用凍結乾燥器（如圖 16-14(a)，或 16-14(b) 等）。

另冷凍乾燥器也常依其乾燥室的構造或操作方式而分類成爲批式操作，和連續操作兩大類，但兩者均有乾燥室、加熱機構、冷阱、眞空排氣機構等前後處理裝置。

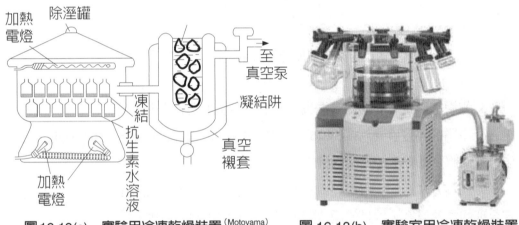

圖 16-13(a)　實驗用冷凍乾燥裝置^{（Motoyama）}　　圖 16-13(b)　實驗室用冷凍乾燥裝置

圖 16-14(a)　棚架式凍結燥裝置

圖 16-14(b)　食品工業用凍結燥裝置

1. 批式操作型

(1) 多分岐管型（如圖 16-13(b) 實驗室用冷凍乾燥裝置）

是初期開發的冷凍乾燥機型，其主排氣管擁有多岐分岐管，可承接小型容器來進行冷凍眞空乾燥，由於容器容易著脫，而適於多種少量生產型的作業而多用於實驗室。

(2) 棚架箱型

目前工業上常見的批式操作型凍結乾燥裝置多屬於這類，其連接棚架箱從實驗室大小至工業生產可用的大型棚架箱都有，大型的棚架面積可達數百～1,500 m²，一天可處理的進料可大到數噸至 30 噸。雖每批操作免不了費些時間拆接，但也可採數箱連接成一組，以準連續方式來省拆接所需時間。此時排氣能力得採用一大容量眞空排氣系來加速排氣。進料的凍結雖有先在系外預先凍結或進料入乾燥室後再靠排氣泵凍結，後者時可於棚架加冷凍襯套來加速凍結時間。

(3) 攪拌型

如進料是粒狀或小片狀或經凍結後仍不能構成顆粒狀的液體或泥漿材料時，其凍結乾燥就多考慮採用於 10.2 節所介紹的機械攪拌式眞空乾燥所使用的裝置，藉其有效率的攪拌可使加熱壁與材料間有相當不錯的熱傳，而可期待比棚架箱型更大的凍結乾燥速率，且此型裝置可當連續操作型使用。

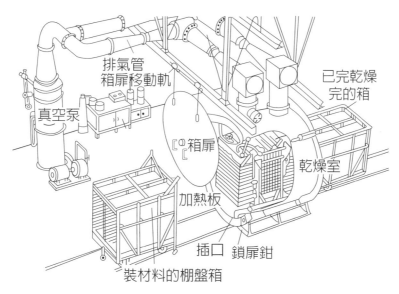

圖 16-15　棚架箱型凍結乾燥裝置（Vicker Co. 型錄）

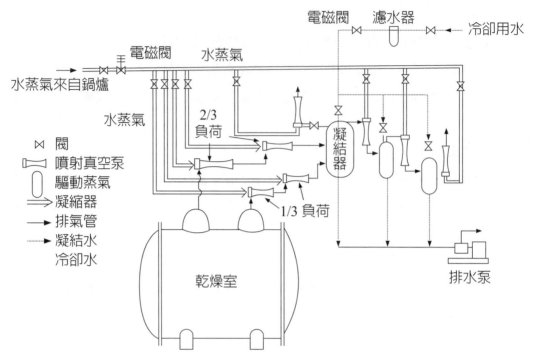

圖 16-16 多段噴射真空泵排氣型凍結乾燥裝置併設 2/3 乃 1/3 負荷分岐型 (Atals Co. 型錄)

(4) 連續式

a. 隧道型

為乾燥大量進料，就有將批式改良成如圖 16-17 所示的隧道型連續凍結乾燥裝置。裝妥進料的棚架箱就用有軌臺車或吊櫃器將進料的棚架箱送進真空乾燥室，隨時間往前推送執行凍乾。此裝置出入兩端均設有別室分擔預備排氣或恢復常壓，每段操作可完成一單位的速率完成凍乾操作。其各室的加熱調節、預凍或恢後常壓就都自動化。

b. 輸帶型

圖 16-18 揭示連續式輸帶凍結乾燥裝置的流程示意圖，此型凍乾裝置較適合漿液或顆粒或短片狀的進料，較特別的是進料得另設凍結室凍結，再經密封供料器把凍結好的進料送進昇華乾燥室乾燥，此型裝置加熱方式可採用輻射加熱而得相當不錯的效果。

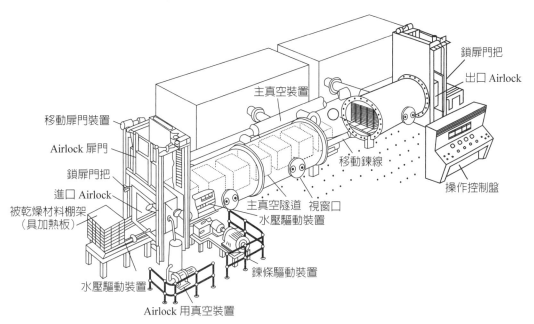

鎖扉門把
出口 Airlock
移動扉門裝置
Airlock 扉門
鎖扉門把
進口 Airlock
被乾燥材料棚架
（具加熱板）
主真空裝置
移動鍊線
操作控制盤
主真空隧道　視窗口
水壓驅動裝置
水壓驅動裝置
鍊條驅動裝置
Airlock 用真空裝置

圖 16-17　連續隧道型凍結乾燥裝置^{（Vicker Co. 型錄）}

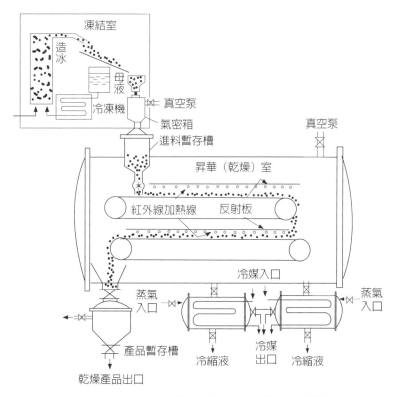

凍結室
造冰
母液
冷凍機
真空泵
氣密箱
進料暫存槽
真空泵
昇華（乾燥）室
紅外線加熱線　　反射板
冷媒入口
蒸氣入口
蒸氣入口
產品暫存槽
冷縮液
冷媒出口
冷縮液
乾燥產品出口

圖 16-18　連續輸帶型凍乾裝置^{（Kawamura, 385）}

16.6.2 凍結乾燥的操作費

　　凍結乾燥所需的操作費由於涉及高真空，而其操作費就如表 16-2 的比較所示貴 4～5 倍，也因此，凍結乾燥只用於乾燥微生物、醫學領域，或特殊食品工業。但隨著裝置的大型化、連續化技術的進展，其操作費也降低不少，表 16-3 比較裝置規模放大後凍結乾燥的操作費降低之趨勢，而其用途也有漸擴大。表 16-4 的三個表揭示一些凍結乾燥器的運轉例供規劃時參考。

表 16-2　各種乾燥法的乾燥費用

乾燥方法	去除 1 kg 水分的費用
天日乾燥	3 ～ 4 元
對流熱傳乾燥	8 ～ 12 元
迴轉滾筒乾燥	7 ～ 8 元
噴霧乾燥	6 ～ 12 元
真空乾燥	24 ～ 30 元

表 16-3　裝置規模不同時的凍乾費用

規模		去除 1kg 水分所需費用
小	50 ～ 100 kg／日	100 ～ 150 元
中	200 ～ 800 kg／日	50 ～ 100 元
大	1 ～ 20 ton／日	15 ～ 50 元

表 16-4　Leybold 公司之例

產品	魚肉片	蔬菜	牛肉片
凍結方式	預備凍結	自行凍結	預備凍結
凍結溫度（℃）	−25	−15	−30
凍結溫度（℃）	−5	−10	−9
對應水蒸氣壓（mm-H_2O）	4	1.9	2.1
熱板溫度（℃）	100	70	80
製品含水率（%）	12	1.5	1.3

處理量（T／日）	16	6.4	9.6
裝置價格（億元）	1.8～1.3	1.6～1.2	1.6～1.2
每公斤處理量 分擔設備價格（元／kg）	6.3～4.5	12.6～9.0	9.0～6.3
操作費（元／kg）	6.3～9.9	7.3～11.7	4.5～7.3

表 16-5　Vickers 公司之例

裝置規格　　　　　　2		裝置購置價格	
乾燥室數	140 m²	本體	5,808 萬元
棚盤總面積	10 kg/m²	包裝機	293
平均裝載量	0.5 mmHg	按裝試轉操作費	130
操作壓	0.5 mmHg	小計	6.231
最高加熱溫度	150 ℃	年間固定費	
啓動至真空達 1 mmHg 所需時間		拆舊（10%）	623 萬元
10 min		利息負擔（9.5%）	296
所需電力量	150 kWh	（以全投資額的半數為基準）	
所需冷卻水量	80 m⁴/24 hr	維修費（對本體價格之 2%）	116
所需蒸氣（6 kg/cm²）		人件費（200 元 /hr）	279
量	10 T/24 hr	保險費等（全投資額的 1%）	62
一工作天的處理量	4.2 T/24 hr	小計 (1)	1,376
一年（290 工作天）		一年能源費	
的處理量	1,200 T	重油 135 Tons	122 萬元
原料 1 kg 所需費用	17.83 元	水 23.200 m³	16
		電力 1,044,000 kwh	626
		小計 (2)	764
		一年總經費 (1) + (2)	2,140 萬元

表 16-7　凍結乾燥器的運轉例

加熱方式		傳導	傳導	輻射	輻射	輻射
材料		膠液	有機溶液	蛋湯	蔥	小蝦
裝料方式		棚盤	密封針劑瓶	塊狀	棚盤	棚盤
材料形態		溶液	溶液	含固形物	薄片狀	球狀
棚架材質		SUS 304	SUS 304	Alumite	Alumite	Alumite
容器材質		Alumite	玻璃	Alumite	Alumite	Alumite
裝料量	[kg·m^{-2}]	10	10	17	10	20
固形物濃度	[wt%]	30	5	20	8	20
水分負荷	[kg·m^{-2}]	7	9.5	13.6	9.2	16
棚溫度	一次乾燥	20	10	120	100	120
	收尾乾燥	30	25	60	50	60
操作壓力	[Pa]	26	13	100	100	100
平均乾燥速率	[kg·m^{-2}·h^{-1}]	0.35	0.50	0.75	0.70	0.80
乾燥時間	[h]	30	24	24	16	24

16.7 眞空（減壓）乾燥

16.7.1 什麼是真空乾燥

　　本章之前介紹了凍結乾燥，也即眞空凍結乾燥，如把系統設法維持在 0.61 bar 的某一眞空度，僅靠抽氣的眞空泵排氣的方式降低被乾燥物的含水率的乾燥操作就稱謂眞空乾燥。**所謂眞空乾燥（vacuum drying）**是在眞空（或減壓）的環境下進行去除被乾燥物所含的水分（或溶媒）的乾燥方式。當氣壓降，氣相中的水蒸氣壓會隨之下降，引起水分的沸點降低，加速了水分的蒸發速度，也即加速了被乾燥物的乾燥。

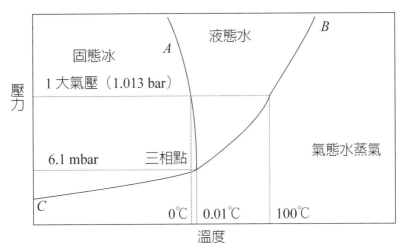

圖 16-19　水的三相圖

真空乾燥時的壓力一般介在 0.0296～0.059 氣壓，而對應的水的沸點為 25～30℃。真空乾燥是批式操作，在減壓環境其相對溼度也隨之降低，也加速了其乾燥速率。此乾燥方式不必使用加熱方式來提升溫度而可除去材料中的水分，也即不必把被乾燥物被熱損傷是其特點，故很適合如半導體部品等不耐熱的物品或食品的乾燥。雖說不必為蒸發水分而加熱，但為提供昇華水分所需的壓差就需足夠排蒸發所產生蒸氣的真空裝置。

如圖 16-20 所示真空乾燥是在密閉容器內進行，就不能如熱風乾燥藉用陽光或加熱器提供熱能，因此為防止被乾燥物的品溫下降，就得設一加熱法來攝取此所需的熱能。要避免被乾燥物的品溫下降可用的手法有：

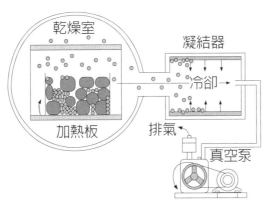

圖 16-20　真空乾燥系

‧把被乾燥物裝入容器前先提升品溫。

‧加熱容器，藉其輻射熱來加熱被乾燥物。

‧將容器放置在加熱板上，靠傳導熱來加暖容器。

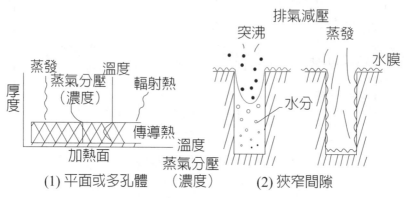

圖 16-21　真空乾燥裡間隙水分的蒸發現象

　　於真空乾燥時，就算是被乾燥物內的細管孔隙的壓力也都會強制減壓，故這狹窄空隙的水分會快速蒸發成蒸氣逸出空隙，除非被乾燥物內溫度急減，突沸現象可把存在於狹窄空隙裡的水分吹出，並促進乾燥。也就是說，在真空乾燥系，只要所用的真空泵的排氣能量足夠排出該系所蒸發的水蒸氣，不論被乾燥物是多孔性、或粉末狀物質，都可均勻乾燥至其內部。

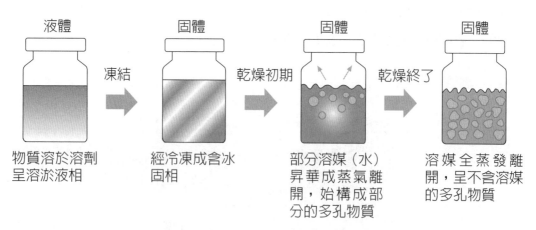

圖 16-22　真空凍結乾燥的四個階段

　　但雖有上述這些優點，其乾燥速率仍決定於蒸發水分所需熱量的供應與此平衡的品溫而定。尤其是多孔性物質和粉末狀物質的熱傳導率很小時，只靠前述的幾種加熱把表面溫度提升而沒能提升內部品溫時，中心部的乾燥速率就仍然很慢，故當乾燥多孔性物質和粉末狀物質的熱傳導率很小物質時，常有表面已乾，內部未乾的現象。

16.7.2 真空乾燥特點

　　真空乾燥的主要特點如下：

　　1. 真空乾燥適用於熱敏性物料，或高溫下易氧化的物料，或排出的氣體有價值或有毒害、有燃燒性等的物料。

　　2. 乾燥時所採用的真空度和加熱溫度範圍較大，通用性較大。

　　3. 乾燥的溫度低，無過熱現象，水分易於蒸發，乾燥時間短。

　　4. 減少被乾燥物與空氣的接觸，能避免汙染或氧化而變質。

　　5. 乾燥產品可形成多孔性結構，呈鬆脆的海綿狀，易於粉碎，有較好的溶解性、復水性，有較好的色澤和口感。

　　而負面的特點是：

　　1. 揮發性液體可以回收利用，多採用批式操作，而生產能力較小。

　　2. 設備投資和動力消耗高於常壓熱風乾燥。

【範例】蔬菜（蘆筍）用三種不同乾燥的產品的比較

　　為展現①凍結乾燥，②真空（減壓）乾燥，和③熱風乾燥三種不同乾燥方式能得到怎樣的乾燥產品，把生蘆筍切成短柱形進行乾燥至同一含水率來比較方式不同的乾燥可得的品質。以凍結乾燥所得產品與其他兩種方式的產品相比，在外觀形狀、大小、色相幾無變化。而多孔性的內部構造也使其復水較快，而②真空乾燥所得雖無①凍結乾燥的結果完美，但比常用於乾燥的③熱風乾燥的產品好很多。

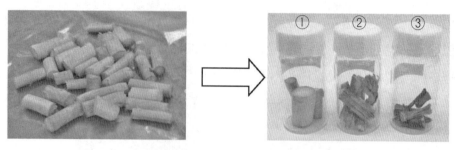

圖 16-23　蘆筍用不同乾燥所得產品的外觀的比較

16.7.3 真空乾燥的利用

1. 乾燥食品

　　只要把整理好的蔬菜或煮熟的食品放置在密閉容器（箱、冷凍庫），用真空泵抽氣將容器壓力減小，就可把食品所含水分蒸發排到容器外。如前所述，若將被乾燥物的品溫降至 3℃前後，就可讓這些生農作物失去呼吸作用的能力，來保持裝好箱的農作物，這手法在業界稱之謂真空冷卻或凍結冷卻，其常見規模從數噸至數十噸規模，這些手法更進一步推展至用於生蔬菜或切片果實加工，或中藥藥材的乾燥。

2. 電器、電子零件

　　在電器部品中含有各種大小不同的線圈（如馬達的線圈、變壓器裡的線圈繼電器）。通信電線常是由多由數細線組合，或被絕緣材料被覆留下不少微細空隙而成，如這些細隙受到周遭溼氣或結露，或水洗或殘留水分的影響，常構成致命的絕緣不良的缺陷，要去除這些細隙中水分，真空乾燥就是最簡便的手段，尤其材質上銅線占大半，如需升溫時，銅的好熱傳導特性更是很大的幫忙。

3. 金屬、機械加工零件的乾燥

　　在精密機械加工零件水洗淨後因形狀至為複雜，為數多的鑽孔裡的殘留水分就不易去除，另粉末燒結的燒結零件，或金屬粉末要去除其殘留水分就可利用真空乾燥來去除是最佳的選擇。

　　如被乾燥物素材的熱傳導率低時，就不能用上述的手法來去除殘留水分，此時解決方法是先把被乾燥物的溫度提高後再施以真空乾燥，也即在抽真空前用熱風循環加熱素材，提升被乾燥物溫度，再置於密閉容器執行眞空乾燥即可。

📑 參考文獻

Kawamura Y.；河村祐治；Ch.9 凍結乾燥裝置 乾燥裝置；桐榮良三編 日刊工業社 東京，日本
　　（1969）。

Motoyama, Y.；凍結乾燥裝置，乾燥，化學工業社，東京，日本（2,000）。

Sandall. O. C., King, C. J., Wilke, C. R.; *AIChE J.*, 13, 428(1967); *C.E.P.*, 64. (86), 43 (1968)

Geankopolis, C. J.; Transport Process and Unit Operations. Third Edition. Pretice-Hall, London,
　　UK.(1993); Ch.9.

Vicor Co. Catalogue.

第十七章　微波與高週波乾燥

17.1 高週波加熱乾燥分類

　　利用高週波電磁場的電流損所產生熱來進行乾燥的方式統稱為**高週波乾燥**（**dielectric dryers**），利用介電體（絕緣體）的介電損失來加熱的稱為**介電加熱**（dielectric heating），而**利用如金屬等導電體放在高週波電磁場產生滯後損（hysteresis loss）與感應電流產生旋渦電流損（eddy current loss）讓導電體自身發熱則稱為感應加熱（induction heating, IH）**。這裡所談主要對象是藉蒸發去除水分的乾燥技術，就著重於說明利用介電加熱於乾燥相關現象。

　　圖 17-1 與表 17-1 揭示**高週波加熱**（亦稱為**電磁波加熱**）的分類，微波加熱理應是屬於介電加熱之一，但其加熱方法、發震方式與介電加熱相當不同，而就另以微波加熱分列。

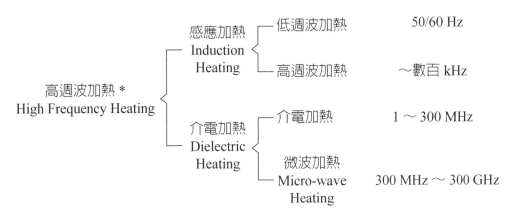

＊：又稱電磁波加熱

圖 17-1　高週波加熱的分類 (Muranaka P.151)

表 17-1　電磁波的種類 ^(Micro 電子 KK)

週波數 Frequency	波長 Wavelength	名稱 Name		工業用途 Industrial Applications
3 Hz ～ 3 kHz	100 Mm ～ 100 km	越低週波 電磁場	極極・ 極超長波	
3 ～ 30 kHz	100 ～ 10 km	電波 Electromag- netic waves	超長波	感應加熱 Induction heating
30 ～ 300 kHz	10 ～ 1 km		長波	
300 kHz ～ 3 MHz	1 km ～ 100 m		中波	
3 ～ 30 MHz	100 ～ 10 m		短波	高週波介電加熱 High-frequency dielectric heating
30 ～ 300 MHz	10 ～ 1 m		超短波	
300 MHz ～ 3 GHz	1 m ～ 10 cm		極超短波	微波加熱 Microwave heating
3 ～ 30 GHz	10 ～ 1 cm		公分波	
30 ～ 300 GHz	1 cm ～ 1 mm		毫米波	
300 GHz ～ 3 THz	1 mm ～ 100 μm		次毫米波	
3 THz ～ 30 PHz	100 μm ～ 10 nm	光線 Light	遠紅外鎳	紅外線加熱 Infrared heating
			近紅外鎳	
			可視光鎳	
			紫外線	
30 PHz 以上	10nm 以下	輻射線 Radiation	γ 線　　χ 線	

17.2 介電加熱

17.2.1 原理簡介 ^(Micro 電子 KK)

簡單地說，介電加熱（dielectric heating）可說介電體內的永久雙極子在有阻力下震動而產生熱來加熱介電體本身的加熱方法。以下用圖來說明介電加熱原理：

　　圖 17-2 是以水分子的永久雙極子的構造，就全體而論，它是不帶電荷，由於它是一個氧的原子和兩個氫原子以104.5°的夾角結合而成的關係，分別具有負（−）和正（＋）的少量的電荷構成雙極子

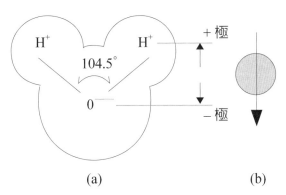

圖 17-2　(a) 水分子的構造 與 (b) 雙極子的圖像

　　如圖 17-3 在不加外部電場時，它就呈平衡狀態集合存在，但一旦加上高週波的電場中，水的雙極子就如圖 (b) 所示隨電場改變方向，負電荷的改向正極，正電荷就改向負極。

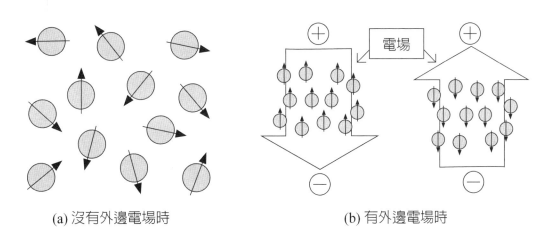

(a) 沒有外邊電場時　　　　　　　　　　(b) 有外邊電場時

圖 17-3　受外部電場影響的永久雙極子（Micro 電子 KK）

　　1. 如對水照射高週波（微波），也即加以交流電場時，以微波爐為例，一秒間將有 24 億 5 千萬次正負電輪番加入震動。

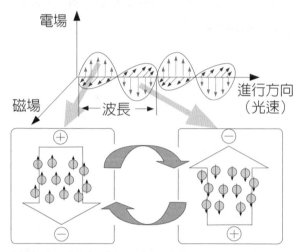

圖 17-4　電場的變化過慢的電波時 ^{（Micro 電子 KK）}

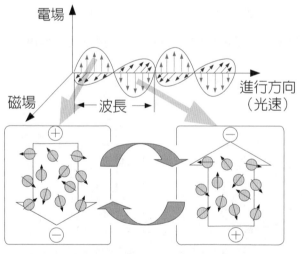

圖 17-5　電場的變化太快的電波時 ^{（Micro 電子 KK）}

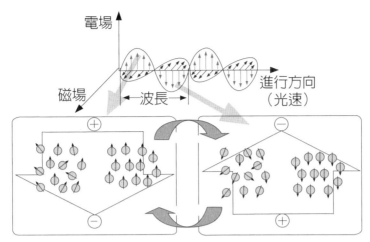

電場

磁場

進行方向
（光速）

波長

$(+)$　　　$(-)$

$(-)$　　　$(+)$

圖 17-6　電場的週波數恰好夠高（微波）時 (Micro 電子 KK)

2. 如電磁波的週波數很低時，就是照射到水的雙極子，雙極子可如圖 17-4 所示瞬間追蹤來得及改變而不致因阻力而產生熱。

3. 如電磁波的週波數太高時，此時電場的變化太高導致雙極完全無法追蹤，也就不會有發熱的能力。

4. 但如電磁波的週波數恰好夠高，正負電荷將如圖 17-6 所示，從平衡點分離產生電荷分離的分極現象（此現象稱爲介電現象），當此分極現象因高週波數的電場微輪番反覆作用時，電場的部分能量就被介電體所吸收，用於加熱介電體，如電場的週波數介在 1～300 MHz，此加熱就歸類介電加熱，如如電場的週波數介在（300 MHz～300 GHz）的微波領域時，就稱爲微波加熱，兩者總稱爲**介電加熱**。微波爐採用的就是這恰夠高的週波數。

17.2.2 介電加熱消耗的電力，D (Muranaka, KHB, p.452)

就如圖 17-7(a) 所顯示，在電極間相距距離 d 的無限廣的平板電容器（condenser）的單位面積來考慮，如**兩電極間抽成眞空並加電壓 V，此時電極面發生的電荷密度 σ_1，電極間的電壓爲 E，眞空誘電率爲 ε_0**，則

$$\sigma_1 = \varepsilon_0 \cdot E \qquad (17.2.2\text{-}1)$$

$$E = \frac{V}{d} \qquad (17.2.2\text{-}2)$$

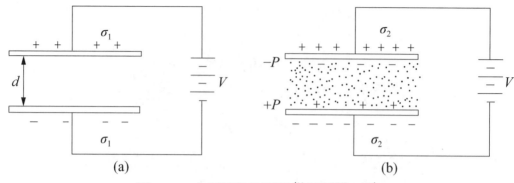

圖 17-7 介電加熱的原理 (MuranakaKHB, p.452)

如在此電容器充滿絕緣體，此絕緣體就被電場產生分極，在絕緣體表面發生如圖 17-7(b) 所示，追加 $-P$ 與 $+P$ 的電荷，而電極上的電荷量 σ_2 是

$$\sigma_2 = \sigma_1 + P = \varepsilon_0 + E = \varepsilon_0 \cdot \varepsilon_r \cdot E + P \qquad (17.2.2\text{-}3)$$

上式中的 ε_r 稱謂此物質（絕緣體）的比介電率（relative dielectric constant）。

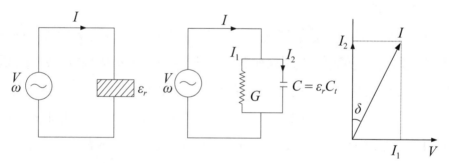

圖 17-8 介電加熱的等價回路 (Muranaka, KHBp.453)

如於圖 17-7(a) 的系統，將電流從直流電改為交流電，其等價迴路就成如圖 17-8，因 $\omega = 2\pi f$，而全電流為

$$I = I_1 + I_2 = (G + j\omega c)V = j\omega c(1 - \frac{G}{\omega c})V \qquad (17.2.2\text{-}4)$$

$$\tan\delta = I_2 / I_1 = \frac{G}{\omega c} \qquad (17.2.2\text{-}5)$$

在此情形下，**絕緣體內所消耗的電力 P** 為

$$P = VI_1 = GV^2 = \omega CV^2 \tan\delta = \omega\varepsilon_r C_0 V^2 \tan\delta \qquad （17.2.2-6）$$

如此平板電容器的面積為 A，電極間距為 d，此電極間靜電容量 C_0 可用下式求得

$$C_0 = \varepsilon_0 A / d \qquad （17.2.2-7）$$

將上式代入式（17.2.2-6）可得

$$P = \omega \cdot \varepsilon_r (\frac{\varepsilon_0 \cdot A}{d})(Ed)^2 \tan\delta \qquad （17.2.2-8）$$

上式中 ε_0 是真空時的介電率 $(= \dfrac{10^{-9}}{36\pi} F/m)$，$A \cdot d$ 是絕緣體的容積，故單位容積的絕緣體所**消耗的電力** P

$$P = \omega \cdot \varepsilon_r \cdot \varepsilon_0 \cdot E^2 \cdot \tan\delta$$

$$P = \frac{5}{9} \times 10^{-10} \cdot f \cdot E^2 \cdot \varepsilon_r \cdot \tan\delta \ [\text{W/m}^3] \qquad （17.2.2-9）$$

上式中 f 是週波數 [Hz]，$\tan\delta$ 是絕緣體的損失角（dielectric loss tangent），ε_r 和 $\tan\delta$ 都是處理絕緣損失大小是重要的物質固有的值，而會依溫度和週波數而變。把此兩項的乘積 $[\varepsilon_r \cdot \tan\delta]$ 就特稱為損失係數（loss factor）。從式（17.2.2-9）可知損失係數愈大其發熱量也愈大，它與週波數成正比，也與電場強度的平方成比。由於微波週波數較高週波大兩位，可見其發熱量甚大於高週波加熱。

17.2.3 介電加熱的電力半減深度（Half Power Depth）

雖然介電加熱是內部加熱，但電磁波還是先照射到被加熱物的表面，從表面靠介電損失一面加熱，一面減衰往內部進行，故其電場強度就隨其往內走程而減弱，故其損失愈大，到內部的能量就愈小，發熱量就愈小。因此就定義「電力半減電深度」來表示電磁波的浸透性大小，此**電力半減電深度** D 可依下式估計：

$$D = 0.347 \times \frac{\lambda}{2\pi} \{\frac{2}{\varepsilon_r(\sqrt{1 + \tan\delta^2} - 1)}\} = 3.32 \times 10^7 / f \cdot \sqrt{\varepsilon} \cdot \tan\delta \ [m] \qquad （17.2.2-10）$$

上式中 λ 是波長，λ = v_0/f，而 v_0 是光速。一般可均勻加熱只限於厚度不大別 2D。圖 17-8(a) 揭示了一些物質的 ε_r 和 tanδ 和電力半減深度的關係。

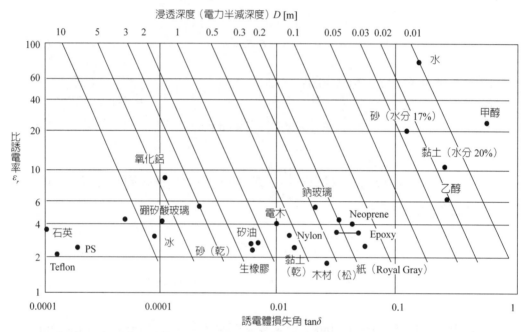

圖 17-8a　物質的 ε_r 和 tan δ 與電力半減深度的關係（2,450 Hz）　^(Toei, m, p.150)

從此圖了解微波很容易被水所吸收，電力半減深度是與周波及損失係數的平方根成反比，一般認為此值的兩倍深度是可均勻加熱的限界，故加熱厚材料如不降其週波數，就會有顯著的乾燥不均勻的現象。微波可浸透誘電體的深度，如用其電力在此圖，比較水和冰的 ε_r 和 tanδ 可發現水的值比冰大很多，意即如用微波爐解凍冷凍的食品時，冷凍食品的一部分冰融解成水後，雖食品中尚有冰，但已融解成水的水就會先被加熱成高溫水（這現象稱謂失控加熱，runaway heating），避免此現象發生，可採用斷續微波加熱。

此圖也顯示如 Teflon、PS、石英等材料幾不吸收微波，故可供做微波爐的內部材料。

17.2.4 介電加熱的優缺點

1. 優點

(1) 介電加熱是從內部加熱：

一般乾燥一個物件，其加熱多如圖 17-9 左圖所示，是從材料表面徐徐加熱來進行乾燥，但利用高週波的加熱則如圖 17-9 右圖所示，是利用照射微波讓它浸透至介電體（平常指對電的絕緣物），電波的能量將在誘電內部轉換成熱能的方式，也即，微波射到材料內部水分，可讓水分子直接振動只加熱水分，因此微波乾燥是從內部加熱。

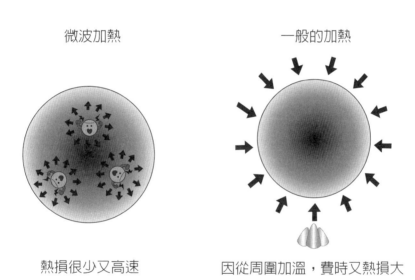

微波加熱　　　　　　　　　　一般的加熱

熱損很少又高速　　　　　因從周圍加溫，費時又熱損大

圖 17-9　微波加熱與一般熱風加熱的不同（Micro 電子 KK）

(2) 加熱材料所需時間甚短

在介電加熱時，被加熱物本身內部是發熱體，比依靠傳導熱傳的外部加熱方式所需加熱的時間要短很多。

(3) 熱效率高

介電乾燥只需加熱被加熱物，可不需加熱乾燥裝置本身，故熱效率高，但實際上，由 Magnetron 產生微波時的能量效率不高，導致總括能源效率低（30～50%，不比其他乾燥方式省能）。

(4) 因為是利用電波加熱，故容易靠自動控制制禦，且對變化的應答也快，操作的啓動和停機作業可在瞬時完成。

(5) 由於介電乾燥可選擇性只振動水分，就算是溼潤材料裡水分分布不均，仍可能均一乾燥，就是被乾燥物形狀多複雜，一樣可達成均勻乾燥。但如圖 17-10 所示，高週波電波輻射到金屬會反射，被乾燥物不宜用金屬薄膜等捆包。

(6) 操作單純，容易保持環境的清潔而有良好的衛生效益。

(7) 微波只加熱被乾燥物，不加熱爐壁，可有冷爐的安全的工作環境。

(8) 乾燥速率大，故裝置較小型，所需床面積也較小。

(9) 微波加熱兼具有殺菌效果，而可用於一些食品的乾燥。

2. 缺點

(1) **局部加熱現象**：當被加熱物的損失係數部分非常大時可能發生失控加熱等局部加熱現象。

(2) **端面效果**（edge effect）：如被加熱在有端面或尖頭部時，照射過來的電場將集中於此部分，因而造成加熱不均。

(3) 新設時，設備費較昂貴：為能產生高週波所需的電子管、發震器、特殊電源，購設費用和防電波漏洩工程所需費用比外部加熱所需的費用都較貴不少。

(4) 如被加熱物內混有小片金屬，照射過來的電場會集中於此造成燒焦或放電。

(5) 不能只燒焦某些部位。

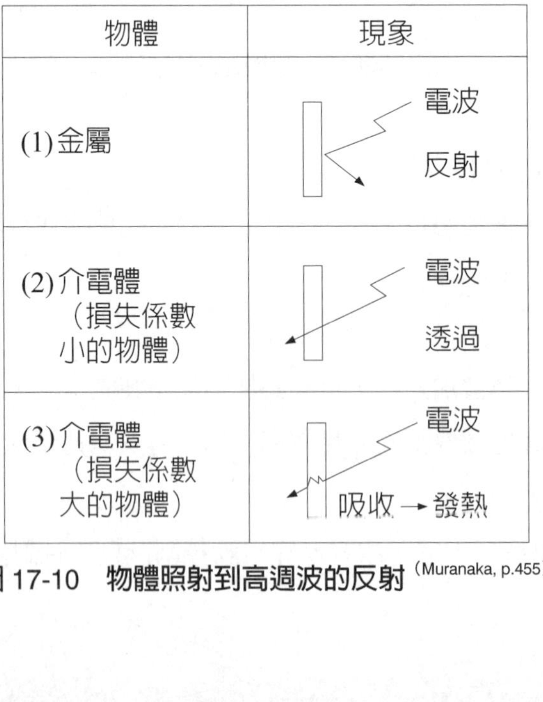

物體	現象
(1) 金屬	電波 反射
(2) 介電體 （損失係數 小的物體）	電波 透過
(3) 介電體 （損失係數 大的物體）	電波 吸收 → 發熱

圖 17-10　物體照射到高週波的反射 (Muranaka, p.455)

17.2.5 微波乾燥器構造與功能^(Micro 電子 KK)

1. 構造

　　圖 17-11 揭示微波乾燥器的結構簡圖，溼潤材料所含水分發熱所需的微波係稱為發震器（magnetron）的永久磁鐵受電所發生的微波，經由導電性的金屬導波管輸送微波，經由可吸收反射波的 Isolator 和可調整微波強度的控制儀後送至微波照射區（applicator）。此進行波（或稱入射波）於微波照射區被反射走回發震的微波就稱為反射電波，故在微波照射區所消耗的微波電力該是電力顯示器所顯示的進行波電力減去反射波電力（嚴謹而言，該是整合器以後消耗的微波電力）。

　　微波照射區可依被乾燥物的形狀而有不同形態，但大多採用一般家用微波爐的開放狀箱型構造。

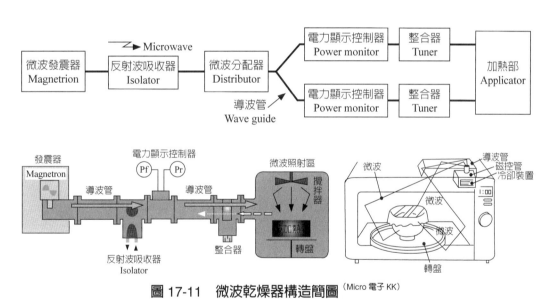

圖 17-11　微波乾燥器構造簡圖^(Micro 電子 KK)

2. 各零件的功能

　　(1) **發震器**：是由 Magnetron+L- 導波管而成，從 Magnetron 發震的微波經由接在 L 導波管的導波管傳送到微波照射區，沒有接如圖 17-11 所示導波管至微波照射區前做動作確認試驗是危險的操作。

　　(2) **反射波吸收器**：其功能是從往來的微波流吸收從微波照射區反射出來的反射波，防止反射波流入發震區，是有保護 Magnetron 的功能。

(3) **電力顯示控制器**：如方形導波管傳播的進行波電力和反射波電力增大時可能導致發震器的驅動電源方式異動，此器有控制其電源的功能。

(4) **整合器**（EH tuner）：此調節器可調 E tuner、H tuner 來調節反射波的位相或大小，使電力顯示控制器上顯示的反射波電力歸零，讓整合器以後的微波照射區消費的電力為最大。

(5) **微波照射區**：可放置被乾燥材料，其形式依用途而有批式、輸帶式或導波管式等不同的設計。

(6) **導波管**：微波是藉電場與磁場的相互關係來傳播，只要有某大小截面的金屬管就可傳送微波（常用規格 WRJ-2/WRI-22）。

表 17-2 列示一些連續式微波乾燥器的運轉例供參考。

表 17-2　連續式微波乾燥器的運轉例 (Kubota)

被乾燥材料	初期水分	產品水分	進料重量	裝置型式	微波出力	送料速率
即食品具有	40%DB	14%DB	340 kg/h	輸料帶型	81 kW	4 m/min
麵	40%DB	25%DB	800 kg/h	輸料帶型	75 kW	10 m/min
薄片（Film）*	50%DB	25%WB	48 kg/h	彎曲導波管型	20 kW	40 m/min

註）*Film 寬 400mm 50g/m^2

3. 微波照射區的選擇 (Micro 電子 KK)

微波加熱‧乾燥裝置依其用途，被加熱物的物性有多樣不同的設計，故選機時就得選合適其被加熱物的物性和操作方式的照射區構造：

(1) 形狀（大小、厚度）

(2) 電氣的特性（誘電損失係數 ε_r，tanδ，含水率、導電率）

(3) 狀態（液體、固體、粉體）

(4) 目的（預熱、熱處理、乾燥、發泡、加硫等）

(5) 操作方式（批式／靜置、連續）

(6) 操作壓力（減壓／真空、高壓）

批式

a. 對照射時條件較複雜（如壓力變化較廣），或物件厚度高，需長時間照射時宜採用如圖 17-12(a) 所示類似獨立微波爐較宜。

b. 如圖 17-12(b) 所示，被加熱物需用壓榨器長久壓榨脫水時，可併用可容裝進壓榨器的大型微波爐，壓榨與加熱同時在複合設備進行脫水與乾燥。

c. 於批式混合粉體、顆粒狀物質，同時擬均加熱時可將攪拌槽可如圖 17-12(c) 加蓋並插置導波管由上蓋照射微波。

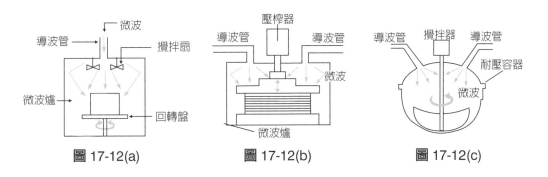

圖 17-12(a)　　　圖 17-12(b)　　　圖 17-12(c)

連續

d. 如被加熱物是長的板狀物或薄片（紙或布料），其微波加熱可使用如圖 17-12(d) 所示的連續導波管連續照射微波於被加熱物。

e. 如被加熱物體是短小型狀物件需連續大量照射時，可藉用輸料帶帶物件進出具有長度的照射區，就可大量處理。

f. 如被加熱物是液體，可採用可浸透微波的管排流過照射區進行加熱／乾燥操作。

g. 如加熱、乾燥操作需在減壓或高壓下進行，可如圖 17-12(g) 設具防微波漏洩進出口，並使用真空罐體或高壓罐體中進行照射被加熱物就可。

特殊定在條件（批式／連續）

h. 如被加熱／乾燥物必須在定波下進行，就如圖 17-12(h) 所示將短縮導波管的先端，設強電場域，把被加熱物透過導定位管照射處理。

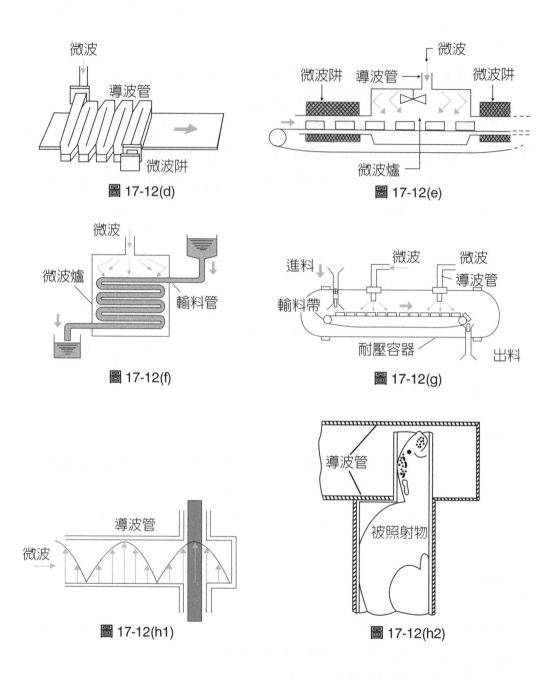

圖 17-12(d)

圖 17-12(e)

圖 17-12(f)

圖 17-12(g)

圖 17-12(h1)

圖 17-12(h2)

17.3 高週波加熱

　　利用微波（300 MHz～300 GHz）和高週波（3～300 MHz）的介電加熱已在一些木材或纖維工業用相當久的歷史，在本節擬就簡介利用微波和高週波誘電加熱的原理和它被利用於乾燥的特點。

17.3.1 高週波加熱的原理^(Isobe 化工)

　　圖 17-13 中 *A-A'* 是兩張排成平行的金屬板（實際應用時不一定需要平行的極板也可），*M* 是可視爲介電體的被乾燥（加熱）物，*G* 是高週波電力發震機，*V* 是存在於兩極板間的電壓，圖中虛線代表電力線。當電壓 *V* 的電力以高週波數交替流過被加熱物（*M*）時，其分子將產生週波數 *f* 的配向，並導致分子間的摩擦而發熱。也即從被乾燥體內部發熱。因此按理，如被加熱體物性均勻時，均勻發熱該造成均勻的溫度分布，但由於周圍的空氣對流和熱傳導而冷卻靠近外表的品溫就呈低於內部。圖 17-14 揭示上述的不均溫度分布，此圖 17-14(a) 是在厚度 150 mm 的木材兩面貼上 150℃的熱板，經一段時間（8 hr）後溫度分布的變化，而圖 17-14(b) 則是貼 150℃的金屬極板做高週波誘電加熱 4 分鐘時，同一木材的經 4 分鐘後的溫度分布變化。由此可了解高週波介電加熱不僅可均勻加熱，且可迅速抵達所需的高溫的特點。

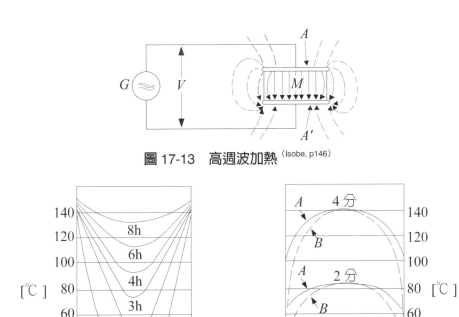

圖 17-13　高週波加熱^(Isobe, p146)

圖 17-14^(Isobe, p146)

17.3.2 高週波加熱的優點

1. 高週波加熱是被加熱物體本身發熱，所以加熱速度快、熱能損失小。

2. 高週波加熱的效率比熱風機的效率多出一半，相對能源消耗就省了一半的成本。

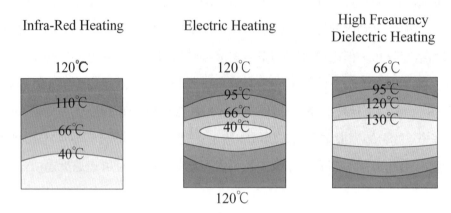

Infra-Red Heating　　　Electric Heating　　　High Freauency Dielectric Heating

圖 17-15　加熱方式不同時被加熱物內溫度的分布(Micro 電子 KK)

3. 產品密度不同或含水量不一，使用高週波加熱均勻同時有效加熱，高週波加熱乾燥產品含水率平均度可控制在 ±1% 內，使產品保持品質優良。

4. 高週波加熱的好處：含水量高的部分，越容易引導發熱；含水量低的部分，不會自己發熱。所以可以保持被加熱產品不致過熱而產生變型、變質或變色。

如將高週波加熱應用於乾燥，其特點是可乾燥木材或紡絲捲等含水分於綿密的構造的材料，且可於短時間（較對流或傳導熱傳加熱快好幾倍）得高品質的乾燥產品。

17.3.3 高週波減壓乾燥機的型類

利用高週波電加熱的乾燥機常見的有：減壓批式型與常壓連續型兩類：

1. 批式高週波減壓乾燥機操作例

此型乾燥機是在密閉減壓容器設有上下對向的電極板間裝進被乾燥物（如木材），以減壓將水分沸點降到 40～50℃下，通電進行誘電加熱乾燥，由於是在減壓條件，故可在低溫進行乾燥為其特點，但因是批式操作就限制其處理量。

表 17-3 比較不同乾燥木材方式，顯示此法的優點。

表 17-3　不同乾燥木材方式的比較 (Muranaka, KHB)

乾燥方式	特點	所需乾燥時間〔產品含水率〕	溫度	一部裝置的能力	標準價格（萬日圓）	粗估操作費（日圓／m³ 木材）
蒸氣式（一般）	· 最普遍 · 費時長	10～14 日 （20～30%）	50～80℃	10～30m³	1,000	9,000
蒸氣式（高溫）	· 乾燥快 · 操作較複雜 · 設備耐久性缺佳	2～3 日 （20～30%）	100～130℃	10～30m³	1,200	7,500
除溼式	· 易操作，少失敗 · 費時長	15～30 日 （20～40%）	35～50℃	10～30m³	1,200	10,000
高週波加熱減壓式	· 可急速乾燥 · 可乾燥他法難乾燥的木材 · 不需棧堆木材 · 設備費較昂貴	1 日 （30～40%）	35～95℃	10～20m³	4,500	7,500
燻煙式	· 內部應力成長緩和，合格率高 · 品質管理較難 · 製材後需再乾燥	3 日 （30～60%）	100～150℃	20～100m³	7,000	2,000

2. 常壓連續式高週波乾燥機操作例^(山本ビニタ)

此型乾燥機是在網帶輸料機裝如下圖 17-16(c) 所示的上下對向的電極板，將藉輸料帶連續通過高週波電力加熱並進行乾燥，所蒸發水分就通適量可併用低溼度的遞載氣體連續乾燥兼排出。此型高週波乾燥機乾燥速率頗快且為連續操作而適合於大量處理，也是高週波減壓乾燥機的主流機型。

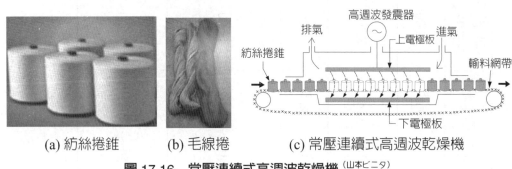

(a) 紡絲捲錐　　　(b) 毛線捲　　　(c) 常壓連續式高週波乾燥機

圖 17-16　常壓連續式高週波乾燥機^(山本ビニタ)

3. 高週波・蒸氣複合乾燥機^(山本ビニタ)

一般利用蒸氣為乾燥熱媒的乾燥系多併用高週波加熱設施的複合型乾燥機。舉例來說，在利用 70～90℃的蒸氣的對流乾燥系裡，併用高週波加熱於含水分的木材材心部加熱升溫至 100℃，讓其水分汽化成 100℃的蒸氣，與存於外表的 70～90℃的蒸氣就產生相當大的壓差，如圖 17-17 所示，逼材心部的蒸氣往外移動，加速材料內的水分快速汽化，也消除材料內水分的濃度斜率，而可得均一乾燥度的乾燥產品。

【範例 17-1】杉木的複合乾燥

乾燥木材不僅將含水率降到所希望的含水率，也即得保留木材原有的良質，且確保其強度與尺寸的安定性才可。所謂好的乾燥木材不能乾燥過程讓材面與內部有割裂，乾燥後產品木材含水率低於 15%，且材心和表層部含水率差，長尺方向（中央部和木口部）的含水率差要很小，也要求變色，並能保存木材原有的香味。圖 17-18 是揭示杉木經過不同乾燥結果的比較與採用蒸氣・高週波複合乾燥時內外溫度的設定與分布。

機內熱媒氣體溫度：70～90℃

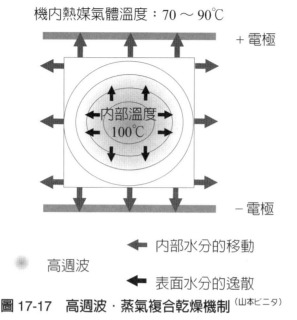

圖 17-17　高週波‧蒸氣複合乾燥機制 ^{（山本ビニタ）}

17.3.4 高週波加熱（乾燥）的注入電力概估 ^{（礎部 乾燥）}

1. 注入電力密度

　　含水率 10%，木材厚 200 mm 從其兩面用 200℃的熱板加熱，可把離表面 100 mm 的中心層從 15℃加熱至 115℃需加熱 10 hrs，但用 0.6 W/cm³ 的電力密度只需 5 min 如圖 17-5(b) 所示的例，其電力密度是 0.3 W/cm³。一般含 3% 水分的高分子粒子要乾燥到0.1%則需0.3～1 W/cm³。捲成蛋糕狀的纖維品的乾燥用的電力密度1～2 W/cm³，塑膠成型品的的成形前預熱則使用 2～4 W/cm³，但高分子膜的熔接需很大的電力密度──大到 5～100 W/cm³。如被乾燥物的多孔構造對蒸氣的擴散阻力不小時，常因蒸氣壓異常上升而發生內部爆裂。一般乾燥使用的電力密度在 0.5～5 W/cm³，乾燥木材則多介在 0.005～0.01 W/cm³ 始可免傷木材構造。

　　一般單位誘電體容積可吸收的電力 P 是當交流電場強度為 E_d [V/cm] 時，可用同式（17.2.2-9）求得，也即

$$P = \frac{5}{9} \times 10^{-10} \cdot f \cdot E^2 \cdot \varepsilon_r \cdot \tan\delta \ [\text{W/m}^3] \qquad （17.2.2-9）$$

　　〔例〕：含水率 30%，木材厚 27 cm，電極間距 30 cm，空隙 3 cm，電極電壓 = 2700 V，E_d = 47 [V/cm] 則由上式計得 P = 0.0074 [W/cm³]。

平角杉木材（240×1355×400 mm）
右：水蒸氣‧高週波複合乾燥
左：高溫乾燥 9 天

(a)

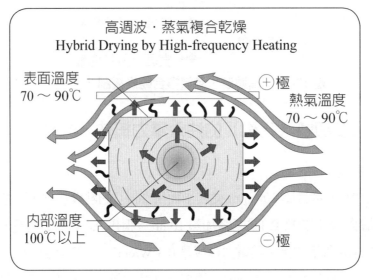

表層部 70 ～ 90℃的中溫、
材心 100℃以上的高溫

(b)

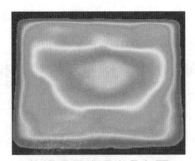

乾燥過程的溫度分布圖

(c)

圖 17-18　杉木經過不同乾燥結果的比較^(山本ビニタ)

2. 高週波加熱熱量

無論用什麼手法要把被乾燥物（重量 G）溫度從 T_1 提升至 $T_2[℃]$ 其所需熱能 Q 是

$$Q = G \cdot C \cdot (T_2 - T_1) \text{ [kcal]}$$
$$Q = 4.18(T_2 - T_1) \text{ [kws]}$$

或

$$Q = 1.16 \times 10^{-3} G \cdot C \cdot (T_2 - T_1) \text{ [KWh]}$$

上式中 C 是被乾燥物的比熱，在乾燥時，如需蒸發的水分重量為 G' 時，蒸發所需熱量 Q_r 為

$$Q_r = 1.16 \times 10^{-3} G' \cdot \lambda_w \text{ [KWh]}$$

上式中 λ_w 是水分的汽化熱，而所需淨熱量該為 $Q_{net} = Q + Q_r$ 而所需總熱量則另需加此系對周遭的熱損 Q_{loss}。

3. 升溫所需時間 t

$$t = 7.54[\rho(C \cdot T + \lambda_w)/K \cdot f \cdot \varepsilon' \cdot \tan\delta \cdot E^2_d] \times 10^{12} \text{ [sec]}$$

上式中 ε' 是會影響靜電容量值的定數常稱為 Powr factor，$\varepsilon' \times \tan\delta$ 值可決定所加高週波能否按所設計加熱被乾燥物，K 是視外周遭條件，如外部也注入熱能，$K \geq 1$，如被乾燥物會散熱時，$K < 1$，f 是週波數 [cycles/s]。

17.3.5 防止電波漏洩的對策

在介電加熱裝置要完全防電波外洩是相當困難，一般總是有些電波外洩，要將此漏洩儘量減少就得考慮以下各項：

1. 輸電線使用同軸電纜，並儘量縮短長度。
2. 發震器與負荷的整合要十分做好。
3. 電力線可用鉛皮電纜。
4. 加熱裝置需做好第一種接地（接地阻力小於 10Ω）。

5. 加熱裝置得避離導電體，並設在有遮斷措施的空間使用。

一般批式微波爐，其微波都被封在發震器、導波管或爐內，就不必太擔心，但開放式微波爐有輸料器時，被加熱物的進、出爐就需在進出口設置適當的微波阱（trap）。此時接也是要第三種接地（接地阻力小於 100Ω）。

17.3.6 微波加熱與高週波介電加熱的差異與應用例 [(Muranaka, KHB)]

表 17-4 揭示兩者差異，而表 17-5 則揭示兩者的應用例供參考。

表 17-4 微波加熱與高週波介電加熱的差異 [(Muranaka, p.469)]

項目	微波加熱	介電加熱（高週波加熱）
週波數（波長）	300 MHz～3 GHz（1 m～10 cm）極超短波 3～30 GHz（10～1 cm）公分波	3～30 MHz（100～10 m）短波 30～300 MHz（10～1 m）超短波
出力	～100 kW（at 915 MHz） ～200 kW（at 2450 MHz）	～500 kW
發震管	Magnetron	極管（送信管）
輸管線	導波管 同軸電纜	同軸電纜 平行二線式
照射法	開放式 箱型 插槽導波管型 梯狀型 定在波導波管型	電極式 平行平板型 格子型 滾輪電極型 移動電極型
整合	與負荷影響很少	受負荷的性狀變化會有大幅遲緩
加熱效率	高	稍低（與週波數成比）
放電可能	難發生放電	有水滴就有可能
電波漏洩	不需封密空間	大部分需止漏洩

17.4 感應加熱

17.4.1 原理簡介

在導電線通交流電流時，在其周圍將產生有方向性，強度會變化為磁力線產生。

表 17-5　微波加熱與高週波介電加熱的應用例 (Muranaka, KHB, p.470)

產業別	用途	微波加熱 實用化	微波加熱 週波數 出力	介電加熱(高週波加熱) 實用化	介電加熱(高週波加熱) 週波數 出力	縮短程序	縮小安裝面積	開發新產品	提升產品品質	改善作業環境的安全性	省力化 自動化	提升作業能力
食品	冷凍食品的解凍	○	915 MHz ~30 kW	○	6～27 MHz ~100 kW	○	○		○	○		○
	西式餅糕的防酸	○	2450 MHz ~50 kW	○	6～27 MHz ~20 kW		○		○	○		○
	即食食品的膨化	○	2450 MHz ~100 kW	—	—			○	○			
	捏和魚肉製品的加工	○	2450 MHz ~15 kW	—	—	○		○	○			
	米果的加工	○	2450 MHz ~30 kW	—	—			○		○		
	乾燥食品的製造	○	2450 MHz ~100 kW	—	—		○	○	○			
木材	乾燥	○	2450 MHz ~30 kW	○	4～13 MHz ~50 kW	○			○		○	○

產業別	用途	微波加熱 實用化	微波加熱 週波數／出力	介電加熱（高週波加熱）實用化	介電加熱（高週波加熱）週波數／出力	縮短程序	縮小裝置面積	開發新產品	提升產品品質	改善作業環境的安全性	省力化自動化	提升作業能力
化學品	合板等的黏著加工	○	2450 MHz ～50 kW	○	4～13 MHz ～500 kW	○	○		○		○	○
	木材的彎曲加工			○	6～13 MHz ～12 kW			○				○
	化學藥品的乾燥	○	2450 MHz ～25 kW	—	—		○		○			
窯業	陶磁器等的預熱	○	2450 MHz ～100 kW	○	6～40 MHz ～200 kW		○		○			
	特殊玻璃的熔融	○	2450 MHz ～30 kW	—	—							
		○	915 MHz ～50 kW	—	—							
鑄造	中子的黏著	○	2450 MHz ～25 kW	—	—		○			○		
	鑄型的 Curing	○	2450 MHz ～25 kW	—	—		○			○		

產業別	用途	微波加熱		介電加熱(高週波加熱)		主要重點						
		實用化	週波數 出力	實用化	週波數 出力	縮短程序	縮小安裝面積	開發新產品	提升產品品質	改善作業環境的安全性	自動化省力化	提升作業能力
薄膜(Film)·紙業	塗漆物之乾燥	◯	2450 MHz ~10 kW	—	—		◯			◯		
	薄片類的乾燥	◯	2450 MHz ~50 kW 915 MHz ~30 kW	—	—		◯		◯			
	多層紙品塗糊的乾燥	◯	2450 MHz ~10 kW	—	—		◯		◯			
橡膠	乾燥	◯		—								◯
	發泡	◯		—			◯			◯	◯	◯
	預熱	◯		—								◯
高週波焊接	玩具、救生圈、雜貨的熔焊	—		◯	40 MHz ~10 kW				◯			
	傢俱，車內裝潢之熔焊	—		◯	27 MHz ~50 kW				◯			

產業別	用途	微波加熱 實用化	微波加熱 週波數 出力	介電加熱（高週波加熱） 實用化	介電加熱（高週波加熱） 週波數 出力	縮短程序	縮小安裝面積	開發新產品	提升產品品質	的安全性	改善作業環境	自動化	省力化	提升作業能力
高週波預熱	地毯，遊船的熔焊	—		○	13～20 MHz ～100 kW									
	食品，半導體模子等的預熱	—		○	60～70 MHz ～5 kW				○					
	大型家電器等的預熱	—		○	27 MHz ～20 kW				○					
殺蟲	草蓆，日式蓆墊的殺菌	○	2450 MHz ～50 kW	○	6～27 MHz ～20 kW				○	○				
	木材的殺菌	○	2450 MHz ～50 kW	○	6～27 MHz ～20 kW				○	○				
醫療	筋肉骨	○	2450 MHz ～5 kW	○	6～40 MHz ～5 kW				○					
	老鼠腦	○	2450 MHz ～10 kW	—	—									
化學材料	FRP 的 Curing	—		○	13～40 MHz ～05 kW									

如在其近傍放置導電性物質（如各種金屬等）此金屬受有變化大小的磁力線的影響，在金屬中就流有渦電流。由於金屬對渦電流通常有電力阻力，金屬裡就產生電力＝（電流）² ×（電阻）大小的焦耳熱加於熱金屬本身，此加熱現象稱爲感應加熱（induction heating, IH）。此加熱方式在工業界多見於焊接、退火、熔解金屬所應用，在家電則有電磁爐，和 IH 型電鍋等應用例。平常，感應加熱系金屬是在線圈的蕊位，但家電的 IH 調理器則求使用時的方便，在構造上如圖 17-19(b) 放在線圈的上面。

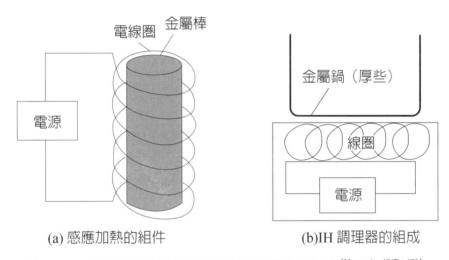

(a) 感應加熱的組件　　　　(b)IH 調理器的組成

圖 17-19　感應加熱的組件與應用在電磁爐時的組成 (Muranaka, KHBp.472)

1. 滯後損（Hysteresis loss）

於磁性體供應磁場並改變（大小）時，磁性體內的磁束密度會有如圖 17-20 所示的變化，此變化圈面（loop）愈大，其滯後損就愈大，Steinmetz 導出如下式求**滯後損** P_h 的大小

$$P_h = \eta \cdot f \cdot B_m^{1.5} \cdot V \ [W] \qquad (17.4.1\text{-}1)$$

上式中

η：Hysteresis 係數

f：週波數 [Hz]

B_m：最大磁束密度 [Wb/m²]

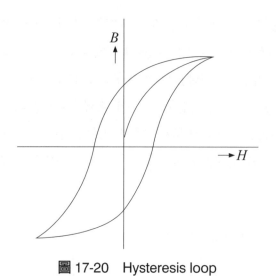

圖 17-20　Hysteresis loop

V：磁性體的容積 [m³]

η 大小隨磁性體的材質不同，如屬於鐵或鎳等強磁性物 η 大，其滯後損較大，但如銅或鋁，η 就很小，其滯後損就可忽略。

2. 渦電流損（Eddy current loss）　(Muranaka, p.473)

於電導體內有交互磁束貫通時，於導體會發生與導體的起電力，而導體上將有阻抗力反比的大小的電流產生（此電流稱為渦電流），並在導體內產生焦耳熱，也即渦電流損失。這損失將發生在所有的導體。

另外，如上段所述，**滯後（hysteresis）**損失主發生在強磁生體，對一般的磁束密度的導體極小，故導體內所發生的感應加熱可視來自渦電流損。

此渦電流並不流在導體截面全面，只集中流在如圖 17-21 所示表面層，這渦電流只流在表面現象稱為電流的表皮效果（skin effect），算是高週波感應加熱的一特色。以高週波電流的**浸透深度** δ 來表示上述表皮效果，而可依下式估計：

$$\delta = 503 \cdot \sqrt{\frac{\rho}{\mu_r \cdot f}} \ [m] \qquad\qquad （17.4.1\text{-}2）$$

但 ρ：導體固有阻力 $[\Omega \cdot m]$

　　μ_r：比透磁率

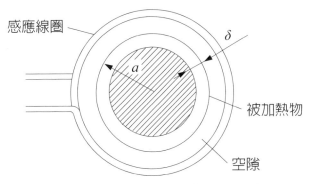

感應線圈

δ

a

被加熱物

空隙

圖 17-21　表皮效果與 δ (Muranaka, p.473)

此浸透深度 δ 也代表流在導體表面的電流的 $1/e$（約 37%）的深度。而被導體消耗的電力的 87% 是消耗在表面至 δ，而週波數愈高，其電力消耗愈集中在薄薄的表面層，中心部幾乎是零，表 17-6 揭示鐵在各不同週波數時的浸透深度。

表 17-6　鐵在高溫時 f **vs.** δ (MuranakaKHB, p.473)

高週波數 f	電波浸透深度 δ
3 kHz	8.5 mm
10 kHz	5.0 mm
20 kHz	3.4 mm
100 kHz	1.6 mm
200 kHz	1.1 mm
400 kHz	0.8 mm
1 MHz	0.5 mm

因**渦電流損能在導體產生電力** P 在圓筒半徑 a 與浸透深度 δ 之 $a/\delta > 7$ 的條件下可依下式估計：

$$P = 4\pi^2 \cdot a \sqrt{\mu_r \cdot f \cdot \rho} \cdot n^2 \cdot I^2 \times 10^{-8} \ [\text{W/m}] \qquad （17.4.1\text{-}3）$$

上式中 a 是圓筒的半徑 [m]；n 是 1 m 有高週波線圈的圈數，I 是流在高週波線圈的電流 [A]。

從這些數式來看，不論介電加熱或感應加熱，都是高週波週波數愈大，其由被處理物所吸收的能量愈大（發熱量愈大）。

17.4.2 感應加熱的特點 ^{（MuranakaKHB, p.455）}

1. 優點

(1) 可將磁場設在被加熱物的必要部位來集中發熱，故其熱能的輸送效率高。

(2) 可藉加強感應作用的磁場強度，在短時間內供給高密度熱能。

(3) 由於磁場可用電容易制禦，無論加熱或冷卻均可瞬間裡做到。

(4) 適當選擇加熱週波數可在表層部發生表皮效果，而可應用於金屬的淬火（quenching），反之，選低週波做感應加熱時，電流的浸透加深，可用來均勻加熱。

(5) 利用感應加熱後熔解金屬時，熔湯可被電磁力自動攪拌。

2. 缺點

(1) 設備費不低。

(2) 如被加熱物形狀不規則就難均勻加熱。

(3) 電波會漏洩，得用心防洩。

📄 參考文獻

Isobe, K.；礎部宏策；高周波加熱裝置；乾燥，化學工業社，東京，日本（2000）。

Kubota, Atsushi 久保田濃；乾燥裝置；省エネルギーセンター（2.nd ed.）東京，日本（2004）。

Micro Denshi Co., ミクロ電子 KK，マイクロ波加熱（網路資料）。

Muranaka, T.；村中恆夫：p.450 乾燥技術ハンドブック KHB，國井大藏編，總合技術センター（1991）。

Toei；桐榮良三：乾燥裝置マニュアル 日刊工業社 東京，日本（1978）。

Yamamoto Vinita; 17.4.3(b) & (c).

第十八章　過熱蒸氣、高溫高溼乾燥

於對流熱傳乾燥絕大部分都使用熱風對流熱傳乾燥裝置，而其所使用的熱媒體大都採用低溼度的熱空氣，在本章將介紹近年來被重視且擴大採用的**過熱蒸氣乾燥**和**高溫高溼氣體**為熱媒的**高溫高溼乾燥**，並對照低溼度熱風乾燥來討論其特點，適用範圍，運轉例。

18.1 過熱蒸氣乾燥與高溫高溼乾燥

於熱風對流熱傳乾燥其熱傳的驅動力大小是熱風溫度與被乾燥物的溫度差來決定。故於熱風溫度 T ℃，熱風的溼度愈低就有較低的品溫 T_m，而可供蒸發可用的更大驅動力。但如圖 18-1 所示，在高於某一溫度（此圖中是 170℃）後，如熱風溼度愈高，此系的乾燥速度反而愈快，這乾燥速度對熱風溼度關係逆轉的點就被稱謂**逆轉溫度（inverse temperature）**，在比此溫度高時，熱風的溼度愈高，乾燥速度也愈快。此逆轉溫度常出現在 170℃附近。利用此現象，在高於逆轉溫度的熱風來進行的乾燥就被稱為**高溫高溼乾燥**，如把熱風中的溼度再增高到氣體全成蒸氣，於飽和溫度把其蒸氣加熱提升其溫度可得過熱蒸氣（superheated steam），而利用過熱蒸氣做熱媒氣進行的乾燥就稱為**過熱蒸氣乾燥**（superheated steam drying）。

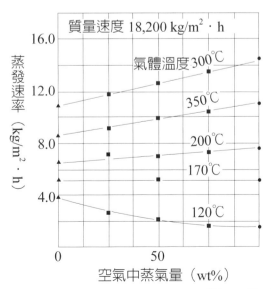

圖 18-1　不同溫度溼度 vs. 乾燥速率 (Nakayasu-KH, p.416)

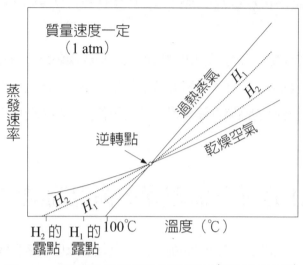

圖 18-2　兩方法的速率的反轉溫度 [Nakayasu-KH, p.416]

18.2 過熱蒸氣乾燥的特點 [Toei-m, p.140]

1. 優點

　　(1) 在過熱蒸氣乾燥流程可調節壓力，只排出從被乾燥物蒸出的蒸氣，藉凝結器凝結排出系外，也即從循環熱媒流體排出的熱量只限於從被乾燥物蒸發出來的水分（或溶媒）的熱量，故此乾燥法的**熱效率**比一般對流乾燥**高**。

　　(2) 如乾燥溫度高於**逆轉溫度**時，其乾燥速率較使用熱空氣爲熱媒流體高（如圖 18-2 所示）。

　　(3) 如溼潤材料所含有價或有毒溶媒甚至含臭氣成分，均可以凝結將成液體回收或防止流出。

　　(4) 由於熱媒氣體不含氧氣，故不僅可防止材料被氧化或褐變，如進料是食品時，少破壞其含有的維他命，就是在高溫下乾燥也可避免著火。

　　(5) 用過熱蒸氣乾燥時，在預熱階段熱媒水蒸氣將在材料表面凝結成 100℃ 的水，逼使材料立即熱到水的沸點，而讓被乾燥物同時經過乾燥與蒸煮兩過程，可生成特有品質的食品，而添加特有的附加價值（參照圖 18-3）。

 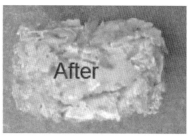

乾燥前　　　　　　　　　　　　　乾燥後

圖 18-3　被乾燥物同時經過乾燥與蒸煮兩過程生成特有品質的產品[Stefan]

(6) 乾燥產品不會硬化表面，可能呈某種多孔狀（參照圖 18-4）。

(7) 過熱蒸氣乾燥系因不含空氣，就是高溫高溼乾燥系裡與一般熱風乾燥系比含氧濃度極低，故不必擔心發生因氧化而降低產品品質，或發生火災或塵爆。

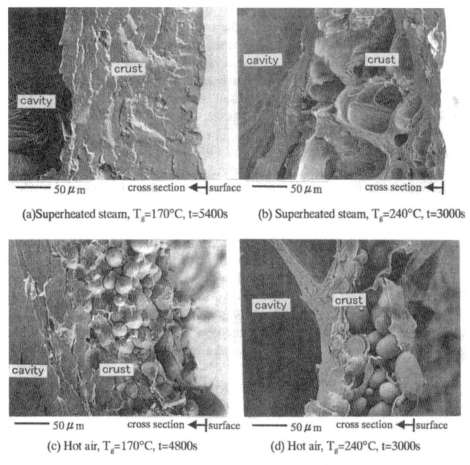

(a)Superheated steam, T_g=170°C, t=5400s　　(b) Superheated steam, T_g=240°C, t=3000s

(c) Hot air, T_g=170°C, t=4800s　　(d) Hot air, T_g=240°C, t=3000s

圖 18-4　乾燥產品可能呈某種多孔狀[Stefan, PDF]

2. 缺點

(1) 由於得採用封閉操作，初期設備投資費較高昂。

(2) 有些凝結器排出的廢液需淨化後才可放流。

18.3 過熱蒸氣的加熱方式

一般過熱蒸氣乾燥機是閉迴路方式運轉，加熱被循環的蒸氣再度達設定溫度有如圖 18-5 所揭示過熱蒸氣乾燥的簡單方式，藉高溫高壓蒸氣透過熱交換器的間接加熱方式。

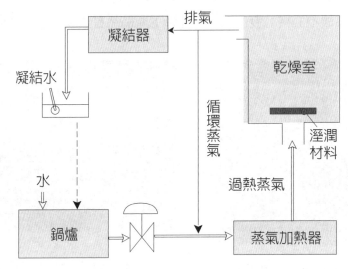

圖 18-5 批式過熱蒸氣乾燥系加熱過熱蒸氣的方式(Mujumdar)

如要把循環連續式的蒸氣加熱至 200℃時，可如圖 18-6 所示用壓力 30～40 kg/cm²G 的蒸氣就可用比較小型的熱交換器就辦得到，但如想加熱到更高的溫度時，所需的熱交換器，和其附件的配管管閥的耐壓規格就相當高，在價格上的問題也大。因此要加熱至高於 200℃以上的高溫時就多採用如圖 18-6 所示以燃燒爐的直火透過熱交換器間接加熱方式，或如圖 18-7 所示將與燃燒爐所產生的燃燒氣直接混合至所要的高溫高溼氣體供高溫高溼乾燥使用。

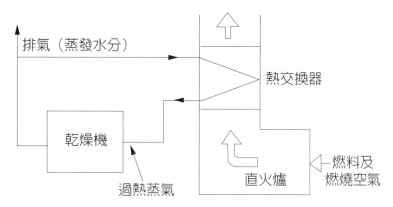

圖 18-6　過熱蒸氣（間接加熱型）乾燥系(Nakayasu-KH, p.417)

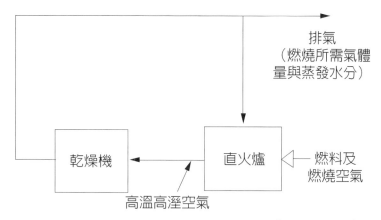

圖 18-7　高溫高溼（直接加熱型）乾燥系(Nakayasu-KH, p.418)

18.3 過熱蒸氣乾燥過程熱傳的特性

較低溫熱風乾燥，過熱蒸氣乾燥或高溫高溼乾燥的熱傳有不少與低溫熱風乾燥不同的特性，主要者有：

18.3.1 乾燥時的品溫變化和乾燥產品的性狀

於一般對流熱風乾燥乾燥時被乾物的品溫都依熱風溫度與溼度等條件就決定其對應的溼球溫度，於其乾燥過程被乾燥物的品溫將被熱風加熱到熱風的溼球溫度後就進入恆率乾燥階段，等表面水分蒸發完進入減率乾燥階段品溫就再升高。

但在過熱熱蒸氣乾燥，其品溫變化就不一樣，如該系是在常壓下進行過熱熱蒸氣乾燥，其蒸氣的溼球溫度就是 100℃，故被乾燥物要蒸發水分就得先得加溫到 100℃，品溫加熱到 100℃時被乾燥物內部水分會膨脹，並在內部的水分也會蒸發，導致被乾燥物的密度成粗鬆的結構。又於乾燥初期品溫要升到 100℃前，將有蒸氣凝結成水積在表面。因此，較一般熱風乾燥，過熱熱蒸氣乾燥的被乾燥物的表面與內部水分差較小，讓乾燥產品結構較均勻，少有表面硬化的多孔性產品。

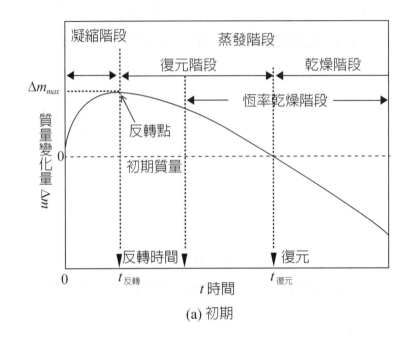

(a) 初期

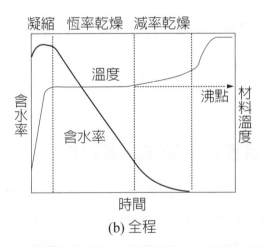

(b) 全程

圖 18-8　過熱蒸氣乾燥過程被乾燥物含水率和品溫的變化

18.3.2 乾燥時間與乾燥速率

　　如上段所述，反轉點溫度是被乾燥材料的水分開始蒸發流入速度達到恆率乾時的溫度，換另一角度來說實際乾燥時的「乾燥時用是被乾燥材料的含水率降到所設定的含水率所需的時間，也即乾燥時間不能僅算恆率乾燥時間，也得含其初期的凝縮階段和後期的減率乾燥階段一併算才可。之前不少討論熱蒸氣乾燥時常因其初期的凝縮階段和後期的減率乾燥階段所估時間較恆率乾燥時間小就錯認過熱氣乾燥比一般熱風乾燥所需時間較短。這是因在過熱蒸氣乾燥的減率乾燥階段在已乾表面的蒸氣移動不依擴散而是 Pressure flow，且材料表面狀態比熱風乾燥時變的較容易讓蒸氣流動所致。

18.3.3 乾燥初期的凝縮現象

　　於過熱蒸氣乾燥或高溫高溼熱媒乾燥時被乾燥物的品溫低於對應的熱媒的露點以下時，進料初期被乾燥物上會發生凝縮現象而增大被乾燥物表面暫時的含水量，也短時間就提升品溫常會影響或改變被乾燥物的物性，圖 18-9 揭示生馬鈴薯的切面在經熱風乾燥與過熱蒸氣乾燥的差異，後者因發生凝縮而起某程度糊化現象，也因這初期的凝縮現象有如此給乾燥製品不小的影響，在過熱蒸氣乾燥就不能忽視初期的凝縮現象的存在。

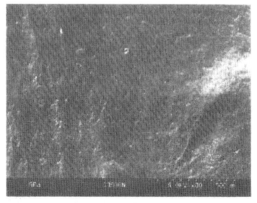

(a) 高溫空氣乾燥　　　　　　　　(b) 過熱水蒸氣乾燥

圖 18-9

18.3.4 溼度與乾燥機的所需排氣風量 ^(Nakayasu-KH, p.416)

於高溼乾燥系溼度與風量間有如下式的關係：

$$G = W / (H_2 - H_1) \qquad (18.4\text{-}1)$$

上式中 G：**排風量** [kg · da/hr]；W：**水分蒸發量** [kg · H_2O/hr]

H_1：吸進空氣的絕對溼度 [kg · H_2O/kg · da]；

H_2：排氣的絕對溼度 [kg · H_2O/kg · da]

如從乾燥機蒸發的水分蒸發量是一定時，要減少從乾燥系的排氣量，就有必要從上式所吸進的空氣溼度 H_1 就要把排出的空氣溼度 H_2 儘量提高。而出口排氣的溼度的最大值則隨氣體流過該系一次時的熱風條件來決定。也即對應於熱風條件有溼球溫度時的**飽和溼度** H_S [kg · H_2O/kg · da]，此時的乾燥系的排風量就是最小排風量 G_{MIN}，也即

$$G_{MIN} = W / (H_S - H_1) \qquad (18.4\text{-}2)$$

H_S 值將隨熱風溫度愈高愈大。故要減少此乾燥系的排風量，就該增大循環的排風量並儘量採用高的排氣溼度。由於飽和溼度隨溫度高而有急增的趨勢，在溫度在 100℃ 以上時就成無限大。

於過熱蒸氣時，其溼球溫度是 100℃，故能排氣溫度維持 100℃ 以上，乾燥機所蒸發的蒸氣量就沒有上限。

從上段所述，於過熱蒸氣乾燥系，只要把蒸發的水分排出系外就可比一般熱風乾燥機需附帶大量排風也可蒸發相當大量的水分。

18.3.5 高溫高溼度乾燥機的熱效率

由於過熱蒸氣乾燥和高溫高溼度乾燥排風量少，被帶出系外的熱量少，而熱效率都在 75～85% 的高值。

【範例 18-1】估計高溫高溼度乾燥機的熱效率 ^(Nakayasu-KH, p.421)

茲有如下的條件的高溫高溼度乾燥機，試求其熱效率。

設定條件：

熱風進口溫度 T_1：500℃；燃料發熱量 H_e：10,000 [kcal/kg-fuel]

燃料燃燒用空氣量 A：18 [kg-air/kg-fuel]；排氣溫度 T_2：160℃

燃料氣體平均比熱 C_{pg}：0.25 [kcal/kg℃ at T_2]；燃燒生成氣體量 G：19 [kg]（$A+W$）

水蒸氣的平均比熱 C_{pw}：0.465 [kcal/kg℃]；

因燃燒所產生的水蒸氣量 [kg/kg-fuel]

燃燒用空氣平均溼比熱 [0.27 kcal/kg℃]

燃燒用空氣溼度 H_a：0.01 [kgH$_2$O/kg-da]；循環空氣平均溼比熱：[0.6 kcal/kg℃]

循環空氣量 G_R：[kg/1kg-fuel]；燃燒用空氣溫度：10℃

〔解〕

被排出系外的有燃燒生成氣體與乾燥蒸發的氣體，故排氣所攜出的氣體的顯熱量為

$$G \times C_{pe} \times T_2 = 760 \,[\text{kcal/kg} - \text{fuel}]$$

而乾燥機的熱損（供給量的 5%）是

$$H_e \times 0.05 = 0.05 H_e$$

故被乾燥所使用的熱量為

$$H_e - (760 + 500) = 8,740 \,[\text{kcal/kg-fuel}]$$

此數目含品溫被加熱到產品出口溫度的顯熱、水蒸發的潛熱、蒸發蒸氣上升到排氣溫度的顯熱在內。如品溫上升所需的熱量算乾燥所需的熱量的 1～2%，就成了 120 [kcal/kg-fuel]，而蒸發所需的熱量就成為

$$8740 - 120 = 8,620 \,[\text{kcal/kg-fuel}]$$

可得

$$W(595 + C_{pw} \times T_2) = 8,620 \,[\text{kcal/kg-fuel}]$$

故 1 kg 的燃料可蒸發的水分約為 13 kg。

排氣的溼度為

$$H_2 = (W + W')/A = 0.78 \text{ [kg/kg-da]}$$

進口熱風的溼度是

$$H_e = A \times C_{Ha}(T_1 - T_a) + G_R \times C_{H2}(T_1 - T_2)$$

由上式得 $G_R = 37$

而排氣循環率為

$$G_R/(A + G_R) \times 100 = 67 \text{ [%]}$$

由此

$$H_1 = \frac{(A \times H_a) + (G_R \times H_2) + W'}{A + G_R} = 0.55 \text{ [kg } H_2O/kg - da]}$$

此溼度與平常進口熱風溼度的 0.1 [kg/kgda] 或排氣溼度后 0.3 [kg/kgda] 比較就知此乾燥系的環境溼度是非常高溼度的環境。

熱效率

如蒸發 1 kg 水分所需的熱量為 q 則此乾燥系的熱效率 η_{eff}

$$\eta_{eff} = W \times qH_e \times 100 = 82 \text{ [%]}$$

顯示高溼高溫乾燥系的熱效率相當高。

18.4 系統各部的構造

1. Seals（防漏設施）構造

　　如前述過熱蒸氣乾燥多用於乾燥含可燃性或有毒性材料的乾燥，故如有空氣混進乾燥系就增高爆炸或有毒性氣體外洩的可能性，且溶劑們漏洩也構成經濟上的損失，因此對各進出口，或迴轉部位的止洩需要注意與防止。

　　(1) 鼓風機軸的止漏平常多採用如圖 18-10(a) 所示的 Gland packing（軸封箱），或如圖 18-10(b) 所示的（labyrinthseal or sleeve seals），後者具有 Nitrogen purge 室以氮氣截止外界空氣的侵入，止漏效果較佳。而接觸液相的凝結器用冷水循環泵的軸封則多用 Mechanical seals，至於溼潤材料的進口或乾燥產品的排出口涉及粉粒

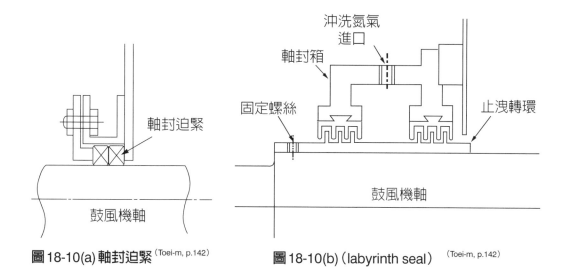

圖 18-10(a) 軸封迫緊(Toei-m, p.142)　　**圖 18-10(b)（labyrinth seal）**　(Toei-m, p.142)

體的輸送，除了在進出口加裝兩段迴轉閥來防漏，並採用密閉式螺旋輸料器，爲提升防漏效果，常串聯一部至兩部傾斜型螺旋輸料器更進一步切除中間的螺旋翼片來提升防漏效果，同時在軸封箱也設 N_2 Purge system 來防止外氣的入侵。

(2) 去除循環氣體中的粉塵

如循環氣體中有粉塵，它可能附著於氣體加熱器的傳熱面，而降低熱傳效果，故在氣體加熱器前得加裝粉塵過濾器。

2. 程序控制儀裝

過熱蒸氣乾燥系異於一般乾燥系在於必須量測系統內各處的氧氣濃度，並防止空氣的入侵，另外在壓力檢測端使用 N_2-Purge gas。在凝結器氣體出口需量測氣體溫度，以期保持其溫度一定，否則將導致系內壓力的變動而損傷了運轉操作的安定。

18.5 適用範圍

過熱蒸氣乾燥可乾燥後賦予被乾燥的食品原料特有的性質而被食品工業利用，另過熱蒸氣乾燥也因可循環過熱水蒸氣來改善乾燥操作的熱能效率，而有於乾燥高含水率進料所產生的蒸氣加熱後一併循環使用的好處，但如滲進空氣就屬於高溼度乾燥而有別於過熱蒸氣乾燥。

在上節所介紹的三種乾燥裝置當做過熱蒸氣乾燥器來使用時，常見的對象分別是：

1. 單段輸帶型過熱蒸氣乾燥機

圖 18-11 揭示典型的單段輸帶型過熱蒸氣乾燥機的流程圖，從圖也可見此乾燥系需相當多處的密封系而需特殊設計之處。也因此其適用例見於即食麵或其乾燥過程因缺流動性，找不出合適的乾燥方式的特殊工業藥品的乾燥。

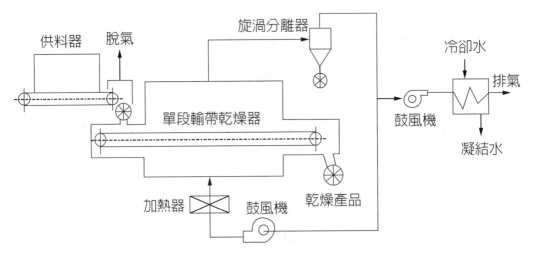

圖 18-11 單段輸帶型過熱蒸氣乾燥機的流程圖 (Nakayasu-KH, p.419)

2. 流體化床乾燥器（圖 18-12(a)）

由此乾燥系可有較長的滯留時間，而就被用來生產低含水率的最終產品，但如要產品含水率低於 0.1% 以下時，熱媒氣體就除了原有的溶劑蒸氣外得混部分氮氣等惰性氣體。

如在流體化床中插置加熱面，就可減少供應熱能的循環熱媒過熱蒸氣量而讓所需設備規模減小些。常見用此型乾燥系的適用處理物有 Polypropylene，PE. Polycarbonate 等。

3. 氣流乾燥器（圖 18-12(b)）

此乾燥器特點是乾燥時間很短，故最終產品的含水率低的材料只能當做初段乾燥之用，而粒徑大於 1 mm 進料也不適使用。

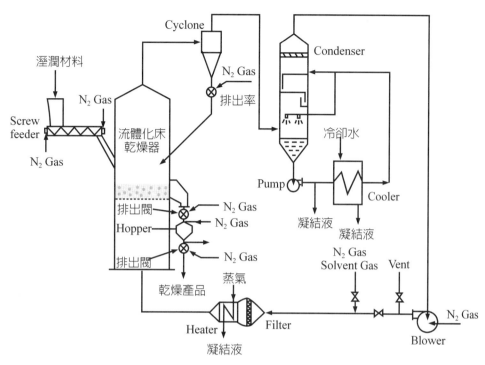

圖 18-12a　流體化床乾燥系統 (Toei-m, p.141)

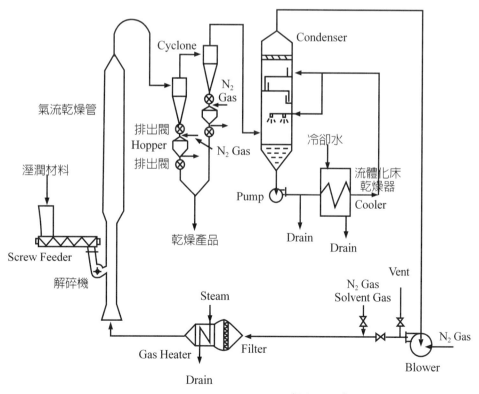

圖 18-12b　氣流乾燥系統 (Toei-m, p.141)

4. 高溫高溼（直接加熱型）迴轉乾燥器（圖 18-13）

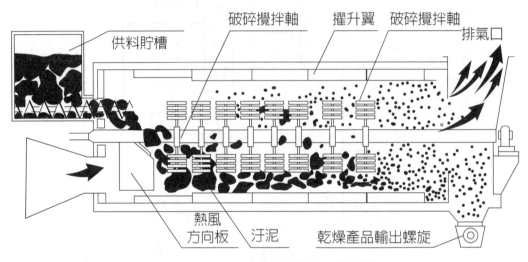

圖 18-13　汙泥乾燥機 (Nakayasu-KH, p.420)

　　此型迴轉滾筒乾燥器對進料的物性適應性相當大，如適於粒度分布廣，或滯留時間長，或有些聚合性、短片狀、塊狀的材料的乾燥，常被批評的缺點是其低熱效率，但如章首所述改在高溫高溼（直接加熱型環境下操作，如表 18-1 列示其熱效率可高達 75～80% 以上）。

表 18-1　高溫高溼迴轉滾筒（直接加熱型）乾燥系乾燥器時的運轉例 (Kubota, p129)

	原料水分 [%WB]	製品水分 [%WB]	製品量 [kg/h]	熱風溫度 [℃]	排氣溫度 [℃]	蒸發量 [kg/h]	燃油量 [kg/h]	熱效率 [%]
玉米果漿	67.0	5.0	386	550	130	725	56	80
玉米飼料	63.0	10.0	694	550	130	994	75	80.5
麵筋碎料	60.0	10.0	660	600	120	825	65	79
紙槳粕	83.0	21.0	265	620	140	963	79	75
豆粕	85.0	10.0	200	650	135	1000	79	77
橘子榨渣	85.0	12.0	205	600	140	1000	76	80
牧草	80.0	13.0	182	500	140	770	60	78

　　表 18-1 也列示乾燥器用在當做過熱蒸氣乾燥器時的運轉結果，表 18-2 是用滾筒徑 1,450 [mm] 的迴轉滾筒乾燥器加裝長 6 [m] 的攪拌打碎裝置來乾燥廢水處理泥漿以高溫高溼度下所得的運轉例，這材料其附著性，黏著性相當高，不容易乾燥的泥漿，但經乾燥器加裝攪拌打碎裝置後再採高溫高溼度乾燥就成了頗易處理的顆粒，供當有機肥料。

表 18-2　高溫高溼附解碎及迴轉滾筒乾燥器的運轉例 ^(Kubota, p129)

	原料水分 [%WB]	製品水分 [%WB]	製品量 [kg/h]	熱風溫度 [℃]	排氣溫度 [℃]	蒸發量 [kg/h]	燃油量 [kg/h]	熱效率 [%]
製餡汙泥（活性汙泥）	89.5	4.5	107	880	180	866	71.0	77
清涼飲料汙泥（活性汙泥）	87.2	11.0	156	920	230	929	76.0	75
啤酒飲料汙泥（活性汙泥）	83.0	10.1	220	840	173	943	78.3	76
醬油渣	34.8	10.5	1620	680	130	604	53.0	74

　　表 18-3 則揭示在高溫高溼乾燥汙泥時有無循環的運轉數據的比較。

表 18-3　高溫高溼乾燥汙泥時有無循環的運轉數據的比較 ^(Kubota, 129)

	原料水分 [%WB]	製品水分 [%WB]	製品量 [kg/h]	熱風溫度 [℃]	排氣溫度 [℃]	蒸發量 [kg/h]	燃油量 [kg/h]	熱效率 [%]
無循環 $H = 0.04 \sim 0.3$	74.0	10.0	361	900	170	890	86	63
有循環 $H = 0.32 \sim 0.66$	74.0	10.0	398	900	180	980	77	78

　　而表 18-4 則列示三種不同熱風乾燥器用在過熱蒸氣乾燥器時的運轉例供參考。

表 18-4　三種乾燥器於過熱蒸氣下時的運轉例 [Toei-m, p.143]

乾燥裝置種類	流體化床	氣體乾燥	穿流迴轉
被乾燥物	Polycarbonate	Polypropylene	Flake 狀材料
處理量（kg/hr）	284(D.B.)	7,800	350
揮發成分（%W.B.）	Heptane 19.8 MethylChrolo 19.8 水 28.4 計 68.2	Hexane 40	Alcohol 31
產品合液量（%W.B.）	1	11	9
進口氣體溫度（℃）	199	130	97
產品溫度（℃）	104	68	80
循環氣體流量（Nm³/min）	37	288	32
乾燥裝置尺寸	1.36 m 徑 ×5.0 mH	0.75 m 徑 ×22 mL	1.5 m 徑 ×4.5 mL

📃 參考文獻

Kubota, Atsushi 久保田濃；乾燥裝置；省エネルギーセンター（2.nd ed.）東京，日本（2004）p.129; p129; p.129

Mujumdar Arun S, Superheated Steam Drying (2008).

Nakayasu, M.；中安守宏；過熱蒸氣及び高溫高溼度乾燥，乾燥技術ハンドブック（KHB），p.377 國井大藏編，總合技術センター（1991）；p.416; p.418; p.417; p.418; p.419; p.420; p.416; p.421

Stefan Conkowski; U of Manitoba, Superheated Steam Drying and Processing, (2014); F3, PDF; F4, PDF

Toei; 桐榮良三：乾燥裝置マニュアル 日刊工業社 東京，日本（1978）；p.140; p.142; p.142; p.141; p.141; p.143

第十九章　輻射熱傳乾燥

19.1 遠紅外線乾燥

19.1.1 遠紅外線

　　簡單地說，輻射熱傳乾燥是如圖 19-1(a) 所示，利用波長在 0.76～400 μm（近·中紅外線）或圖 19-1(b) 所示以遠紅外線（遠紅外波長在 3～1,000 μm）的電磁波——紅外線輻射至溼潤材料加熱乾燥方法。尤其最常被產業所利用的遠紅外線的範圍與大多物質的固有振動領域重疊，導致被遠紅外線照射就被吸收在表面，活化其固有振動發熱，提升材料的溫度，這就是利用遠紅外線加熱物質的機制（利用陽光輻射的乾燥已於 6.1.4 節解說就不再說明）。

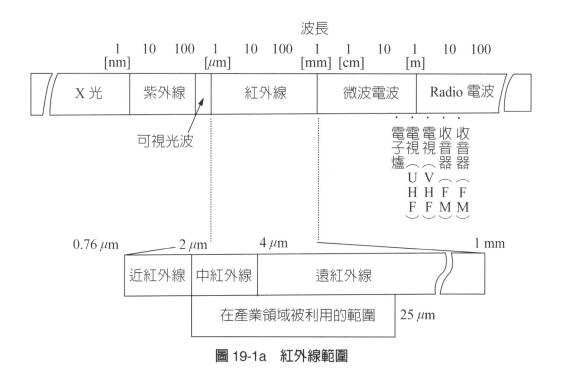

圖 19-1a　紅外線範圍

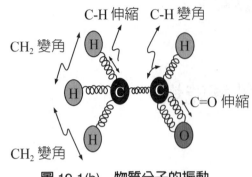

圖 19-1(b)　物質分子的振動

圖 19-1(c)　輻射熱傳

19.1.2 輻射熱傳

由一加熱板藉熱輻射加熱溼潤材料進行乾燥的方法就稱謂輻射熱傳乾燥，輻射所傳的熱量一般可依下式表示：

$$q_{12} = A_1 \cdot \phi_{12} \cdot \sigma(T_1^4 - T_2^4) \qquad （19.1.2\text{-}1）$$

上式中，q_{12}：面 1 傳至面 2 的熱傳量 [W]；ϕ_{12} = 面 1 與面 2 間的總括吸收係數；σ：Stefan-Boltzmann Constant = 5.67×10^{-8} [W/m^2・K^4]；A_1 = 面 1 的面積 [m^2]；T_1 = 面 1 的溫度 [K]；T_2 = 面 2 的溫度 [K]

故擬提升裝置的乾燥能力，就得在裝置內加設反射板，或選用輻射能高的加熱板，能射出材料容易吸收的波長的電波的加熱板。

為清除已蒸發的蒸氣，在常壓下常利用如空氣等當為遞載氣體，如在眞空環境時，就得裝設凝結器凝結蒸氣，吸走這些已蒸發的蒸氣。

要維持系統的乾燥能力安定，其手法就與一般傳導熱傳乾燥同樣，有些材料則需在乾燥過程時而翻動材料，更新與輻射光接觸的乾燥表面。

19.1.3 輻射加熱溫度

以紅外線來乾燥金屬表面的塗膜，可視同加熱金屬板的問題來探討，當材料被一定來源的紅外線照射加熱時，其對流損失與吸收能量達成一種平衡時，材料的最高溫度 T_m 可依下式表示

$$T_m = T_a + AI/Fh \qquad （19.1.3\text{-}1）$$

在時間 t 時品溫 T 為

$$T - T_0 = (T_m - T_0)e^{-Kt} \qquad （19.1.3\text{-}2）$$

上式中 T_a：空氣溫度；A：吸收率；I：輻射照度；F：對流面與被照射面的面積比；

$$K = Fh/c\rho L \qquad （19.1.3\text{-}3）$$

而 $c\rho L$ 是材料的比熱、密度、厚度的相乘積。

19.1.4 遠紅外線熱傳的特點 [Toei, m, p.144]

1. 由於從遠紅外線輻射源射出的電磁波波長很適合與高分子化合物等的吸收帶，故對如塗料類甚易有效率吸收，激發分子間的振動，促進聚合反應，並大幅縮短乾燥塗膜的乾燥（硬化）時間（可縮短至 1/3）。

2. 熱源燈壽命可達 5,000 小時，且容易保養。

3. 乾燥過程不一定需要送風，所以可避免粉塵汙染，而可得高品質的乾燥產品。

4. 熱源與乾燥對象不必接觸，且供應能量可視對象自由調節，同一乾燥器可適用於不同的材料的乾燥。

5. 可與其他乾燥方法併用，且容易自動化。

因輻射熱傳的熱的授受發生在照射的表面，故平常都用於薄層材料的加熱、乾燥或反應，最近由於遠紅外線被有機體有相當大的吸收能，而被食品工業多採用。

於熱風乾燥時，溼潤粉體層的光學特性不會影響乾燥速率，但在紅外線乾燥，被乾燥物對紅外線的反射、吸收、透過的程度就會左右乾燥速率、品溫的變化，圖 19-2 揭示不同物性的溼潤粉體層用紅外線乾燥時的差異。另如食品受遠紅外線照射後，其表面的細菌就會死滅或損傷，這些殺菌效果該來自表面吸收了紅外線帶來的熱能和品溫的上升所致。圖 19-3 揭示被乾燥物表面的黃葡萄菌在 40℃ 以下照射遠紅外線時，照射前後菌數的變化，此結果指出就是在菌體的致死溫度以下，遠紅外線仍有殺滅黃色葡萄球菌的能力。

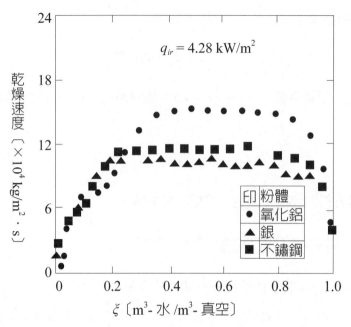

圖 19-2　溼潤粉體層的物性用紅外線乾燥時的差異(Kubota, p.96)

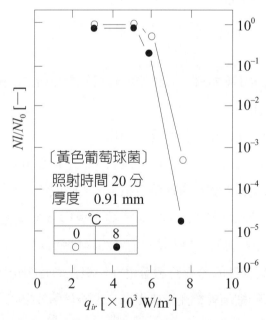

圖 19-3　黃色葡萄球菌在 40℃照射前後菌數的變化(Kubota, p.96)

19.2 遠紅外線加熱／乾燥裝置的用途

以遠紅外線加熱乾燥爐內溼潤材料時，依環境條件不同而有：(1) **塗膜的硬化或乾燥**，(2) **乾燥脫水**，(3) 如注射劑小瓶的**殺菌**、金屬的脫脂、樹脂的加工、木材黏膠都需加熱至某一設定溫度時藉**紅外線爐**來完成。

(a) 塗膜的硬化或乾燥

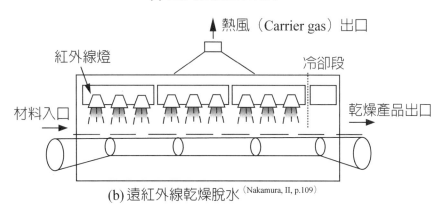

(b) 遠紅外線乾燥脫水^(Nakamura, II, p.109)

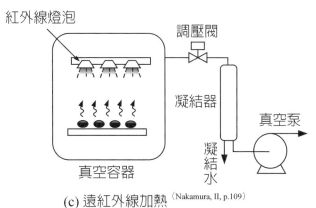

(c) 遠紅外線加熱^(Nakamura, II, p.109)

圖 19-4　遠紅外線加熱／乾燥

1. **塗膜的硬化或乾燥**：如圖 19-4(a) 油性漆塗膜、清漆塗膜、搪瓷膜、樹脂塗料的燒鋪，和印刷油墨的固著等工作。上述各項操作裡有經由蒸發、氧化、聚合等三種方式來達成，時由單獨或跟其他兩手法併用來完成，如乾漆、苯胺油墨等時在70℃以下單用蒸發就可完成，在更高溫就反而會在膜表面留汗疤。如材料是油性漆（paint）、搪瓷（enamel）、透明漆（varnish）就其不飽和成分先氧化成硬膜，而如是樹脂塗料就藉受熱進行聚合反應生成軟性樹脂再成硬膜，也是最適使用紅外線燒付的材料。也就是經由蒸發與氧化可完成塗膜乾燥在任何溫度都可進行，但需經由聚合反應始能乾燥時其品溫就需加熱至 150℃的臨界溫度的門檻，也即得經由聚合始能固著的塗膜就應採用紅外線加熱乾燥處理。但塗裝木材的乾燥則因其底材較複雜，不僅需避免加熱高於 70℃，且升溫速率得相當緩慢才可，否則會在塗裝面留細孔疤。總之，要乾燥塗膜需慎重了解塗料的物性、基板的材質、處理量來選擇合適的乾燥**熱烤**（日譯：燒付）手法。

2. **乾燥脫水**：去除布料、食品、皮革、紙等材料中收含的少量水分的乾燥。利用遠紅外線乾燥溼潤材料得注意水雖很吸收紅外線，但 10 mm 的水層對波長 1.5 μm 以上的紅外線完全不透明，圖 19-5 揭示水對各種不同溫度的紅外線的滲透性，用紅外線電泡的溫度的熱輻射合適於塗膜的乾燥。

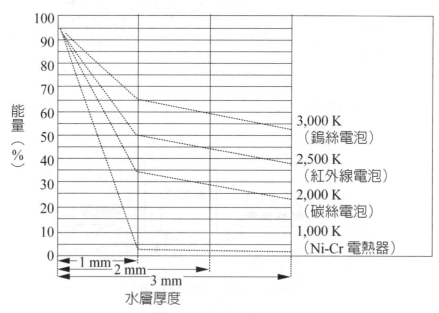

圖 19-5 輻射熱能滲透水的厚度 (Suzuki, p.139)

3. **塗膜的乾燥**也不例外，如圖 19-6 所示具可 (1) 預熱，(2) 恆率乾燥及兩段減率乾燥階段，也即 (3) 減率第一階段，和 (4) 減率第二階段。一般布料的乾燥在減率乾燥階段就告一段落，再繼續照射，將可連其平衡含水分也去掉，而材料品溫就升到異常高，故布料的乾燥宜控制在 90 ℃程度進行。如切絲菸草本身空隙度大的材料，或材質緻密的材料進入減率，在第一段時，品溫就會高於臨界溫度。故乾燥過程就得設法翻動，讓材料更新接受輻射光線的表面，求全材料的乾燥均勻。

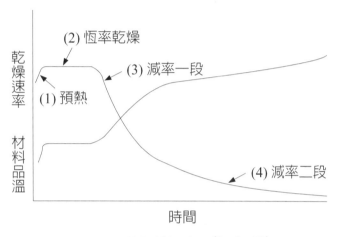

圖 19-6　乾燥特性曲線 (Suzuki, p.139)

19.3 紅外線燈源構造

圖 19-7 揭示遠紅外線乾燥器的構造例，它由照射區、冷卻區、輸料部與控制盤所組成。

1. 照射區

照射區是由遠紅外線燈泡與其他所需的器材所構成，**遠紅外線燈泡**是利用二次加熱的磁材所發生的熱輻射波，熱源則使用線條加熱器外包金屬氧化物的磁材，加熱後能射出的輻波長在 4～50 μm 的遠紅外線。增強照射的器材包括能有效率把輻射電波集中射到被照射的拋物線面的反射板（用高純度鋁板成形），背間則用可減低熱損的隔熱板所成，此區側面則為易於維修保養而採用抽屜式構造。內側面是使用反射功能的金屬鋁板，期能有助於紅外線能照射到被乾燥物，而外側面爲避免灼傷而使用多孔板來降低其溫度。爲了可調節燈泡高度，設有燈泡的升降機構。圖19-7 所示的系統則裝置 16 支燈泡，四個燈泡成一組，共有四組，每組各歸獨立的升降機與電力調整系統升降的範圍在 100～250 mm。燈泡的結線需以耐熱的矽系絕緣橡膠與纖維玻璃編織的電線，其端末需用鍍銀的壓固端子，且其連線需套入玻管以提升其安全性。

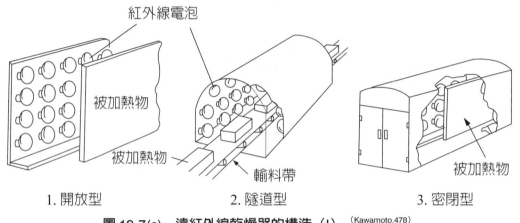

1. 開放型　　　　　　2. 隧道型　　　　　　3. 密閉型

圖 19-7(a)　　遠紅外線乾燥器的構造（I）　（Kawamoto.478）

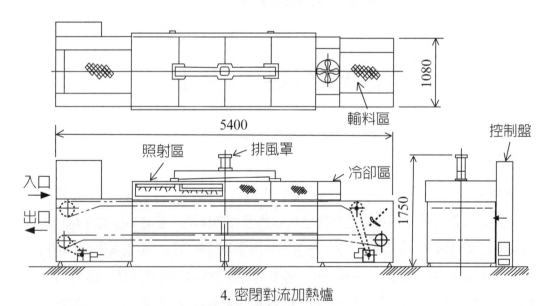

4. 密閉對流加熱爐

圖 19-7(b)　遠紅外線乾燥器的構造（II）　（Toei, m, p.145）

　　燈泡本身一般用內藏反射機構適於強照射用的如圖 19-8(a) 所示的 R 形（reflector type）和外加大型拋物線形的反射罩的 S 形（separate type）兩種，反射罩的寬度 R 形是 13 cm，S 形是 25 cm，使用 100 V 電時其功率有 125、250、375，和 500 W 等種，反射面可用材料有 Al、Au、Cu、Cr，和 Ag，其中經過陽極電解研磨的防氧化鋁加工的在反射特性、耐蝕性、經費各方面優於其他材料而被廣泛採用。燈泡的鎢絲加熱至 2,500 K 時，其射出紅外線波長為 0.3～4.0 μm，如依 Wein's 定律 $\lambda_{max}(\mu)$ $T = 2880K$，其最大輻射能量波長的位置在 1.1 μm，而其輻射率（輻射出力與入力的比）約在 70～80% 算是相當高的效率。燈泡壽命除非不常用在高溫或振動環境，有 5,000 小時以上。單一紅外線燈泡射出的電波其輻射照度的分布是成山形，但複數燈泡用心配成如圖 19-8(b) 所示的正方形排列或正三角形排列則分布的高低可互補而呈較全面照射均勻的分布，這兩種不同排列的輻射照度有下式可估計：

$$正方形排列的平均照射度 = W\eta/a^2 \ [\text{w/cm}^2] \qquad （19.3\text{-}1）$$

$$正三角形排列的平均照射度 = W\eta/(\sqrt{3}/2)a^2 \ [\text{w/cm}^2] \qquad （19.3\text{-}2）$$

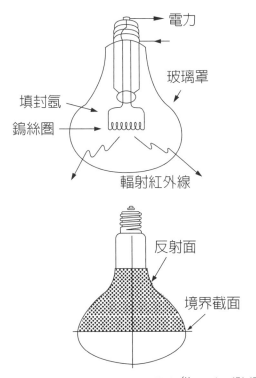

圖 19-8(a)　紅外線燈泡的構造 [Kawamoto.p.174, 176]

　　上兩式中，W 是入力 [W]，η 是放射效率，a 是燈泡中心間距 [cm]，圖 19-8(b) 揭示知其功率 W，η 和燈泡間距時的平均輻射照度。

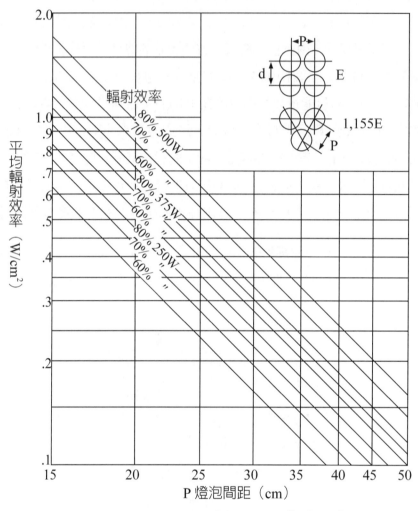

圖 19-8(b)　燈泡組群的平均照射度 (Suzuki, p.141)

　　爐的型式有如圖 19-7(a) 所示的開放型的一面燈區、兩面燈區，和隧道型，依被烤舖到材料有不同的使用區別，如是量產方式則採用輸料帶（belt）或懸吊架式輸料架以求操作的合理化。為考慮紅外線爐的利用效率，就爐全區劃如圖 19-7(b) 所示，分為加熱、保溫區，或分為預熱、加熱、保溫、冷卻區來安裝燈泡。於預熱區就送熱風進爐內，在加熱區燈泡就加密，在保溫區，燈泡供熱只夠材料在此區所損失的熱量就可，故燈泡可排疏開些，但有些材料需在此區提供急激的溫度上升，來避免品質損傷時就如加熱區採較密的燈泡排法。如烤漆是爲了強化塗膜就得設有徐冷區（參考圖 19-9）。

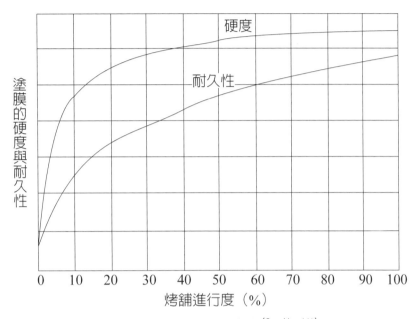

圖 19-9　**塗膜的烤舖特性**^(Suzuki, p.141)

2. 冷卻區

冷卻區的必要性是在照射區經照射將完成的產品降低其品溫來防止塗裝面生成損傷或變形，如在上節已述，於操作後段品溫過高會損傷塗膜，在圖 19-7(b) 所示的照射爐於冷卻區裝了 2 臺 100 W 的送風器吹冷風冷卻產品。有必要時可將冷卻區再分成保溫、徐冷兩區。各組燈泡也依需要做較疏或較密的安排。尤其操作的目的是塗裝燒付時，爲塗膜的強化，徐冷區是很重要的。

(1) 輸料帶部

於紅外線乾器裡輸料帶的功能是依設定的速度送進被乾物材料進出預熱、照射、冷卻等區，送進預熱、照射兩區的輸料帶多採用不鏽鋼網帶而從冷卻區返送用的輸料帶則多用耐熱橡膠帶。爲防止從爐的散熱，照射區用的不鏽鋼網帶上下來回中間插置能反射熱的鋁板，這兩套輸料帶都有可控制其速度的裝置，一般送進去的速率在 0.5～1.75 [m/min]，而後段冷切送出的的速率在 0.8～2.8 [m/min]。

(2) 排風部

排風主要功在於促進乾燥，防止爆炸發生，及防止環境品質的惡化，排風量的調整是靠管路上的閘閥，以目前所談照射爐於排風口的排風量為 $2\sim3$ [m³/min]，靜壓在 30 [mm 水柱]。

(3) 控制部

在控制部主要控制的對象是照射部、冷卻部，進出用輸料帶的電柑關的控制。如燈泡有 4 組，獨立配線來藉控制其電壓來調整各組的照射強度，並各組有其電流計來掌握是否有斷線的發生。為防止某一部分溫度異常時，可自動切斷入力電源，或如輸料帶有異常停機，或過負荷時可自動停機的 Power relay 等。

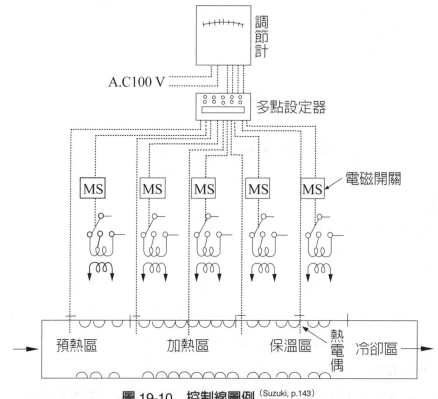

圖 19-10 控制線圖例 (Suzuki, p.143)

19.4 設計紅外線爐的設計要項

19.4.1 爐體效率

爐體效率指的是：燈泡組（unit）的輻射效率 × 輻射能的利用率（有關防止反射損失，換氣或排風等與爐體構造有關事項）× 對流的利用率（開放或密閉），一般燈泡組的輻射效率有 70～80%，其中燈泡組的**反射構造**影響最大。影響輻射能的利用率的主要項是爐體內壁面的反射率，一般內壁反射面使用防銹，且經電解研磨的鋁合金。如用相對兩面燈泡組時即藉相互反射的功能來增加輻射能的利用率，換氣與排風對作業環境的穩定是不可缺的操作，只要不要過度，對爐體效率的影響不大。隨著材料被加熱品溫上升爐內就會產生對流，如材料品溫低於空氣溫度時，採用強制對流較有利，但如熱傳的對流係數低時則有助於品溫升高。

從爐體的形式來看，爐體效率的概略值如表 19-1 所示。

表 19-1　**爐體效率**(Kawamoto, p.478)

型式	效率 [%]
開放型	25 ～ 35
隧道型	45 ～ 50
密閉型	50 ～ 65
密閉對流型	65 ～ 80

19.4.2 材料利用率

材料利用率指的是：面積利用率 × 吸收能的利用率；而面積利用率是照射面積與被照射面積的面積比，良好的設計加上材料是平坦效率可達 90%，材料的吸收紅外線的能力依其固有性質而異，如是金屬塗裝材料、塗膜的顏色、底材金屬表面處理都有差，就是達到最高溫度都不一樣。一般白色是 50%，黑色時可近 100%，溫度上升的幅度 150℃時有 20～30℃的差異，其他顏色就在 50～100% 的吸收率。總之，要保持紅外線乾燥操作的總效率，得注意以下諸點：

1. 採用高效率的燈泡組。

2. 爐體內壁面得白高反射率,並選擇容易清掃的內壁設計。

3. 材料加熱到高溫後將產生對流,導致有些熱能放散到爐內的空氣中,爲保溫就得利用熱空氣的對流,並檢討燈泡排列疏密的影響。

4. 儘量以最小的通風,排氣來去除由材料蒸發的水分或氣體,避免燈泡周圍溫度的下降。

5. 儘量擴大直射光照射材料,尤其設法能均一照射表面不規則的材料或熱傳導率不好的材料。

6. 設法提升材料對紅外線的吸收率。

19.5 紅外線加熱 / 乾燥裝置所需電力與燈泡的估計（Toei, m, p.147）

19.5.1 紅外線加熱 / 乾燥裝置所需電力

所要電力容量可依下列介紹諸式概估,再加既有的實際值來修正。

1. 加熱操作

$$kW = \frac{材料處理量[kg/hr] \times 比熱 \times 溫度上升[℃]}{860 \times 爐體效率}$$

1 kW = 860 [kcal/hr]

2. 乾燥脫水

$$kW = \frac{A+B+C}{860 \times 爐體效率} \qquad （19.5.1-2）$$

但 A：水分的處理量 [kg/hr]× 溫度上升 [℃]

　　B：要去除的水分重量 [kg/hr]×539 水的蒸發潛熱 539 [kcal/kg]

　　C：需處理的材料重量 [kg/hr]× 比熱 × 溫度上升 [℃]

19.5.2 紅外線加熱／乾燥裝置所需燈泡數的估計

1. 紅外線加熱裝置所需燈泡數

設計紅外線加熱裝置首先得估計該裝置所需的輻射源所要的燈泡數，此數可依下式計得

$$N = \frac{Mc_s(T - T_0)}{3,600\eta_1\alpha\eta_iW}$$　　　　（19.5.2-1）

式中

M：一小時得處理的被加熱物 [kg/hr]

c_s：被加熱物的比熱 [J/kg・℃]

T：最終品溫 [℃]

T_0：初期品溫 [℃]

η_1：紅外線的利用效率 [-]

α：被加熱物的吸收率 [-]

η_i：輻射源的綜合照射率 [-]

W：每個輻射燈泡的入力電力 [W]

2. 開放型紅外線乾燥裝置所需燈泡數 [Kawamoto, p.480]

在不計週遭空氣對被加熱物的熱傳影響下開放型紅外線乾燥裝置所需燈泡數可依下式估計：

$$N = \frac{(M_mc_m + M_lc_l)(T - T_0) + \lambda_wM_w}{3,600\eta_r\alpha\eta_iW}$$　　　　（19.5.2-2）

式中

M_m：一小時得處理的被加熱物 [kg/hr]

c_m：被加熱物的比熱 [J/kg・℃]

c_l：液體成分的比熱 [J/kg・℃]

λ_w：液體成分的潛熱 [J/kg]

η_r：器具輻射效率 [-]

M_w：每小時要蒸發的液體量 [kg/hr]

表 19-2 揭示上提的紅外線乾燥爐的運轉數據供參考。

圖 19-11 是估計開放式紅外線爐乾燥所需電力的圖表。

表 19-2　遠紅外線乾燥爐的運轉例[(Toei, m, p.148)]

乾燥尺寸	1,200 mm 幅 ×4,800 mm 長 ×1,000 mm 高
燈泡（kW）	1 kW
燈泡數	14 個
照射爐長	2,500 mm
電力調整器付	
輸料帶速率	500 ～ 1,500 mm/min
乾燥面積（m^2/hr）	
Epoxy 樹脂粉體塗料	18 m^2/hr
Acryl 樹脂粉體塗料	15 m^2/hr
Polyester 樹脂粉體塗料	12.8 m^2/hr
Acryl 樹脂粉體塗料	9 m^2/hr
Acryl 樹脂水溶性塗料	30 m^2/hr
Aminoalyid 樹脂水溶性塗料	30 m^2/hr

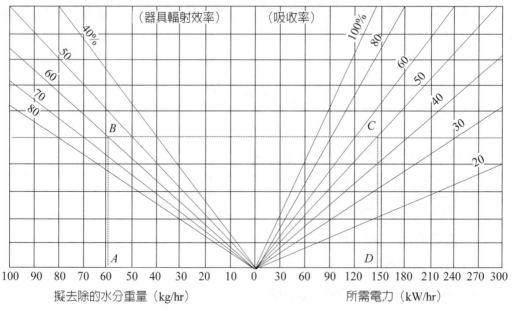

圖 19-11　烤舖必要的輻射照度估計圖表[((Kawamoto, p.480)]

【範例 19-1】烤舖生產量的概估(Toei, m, p.148)

有需烤舖材料，估計輸料帶速率最慢為 0.5 m/min，最快為 1.75 m/min，並假定輸料帶寬度是 600 mm，試估此紅外線加熱裝置的生產量

〔**解**〕

由已知材料寬度為 600 mm 就可不計輸帶的面積，而此裝置每小時的生產量為：

$$生產量 = \frac{輸料帶的速率[m/min] \times 60[min]}{被射材料長度 + 材料的間隔} = 張數 / hr \qquad (19.5.2\text{-}3)$$

如材料在輸料帶上的間隔是 0.05 m 時，此乾燥爐的生產量為每小時 46～161 張。

19.6 凍結乾燥操作中的輻射加熱 (Kubota, p.98)

於凍結乾燥裡加熱除了經由棚盤或蒸氣襯套的間接傳導熱傳方式外，也常用加熱面的輻射加熱，由於經由**凍結乾燥**的產品不會破毀被乾燥物的原有組織、產品有良好的復水性、保存香味和顏色等的優點，雖其乾燥費用比一般熱風乾燥高 3～10 倍，仍被高價的食品的乾燥所愛用。圖 19-12 揭示常用於食品的凍結乾燥的的臺車式凍結乾燥裝置之例。右圖所示的是具在內藏型的凝結阱（cold trap），如改用外設型的凝結阱時得多考慮配管所增的阻力，而這型凍結乾燥裝置的乾燥能力受限於 Trap 的收容能力，於選擇或設計時就須注意這一點。

一般臺車式凍結乾燥裝置的供料量在 10 [kg/m² 棚面積]，操作壓在 13～130 Pa 前後，乾燥時間需 10～20 [hrs]，操作壓的設定得小於凍結的被乾燥物的崩潰溫度低幾度的平衡蒸氣壓，而凝結阱的溫度宜低於對應於操作壓的平衡溫度 10℃左右。表 19-3 列示一些食品的崩潰溫度，而表 19-4 則揭示一些食品的凍結乾燥裝置的運轉例供參考。

表 19-3　列示一些食品凍結結構崩潰溫度 (Kubota, p.98)

萃取物	濃度（%）	崩潰溫度（℃）
柳丁果汁	23	−24
葡萄柚果汁	16	−30.5
檸檬果汁	9	−36.5
蘋果果汁	22	−41.5
葡萄果汁	16	−46
鳳梨果汁	10	−41.5
咖啡萃取液	25	−20

表 19-4　食品以輻射加熱的凍結乾燥裝置的運轉例 (Kubota, p.99)

項目／食品名	形狀	凍結方法	供料量 [kg/m²]	產品品溫 [℃]	操作真空度 [Pa]	乾燥時間 [h]
生牛肉	紅肉	予備凍結	20	55	107～13	20
小蝦	調理·無皮肉	予備凍結	13	55	107～13	15
油炸物	調理	予備凍結	10	60	107～13	10
鮭魚	調理·片狀	自己凍結	20	55	107～13	20
煎蛋	調理	自己凍結	10	60	107～13	15
味噌	—	自己凍結	20	55	107～13	20
青蔥	切片	自己凍結	10	60	107～13	13
紅蘿蔔	切片	自己凍結	10	55	107～13	15
山藥	切片	自己凍結	10	55	107～13	20

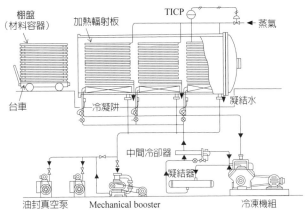

圖 19-12　食品的凍結乾燥常見的臺車式凍結乾燥裝置之例 ^(Kubota, p.98)

📑 參考文獻

Kawamoto, Y.；河本康大郎；赤外放射による乾燥；乾燥技術ハンドブック，p.377 國井大藏編，總合技術センター（1991）。

Kubota, Atsushi 久保田 濃；乾燥裝置；省エネルギーセンター（2.nd ed.）東京，日本（2004）。

Nakamura；中村正秋 立元雄治；初步から學ぶ乾燥技術，（2nd Ed.）工業調查會東京，日（2005）。

Suzuki, S. 鈴木茂，赤外線乾燥機，乾燥，化學工業社，東京，日本（2,000）。

Toei；桐榮良三：乾燥裝置マニュアル，日刊工業社；東京，日本（1978）。

第二十章　乾燥裝置的熱效率與省能對策

乾燥是藉注入**熱能**於溼潤材料經由蒸發或昇華來去除材料中所含的水（液）分的操作。要把液態或固態中的液體轉化成蒸氣去除，就得設法把相變化所需的熱量傳給被乾燥物才可。另一方面，乾燥操作的對象多樣，各有產品品質面的限制（要求），就不能單純只考慮熱效率，尚得設計乾燥裝置，選合乎乾燥產品品質上要求的乾燥方式外，還需考慮有關連的可容溫度範圍內最好的熱傳方式，並為省能提升操作的效率。如操作屬於大量連續操作時，不僅只考慮乾燥所需的熱量，同時亦得考慮送熱風進出的鼓風機、裝置的驅動動力、附屬設備動力相關的問題。

20.1 乾燥所需的熱量與熱效率

20.1.1 乾燥所需的熱量

乾燥操作所需的熱量 [kJ/hr] 含：

1. 蒸發水分所需的熱量：q_E

2. 乾燥至設定含水率時加熱被乾燥物所需的熱量：q_H

3. 乾燥期間此乾燥系對外的熱損（散熱、蓄熱、洩漏熱等）：q_L

圖 20-1 揭示於乾燥過程粗略的品溫 T_m 和含水率 w vs. 時間的變化：

(I) 預熱階段代表被乾燥物含水率不變下被加熱到溼球溫度所需的預熱熱量

(II) 預熱後乾燥至所要的含水率所需的蒸發熱量

(III) 乾至所要的含水率後，加溫至產品溫度所需的熱量

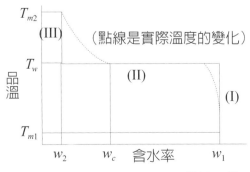

圖 20-1　T_m vs. t and w vs. t (Kubota, p.12)

如用數式表示則

$$q_E + q_H = q_m\{(w_1 \cdot c_L + c_s)(T_w - T_{m1}) + (w_1 - w_2)\lambda_w + (w_2 \cdot c_L + c_s)(T_{M2} - T_w)\} \quad （20.1.1\text{-}1）$$

上式中 q_m 是乾涸體的處理量 [kg-ds/hr]，w 是含水率，λ_w 是在溼球溫度水的蒸發潛熱 [kJ/kg]，c 是比熱，下標分別 1 是進口，2 是出口，m 是材料，L 是水或液體，s 是乾涸體，w 是溼球溫度。

熱損 q_L 除視裝置的比表面積、加熱溫度、保溫程度而異外，裝置的漏洩、蓄熱量（如是連續操作就不成問題）亦有所異，小型裝置時熱損對 $q_E + q_H$ 之比就較大，一般大型裝置的熱損占 $q_E + q_H$ 的 5～15%。

20.1.2 乾燥操作的熱效率

1. 熱風對流乾燥操作的熱效率 [Tamon, p.116]

於乾燥操作爲從被乾燥材料蒸發水分常消耗不少熱能，故如何選擇、操作乾燥裝置期能讓熱效率向上，且能降低操作費用，就成了化工人員的任務。

在選擇合適的乾燥裝置最重要的事項是如何將熱能以最小的裝置容積且用最好的效率傳給被乾燥物，故於評估裝置的性能時得由如下所述的兩方面來探討。

(1) 無循環排氣時的熱效率 [Kubota, p.14]

在此以送進乾燥裝置的熱風不在乾燥裝置內再加熱的前提下，先來考慮不循環排氣的乾燥系（如下圖 20-2(a)）的材料和熱風間的熱能收支和水分收支，則可分別得

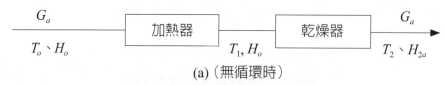

(a)（無循環時）

圖 20-2(a)　無循環排氣乾燥程序的質能流程 [Kubota, p.13]

乾燥系的材料水分收支爲

$$G_a(H_2 - H_0) = q_m(w_1 - w_2) \quad （20.1.2\text{-}1）$$

上式中 G_a：送進此系的乾涸空氣的流量 [kg-da/s]；w：是材料的乾量基準的含水率 [kg/kg-ds]；H：熱風的絕對溼度 [kg-H_2O/kg-da]；q_m：無水被乾燥物流量 [kg-ds/s] 而乾燥系的材料和熱風間的熱能收支可寫成

$$Q = G_a C_H(T_1 - T_2) = q_E + q_H + q_L \qquad（20.1.2\text{-}2）$$

在此 q_E = 蒸發水分所需熱量 [W]

q_H = 加熱材料所耗的熱量 [W]

q_L = 熱損 [W]

加熱器所供應的熱量 Q_T 是

$$Q = G_a C_H(T_1 - T_0) \qquad（20.1.2\text{-}3）$$

上式中 Q_T：總熱量 [W]

故此乾燥系的**熱效率**是

$$\eta = \frac{q_E + q_H}{Q_T} \qquad（20.1.2\text{-}4）$$

而**理論熱效率**爲

$$\eta_{max} = \frac{T_1 - T_2}{T_1 - T_0} \qquad（20.1.2\text{-}5）$$

η_{max} 是可不計此乾燥系的熱損時的熱效率，也稱謂**理論效率**，平常排氣溫度在 60～120℃，而外氣溫度多在 10～38℃，故 $T_2 > T_0$，也即理論效率不可能達到 100%，在乾燥操作進口熱風溫度，T_1 愈高，η 也愈高，於 T_1 高到 400℃ 以上時，其論效率 η_{max} 可達至 70% 程度，可知進口熱風愈高是可提升熱效率。

(2) 有排氣循環時的熱效率 (Tarmon, p.115)

接著來考慮將循環 G_b' 量的**排氣送進**於熱風進口混合時，其加進乾燥系的總熱量爲：

$$Q = (G_b + G_b')C_H(T_1 - T_2) = q_E + q_H + q_L \qquad（20.1.2\text{-}6）$$

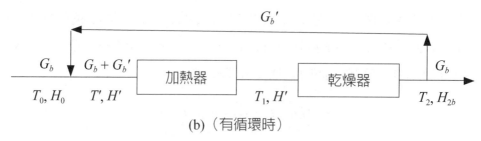

(b)（有循環時）

圖 20-2(b)　循環部分排氣乾燥程序的質能流程[Tamon, p.117]

而經加熱器所加熱後，其熱能量 q_T 爲

$$q_T = (G_b + G_b')C_H(T_1 - T') \qquad （20.1.2\text{-}7）$$

而理論熱效率爲

$$\eta_{\max} = \frac{T_1 - T_2}{T_1 - T'} \qquad （20.1.2\text{-}8）$$

T' 是新加入空氣與循環進來的排氣混合後的溫度。

表 20-1 列示各種乾燥器在不同進口熱風溫度下的熱效率的概略值供選機時的參考。

表 20-1　各種乾燥器的熱效率的概略值[Tamon, p.115]

(a) 不循環排氣時

	進口熱風溫度（℃）					
	50℃	80℃	100℃	200℃	400℃	600℃以上
平行流	15 ～ 30	20 ～ 40	30 ～ 45			
穿流	20 ～ 45	30 ～ 50	40 ～ 55	45 ～ 60		
流體化床	30 ～ 50	35 ～ 60	40 ～ 65	50 ～ 65	55 ～ 70	
氣流		30 ～ 50	35 ～ 55	40 ～ 60	50 ～ 70	
迴轉（熱風）			35 ～ 55	40 ～ 60	50 ～ 70	65 ～ 75
噴霧		20 ～ 40	30 ～ 50	40 ～ 60	45 ～ 65	
傳導（間接）	40 ～ 60	45 ～ 65	50 ～ 70	50 ～ 80		
輻射			25 ～ 45	30 ～ 50	40 ～ 60	

(b) 有循環排氣時

	進口熱風溫度（℃）					
	50℃	80℃	100℃	200℃	400℃	600℃以上
平行流	30〜50	35〜55	40〜60			
穿流	40〜55	40〜60	45〜70	50〜70		
流體化床	40〜55	40〜60	45〜70	50〜70	60〜80	
氣流		40〜60	45〜65	50〜70	55〜75	
迴轉（熱風）			40〜60	45〜65	55〜75	65〜80
噴霧		30〜45	40〜55	45〜60	50〜65	

【範例 20-1】估計熱風循環系的熱效率 [Kubota, p.35]

　　以單段輸帶型穿流乾燥器為選機對象，使用實際進料材料做了批式穿流乾燥試驗得如下表 (i) 的結果。如實際裝置的流程如圖 20-3 所示，試利用此結果估計實際裝置的操作條件如以下表 (ii) 時，估算其熱效率，及循環排氣的循環流量

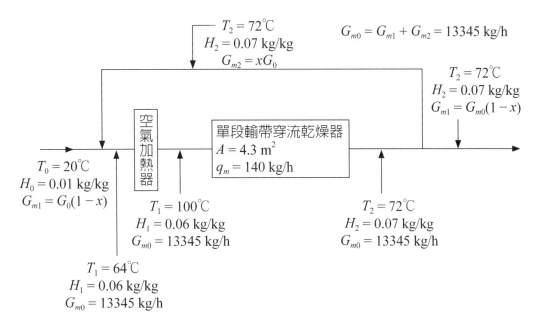

圖 20-3　範例乾燥裝置的流程

■實驗數據

熱風溫度：$T_1 = 100℃$　　　　　　熱風溼度：$H_1 = 0.01$ kg/kg-da

穿流流速：$u = 1$ m/s　　　　　　　材料層厚度：$L = 80$ mm

單位輸帶面積載乾涸材料重量：$f_o = 15$ kg-ds/m²

乾燥前材料含水率：$w_1 = 150\%$ D.B.　　乾燥產品含水率：$w_2 = 10\%$ D.B.

乾燥前材料品溫：$Tm_1 = 20℃$　　　乾燥產品品溫：$Tm_2 = 80℃$

乾燥時間：$td = 30$ min　　　　　乾涸材料比熱 $c_s = 1.25$ kJ(kg · K)

水的比熱：$c_L = 4.18$ kJ/(kg · K)

外氣溫度：$T_0 = 25℃$　　　　　　外氣溼度：$H_0 = 0.01$ kg/kg-da

表 Ex-2　實際裝置的規格

處理量	
進料處理量	$F_1 = 250$ kg/h
乾燥產品處理量	$F_2 = 110$ kg/h
乾涸物基準處理量	$qm = 100$ kg-ds/h
水分蒸發量	$W = 140$ kg/h
熱風溼度	$H_1 = 0.06$ kg/kg-da

〔解〕

　　在總熱能收支計算過程由裝置對外界到熱損假設爲乾燥必要熱量的 15%。其他乾燥條件同小規模乾燥試驗。

1. 實驗時單位乾燥床面面積的乾涸材料量

$$q'_m = q_m \times \frac{60[\text{min}]}{30} = 30 \ [\text{kg-ds/(m}^2 \cdot \text{hr)}]$$

2. 依實驗時的數據推算實際操作時，單位輸帶面積上乾涸材料的載重量將降爲

$$q'_m = q_m \times \frac{(T - T_w)}{(T - T'_w)}$$

T_w 是實際操作時的溼球溫度（在 $T = 100℃$時，$H_1 = 0.06$ [kg/kg-da]）

T'_w 是小規模試驗時的溼球溫度（在 $T = 100℃$ 時，$H_1 = 0.01$ [kg/kg-da]）

從溼度表查得 $T_w = 49.5℃$ 時 $T'_w = 36℃$

故 $q'_m = q_m \times \dfrac{(T - T_w)}{(T - T'_w)} = 30 \times \dfrac{100 - 49.5}{100 - 36} = 23.7$ [kg-ds/m² · hr]

3. 於實際操作段所需的有效乾燥輪帶面積 A 爲

$$A = q_m / f' = 100 / 23.7 = 4.3$$

4. 乾燥所需的熱量

$$Q = q_m \{ (C_s + w_1 \cdot C_L)(T_w - T_{m1}) + (w_1 - w_2)\lambda_w + (C_S + w_2 \cdot C_L)(T_{m2} - T_w) \}$$

λ_w 是 $T_w = 49.5℃$ 時水的蒸發潛熱 $= 2,377$ [kJ/kg]

故

$$Q = 100 \times (1.25 + 1.5 \times 4.18) \times (49.5 - 20) + (1.5 - 0.1) \times 2,377$$
$$+ (1.25 + 0.1 \times 4.18) \times (80 - 49.5) \}$$
$$= 360,000 \text{ [kJ/hr]}$$

5. 實際乾燥操作所需進口熱風流量 G_{m0}

$$G_{mo} = u \times A \times v_H \times 3,600$$

v_H：熱風溼比容，當 $T_1 = 100℃$，$H_1 = 0.06$ 時，$v_H = 1.16$ [m³/kg]

故 $G_{mo} = 1 \times 4.3 \times 1.16^{-1} \times 3,600 = 13,345$ [kg-da/hr]

6. 乾燥系統的熱損

$$q_{loss} = 0.15 \times Q = 0.15 \times 360,000 = 54,000 \text{ [kJ/hr]}$$

7. 乾燥器排氣的平均溫度

$$G_{m0} \cdot C_{H1}(T_1 - T_2) = Q + q_{loss}$$

在 $100℃$，$H = 0.06$ 時，$C_{H1} = 1.14$ [kJ/kg · K]

故 $T_2 = T_1 - \dfrac{Q + q_{loss}}{G_{m0} \cdot G_{H1}} = 100 - \dfrac{360,000 + 54,000}{13,345 \times 1.114} = 72[℃]$

8. 乾燥器排氣的平均溼度

$$H_2 = H_1 + \frac{W}{G_{m0}} = 0.06 + \frac{140}{13,345} = 0.07[\text{kg/kg-da}]$$

9. 排氣風量及循環風量的估計

如圖 20-3 是實際乾燥系統的流程，從各交叉點的質量收支可得：

$$W = G_{m0}(H_2 - H_1) = G_{m0}(1 - x)(H_2 - H_0)$$

$$x = \left(1 - \frac{H_2 - H_1}{H_2 - H_0}\right) \times 100 = \left(1 - \frac{0.07 - 0.06}{0.07 - 0.01}\right) \times 100 = 83.3[\%]$$

也即循環風量的百分比為排氣量 83.3%

故循環風量 G_{m2} 為

$$G_{m2} = G_{m0} \times 0.833 = 13,345 \times 0.833 = 11,116 \, [\text{kg-da/hr}]$$

而排氣風量 G_{m1} 為

$$G_{m1} = (1 - x)G_{m0} = 0.167 \times 13,345 = 2,229 \, [\text{kg-da/hr}]$$

10. 空氣加熱器進口空氣溫度 T'

此溫度係由 20°C的新鮮空氣與 72°C的循環排氣混合所產生的混合氣的溫度，也即

$$G_{m1} \cdot C_{H0}(T'_1 - T_0) = G_{m2} \cdot C_{H2}(T_2 - T'_1)$$

如 $C_{H0} = 1.02[\text{kJ/kg} \cdot \text{K}]$，$C_{H2} = 1.13[\text{kJ/kg} \cdot \text{K}]$，

即 $T'_1 = \dfrac{G_{m2} \cdot C_{H2} \cdot T_2 + G_{m1} \cdot C_{H0} \cdot T_0}{G_{m1} \cdot C_{H0} + G_{m2} \cdot C_{H2}} = \dfrac{11.116 \times 1.13 + 2,229 \times 20}{2,229 \times 1.02 + 11,116 \times 1.13} = 64[°C]$

11. 加熱熱風所需的熱量 Q_{req}

$$Q_{req} = G_{m0} \cdot C_{H1}(T_1 - T'_1) = 13,345 \times 1.114 \times (100 - 64) = 535,200 \, [\text{kJ/hr}]$$

12. 熱效率 η

$$\eta = \frac{Q}{Q_{req}} \times 100 = \frac{360,000}{535,200} \times 100 = 67.3[\%]$$

如依此例的數據，可估計此乾燥系所需的公用費如表 20-3。

表 20-3　範例 20-1 的公用費^(Kubota, p42)

燃料	蒸氣（4 kg/cm² · G） $T_s = 151.1°C$ $\lambda_w = 2107$ kJ/kg	使用蒸氣量 W_s [kg/h] $W_s = Q/\lambda_w$ $= \dfrac{535200}{2107}$ $= 254$ kg/h	蒸氣單價 4 圓 /kg $4 \times 254 = 1016$ 圓 /h
動力	(1) 鼓風機　　　　×1 臺 (2) 排風扇　　　　×1 臺 (3) 輸網帶動力　　×1 臺 (4) 進料揩平裝置 ×1 臺	7.5　kW 1.5　kW 0.4　kW 0.4　kW 計　9.8　kW 馬達效率 = 75% $9.8 \times 0.75 = 7.35$	電力單價每度 = 18 日圓 $7.35 \times 18 = 132$ 圓 / h

20.2 乾燥裝置的省能對策

　　一部乾燥裝置價可從數萬元至近幾千萬元之高，而於乾燥操作裡要蒸發溼潤材料中的水分需要的熱量相當大，要將送進乾燥器裡的溼潤材料的品溫提升至可乾燥的顯熱所需熱能費也相當可觀。如含水率 10% 的乾材料 1 噸，其汽化潛熱就需 6×10^4 [kcal] 的熱能，將材料（比熱 0.3 [kcal/kg · °C]）品溫提升 100°C 也要 3×10^4 [kcal]，合計就要 9×10^4 [kcal] 的熱能，實際所要的總熱能尚需將上述數值除以乾燥器的**熱效率**才是實際所要的熱能。如被乾燥材料的含水率低時，顯熱量所占的比例會更大些。因此乾燥操作所耗的熱能常逾整個製造程序所需熱能的一半以上，故做好乾燥操作的省能，就能對整個製造程序的熱經濟有很大的貢獻。在此節將延伸上節所述的**熱效率**的理念，舉一些例來談乾燥裝置的**省能對策**。

20.2.1 考慮前處理的需要性

1. 脫水濃縮

一般用固液藉沉降、濃縮或過濾及壓搾等的脫水操作去除 1 kg 的水所需的能量至多在 10 [kJ]，而乾燥則靠蒸發來去除水分，只算其蒸發潛熱就需 2,250 [kJ]，加顯熱部分就達 2,500 [kJ]，相差逾 200 倍，可知乾燥是高耗熱能的操作，而「乾燥」平常只指利用熱能以蒸發或昇華從溼潤物質去除用機械脫水（含沉降濃縮、過濾或壓搾或蒸發等固液分離和濃縮操作）後所剩的**少量的**水分（或溶媒），利用熱能以蒸發或昇華從溼潤物質去除，讓它轉成低含液率或乾涸產品的操作。

也因此溼潤材料要進入乾燥前就必須考慮如何利用費用較低、效率好的機械脫水操作先去除大部分水分，盡量降低其含水率來達成省能的目標。尤其近年來已有具壓搾功能的自動壓濾器的發展，可供高度脫水。如進料是稀薄的懸濁液或溶液，則可先考慮利用熱效率較高的多效蒸發或蒸氣再壓縮（一種熱泵）蒸發系統去除可蒸發的水分，利用此類蒸發罐時，不同規模下，蒸發每噸原液所消耗的熱能只要原來的 1/7 就夠。

如原液遇熱容易劣化時，在濃縮時需儘量降低濃縮溫度且縮短滯留在罐內時間，圖 20-4 揭示離心式薄膜濃縮裝置的系統圖，原液進入圓錐型轉盤後成非常薄的液膜，在不到幾秒的時間內，受轉盤傳過來的熱在真空下完成濃縮，由於蒸發在低溫，時間又短就可避免品質的熱劣化。此機型蒸發裝置能力可達在溫差 70℃、熱傳面積 10 m² 時每小時可蒸發 5,000 kg 水分，可望廣泛被使用於明膠（gelatin）、果汁、醱酵液等食品相關材料的大量濃縮。

【範例 20-2】改用高效率、自動壓濾、壓搾機加強脫水效果 (Kubota, p.179)

圖 20-5 和表 20-4 係以實際操作例來比較，以具有壓搾功能的自動壓濾器與氣流乾燥器取代原來使用連續真空過濾器與連續輸帶穿流乾燥器的組合的比較。改善後的操作費由 16.3 [Yen/kg-product] 降到只剩 4.6 [Yen/kg-product]。

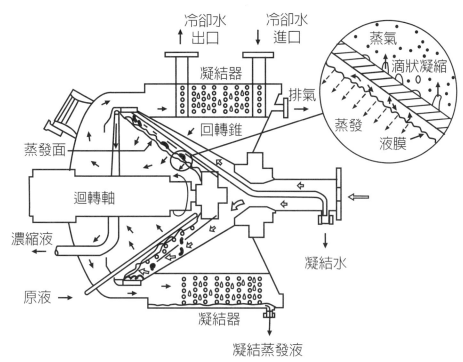

(a) 離心式薄膜濃縮裝置^(Kubota, p.200)

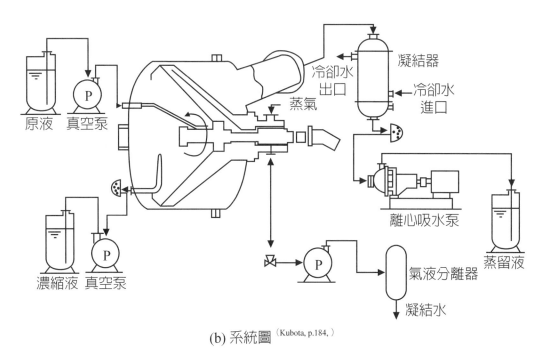

(b) 系統圖^(Kubota, p.184,)

圖 20-4　離心式薄膜濃縮裝置的系統圖^(Kubota p.184, 200)

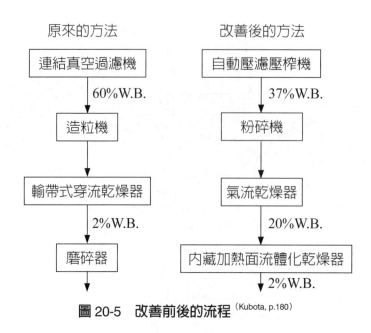

圖 20-5　改善前後的流程 (Kubota, p.180)

表 20-4　改善前後的比較 (Kubota, p.180)

項目	原來的方法	改善後的方法
無水材料處理量（kg/h）	2500	2500
材料水分（%W.B.）	60	37
製品水分（%W.B.）	2	2
吹入溫度（℃）	$100 \rightarrow 90 \rightarrow 80$	100
所需風量（m^2_N/min）	4400	780
設備動力（kw）	190	110
使用蒸氣量（kg/h）	9820	2610
乾燥必要面積（m^2）	54	8
氣流管容積（m^2）	—	12
乾燥操作費（日圓／製品 1kg）	16.3	4.6

註）蒸氣單價 4 日圓 /kg，電費＝設置助力 ×0.6×20 圓（kW‧h）

2. 磨碎、造粒等成型處理的需要性

　　就是同一材料，其大小、形態不同時，如溼潤時是凝聚狀或塊狀，將之解碎或成形成小粒狀，不僅可增加其流動性，更可增加蒸發表面積，大幅改善其乾燥特性

（如臨界含水率變小等），提升乾燥效率，不僅可降低熱能消耗，或也可降低乾燥機的購置費用。但需注意，這些造粒或解碎機如在操作中需頻繁的維修或調整時將讓乾燥系統增加呆機時間而降低生產性，故選用磨碎、造粒等成型機時就需愼重檢討。圖 20-6 揭示 Sakashita 就相關的材料粒徑與迴轉滾筒乾燥裝置的總括熱傳係數 Ua 圖，此圖顯示粒徑 1 mm 的一次粒子如凝聚成粒徑 10 mm 時，總括熱傳係數 Ua 將減小至 1/10。

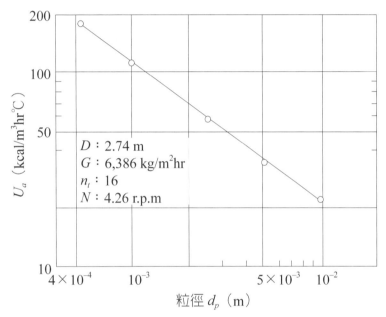

圖 20-6　迴轉滾筒乾燥裝置的總括熱傳係數 $U\,vs.\,d_p$ [Sakashita]

【範例 20-3】藉循環部分乾燥產品並使用內藏解碎機的迴轉滾筒乾燥器改善菌體粕的乾燥之例 [Kubota, p.188]

　　有些菌體粕具有觸變性狀，稍加混練就增加黏著性而附著於器壁，且多是含蛋白質而有不能提升品溫的限制。平常菌體粕乾燥後可供為動物飼料。

　　菌體粕一直經內迴轉過濾器脫水後藉溝形成形機送粒後送至穿流型輸帶連續乾燥器乾燥。這材料因稍經混練會呈黏著性而不容易選用其他機型的乾燥器。

　　只好改以 1：1 的重量比循環部分乾燥產品於進料混合降低其黏著性，就可選用內藏有攪拌翼的迴轉滾筒乾燥器順利乾燥這有黏著性的菌體粕。圖 20-7 比較改善前後的流程，而表 20-6 則比較改善前後的結果。

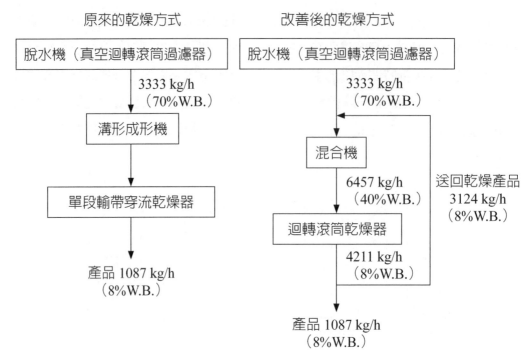

圖 20-7　改善前後流程的比較 ^(Kubota, p.188)

表 20-6　改善前後結果的比較 ^(Kubota, p.188)

項目	原來的方法	改善後的方法
無水材料處理量（kg/h）	1000	1000
材料水分（%W.B.）	70	70
製品水分（%W.B.）	8	8
乾燥器形式	單純的輸料帶穿流乾燥器	具攪拌解碎翼的迴轉乾燥器
輸料帶面積（m²）	72	—
滾筒容積（m³）	—	19.6
進口熱風溫度（℃）	180 → 140	750
排氣流量（m³ₙ/min）	1300	200
設備動力（kw）	180	110
燃油量（燈油直火）（L/h）	400	228
總操作費用（日圓／每公斤產品）	22.2	12.7

3. 確保供料含水率與供料速率的穩定性

　　如乾燥操作是連續操作時，就需要**進料的含水率**和供料速率能保持所設定的值**不變**，才能期待獲得合乎要求乾燥產品的品質及所期盼的熱能效率。如前程序也是連續性且可維持穩定的品質時，最好能緊鄰連結，如前程序是批式或雖是連續性但不能維持穩定的品質時，宜將處理過的進料先貯存在能混合成可維持某一穩定的品質的貯槽，再經由合適的定量供料器投進乾燥裝置乾燥。選擇中間貯存進料的貯槽裡得注意架橋、附著、上下材料中水分的變動，是否會產生壓密或再凝聚成塊堵排料或破壞形狀而影響乾燥機的性能，為避免這種現象發生，進料在進乾燥器前宜先藉成型機或解碎機以確保定量及品質穩定的供料性能。

20.2.2 藉提升乾燥操作的熱效率省能

1. 藉排氣溫度的最適化省能 (Kubota, p.124)

　　由圖 20-2(a) 可知在乾燥操作裡，注入此系的熱能除了用在蒸發水分外，所含大多熱能都隨排氣被帶出系外。故要省能就得設法來減少隨排氣流出的熱能。具體而言，就是降低排氣溫度，和提高排氣的水蒸氣的飽和度。但如降低排氣溫度，則減少品溫與熱風的溫度差，也即降低了乾燥速率，拖長乾燥時間。而排氣溼度增加也同樣拖長乾燥時間。此外，使用低排氣溫度且高溼度乾燥會導致平衡含水率做升高，就用長時間也不易乾燥到平衡含水率。因此於乾燥操作得十分注意於設定於排氣的溫度與溼度。

　　從設備面來說，使用低溫熱風，就得延長材料在乾燥器的滯留時間，也即需更大的設備，反而增高設備的負擔。經驗上常以 $(T_1 - T_2)/\Delta T_{lm}$ 做指標來判斷是否該循環部分排氣來省能，如此值是介在 1.5～2 就可行，但如燃料費較低時，宜覓得讓此值雖低於 1.5 的 T_2 也可獲得省能的結果。

2. 循環部分排氣的指標

　　一般情況下，乾燥操作中，蒸發水分所用的熱量遠大於品溫上升所用的熱量，故在可忽視品溫上升所用的熱量的前提下，材料品溫可視等於熱風溫度 T 和其溼度的函數的溼球溫度 T_w，故溫度是 T 的熱風能蒸發水分的熱量是 $q_E = C_H(T - T_w)$，再看外氣（T_0, H_0）和排氣（T_2, H_2）所具有的蒸發能力分別是 $q_{E0} = C_H(T_0 -$

T_{w0}) 和 $q_{E2} = C_H(T_2 - T_{w2})$，做此兩者的比較，就粗略地判定循環排氣的良莠，在不循環排氣時，如 $q_{E0} < q_{E2}$，則做循環排氣較有利，可增加循環率直至 $q_{E0} = q_{E2}$；但一旦 $q_{E0} > q_{E2}$ 做循環排氣就無利可圖了。

如在圖 20-10 比較外氣（a 點）和排氣（b 點）的（$T - T_w$），各為 10K 和 6K，則單用一般排氣溫度 T_2 都是大於外氣溫度 T_0，但經乾燥操作後熱風的溼度會增大，從溼度圖表可察知在排氣溫度 < 60℃時，如溼度增大後，排氣的乾溼球溫度差就可能比外氣的乾溼球溫度差小，此時如做循環排氣就不利了。

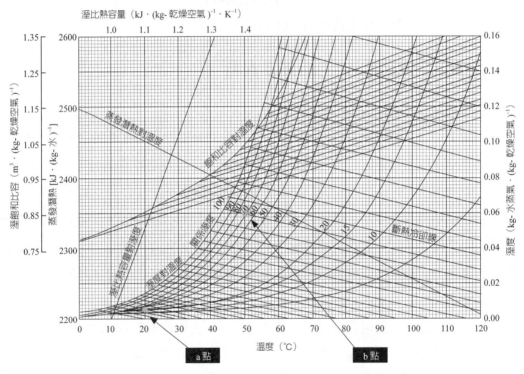

圖 20-10　求外氣與排氣的蒸發水分能力圖[(Tamon)]

3. 全量循環時的熱效率 —— 高溫高溼乾燥[(Kubota, p.124)]

合乎這方式可含加熱熱媒氣體是空氣（或非凝結氣體，如 N_2），與過熱水蒸氣兩種，過熱水蒸氣項的特性優點已於第 18 章介紹就不再重述，這裡只談加熱氣體是非凝結氣體時的情況，此時，材料中被蒸發的水分就被出口的凝結器凝結排出系外。此方式較多見於構造比較容易密封的氣流、流體化床、溝槽型攪拌、穿流式迴轉滾筒等型的乾燥器，而常處於高溼度狀態操作，故需預防水分凝結於器壁內面的問題，也得注意飛散於氣相中的微粒塵附著於加熱器表面，甚至成炭化物混進乾燥產品，微塵濃度過高時，就有發火或塵爆等險況，故循環管系中宜設除塵機構以防止災害的發生。

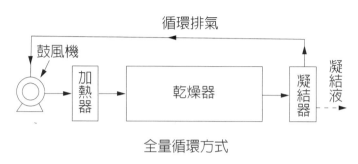

全量循環方式

圖 20-11　乾燥程序排氣全量循環時的質能流程

4. 選用傳導熱傳乾燥方式，或添加傳導熱傳面來省能

傳導熱傳乾燥是載有溼潤材料的高溫金屬盤或器壁（襯套）經傳導熱傳被加熱的方式蒸發去除所含水分（或溶媒）達成乾燥的方法，此法相對於對流熱傳乾燥時，此乾燥法較對流熱傳乾燥排氣量少，故其熱效率較高，並也較適於乾燥含有臭氣成分或溶劑的溼潤材料為縮短乾燥所需時間，就得於乾燥過程翻動或攪動溼潤材料，或設法增加材料與加熱面的面積。

傳導熱傳乾燥的特點已於 6.12 敘述，在此就不再列舉。於傳導熱傳乾燥，從溼潤材料裡所蒸發的蒸氣一般將被凝結後就排出系統外。導熱傳乾燥常被採用於常壓或真空且需注重密封或接近怕漏氣之環境的乾燥，常見的有溝槽型，或反圓錐等攪拌乾燥器，單一或多筒加熱滾筒乾燥器等。由於其加熱是透過材料層與加熱面的直接接觸，故得注意材料是否會附著於器壁或在攪拌過程發生造粒現象等負面的現象。

【範例 20-4】加裝傳導加熱面改善精瓷粉乾燥裝置前後的比較 [Kubota, p.193]

精瓷粉製造現代尖端科技不可缺的耐蝕、耐熱的電子材料之一，經反應→過濾乾燥→燒成→泥漿化→乾燥而成的球狀粉末，如是氧化物系精瓷，反應程序時多用碳氫化系分子量較大的有機溶劑，所以乾燥的一目的就是去除和回收這些有機溶劑。流體化風速是 0.2 m/s，如可將流體化床面積降到 1/5，而所需氣體流量也可減至原來的 1/5，表 20-7 比較了修改前後的裝置尺寸、操作變數、所需動力費（前後省了 60%）。

表 20-7 精瓷粉乾燥裝置的比較 (Kubota, p.193)

項目	普通的流體化床乾燥器	內藏加熱管的流體化床乾燥器
乾燥床面積 [m²]	1.5	0.3
加熱管面積 [m²]	—	2.0
本體寸法 [mm]	寬 860× 長 3370× 高 3200	寬 480× 長 1200× 高 1950
產品處理量 [kg/h]	13.0	13.0
材料水分 [%W.B.]	75	75
產品水分 [%W.B.]	20	20
進口熱風溫度 [℃]	150	150
熱風風速 [m/s]	0.2	0.2
所要風量 [m³_N/min]	11.6	2.3
設備動力 [kW]	3.0	1.2

【範例 20-5】加內藏傳導加熱面改善高吸水性高分子的乾燥 (Kubota, p.193)

　　高吸水性高分子具有良好的保水性而廣泛用在化妝品的增黏劑或嬰兒用紙褲的材料。表 20-8 是比較兩流體化乾燥器有無內藏加熱面的差異。

表 20-8 比較兩流體化乾燥器有無內藏加熱面時性能的差異 (Kubota, p.194)

	普通的流體化床乾燥器	內減加熱、冷卻管的流體化床乾燥器
乾燥條件	熱風 150℃ ×0.2 m/s	熱風 150℃ ×0.2 m/s 加熱管‧500 kPa‧G 水蒸氣
冷卻條件	外氣 30℃ ×0.2 m/s	外氣 30℃ ×0.2 m/s 冷卻管‧30℃工業用水
乾燥床面積	3.8 mm²	0.8 m²
冷卻床面積	0.9 m²	0.2 m²
熱傳管面積	—	乾燥 5.4 m² + 冷卻 0.6 m²
所需風量	38.4 m³_N/min	8.2 m³_N/min
所需動力	4.6 kW	2.3 kW
蒸氣使用量	151 kg/h	100 kg/h

材料水溶性高分子（50～500μ 的粉狀材料）不附著且流動性良好
規格：進料 20%WB，乾燥產品 7%WB
製品量：300 kg/h，附有冷卻管捧

此比較顯示加裝了加熱面的乾燥器不僅床面積可縮小到原來的 22%，蒸氣使用量也只用原來的 2/3，動力費只有原來的一半。

5. 選熱效率較高的機型或方式省能

一般選乾燥器機型多依被乾燥物的形狀和物性來選定，但也得考慮它的熱效率、或操作性、耐用性等，表 20-9 列示各種對流熱傳乾燥器的熱效率，而表 20-10 則列示傳導熱傳乾燥器的熱效率供選機型的參考。

表 20-9　**對流熱風乾燥器的熱效率** (Kubota, p.81)

	乾燥機種類	熱效率 η（%）
材料靜量型	箱型（平行流）	20 ～ 30
	箱型（穿流）	25 ～ 40
材料移動型	輸帶穿流	40 ～ 60
	隧道型台車（平行流）	20 ～ 40
	噴射流（Nozzle Jet）	20 ～ 40
	豎型移動床（穿流）	30 ～ 50
材料攪拌型	迴轉滾筒	40 ～ 70（直火高溫 65 ～ 75）
	流體化床	50 ～ 65
熱風搬送型	氣流	40 ～ 70
	噴霧	40 ～ 55

表 20-10　**傳導熱傳乾燥器的熱效率** (Kubota)

	乾燥機種類	熱效率 η（%）
材料攪拌型	多段圓盤	70 ～ 80
	溝型攪拌	70 ～ 85
	滾筒乾燥器（外部加熱）	70 ～ 85
	逆圓錐型	70 ～ 85
	具蒸氣管排迴轉滾筒乾燥機（STD）	70 ～ 85
	迴轉滾筒乾燥器（外部加熱）	60 ～ 75
加熱面密著搬送型	加熱滾筒乾燥器	50 ～ 75
	多段滾筒帶狀連續乾燥器	60 ～ 70
	真空加熱輸帶乾燥器	50 ～ 70

【範例 20-6】麵包屑粒的乾燥器的選機 [Kubota, p.195]

油炸常用的麵包屑粒常呈星刺狀，以前乾燥麵包屑粒多用穿流型輸帶連續乾燥器或迴轉滾筒乾燥器，只是輸帶連續乾燥器從網狀輸帶漏落多，每天不清掃乾淨就易滋生霉有害衛生，有時進料含多些油脂也擔心其發火；而迴轉滾筒乾燥器則起動期利終了時的不正常狀況占不少時間而產生不少乾燥不合要求的產品，降低生產收率等缺陷。雖對流體化而言，麵包屑粒並不是容易順暢可流體化的固粒，但如在進口端設攪拌裝置，注意整流板上來流量能均勻，就可適用流體化床乾燥器來乾燥，而所得產品嵩密度較以前小了約 1/3 算是商品價值多了一優點。表 20-11 比較了這三種不同乾燥器乾燥麵包屑粒時的效能。

表 20-11　三種不同乾燥器乾燥麵包屑粒時的比較 [Kubota, p.195]

項目	多段輸帶乾燥器	迴轉圓筒乾燥器	流體化床乾燥器
乾燥面積，滾筒容積	20 m²	6.4 m²	1.0 m²
裝置尺寸（mm）	寬 2100× 長 9900× 高 3700	ϕ950×9000 L	寬 760× 長 2950× 高 3200
產品產量（kg/h）	500	500	500
進料水分（%W.B.）	35	35	35
產品水分（%W.B.）	13	13	13
進口熱風溫度（℃）	120	270	150
空塔風速（m/s）	0.2	2.0 滾筒進口	1.8
所需風量（m²$_N$/min）	142	44	70
設備動力（kw）	6.4	4.8	8.4
燃油量（換算成燈油）（L/h）	32	24	20
乾燥操作費（日圓 / 製品 1kg）	4.0	3.0	2.6

【範例 20-7】氯化鋅活化生產的活性碳的乾燥 [Kubota, p.197]

以前由氯化鋅活化生產的粉末活性碳的乾燥大都用外熱式迴轉滾筒乾燥裝置乾燥，罐體外側是 500℃附近的爐火，筒內發生的含酸氣的水蒸氣則用吸風機排出系外。在如此高溼環境下且有留存於材料中的鹽酸的腐蝕相當嚴重，原 9 mm 厚的鋼板筒身只耐用 2～3 年就得更新。溼潤活性碳粒徑約在 0.5～7 mm，產品依用途不同，粒徑要求也不一，乾燥時就得先篩別大小進行分批乾燥，但此方式乾燥的熱效率不分粒徑大小只有 25～30%。由於迴轉滾筒乾燥裝置乾燥裝置切換進料不易，不僅費時，且容易留下部分前批材料，改用流体化床乾燥裝置可免筒身曝露在直火外又於更換不同批時容易全量清出，對不同粒徑的材料只需調整流體化風速（0.4～1.8 m/s）就可，不只化簡操作也改善了裝置的熱容量，減少裝置所需的床面積，表 20-12 比較了上兩不同乾燥裝置的尺寸，熱效率和總乾燥費用。

表 20-12　使用兩不同乾燥裝置時乾燥費用的比較 [Kubota, p.197]

項目	外帶式迴轉乾燥器	流體化床乾燥器
主體裝置尺寸（mm）	$\phi 1000 \times 7000$ L	寬 760× 長 2950 × 高 3200
滾筒面積，床面積	$5m^3$	$1.0m^2$
產品處理量（kg/h）	200	200
進料水分（%W.B.）	45	45
產品水分（%W.B.）	3	2
熱源溫度（℃）	500	300
所需風量（m^2_N/min）	8	25（1～3ϕ）
設備動力（kw）	5.2	5.8
燃油量（A 重油直火）（L/h）	40	16
熱效率（%）	27	65
乾燥操作費（日圓 / 公斤產品）	10.3	4.3

20.2.3 藉併用兩不同型的乾燥裝置省能

各種乾燥裝置裡，其溼潤材料的滯留時間如氣流乾燥裝置只有數秒，也有如迴轉滾筒乾燥裝置長到以小時計。如從牛奶製造奶粉，首先得濃縮至 30～40% 再用噴霧乾燥去除較容易去除的大於臨界含水率的水分，再交給流體化乾燥裝置乾燥乾燥速率較低的水分。

　　尤其是 (1) 希望產品含水率甚低時，或 (2) 產品含水率許容範圍狹窄時就得考慮併用上述兩種不同乾燥特性的乾燥裝置才可達成較好的熱效率。

【範例 20-8】併用兩不同型的乾燥裝置省能^{（Kubota, p.171）}

　　下表舉例列示幾種較常見的兩種不同乾燥裝置的組合，圖 20-12 揭示併用噴霧乾燥器與振動流體化乾燥器乾燥精瓷泥漿的流程圖，而表 20-13 則其運轉條件及相關數據的比較。在此系統，噴霧乾燥乾至1～3%；而後段振動流體化乾燥至0.1%。由於採用併用噴霧乾燥（熱風由 120 → 90℃）和再使用熱回收所得的 60℃的熱風於流體化乾燥裝置乾燥，不僅可材料乾燥至所要的含水率 0.1%，也提升 19% 的熱效率。

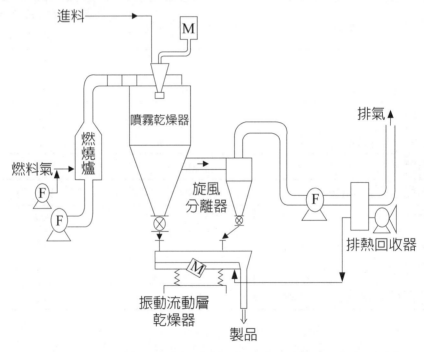

圖 20-12　併用噴霧乾燥器與振動流體化乾燥器的流程圖^{（Kubota, p.）}

表 20-13　兩不同系統運轉條件及相關數據的比較 ^(Kubota, p.172)

	單使用噴霧乾燥器	噴霧乾燥器 + 振動流體乾燥器
原料供給量	500 kg・泥漿 /h	620 kg・泥漿 /h
進口熱風溫度	300℃	300℃
排氣溫度	130℃	90℃
二次乾燥溫度	—	60℃
所要動力	26 kW	29 kW
所要熱量	3135 kW	3135 kW
製品含水率	0.05 ～ 0.1%	0.05 ～ 0.1%
原料 1 kg 所需動力	0.052 kW・h/kg	0.047 kW・h/kg
原料 1 kg 所需熱量	2260 kJ/kg	1820 kJ/kg

註：產品名稱 Alumina powder; Solid concentration of Slurry; 55%, Moisture content of dried product: below 0.1

表 20-14 另列示其他可併用兩不同的乾燥裝置來省能的一些例子。

表 20-14　併用兩不同的乾燥裝置來省能的一些例 ^(Kubota, p.174)

乾燥器的組合		製品例
前段	後段	
噴霧乾燥器	振動流體化床乾燥器	精瓷粉、乳製品、食品
迴轉滾筒乾燥器	振動流體化床乾燥器	精瓷粉、電子材料
迴轉攪拌乾燥器	流體化床乾燥器	化學品
傳導攪拌乾燥器	流體化床乾燥器	化學品、精瓷粉
氣流乾燥器	流體化床乾燥器	樹脂粉末

20.2.4 藉單機具有複合機能的乾燥裝置來提升效能 ^(Kubota, p.173)

　　本來該由兩種以上的具不同功能的裝置獨立操作來完成的程序將之併合在單一裝置來完成所需操作，也因此，如是連續操作時就裝置內分成不同區域（zone）（如圖 20-13）如是批式就改依時程（time schedule）（如圖 20-14）來完成。

表 20-15 一些有複合機能的乾燥裝置之例 (Kubota, p.174)

乾燥裝置	對　應	乾燥以外的機能
流體化床型		造粒
噴霧乾燥型		化學反應
迴轉滾筒型		熟成
連結輸帶型		燒成
傳導加熱攪拌型		冷卻
		過濾

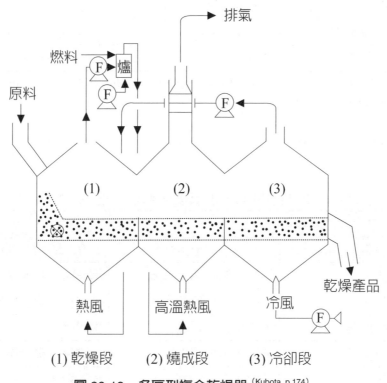

(1) 乾燥段　(2) 燒成段　(3) 冷卻段

圖 20-13 多區型複合乾燥器 (Kubota, p.174)

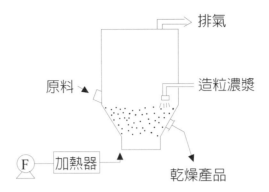

操作程序　乾燥→熟成→造粒→乾燥

圖 20-14　時程式複合乾燥器(Kubota, p.174)

採用複合型乾燥裝置的優點有：

1. 由於單一機器可把原料經不同操作製成最終產品，不僅省了中間多次材料處理，也可避免多次汙染和混進異物的麻煩。

2. 減少放熱熱損。

3. 在合適條件下，可有省能的好處。

4. 裝置上可省不少空間與購置費的需求。

而採用複合型乾燥裝置可能遇到如下的問題：

1. 裝置結構較複雜。

2. 操作條件可能較複雜。

3. 不一定可達省能的要求。

4. 由於構造較複雜，洗淨工作難度較高。

綜合上述優缺點，複合型程序裝置不一定可達省能的要求，採用複合型程序裝置目的多在省力化較多。

【範例 20-9】複合機能的乾燥裝置——流體化媒體造粒、噴霧乾燥裝置(Kubota, p.175)

多年來如咖啡用奶精、調味料，即用湯頭的生產，得先將其原液乾燥成粉再加溼造粒，再經另一次乾燥成粉粒成品，自有乾燥裝置—流體化媒體造粒複合裝置就多改用它來生產，從省能的觀點來論，它有：

1. 在噴霧乾燥部的被乾燥物尚含不少水分，故送進此區的熱風可提高些，可得高些熱效率。

2. 可省去原來造粒過程得加溼的水分所需熱能。

3. 排氣溫度可設定較低些。

4. 省去不同操作間搬移被乾燥物之煩。

　　表 20-16 列示舊新兩法所得產品物性的比較，而表 20-17 則揭示利用複合機操作條件和所得產品之物性的例子。

表 20-16　舊新兩法所得產品物性的比較 (Kubota, p.177)

	使用流體化造粒・噴霧複合乾燥裝置所得產品	單用噴露乾燥裝置所得產品
平均粒子徑	80 ～ 500 μm 程度	20 ～ 150 μm 程度
粒度分布	幅度較廣	較狹窄
粒子形狀	不定形狀	球狀
流動性	良好	不良～良
溶解性	良好	不良～良
發塵性	少	多

表 20-17　複合機操作條件和所得產品的物性的例 (Kubota, p.176)

	原液名	中藥	醬油	多醣類	胺基酸（醫藥品）
原液條件	固形分濃度（%W.B.）	35	40	20	35
	嵩密度（Pa・s）	0.15	0.02	0.09	0.028
	比重	1.30	1.21	1.11	1.14
乾燥條件	噴霧方式　噴嘴	加壓二流體	加壓二流體	加壓二流體	加壓二流體
	乾燥室內溫度（℃）	150	180	200	180
	旋風分離器出口溫度（℃）	60	90	75	75
造料條件	熱風入口溫度（℃）	50	80	80	60
	流體化床內溫度（℃）	45	55	45	55
造粒品	平均粒徑（μm）	250	200	310	180
	殘留水分（%W.B.）	4.5	3.5	8.7	3.5
	嵩密度 *NoTAP（g/mL）	0.45	0.42	0.32	0.48

20.2.5 做好隔熱保溫減少從乾燥系對周遭的散熱省能 ^(Kubota, p.131)

一般從乾燥系對周遭的熱損最少有 2～5%，一般是 5～15%，如屬於小型乾燥裝置，其對外的熱損可大到 20～40% 之高。在亞熱帶的國人對房屋的隔熱不甚留心，但在寒帶蓋房屋時，大部建築法規都要求保溫隔熱來達成省能的要求。表 20-18 揭示一般情況下用岩棉毛毯保溫時 1 m² 表面所散失的熱量供做保溫工作時的參考。雖然保溫材料用的愈厚，保溫效果愈好，但其費用就愈高，故需在保溫效果與設備費兩者間衡量來決定其保溫層的厚度。

表 20-18　系統溫度 200°C時各岩棉保溫材料的保溫功能^(Kubota, p.132)

No.	項目	構造例	保溫厚度（mm）	平均內壁溫度	平均外壁溫度	1 m² 的放熱量（W）
1.	JIS 3000 h	t_1　t_2	75	195	30	115
2.	JIS 7300 h	t_1　t_2	125	197	26	70
3.	無保溫	$t_1 \fallingdotseq t_2$	0	140	140	1400
4.	背部	$t = 6$	75	187 (169)	47 (144)	310
5.	視窗或管口	$\phi 200$	75	191 (145)	37 (129)	200
6.	支持架	$t = 9$	75	189 (151)	43 (117)	270
7.	氣冷襯套		0	110	20	2100
8.	水冷襯套		0	23	20	4120
9.	法蘭部分		75	184 (146)	49 (127)	340

20.2.6 堵住內外流體洩漏省能

乾燥裝置內的熱洩流至外面，或相反地外面的低溫氣體流入乾燥器內，都會導致熱損，如乾燥產品是微粒子而隨熱風流出系外，可能造成環境汙染或其他災害，就更需留心防止其洩漏。

如於真空乾燥，從外部滲進空氣，不僅會破壞真空環境，使整個真空乾燥無法進行，有時還會因空氣流而發生火災或爆炸災害。表 20-19 揭示一般防止洩漏平常該做的維修事項供參考。

表 20-19　可有洩漏發生部位與對策 [Kubota, p.134]

洩漏部分	對策
裝置的腐蝕或破損部位	補修、交換
法蘭部位	點檢鬆懈、交換止漏填料 檢討法蘭的規格
軸封部 (1) Bush 　　　 (2) Grand seal 　　　 (3) Labyrinth seal 　　　 (4) Mechanical seal	點查磨耗度、更新或換形狀 鎖緊、換新、換尺寸 確認、調製、變更形狀 點查磨耗度、交換
Man Hole，點檢口等	點檢鬆懈、交換止漏填料 變更漏填料材質 變更形狀

20.2.7 改善作業能率省能

在乾燥操作談省能，換句話說就是求生產單位乾燥產品所消耗的熱能降到最低，故只談提升乾燥器的熱效率或降低水分蒸發所需的熱量是不完整的。也即就是熱效率已是 100%，如運用乾燥操作的稼動率尚不到 50%，再考慮裝置的固定費，跟著它而存在的減價折舊費，就知單顧熱效率，談總合效率是不夠的。

在檢討乾燥操作的省能時，就與談其他程序經濟一樣，得同時檢討生產管理、品質管理才可。一般所說的設備總合效率是

設備總合效率 = 時間稼動率 × 性能稼動率 × 合格率

任何一項缺佳時就難熱做到把該設用的最佳狀態。故要求乾燥裝置的高效率就得就前後程序、各程序間材料處理作業、乾燥操作程序控制、工程管理、生產管理整個視爲一體來檢討才可。本節就據上述角度來討論乾燥操作的能率的改善。

1. 稼動率的提升

(1) 生產規劃與工作量的合理化

選擇乾燥裝置由於被乾燥物非常廣泛且多樣，更有季節性的供應變動、商品壽命而得多方考慮，就是選定機型，更需用心確立合適的生產計畫，及配合它的生產管理。一般乾燥器在設計能力時操作，可有最高熱效率，而負荷量愈少熱效率就愈差，也即如何維持在合適的負荷下運轉乾燥系統是生產管理的重點。以往，大量生產曾是化學工業的主軸時，適合它的連續且大型化的裝置成了裝置的主流，但自化學工業轉進精緻或多機能性後，從規模上也轉變爲少量多樣性的產業，乾燥裝置也由連續生產走向稼動率較容易掌控的批式乾燥器，這點是值得考慮的。

(2) 作業換班、清洗作業

像醫藥品，或食品的生產相當注重 GMP（good manufacturing practice），而在生物產業也在防止產品的交互汙染（cross contamination）的觀點，因而在定期或更換產品時就得做一次完整的洗淨作業，這作業不僅要求洗淨品質也要求時間上的效率以配合稼動率的提升，洗淨工具也宜採用效率高的工具，如超音波洗淨器等。

(3) 物料的搬送的省力化、自動化

尤其採用批式生產時，被乾燥物的投入和乾燥產品的排出多依賴人手，而成了批式生產自動化的瓶頸，近年 AI 的導入而用機械人不僅可防止汙染也可促進生產方式的自動化和省力化，有助於稼動率的提升。

(4) 確立維修、保全作業的標準操作

確立維修、保全作業的標準操作不僅可維持設備的安全與性能正常外，尚可預防生產過程的突發故障，降低裝置的稼動率。尤其如集塵濾布的堵塞、加熱器傳熱面的著垢，得定時去除才不致於發生風量減小或熱傳缺佳等負面現象。

2. 提升產品的合格率

一般乾燥產品的含水率管理仍採用 off-line 方式，而成了乾燥產品品質管理上

的瓶頸。也因此，爲了產品合格率，操作員寧可偏向把產品過度乾燥，如此操作實際上減少了應有的產量。近年來 On-line 的水分計也漸多，應可考慮採用線上管制產品含水率，以提升產品的合格率。

20.2.8 善用程序控制乾燥條件省能 ^(Kubota, p.152)

如前述，乾燥操作含預熱階段、恆率乾燥階段及減率乾燥階段而成，期望乾燥操作能在高效率下進行，就得設法拉長恆率乾燥階段的時間，但得了解雖然提高乾燥溫度，可提升恆率乾燥速率，但也提高了**臨界含水率**，逼使材料含水率尚高時就進入**減率乾燥階段**，所以如何控制好如熱風溫度等乾燥條件，才能以高效率進行乾燥。

就是以同一條件下進行恆率乾燥階段和減率乾燥階段，在各階段的熱效率也有相當大的差異，因在恆率乾燥階段，注入溼潤材料的熱能幾多用於蒸發水分，但在減率乾燥階段注入溼潤材料的熱能則不少部分被用在提升品溫，且能傳輸熱能量也減少，或許若能該設法減少減率乾燥階段的注入熱能可反而可提升熱效率。故如何隨時控制好乾燥條件就成了怎樣省能的重點了。

控制乾燥條件的目的該是在求乾燥操作能維持最佳效率，得合乎要求含水率點與品質的乾燥產品。故可以使用在線上（on-line）檢出乾燥產品的水分檢測儀（sensor），只是目前除了還可用的紅外線吸收式水分計外，尚無可靠好用的水分計，也因此在制禦乾燥操作時，仍多如圖 20-15 所示，藉量出口排氣溫度以調節進口空氣溫度或被乾燥物的進料供應速率來執行，雖難說是理想的制禦方式，但已可間接地把乾燥產品的含水率控制到要求的範圍。只是這控制手法無助於隨外氣溫度變化而來的熱損，或因洩漏氣體量變動等而來的影響，且對如設定產品含水率大於臨界含水率時就沒有效。

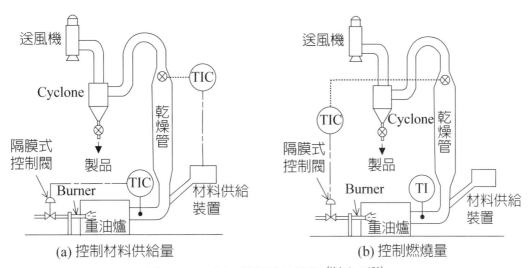

(a) 控制材料供給量　　　　(b) 控制燃燒量

圖 20-15　氣流乾燥系的控制(Kubota, p.156)

1. 排氣溼度的控制

　　於批式熱風乾燥，乾燥後半期的排氣大多是高溫、低溼度，故可考慮循環部分排氣來省能。但如於溫度較低的熱風乾燥時，循環部分排氣可導致溼度的增加而降低了乾燥速率，故得看乾燥進行到某程度時，做適量的排氣循環。故較傳統的控制方式藉監視排氣的溼度的變化來調循環熱風的整風量閘（damper）或新鮮空氣的進量。

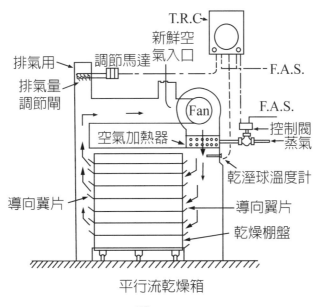

平行流乾燥箱

圖 20-16

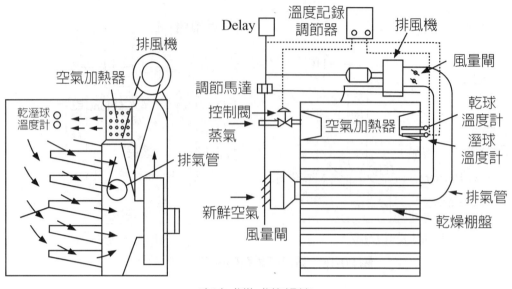

穿流式批式乾燥箱

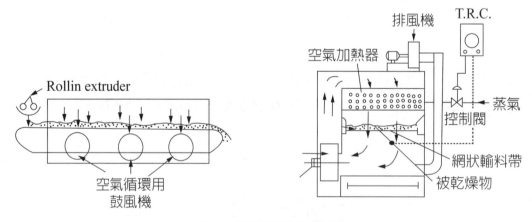

穿流型連續輸帶乾燥器

圖 20-16（續）

2. 藉排出乾燥產品含水率的控制

(1) 乾燥產品含水率檢測用水分計

　　水對一些特定波長的紅外光表現出強烈的吸收特性，其紅外吸收光譜如圖 20-18 所示。當用這些特定波長的紅外光照射物料時，物料中所含的水就會吸收部分紅外光的能量，含水愈多吸收也愈多，因此可測量反射光的減少量計算物料的水分。由於物料對紅外線的反射率因其不同的吸收特性及雜散特性而異，若僅用水的吸收波長，物料的表面狀態、顏色、結構等因素會干擾水分測量；為此採用三波長法（1.43 μm，1.94 μm，和 3 μm），即一個被水強烈吸收的波長（測量波長）和兩個被水吸收不太強的波長（參比波長），檢測和計算這三個波長反射光的能量之比，即可消除其他因素對水分測量的干擾。水分儀的工作原理如圖 20-17 所示。光源發射的紅外光穿過分光碟上的濾光片，經反射鏡射向被測物料；分光碟上的不同濾光片只允許某一波長的紅外光透過，分光碟在馬達的驅動下高速旋轉，使測量波長及參比波長的紅外光交替射向被測物料；這些紅外光有部分被物料吸收，部分反射到凹面聚光鏡，被光電感測器接收並轉換為電信號，由後續電路處理以計算出物料的水分。表 20-20 列示一些可用的測定物和測定範圍。利用此水分計量測流體化床乾燥系統得另設留置流體化床中的粒子的具有可 Purge 的 Adapter。

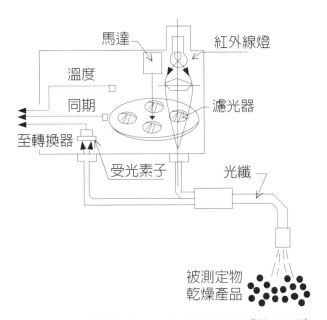

圖 20-17　光纖型吸收式水分計原理圖[(Kubota, p.154)]

表 20-20　可用光纖型吸收式水分分計的測定物和測定範圍 (Kubota, p.155)

被測定物	組成 (%wt)	形狀，粒徑等	測定條件	適否	測定範圍 (%W.B.)	測定精度 (±%W.B.)
醫藥品	Corn starch(65)、制酸劑(15)、主藥(20)	白色粉末（細粒劑）	流體化床造粒	○	0～40	0.5
醫藥品	抗生物質、粉糖他	白色/橙色粉末	流體化床乾燥	○	0～3	0.2
醫藥品	乳糖(70)、主藥(13) Corn starch(17)	白色粉末（擠出顆粒）	流體化床造粒	○	0～15	0.3
漢方藥	矽酸鋁萃取物(60)	茶褐色（打錠用）	流體化床乾燥	○	0～35	0.5
胃腸藥	重碳酸鈉粉末	白色（擠出顆粒）	流體化床乾燥	○	0～35	0.5
胃腸藥	生藥粉為主體粉末	茶褐色（擠出顆粒）	流體化床乾燥	○	0～35	0.5
麵包碎粉		白色 ($\rho = 0.2$)	流體化床乾燥	○	0～40	0.5
調味料	湯頭精（低吸溼性）	黃褐色粉末	流體化床乾燥	○	5～10	0.5
速食飲料	可可亞粉末（含糖）	薄茶色→巧克力色	流體化床乾燥	○	0～10	0.1
製蛋糕糕用 預混麵粉	小麥粉(80)，砂糖(20)	白色粉末	流體化床乾燥	○	0～15	0.2
調味料	胡椒（粒狀鹽）	褐色粉粒狀	流體化床造粒	○	0～10	0.5
調味料	胺基醋酸系（吸溼性大）	褐色攪拌造粒品	流體化床乾燥	○	1～2.5	0.1～0.2
特殊 PE 粉粒		白色粉粒狀	流體化床乾燥	○	0～30	0.05～0.1
木屑		木屑 ($\rho = 0.1$)	靜置	○	0～60	1
聚合物粉末		白色粉粒狀	流體化床乾燥	○	0～25	0.5～1
精瓷粉	半導體用	灰色 50～100μm	靜置	○	0～0.35	0.005
化粧品粉末	滑石粉等	白色粉末	流體化床造粒	○	0～25	0.5

【範例 20-10】藉量測排出乾燥產品含水率控制連續式流體化床乾燥裝置的操作[久159]

圖 20-18 揭示連續式流體化床乾燥裝置的控制儀圖，當進料可維持恆量時，乾燥產品的含水率用紅外線水分計檢測，靠其信訊透過調節器與熱風溫度的控制程式調整設定值的控制系統。此例裡被乾燥物的平均滯留時間約 5～7 分鐘，進料水分 $w_1 = 35.5 \pm 2.5\%$[WB]，而乾燥產品水分則 $w_2 = 13 \pm 0.6\%$[WB]。

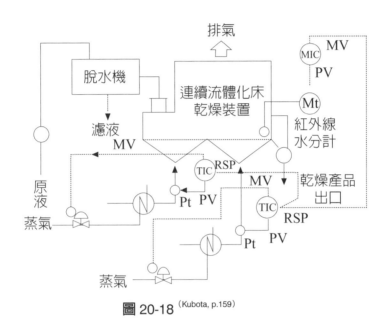

圖 20-18 (Kubota, p.159)

3. 藉噴嘴高度與位置控制噴霧乾燥產品品質之例

【範例 20-11】藉調整噴嘴高度與位置控制產品物性來提升產品合格率(Kubota, p.165)

一般噴霧乾燥除藉控制產品含水率外，尚需設法控制產品的粒度分布和嵩密度等物性。此控制似與省能無關，實際上提升產品合格率可減少不合格製品的重新生產，來達到省能的目的。圖 20-19 展示不同噴嘴的高度，而圖 20-20 是精瓷粉的噴霧乾燥器的儀控例，藉控制噴嘴高度與位置控制產品的粒度，減少後段製造程序中壓密成型、燒結工程的不良率或工作不順。

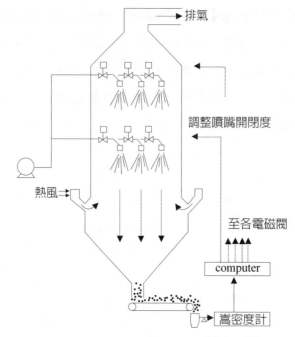

圖 20-19 不同噴嘴的高度 (Kubota, p.165)

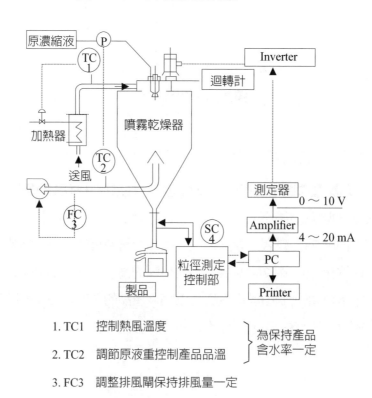

1. TC1 控制熱風溫度 ⎱ 為保持產品
2. TC2 調節原液重控制產品品溫 ⎰ 含水率一定

3. FC3 調整排風閘保持排風量一定

4. SC4 控制迴轉數等保持粒度穩定

圖 20-20 精瓷粉的噴霧乾燥器的儀控例 (Kubota, p.165)

20.3 選用、回收熱能（熱泵、熱交換），另覓低廉的熱能

20.3.1 利用熱泵回收低溫熱源的熱能

熱泵（heat pump）指的是用機械手法將低溫熱源轉換成高溫熱源供熱能的再利用的手法，它有壓縮式、吸收式和化學法等不同的方式，乾燥領域常用的是如圖 20-21 所示的壓縮式熱泵。從乾燥器排出的低溫廢氣送至蒸發器藉用液態熱媒蒸發時吸收存在低溫廢氣的熱能成低溫低壓熱氣蒸氣，送入壓縮器成高溫，高壓氣體再凝結成高溫高壓熱媒液體加熱擬送入乾燥器當熱媒氣體成高溫高壓液體後再經膨脹閥減壓成低溫低壓冷媒氣準備再吸收廢熱。圖 20-22 是利用熱泵回收乾燥廢氣以低溫（27℃）乾燥農產物的例。

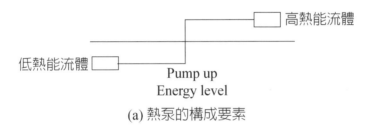

(a) 熱泵的構成要素

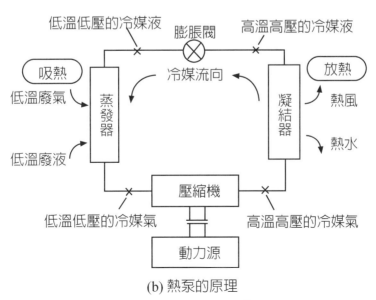

(b) 熱泵的原理

圖 20-21　熱泵的原理與構造要素

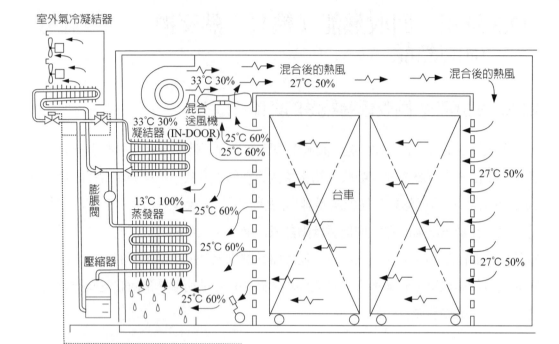

圖 20-22　利用熱泵以低溫（27℃）乾燥農產物的例[Kubota, p.105]。

20.3.2 使用熱泵或熱管等熱交換回收低溫排氣的熱能

以熱風對流乾燥來說，回收排氣之顯熱所帶進的熱能除大部分如圖 20-23 之例所示用於蒸發外，尚有部分以放熱形態放散於系外，所剩的熱能就隨著排氣被帶走。從此例來說有逾 1/3 的熱能是被排氣帶走，如想回收這些被排出的熱能，大都會考慮依如圖 20-24 所示，藉合適的熱交換器來預熱將進入空氣預熱器的外氣。

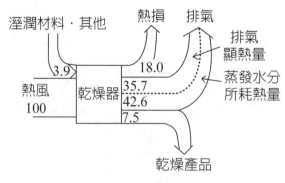

圖 20-23　能量收支例

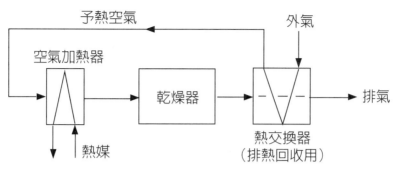

圖 20-24 回收排氣顯熱預熱進氣

　　但一般乾燥系為了提升乾燥器的熱效率會儘量設法降低排氣溫度，並使其溼度近飽和溫度，故除非排氣溫度夠高或他處有可利用低溫熱能，回收排氣中的顯熱量就有限，而失去投資價值了。此外，於從排氣中回收熱能時，得注意排氣中是否含有如 SOx，HCl 等腐蝕性氣體，排氣溫度就得高於這些腐蝕性氣體的露點。可用於回收排氣中熱能的熱交換器有板框式熱交換器（plate heat exchaner）、熱管（heat pipe）等。

　　圖 20-25 是製造奶粉時使用時回收噴霧乾燥器排氣的顯熱的裝置流程圖，如乾燥排氣含飛散的奶粉附著在熱交換器時，不僅會降低熱交換效率，若擱置不清，附

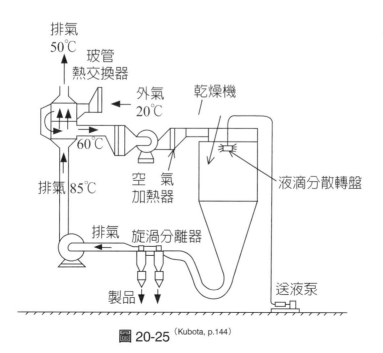

圖 20-25 (Kubota, p.144)

著的奶粉將腐敗並成有害的雜菌的增殖源，因此必須定期做澈底的洗淨，也因此，回收顯熱所需的熱交換的管材就只好選用洗淨性及耐蝕性較優的玻管，並於排氣時選 Shell side 的通路，並於管群上部架裝可噴撒溫水及鹼性洗滌水的撒水噴嘴。圖 20-25 與所標的溫度與表 20-21 列示的數據該可見其回收顯熱的效果。

表 20-21 ^(Kubota, p.144)

	小型	大型
熱風風量	35000m³/h	150000m³/h
送進新鮮空氣流量	31000m³/h	133000m³/h
熱傳面積	600m³	2400m²
玻管的形狀·尺寸	外徑 24ϕ 長度 2000mm	
壓力損失（吸排同大）	250Pa	250Pa
使用玻管支數	約 4000 支	16,0000 支

【範例 20-12】利用熱導管（Heat pipe）從低溫排氣回收排氣中的顯熱之例^(Kubota, p 143)

熱管是內部封閉真空而管壁內則鋪有一層多孔蕊狀材料（wicks，如圖 20-26 所示），灌入適量的熱媒流體。如在其一端（圖 20-27 的左端）受熱時熱媒就吸此熱而蒸發成氣流，往此熱管的另一端被冷卻層的液體凝結釋放在他端所吸收的熱，此熱就透過傳導熱傳釋放給外界，凝結熱媒液體就靠其表面張力流回左端高溫端。也即外熱就靠熱媒反復的蒸發、凝結，來把高溫端吸收的熱輸送到低溫端。

圖 20-26　熱導管管材剖面圖

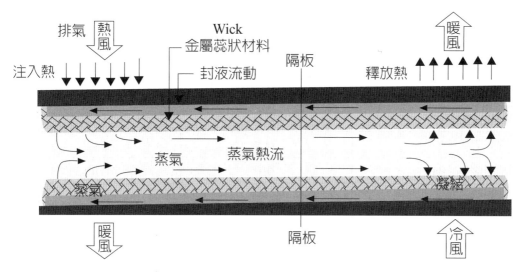

圖 20-27　熱導管作用示意圖

　　圖 20-28 和表 20-22 是一連續式輸帶穿流乾燥裝置利用熱管回收低溫（99℃）排氣的顯熱之例。乾燥用熱風分成前後兩段，後段所要用的空氣先用熱管以前段排出的 99℃ 排氣預熱至 58.9℃ 後再用蒸氣加熱至所設定的溫度供後段的減率乾燥階段使用，由乾燥後段的排氣再送至前段的空氣加熱器加熱至恆率乾燥階段所需的高溫。一般輸帶穿流乾燥裝置前段排氣不僅溫度較高，含塵程度較低，對熱管的傳熱面較少有著垢的困擾。

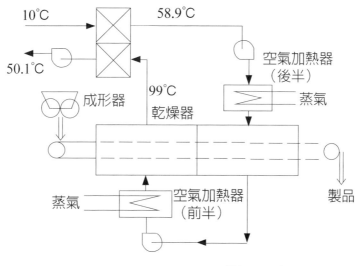

圖 20-28　利用熱管回收 (Kubota, p.143)

表 20-22

	供氣側	排氣側
流量（m^3_N/min）	62	62
供側溫度（℃）	10	99
排側溫度（℃）	58.9	50.1
溫度效率（%）	54.9	54.9
壓力損失（Pa）	90	100
溼度（kg/kg）	0.007	0.015
凝縮水（L/h）		0
回收熱量（kW）	65	

20.3.3 從乾燥產品回收顯熱

如從乾燥裝置被排出的產品品溫夠高時，是可在冷卻它時考慮回收產品擁有的顯熱，如從焦碳爐排出赤熱焦碳，常用惰性氣體 Dry-quenching 冷卻或可回收相當量的顯熱，但實際上在乾燥操作裡類似例不多，一般乾燥產品品溫就是高也不過在 100～200℃，能回收的熱能不大，在逆向流系且少飛塵的情況可用於將進入加熱器的外氣冷卻高溫產品同時預熱它也算回收了產品的顯熱。此時得注意外氣本身的溼度是否過高，而增高了冷卻產品的含水率。

20.4 尋覓替代熱源來乾燥

20.4.1 太陽熱利用輻射乾燥（請參閱 6.1，4(2) 節的說明）

20.4.2 燃燒生質能源、事業廢棄物，或一般廢棄物產生熱能

自 19 世紀工業革命以來石化石燃料（石油，石油氣，或煤炭等）就被視為工業上不可或缺的能源燃料，但從 1970 年來，幾次的石油危機，近年來的地球暖化成工業界不能不面對尋覓一些如再生能源，或事業廢棄物來做為替代能源，表 20-23 列舉擬利用再生或廢棄物來做為替代能源時需留意解決的諸點。

　　較常見生質能源有：木材廢料、鋸屑、稻穀、稻草、玉米桿等。

　　事業廢棄物有：廢輪胎等橡膠、塑膠、紙張等。

　　一般廢棄物有：垃圾固形燃料等。

　　實務上要覓得大量、組成物性相同的廢棄物不容易，加上燃燒廢棄物的裝置除非它是一般垃圾焚化爐，筆者懷疑以燃燒一般廢棄物產生熱能是否能合乎經濟原則。

表 20-23　利用廢棄物當燃料時的注意事項 (Kubota, p.206)

檢討項目	問題點，需留意點，其他
確保供給安定	①如何確立回收、囤積、輸送系統其費用 ②需求的季節性 ③組成、形狀變動的範圍
燃燒技術	①需求量變動時的對策 ②點火、滅火的難易 ③不產生汙染環境的燃燒法 ④物性變動時的對策 ⑤燃燒少量時的效率
燃燒設備	①燒塊問題，排燒灰的方法 ②自動化控制的難易 ③爐的負荷量 ④定量供料的難易
供給設備	①有無貯存所需空間 ②搬運機器的大型化 ③是否需要解碎、篩選 ④如何防止異物的混入
對操作的影響	①對被燃燒物的影響 ②對操作員的影響 ③維修、管理方法
環境對策	①排氣中有害成份的濃度和去除方法 ②噪音、振動、臭氣發生的減少與方法

📑 參考文獻

Kubota, Atsushi 久保田濃；乾燥裝置；省エネルギーセンター（2.nd ed.）東京，日本（2004）

Tamon，H 田門肇；5 調溼，水冷卻，乾燥，化工便覽，第七版；丸善，東京，日本（2011）

Toei；桐榮良三：乾燥裝置マニュアル 日刊工業社 東京，日本（1978）

Sakashita，阪下瀰：最新粉體プロセス技術，日刊工業社東京，日本（1993）

Kubota, Atsushi，久保田濃；乾燥裝置；省エネルギーセンター（2.nd ed.）東京，日本（2004）

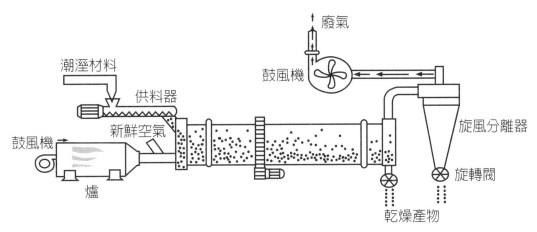

迴轉滾筒乾燥裝置

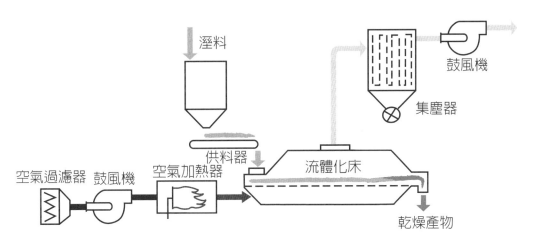

流體化床乾燥裝置

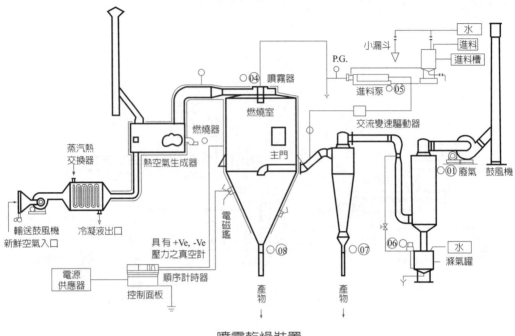

噴霧乾燥裝置

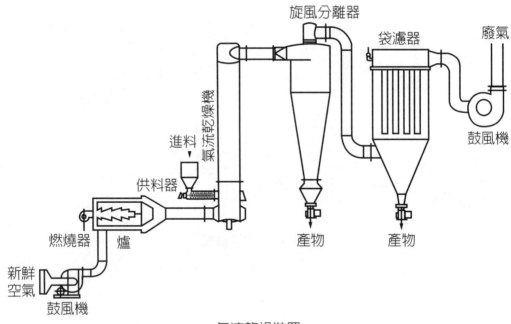

氣流乾燥裝置

21.1 熱源

21.1.1 乾燥操作所需的熱源

乾燥操作依被乾燥物的種類、擬蒸發液體的物性、乾燥的目的、方式及乾燥操作的經濟性而得選用不同的熱源。如於熱風對流乾燥，有時可逕用燃燒氣，有時得用燃燒氣透過熱交換器所得的較乾淨的熱風；而於傳導熱傳乾燥大都使用蒸氣或熱媒油為熱源，來加熱金屬傳熱面，以注入乾燥所需的熱能。

1. 直火熱風（燃燒氣）

把燃料經燃燒反應所得的高溫燃燒氣用大氣稀釋至所需溫度、溼度後直接接觸被乾燥物進行乾燥的方式，被燃燒的燃料有：

(1) 氣體燃料

(2) 液體燃料

(3) 固體燃料

2. 間接熱風

如大多食品或醫藥等產品嚴忌異物混入時，乾燥所需的熱風就不宜使用燃燒氣，得用燃燒氣透過熱交換器所得的較乾淨的熱風。

3. 其他

利用輻射紅外線、高週波介電、微波加熱。

表 21-1(a)、(b) 簡介了各種不同種類的熱源、其特點和價格。而表 21-2 和表 21-3 分別介紹和氣體，與固、液燃料的物性和發熱量等。

表 21-1(a)　乾燥熱源的種類與特點[Toei, mp.154]

| 熱源的種類 | 加熱方式 | 操作性 | 經濟性 | | 熱風的乾淨度 | 備考 |
			設備費	操作費		
固體燃料	直火熱風（直火式）	△	大	小	△	·直接利用燃燒氣為熱風
	間接熱風	△	大	小	◎	·可燃燒廢棄物當燃料
液體燃料	直火熱風（直火式）	○	小	最小	△	·最常用的熱源
	間接熱風	○	大	小	◎	

熱源的種類	加熱方式	操作性	經濟性		熱風的乾淨度	備考
			設備費	操作費		
氣體燃料	直火熱風（直火式）	○	中	中	○	・燃料費較差
	間接熱風	○	大	大	◎	・熱風乾淨度佳，燃燒氣可逕用
蒸氣（熱媒體）	熱風對流加熱	◎	大	小	◎	・需經由翅管加熱器間接加熱熱風
	傳導熱傳加熱	◎	大	小	◎	
電氣	電熱	◎	大	大	◎	・可視同直火式，但電熱管就成間接加熱
	紅外線	○	大	大	◎	
	高週波加熱	○	大	大	◎	・輻射熱的利用

表 21-1(b)　乾燥熱源的種類與價格 [Yoshida]

熱源的種類		溫度調節	乾淨度	設備費	送入乾燥器每 104 kJ 的價格〔日圓*〕
LPG 或水煤氣直火	（小口）	◎	○	中	30 ～ 40
	（大口）	◎	○	中	20 ～ 25
燈油	直火	◎	○	安	12 ～ 15
	間接	○	◎	中	15 ～ 20
重油（B）	直火	◎	△	安	8 ～ 10
	間接	○	◎	中	12 ～ 15
蒸氣溫水	熱風發生	◎	◎	中	15 ～ 18
	傳導熱傳	◎	◎	中	15 ～ 18
電熱	熱風	◎	◎	中	40 ～ 55
	輻射熱傳傳導	○	◎	中	40 ～ 55
	高週波	△	◎	高	60 ～ 85
	熱泵	○	○	高	30 ～ 40
太陽熱		△	◎	高	
廢熱	直接	△	△	安	
	間接	△	◎	中，高	

註）適合度→◎→○→△　*1995 年代價

表 21-2　氣體燃料的成分與物性

燃料的性質＼種類	化學成分（容量%）							比重量 (kg/Nm³)	發熱量 (kcal/Nm³)		燃燒用理論空氣量 (Nm³/Nm³)	燃燒氣體容積 (Nm³/Nm³)				最大 CO₂量 (%)
	CO₂	CO	CH₄	C₂H₄	H₂	O₂	N₂		高位	低位		CO₂	H₂O	N₂	計	
家用煤氣	9.3	8.5	16.8	—	44.8	2.6	11.3	0.664	4,500	4,100	4.229	0.413	0.768	3.756	4.973	9.91
焦碳燒成爐氣	2.6	9.0	25.9	3.9	50.5	0.1	8.0	0.652	4,869	4,340	4.43	0.453	1.250	3.579	5.282	11.2
高爐煤氣	15.0	27.0	—	—	2.0	—	56.0	1.345	880	870	0.68	0.420	0.042	1.097	1.559	27.7
水煤氣	4.5	38.0	—	—	52.0	0.2	5.3	0.683	2,730	2,490	2.13	0.425	0.591	1.736	2.752	19.7
發生爐煤氣	4.8	25.5	3.6	0.4	12.1	0.2	53.4	1.21	1,540	1,450	1.28	0.347	0.244	1.545	2.136	18.2
天然煤氣	2.0	—	88.4	C₂H₆ 3.8	—	1.6	3.8	0.810	8,430	7,570	8.97	0.980	2.182	7.124	10.286	12.0
丙烷	C₃H₈ = 27%　C₃H₅ = 70%　C₄H₁₀ = 3%							1.940	21,490	20,200	22.36	3.03	4.079	17.66	24.779	14.6
丁烷	C₃H₈ + C₂H₄ = 5%　C₄H₁₀ = 58%　C₄H₈ = 10%							2.540	29,150	27,100	30.36	3.95	4.85	23.98	32.78	14.1

表 21-3　液體與固體燃料的成分與物性

燃料的性質 / 種類	比重量 (g/cm³)	化學成分 (容量%)							發熱量 (kcal/kg)		燃燒用理論空氣量 (Nm³/Nm³)	燃燒氣體容積 (Nm³/Nm³)					最大 CO_2 量 (%)
		C	H	O	N	S	H_2O	灰分	高位	低位		CO_2	H_2O	SO_2	N_2	計	
燈油	0.78～0.80	85.7	14.0	—	—	0.5	0.0	0.0	11,000	10,370	11.4	1.60	1.568	0.0035	9.01	12.191	15.1
輕油	0.82～0.85	85.6	13.2	—	—	1.2	0.0	0.0	10,900	10,280	11.2	1.598	1.479	0.0084	8.84	11.925	15.3
重油A	0.85～0.92	84.58	11.83	0.70	0.54	2.0	0.3	0.05	10,800	10,160	10.7	1.578	1.328	0.01398	8.46	11.384	15.7
重油B	090～0.94	84.50	11.34	0.36	0.35	3.0	0.4	0.05	10,650	10,000	10.6	1.577	1.273	0.0209	8.38	11.254	15.8
重油C	0.93～1.00	83.03	10.48	0.48	0.41	3.5	2.0	0.1	10,400	9,760	10.3	1.549	1.176	0.0245	8.15	10.889	16.34
汽油	0.70～0.74	85	15	—	—	—	0.0	0.0	11,650	11,020	11.56	1.58	1.68	—	9.13	12.399	14.8
柏油	1.10～1.20	89.0	6.5	4.0	—	0.5	—	—	9,290	8,960	9.53	1.651	0.728	0.003	7.53	9.917	18.0
褐炭	1.20～1.30	52.8	4.8	14.6	0.9	0.6	17.6	0.7	5,330	5,060	5.51	0.985	0.756	0.004	4.36	6.102	18.42
瀝青炭	1.25～1.45	62.2	4.7	11.8	1.3	2.2	0.5	16.9	6,210	6,030	6.46	1.161	0.537	0.014	5.12	6.831	18.4
無煙炭	1.30～1.80	79.6	1.5	1.3	0.4	0.4	3.5	13.3	6,920	6,830	7.45	1.486	0.211	0.003	5.89	7.587	19.9
焦炭	0.6～1.5	75.7	0.4	—	—	1.1	3.8	19.0	6,300	6,250	6.87	1.413	0.0443	0.007	5.43	6.888	20.6

21.1.2 燃燒裝置的種類與簡介 (Kunii, II, Ch.8)

　　工業上燃燒燃料依燃料爲氣體、液體或固體有如下圖 21-2 所示的不同的燃燒方式和使用的燃燒裝置。

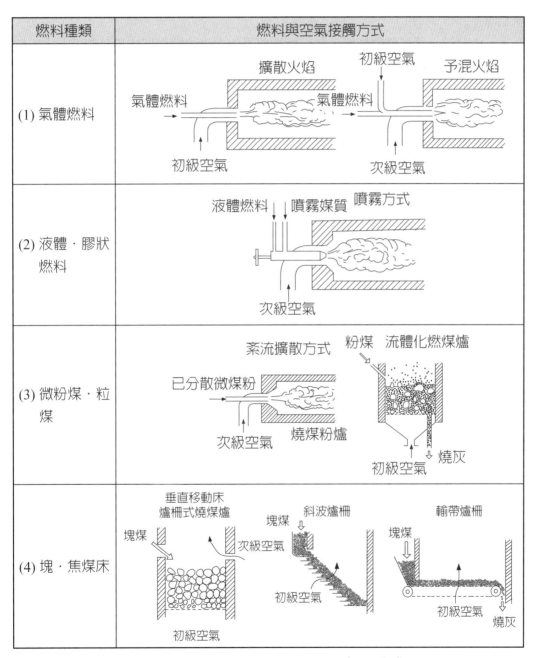

圖 21-2　**不同燃料的燃燒方式簡介**(Kunii, II, Ch.8)

1. 直火熱風用熱風產生裝置

以直火熱風乾燥溼潤材料必需的裝置有：

(1) 氣體燃燒裝置：一般被稱為氣體燃燒器，種類很多，小的從家用瓦斯爐，大的有工廠使用的大型燃燒器，以下就簡介對乾燥裝置裡所使用的工業用氣體燃燒器。

a. 內部混合式氣體燃燒器：此型燃燒器是先在燃燒器內部或另設的混合室將燃料氣體與空氣全量混合再經由噴嘴噴出燃燒的燃燒器。

低壓式誘導混合氣體燃燒裝置：以氣壓 400～1,000 mm 水柱的空氣的動能，依比例吸引燃料氣體，在某一定比例混合進行燃燒的燃燒器，圖 21-3 揭示其構造圖。

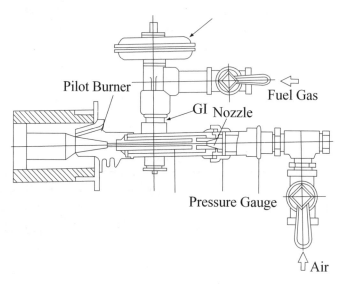

圖 21-3　低壓式誘導混合氣體燃燒器[Toei, mp.155]

b. 高壓式誘導混合型氣體燃燒器：以高壓的燃料氣依比例吸引低壓空氣燃燒的燃燒器，理論上同上項的機制。

c. 強制混合型氣體燃燒器：

此燃燒器混合室擁有銳孔的空氣和燃燒氣的進料管，此兩氣體量比可依調整各銳孔前後的壓差或兩銳孔的面積比來調整，兩氣體在混合室混合再送出燃燒。

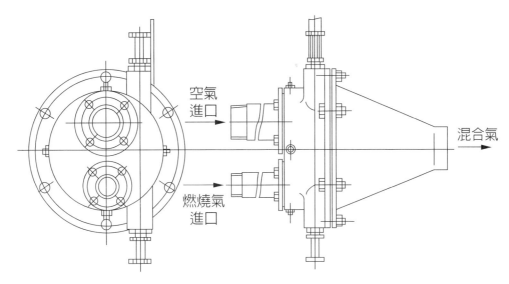

圖 21-4　高壓式誘導混合型氣體燃燒器^(Toei, mp.155)

(2) 半混合型燃燒器

此型燃燒器先將燃料氣與燃燒空氣在內部混合後，於室外與二次空氣再混合燃燒的方式燃燒，較多見於小型燃燒系。

(3) 外部混合式燃燒器

此型燃燒器如圖 21-5 所示，於燃料器管內端讓燃料氣與空氣接觸混合再於混合槽燃燒，燃燒火焰較緩和而呈長焰，如加速混合速率也可變成短焰使用。

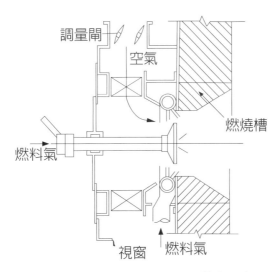

圖 21-5　外部混合式燃燒器^(Toei, m158)

21.1.3 液體燃料用燃燒器

液體燃料因其成分的沸點較氣體燃料高，故要在窯爐燃燒，需先**預熱**，降低其黏度，再利用良好的噴霧器（atomizer）以泵加壓或導進噴霧媒質（高壓空氣或水蒸氣）噴成 10～200 μm 的微小油滴，在爐的高溫下蒸發成氣體，與噴霧時帶進的燃燒氧作用。

圖 21-6 揭示液體燃料用的燃燒器，以需使用噴霧媒質與否可分兩大類，此圖也概述各類燃燒器的能力與適用規模。

	燃燒器	概略構造	容量〔*l*/hr〕	噴射角度 油滴大小	噴霧壓力〔kg/cm²〕合適黏度〔cst〕	
不需噴霧媒質	迴轉式	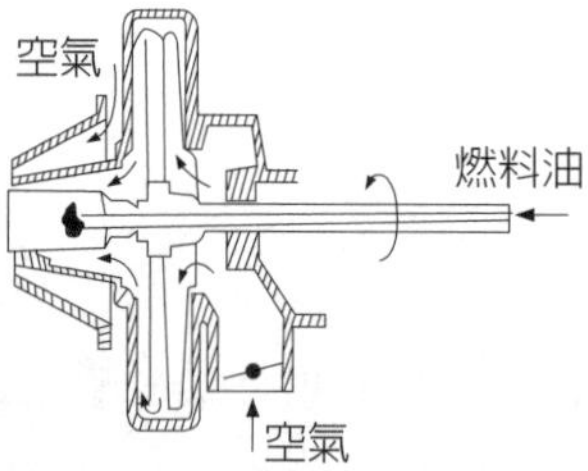 空氣　燃料油　空氣	50～500	40～80° 大	0.3⁺ 25～50	rpm：3,500～10,000 多用於燃燒重油
需噴霧媒質	油壓噴霧式	 (a)　　(b)	100～5000	40～90° 小	5～20 12～33	動力小 油量調節範圍小 不適小規模
	低壓噴霧式	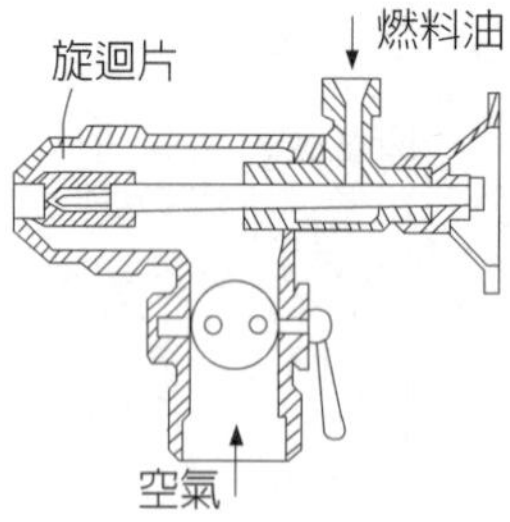 旋迴片　燃料油　空氣	2～3000	30～60° ～100 μm	0.3～0.5 25～90	空氣壓力 20～150 mmH₂O 用理論空氣量 30% 來噴霧，空氣壓高時可減空氣量

| 高壓噴霧式 | 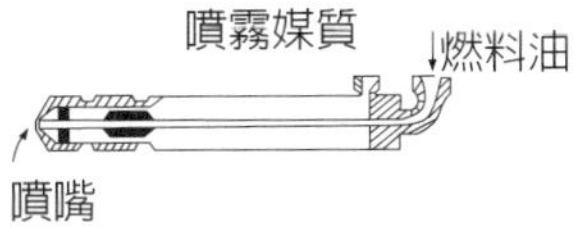 噴霧媒質／燃料油／噴嘴 | ～300 | 30
中 | 0.1～0.5
50～59 | 噴霧媒質用量 0.5～2.0 kg/kg 燃料油 |
| | 燃料油／混合室／噴射孔／噴霧媒質／媒體／油 | 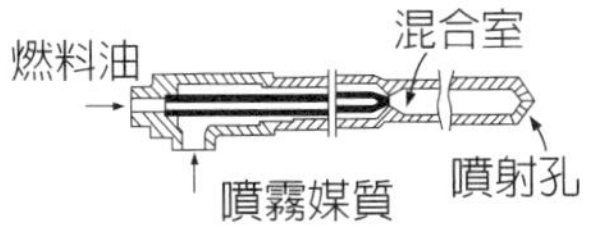 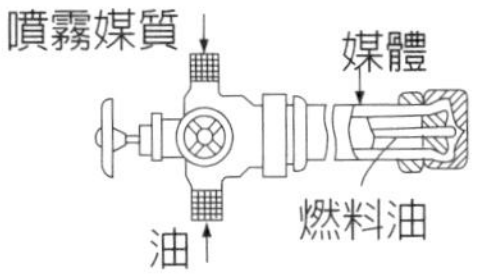 3～10,000 | 30～35
小
40～80μm | 2～7
50～130 | 噴霧媒質壓力 2～7 kg/cm² 用量理論空氣量 2～20% |

圖 21-6　液體燃料用燃燒器的構造特性 [1]（LuH514）

21.1.4 微粉煤燃燒器

圖 21-7 揭示各種微粉煤燃燒器的構造、特點與應用例，圖中 A_1 為初級空氣，A_2 為次級空氣，C 為微粉煤。

	構造示意圖	特點	應用例
水平型	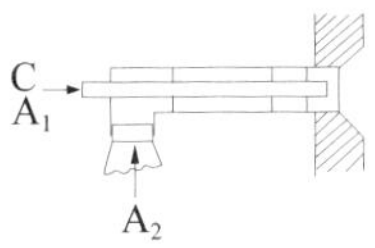 C A_1 A_2	將理論空氣量的 15～30% 的加壓空氣混合微細碳粉，並藉吸進的次級空氣成長火焰。	水泥窯長形窯
垂直型	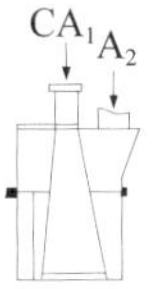 CA₁A₂	構造單純，適於低熱值煤、大量供煤。	大型鍋爐
旋迴型	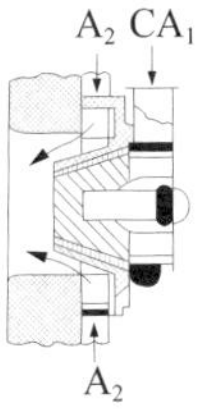 A₂ CA₁ A₂	微粉碳隨旋迴進入燃燒器的初級空氣旋迴噴出，次級空氣也旋迴進爐，導致氣固的迅速混合與燃燒，其高熱負載。	大、中型窯爐與鍋爐
回轉簧型	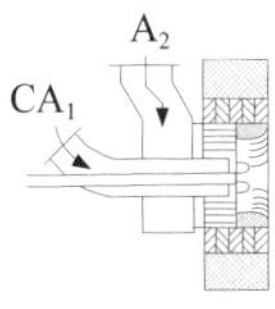 A₂ CA₁	可調節燃燒器口的旋轉片轉速控制流量與微粉煤撒布狀態，火焰屬短焰。	中、小型窯爐與鍋爐

圖 21-7　各種微粉煤燃燒器 (1)

表 21-4　燃油器的特性與用途 (Toei, mp.159)

		低壓空氣式		高壓氣流式（噴霧）式		油壓式		迴轉式燃燒器
		連動型	非連動型	內部混合型	外部混合型	油迴流式	油不迴流式	
燃油量	l/h	1.5～120	4～180	10～5,000	10～600	50～1000	50～10,000	10～300
油壓	ks/cm²	0.4～1	0.1～0.3	2～9	0.2～1	5～40	5～70	0.5～10
霧化壓力	kg/cm² (mm-H₂O)	mmH₂O (400～2,000)	mmH₂O (400～2,000)	3～10 kg/cm²	2～8 kg/cm²	—	—	1～3 kg/cm²
霧化媒體量	A Nm³/kg S kg/kg	2～3 Nm³/kg	1～3 Nm³/kg	A0.2 Nm³/kg S0.25 kg/kg	A0.26 Nm³/kg S0.33 kg/kg	—	—	空氣
霧化媒體	A. 空氣 B. 蒸氣	空氣	空氣	空氣或蒸氣	空氣或蒸氣	—	—	空氣 油杯迴轉
燃燒用空氣壓	mmH₂O	400～2,000	100～2,000	0～250	0～50	100	100～300	0～100
燃燒調節範圍		4～6：1	4～8：1	8：1	6：1	3：1	1.5～2：1	2～10：1
火焰特性		短焰	火焰稍短，長焰	短焰，長焰	火焰稍長	短焰	短焰	短焰
優點		單調節桿可故比例制禦 設備操作費低	易於操作 同左	霧化成微粒佳 少堵塞	同左 同左	燃燒聲音小 低操作費	同左 同左	價廉，易於使用
缺點		需有送風機	同左	要動力費	要動力費	對負荷變動 無法對應 需有高壓泵	同左 同左	調節範圍小

21.1.5 燃燒裝置的附屬設備與操作上的注意事項

1. 氣體燃燒設備

於使用氣體燃燒設備時得注意的首項是爆炸和瓦斯中毒。使用燃燒氣體（瓦斯）的安全基準該依照政府相關機構的安全法則，如美國有 FM 規格、UL 規格，和 FIA 規格。

(1) 點火前，需先用空氣沖洗清除爐內可燃性或爆炸性氣體，熄火後也重複洗清除爐內可燃性或爆炸性氣體以求安全。

(2) 燃燒中得監視火焰的狀態。

(3) 操作場所需有瓦斯漏洩檢知警報器等周全的安全措施。

2. 液體燃燒設備

圖 21-8 揭示液體燃燒設備與其應俱備的附屬設備，含有儲油槽、濾油器、加熱器、送油泵、油壓調整閥及其配管等。燃燒器最得留心的是能否將油霧化的合適。安全法則就類同**氣體燃燒設備**，須依照政府的安全規則。

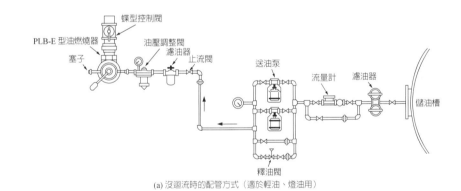

(a) 沒迴流時的配管方式（適於輕油、燈油用）

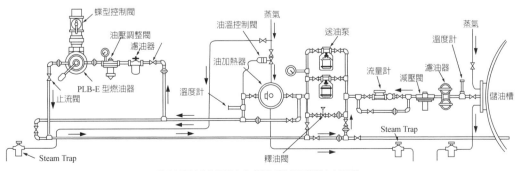

(b) 沒有油迴流時的配管方式（適於重油丙配管阻力小的系）

圖 21-8　油燃燒器的配管[Toei, mp.160]

(1) 點火前，需先用空氣沖洗清除爐內可燃性或爆炸性氣體，熄火後也重複洗清除爐內可燃性或爆炸性氣體以求安全。

(2) 燃燒中得監視火焰的狀態。

(3) 燃料油中異物的濾除，平常對設備的保養。

21.2 間接熱風產生裝置

似水蒸氣、溫水、熱媒蒸氣或液體，甚至以高溫廢氣為熱源，經由熱交換器將無塵空氣加熱成乾燥可用的熱風。

1. 圖 21-9 揭示翅管加熱器（aerofin heater），其用於管內外境膜熱傳係數差異大的組合，如空氣－蒸氣。

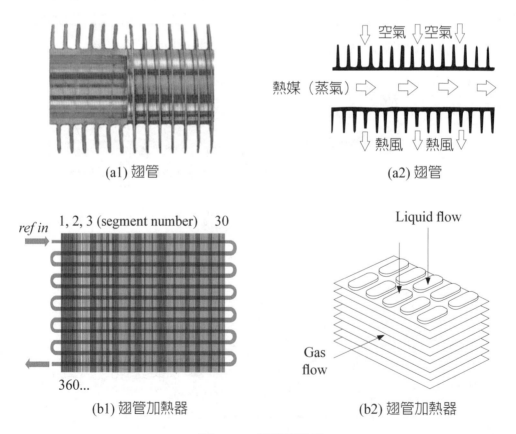

(a1) 翅管　　　　　　　　　　　(a2) 翅管

(b1) 翅管加熱器　　　　　　　　(b2) 翅管加熱器

圖 21-9　翅管加熱器

2. 圖 21-10 揭示平板式熱交換器，其可用於境膜熱傳係數相差不大的組合，如直火燃燒氣一空氣。

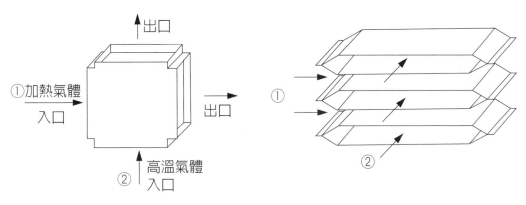

圖 21-10　平板式熱交換器^{（Toei, mp.161）}

(1) 熱導管，可用於 400℃以下的廢熱回收。

(2) 電熱管，用於實驗室規模的乾燥。

21.3 粉粒體供料器

如前述，粉粒體不同於流體，不僅在形狀複雜，還有粒徑分布、缺少似流體的均勻流動性，導致如何依製程需求把所需的粉粒體物料供進反應器或如乾燥裝置等製程裝置時，就得先了解粉粒體的物性，然後從多款的機器中選擇合適於製程目的的供料器。

粉粒體供料器應具備的條件包括：

(1) 可選定量性供料的目的。

(2) 供料量的範圍宜大且容易調整其量。

(3) 具有良好的控制特性。

(4) 能使用於各種物性的粉粒體物料。

(5) 所需動力低，少磨耗且易於維修。

(6) 輸料時不磨碎或偏析，亦即不要飛散原物料。

(7) 設置空間宜小。

另，供料器可依 (1) 機制和構造，(2) 所供料的粉粒體物性，(3) 供料目的來分類。

21.3.1 依機制和構造分類

a. 依靠物料本身重力流動的供料

依靠物料本身重力流動的供料的代表機型有（如圖 21-11 所示）：

圖，名稱	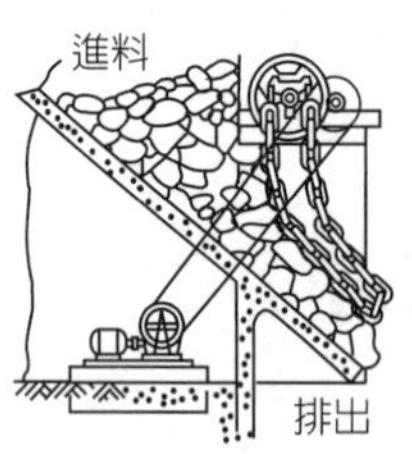 (a) loose chain feeder	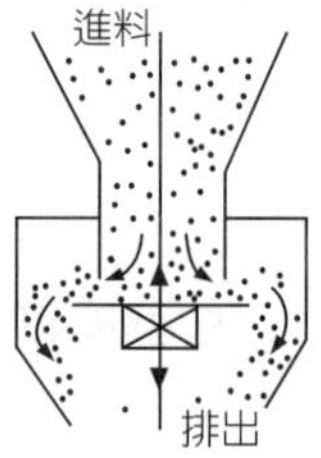 (b) Flowtron feeder	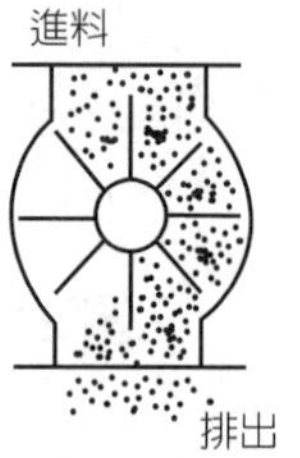 (c) Rotary valve	 (d) Table feeder
對象	數 mm-800mmψ	數 mm 以下的粉體	微粉及顆粒	100mesh- 數 mmψ
機制；控制方式	鏈的迴轉；迴轉數	圓轉震動；頻率、間隙	閥的迴轉；迴轉數	底盤的迴轉；迴轉數
能力	30～500 m³/hr	0.1～10 m³/hr	0.02～10 m³/hr	10～150 m³/hr

圖 21-11(a)[3]

b. 依機械力移動方式供料

依機械力移動方式供料的代表機型有：

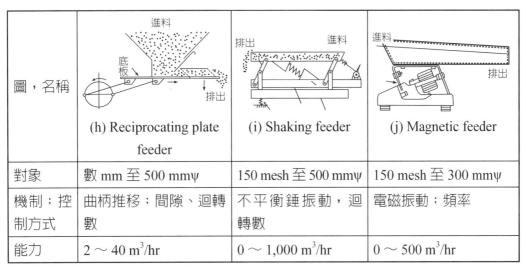

圖，名稱	(e) Belt feeder	(f) Screw feeder	(g) Apron feeder
對象	1 ～ 100 mmψ	50 mmψ	100 mesh ～ 300 mmψ
機制；控制方式	皮帶的移動；間隙、迴轉數	螺旋迴轉；迴轉數	鏈移動；間隙、迴轉數
能力	1 ～ 500 m³/hr	0 ～ 50 m³/hr	10 ～ 200 m³/hr

圖 21-11(b)[3]

c. 以往復運動或振動方式供料

以往復運動或振動方式供料的代表機型有：

圖，名稱	(h) Reciprocating plate feeder	(i) Shaking feeder	(j) Magnetic feeder
對象	數 mm 至 500 mmψ	150 mesh 至 500 mmψ	150 mesh 至 300 mmψ
機制；控制方式	曲柄推移；間隙、迴轉數	不平衡錘振動，迴轉數	電磁振動；頻率
能力	2 ～ 40 m³/hr	0 ～ 1,000 m³/hr	0 ～ 500 m³/hr

圖 21-11(c)[3]

d. 藉流體壓力或流體化方式供料

藉流體壓力或流體化方式供料的代表機型有：

圖，名稱	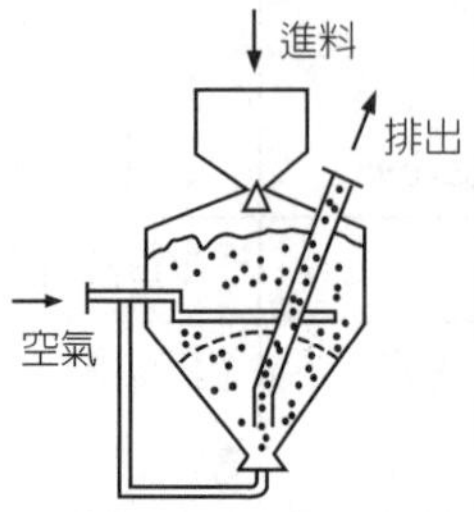 (l) Fluxo blow tank	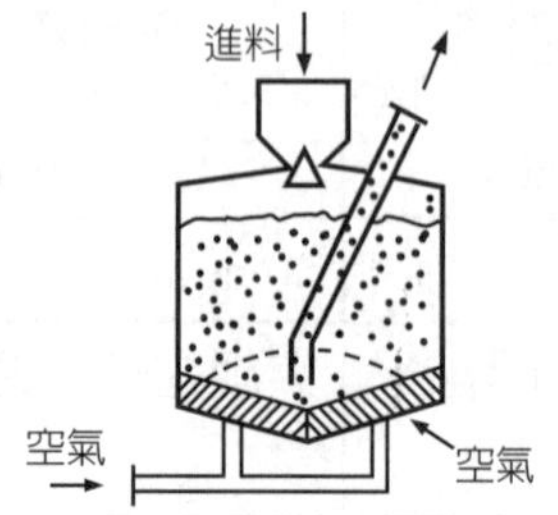 (m) Fluidized blow tank	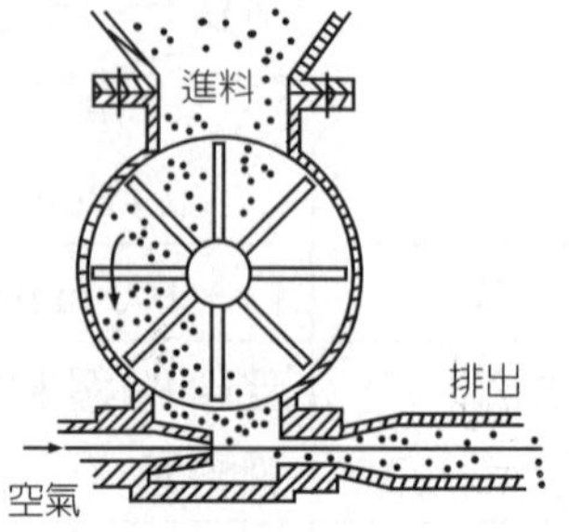 (n) Injector feeder
對象	微粉	微粉	Pellets，微粉
間機制；控制方式	藉氣體鬆動的高壓推送；推空氣體量和壓力	藉氣體流體化後高壓推送；推空氣體量和壓力	以高壓氣體經噴射泵產生吸引力；氣體流量和壓力
能力	<500 m³/hr	<120 m³/hr	<5 m³/hr

圖 21-11(d)[3]

21.3.2 依使用目的分類 [15]

1. 定重量供料

擬定重量供料簡單的有如圖 21-12(a) 所示的計量斗供料器（hopper scale feeder），或如圖 21-12(b) 所示的在皮帶式供料器加裝重量感測器，以信號控制皮帶速度的皮帶輸料器。為減少控制儀的調整幅度，供料先經轉盤供料器做初步控量。

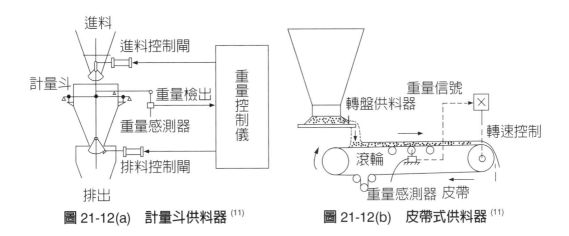

圖 21-12(a)　**計量斗供料器**[11]　　　　圖 21-12(b)　**皮帶式供料器**[11]

2. 定容量供料[3]

　　製程上要求的定量供料該指定重量供料。一般而言，要達成定重量供料，例如上段所述使用各種感測器加控制儀，若能維持進料的嵩密度不變，則以機械方式達成定容量供料就可達成定重量供料的目的。圖 21-13(a) 揭示實驗室用的最簡單型轉盤供料器，理論上只要安息角不變，此機型該達成某程度的定量供料，但若供料斗的粉粒體存量有變化時，盤上構成安息角之物料的嵩密度可能會有變化，且安息角的斜坡也難維持不變。圖 21-13(b) 所示的轉盤供料器，多加一道刮除板以確保排料的定容量。圖 21-13(c) 揭示改良式的轉盤供料器（bailey feeder），在供料斗加裝分散攪拌翼，消除粉體自重改變供量斗的粉粒嵩密度，同時也刮平粗量斗的進料，粉體先饋入容積稍大的粗量斗，再由粗量斗饋入定容排出斗，此供料器可相當精準的定容量（或定重量）供料。

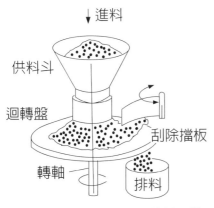

圖 21-13(a)　**簡易轉盤供料器**[3]

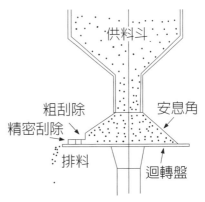

圖 21-13(b)　**精準轉盤供料器**[3]

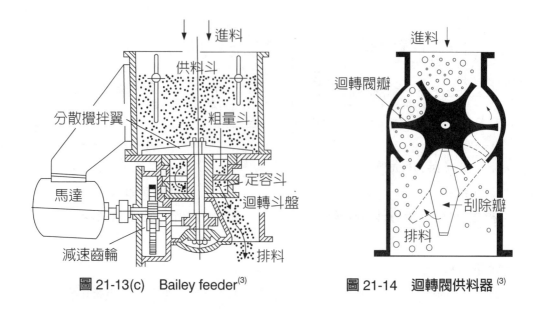

圖 21-13(c) Bailey feeder[3]　　　圖 21-14 迴轉閥供料器[3]

　　圖 21-12 揭示另一常見的迴轉閥定容量供料器，理論上如迴轉閥瓣每量斗填充率能維持不變，可達成程度較粗糙的定容量供料。

3. 可變量供料

　　要供料器能依製程或操作條件自動改變供料量，就得在裝置上增加接受程序或操作條件發生變化的信號，透過控制機制改變轉速或閥門開口大小，如在錘打式磨碎機，從驅動磨碎器的馬達動力線拮取耗電量變化信號來調整供料量以維持耗電量於某設定值。另一例是在計量斗供料器，可依接受製程或操作條件發生變化的信號調整每批排料的設定值。

　　供料器的另一功能是從某程序裝置排出原存於該貯槽或反應器等的粉粒體物料，此部分將在另節加以說明。

21.3.3 依粉粒體物性選擇供料器的機型

　　表 21-6 列示物性與供料器的適應程度，供選擇供料器時依物料的粒度、流動性、磨耗性及一些特性來選合適的機型。

表 21-6　依物性選擇供料器機型的參考表[15]

粉粒體物料的物性	重力流動						機械力移動				振動式			流體壓・流體化					
	迴轉閥式供料器	計算斗供料器（雙閘閥式）	鬆鏈供料器	Flowtron 豎式供料器	轉盤供料器	Bailcy 供料器	皮帶式供料器	螺旋式供料器	裙鉤鏈式供料器	斗式升料器	往複底板供料器	偏心錘振動供料器	電磁鎚振動供料器	Fluxo 高壓供料器	流體化推送供料槽	噴射泵吸料器	氣體滑梯	流體化推送供料槽	計量斗供料器
粒度																			
微細粉（< 100 mesh）	○	○	×	○	○	○	○	○	×	○	△	△	○	○	○	○	○	○	○
微粉（100 mesh ～ 1 mm）	○	○	×	○	○	○	○	○	○	○	○	○	○	○	△	○	×	×	○
粗粒（1 ～ 10 mm）	○	○	○	○	○	○	○	○	○	○	○	○	○	×	×	×	×	×	○
小塊（10 ～ 100 mm）	×	×	×	×	×	×	○	△	○	○	○	○	○	×	×	×	×	×	×
大塊（> 100 mm）	×	×	○	×	×	×	○	×	○	×	○	×	×	×	×	×	×	×	×
不規則形（片狀，針狀等）	×	△	×	△	×	○	○	○	○	○	○	○	○	○	×	○	△	×	○
粒度分布大的固粒群	△	○	×	×	×	×	○	○	○	○	○	○	○	○	×	○	○	×	○
流動性																			
流動性大（安息角 < 30°）	○	○		△	×	○	○	○	×	○	×	○	△	△	○	○	○	○	○
流動性中（安息角 30 ～ 45°）	○	○		○	○	○	○	○	○	○	○	○	○	○	○	○	○	○	○
流動性小（安息角 > 45°）	×	△		○	△	○	○	○	×	○	△	○	○	×	△	○	×	×	△
黏著性	×	△		×	△	△	○	○	○	△	○	○	○	×	×	×	×	×	×

依供料器 機制類別 ＼ 粉粒體物料的物性	重力流動						機械力移動				振動式			流體壓・流體化					
	迴轉閥式供料器	計算斗供料器（雙閘閥式）	鬆鏈供料器	Flowtron 豎式供料器	轉盤供料器	Bailey 供料器	皮帶式供料器	螺旋式供料器	裙鉤鏈式供料器	斗式升料器	往復底板供料器	偏心錘振動供料器	電磁錘振動供料器	Fluxo 高壓供料器	流體化推送供料槽	噴射泵吸料器	氣體滑梯	流體化推送供料槽	計量斗供料器
摩耗性																			
無磨耗性	○	○	○	○	○	○	○	○	○	○	○	○	○	○	○	○	○	○	○
磨耗性小	○	○	○	○	○	○	○	○	○	○	○	○	○	○	○	○	○	○	○
磨耗性大	△	○	○	○	○	×	○	△	○	○	○	○	○	○	○	○	○	×	○
其他特性																			
脆弱性固粒	×	○	×	△	△	○	○	○	△	×	×	×	×	×	×	×	○	○	×
鬆浮性固粒	×	△	×	×	×	×	○	△	○	△	×	×	×	×	×	×	×	○	×
高溫固粒（>100℃）	○	○	○	×	○	○	○	○	○	○	○	○	○	○	○	△	○	△	○
泥巴狀固形物	×	×	×	×	×	×	△	△	×	○	×	×	×	×	×	×	×	×	×

○：合適使用　　△：宜避免使用　　×：不可使用

21.3.4 使用供料器可能發生的困擾現象 [15]

1. 架橋現象

供料器的進料端大都具有相當於小型貯存槽的供料斗。貯槽具有架橋、漏斗排流（funnel flow）等現象，當供料斗設計不周全時也會發生，導致供料中斷，或架橋崩毀時發生一時的供料過量，產生漏斗流時偏流會產生靜止滯留區。要防止這些現象需從供料斗的形狀設計，或加裝攪拌棒，或加震動於供料斗器壁，但連續震盪或震盪點不對時可能反而促進粒子群的固化。

2. 微粒湧騰（Flushing）

微粒被從排出端鑽入的氣體流體化時，不僅易使供料斗裡的物料的嵩密度劇減，而且使靠定容量供料的質量流量減小，此外流體化後的微粉群就像液體般溢流各處，無法控制供料量。故易引起湧騰的微細粉，如粉末活性碳、碳黑（carbon black）、滑石細粉不宜採用轉盤供料器、Flowtron、電磁震盪供料器，而宜改用密閉型螺旋供料器等較合適。

3. 裝置的磨耗與物料的磨碎

如刮板型供料器或迴轉閥型供料器、螺旋供料器，都具有可動部分與靜止器壁的摺動而導致頗嚴重的裝置磨耗。要避免摩耗必須使用耐磨材料。高磨碎供料中的物料需避免磨碎時，宜採用振動供料器、Flowtron 或轉盤供料器。

4. 偏析

如供料距離或過程太長時，粒徑分布較廣，或密度不一的混合物都可能產生偏析，如使用振動供料器時，大粒子移動速度大於微細粒子而有前後排料端的排料品質不一的困擾。

5. 間歇供料現象

利用螺旋供料器或迴轉閥供料器時，其排料並不是像皮帶式供料器或轉盤供料器一般穩定的連續供料；而是受到螺旋或迴轉閥瓣設計影響的短暫間歇性供料。要改善此缺陷，螺旋供料器有採用同軸雙間距螺旋，而迴轉閥供料器則有把直閥瓣改用如圖 21-15 所示的斜閥瓣的設計。

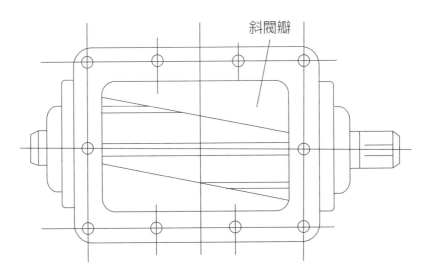

圖 21-15　連續供料迴轉閥 [15]

21.3.5 改善各種供料器的缺陷之例 [3, 15]

1. 皮帶式供料器的偏流與改善

　　圖 21-16(a) 和 (b) 分別揭示皮帶式供料器皮帶面與供料斗開口如平行時可能發生漏斗排流，導致大部分供料斗空間變成靜止滯留區和產生偏流的示意圖。而圖 21-16(c) 揭示將供料器皮帶面與供料斗開口向上與斗底傾斜傾斜 3～4° 時可得供料斗內的全面均勻排流來避免漏斗排流和偏流。

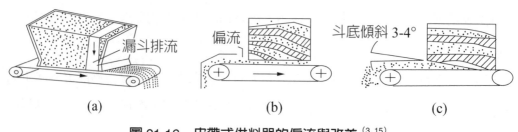

圖 21-16　皮帶式供料器的偏流與改善 [3, 15]

2. 電磁供料器的偏流和供料量不穩的改善

　　電磁供料器的供料斗的開口如與溝槽底面平行時也如圖 21-17(a) 所示將產生偏流現象，如讓兩者有傾斜 3～4° 時就可得全面均勻排流來偏流。圖 21-18 則揭示電源週率的變化會影響振幅，其變化最大巧在一般電源的 60 cycle，此現象將影響其定量供料的準確性是值得注意的。

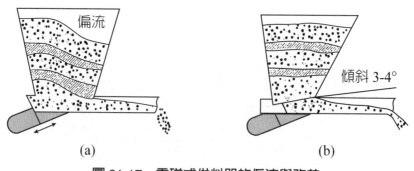

圖 21-17　電磁式供料器的偏流與改善

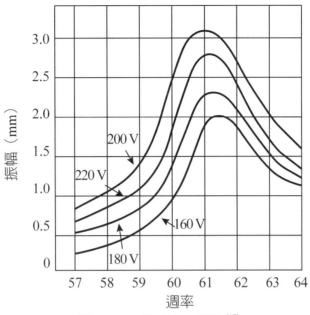

圖 21-18　週率 vs. 振幅[15]

3. 螺旋供料器的偏流和供料量不穩的改善

螺旋供料器的螺旋如採用等間距螺旋（如圖 21-19(a) 所示），溝槽空間只抬取供料前段的粉粒體導致大部分供料斗空間變成靜止滯留區，改用如圖 21-19(b) 所示的變間距螺旋始可讓供料斗能以全面排流來均勻供料。

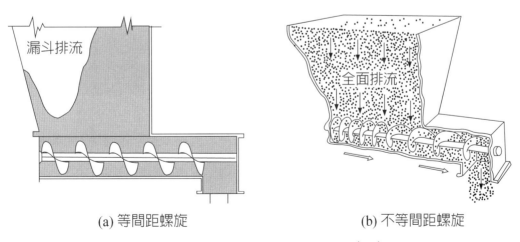

(a) 等間距螺旋　　　　　　　　　　　(b) 不等間距螺旋

圖 21-19　螺旋供料器的偏流與改善[3, 15]

4. 迴轉閥供料器的氣縛現象與改善

迴轉閥除了可用為供料器外,也常被使用於排料和隔絕外氣侵入貯槽或旋風分離器。如圖 21-20(a) 所示,當閥瓣在迴轉時,左半時裝滿要排出的物料而右半為已排完而只有空氣騰空狀態,這些空氣可能隨迴轉中的閥瓣和從閥瓣與閥殼間隙鑽入供料斗或貯槽,造成氣縛現象阻擋排料,若上接是旋風分離器時,這漏進來的空氣將干擾分離器的分離功能。為避免產生氣縛現象,常於右側上半部加設排氣管(如圖 21-20(b) 和 (c) 所示),將隨閥瓣上來的空氣導至系外(如旋風分離器排氣口後)。若是供料器,也常於迴轉閥排出口加裝噴射吸料器(如圖 21-20(d) 所示),把空氣與排料一併吸進噴射器排出,以避免空氣鑽入供料斗。

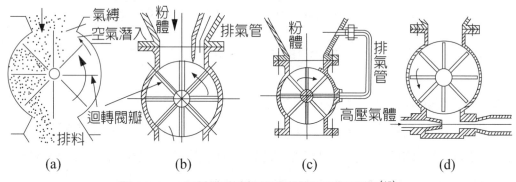

(a)   (b)   (c)   (d)

圖 21-20　迴轉閥供料器的氣縛現象與改善[15]

21.3.6 排料裝置 [3]

排料裝置是指用來排出裝在乾燥器的乾燥產品,大部分排料裝置構造與上節所介紹的供料器類同,排料裝置重點在順暢排出,而其排出端不像供料器有特定的供料點,也不太要求定量性。上節所介紹的各種供料器幾乎都可兼用為小型貯槽的排料器,故此節將就只介紹一些閘閥型排料器和用於中大型貯槽的排料裝置。

1. 閘閥型排料器

(1) 滑動閘閥(Slide gate)

圖 21-21 揭示滑動閘閥的構造圖,此類滑動閘其滑動方向多為水平向,開關時小型者可用手動拉推,而中大型槽時多利用氣缸(air piston)來推動。

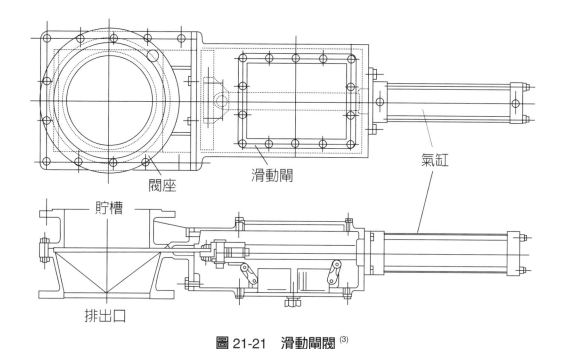

圖 21-21　滑動閘閥[3]

(2) 擺動與旋轉板閘

圖 21-22(a) 和 (c) 揭示兩種擺動板閘（flap-gate），而圖 21-22(b) 則揭示旋轉式的板閥，前者常被利用於簡易型稱量供料槽上下閘，這型閘閥也常用於小型貯槽之排料。由於板閘與粉粒物料流向成垂直向，故關閉板閘宜等貯槽騰空再關較妥。此型板閘排料器不能控制流量，也無定量性，宜用於短時間內做大量排卸之用。開關有手動與機械式（如利用氣缸）等不同方式。

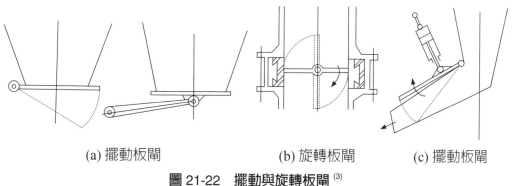

(a) 擺動板閘　　　　(b) 旋轉板閘　　　　(c) 擺動板閘

圖 21-22　擺動與旋轉板閘[3]

(3) 弧帽閘（Cut gate）

圖 21-23 揭示弧帽閘的構造示意圖，此型排料器是由弧型閘帽的拉開來卸料，可排料中隨時關閉為其特點，但甚難維持氣密，故不適於容易漂浮或湧騰（flushing）的微粉的排料。

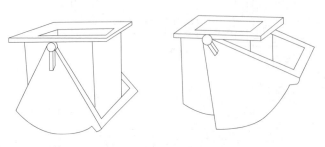

圖 21-23　弧帽閘 [15]

(4) 流量控制可撓性絞閥（Twisting sleeve valve）

圖 21-24 揭示薄型多瓣絞閥的外觀圖，此閥構造似相機的光圈，可轉移把手將中心隨意開口全開、半開至全閉，而圖 21-25 則揭示雙重可撓性筒管絞閥的外觀和構造示意圖，(a) 是全開時的外觀，(b) 則是全開，而 (c) 則是全閉時構造示意圖，這類絞閥都是裝在連接貯槽底端的排瀉管的出口端用來開關和調整排瀉量。多瓣絞閥是藉轉動外環的把手角度，而可撓性筒管絞閥則扭轉撓轉環來絞閉通路方式來開關和調整排瀉量。只要選對可撓性套絞管的材質，就可適用於耐酸鹼或可有氣密性的特徵。

圖 21-24　薄型多瓣絞閥 [3]

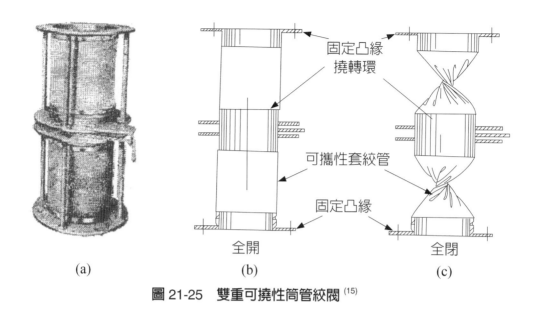

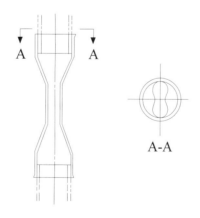

圖 21-25　雙重可撓性筒管絞閥 [15]

固定凸緣
撓轉環
可攜性套絞管
固定凸緣
全開　(b)
全閉　(c)
(a)

　　橡皮排瀉管（rubber chute）（圖 21-26）其功能與上項撓性筒相似，常見從負壓的旋渦分離器的排出，用來保持 Cyclone 的氣密負壓，此橡皮管的開閉是靠分離器堆積在下端的乾燥產品自重，關閉就靠其與大氣的壓力差，故由管排料多屬斷續狀。由於無驅動構造省了不少維修的麻煩。但不適於粒狀、塊狀或高溫產品的排料。

圖 21-26　橡皮排瀉管 [3]

(5) 雙重閥槽排料器（Double damper）

圖 21-27 揭示利用可轉閥墊的雙重閥槽排料器，由於此構造可達成隔絕貯槽與

外界的壓差而也稱爲隔壓供料槽（locker hopper）。

此器無摺動機件的適於排瀉具有磨耗性的物料（如水泥、氧化鋁等）。轉動閥墊可用電動方式、氣動方式（氣缸），或用平衡錘重等不同方式。也由於得隔絕通貯槽的通路，故只能用於可允許間歇性排歇的場合。

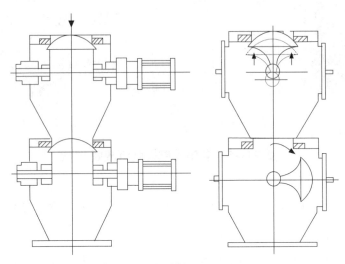

圖 21-27　雙重閥槽排料器[3]

21.4 氣體輸送裝置

21.4.1 氣體輸送裝置之種類與選擇 [1]

化工程序不乏有含氣相之反應需要高壓氣體或低壓氣體爲反應物，或藉用氣體之流動搬運粉粒體或乾燥粒子，在冷卻水源不充足之地域則多用空氣來冷卻程序流體，氣體輸送裝置不僅泵送氣體，也包括壓縮氣體的壓縮器，或排風之風扇、送風之鼓風機及抽某一裝置成眞空或負壓之眞空裝置等。氣體輸送裝置習慣上以氣體輸送裝置之吐出壓之上限來分類，吐出壓小於 100 cm 水柱歸類爲送風機或風扇（fan），吐出壓小於 1 kg/cm² 以下歸類爲鼓風機（blower），吐出壓上限高於 1 kg/cm² 以上就歸類於壓縮機（compressor），實際上其界限相當含糊。吸氣側壓力小於大氣壓之排氣裝置則另分類爲眞空泵（vacuum pump）。圖 21-28 揭示了各種氣體輸送及壓縮裝置之種類及其有效靜壓之上限，而圖 21-29 即以排（或吸）風量

（m³/min）對吐出壓力 mmH₂O 或 kg/cm² 來揭示各種氣體輸送裝置之適用範圍。

名稱			送風機		壓縮機
			風扇（送風機）	鼓風機	
壓力		種別	小於 1000 mm 水柱	1 kg/cm² 以下	1 kg/cm² 以上
離心式	軸流式	軸流			
	離心式	多翼			
		徑向流			
		透平式			
正位移式	迴轉式	Root			
		滑板式			
		螺旋式			

名稱		送風機		壓縮機
		風扇（送風機）	鼓風機	
往復式	往復			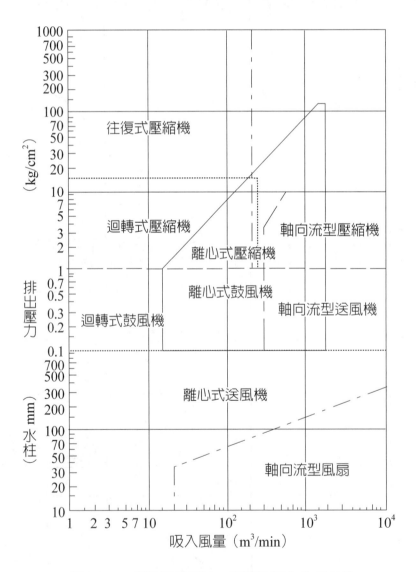

圖 21-28　各種氣體輸送及壓縮裝置之種類及其有效靜壓之上限 [1]

圖 21-29　選擇氣體輸送、壓縮裝置之參考圖 [1]

21.4.2 送風機與鼓風機

1. 軸向流型風扇（Axial Flow Fan）或送風機

　　圖 21-30 揭示了單段及兩段軸向流型風扇，其特點是以小功率能排相當大的風量，但總壓差只在 700 mm 水柱以下，常被用於需大量換氣之場所，如礦坑或隧道等空氣品質不良的場所。在其吸進口套上圓滑之喇叭口（diffuser）可減少大量吸氣時因縮流而產生之壓力損。

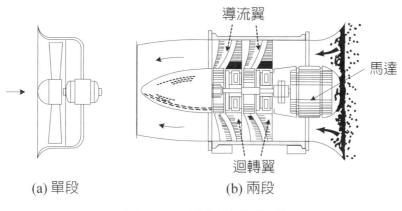

導流翼

馬達

迴轉翼

(a) 單段　　　　　　　　　(b) 兩段

圖 21-30　軸向流型風扇 [7]

2. 多翼片型送風機（Forward Curved Blade Fan）（圖 21-31(a)）

　　多翼片型送風機（圖 21-31(a)）多用於大風量低總壓差如冷氣機之室內機或壓力損較低之乾燥裝置等場所，此機型有操作點稍離效率最高點就產生噪音，而風量稍調大時所需功率就陡增而易使馬達過負荷等缺點。

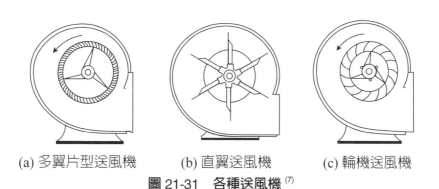

(a) 多翼片型送風機　　　(b) 直翼送風機　　　(c) 輪機送風機

圖 21-31　各種送風機 [7]

(1) 徑向流型送風機（或稱直翼送風機，radial or plate blade fan）（圖 21-31(b)）

此機型翼片最爲單純，而排氣量與總壓差（400 mm 水柱）介在多翼片型與輪機型送風機，翼片迴轉組有具側板與沒有側板兩種，前者效率較佳常用於含微粒場合，而後者由於翼片換新容易，故常被使用於因磨損而需更換翼片的場合。

(2) 輪機送風機（Turbo blower）（圖 21-31(c)）

構造與多翼片型送風機相似，但翼片尺寸較大而片數較少，其總壓差可達50～800 mm 水柱，效率在 70% 以下，常被使用於需氣體流量較大之集塵機或乾燥機，如採用多段設計總壓差可逾 1,000 mm 水柱。

3. 鼓風機（Blowers）

一般指單段機的總壓差介在 750～1,500 mm 水柱之氣體輸送裝置。圖 21-30 揭示四種不同型之鼓風機：

(1) 輪機鼓風機構造與具有 Diffuser 環之離心泵雷同，單段機之總壓差約爲500～800 mm 水柱，需高壓差時可採用多段型設計。

(2) 偏心輪滑片式鼓風機構造和作用原理與圖 21-32 所介紹之偏心輪滑板鼓風機相同，用於鼓風機時滑動片數常爲 6～8 片。

(3) Root 鼓風機構造與作用原理已在上節迴轉式壓縮機中以圖 21-30(c) 說明，其葉瓣有兩葉或三葉等不同設計，葉瓣增多時其排出壓之脈動起伏和噪音均將稍減。

(4) **液封式鼓風機**（Liquid seal blower, or Nash-hytor），構造與作用原理與圖21-32(d) 之液封式壓縮機雷同，只是 Nash-hytor 之迴轉翼並未偏心安置，此機型無論迴轉翼或泵室構造單純，如迴轉翼不難以耐蝕材質製備，而泵室空曠甚易襯耐蝕材料，故常使用於腐蝕性氣體之輸送，如以濃硫酸爲封液輸送氯時可兼有除氯氣中水分之功能。由於排氣量不少又可吸含有液滴氣體，此機型也常用做眞空過濾器之眞空泵。

21.4.3 真空裝置

眞空泵是從幾近絕對眞空之裝置將氣體抽出並將壓縮至等於大氣壓而放出之裝置，它可說也是壓縮機之一種，與一般壓縮機所不同之點爲：

1. 吸進氣壓與吐出壓差小，故管路阻力大時需額外之功率來克服。

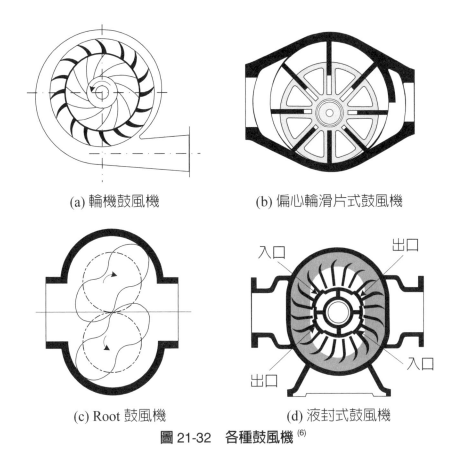

(a) 輪機鼓風機　　　　　　(b) 偏心輪滑片式鼓風機

(c) Root 鼓風機　　　　　　(d) 液封式鼓風機

圖 21-32　　各種鼓風機 [6]

2. 由於吸入氣體相當稀薄，故與同一功率之壓縮機比需更大徑之氣缸。

3. 壓縮比與排氣量隨吸進側之眞空壓而異。

4. 多段設計時各段之氣缸大小同一大小。

　　眞空泵可分爲機械式和蒸氣噴射眞空泵及擴散泵等三大類，機械式有往復式與迴轉兩大類，而噴射泵則依其高壓驅動流體分爲液體噴射泵及氣體噴射泵，後者多用水蒸氣，擴散泵雖也屬噴射泵，作用原理稍異，且只用於 0.1 mmHg 以下之高眞空系。圖 21-33 揭示機械式和蒸氣噴射眞空泵之性能和選擇參考圖。

21.4.4 往復式眞空泵與迴轉式眞空泵

　　往復式眞空泵因可達眞空度及排氣量大而在工場裡被廣泛使用，但需變速裝置且所占空間大均是其短處，此機型所需功率在吸氣壓力爲 30～50 kPa 時達最高。迴轉式眞空泵有如圖 21-35 所示各種，(a) 及 (b) 是屬於利用偏心輪來吸氣及排氣，

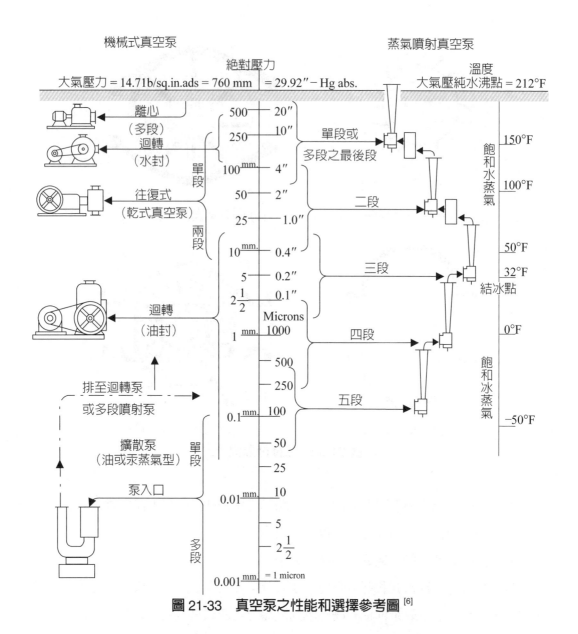

圖 21-33　真空泵之性能和選擇參考圖[6]

而 (c) 偏心滑板式與 (d) 液封泵則與上節所述同款排風機相同原裡。此機型除了 (d) 外，因體型小，常被使用於實驗室或小型工廠。偏心輪滑板眞空泵單段可達之眞空 壓爲 20 mmHg，兩段時可達 2 mmHg，此機型之排氣容量可達 55 m^3/min，而偏心 輪轉速在 485～2850 rpm，注意的是此機型不適使用於可凝結性蒸氣或含雜物之氣 體。液封型眞空泵效率雖不高但構造單純易於維護，可排含微粒，可凝結蒸氣，甚 至腐蝕性氣體而有其特殊用途，單段機可抽到 100 mmHg，兩段機則可達 25 mmHg， 其排氣容量約在 0.055～140 m^3/min，而迴轉翼轉速在 700～1450 rpm 之範圍。

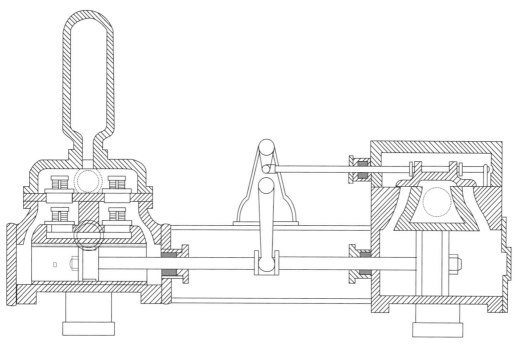

圖 21-34　往復式真空泵與迴轉式真空泵[1]

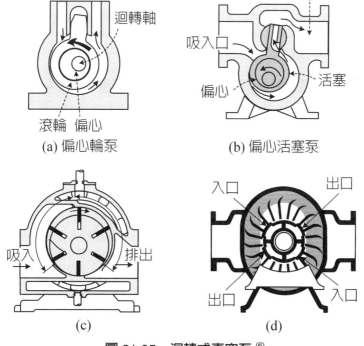

(a) 偏心輪泵　　　　　　　(b) 偏心活塞泵

(c)　　　　　　　　　　(d)

圖 21-35　迴轉式真空泵[6]

21.4.5 噴射式真空泵

　　圖 21-36 揭示蒸氣噴射式真空泵之構造剖面圖，而圖 21-37 則圖示噴射式真空泵作用原理，高壓流體由具有小 Laval（*A-B-C*）管形狀之噴嘴（*A*）以高流速噴出時所產生靜壓差將吸氣口（*D*）之流體吸入另一 Laval 管（*EFG*），不同壓力之兩支流體利用 Laval 管之混合功能在 EF 段混合並在流經大 Laval 管時恢復其壓力，最後經由出口 *G* 排出。

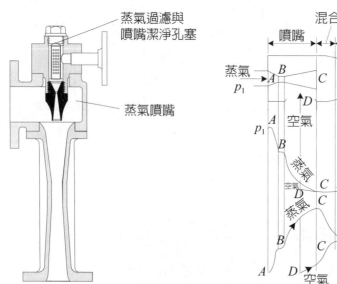

圖 21-36　蒸氣噴射式真空泵 [8, 10]

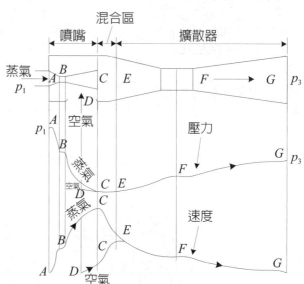

圖 21-37　噴射式真空泵作用原理 [8, 10]

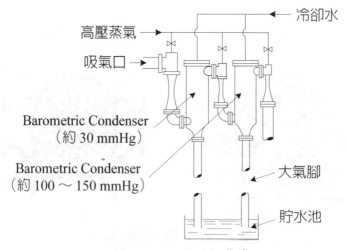

圖 21-38 三段噴射 [8, 10]

由於化工廠都有鍋爐供應 7～15 kg/cm^2 之蒸氣，而如前述噴射泵無可動元件，故常採用蒸氣噴射泵（steam ejector）來產生真空，一般而言，單段蒸氣噴射泵可抽到 75 mmHg，兩段時可達 20 mmHg，三段時可達 2.5 mmHg，四段可至 0.5 mmHg，而五段時可至 0.1 mmHg。為減少下一段噴射泵之負荷，常在各段間插裝凝結器以去除可凝結蒸氣所占之排氣負荷容積，以減輕下一段泵的蒸氣消耗量，而後段泵機型可使用較小型泵。

噴射泵雖有構造單純易為維修之長處，但排氣量無法與迴轉式或往復式泵相比，故不少如蒸發罐或大型蒸餾塔啟動時使用迴轉式或往復式泵，達到所需真空度，才使用噴射真型泵以減少裝置待置時間。

21.4.6 擴散式真空泵

如需要真空度在 0.1 mmHg 以下之高真空時，得利用汞或油液的擴散捉住在高真空下之氣體分子始能達到所需高真空。圖 21-39 揭示具三段噴射液滴之擴散泵作用原理圖示。噴射用液體在下端之蒸發室被加熱成蒸氣後，由各段噴嘴擴散於連接吸氣口的空間，將與空間依高溫做運動之氣體分子碰撞混成一體，並經周圍之冷卻管凝結成液滴後回流至蒸發室。為儘量能捉住所有氣體分子，噴射蒸氣有兩段至五段，此泵排氣口需連接能抽真空到 0.1 mmHg 之真空泵之吸氣口。

噴射液體可用於較高的背壓（吸入口壓：四段噴嘴時 20～300 mmHg，兩段噴嘴時 2～3 mmHg），因汞在常溫的蒸氣壓為 0.001 mmHg，故為得更高之真空度，冷媒需用乾冰或液態空氣等低溫冷媒。

油擴散泵常用之油有經過精製的 Phthalic ester、Naphthalic base ester，通常噴嘴有 2～3 段，排氣容量有 20 liters/s 之實驗室用至 20 m^3/s 之大型機，多用於分子蒸餾或真空蒸鍍等需高真空之程序。

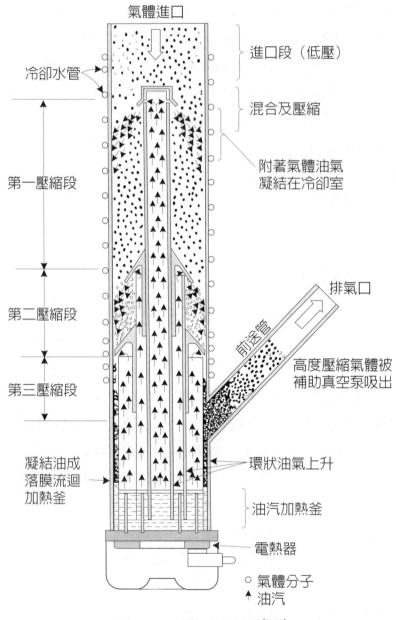

氣體進口

進口段（低壓）

冷卻水管

混合及壓縮

附著氣體油氣
凝結在冷卻室

第一壓縮段

排氣口

前送管

第二壓縮段

高度壓縮氣體被
補助真空泵吸出

第三壓縮段

凝結油成
落膜流迴
加熱釜

環狀油氣上升

油汽加熱釜

電熱器

○ 氣體分子
↑ 油汽

圖 21-39　擴散式真空泵[8, 10]

📃 參考文獻

燃燒器等

(1) Kunii, D，國井大藏；熱的單位操作 Vol, II 丸善，東京，日本（1968）

(2) 化學工學會編；化學工學便覽，改訂三版，Ch.19，燃燒及び窯爐，國井大藏，丸善，東京，日本（1968）

(3) 吉田五一，化學裝置便覽，滕田重文綸，Ch, 15，燃燒裝置。朝倉，東京，日本（1957）

LuH, W. M，呂維明；化工單元操作 II，熱傳與熱傳操作，Ch.12，高立，台北，台灣（2000）

Toei；桐榮良三：乾燥裝置マニュアル 日刊工業社 東京，日本（1978）

供料器等

(3)' 日本粉體工業技術協會編；粉粒體のバルクハンドリング技術，日刊工業社，東京，日本（1985）

(11)' 粉體工學の基礎編集委員會編；粉體工學の基礎，日刊工業新聞社，東京，日本（1992）

(13)' Walas, S.; Chemical Process Equipment-Design and Selection, Butterwoth, Boston, MA, USA(19xx)

(15)' 粉體供給裝置委員會編；粉粒體の貯槽と供給裝置，日刊工業新聞社 東京，日本（1967）

Sakashita，阪下灂：最新粉體プロセス技術，日刊工業社東京，日本（1,993）

氣體輸送裝置

[1] 化學工學會・化工便覽（改訂四版）・丸善・東京，日本（1973）。

[6] Coulson, J. M. and Richardson, J. F. *Chemical Engineering.* volume II, Butterworth-Hienmen, London, GK. (1996).

[7] Azbel, D. S. and N. P. Cheremisionoff, *Fluid Mechanics and Unit Operations.* Ann Arbor Science-The Butterworth Group (1983).

[8] Ludwig, E. E., *Applied Process Design for Chemical and Petrochemical Plants.* Second Edition, Gulf Publishing Co.; Houston, Texas, U.S.A. (1977).

[10] Nitinan Chemical Equipment Co., *Chemical Equipment Design Handbook.* Nitinan, Tokyo, Japan (1969).

第二十二章　乾燥操作安全與防治環境汙染的對策

乾燥操作裡可發生的災害及與環境汙染的問題粗略而言有 (1) 爆炸、火災，(2) 急性中毒，(3) 觸電、火傷，(4) 缺氧，(5) 粉塵，(6) 惡臭，(7) 噪音、振動等。於規劃、設計形操作乾燥裝置時，就得同時十分考慮上述諸問題。

22.1 乾燥操作發生的爆炸、火災的統計例 ^{（中央 Np.166）}

乾燥操作原本該是十分安全可放心操作的單元操作，但據日本厚生勞動省的統計，在 1980 年至 1990 年 11 年裡，於乾燥操作過程共發生過 34 件爆炸、火災的災害，有 73 人傷亡（內含 9 名死亡）。表 22-1 是就此調查災害，依原因、涉及的危險物品別分析的結果。

表 22-1　日本 1980～1990 年間發生於乾燥操作的工安事件的件數與原因 ^{（中央）}

原因別＼起因物別	合計	易燃性固體	具爆炸性物質	可燃性氣體	引火性液體	可燃性粉塵
合計	34	2	4	5	20	3
設備‧裝置在構造上的缺陷、損傷	2				2	
設備‧裝置的管理點檢或保養不良	14			3	8	3
通風換氣不周全	6			2	4	
運轉操作有誤	2				2	
預備乾燥等階段殘留物沒清除周全	2				3	
各階段操作連絡不夠徹底	1		1			
處理被乾燥物手法不適宜	6	2	3		1	

　　件數最多的是設備、裝置的管理不良，檢查、保養的不良而起的災害，其次多的災害原因是燃燒爐和裝置的通風不良，也就是爐熄火後殘留了可燃性氣體，在點火前沒排清，或裝置內蒸發出來的溶媒蒸氣的殘留沒除去，就成了火災、爆炸的主因。圖 22-1(a) 揭示乾燥操作發生爆炸、火災的起因依起因物質的類別表示，而圖 22-1(b) 則揭示乾燥操作發生爆炸、火災發生著火源統計的結果。從後者起因最多的是靜電，故對靜電對策需特別用心。此外，依裝置的操作方式來檢討，批式操作占到 62%，可見批式操作比連續操作多了溼潤材料和乾燥產品的頻頻進出、加熱、冷卻裝置就增加產生災害起因的機會。

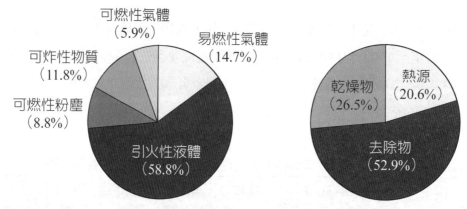

圖 22-1(a)　乾燥操作發生爆炸、火災的起因依起因物質的統計 (中央 Np.167)

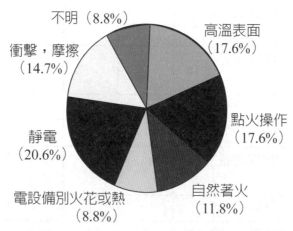

圖 22-1(b)　乾燥操作發生爆炸、火災的起因 依起因物質的類別 (中央 Np.167)

22.2 爆炸性及可燃性物質

1. 常見的主要爆炸性物質

表 22-2 列舉一些常見的主要爆炸性物質和其分解開始溫度和分解熱大小。

表 22-2　**爆炸性物質與熱特性**(中央 Np.168)

物質類別	化學物質例	分解開始溫度 [°C]	分解熱 [J/kg]
過氧化物	Benzoyl peroxide	108	1.833
硝基化合物	2,4 Dinitorotoluene	271	3.470
偶氮化合物	2,2 Azobis isobutylnitoryl	103	1.494
重氮化合物	Diphenyl diazometane	56	0.774
聯胺化合物	Benzen sulfonyl hydrazine	113	1.620

2. 可燃性物質的物性

了解可燃性物質的物性對防止乾燥操作中可能發生的災害範圍有益，表 22-3 則列示各種可燃物的爆炸臨界濃度、著火溫度、最小著火熱能。

(1) 可燃物的爆炸限界

在可燃物與空氣的混合物中，火焰可傳播時的可燃物濃度的限界稱為爆炸限界或可燃限界；可燃物稀薄側的限界就稱為下限界，過剩限界稱為上限界，而兩限界的區域叫做爆炸範圍。

如可燃物是引火性液體時，此限界就有蒸氣濃度與液滴（mist）的兩種限界。

如可燃物是粉體時，粉體粒徑小於 0.5 mm 且形成粉塵霧時就也可能著火爆炸，粉塵爆炸的上限不易量測，故幾無可靠數據可用，這些粉體可燃物母體來自木材、煤碳時，其粉塵生成塵霧會引起爆炸是不難了解，而會去預防，但這些粉塵源自小麥、白糖或金屬粉時，就不是一般人所悉範圍，研磨金屬鈦或鑄鋁品時，產生金屬粉塵引發塵爆例也不少（參照表 22-3 與表 22-4）。

(2) 可燃物的引火溫度

如液體是裝在密閉容器時，液面上的空間將充滿蒸氣和空氣的混合氣體，而蒸氣濃度是液體溫度下的飽和濃度。對應於飽和蒸氣濃度的爆炸下限濃度的液溫平常稱爲**下部引火點**，一般就以此溫度爲引火點，但利用引火點試驗器能測得到的比下部引火點稍高的值。

表 22-3 **各種可燃物的性質** ^(中央 Np.169)

可燃性物質	爆發限界濃度			發火溫度	最小著火熱能
	下限界		上限界		
	[vol%]	[g/m³]	[vol%]	[℃]	[mJ]
可燃性氣體 氫氣	4.0		75	500	0.02
家用水煤氣	4.0		14	560	
甲烷	5.0		15	537	0.20
乙烷	2.0		12.5	472	0.24
Propane	2.1		9.5	432	0.31
丙烷	1.9		8.5	365	0.26
乙烯	2.7		36	425	0.096
乙炔	2.5		100	306	0.02
引火性液體 丙酮	2.1	60	13	465	1.15
甲醇	5.5	73	36	385	0.14
乙醇	3.5	67	19	363	
苯	1.2	39	8.0	498	0.20
甲苯	1.2	46	7.0	480	2.5
o-xylene	1.1	48	7.0	464	
Ethylacetate	2.1	75	11.5	426	0.46
n-Butylacetate	1.2	58	7.5	425	
Ethyiether	1.7	50	48	160	0.19
可燃性粉塵 鋁粉		30		710	10
鎂粉		30		627	20
Epoxy resin		20		510	9
合成橡膠		30		480	30
Polyethylene		20		400	10
Polypropylene		20		440	25
小麥		40		370	40
砂糖		35		330	30
木屑		20		490	20

　　對應於飽和蒸氣濃度的爆炸上限濃度的液溫平常稱之爲上部引火點。圖22-2是把甲醇爲液體來圖示上面所介紹的爆炸上下限界及上下引火點相互存在點。甲醇的爆炸下限界幾不隨溫度改變，但上限界溫度高，範圍愈廣，得注意的是細霧（mist）有更低的爆炸濃度。

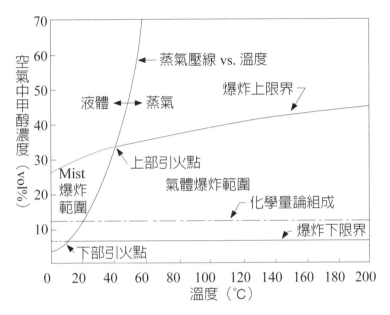

圖 22-2　甲醇的燃燒特性^(中央 Np.170)

(3) 可燃物的著火溫度

　　著火溫度或著火點指的是置於空氣中的可燃物質，不待從他處受火源，只靠加熱自起著火或起爆炸的**最低溫度**，一般液體或固體很少直接燃燒，而是從母體氣化產生的蒸氣或熱分解產生瓦斯著火。著火溫度可能依測定方法不同而有相當差異，表22-3揭示了一些常見可燃物的著火溫度。一般對碳氫化合物而言，碳數多的著火溫度有愈低的傾向。

(4) 可燃物的最小著火熱能

　　要讓可燃性混合氣體或粉塵雲著火，並起火焰向周圍傳播所需的最小熱能叫做該可燃物的最小著火熱能。表22-3也揭示了最小著火熱能值。此最小著火熱能值是燃燒速率愈大的物質其最小著火熱能就愈小。從上表所示值可見，粉塵的最小著火熱能比可燃氣體或蒸氣大兩位數。

3. 乾燥危險物時的安全對策

本節將就於乾燥操作時可引起爆炸、火災的起因物質（含可燃性氣體、引火性液體及可燃性粉塵）的安全對策做一些說明。

(1) 從溼潤材料蒸發出來的可燃性溶劑的安全化

a. 儘量使用水等不燃性溶劑替代原使用的可燃性溶劑。

b. 對含有揮發性較大的可燃性溶劑的溼潤材料，可先在較安全的場所用常溫預備乾燥，減少其溶劑含量，復再送最終段的乾燥裝置做後段的乾燥。

c. 如需在裝置內得搬動或攪拌含有可燃性溶劑的溼潤材料時，得特別防止產生靜電，也即上述搬動和攪拌需在低速下小心進行。

(2) 可燃性粉塵的安全化

a. 可燃性粉塵的粒徑愈小，其著火危險性愈增大，故需磨碎或解碎可燃性固粒時，切勿磨成必要以上細粉，反而該考慮先造粒成合適的粒徑。

b. 爲避免產生靜電，可燃性粉體操作的得在低速下進行。

c. 隨乾燥的進行，產生靜電現象會增加，故宜避免過分乾燥可燃性固粒。

d. 乾燥可燃性固粒作業場所地板宜使用可防止帶電地板或導電性墊板。

e. 操作人員需穿可防止帶電的衣服、手袋，和工作鞋。

f. 操作所使用的工具、用品均需經去除、防止帶電處理，而工具類得是不產生火花的特殊工具。

(3) 藉換氣稀釋燃料氣濃度至下限濃度以下確保乾燥操作環境的安全化

直接採用燃燒氣做爲乾燥熱源時，常見因燃燒室（爐）內殘留夠量的燃料氣體而發生爆炸的事例。熄火後宜以新鮮空氣（不含燃料氣）置換室內的氣體，讓其可燃性氣體濃度降低至爆炸下限界濃度，以確保乾燥操作環境的安全。圖 22-3 揭示換氣次數與殘留室內可燃性氣體濃度的關係供參考。

要注意的是在批式乾燥裝置，開始乾燥時溶劑蒸氣會急激上升，使室內容易進入爆炸限界範圍，故不能忘了做充分的換氣使溶劑濃度抑低於爆炸下限界濃度的30% 以下，以確保乾燥操作環境的安全。

(4) 藉添加適量惰性氣體確保爆炸性環境的安全化

乾燥時得處理多量高揮發性蒸氣時或收噴霧乾燥可燃性粉體時，常有不易把這些可燃性氣體或粉塵濃度抑制在其爆炸限界外的情形，或於乾燥環境遇到過熱或靜

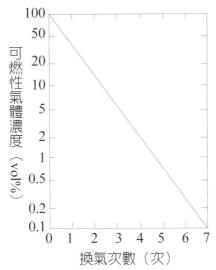

圖 22-3 換氣次數與殘留瓦斯濃度的關係 ^{（中央 Np.172）}

電存在而恐有著火發生時，宜藉添加適量惰性氣體，讓乾燥室內的氧氣濃度稀釋到爆炸限界以下，來確保爆炸性環境的安全。

如表 22-4 所示，如可燃物是碳氫化合物時，其爆炸限界氧氣濃度在以氮氣稀釋時在 10～12%，如以二氧化碳稀釋時足 13～15%，如氧氣濃度為在此限界值以下時，就可確保不致發生爆炸發生。但此時需特別留心操作人員吸入氧濃度低於 16% 的空氣而患缺氧症。表 22-5 揭示吸進氧濃度低於 16% 空氣時各種症狀。

(5) 消除著火源確保求環境的安全化 ^{（Toei, m, p.175）}

消除爆炸、火災的原因的著火原當然是防止災害發生的重要步驟之一。

a. 自然著火

乾燥具有自反應性的化學物質時，就需把乾燥溫度設定充分低於被乾燥物的發熱開始溫度。又如可燃性的乾燥物的殘渣或垃圾、溶劑附著或堆存在乾燥室內，可能被炭化或起自然著火，故需定期清掃乾燥室，去除這些附著物和堆積物。

b. 作業用火氣

修理或改造乾燥裝置時常需施行電焊或切斷，工作時所產生的熱量或火花常引起火災，改造時如需焊接或切斷時，最好自裝置拆下，宜在安全空間進行。

c. 電器設備發出的火花

乾燥設備內所設的用電設備（如風扇的馬達、照明器具、各種感測儀等）如有需接觸可燃性氣體、蒸氣、粉塵時應採用防爆型電器設備。

表 22-4　以惰性氣體稀釋時各燃料氣爆炸的限界氧氣濃度 ^(中央 Np.173)

可燃物		爆炸限界氧氣溫度 [vol%]	
		N₂ 添加	CO₂ 添加
可燃性氣體	氫	5.0	5.9
	甲烷	12.1	14.6
	乙烷	11.0	13.4
	丙烷	11.4	14.3
	正丁烷	12.1	14.5
引火性液體	n-Hexan	11.9	14.5
	Aceton	11.2	14.2
	Benzene	11.5	13.9
	Methanol	10.2	14.3
	Ethylether	6	13.0
可燃性粉塵	鋁	6	3
	Magesium	2ᵇ	ᵃ
	金屬鈦	6ᵇ	ᵃ
	PE 樹脂	9	
	小麥	11	
	木屑	10	

（注）1. 於純二氧化碳中也會發火；2. 高溫時在純氮氣中也會發火。

表 22-5　空氣中氧氣濃度與缺氧症狀 ^(中央 NP.174)

酸素濃度 [%]	症狀
16～12	氧氣濃度頭痛、嘔吐、耳鳴、脈搏、呼吸增快精神不集中、做不出細膩工作
14～9	全身無力、體溫上升、判斷鈍化、精神不安、刺傷無感、醉酊狀態、失去當時的記憶皮膚發紫
10～6	意識不明、中樞神經受害、麻痺、呼吸亂、皮膚發紫
持續在 10～6 或此值以下	昏睡→呼吸徐緩、呼吸停止、數分後心臟停止

d. 靜電放電

乾噴塗料、接著劑的 Sheet，或粉粒體的乾燥時，常因乾燥物受摩擦、剝離或流動等而產生靜電而產生引起爆炸‧火災的著火源的危險。

防止產生靜電的對策有：限制運轉的速度、選定機器材料、運轉方式等。而防止帶電的對策含接地、除電、防止使用會帶電的用品，防止放電的對策有遮蔽帶電物體、撤除突起構造物等。

e. 高溫表面，衝擊，摩擦

於乾燥設備，加熱器的高溫表面，機械或裝置的衝擊而產生火花，摩擦熱等也多可能引起災害的著火源，也因此平常對裝置的檢查、整備是很重要的工作。

4. 安全裝置

(1) 蒸氣濃度監視裝置：自動檢測可燃性氣體濃度，如引火性氣體濃度接近危險濃度時，除發放警報，並做緊急排氣，送進惰性氣體來防止爆炸的發生。

(2) 自動氧氣濃度檢測裝置：於使用惰性氣體的乾燥裝置裡裝自動氧氣濃度檢測儀，連續檢測裝置中氧的濃度，當氧濃度超過設定值時發出警報，也啓動灌進惰性氣體來防止災害的發生。

(3) 爆炸預警裝置：是具有檢測裝置內溫度、壓力的異常上升，或危險性瓦斯發生，並做急速冷卻、灌水、消火等工作，多與自動制禦機構並用。

(4) 壓力排放口（安全口）：是預備萬一裝置內發生爆炸時，瞬間性壓力上升可推開壓力排放口（門），放出氣體免得裝置炸裂損毀（詳參照 22）。

(5) 安全燃燒裝置的操作順序^{（Toei, m, p.175）}：圖 22-4 揭示安全燃燒裝置的作用流程。

a. 自動點火：先押點火按鍵，（先不會著火），第一步先押清除（purge）裝置內氣體，此時 Timer 會開始計時，在設定時間後 Purge 完成的燈會亮，之後再押點火鍵，Pilot burner 會點起火，此時火災檢測儀會測得，而啓動燃料的主閥並點著主燃燒器，Pilot 電磁閥被關也就熄 Pilot burner 的火。

b. 運轉中，由某些原因主燃燒器熄火時火災檢測儀會測出熄火就主動關閉主輸油閥，並發出警報，並亮起消火燈。

c. 如要再點火，得依 a 所述步驟才可重新點火。

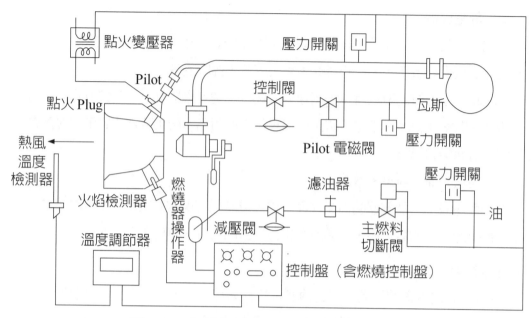

圖 22-4　安全燃燒裝置的作用流程 (Toei, m, p.177)

22.3 粉塵爆炸 (Lu, Ch.12)

22.3.1 粉塵爆炸的的基本認識 (Lu, Ch.12)

1. 粉塵爆炸的過程 (Kano)

　　粉塵爆炸與氣體爆炸是構成物質的分子與氧分子急速結合的現象，是否發生爆炸將依周遭的條件，如溫度、壓力、形狀、起爆所需能量而定，其過程如下步驟：

　　(1) 粒子的表面接受如圖 22-5 所示的各種能量，使其表面溫度上升。

　　(2) 粒子表面的分子因溫度上升發生熱分解或乾餾現象成氣體分子，游離至粒子周圍。

　　(3) 此氣體狀分子與氣相中的氧混合成可燃燒性或可炸性的混合氣，著火燃燒生成火焰（火種）。

　　(4) 此火焰所產生的熱，再促進未燃燒物的分解作用，放出更多的可燃燒性或可炸性氣體，與氣相中的氧混合，加旺燃燒與爆炸。

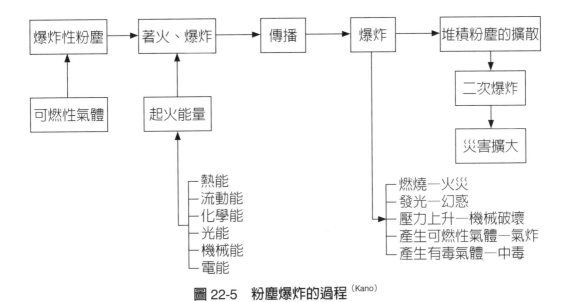

圖 22-5　粉塵爆炸的過程[Kano]

2. 三種不同的粉塵爆炸[Kano; Leusechke]

因化學特性不同而產生的不同爆炸狀況，有如下三種不同型：

(1) 會產生大量氣體物的爆炸型

如 1 kg 的砂糖爆炸燃燒時在標準狀態下為 3.739 m^3 的空氣，爆炸會產生 0.720 m^3 的氣體，使氣體容積增加為 4.460 m^3。

$$\underset{空氣}{} \quad \underset{氣體}{} \quad \underset{氣體}{} \quad \underset{氣體}{}$$
$$C_{12}H_{22}O_{11} + 12O_2 + 45.1N_2 = 12CO_2 + 11H_2O + 45.1N_2$$

(2) 爆炸前後氣體量無顯著變化，但氣體將因燃燒熱而顯著熱膨脹型

如 1 kg 的碳燃燒後雖需 8.885 m^3 的空氣，燃燒後總氣體量相同，同時產生 0.497 MJ 的熱量使氣體溫度在大氣壓下升到 600℃，而氣體容積增加為 10.23 m^3。

$$\underset{空氣}{} \quad \underset{氣體}{} \quad \underset{氣體}{} \quad \underset{燃燒熱}{}$$
$$C + O_2 + 3.76N_2 = CO_2 + 3.76N_2 + 497 \text{ kJ/g}$$

如鋁 1 kg 進行燃燒爆炸時換算成標準狀態來算參與的空氣為 2.962 m^3，爆炸

後只剩 2.340 m³ 的氮，如溫度升到 3,000°C 時，氣體容積膨脹成為 28.0 m³，如溫度平均是 1,000°C 來算，氣體容積膨脹也有 4.66 m³，表 22-6 列示可燃性固體的燃燒熱。

$$\underset{\text{固}}{Al} + \underset{\text{氧}}{(3/4)O_2} + \underset{\text{氮}}{2.82N_2} = \underset{\text{固}}{(1/2)Al_2O_3} + \underset{\text{氮}}{2.82N_2} + \underset{\text{燃燒熱}}{393.16 \text{ kJ/g}}$$

表 22-6　可燃性固體的燃燒熱 [Lu449]

物質名	碳化氫	合成樹脂	煤	木材
燃燒熱 MJ/kg	> 42	12 ～ 46	29 ～ 38	14 ～ 21

22.3.2 粉粒體層的自然著火

可燃性粉粒層內的反應熱無法逸散而蓄積在層內時，勢必提升其溫度，再促進反應速率，如此經過一段時間後粉粒體層溫度至逾越一限界溫度而引起著火現象，此限界溫度稱為此粉粒體的著火溫度（ignition temperature），而從原來溫度導致著火的時間就稱為誘導時間（Induction time）。

22.3.3 粉塵爆炸特性

如在 22.3.1 節所介紹粉塵爆炸異於粒子的自然著火，是塵霧中個個粒子間的熱進出成為其基本而發生對周圍的火焰傳播，產生高壓的問題，故粉塵裡含有不同種類的塵粒時就更可能發生塵爆。在各先進國家，為評估塵爆的危險性就以 (1) 可能發生塵爆的難易度和 (2) 爆炸的激烈度兩種角度來檢討塵爆，粉粒體的爆炸性試驗一般涵蓋①著火溫度，②最小著火熱能，③下限爆炸粒子濃度，④上限爆炸粒子濃度，⑤界限爆炸氧氣濃度，⑥最大爆炸壓力，⑦最大壓力上升速率，⑧火焰傳播速率。

1. 最小著火熱能、上下限塵爆濃度

為推導塵爆所需的最小著火熱能，考慮相距 l 的粒子均勻分散在塵霧裡的系統，粒徑為 d_p，密度為 ρ_p，粉塵濃度以表示，則

$$l = (\rho_p / C_d)^{1/3} \cdot d_p \qquad (22.3.3\text{ -}1)$$

如燃燒從中心粒子開始，從中心序為 n 的粒子球面上的粒子數 $N(n)$ 是

$$N(n) = 24n^2 - 48n + 26 \qquad (22.3.3\text{- }2)$$

但 n 為整數 $=2$，3，……，而 $N(1) = 1$，一個粒要燃燒完的時間 τ 是燃燒常數 $K_D (\doteqdot 2{,}000 \ [s/cm^2])$ 時

$$\tau = K_D d_p^2 \qquad (22.3.3\text{-}3)$$

如單一粒子的初期質量為 m_0 時

$$m(t) = [1 - \{1 - (t/\tau)\}^3] \qquad (22.3.3\text{-}4)$$

如經時間 t 後燃燒列第 n 粒時全燃燒質量 $M(t)$ 為

$$M(t) = m_0 \sum_{i-1}^{n} N(i)[1 - \{1 - (t - (i-1)\Delta t)/\tau\}^3] \qquad (22.3.3\text{-}5)$$

上式中 Δt 為火焰傳播至隔鄰粒子的傳播時間，如把（12.3.1-2）式代入上式可得

$$M(t) \approx 8m_0 (t/\Delta t)^3 \qquad (22.3.3\text{-}6)$$

如計算從燃燒粒子至未燃燒粒子的熱傳量的火焰半徑可以

$$R_b = (d_p / 4)(1 + \sqrt{1 + (2k^* / d_p)}) \qquad (22.2.3\text{-}7)$$

表示，但 k^* 為平衡常數，其值被估計為（$2 \sim 10$ cm）。

所謂**下限塵爆濃度**（lower explosion limit）是指從燃燒粒子燃燒時熱能以對流與輻射方式傳到隔鄰粒子，而兩粒子間距離可使燃燒粒燒完時，隔鄰粒子同時起燃的距離所代表的塵粒濃度；所謂**上限塵爆濃度**（upper explosion limit）指濃度高的塵霧中因粒子數多，各粒子不能分配到足夠的氧氣，而各粒子燃燒消耗只靠這不十分夠量的氧時，燃燒粒子尚在燃燒時就使未燃燒的隔鄰粒子著火的距離所代表的塵粒濃度。這些距離可由（22.3.3-1）式計算。圖 22-6 [Lu456] 揭示對醋酸纖維粉末計算所得結果，而圖 22-7 [Lu456] 則就鋁粉（$d_p = 30 \ \mu m$，$k^* = 5$ cm）計算氧氣濃度與粉

塵濃度上下限的關係，此圖顯示氧氣濃度小於 10% 大部分物質少有塵爆發生，爲了安全，常灌 CO_2 或 N_2 稀釋空氣中氧濃度來防止塵爆。一般大氣中時氧濃度時，粉塵濃度如介在數十 g/m^3～數 kg/m^3 時，都有發生塵爆的可能性。

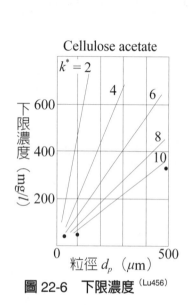

圖 22-6　下限濃度[Lu456]

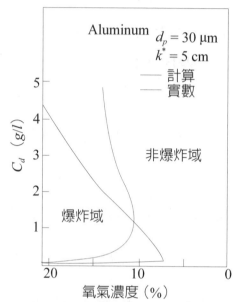

圖 22-7　上下限濃度與氧濃度的關係[Lu456]

　　上述著火溫度是可藉提升爐內含粉塵的空間溫度能使粉塵著火的最低溫度來量測，圖 22-8 揭示改善了美國礦山局 Hartman 爆炸特性量測儀的系統圖。用此試驗儀將擬量測的粉體由上撒下，也可量測該樣品粉塵的爆炸下限濃度。而爆炸過程的壓力上升速率可用 1 m^3 的圓筒型或如圖 22-9 所示以 20 公升的球型量測儀來測定。

　　粉塵的最小著火熱能 Kalkart 等人利用 Hartman 爆炸特性量測儀據粉塵在放電電極產生火花（spark）的最高溫度 T_F 時粒子的溫度上升的過程考慮火花內的溫度分布指出著火熱能 W [mJ] 與粉塵粒徑的三次方成正比，得如下式的公式

$$W = (4\pi\alpha)^{3/2} \rho C[(\frac{\ln 2}{12})(\frac{\rho_p C_p}{k})]^{3/2} T_F d_p^3 \qquad （22.3.3-8）$$

　　上式中 α 和 k 分別是空氣的熱擴散率 [m^2/s] 和熱傳導率 [W/m・K]，ρ、C 則是空氣密度 [kg/m^3] 和比熱 [J/kgK]，圖 22-11 揭示 Polyethylene 的粒徑與最小著火熱能的量測值之例。

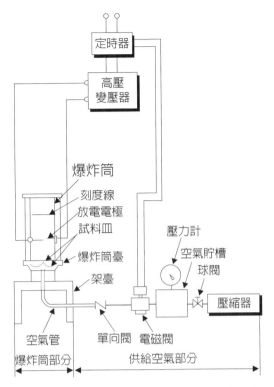

圖 22-8　Hartman 爆炸特性量測儀[Lu457]

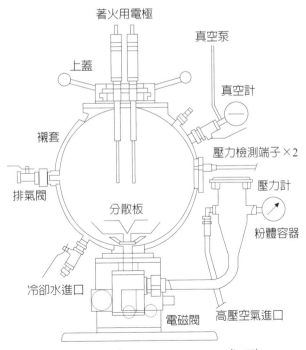

圖 22-9　球型爆炸特性量測儀[Lu458]

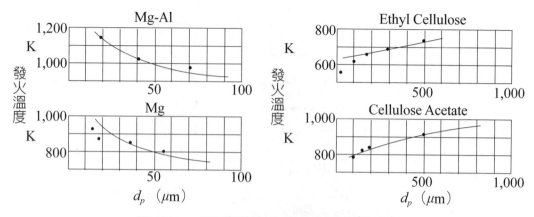

圖 22-10 不同粉塵粒徑的著火溫度 [4Tanaka]

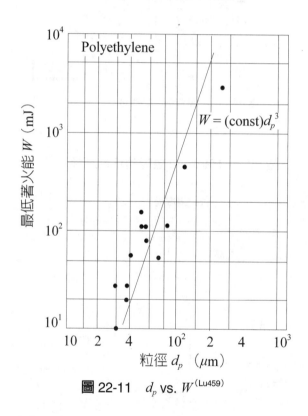

圖 22-11 d_p vs. W [Lu459]

22.3.4 最大壓力與最大壓力上升速率

　　為評估爆炸的劇烈程度，常用圖 22-9 所示的爆炸特性量測儀來測定爆作壓力與壓力上升速率。

關於爆炸系的最大壓力上升速率，Barthknecht[7]，提出如下的經驗式：

$$V_0^{1/3} dp/dt \big|_{\max} = K_{st} \qquad (22.3.4\text{-}1)$$

上式中 p 為壓力，t 是時間，V_0 是試驗儀的容積，K_{st} 被稱為爆炸強度指數，K_{st} 在 200 以下被歸類為弱爆炸，大於 300 就歸為強爆炸。當粉塵種類、著火熱能一定時，它是一定數。表 22-7 列示一些粉塵塵爆的爆炸強度指數與等級。

表 22-7　一些粉塵塵爆的爆炸強度指數與等級[Kano]

粉塵	p_{max}（bar）	K_{st}（bar·m/s）	爆炸等級
煤	7.8-8.0	60-97	1
穀類粉末	8.6-9.3	98-112	1
PE	1.3-7.9	4-120	1
PVC	7.5-9.6	37-163	1
Epoxy 樹指	5.3-10.0	53-168	1
麵粉	7.9-10.5	80-192	1
有機染料	6.5-10.7	28-344	1-3
鋁粉	6.5-13.0	16-1,900	1-3

如假設在密閉空間 V_0 的塵爆可視為斷熱反應時，壓力上升隨時間的變化可以下式求得：

$$d\bar{p}(t)/dt = \gamma \bar{p}^{(1-1/\gamma)} \{\bar{p}_m^{1/\gamma} - 1\} \{d\bar{M}(t)/dt\} \qquad (22.3.4\text{-}2)$$

$\bar{p} = p(t)/p_0, \bar{p}_m = p_{\max}/p_0, p_{\max} = n_{co}(RT_{co}/V_0)$ 而 p_0 = 初期壓力，p_{max} = 最大壓力，n_{co} = 發生氣體的克分子數，T_{co} 是最高氣溫，γ 是比熱比 =1.4，積分上式可得

$$\bar{p}(t) = \{(\bar{p}_m^{(1/\gamma)} - 1)\bar{M}(t) + 1\}^{\gamma} \qquad (22.3.4\text{-}3)$$

如初期粉塵質量 M_0 時，從（22.3.3-6）可得

$$\bar{M}(t) = M(t)/M_0 \qquad (22.3.4\text{-}4)$$

除非粉塵濃度 c_d 極度大以外，可視均一分散，而

$$M_0 = c_d \cdot V_0,$$

$$d\overline{M} / dt = 24m_0 t^2 / (\Delta t^3 \cdot M_0) \qquad (22.3.4\text{-}5)$$

以 $\overline{M} = 1$ 的 t 可從（22.3.4-2）式求得 $(d\overline{p} / dt)_{max}$，如

$$V_0^{1/3} (\frac{dp}{dt})_{max} = (\frac{\gamma d_p}{\Delta t})(\frac{36\pi \rho_p}{c_d}) \times p_m (1 - \overline{p}_m^{(-1/\gamma)}) \qquad (22.3.4\text{-}6)$$

此結果顯示（22.3.4-1）的理論基礎，而上式右項相當於 K_{st}，圖 22-12 是將上式右項利用爆炸下限濃度 c_{dm}、粒徑 d_p、最大壓力 p_m 簡化成 $p_m (1 - \overline{p}_m^{(-1/\gamma)}) / d_p^{0.2} c_{dm}^{1/3}$，並與 K_{st} 值作的圖，由此結果也可看出除了金屬粉塵外，比重在 $0.5 \sim 1.5$ 的粉塵都落在簡化後的直線附近。

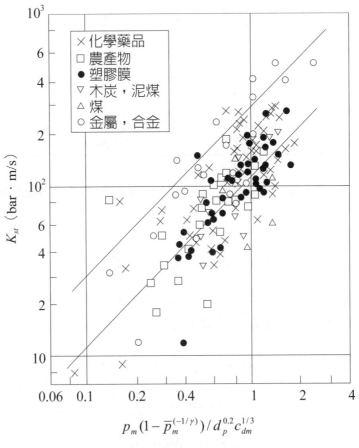

圖 22-12 K_{st} 值 (Tanaka, Barthkneccht)

22.3.5 防塵爆對策 ^(Kano, Tanaka)

1. 一般注意事項

　　(1) 宜設除塵設施去除作業空間的粉塵，避免粉塵瀰漫。

　　(2) 在貯槽上下等可能有粉塵排出或飛散的地方宜開大窗或排風扇，以降低空間裡的粉塵濃度。

　　(3) 可考慮提高處理中的粉粒物質的含水率，如麵粉含水率大於13%時就安全。

　　(4) 避免和防止摩擦而發火的動作。

　　(5) 防止產生靜電，有可能產生靜電處應裝地線。

　　(6) 電開關應採用防爆型，而馬達也應採用耐爆型。

　　(7) 壓力槽的容積儘量減小，避免爆炸時災害的擴大。

　　(8) 供料口儘量求小，有事時可容易隔絕。

　　(9) 為避免發生爆炸時災害的擴大，建築中選擇一面較弱的壁，爆炸時可讓爆風逸散。

2. 壓力排放口（安全口）的設計 ^(Kano, Tanaka)

　　為避免密閉容器因爆炸壓力而破壞，常設具類似安全閥功能的壓力排放口，其面積大小如為 S，則 S/V_0 稱為排放口比（vent ratio），但此值具有因次，受容器大小的影響。理論 Vent 的設計該基於 Vent 被炸破那瞬間因燃燒粉塵而發生的壓力上升與氣體流出的壓力減少以達平衡，但為安全起見將前者以最大壓力上升速度，讓裝置內壓力不大於材料強度的可容壓力 p_v 做為可達到的最大值，得如下的設計公式

$$\left(\frac{S}{V_0^{2/3}}\right) = \left[\left(\frac{p_0}{K_{st}}\right)\left(\frac{p_0}{\rho_f}\right)^{/2} f(\gamma)g(\bar{p}_v)\right]^{-1} \qquad (22.3.5\text{-}1)$$

　　上式中 S [m²] 是所需排放口的面積，ρ_f 是氣體密度 [kg/m³]，$\bar{p}_v$ 是裝置材料的無因次耐壓強度 $[\sigma/p_0]$，左項是無因次排放口比。

　　當 $\bar{p}_v < 1/0.53$ 時

$$f(\gamma) = \gamma\left(\frac{2\gamma}{\gamma-1}\right)^{1/2} \qquad (22.3.5\text{-}2)$$

$$g(\bar{p}_v) = \left(\bar{p}_v^{(1-1/\gamma)} - 1\right)^{1/2} \qquad (22.3.5\text{-}3)$$

當 $\overline{p}_v > 1/0.53$ 時

$$f(\gamma) = \gamma\{(\frac{2}{\gamma+1})^{\frac{\gamma+1}{\gamma-1}}\}^{1/2} \qquad (22.3.5\text{-}4)$$

$$g(\overline{p}_v) = \overline{p}_v^{(\frac{3\gamma-1}{2\gamma})} \qquad (22.3.5\text{-}5)$$

德國工業協會規格（VDI）提供如圖 22-13 的線圖來設計袋濾器（Bag filter）的排放口大小，利用此圖時，容積是從總空間容積扣除內部機件所占容積的實質上的空間容積，當內部壓力達設定壓力 P_1 時，排放口雖會打開，但要使內部壓力排放需一些時間，需考慮達到排放完時的壓力已升至 P_2 的大小來設計。

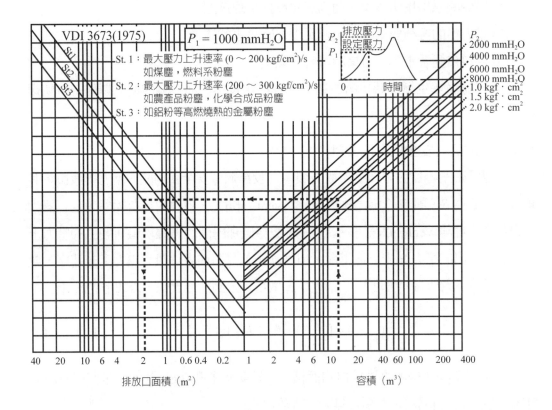

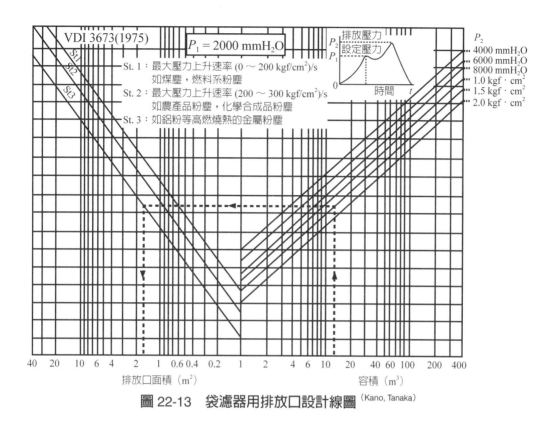

圖 22-13　袋濾器用排放口設計線圖 [(Kano, Tanaka)]

圖 22-14 揭示去除可燃爆炸性粉塵的袋濾器所具有的防塵爆設施之例供參考。

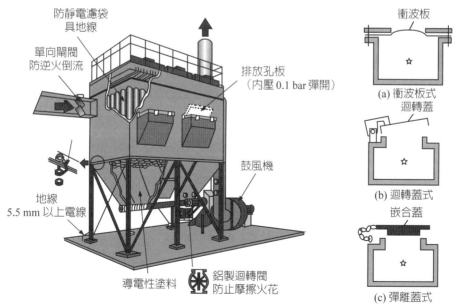

圖 22-14　具防塵爆設施的袋濾器之例 [(Kano)]

22.4 靜電災害

22.4.1 靜電產生機制^(Liang)

靜電是因兩物體間電荷移動，或因物體內部電荷分布不均等與電相關的變化所產生的現象。當物質是固體或液體時比較顯著，但偶爾在氣體系也能觀察得到。物體擁有過剩的電荷，對外部產生電相關的作用時就被稱爲「帶電」。在粉塵爆炸相關案件裡，粉粒體或用於處理粉粒體的裝置「帶電」常是塵爆的原因。與粉粒體關連的**靜電產生機制**有如下各種：

1. 摩擦帶電

讓不同物質互相接觸時，由於 Tuunel 效果，電子由功函數（work function）小的物質流向功函數大的物質，生成接觸面如圖 22-15(a) 所示的電雙層。正負電荷均衡時對外部就沒有電作用；但兩物質中其一或都不是導體時，一旦如圖 22-15(b) 拉開接觸面時，部分電子不全留下而殘留在物質表面，失去電子的一面就帶正電荷而獲得電子的一面就帶正電荷。這些電荷就如圖 22-15(c) 所示，流經物質內部或表面至接地而減少，此過程稱爲電荷緩和。

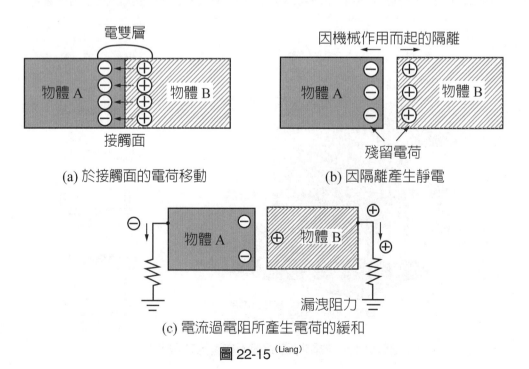

(a) 於接觸面的電荷移動　　　　　(b) 因隔離產生靜電

(c) 電流過電阻所產生電荷的緩和

圖 22-15^(Liang)

如摩擦係繼續存在時，帶電物體的靜電容量與電位差如圖 22-15(a) 和如下式的關係：

$$V = RI\{1 - \exp(-\frac{t}{CR})\} = RI\{1 - \exp(-\frac{t}{\tau})\} \qquad （22.4.1-1）$$

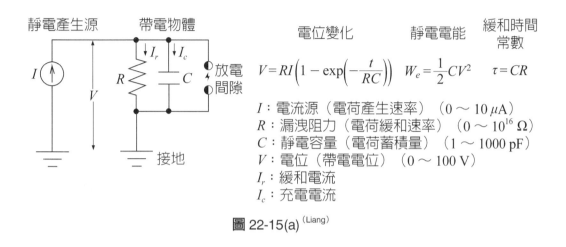

圖 22-15(a) [Liang]

上式中，緩和時間常數 $\tau = CR$ [s]；一般程序裡，I 多在 10 μA，但從上式可知漏洩阻力 R 愈大，飽和電位也隨之而高，故絕緣良好的導體或非導體可在短時間內達數十 kV 的高電位。τ 也是安全管理上重要的數值，一般 $\tau < 10^{-2}$ s 時就不會有危險帶電的狀況。

(1) 粉碎帶電

不帶電的物體所含的電荷如圖 22-16(a) 所示，正、負電荷同量而呈電中性。

如物體受衝擊而破壞成破片時，各片擁有的正或負電荷數不同（如圖 22-16(b) 所示）導致電荷過剩而帶電，這種產生靜電的帶電歸類稱為粉碎帶電。一般這種

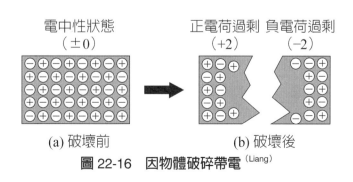

圖 22-16　因物體破碎帶電 [Liang]

正、負電荷不均衡現象隨粉碎粒子愈小愈顯著，也即比電荷（單位質量的粉粒所帶的電荷）愈大，細粉的比電荷增大，將成為可燃性粉粒的著火源；也讓靜電在磨碎程序中促成細粉的凝聚，降低磨碎或分級操作的效率。

(2) 靜電誘導

如圖 22-17 所示，帶電物體接近絕緣的金屬等導體時，因靜電結合而在導體內激起電荷導致電位上升。這是因導體內部擬藉電荷（金屬時多自由電子，液相時則為離子）的移動，消除帶電物體之接近所誘起導體內部電荷所致的現象。若物體為非導體時，只因分子內的分極引起電子配置的微小滑動而不會有靜電誘導現象發生。

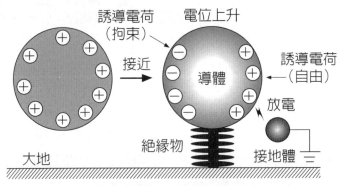

圖 22-17　依靜電誘導令絕緣導體帶電[Liang]

靜電結合現象在物體間距離愈小而愈大，故帶電物體愈接近，靜電誘導就愈強，誘導電荷和電位都會增加。靜電誘導在導體內產生的電荷若是與帶電物體所帶電荷逆極性時，電荷將被電場所拘束而對外部沒有電作用；若電荷為同極性時，它可自由移動而有引起放電的可能。

22.4.2 因靜電而起的著火的危險性[Frank-Kamenetskii]

在大氣中，電場強度大於 3 MV/m 時，空氣將破壞絕緣而發生氣中放電（以下將以放電代表氣中放電）。放電依帶電物體的形狀、導電性等條件有不同形態的放電，所以其危險性、著火能力也不一樣。在工廠裡需考慮的放電有如圖 22-18 所示各種：

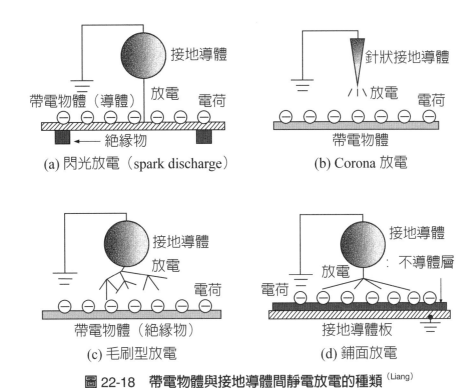

(a) 閃光放電（spark discharge）　　　(b) Corona 放電

(c) 毛刷型放電　　　(d) 鋪面放電

圖 22-18　帶電物體與接地導體間靜電放電的種類[Liang]

1. **閃光放電**（圖 22-18(a)）：當導體（尤其是金屬）帶電時，有曲率小的接地導體接近而產生全路破壞放電（間隙被放電光束橋聯的現象）稱爲閃光放電。這放電是在非常短的時間內（數 100 ns 以下）呈單衝狀（single pulse）或含振動的放電，伴有閃光和破裂聲音。閃光放電時會耗盡帶電物體所蓄積的全靜電能，所以其著火能力很強，常扮演可燃性氣體、蒸氣或粉塵的著火源。

其放電能量 W_e 是

$$W_e = \frac{1}{2}CV^2 = \frac{1}{2}Q_e V = \frac{1}{2}\cdot\frac{Q_e^2}{C}\qquad(22.4.1\text{-}2)$$

上式中，V 是帶電物體的電位 [V]；Q_e 爲電荷量；C [F] 是靜電容量；只要在 C、Q_e、V 三變數中知其兩數即可由上式估計 W_e 值。

要注意閃光放電的發生需有最小電壓存在，在常溫常壓下，此最小電壓爲 327 [V]，故 100 [V] 以下的帶電電位在安全上是沒有問題。

2. **Corona 放電**（圖 22-18(b)）：當針狀或線狀等尖銳的導電性物體接近帶電物體時，在先端附近會發生微弱的局部破壞放電，此放電稱爲 Corona 放電。這類型放電會長時間連續發生稍小規模脈衝型放電，而各脈衝放電的能量非常小，通常不會大於最小著火熱能，故也很少成為著火源。發生 Corona 放電的電極的先端尖體曲率半徑要小於 5 mm，若間隙相等時，電極的曲率半徑愈小時電場就愈大，故會產生以愈小電位發生 Corona 放電；若於極短的時間加高電壓時，就可能先發生短時間的 Corona 放電後，轉移成閃光放電。Corona 放電時隨空氣的電離會產生很多離子，此特性就被應用於靜電除塵的離子發生源。

3. **毛刷型放電**（圖 22-18(c)）：毛刷型放電是如塑膠等非導體帶電達數十 kV，並有曲率半徑 5～50 mm 的接地導體接近時，從其尖端附近發生的局部破壞放電，若電位高時可看到放電光的伸長過程，故此放電亦稱為 Streamer。由於放電只消耗部分的電能，且甚受電極形狀的影響，就不易如閃光放電來估計放電電能。依實驗觀察此放電最大放電電能約可具 3～4 [mJ] 的閃光放電著火能力，故此型放電將成為可燃性氣體、蒸氣以及部分較敏感的粉塵的著火源。

4. **鋪面放電**（圖 22-18(d)）：如圖所示，在接地導體板上鋪有一薄層非導體物質時，因接地導體的接近或非導體薄層的絕緣破壞所發生的放電，放電時放電光呈樹枝狀並同時產生相當大的破裂聲音。若接地導體板在背後時，誘導電荷將在絕緣板的表裡間形成電雙層，而將抑制帶電面的電位上升，因而蓄積比單有導體板時更多的電荷，故其放電電能可達數焦耳。在實驗上，若齊備如下三條件時可觀察到鋪面放電現象：

(1) 非導體層厚度 8 mm 以下

(2) 表面電荷密塵在 270 $\mu\Omega/m^2$ 以上

(3) 表面電位在 4 kV 以上

故在 4 kV 以下就是有絕緣破損的如 PE 布就不會發生鋪面放電。

5. **Bulk 放電**（一）（圖 22-19(a)）：藉氣流輸送粉粒時，粉粒因與管壁摩擦將會帶強電。當帶強電的粉粒流入空間較大的貯槽時，粉粒本身將因所帶電荷造成的電場而會受各種不同的力的作用。同時粉粒堆表面的電場隨堆積量的增加增大，最後就沿著表面發生放射狀的強放電，這放電現象稱謂 Bulk 放電或 Cone 放電。這放電多見於粒徑 100 μm 以上的場合，在粒徑為 1～10 mm 時其放電電能將顯著增加，最大可達 1,000 mJ，故著火粉粒的可能性甚大，以往大型貯槽（silo）所發生的塵爆多因此 Bulk 放電成了著火源所引起。

在實驗上，如齊備如下三條件時可觀察到 Bulk 放電現象：

(1) 粉體的容積電阻率在 $10\,\Omega \cdot m$ 以上。

(2) 粉體的電荷密度在 $1\,\mu\Omega/kg$ 以上。

(3) 充塡速率在粒徑 1～2 mm 以上時 2,000 kg/hr，0.8 mm 時 20,000～30,000 kg/hr 以上，此放電的最大放電電能可用下式估算：

$$W_{e,\max} = 5.22 D^{3.36} d_p^{1.46} \qquad （22.5.1\text{-}3）$$

上式中，D 爲 silo [m] 的直徑，d_p 是粒徑 [mm]。由此式也可知貯槽的直接影響頗大。

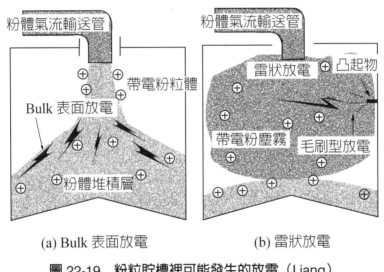

(a) Bulk 表面放電　　　　(b) 雷狀放電

圖 22-19　粉粒貯槽裡可能發生的放電（Liang）

Bulk 放電（二）（圖 22-19(b)）：帶了電的粉粒體進入大型貯槽時，藉自己的電場之力學作用可長時間浮游在空間形成帶電電荷雲，此時容器內的凸起物等易發生 Corona 放電或毛刷型放電。若空間電場升到 3～5 kV/cm 以上，就在浮游粉塵雲裡發生能伸長放電路的 Streamer 放電。此放電與氣象裡的打雷發生機制相同而被稱爲雷狀放電。一般雷狀放電被認爲需有大容積、大電荷密度的塵霧存在，但尙無具體的實驗數據供參考，只是在 60 m³ 以下、直徑 3 m 以下的粉粒貯槽沒發生過雷狀放電，而被採用爲參考值。

22.4.3 對靜電災害的措施 ^{（Liang, Barthknecht，粉體供給裝置委員會）}

擬策定預防靜電災害措施時，宜將所涉及的物體如表 22-8 所列示，依其電阻或導電率分類。電荷擴散性物質具有帶了電時其放電電能可抑制在相當低的特點，故常被用在防止帶電用品，處理方式多採用與導電性物質相同。

表 22-8　依物質的電阻分類靜電特性 ^(Liang)

分類	容積電阻 $\rho_V\,[\Omega \cdot m]$	表面電阻 $\rho_S\,[\Omega]$	基本措施	主要物體
導體 導電性物質	$< 10^3$	$\rho_S < 10^6$	接地	金屬、人體
電荷擴散性物質	$10^3 \leq \rho_V < 10^8$	$10^6 \leq \rho_S < 10^{10}$	接地	帶電防止用品、木材、混凝土
非導體 絕緣性物質	$\rho_V \geq 10^8$	$> 10^{12}$	導電化、除電電位、電場管理	塑膠類、石油類

1. **導體**：導體可藉由安裝接地就可達安全，接地用導線可以不必考慮電流容量，但需考慮其物理或化學的耐久性，並堅固地連接在接地對象物體與接地極。若配管管線是由好幾個單元所構成的時候，各單元間需用金屬螺栓或包皮線做可輸電的連接，其一端需連接接地極。靜電措施用的接地極的接地電阻需在 1,000 Ω 以下就沒有問題。而操作人員身體上的靜電可穿帶電防止鞋，藉由帶電防止地板接地去除。此時其總括漏或阻力需在 1～100 MΩ。

2. **非導體**：表 22-9 列示非導體的帶電性指標：

表 22-9　非導體的帶電性指標 ^(Liang)

帶電性的區分	典型帶電電位 [kV]	容積電阻 $[\Omega \cdot m]$	表面電阻 $[\Omega]$
非帶電性物體	< 0.1	$< 10^8$	$< 10^{10}$
低帶電性物體	$0.1 \sim 1$	$10^8 \sim 10^{10}$	$10^{10} \sim 10^{12}$
帶電性物體	$1 \sim 10$	$10^{10} \sim 10^{12}$	$10^{12} \sim 10^{14}$
高帶電性物體	> 10	$> 10^{12}$	$> 10^{14}$

現階段尚無可精確估算從帶電非導體發生放電時的電能，但從實驗所知悉的帶電電位與發生放電的危險性的關係有：

(1) 帶電電位在數 kV 以下時不會有著火性放電。

(2) 帶電電位在 10 kV 程度，曲率半徑 5 mm 以下的接地導體間會有 Corona 放電發生，並使 MIE 是 0.1 MJ 程度以下的可燃氣著火的可能。

(3) 帶電電位在 10 kV 以上，曲率半徑 5 mm 以上的接地導體間會發生毛刷型放電，並使 MIE 在 0.2～0.3 MJ 氣體或蒸氣著火的可能。

(4) 帶電電位在 100 kV 以上，可使 MIE 達 3～4 MJ 的粉塵或液霧著火的可能。

故要防止粉塵爆炸，必須抑制非導體的帶電電位在 10 kV 以下，可參考下圖選所需材料。

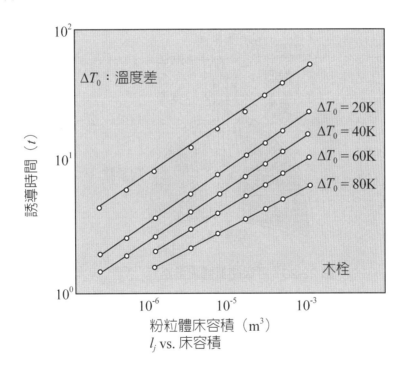

22.5 粉塵對健康的影響 (Tanaka, Rhodes)

人不吃食物可維持數星期，不喝水可維持數天，但只要數分鐘沒有空氣就很難活下去，而無論室內或屋外的生活環境中漂浮在大氣中的粒狀物質裡含有從固體的破碎，研磨所產生的粉塵，或溶融物質氣化後在大氣中凝結而成的微粒，或氣相化學成分被大氣中的微液滴吸收的微霧，或如石綿放出的纖維狀微塵都有可能跟著人呼吸時被吸入氣管或肺臟而引發各種有害於健康的傷害，如長期吸入含矽酸粉塵的勞動者患矽肺（塵肺）的職業病就是一例。

22.5.1 氣體流進肺胞的路程與沉著機制 (Tanaka, Rhodes)

圖 22-20 揭示人呼吸時氣體流進肺胞的路程。人呼吸時空氣靠呼吸先流進氣道（含鼻腔或口腔、氣管、支氣管）再流進執行血液的 CO_2 與空氣的氧的氣體交換的肺胞部。

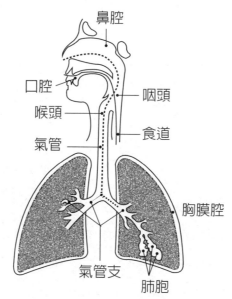

圖 22-20　呼吸時氣體流進路程 (Tanaka)

被吸進人體的粒狀物質對健康的影響，依吸進的量、吸進期間的長短、被吸進粒狀物質的物理、化學特性而定，其中較重要的是粒子的大小和溶解性。

一般較大粒子會沉著在氣道，而氣管式支氣管表面覆蓋著線毛和黏液，而沉著的粒子將在數小時至十數小時內被線毛和黏液的黏液線毛輸送排泄至口腔，故這些沉著粒子對健康影響不大，但如粒子為可溶性時，就可能溶於體液而循環至全身，故短時間內吸進這種可溶性粒子時就有急性中毒之虞。有些可溶性成分，如鉛在骨，汞在腦、在腎會蓄存，故長期間多次吸進這種粒子也會有害於健康。

進行氣體交換的肺胞部是由為數上億的直徑 $100 \sim 200\,\mu m$ 的小薄膜袋構成，這薄膜不像氣管有線毛，浸入此部分的粒子是靠肺胞貪噬細胞的貪噬、輸送或溶於體液來排泄。此貪噬細胞直徑約 $10\sim15\ \mu m$，故如粒子是數 μm 程度時尚可被貪噬細胞吃掉或被輸送至有線毛的氣道成痰被排泄或移送至淋巴組織，動物試驗顯示浸入無線毛的肺胞粒子的排泄需長達數個月之久。又如石綿等長 $100\ \mu m$ 以上的長纖維因大於貪噬細胞，致很難靠貪噬細胞的貪噬移送來排泄而長期留存肺裡成了引發肺癌或塵肺的原因。

　　含有無數微塵的空氣藉肺臟的呼吸作用依鼻腔→口腔→喉頭→氣管→氣管支→……→肺胞的過程到肺胞進行氣體交換。表 22-10 揭示被吸進空氣從鼻腔至肺胞的過程各階段的相當口徑、長度、流速，和平均滯留時間，而氣相中的微塵在流至肺胞進行氣體交換前都有可能因截留、沉降、衝擊，或擴散等方式沉積在鼻腔或氣管，甚至肺胞表面圖 22-21 揭示依微塵大小而可能沉積的部位的沉積率。習慣上把被呼吸吸入呼吸器官的粒子稱謂吸入粒子，而可浸入至肺深部的肺胞的微小粒子則稱為吸入性粒子來區別，前者大小在 $200\ \mu m$ 以下至 $10\ \mu m$，而後者則指 $10\ \mu m$ 以下的粒子。

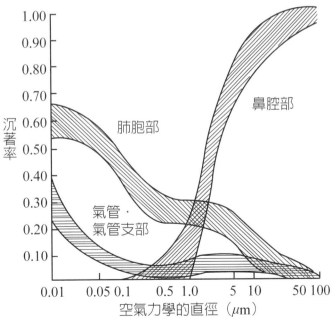

圖 22-21　粉塵在各部位沉著率與大小[Tanaka]

表 22-10　粉塵浸入氣道的過程（Rhodes）

部位	數	相當徑（mm）	長度（mm）	氣體流速（m/s）	滯留時間（s）
Nasal airwavs 鼻腔		5-9		9	
Mouth 口腔	1	20	70	3.2	0.022
Pharynx 喉頭	1	30	30	1.4	0.021
Trachea 氣管	1	18	120	4.4	0.027
main bronchi 主支氣管	2	13	37	37	0.01
Lobar bronchi	5	8	28	40	0.007
Segmental bronchi	18	5	60	2.9	0.021
Bronchioles	504	2	20	0.6	0.032
Secondary bronc	3024	0.7	15	0.4	0.036
Terminal bronc	12100	0.8	5	0.2	0.023
Alveolar ducts 肺胞管	8.5×10^5	0.3	1	0.0023	0.44
Alveolar sacs 肺胞囊	2.1×10^7	0.15	0.5	0.0007	0.75
Alveoli 肺胞	5.3×10^8	0.15	0.15	0.00004	4

　　當含塵氣流被呼吸作用吸進氣道流經如圖 22-20 所示的過程至肺胞時，塵粒可能依如圖 22-22 所示之五種不同機制捕捉而附著於氣道或氣管支表面，圖 22-23 揭示單一氣道表面置於含塵氣流時，其主要捕捉機制之沉著率和總沉著效率之例，

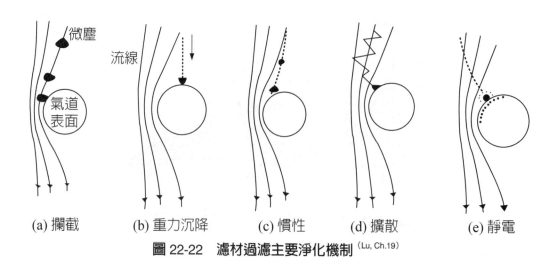

(a) 攔截　　(b) 重力沉降　　(c) 慣性　　(d) 擴散　　(e) 靜電

圖 22-22　濾材過濾主要淨化機制（Lu, Ch.19）

由此可知各機制之捕捉淨化效率依氣流流速有相當大之變化和差異，在低流速時 Brownian 擴散主宰了效率，而在流速大於 1 m/s 時慣性衝擊主控塵粒沉著。

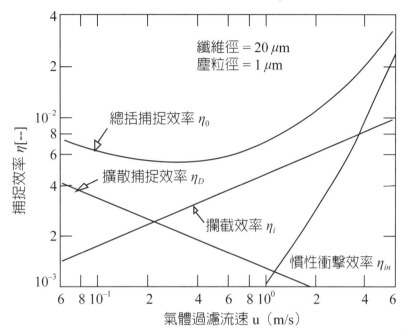

圖 22-23　單一圓柱纖維置其主要捕捉機制之捕捉淨化效率與流速之關係 [Lu, Ch.19]

Friedlander 指出在慣性係數 $\Psi < 1$，和 $N_{Re} < 1$ 的環境下，擴散與攔截之合併效率可以如下之半理論式求得：

$$\eta_{DI} = 6N_{Re}^{-1/2}N_{Sc}^{-2/3} + 3N_{Re}^{1/2}(\frac{d_p}{D_c})^2 \qquad （22.5.1\text{-}1）$$

上式中 $N_{Sc} = (\frac{\mu}{\rho})/D_{BM}$，慣性係數 $v_t u/(gD_c)$，而 D_{BM} 為 Brownian 擴散係數，可藉如下示 Stokes-Einstein 方程式求得：

$$D_{BM} = 1.38 \times 10^{-23} T/(3\pi\mu d_p) \qquad （22.5.1\text{-}2）$$

T 是氣流之絕對溫度。

22.5.2 作業環境的粉塵濃度管理[5, 9, 10]

1. 管理方式與粉塵濃度界限

　　爲保障在有粉塵環境工作人員的健康，管理作業環境的粉塵濃度有兩種不用方式的管理手法，一是個人曝露在粉塵環境的時間和粉塵濃度，另一是作業場所的環境的粉塵濃度。

　　基於個人曝露在粉塵環境管理是每一工作人員一作業天裡所吸進的粉塵量除以曝露時間的時間平均濃度。美國 ACGIH（American Conference of Industrial Hygienists）所定曝露限值（threshold limit values, TLV），而日本產業衛生學會以作業員不戴保護具一天 8 小時，每週 40 小時的工作時間內測得的平均濃度需低於表 22-11 而表 22-12 則揭示第二種作業場所的環境的粉塵濃度爲基準的手法所規定的限值。

表 22-11　ACGIH 規定曝露限值[Tanaka, Rhodes]

粉塵之例		可容濃度（mg/m³）	
		吸入性粉塵 *	總粉塵 **
第一種粉塵	滑石、蠟石、鋁粉、氧化鋁、矽藻土、硫化礦、Bentonite、高嶺土、活性碳、石墨	0.5	2
第二種粉塵	游離矽酸末兩 10% 的礦粉塵、氧化鐵、碳黑、煤粉、二氧化鈦、水泥、石灰石、大理石、穀粉、木粉、皮革粉、綿塵	1	4
第三種粉塵	其他無機和有機粉塵	2	8
石綿粉塵	溫石綿（chrysotile）、青石綿（blue asbestos）、褐石綿（amosite）、斜方角閃石綿（anthophylite）、陽起石（actinolite）、透閃石（trimolite）	2 纖維 /cm³ 0.2 纖維 /cm³	

* 吸入性粉塵 * $M = \dfrac{2.9}{0.22Q+1}$ [mg / m³]；總粉塵 ** $M = \dfrac{12}{0.23Q+1}$ [mg / m³]

M = 可容濃度

Q = 粉塵中游離矽酸濃度 [%]

吸入性粉塵能通過如下的要求的粉塵但 P 爲通過率

$P = 1 - D^2/D_0^2$（$D \leq D_0$），$P = 0$ $D > D_0$ 而 D = 粉塵的相對沉降徑，$D_0 = 7.07\ \mu m$

2. 作業環境管理對策[Tanaka, Rhodes]

現代的作業環境較側重如何確立安全的環境而不側重訓練懂得安全作業的人。也即從設計程序開始就用心如何保障所有作業人員的健康與安全，而其方法為：

(1) 程序所採用物質可能導致有害健康時，考慮改選無害或少害性物質。

(2) 如原程序為乾式操作而產生粉塵時，首先考慮可減少粉塵的裝置或操作方式，不得已時考慮把程序改為溼式操作。

(3) 儘量把設備裝置密閉化、自動化，甚至採用遙控操作以避免粉塵危害操作人員。

表 22-12　粉塵管理濃度[產業衛生學會]

粉塵種類	管理濃度 管理濃度 $E = 2.9/(0.22Q + 1)$ [mg/m^3] $Q = $ 粉塵中游離矽酸濃度 [%]
丙烯醯胺	0.3 [mg/m^3]
烷基汞化合物 石綿	以汞計 0.01 [mg/m^3] 大於 5 μm 的纖維 2 條 /cm^3 如為青石綿時 0.2 條 /cm^3
鎘與其化合物	以鎘計 0.05 [mg/m^3]
鉻	以鉻計 0.05 [mg/m^3]
五氧化釩	以釩計 0.03 [mg/m^3]
氰化鉀	以氰計 5 [mg/m^3]
氰化鈉	以氰計 5 [mg/m^3]
重鉻酸及其鹽	以鉻計 0.05 [mg/m^3]
汞及其無機化合物（硫化汞除外）	以汞計 0.05 [mg/m^3]
對硝基苯	1 [mg/m^3]
鎳及其化合物	以鎳計 0.002 [mg/m^3]
五氯化酚及其鈉鹽	以五氯化酚計 0.5 [mg/m^3]
錳及其化合物（不含鹽基性氧化錳）	以錳計 1 [mg/m^3]
鉛及鉛化合物	以鉛計 0.1 [mg/m^3]

(4) 採用局部排氣或淨化裝置，以減少粉塵的擴散。

(5) 採用有效換氣系統，將屋內的粉塵去除和淨化。

(6) 儘量縮短作業人員曝露在含有有害粉塵的環境的時間。

(7) 加強作業人員的防塵保護護具。

22.6 乾燥操作環境的除塵

• 排出的微粒的回收與去除

乾燥器裡或多或少都有氣體在進出，多的如各種熱風對流乾燥器，乾燥所需熱能全靠熱風注入，少的如傳導間接加熱乾燥器等，其蒸發的水蒸氣得靠遞載氣體（carrier gas）帶出系外。其中如氣流乾燥器（圖 22-24(a)）和噴霧乾燥器（圖 22-24(b)）其乾燥產品全靠流動的氣流帶出，被廣泛使用的流體化床乾燥器（圖 22-24(c)）和迴轉滾筒乾燥器（圖 22-24(d)）也靠排氣帶走細粉。在排氣量算少的 STD 或微波乾燥器也得送進遞載氣流帶走蒸發的水蒸氣和少量粉塵。在前三種乾燥系統，蒐集隨排氣離開乾燥器的乾燥產品大都先用旋風分離器回收其粒徑大於 5 μm 的固粒，再以袋濾器截收微粉，在不得意的情況下再依溼式洗滌排氣。本節將就乾燥裝置中蒐集粉粒的旋風分離器與袋濾器兩主要機器的性能與其設計做簡介。

1. 旋風分離器的概略設計[井上]

旋風分離器不僅構造簡單且可適用於高溫、高壓的狀態而被廣採用。常用此分離器可完全分離的粒子中最小的粒徑稱它為分離限界粒徑（這裡用 D_p^* 表示），來代表其分離性能。雖然這大小會依操作條件而有些差異，一般旋風分離器的 D_p^* 在 5～10 微米程度。圖 22-25 揭示常見的其幾種代表性的旋風分離器的設計，而表 22-13 則列示一些構造與操作條件可能如何影響其性能的關係供參考。

如以 Lapple 型為例來說明：常用的各部位尺寸以排氣口內徑 D_e 做基準如下，$D = (2～3)D_e$；$H_1 = H_2 = 4D_e$；$H > 7D_e$；$d = (0.5～0.7)D_e$；$b = h = (0.5～1)D_e$；$S = (0.3～0.5)D_e$。製作時需特別留心做好內面的表面磨光，對易附著的粒子要有適當的對策，如含有可凝結於內表面的氣體時或許得考慮保溫以防粒子附著。

含塵氣體進入流速一般設定是考慮流體的壓損（50～200 mmH$_2$O），在 10～

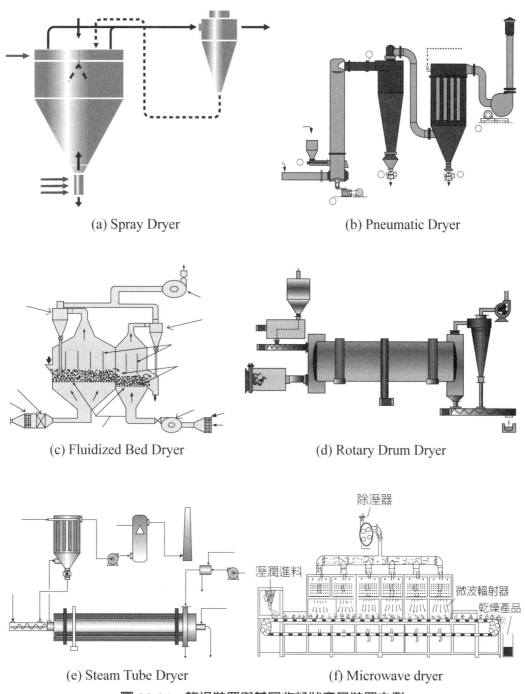

(a) Spray Dryer

(b) Pneumatic Dryer

(c) Fluidized Bed Dryer

(d) Rotary Drum Dryer

(e) Steam Tube Dryer

(f) Microwave dryer

除溼器

溼潤進料

微波輻射器

乾燥產品

圖 22-24　乾燥裝置與其回收粉狀產品裝置之例

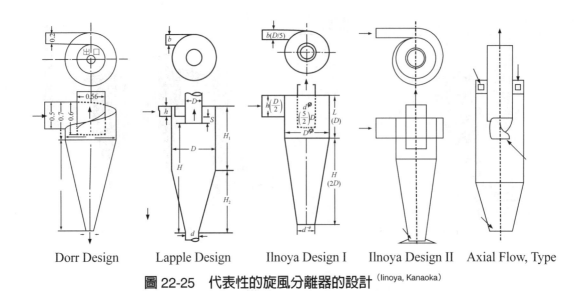

Dorr Design　　Lapple Design　　Ilnoya Design I　　Ilnoya Design II　　Axial Flow, Type

圖 22-25　代表性的旋風分離器的設計 (Iinoya, Kanaoka)

表 22-13　旋風分離器的構造因素對其性能影響 (Iinoya，化工便覽 #3，p.992)

因子	符號	對壓力損失減少 Δp	對提升捕捉效率的影響 η
入口氣流速率	u_i	愈小愈好 $\Delta p \propto u_i^2$	有最適值 $u_i = 12 \sim 25$ m/sec
* 相似的大小	—	幾乎無影響	愈小愈好
△ * 出口管徑	d	愈大愈好	愈小愈好
△圓筒部直徑	D	小些稍好	大些稍佳
圓筒部長度	L	愈長愈好	有最適值
* 圓錐部長度	H	愈長愈好	稍長些較佳（圓錐角 20°）
入口面積	bh	愈小愈佳	影響不大，但有最適大小
* 粒子密度	ρ_p	幾乎無影響	愈大愈好
△氣體溫度（黏度）	$T(\mu)$	愈高愈好	愈小愈佳
氣體密度	ρ	愈小愈佳	幾不影響
△筒面粗糙度或障礙物	—	愈大愈好	愈小愈佳
* 入口粉塵濃度	c	愈大愈好	稍大些較好
* 集塵室氣密	—	幾乎無影響	如系統是吸引式就絕對必要

* 印項是影響較大的項　△印的項壓損與效率互相相反

20 [m/s]，而以筒徑（D）為基準的離心效應 Z 值一般在 20～200 程度，求 D_p^* 的公式。

高溫氣體時：

$$D_p^* = \left(\frac{3.5\mu D_e^2}{\pi\rho_p HV_i}\right)^{\frac{1}{2}} = \left(\frac{3.5\mu bh D_e^2}{\pi\rho_p Q}\right)^{\frac{1}{2}} \text{（Ikemori's Equation）} \qquad（22.6.1-1）$$

上式中 D_e ＝ 排氣口徑 [m]；μ ＝ 氣體黏度 [kg/(m‧s)]；ρ_p ＝ 粒子密度 [kg/m³]；H ＝ 出口管下端至錐底的高度 [m]；V_i ＝ 氣體於進口的流速 [m/s]；bh ＝ 流入口的截面積 [m²]；Q ＝ 處理含塵氣的流量 [m³/hr]。

高粒子濃度時：

$$D_p^* = \left(\frac{9\mu b}{\pi n\rho_p V_i}\right)^{1/2} = \left(\frac{9\mu h b^2}{\pi n\rho_p Q}\right)^{1/2} \text{（Rosin's Equation）} \qquad（22.6.1-2）$$

式中 b 是入口的寬度 [m]，n 是氣體在分離器的旋迴數是無因次數，常用 $n = 5$ 在上兩式都有 $\mu/(\rho_p V_i)$ 的共通因子，此值愈小代表性能向上。

求離心效應 Z 的公式

$$V_i = \frac{Q}{bh} \qquad（22.6.1-3）$$

$$Z = \frac{2V_i^2}{gD} \qquad（22.6.1-4）$$

【範例 22-1】知入口流速求旋風分離器的離心效應[Inoue]

欲處理含塵氣流量 10 [m³/min]，如入口流速 $V_i = 122$ [m/s]，試求所需 Cyclone 的圓筒徑及高度，又其**離心效應**為多少。但 $D = 2D_e$，$b = h = 0.5De$

〔解〕

因 $Q = bhV_i = \dfrac{D_e^2}{4}V_i = \dfrac{D^2 V_i}{16}$

$D = \sqrt{\dfrac{16Q}{V_i}} = 4\sqrt{\dfrac{Q}{V_i}} = 4\sqrt{\dfrac{10}{(60)(12)}} = 0.47$ [m]

依圖 22-25，$H = H_1 + H_2 = 6D_e = (4)(0.47) = 1.88$ [m]

而**離心效應 Z** 為

$Z = \dfrac{2V_i^2}{gD} = \dfrac{(2)(12)^2}{(9.8)(0.47)} = 63[-]$

【範例 22-2】最小分離徑與壓力損失的估計 [Inoue]

有出口管徑 $D_e = 30$ [cm] 的標準 Cyclone，入口流速是 16 [m/s]，試求可完全除去多少 Micron 的水滴？但知氣體黏度為 0.018 [c.p.]。

〔解〕

最小分離徑

如採用 Ikemori 的公式（22.6.1-1），$D_e = 0.3$ [m]. $V_i = 16$ [m/s]，$\mu = 0.018$ [c.p.] $= 1.8 \times 10^{-5}$ [kg/(m · s)]，$\rho_p = 10^3$ [kgm^3]，$H = 7D_e = 2.1$ [m]

$$D_p^* = (\frac{3.5 \mu D_e^2}{\pi \rho_p H V_i})^{1/2} = \sqrt{\frac{(3.5)(1.8 \times 10^{-5})(0.3)^2}{(3.14)(10)^3(2.1)(16)}} = 7.6 \times 10^{-6} \, [m] = 7.6 \, [\mu m]$$

Cyclone 的壓力損失

利用 Bernoulli's law，

$$\Delta p = [(\frac{A_i}{A_e})^2 - 1 + F] \frac{\rho V_i^2}{2g_c} \tag{22.6.1-5}$$

上式中 Δp 是壓力損失 [kg/m^2，mmAq]，A_i = 入口面積 [m^2]，A_e = 出口管截面積 [m^2]，F 是 Cyclone 內壓力損失依流入部的動壓基準表示的壓力損失係數 [-] 可藉下兩式計得

$$\text{Iinoya's Equation：} F = \frac{30bh}{D_e^2}(\frac{D}{H_1 + H_2})^{1/2} \tag{22.6.1-6}$$

$$\text{Firs' Equation：} F = \frac{24bh}{D_e^2}(\frac{D^2}{H_1 H_2})^{1/2} \tag{22.6.1-7}$$

但實際計算時多用下實驗式

$$\Delta p_c = \Delta p[1 - 0.4(\frac{G_p}{G})^{1/2}] \tag{22.6.1-8}$$

上式中 Δp_c 是集塵操作時的壓損 [kg/m^2，mmAq]，Δp 是純氣體時之壓損，G_p 是擬蒐集的粉塵的流量 [kg/s]；G 是氣體的流量 [kg/s]。

Cyclone 所需的動力理論上是 Δp_c Q/75 [PS]，實際上建議採用 Δp Q/75 [PS]，一般一段 Cyclone 的壓損在 80～150 [mmAq]。

【範例 22-3】計求 Cyclone 的壓力損失 [Inoue, p309]

如有一 Cyclone，其尺寸依 lapple's Design，$D = 30$ [cm]，$D_e = 15$ [cm]，$bh = 112$ [cm^2]，$H_1 = H_2 = 60$ [cm]，$V_i = 15$ [m/s]，試估計其壓力損失。

〔解〕

先求其出口管的截面積

$$A_c = \frac{\pi}{4} D_e^2 = (\frac{\pi}{4})(15)^2 = 177 \text{ [cm}^2]$$

依 Iinoya 的式 (4)

$$F = \frac{30bh}{D_e^2}(\frac{D}{H_1 + H_2})^{1/2} = \frac{(30)(112)}{(15)^2}(\frac{30}{60 + 60})^{1/2} \approx 7.5$$

再來求進口流體的動壓

$$\frac{\rho V_i^2}{2g_c} = \frac{(1.2)(15)^2}{(2)(9.8)} = 13.8 \text{ [kg/m}^2] = 13.82 \text{ [mmAq]}$$

故此旋風分離器的壓損依式（22.6.1-5）是

$$\Delta p = [(\frac{A_i}{A_e})^2 - 1 + F]\frac{\rho V_i^2}{2g_c} = \{(\frac{122}{177})^2 - 1 + 7.5\}(13.8) \approx 95 \text{ [mmAq]}$$

如單位體積時含塵氣體的粒子的流量 G_p [kg/s] 為已知，而粒子濃度也知為 w [kg/m^3] 時，$G_p = Qw$，而 $G = Q\rho$ 則式（22.6.1-8）可改寫成

$$\Delta p_c = \Delta p \, [\{1 - 0.4(\frac{w}{\rho})^{1/2}] \qquad （22.6.1-9）$$

【範例 22-4】經由送風機的性能曲線求入口風速和理論功率 [Inoue,]

如【範例 22-1】中的旋風分離器連結 10 m 長截面積同 $bh = 122$ [cm^2] 的圓管，其摩擦係數為 0.006，分離器排氣管開放於大氣，送風的送風機的性能曲線如圖 22E-1，但橫座標則以入口流速表示。試求此系運轉時的 V_i，所需理論功率。

〔解〕

首先求連結圓管直徑，d

$$\frac{\pi}{4} d^2 = bh = 112 \text{ [cm}^2] = 0.0112 \text{ [m}^2]$$

$\therefore d = 11.9\,[\text{cm}] \approx 0.12\,[\text{m}]$

直管部分的壓損 Δp_p 以 V_i 的函數表示，則

$$\Delta p_p = \frac{2fl\rho V_i^2}{g_c d} = \frac{(2)(0.006)(10)(1.2)}{(9.8)((0.12)} V_i^2 \approx 0.123 V_i^2$$

如 Δp_c 在粒子濃度不高時依式（22.6.1-5）求之，則

$$\Delta p_c = \Delta p = \{(\frac{112}{177})^2 - 1 + 7.5\}\frac{(1.2)}{(2)(9.8)} V_i^2 = \frac{(6.9)(1.2)}{(2)(9.8)} V_i^2 = 0.422 V_i^2$$

故此系的全壓損 Δp_i 為

$$\Delta p_t = \Delta p_p + \Delta p_c = (0.123 + 0.422) V_i^2$$

利用此式計算系統在不同 V_i 值的壓損可得在 $V_i = 16\,[\text{m/s}]$ 處的操作交點。故此系的流量 Q 為

$$Q = bhV_i = (0.0112)(16) = 0.179\,[\text{m}^3/\text{s}]$$

並由圖 22E-1 可查知全壓損足 138 [mmAq]。

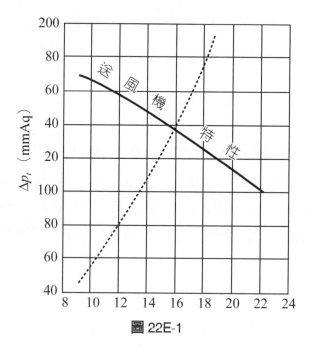

圖 22E-1

故此系的理論功率

$$HP = \frac{\Delta p_t Q}{75} = \frac{(138)(0.179)}{75} = 0.33 \, [PS]$$

2. Blowdown Type Cyclone

如 Cyclone 是在負壓下運轉時，排出口的迴轉閥或其他部位的漏氣不僅降低此系的集塵效率，有時將堵住排出口，圖 22-26(a) 揭示幾種不同漏氣狀況下對旋風分離器的集塵效率的影響。圖中 a 線代表理論值，b 線是於集塵室加裝副排氣管，從分離器底端抽 10% 的排氣，c 線是不在集塵室加裝副排氣管，也沒有漏氣的狀況，d 線是有 3% 漏氣，經由分離器底端衝上分離器時狀況，此時常堵住排出口讓乾燥產品無法排出。市面上 Dyson 的吸塵器就是利用此型的原理，也加裝氣體過濾器。

3. Multi Stage Cyclone

旋風分離器運轉時雖設定限界粒徑來決定其操作條件，但其分離很難清楚地在其限界粒徑分隔，而是以限界粒徑爲中心有些粒徑幅度，故不易靠單段分離操作就可分離限界粒徑以上和以下的分離結果，而常如圖 22-27 所示，藉串聯二～三段旋風分離器來獲得較理想的分離結果。但串聯旋風分離器就增高了壓損，因此大多旋風分離器系兩～三段或單段旋風分離器後加袋濾器來截取沒能分離的微粉。

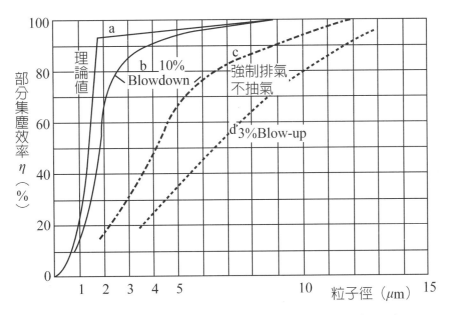

圖 22-26(a)　D_p^* vs. η for blowdown-type cyclones [Kanaoka]

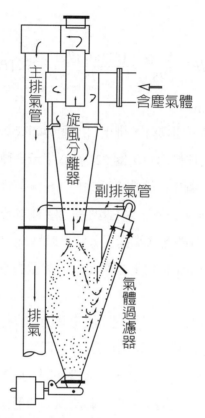

圖 22-26(b)　Blowdown-type cyclone(Kanaoka)

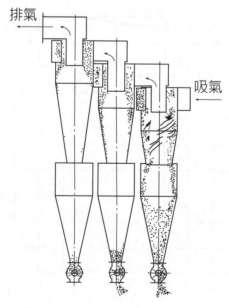

圖 22-27　Multi stage cyclone

圖 22-28 可供選定各段旋風分離器的筒徑和進入風速的參考。

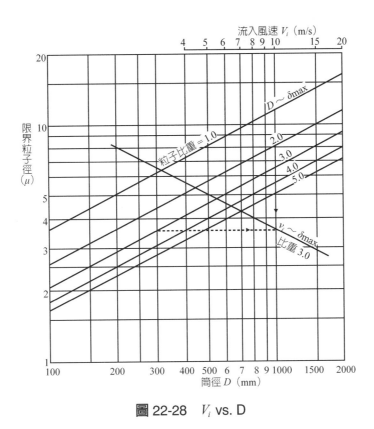

圖 22-28 V_i vs. D

4. Multi-mini Cyclone（亦稱 Multiclone）

旋風分離器在同一進入氣體流速時，筒徑愈小，其集塵功能愈高，一般筒徑較大的旋風分離器可分離 10～200 μm 程度的粉粒，如筒徑小至 1 cm 時的 Mini-cyclone 可分離的限界粒徑可小到 1～5 μm 程度，而壓損則差不太多，只是單一分離器處理能力就被入口面積所限。故只好如圖 22-29 所示並列多數個同一設計的旋風分離器來增加其處理能量。如何將進料含塵氣體均勻分送到每一 cyclone 則是設計的要點，圖 22-29 分別揭示 (a)、(b) 軸向流式，(c) 切線流式的 Multi-mini cyclone。

5. 袋濾器的機型與特性

袋濾器是如下圖所示，藉濾袋過濾含粉塵氣體中的粉塵來淨清氣體的裝置，由於產業上要處理氣流流量、所含粉粒物質、濃度等條件不一，就有不少不同設計的裝置存在，如依如何拂落堆積的粉塵方式來看就有：靠機械振動（如圖 22-30(a)）或逆向氣流吹落拂清（如圖 22-30(b)）或利用脈動噴射高壓藉濾布變形拂落粉塵（如

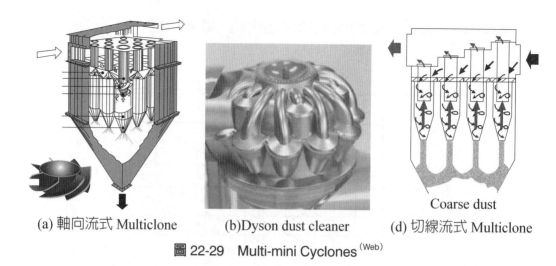

(a) 軸向流式 Multiclone (b)Dyson dust cleaner (d) 切線流式 Multiclone

圖 22-29 Multi-mini Cyclones[Web]

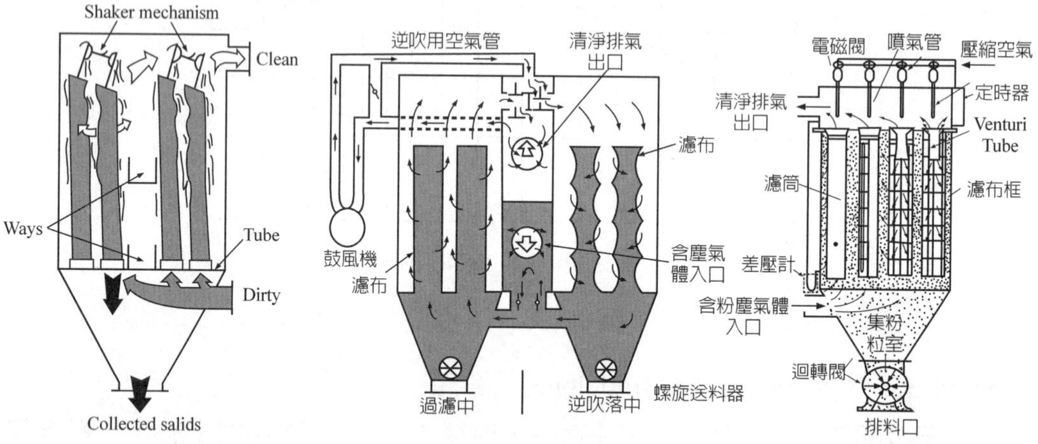

(a) 機械振拂式 (b) 逆吹拂掃式 (c) 脈衝波噴射振拂落式

圖 22-30 袋濾器的拂落粉塵方式的分類[(Kanaoka)]

圖 22-30(c)）。表 22-14 列示各型袋濾器的特性和主要用途。依其拂落所過濾堆積在濾布上的粉粒的方向而可分為如圖 22-30 所示的三類：

(1) 機械振動拂落方式：此型要拂落堆積在濾布上的粉粒時得停進含塵氣流，啟動振動來拂落堆積在濾布上粉粒。由於構造單純，且可調整振幅、振動頻率來改變振動大小。因而從早期的袋濾器就無論其規模或大或小多被採用。此拂落方式效果確實，尤其氣流所含粉粒是凝縮而成的煙霧就有頗佳的效用。但它在濾袋接頭部位容易堆積大粒子而有比較容易磨損的缺陷。

噴（0.1～0.3 ms）至濾袋口膨脹成一氣球擴張濾布來拂落沉積在濾布外面的粉

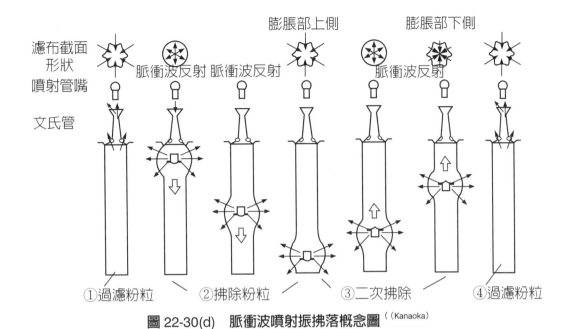

膨脹部上側　　　膨脹部下側

濾布截面
形狀
噴射管嘴

脈衝波反射　脈衝波反射　　　　脈衝波反射

文氏管

①過濾粉粒　　②拂除粉粒　　③二次拂除　　④過濾粉粒

圖 22-30(d)　脈衝波噴射振拂落概念圖（（Kanaoka）

粒，這氣球藉其脈衝波往下傳播，拂落其經過面的粉粒，當脈衝波抵至濾袋下端就
反較向上回播至頂部逸散。

　　(2) 逆吹拂掃式：如圖 22-30(b) 所示，此型袋式空氣過濾器多由濾袋拉吊在濾
室上方的多濾室合併而成。含塵氣體由下方進口吹進各濾，通過濾布成清淨氣體由
濾室上方排出，原氣體所含粉粒濾餅附著在濾袋內側，當濾餅層成長到某一厚度而
阻礙氣體流量時，就停止此濾室的過濾操作，收從上室灌進加壓清淨空氣將附著在
濾袋內側的粉粒吹拂落至濾室底層排出。完成排出粉粒後，就停供從上室逆吹的清
淨空氣，恢復過濾操作。

　　(3) 脈衝波噴射振落式：此型構造如圖 22-30(c)，較特殊的是此型空氣過濾器，
每一濾筒正上方裝有一文氏管（Venturi tube），每當一濾袋內側附著著相當厚度的
粉粒層時，就由此文氏管噴極短時間（0.1～0.3 ms）的高空氣至濾袋如圖 22-30(d)
的②圖所示，膨脹成一氣球將濾布擴張拂落附著在濾布上的粉粒，當脈衝波傳播濾
袋下端後氣球就反轉向上傳播至頂部逸散。

　　由於所噴射高壓空氣量小，不會干擾原排氣除塵操作，就不必如其他拂落方式
停排氣進入，或另隔間的必要。近來發覺不織布濾材可給更大的濾速，可省裝置所
需空間，更助長此方式拂落的袋濾器成了最被採用的除塵裝置。

　　表 22-14 列示不同粉塵拂落方式的袋濾器分類的特性與用途與比較，而表 22-15、16 則列示常用於濾袋的濾布和不織布的規格供參考。

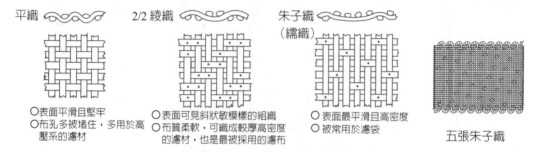

平織	2/2 綾織	朱子織（繻織）	五張朱子織
○表面平滑且堅牢 ○布孔多被堵住，多用於高壓系的濾材	○表面可見斜狀敏模樣的組織 ○布質柔軟，可織成較厚高密度的濾材，也是最被採用的濾布	○表面最平滑且高密度 ○被常用於濾袋	

圖 22-31　濾布的織法例

表 22-14　不同粉塵拂落方式的袋濾器分類的特性與用途 ((Kanaoka)

拂塵方式	布			濾面	過濾速率（m/min）	可容排氣溫度（℃）	特徵與主要用途
	種類	形狀	材料				
機械振動	織布	圓筒	特多龍等化織	內面	0.6～1.6	～200 耐熱耐倫	可用於小風量至大風量廣泛被應用於一般環境除塵至高溫排氣的除塵，適於濾電爐排氣的煙霧
		封筒		外面	1～2	～100	適於數十 m³/min 的小型簡易除塵裝置
脈衝波拂除	不織布	圓筒或封筒	特多龍等化織	外面	1～4	～200 耐熱耐倫	可不必中斷排氣續除塵，適於小風量的連結操作系由於濾面在外側而適於高粉塵濃度的排氣系，此型占空間較小

拂塵方式	布			濾面	過濾速率（m/min）	可容排氣溫度（℃）	特徵與主要用途
	種類	形狀	材料				
脈衝波拂除	織布	圓筒	玻璃纖維	外面	0.5～1.5	～250	適於如燒煤鍋爐的高溫排氣的除塵
	不織布	盒式濾袋 Catridge	合成纖維或濾紙		0.3～1	～140 特多龍	單位裝置容積可有較大濾面，而占空間小適於低濃度求高除塵率的系統
	燒結體	圓筒	金屬纖維或陶瓷		0.5～1.5	～450 ～1200	高溫除塵
逆壓或逆洗	織布或不織布	圓筒	特多龍等化織	內面	0.6～1.2	～200 耐熱耐倫	被廣泛使用在水泥、鋼鐵等工業
			玻璃纖維		0.3～1	～250	適於碳黑、非鐵冶鍊等排高溫煙霧的工業
	不織布	封筒	特多龍等化織	外面	1～2	～140 特多龍	由於占空間不大而適列鑄物砂處理場的除塵

表 22-15　**常用濾布材料的規格**[Kanaoka]

名稱	織法	磅數（g/m²）	密度（本/in）		拉張強度（kPa×10²）		透氣度（cm³/s/cm²）	常用耐熱溫度（℃）	耐酸	耐鹼	價比
			縱	橫	縱	橫					
木棉	五張朱子織	325	80	57	80	57	5	60	×	△	1
Pyrene	五張朱子織	260	75	47	190	110	7	80	○	△	1.4
Nylon	五張朱子織	310	75	56	135	95	7	100	×	○	1.6
Polyamide Resin	五張朱子織	310	78	58	145	105	10	200	△	○	4.0

名稱	織法	磅數 (g/m²)	密度 (本/in)		拉張強度 (kPa×10²)		透氣度 (cm³/s/ cm²)	常用耐熱溫度 (℃)	耐酸	耐鹼	價比
			縱	橫	縱	橫					
Tetoron	五張朱子織	335	78	58	220	170	8	140	△	△	1.2
Acryl Resin	五張朱子織	300	74	50	110	75	10	120	○	×	2.3
PTFE	五張朱子織	349	88	79	50	47	20	250	○	○	22
玻璃纖維	1/3 綾織	480	42	28	185	130	20	250	○	○	3.3
玻璃纖維	二重特殊織	790	48	40	288	120	15	250	○	○	5.4
PPS	五張朱子織	300	100	50	180	95	6.2	190	○	○	6.5

表 22-16　常用不織布濾布材料的規格[Kanaoka]

名稱	表面加工	磅數 (g/m²)	厚度 (mm)	拉張強度 (kPa×10²)		透氣度 (cm³/s/cm²)	常用耐熱溫度 (℃)	耐酸	耐鹼	價比
				縱	橫					
Tetoron	鏡面	600	1.9	80	200	18	140	△	△	1.5
Tetoron	膜加工	550	1.8	70	140	5	140	△	△	10
Pyrene	毛燒	500	1.8	70	180	15	80	○	△	1.9
Acryl	毛燒	600	1.9	70	70	12	120	○	×	4
Aromatic polyamide	毛燒	500	1.7	80	150	20	200	△	○	5.4
Glass	—	950	2.5	197	213	19	220	○	○	20
PTFE	—	840	1.3	71	108	9	250	○	○	55
PPS	平滑	550	1.7	70	140	15	190	○	○	8
Tafaia	—	712	1.3	60	50	15	250	○	○	21
P84	—	475	1.5	80	154	22	260	○	○	15

6. 袋濾機濾布壓降的估計^(Inoue)

一般所使用濾袋徑在 10〜30 cm，長 1〜5 m 程度的圓筒狀，以合適的時間間隔加以振動或逆吹、噴流等方式拂落粉塵。氣流流過有粉塵層的壓損含過濾材的 Δp_d 和通過濾材的 Δp_m 之和，也即

$$\Delta p_m = K_m \frac{\mu V_f}{g_c} = K_m \frac{\mu Q}{A} \qquad (22.6.1\text{-}8)$$

$$\Delta p_d = K_d \frac{\mu V_f}{g_c} = \alpha \frac{\mu M V_f}{g_c A} = \alpha \frac{\mu M Q}{g_c A^2} \qquad (22.6.1\text{-}9)$$

$$\Delta p = \Delta p_m + \Delta p_d \qquad (22.6.1\text{-}10)$$

上式中 K_m 是濾材的阻力係數 [1/m]，Q 是氣體流量 [m³/s]，A 是過濾面積 [m²]，K_d 是粉塵層的比阻 [1/m]，α 是粉塵層的過濾比阻 [m/kg]，M 粉塵層的質量 [m/kg]，K_m 是濾材的物性也會因織法而異，而 α 有壓縮性，故要設定振盪濾袋或逆吹濾布的週期應利用小規模裝置實際量測 K_m 和 α 值。一般使用袋濾器所採用 Vi 的經驗數據在 5 cm/s 以下，或 1 m² 的濾布含塵氣體流速在 1 [m³/min] 程度。如含塵濃度高時，宜先通過如旋風分離器處理，降低其含塵濃度才宜。

不織布

非織造布又叫無紡布，是一種以針軋機械或梳理機械處理各種纖維原料，用高壓形成或黏合生產的一種布狀物。非織造布紡織袋可用任何纖維作材料，如果附近有紡織品回收廠，這些回收纖維能經過低成本運送作進一步加工使用。

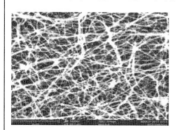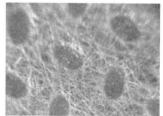

【範例 22-5】所需袋濾機濾布面積的估計^(Inoue)

茲有含塵濃度 2 [g/m³] 的油煙（carbon black），其溫度為 70 [℃] 的排氣擬利用機械振拂式濾袋器回收排氣中的粉粒，知流量 Q = 50 [m³/min]，如振盪週期希能

設定爲 1 [hr]，而最高壓損爲 60 [mmAq]。

事先把同一材料在 20℃，粒子濃度 3 [g/m³]，Vi=1.5 [cm/s] 進行 1 小時過濾試驗，得初期壓損爲 30 [mmAq]，最後壓損是 85 [mmAq]，堆積粉塵量足 13.1 [g]。

試估計合乎要求的袋濾器所需的濾材面積。

〔解〕

先從小規模過濾試驗求 K_m 和 α 值

$\Delta p_m = 30 \,[\text{mmAq}] = 30 \,[\text{kg/m}^2]$, $\mu = 1.61 \times 10^{-2} \,[\text{c.p.}] = 1.81 \times 10^{-5} \,[\text{kg/m} \cdot \text{s}]$,

$V_i = 1.5 \,[\text{cm/s}] = 1.5 \times 10^{-2} \,[\text{m/s}]$

將代入式（22.6.1-8）得

$$K_m = \frac{g_c \Delta p_m}{\mu V_f} = \frac{(9.8)(30)}{(1.81 \times 10^{-5})(1.5 \times 10^{-2})} = 1.08 \times 10^9 \,[1/m]$$

試驗時的 $\Delta p_d = 85 - 30 = 55 \,[\text{mmAq}]$，

因 $M = wQt$，將此值代入式（22.6.1-9）得

$$\alpha = \frac{g_c \Delta p_d}{\mu w V_i^2 t} = \frac{(9.8)(55)}{(1.81 \times 10^{-5})(3 \times 10^{-3})(1.5 \times 10^{-2})(3,600)} = 1.78 \times 10^{10} \,[\text{m/kg}]$$

再由式（22.6.1-10）$\Delta p = \Delta p_m + \Delta p_d$，也即

$$\Delta p = K_m \frac{\mu}{g_c} V_f + \alpha \frac{\mu w t}{g_c} V_f^2$$

$\Delta p = 60 \,[\text{mmAq}] = 60 \,[\text{kg/m}^2]$, $\mu = 2 \times 10^{-3} \,[\text{c.p.}] = 2.94 \times 10^{-5} \,[\text{kg/m} \cdot \text{s}]$,

$w = 2 \,[\text{g/m}^3] = 2 \times 10^{-3} \,[\text{kg/m}^3]$; $t = 3,600 \,[\text{s}]$

代入上式得

$$60 = \frac{(1.78 \times 10^{10V})(2.04 \times 10^{-5})}{(9.8)} V_f + \frac{(1.78 \times 10^{10})(2.04 \times 10^{-5})(2 \times 10^{-3})(3,600)}{(9.8)} V_f^2$$

$$(2.67 \times 10^5)V_f^2 + (2.25 \times 10^3)V_f - 60 = 0$$

解後取正值，得 $V_f = 1.13 \times 10^{-2} \,[\text{m/s}] = 1.13 \,[\text{cm/s}]$

因 $Q = 50 \,[\text{m}^3/\text{min}] = 5/6 \,[\text{m}^3/\text{s}]$，故

$$A = Q/V_f = 73.7 \,[\text{m}^2]$$

22.7 含有害氣體的排氣的處理

從乾燥裝置的排氣不僅得注意高溫帶給環境的熱汙染，更得注意排氣是否含有毒成分或惡臭，這些有害成分就得考慮以洗滌或高溫燃燒的方式去除。如是像印刷墨的乾燥時，要去除稀薄有機溶劑蒸氣就得考慮採取吸附手法回收或利用觸媒燃燒法去除。

22.7.1 凝縮排氣中混在蒸發水分中的揮發性成分的處理

利用密閉乾燥系統所產生的水蒸氣經凝結器凝縮產生的水，如含有油分、惡臭，或有顏色成分混合時，回收有用溶劑後，排氣前仍需將這些可汙染成分做妥當的去除處理。

22.7.2 防止噪音的對策^{（Nichias 技術時報）}

乾燥操作中，產生噪音多來自鼓風機（80～110 dB）、真空泵（90～105 dB）、噴射凝結器（～105 dB），或振動裝置，如為保全環境只能用熱風乾燥時，就設法儘量減少排氣量，最好是採可循環使用的方式，甚至考慮採用熱傳導的間接加熱方式。一般由各種鼓風機而起的噪音的防治對策有 (a) 鼓風機設置在室外，而噪音來自機器，或氣體的吸入口和吐出口，其噪音將直接干擾原周遭。(b) 鼓風機產生的噪音經由送風管送至別的空間，而改為干擾這些空間。

1. 利用氣密的空間封止噪音的傳播，這空間四周上下都得考慮有遮音或吸音功能，就是出入門也需有防音結構。

2. 為避免噪音干擾鄰近住宅，鼓風機周圍宜設如圖 22-32 所示的防音壁。

3. **吸音箱**

將鼓風機收容於如圖 22-33(a) 或 (b) 的吸音箱，單讓排風管或吸風管突出箱外，即可把鼓風機及吸入風口或吐出風口所產生的噪音隔絕於箱內，不僅所占空間小且其防止噪音效果也頗佳而廣泛被採用。但得注意的是，鼓風機的基礎與吸音箱如不能隔絕鼓風機的振動，就振動吸音箱壁反而增加噪音放射而消減吸音效果（見下段防振說明）。

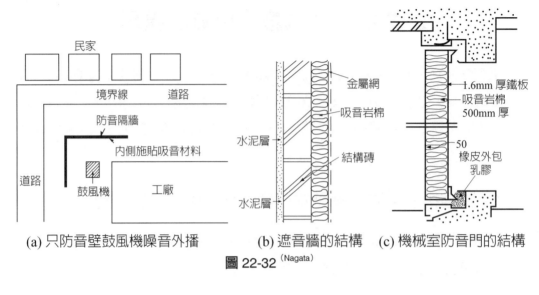

(a) 只防音壁鼓風機噪音外播　(b) 遮音牆的結構　(c) 機械室防音門的結構

圖 22-32 (Nagata)

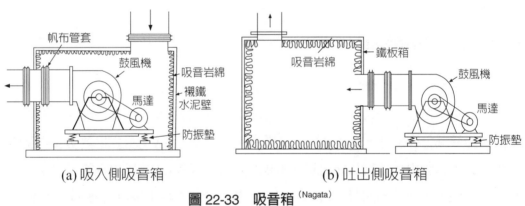

(a) 吸入側吸音箱　　　　　(b) 吐出側吸音箱

圖 22-33　吸音箱 (Nagata)

4. 鼓風機與風管的防振

　　如上段說明，為防止噪音外播，得做好鼓風機的防振，如鼓風機迴轉數高時，防振墊尚可用橡膠，但迴轉數低時，防振墊材料就得採用金屬彈簧才可有防振效果。另選擇防振墊材料時尚得留心與鼓風機的迴轉數與防振系的共振週波數低的材料。如鼓風機是 1,440 rpm 回轉時，其週波數為 24 Hz，做防振墊的共振週波數需低於 8 cycles。

5. 吸音彎頭

　　送熱風或排氣的風管如是單層鐵板造成時，鼓風機產生的噪音就容易透過鐵板傳給其周遭，但如風管彎頭貼吸音材料（如圖 22-34）可吸不少噪音，彎頭口徑愈大，對低音域噪音響的減衰愈好。

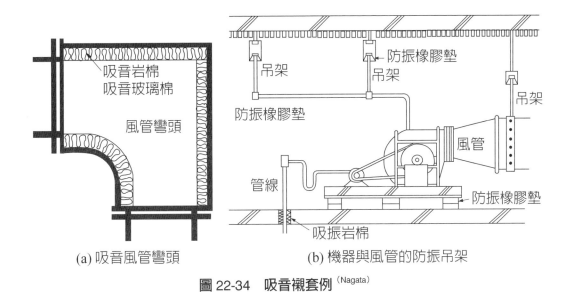

(a) 吸音風管彎頭　　　　(b) 機器與風管的防振吊架

圖 22-34　吸音襯套例^(Nagata)

22.8 其他

　　乾燥操作引起的粉塵飛散和汙染問題常比乾燥裝置的乾燥操作本身的問題多，尤其整治環境汙染的要求提高，使氣體淨化裝置的大型化所需費用大增，逼使設計乾燥裝置時不能不用心考慮如何減少從乾燥裝置的粉塵飛散。

　　隨乾燥過程的進展，原被水分凝聚的粒子會逐漸鬆散，而較容易被熱風帶走飛散，故有攪拌時，宜減緩其攪拌程度，或許後段可考慮不需靠熱風注入熱能的傳導熱傳的方式乾燥。

　　影響粉塵的飛散最大的因素可說是注入熱能的熱風或帶走蒸發水分的遞載氣體的風速，不是必要的攪拌能免則免，飛散出去的粉塵常被回收後摻進進料，經多次循環的微塵就造成劣化乾燥產品品質的問題。

　　於迴轉滾筒乾燥機可依排氣與被乾燥物流的流向分為並流與逆向流兩操作方式。

1. 就防止粉塵汙染觀點來說，逆向流式較可減少粉塵飛散。

2. 從防止材料被過熱的觀點，則並流式較宜。

3. 考量達成乾燥產品的含水率的要求，則採逆向流操作較可靠。

4. 就防止進料凝聚附著而言，則以並流操作較宜。

📄 參考文獻

安全・災害

Barthknecht, W.; VDI-Berichte Nr.165, 24(1971)

Frank-Kamenetskii, D. A.; Diffusion and Heat Transfer in Chemical Kinetics, Plenum Press, USA (1969)

Kano, I.；狩野 武；粉粒體輸送裝置 日刊工業社，東京，日本（1979）

Leuschke, G.;Inst., Chem. Eng., Symp. Series, No. 68, (1981)]

Liang；梁，田中；化學工學論文集，13, p.63 (1987)

Lu, W. 呂維明 固一液過濾技術，Ch.19，高立，台北，台灣（2004）

Lu, W. 呂維明；粉粒體技術概論，Ch.12，高立，台北，台灣（2015）

Rhodes, M.；Introduction to Particle Technology, 2, nd editon, Wiley, New york, NY, USA (2008)

Tanaka, I.；田中勇武，大和 浩；Ch.13，粉體工學概論，粉體工學情報中心，東京，日本（1995）

Tanaka, T.；田中達夫；粉體工學會；粉體工學便覽，Ch.3.8.5 第二版，日刊工業新聞社，東京，日本（1998）

Tanaka, T.；田中達夫；Ch. 13.1, 2 粉塵爆炸，粉體工學概論，粉體工學情報中心，東京，日本（1995）

產業衛生學會（日）；產業醫學，36, p.4, p.236 (1994)

中央勞慟災害防止協會（日），乾燥設備作業主任者の實務テキスト（1994）

粉體供給裝置委員會（日）編；粉粒體の貯槽と供給裝置，日刊工業新聞社 東京，日本（1967）

環境保全

Inoue, I. 井上一郎；集塵裝置，化學裝置便覽（改訂版），藤田重文編 科學技術社，東京，日本（1960）

Iinoya, K.；集塵，化學工學便覽（三版），日本化學工學會編，丸善，東京，日本（1968）

Kanaoka, C. 金岡千嘉男，牧野尚夫；はじめての集じん技術，日刊工業社，東京，日本（2013）

Sirai, K.；白井一男；集塵，化學裝置・機械實用ハンドブック（藤田重文等編），朝倉書店，東京，日本（1967）

Sirai, K.；白井一男；集塵，化學裝置設計ハンドブック，工業調查會，東京，日本（1960）

Nagata, M. 永田 穗；「送風機，空氣壓縮機の騷音防止」環境技術，vol.5, #3, p.25(1976)

Nichias，ニチアス技術時報，#3（2012）

第二十三章 乾燥操作常見的一些困擾問題與對策

由於乾燥常存在我們日常生活裡，就被認為是一簡單且熟知的操作，甚至以為只要設法加速其乾燥速度，就可縮短乾燥時間，沒認識送進乾燥所用的空氣溼度有相關材料的平衡含水率，會隨溫度或氣壓而改變，怎麼做也乾燥不到所要求的含水率，只產生許多品質不合要求的乾燥產品。有時也沒想要從材料去除的液體（水或溶劑）的特性，或材料對熱的特性，於下段加工時因殘存水分就產生如膨潤產品等不良現象。

乾燥操作就依預熱、恆率乾燥、減率乾燥等階段依序進行，如第四章所述，恆率乾燥階段的乾燥速率是材料表面的水分蒸發所主宰，是受熱風的溫度、溼度和風速等跟材料物性無關的外部因素所支配，而在減率乾燥階段，其乾燥速率則由材料的物性的內部因素來決定（如第五章所介紹），再者乾燥速率由恆率移動至減率的臨界含水率與前述的平衡含水率又依材料本身的物性而定，也就是說，乾燥任何溼潤材料都需充分認識材料的特性。本章就介紹乾燥較常見的一些**困擾**和其**對策**供讀者設計、選擇或操作乾燥裝置時的參考。

23.1 乾燥產品含水率或品質不均勻

乾燥操作常見的問題是**乾燥產品含水率的不均勻**，這是乾燥系裡同時存有順利進行乾燥的部分與沒順利乾燥操作的部分，導致乾燥產品不均勻，使得乾燥產品有些合乎設定的含水率，有些不符合設定含水率。乾燥系發生此現象主因有：

1. 供應溼潤材料進乾燥器在量上，或含水率等物性上不一樣。
2. 加熱的方法不一樣。
3. 乾燥只在乾燥表面進行。

23.1.1 溼潤材料的供料不穩的問題

（有關供料器的詳情請參照 21.2.1 節的供料器的介紹）

設計或選擇乾燥器時已參照被乾燥物的物性，和處理規模，故已依據這些物性和量選定了乾燥器，在操作過程被送進來的材料在物性或供料量如有改變時就會有不適的反應，導致乾燥產品不合要求的結果。要把形狀、物性多樣的溼潤材料定量送進乾燥器入口也有各式各樣不同的機型，如進料如已成型的陶磁胚胎，或塊狀等有點大小的被乾燥物就宜用輸帶供料器來確保供料量均勻，甚至採用有軌道臺車等速搬送；如進料是泥狀物，就多用螺旋輸料器，而如進料是粉粒狀時就選用迴轉閥，或轉盤供料器或振動輸料器等。

溼潤材料初進乾燥器的入口區時，其含水率較高，多需於如圖 23-1(a) 所示得加裝**分散器**，或如圖 23-1(b) 所示於入口區加裝**攪拌器**來助材料分散或防止水分高的細粒絮聚成塊，如材料水分再高致不易解碎時，就得如圖 23-1(c) 所示，於進口前多添設添加適量部分已乾燥產品的混合器，來降低進料的含水率，就可讓含有絮聚塊狀的進料被解碎器順利解碎。

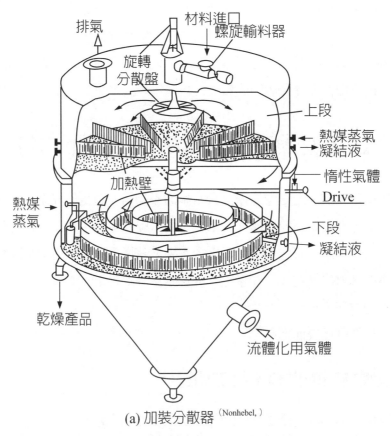

(a) 加裝分散器 ^(Nonhebel,)

圖 23-1 幾種改善進料區的分散例

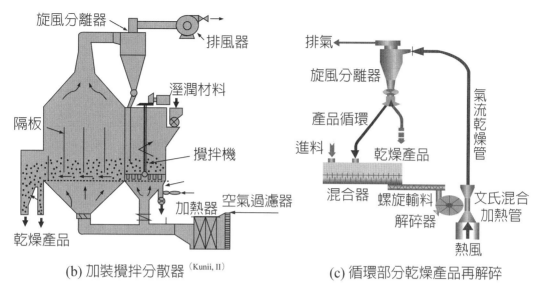

(b) 加裝攪拌分散器[Kunii, II]　　(c) 循環部分乾燥產品再解碎

圖 23-1　幾種改善進料區的分散例（續）

23.1.2 連續乾燥器常因粒子的滯留時間不勻，導致乾燥產品品質或含水率不均

　　流體化床乾燥裝置擁有構造簡單，不僅床內粒子混合好且擁有相當高總括熱容量係數 *ha* 值，故被廣泛採用於粒狀食品等的乾燥。操作如是批式操作，其品質的均一就不成問題，但產能有限；如操作是連續式，因流體化床內粒子混合極為活潑，易讓床內一些粒子衝向流動方向移動而縮短粒子在床內的滯留時間，讓出口的乾燥產品含水率不均勻。常用的對策是在粒子的流動方向加設如圖 23-2(a) 所示，加設固定的隔板或如圖 23-2(b) 所示用等速移動隔板，將其流動過程**多段化**來劃一或縮小粒子的滯留時間分布的幅度，求有效改善乾燥產品的品質均勻化。

23.1.3 材料的表面與內部的水分分布不一

　　許多乾燥多總是從與熱風接觸的表面依序進行乾燥，因此就在粒子層有厚度就材料層內會產生構成水分分布，故要乾燥均勻就得攪拌或翻動粒子層讓材料與熱風接觸能均勻才可獲得乾燥均勻的產品。如熱風溫度高而不攪拌溼潤材料表面層可能很快乾涸，生成不易透氣之硬膜妨礙內部水分的蒸發，造成只乾燥溼潤材料的表面的現象。

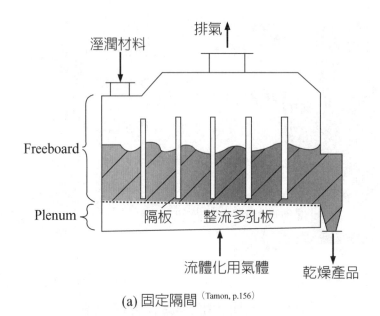

(a) 固定隔間 ^{（Tamon, p.156）}

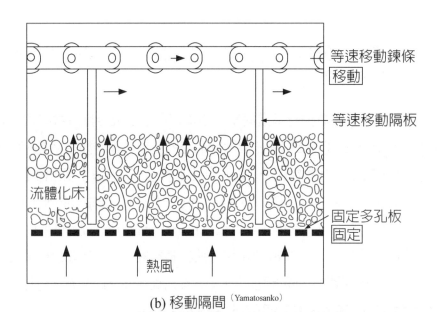

(b) 移動隔間 ^{（Yamatosanko）}

圖 23-2　加設隔板多室化確保均滯留時間均一

　　如乾燥成型陶磁胚胎時，常因胚胎受熱後在胚胎內部產生不均勻的水分分布，導致成型胚胎的裂壞或變形，要防止這問題，就得尋找能均勻乾燥的乾燥方式（如輻射高週介電波加熱（參考第十七章 17.3 節）以較緩和的速率乾燥，如採用微波加熱，應了解微波能滲透的深度有限，不一定可均勻加熱厚度高的固粒。

23.2 乾燥機制與品質變質、變色

23.2.1 乾燥溫度與乾燥時間 ^(Tamon, p.122)

平常乾燥過程，提高熱風溫度，該可提高乾燥速率。由於乾燥操作所需時間相當長，而成了整個製造工程時間的律速的單元，因此就有如何縮短乾燥操作的時間，平常要去除的水分是以液體或蒸氣的狀態流過被乾燥固體的表面向乾燥表面移動，如是含水率高的乾燥系，提升熱風溫度，被乾燥物品溫也常將隨之而升，讓固粒接近溶解狀態，堵住水分或蒸氣的通路，讓移動中的水分是以液體或阻礙了乾燥操作的進行。依圖 23-3 的含水率 vs. 溫度的曲線描述固粒狀態的模型來說，當水分或蒸氣尚通時，構成固粒的分子構造可分成：當水分或蒸氣尚通的結晶構造，當溫度升高，導致分子構造轉成散亂的橡膠（rubber）質似形態時，將阻礙了水分或蒸氣的移動（有些物質於變遷過程尚存遷移域）。一旦固粒成了膠狀，不僅影響乾燥速率，因黏性增加，讓粒子互相凝聚，或附著於器壁促成粉體著垢，妨礙乾燥操作外，也可成異物混入乾燥產品，破壞了產品品質。

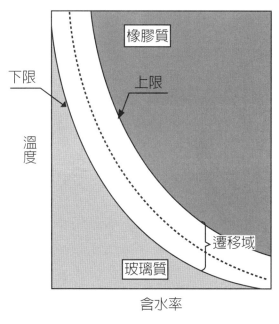

圖 23-3 ^(Tamon, p.123)

23.2.2 乾燥產品的熱變質

被乾燥物受過熱而劣化或變質的原因有：材料受熱燒附著在器壁，和受過熱或空氣氧化等。

1. 材料受熱燒附著在器壁所起的熱變質[Tamon, p.55]

溼潤材料在尚未乾燥的進料區常發生附著於器壁不被剝離或不更新留在器壁，受高溫熱媒長時間加溫就發生燒附著現象導致乾燥品質的劣化，其對策有：

(1) 設法降低進料的含水率，並於進口端內側加裝輔送翼片，助進料往前移動，必要時可考慮循環部分已乾產品降低進料的水分。

(2) 改善進料端溼潤材料的輸送，除了於進口端內側加裝輔送翼片外，也可增加熱風速度（氣流乾燥器、流體化床）；於滾筒型乾燥機，可採用並流式操作。

(3) 可於適當位置，器壁外殼上裝如圖 23-4(b) 的槌打器，或筒內加出擺動鍊條加以衝打（如圖 23-4(a)），打落附著於器壁的粉體。

(4) 如進料是如排水汙泥時，可考慮特殊設計如圖 23-4(c) 所示的可括除附著塊的盤狀翼，藉其相對的迴轉運動剝離黏著的泥塊。

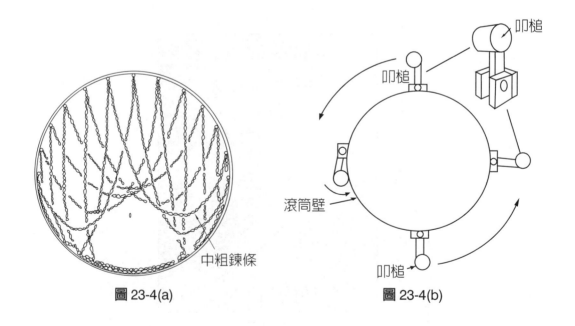

中粗鍊條

叩槌

叩槌

滾筒壁

叩槌

圖 23-4(a)　　　　　　　　　圖 23-4(b)

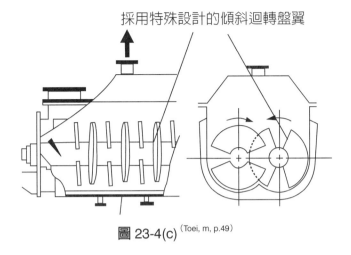

採用特殊設計的傾斜迴轉盤翼

圖 23-4(c) (Toei, m, p.49)

2. 受過熱或空氣氧化的熱變質 (Tamon, p55, 137)

一般設定乾燥溫度是依被乾燥材料的許容溫度與乾燥至目的含水率前的乾燥特性來選定。如進料的含水率高時，因可有相當長的恆率乾燥階段，可使用高溫熱源，也即這段乾燥可選用如氣流乾燥器之類的熱風乾燥器，但乾燥進入減率乾燥階段時，隨著含水率降低，可用於乾燥的熱風溫度與許容溫度之差愈來愈小，乾燥時間就被拖長，也即被乾燥材料過熱或受氧化，熱變質的機率也增大，其對策可考慮把乾燥分成高溫短時間的前段，後段採用低溫長時間的機型（如流體化床、輸帶穿流型）。

23.2.3 乾燥過程產品被染色

有些樹脂在乾燥器內，因滯留時間分布不一而其熱履歷變長，就成燒黏著或氧化，並有**著色**，讓產品品質劣化，此外尚因乾燥過程所產生的蒸氣再凝結也會引起品質的劣化。其對策分別是：

1. 因過熱而來粉粒燒著或氧化而著色的對策

可適用上段 (2) **乾燥產品的熱變質**裡所介紹的方法，另設法減小粒子的滯留時間分布幅度，如是流體化床乾燥器時，整流板的孔穴採用具偏向性孔穴（如圖 23-4(d) 所示）來加強粒子移動的方向性，也可減小粒子的滯留時間分布幅度。

圖 23-4(d)

2. 因乾燥過程所產生的蒸氣再凝結而起的品質劣化的對策^(Tamon, p.60)

要消除蒸氣再凝結而起的災害的對策是設法儘速趕走乾燥蒸發產生的蒸氣。一般樹脂顆粒的乾燥多用如圖 23-5 所示的溝槽型攪拌乾燥器或蒸氣管排滾筒乾燥器來乾燥，於溝槽型攪拌乾燥器轉盤與器間有不小空間，如裝滿 80% 來運轉時，乾燥器底部蒸發出來的蒸氣就較難脫離粒子床而再凝結成品質劣化的原因，解決此困擾，可把遞載氣流（carrier gas）從底部送入粒子床或把攪拌圓盤加裝 lift 改善混合。

如用 STM（steam tube dryer）乾燥樹脂，一般裝載量（填充率）多只在 30%，且滾筒的迴轉讓粒子與遞載氣流有充分接觸的機會，就較不必擔心蒸氣的再凝結問題。

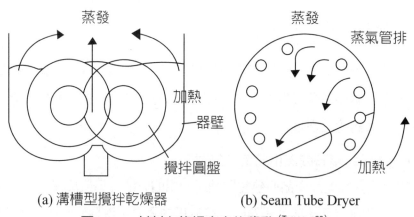

(a) 溝槽型攪拌乾燥器　　　　　(b) Seam Tube Dryer

圖 23-5　材料在乾燥室內的移動^(Tamon, p60)

再者，粉粒體產品的顏色是評估產品品質的要項之一，管理生產時得就得清楚，可能變色的要因，來考慮如下的各項：

(1) 配合成分的比率有變化時

如成分本身有顏色也得注意其組成配合是否有變動，尤其評估產品顏色時需採用一定波長的光。

(2) 乾燥不良而含水率高時

就是產品成分沒變動，乾燥不良而水分高時，顏色會較濃。

(3) 發生梅納反應（Sugar carbonyl reaction）時

於乾燥過程或乾燥後有梅納反應時會使產品呈較濃的顏色。

(4) 乾燥產品粒度不同時

就是含水率，沒有問題，也沒有梅納反應，只要產品粒度分布不同就會讓產品顏色不同，此時溶解色是不受影響，但光的反射會讓顏色看來較白。

23.2.5 乾燥過程發生組成偏析 (Tamon, p.67)

在乾燥多孔性物質的初期（恆率乾燥階段），材料內的水分會從內部往乾燥表面移動，此時如水分溶有不揮發性溶質（如接著劑）時，此不揮發性溶質會隨水分移動聚集於材料表面，結果成了材料內的組成的偏析。防止組成偏析最方便的手法是採凍結乾燥，但仍會有微視程度的偏析的可能。防止偏析是在製備粒狀觸媒時相當重要的問題。

在塗刷印刷紙的乾燥，接著劑的移動會造成印刷不均的缺陷，圖 23-6 揭示乾燥特性曲線與接著劑移動的關係，由於接著劑的固定是該在減率乾燥階段，故應設法防止接著劑在預熱和恆率階段移動，也即就該設法縮短前二段的乾燥，其手段為：

1. 塗布後以快速乾燥（至固體濃度到 70～75%）。

2. 接著劑的固定化過程就得採慢速乾燥。

3. 塗布之後用紅外線輻射乾燥。

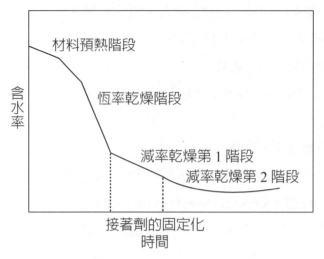

圖 23-6　**乾燥特性曲線與接著劑的移動** (Tamon, p.67)

23.3 熱風對流乾燥裝置常見的問題與對策

23.3.1 乾燥速率不如預期快

　　新乾燥裝置安裝完竣，進行試車時，可能發現乾燥結果在品質（含水率）或產量上與原設計不符，也即有乾燥速率比原設計低的問題，導致不理想的原因有：

　　(1) 供給乾燥機的熱量不足；(2) 乾燥裝置散熱至系外的熱損過大；(3) 設定的操作條件不合適（如溼度過高）；(4) 產品排出後有蒸氣的再凝結現象。於熱風對流乾燥，其蒸發溼潤材料水分所需的熱能主要來自送進來的熱風，但要它能用在蒸發水分，就先得把熱能輸傳給溼潤材料，也即熱風得能均勻地接觸材料，如下圖23-7(a)，熱風平行流過材料表面，熱能就僅能靠對流熱傳給表面層，再由傳導將熱傳給內層。但如熱風改以如圖 23-7(b) 所示，垂直穿流進入溼潤材料層，熱風就可均勻與材料全面接觸，其乾燥速率就快差五倍以上（例如圖 23-8）。

　　熱風帶進乾燥系來的熱能不一定能全部輸進材料，有些熱能被裝置硬體所吸收，也可能洩漏至裝置外成熱損，尚有沒輸給材料的熱能就被排氣帶出系外，造成此乾燥系熱量不足的狀況。

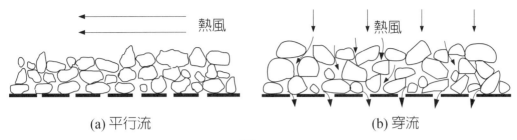

(a) 平行流　　　　　　　　　　(b) 穿流

圖 23-7

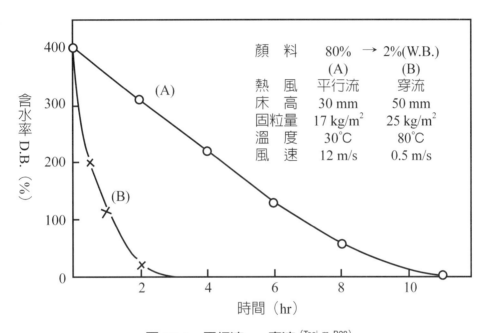

圖 23-8　平行流 vs. 穿流 (Toei, m, P.28)

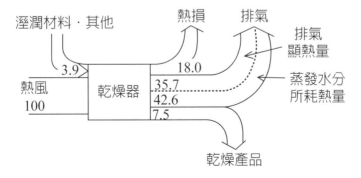

圖 23-9　能量收支例 (Nakamura, I, p.156)

如乾燥系因乾燥速率低而無法達成預期的乾燥目標，就得確認乾燥操作條件，並設法提升其乾燥速率，如 (1) 提升熱風溫度；(2) 降低熱風的溼度；(3) 設法增加有效熱傳表面積；(4) 讓熱風與材料有良好的接觸；(5) 設法減小材料大小（如粒徑）等。

23.3.2 排氣溫度高，但熱風乾燥系的能力不足 ^(Tamon, p.139)

有此狀況可想得到的主因是：(1) 材料分散不良導致有效傳熱面積不足，或 (2) 發生竄流（channelling）。

1. 如於流體化床乾燥器，遇到流動不良，或入口區進料含水率太高，溼潤材料不易分散聚成大塊，或床高太淺導致熱風竄流，就產生乾燥能力不足，對策就如圖 23-1(b) 於進料入口區加裝攪拌器分散水分高的進料防止流動不良。

如流體化床發生竄流現象，其對策請參閱 11.4（2、3）節的介紹。

2. 於迴轉滾筒乾燥系，入口區進料亦含水率太高，溼潤材料不易分散聚成大塊就也減少有效熱傳面積，注入材料的熱量就不夠，而乾燥速度就慢下來，排氣溫度雖高仍然無法乾燥到所要的含水率，如不排除這現象，這塊狀物可能附著在器內將擋阻材料的流動，解決的對策有裝如圖 23-10 裝破碎攪拌翼或裝如圖 23-4(a) 所示的擺動鐵鍊來打散結塊材料。

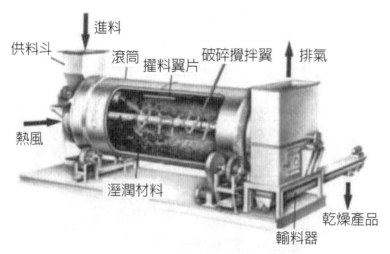

圖 23-10　裝具破碎功能攪拌翼 ^(Tamon, p.140)

3. 於輸帶式穿流乾燥器常見的是熱風從連續移動的網狀輸帶與側壁間的隙洩流而減少注入材料的熱量，對策就得勤於檢查維修帶與側壁的封口。

23.3.3 排氣溫度低，但熱風乾燥系的能力還是不足 ^(Tamon, p141)

在一般熱風乾燥系，排氣溫度低該是注入的熱能已被利用在乾燥操作，但雖排氣溫度低而乾燥產品未降到目標含水率就代表乾燥裝置有問題，可能的原因有：

1. 進料含水率太高

於乾燥操作掌握進料的含水率是不可迴避的工作，用儀器監控雖貴了些但值得考慮。如前工程有異常更需立即採取對應手段，如降低進料的含水率，或減少進料量等。

2. 進料量超過設計值

對應於前頂，在不影響乾燥產品的品質範圍內，提高熱風的入口溫度也是有效的措施。

3. 送進乾燥器的熱風溫度低於設定值

如熱風是來自利用蒸氣的空氣加熱器，查其蒸氣壓力和蒸氣量是否低於設定值。蒸氣供應量會因管路中的過濾器堵塞而減量，有時加熱器的冷卻凝結水器的故障也會造成加熱器效率降低。

4. 送進乾燥器的熱風量未達設定值

熱風量降低，最有可能的原因是排風機（或鼓風機）性能降低，或負責除塵的袋濾器的阻力過大，導致排風機的風量減小。

5. 供料量甚受供料器的機型，

和被運材料的物性的不同而很有差異。此外材料在供料貯槽內的保存量、流動及是否架橋的影響，如何監控進料量是值得留心的。

23.3.4 減率乾燥階段可發生的乾燥能力不足 ^(Tamon, p.143)

一旦乾燥操作進入減率乾燥階段，水分蒸發量就明顯遞減，材料溫度漸升至接近熱風溫度，雖品溫上升，但乾燥速率很慢，而達不到目標含水率，這種現象發生多因材料內部的水分沒順利擴散到乾燥表面，或含水率已達該環境的平衡含水率，而無法再蒸發水分所致。

一般而言，材料的平衡含水率 w_e 隨乾燥所用熱風的溫度與溼度、材料的品溫而定。雖同一乾燥條件，也得看水分是只單純附著在固體表面或是很強的被吸附在材料，而平衡含水率也有所變化。

於熱風對流乾燥，平衡含水率依熱風溫度與溼度而變，故一旦乾燥達到平衡含水率，在同一條件下，再乾燥多長的時間也不會再降低材料的含水率，此時的對策是在可容的限度下提高熱風溫度，但得注意高溫熱風對乾燥產品品質的影響。另法是熱風在加熱前先減溼，也即使用低溼度的熱風來降低其相對溼度，來降低平衡含水率低於目標含水率。也因此，設定乾燥條件時，得找可乾燥至目標含水率的溫度與溼度的熱風條件。

得注意的是，用高溫熱風時，常很快在固體表面造成一層硬固表層，堵住下層水分擴散至乾燥表面，而有降低乾燥速率之虞。

此外，外氣的相對溼度，如東京隨季節有相當大的變化，而臺北則是一年始終都相當高（如表 23-1）。熱風對流乾燥的操作如是批式操作，想得到低含水率產品，可用溫度較高的熱風，或降低乾燥壓力（提升真空度），或如是使用惰性氣體為遞載氣體時，可增加它的濃度來降低水蒸氣的分壓，都可降低乾燥系的平衡含水率。

表 23-1(a)　臺北一年中相對溼度表

臺北	一月	二月	三月	四月	五月	六月	七月	八月	九月	十月	十一月	十二月	平均	統計期間
相對溼度（%）	78.5	80.6	79.5	77.8	76.6	77.3	73.0	74.1	75.8	75.3	75.4	75.4	76.6	1981～2010

表 23-1(b)　東京一年中相對溼度表

	1月	2月	3月	4月	5月	6月	7月	8月	9月	10月	11月	12月
平均氣溫（℃）	5.2	5.7	8.7	13.9	18.2	21.4	25	26.4	22.8	17.5	12.1	7.6
相對溼度（%）	52	53	56	62	69	75	77	73	75	68	65	56

熱風對流乾燥的操作如是連續式操作，除上述幾種手法外，也可將熱風與材料的流動方向採用逆向流，讓出口的乾燥產品與高溫溼度較低的熱風接觸，來享有較低的平衡含水率。

23.3.5 因蒸氣加熱器有漏洩所發生的乾燥不足

一般設計乾燥裝置時多會留些餘力，就算是熱風加熱器因腐蝕等原因而有漏蒸氣也不易發覺，蒸氣漏會呈現蒸氣使用量的增大，或滲進熱風讓乾燥產品含水率達不到目標含水率，故日常維修點檢裝置時，需定期檢查蒸氣加熱器是否有漏。

23.3.6 噴霧乾燥排氣溫度就是乾燥操作良莠的指標

在噴霧乾燥操作常用出口熱風溫度做為乾燥是否順利操作的指標。如出口熱風溫度降低，可想是熱風來源或送風機有問題，如出口熱風溫度變高，代表噴出來的液滴沒能乾燥的順利。噴霧乾燥操作重點在噴出液滴大小、噴出液滴的行徑寬度，與熱風的接觸等是否依設定狀況進行。而出口熱風溫度升高常是這些重點項有異常的警示。其對策是檢查噴嘴或噴液轉盤是否有磨損或轉速是否正常，或送液泵或管路是否有漏等。此外，熱風的流態也是要項之一，如流態偏離設定就得加以修正。

23.4 傳導熱傳乾燥裝置常見的問題與對策

23.4.1 乾燥產品粒徑增大引起傳導熱傳乾燥裝置能力不足 (Tamon, p.175)

舉一例來說，用傳導熱傳乾燥裝置乾燥粒狀材料，把進料粒徑從 150 μm 增大至 550 μm 後，其脫水性是改善。進料含水率只能從 10% 乾燥到 4%，沒能達到目標含水率的 0.1%。從它能把含水率 10% 的進料乾燥到 4%，顯然送進來的熱風的熱能該足以達成乾燥目標，而其不能達成含水率的 0.1% 的目標該是因材料粒徑增大導致內部水分擴散所需時間不足。

在熱風熱足夠，但乾燥時間不夠而導致產品沒能乾燥到目標含水率時，可改善的手法為：適當提高排出端的排出堰的高度來增加材料在乾燥器內的滯留時間。在此例把滯留時間提高 3 倍就可把增大粒徑的進料乾燥至目標含水率的 0.1%。

23.4.2 傳導熱傳乾燥裝置因材料在乾燥過程變質引起的能力不足 與故障 (Tamon, p.176)

溝槽攪拌乾燥器常用來廢水處理後經脫水機所得汙泥的乾燥,但這些汙泥水分常高到 80%,在乾燥過程,材料得經過會增高的水分領域而附著於攪拌翼或傳熱面,導致材料結成大塊或附著在攪拌翼,增加攪拌動力負荷,經過此水分領域材料的分散性就好轉,攪拌動力負荷、熱傳速率也都恢復不少,故要避免攪拌機故障和乾燥能力的降低,可考慮回饋(feedback)部分乾燥產品來降低被乾燥材料的水分,如是批式操作,可分批投入高水分材料於已乾燥產品裡,混合至不黏的含水率再進行半批式增量的方式乾燥(見圖 23-13)。

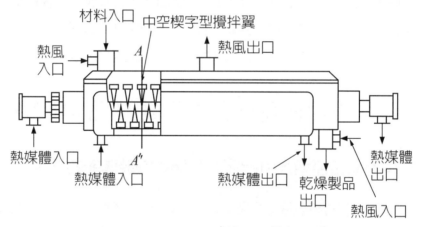

圖 23-11　溝槽型攪拌乾燥器 (Toei, mmp.48)

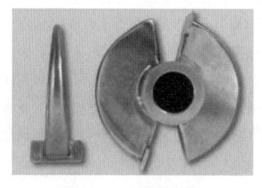

圖 23-12　楔形攪拌翼

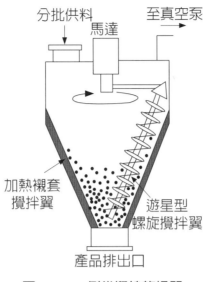

圖 23-13　倒錐攪拌乾燥器

23.4.3 傳導熱傳乾燥裝置因材料附（黏）著於熱傳面的能力降低

要乾燥稍有黏著性溼潤材料時，常利用可刮除附著材料的攪拌翼或螺旋（screw），但總會留些厚度 l 的材料於熱傳面，構成 $1/\lambda$（λ 是留存材料的熱傳導導率）熱傳阻力，此阻力常逾總阻力的一半，也即降低了一半以上的乾燥能力。常用對策之一還是上節所介紹的回饋（feedback）部分乾燥產品來降低附著，只是得增設循環乾燥產品和混合設備，可得加些設備費。為節省設備，於連續操作時可把進料分段投入，而在批式操作時，可如上節所述，分批投入高水分材料於已乾燥產品裡混合至已不黏狀態的部段。另一對策是採用可自動刮除黏著材料型的攪拌翼。

23.5 乾燥裝置的腐蝕，或磨耗與堵塞

23.5.1 乾燥裝置內部的腐蝕與摩耗

平常乾燥裝置內部的腐蝕大多由於含有腐蝕性物質（如 Cl 或 S 的化合物）的水分附著在裝置內部而引起腐蝕。故在一般乾燥裝置的進料入口區（前半部）常因含水率較高而較容易有材料附（黏）著的地方產生。腐蝕對策當然得先了解材料中

所含腐蝕性物質是什麼，再考慮裝置器材接觸材料部分可用的材質。爲節省耐蝕材料，可考慮將乾燥裝置內部分成前後兩段，對含水率較高的前半部採用耐蝕材料，而後半段則可用一般材料。

於乾燥操作，爲提高熱效率來省能而循環排氣，但循環排氣也同時造成熱風及排氣的溼度增高，也即讓它容易結露，附著在器壁或管壁發生腐蝕。故預防乾燥器內部和管路不被腐蝕，也得注意排氣的溫度和溼度，以防止其結露。

乾燥裝置器件的磨耗除了起因於腐蝕外，尙有因器件與快速流動的固粒間相對速率或攪拌產生的磨耗也是另一現象，尤其如氣流乾燥管的彎管常有磨損發生而需採用耐磨材料。

23.5.2 材料附著於乾燥裝置器壁或焦黏 ^(Tamon, p.127)

當溼潤材料投進入口區時，常因含水率尙高而易附著於壁面或其他器件面，而導致堵塞材料粒子的流動等故障，另外乾燥產品因與高溫熱媒接觸後焦黏於器壁。

1. 改善入口區附著的對策 ^(田門 p.127)

(1) 要求前段操作降低其產品的含水率或回饋（feedback）部分乾燥產品來降低進料的含水率。

(2) 如是流體化床乾燥系，爲求進料能充分流體化，可適增入口區的空塔熱風流速，或適增粒子床的靜止床高。

(3) 如是迴轉滾筒乾燥器，宜於入口端加設送料輔助翼片（guide blade）以助進料能加速分散。

(4) 如該乾燥系採用遞載氣體時宜充分其流量，將蒸發水分速排出系外。

(5) 如是間接加熱型乾燥器（如 STD），宜採用並流式操作來減少入口區的附著發生。

2. 材料附著或焦黏於乾燥器內部（請參照 23.2.(2)）

23.5.3 乾燥材料或產品固結成塊

有些溼潤材料水分高時，如加以剪應作用（shear）容易結塊，平常如乾燥機本身有迴轉作用時，材料與加熱面的接觸會好，而加熱面不斷更新也促乾燥速率加速。但附著性強的材料可因轉動作用而結成大塊，並讓熱傳至材料惡化，拖長乾燥時間。如於乾燥初期成了塊狀物，要等此塊狀乾燥至能分散成粉狀就拉長了時間。如何防止結塊就成了做好乾燥操作的重點；一般利用有迴轉的乾燥機乾燥此類材料時，宜於乾燥初期先以靜置狀態或間歇迴轉方式乾燥，避免有剪應作用，至含水率降到可分散時再恢復迴轉乾燥器就可。

再看已乾燥好的產品貯存在貯槽中，竟在槽內固結成塊排不出槽。其原因爲：

1. 產品水分高，也即設定產品規格有誤，或操作條件的設定不妥。

2. 貯槽壁溫的變化所致：如貯槽設置在屋外，受外氣溫度的變化或晒日而壁溫上升，所存產品受熱讓殘留在產品的水分移動至附著點，之後壁溫冷卻，附著點的水分就固結，相接的固粒造成固結成塊。另接近器壁面的粒子也同理附著於器壁生成結垢的結果。

乾燥產品品溫高於環境溫度就存進貯槽，易使產品中殘留的水分同上述移至固粒互接點，隨時間冷卻就溶解結晶，並造成固粒的固結成塊。故乾燥後需先冷卻至不結塊的溫度再投入貯槽

23.5.4 溝槽型攪拌器處理超微細粉時的排氣困擾 ^(Tamon, p186)

某廠用如圖 23-14(a) 的溝槽型攪拌器乾燥平均粒徑 30 μm 粉粒，後來因市場改要求粒徑 10 μm 細粉粒，試車就發現隨遞載氣體飛散的粉體量增加太多，而袋濾器壓降就上升不少，就抑制排風機的排風量降低，乾燥室內溼度升高，導致產品不能乾燥到目標含水率。經另行試驗確認，如能把 Freeboard 的上升氣流流速控制在 0.3 m/s（原爲 0.6 m/s），可大幅度減少粉體的飛散量，就把乾燥器上蓋加高如圖 23-14(b) 解決了上述的困擾，得了合乎要求品質與產量。

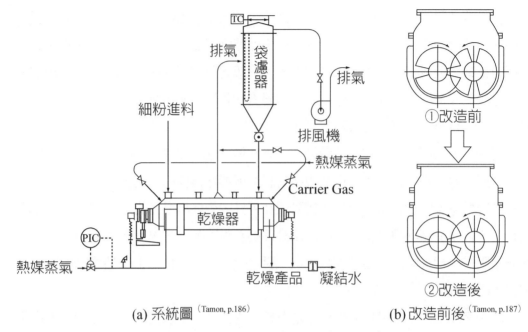

(a) 系統圖 ^(Tamon, p.186)

(b) 改造前後 ^(Tamon, p.187)

圖 23-14　汙泥乾燥系統圖 ^(Tamon, p186)

📖 參考文獻

Nakamura, I；中村正秋，立元雄治；初步から學ぶ乾燥技術，工業調查會東京，日本（2005）

Nonhebel, M. A. and Moss, A. A. H.; Drying of Solids in Chemical Industries; Clevelland, OH, USA

Tamon, H 田門肇；「5 調溼，水冷卻，乾燥」化工便覽，第七版；丸善，東京，日本（2011）

Toei, m；桐榮良三：乾燥裝置マニュアル 日刊工業社 東京，日本（1978）；F1(c)

Yamato Kanso: F2(c) Catalogue

附錄

I. 單位換算表 -1

(1) 溫度

$$T\,[^\circ\text{C}] = (T''\,[^\circ\text{F}] - 32)/1.8 \qquad T\,[^\circ\text{F}] = 1.8T\,[^\circ\text{C}] + 32$$

$$T\,[\text{K}] = T\,[^\circ\text{C}] + 273.15 \qquad T'\,[R] = T''\,[^\circ\text{F}] + 459.67 = 1.8 \times T\,[\text{K}]$$

(2) 質量 [M]

g	lb	ks (SI)	t
1	0.0022046	0.001	
453.592	1	0.45359	0.0004536
1000	2.20462	1	0.001
	2204.62	1000	1

(3) 長度 [L]

cm	in	ft	yd	m (SI)	km
1	0.3937	0.03281	0.01094	0.01	$0.1_4 1*$
2.54	1	0.08333	0.02778	0.0254	$0.0_4 254$
30.48	12	1	0.33333	0.3048	0.0003048
91.44	36	3	1	0.9144	0.0009144
100	39.37	3.28084	1.09361	1	0.001
	39370	3280.84	1093.61	1000	1

(4) 面積 [L²]

cm²	in²	ft²	m² (SI)	are (10m)²	(1 mile)²
1	0.15500	0.0010764	0.0001		
6.4516	1	0.006944	0.00064516		
929.03	144	1	0.092903	0.000929	
10000	1550.1	10.7639	1	0.01	0.0002471
		1076.39	100	1	0.02471
		43560	4046.86	40.467	1

I. 單位換算表 -2

(5) 容積 [L^3]

cm^3	in^3	*l*	US GA1	ft^3	m^3 (SI)
1	0.061024	0.001	0.00026418	0.0$_4$35315	0.0$_5$1
16.387	1	0.016307	0.004329	0.0005787	0.0$_4$16387
1000	61.02374	1	0.26418	0.035315	0.001
3785.3	231	3.7853	7.4805	0.13368	0.0037853
28316.8	1728	28.3168	264.18	1	0.028317
		1000		35.3147	1

(6) 密度 [ML^{-3}]

g/l = kg/m^3	1b/ft^3	1b/US ga1	g/cm^3 = t/m^3	1b/in^3	US ton/ft^3
1	0.062428	0.008345	0.001	0.006036127	0.000031214
16.0185	1	0.13368	0.0160185	0.0005787	0.0005
119.829	7.4807	1	0.119829	0.004329	0.00374035
1000	62.428	8.345	1	0.036127	0.031214
27680	1728	231.0	27.680	1	0.8640
32036.7	2000	267.36	32.0367	1.1574	1

(7) 力及重量 [MLT^{-3}][F]

N (SI)	Kg	1b	pounda1
1	0.1019716	0.224809	7.23301
9.80665	1	2.20462	70.9315
4.44822	0.453592	1	32.1740
0.138255	0.0140981	0.0310810	1

1 mega dyn = 10^6 dyn, 1 dyn = 1 g · cm/sec^2, 1 G = 1 g$\times g_0$, 1 pounda1 = 1 1b · ft/sec^2, 1 Kg = 1 kg$\times g_0$, 1 1b = 1 1b$\times g_0$, 1N (SI) = 1×10^5 dyn

(8) 表面張力 $[MT^{-2}][FL^{-1}]$

N/m (SI)	G/cm	kg/m	1b/ft
1	10.1972	0.101972	0.0101972
0.980665	1	0.1	0.067197
9.80665	10	1	0.67197
14.5939	14.8816	1.48816	1

1 N/m (SI) = 1000 dyn/cm

I. 單位換算表 -3

(9) 壓力 $[ML^{-1}T^{-2}][FL^{-2}]$

atm	bar	kg/cm²	1b/in²	Hg (0℃)		H₂O (15℃)		Pa (SI)
				mm	in	m	ft	
1	1.013250	1.033227	14.6960	760.000	29.9214	10.3416	33.929	101325
0.986923	1	1.019716	14.5038	750.062	29.5301	10.2063	33.485	100000
0.967841	0.980665	1	14.2234	735.559	28.9591	10.0091	32.838	98066.5
0.068046	0.068948	0.070307	1	51.715	2.0360	0.70370	2.3087	6894.76
0.001315789	0.001333224	0.001359510	0.0193368	1	0.0393702	0.0136073	0.044643	133.322
0.0334209	0.0338638	0.0345315	0.49115	25.400	1	0.34563	1.13394	3386.39
0.096782	0.098064	0.099997	1.42231	73.554	2.8958	1	3.2808	9806.31
0.029499	0.029890	0.030479	0.43352	22.419	0.88265	0.30480	1	2988.99

(10) 黏度 $[ML^{-1}T^{-1}][FTL^{-2}]$

kg/ m·hr	cp	P = g/ cm·sec	kg/m·sec	1f/ft·sec	kg·sec/m²	1b·sec/ft²	G·sec/cm²	Pa·s (SI)
1	0.2778	0.002778	0.0002778	0.000018667	2.833×10^{-5}	5.801×10^{-6}	2.833×10^{-6}	0.0002778
3.60	1	0.01	0.001	0.0006720	0.00010179	2.0886×10^{-5}	1.0197×10^{-5}	0.001
360	100	1	0.1	0.06720	0.010197	0.0020886	0.0010197	0.1
3600	1000	10	1	0.6720	0.10197	0.020886	0.010197	1
5357	1488.1	14.881	1.4881	1	0.15175	0.031081	0.015175	1.4881
35304	9806.65	98.0665	9.080665	6.5989	1	0.20482	0.1	9.80665
172368	47880	478.80	47.880	32.174	4.8824	1	0.48824	47.880
353039	98066.5	980.665	98.6065	65.898	10	2.0482	1	98.0665

(11) 動黏度、溫度擴散係數，及分子擴散係數 $[L^2T^{-1}]$

cSt	ft²/hr	cm²/sec*	m²/hr	in²/sec	ft²/sec	m²/sec
1	0.03875	0.01	0.0036	0.001550	1.0764×10^{-5}	1×10^{-6}
25.81	1	0.2851	0.09290	0.400	0.0002778	2.581×10^{-5}
100	3.875	1	0.36	0.1550	0.0010764	0.0001
277.8	10.764	2.778	1	0.4306	0.002990	0.0002778
645.2	25.00	6.452	2.323	1	0.006944	0.0006452
92900	3600	929.0	334.4	144	1	0.09290
1000000	38750	10000	3600	1550.1	10.764	1

I. 單位換算表 -4

(12) 功、能量、及熱量 $[ML^2T^{-2}][FL][Q]$

foot poundal	joul$_{abs}$	1b-ft	kg·m	l·atm	Btu$_{60℉}$	kcal$_{15℃}$	kWhr
1	0.0421401	0.0310810	0.0042971	0.0₃415879	3.99607×10^{-5}	1.00681×10^{-5}	1.17056×10^{-8}
23.7304	1	0.737562	0.101972	0.00986896	9.48281×10^{-3}	2.3892×10^{-4}	2.77778×10^{-7}
32.1740	1.35582	1	0.132255	0.0133805	0.00127570	3.23833×10^{-4}	3.76616×10^{-7}
232.715	9.80665	7.23301	1	0.0967814	0.00929946	0.00234300	2.72407×10^{-6}
2404.55	101.328	74.7356	10.3326	1	0.0960874	0.0242093	2.81466×10^{-5}
25024.7	1054.54	777.789	107.533	10.4072	1	0.251951	2.92928×10^{-4}
99323.6	4185.50	3087.07	426.80	41.3065	3.96903	1	0.00116264
8.54293×10^7	3.6×10^6	2.65522×10^6	3.67098×10^5	3.55282×10^4	3413.81	860.112	1

(13) 動力 $[FLT^{-1}][QT^{-1}]$

kW	HP	PS	Btu/min	kg·m/sec	cal/sec	ft·1b/sec
1	1.34102	1.35962	56.868	101.972	238.92	737.56
0.74570	1	1.01387	42.406	76.040	178.163	550.55
0.73550	0.98632	1	41.826	75.000	175.726	542.48
0.0175965	0.023597	0.023925	1	1.79435	4.2042	12.9785
0.0098067	0.0131509	0.0133333	0.55769	1	2.34302	7.2330
0.0041897	0.0056185	0.0056964	0.238260	0.42723	1	3.0902
0.00135582	0.00181818	0.00184340	0.077103	0.138255	0.32393	1

(14) 比熱 $[QM^{-1}][\theta^{-1}]$

cal/g · ℃	kcal/kg · ℃	But/1b · °F	Chu/1b · ℃	joul/g · ℃
1	1	1	1	4.1863
0.238846	0.238846	0.238846	0.238846	1

(15) 熱流量 $[QL^{-2}][T^{-1}]$

cal/cm² · sec	W/cm²	cal/cm² · hr	Btu/ft² · hr	kcal/m² · hr
1	4.1868	3600	13272.1	36000
0.238846	1	859.845	3169.98	8598.45
0.000277778	0.00116300	1	3.68669	10
0.0000753461	0.000315459	0.271246	1	2.71246
0.0000277778	0.00011625	0.1	0.368669	1

I. 單位換算表 -4

(16) 熱傳導率 $[QL^{-1}T^{-1}\theta^{-1}]$

cal/cm · sec · ℃	joul/cm · sec · ℃	But/ft · hr · °F	kcal/m · hr · ℃	W/m · K
1	4.18140	241.75	360	418.140
0.23915	1	57.780	86.044	100
0.0041365	0.017307	1	1.48817	1.7307
0.0027778	0.0116296	0.67196	1	1.16300
0.0023885	0.01	0.57789	0.859845	1

(17) 熱傳係數 $[QL^{-2}T^{-1}\theta^{-1}]$

W/m² · K	kcal/m² · hr · ℃	But/ft² · hr · °F	But/in² · hr · °F	kcal/m² · sec · ℃
1	0.859845	0.17610	0.00122966	0.00023885
1.16296	1	0.20481	0.00142231	0.00027778
5.67815	4.8825	1	0.0069444	0.0013562
817.654	703.08	143.998	1	0.19530
4187	3600	737.308	5.1203	1

(18) SI 接頭語

大小	名稱	符號	大小	名稱	符號
10^{-18}	atto	a	10^1	edeci	d
10^{-15}	femto	f	10	deca	da
10^{-12}	pico	p	10^2	hecto	h
10^{-9}	nano	n	10^3	kilo	k
10^{-6}	micro	μ	10^6	mega	M
10^{-3}	milli	m	10^9	giga	G
10^{-2}	centi	c	10^{12}	tera	T

(19) 重要常數與數據

1. 重力加速度 $g = 9.807$ m/s^2 = 1.27×10^8 m/h^2

2. 理想氣體在 0℃，標準大氣壓時的容積分子容積 = 22.41×13^{-3} m^3/mol

3. 熱力學溫度 $T[K] = t[℃] + 273.15$

4. 理想氣體常數 $R = 8.314$ J/(mol · k) = 1.986 cal/(mol · k) = 8.206×10^{-5} m^3 · atm/(mol · k)

5. 空氣的平均分子量 = 28.97 g/mol

6. Avokadoro 常數 $N = 6.022 \times 10^{23}$ mol^{-1}

7. Boltzmann 常數 $k = R/N = 1.3806 \times 10^{-2}$ J/K

8. Planck 常數 $h = 6.626 \times 10^{-34}$ J · s

II. 飽和水蒸氣表 -1

(1) 溫度基準的飽和水蒸氣壓力

溫度	飽和壓力	比容 [m³·kg⁻¹]		比熱容量 [kJ·kg⁻¹]		
T[K]	p_s[MPa]	v'	v''	i'	i''	$r = i' - i''$
273.15	0.0006108	0.0010002	206.3	−0.04	2501.6	2501.6
273.16	0.0006112	0.0010002	206.2	0.00	2501.6	2501.6
275.15	0.0007055	0.0010001	179.9	8.39	2505.2	2496.8
277.15	0.0008129	0.0010000	157.3	16.80	2508.9	2492.1
279.15	0.0009345	0.0010000	137.8	25.21	2512.6	2487.4
281.15	0.0010720	0.0010001	121.0	33.60	2516.2	2482.8
283.15	0.0012270	0.0010003	106.4	41.99	2519.9	2477.9
285.15	0.0014014	0.0010004	93.84	50.38	2523.6	2473.2
287.15	0.0015973	0.0010007	82.90	58.75	2527.2	2468.5
289.15	0.0018168	0.0010010	73.38	67.13	2530.9	2463.8
291.15	0.002062	0.0016013	65.09	75.50	2534.5	2459.0
293.15	0.002337	0.0010017	57.84	83.86	2538.2	2454.3
295.15	0.002642	0.0010022	51.49	92.23	2541.8	2449.6
297.15	0.002982	0.0010026	45.93	100.59	2545.5	2444.9
299.15	0.003360	0.0010032	41.03	108.95	2549.1	2440.2
301.15	0.003778	0.0010037	36.73	117.31	2552.7	2435.4
303.15	0.004241	0.0010043	32.93	125.66	2556.4	2430.7
305.15	0.004753	0.0010049	29.57	134.02	2560.0	2425.9
307.15	0.005318	0.0010056	26.60	142.38	2563.6	2421.2
309.15	0.005940	0.0040063	23.97	150.74	2567.2	2416.4
311.15	0.006624	0.0010070	21.63	159.09	2570.8	2411.7
313.15	0.007375	0.0010078	19.55	167.45	2574.4	2406.9
315.15	0.008198	0.0010086	17.69	175.81	2577.9	2402.1
317.15	0.009100	0.0010094	16.04	184.17	2581.5	2397.3
319.15	0.010086	0.0010103	14.56	192.53	2585.1	2392.5
321.15	0.011162	0.0010112	13.23	200.89	2588.6	2387.7
323.15	0.012335	0.0010121	12.05	209.26	2592.2	2382.9
328.15	0.015741	0.0010145	9.579	230.17	2601.0	2370.8
333.15	0.019920	0.0010171	7.679	251.09	2609.7	2358.6
338.15	0.02501	0.0010199	6.202	272.02	2618.4	2346.3
343.15	0.03116	0.0010228	5.046	292.97	2626.9	2334.0
348.15	0.03855	0.0010259	4.134	313.94	2635.4	2321.5
353.15	0.04736	0.0010292	3.409	334.92	2643.8	2308.8
358.15	0.05780	0.0010326	2.829	355.92	2652.0	2296.5
363.15	0.07011	0.0010361	2.361	376.94	2660.1	2283.2
368.15	0.08453	0.0010399	1.982	397.99	2668.1	2270.2
373.15	0.10133	0.0010437	1.673	419.06	2676.0	2256.9
383.15	0.14327	0.0010519	1.210	461.32	2691.3	2230.0
393.15	0.19854	0.0010606	0.8915	503.72	2706.0	2202.2
403.15	0.27013	0.0010700	0.6681	546.31	2719.9	2173.6
413.15	0.3614	0.0010801	0.5085	589.10	2733.1	2144.0
423.15	0.4760	0.0010908	0.3924	632.15	2745.4	2113.2
433.15	0.6186	0.0011022	0.3068	675.47	2756.7	2081.3
443.15	0.7920	0.0011145	0.2426	719.12	2767.1	2047.9
453.15	1.0027	0.0011275	0.1938	763.12	2776.3	2013.1
463.15	1.2551	0.0011415	0.1563	807.52	2784.3	1976.7
473.15	1.5549	0.0011565	0.1272	852.37	2790.9	1938.6
483.15	1.9077	0.0011726	0.1042	897.74	2796.2	1898.5
493.15	2.3198	0.0011900	0.08604	943.67	2799.9	1856.2
503.15	2.7976	0.0012087	0.07145	990.26	2802.0	1811.7

（注）右上符號（′）（″）分別代表飽及液和飽和水蒸氣的狀態

II. 飽和水蒸氣表 -2

(2) 壓力基準的飽和水蒸氣表

壓力	飽和壓力	比容 [m³·kg⁻¹]		比熱容量 [kJ·kg⁻¹]		
P[MPa]	T_s[K]	v'	v''	i'	i''	$r = i'' - i'$
0.001	280.1328	0.0010001	129.20	29.34	2514.4	2485.0
0.002	290.663	0.0010012	67.01	73.46	2533.6	2460.2
0.003	297.250	0.0010027	45.67	101.00	2545.6	2444.6
0.004	302.133	0.0010040	34.80	121.41	2554.5	2433.1
0.005	306.048	0.0010052	28.19	137.77	2561.6	2423.8
0.006	309.333	0.0010064	23.74	151.50	2567.5	2416.0
0.007	312.175	0.0010074	20.53	163.38	2572.6	2409.2
0.008	314.684	0.0010084	18.10	173.86	2577.1	2403.2
0.009	316.937	0.0010094	16.20	183.28	2581.1	2397.9
0.010	318.983	0.0010102	14.67	191.83	2584.8	2392.9
0.02	333.236	0.0010172	7.650	251.45	2609.9	2358.4
0.03	342.274	0.0010223	5.229	289.30	2625.4	2336.1
0.04	349.036	0.0010265	3.993	317.65	2636.9	2319.2
0.05	354.495	0.0010301	3.240	340.56	2646.0	2305.4
0.06	359.104	0.0010333	2.732	359.93	2653.6	2293.6
0.08	366.662	0.0010387	2.807	391.72	2665.8	2274.0
0.10	372.782	0.0010434	1.694	417.51	2675.4	2257.9
0.101325	373.15	0.0010437	1.673	419.06	2676.0	2256.9
0.12	377.96	0.0010476	1.428	439.36	2683.4	2244.1
0.14	382.47	0.0010513	1.236	458.42	2690.3	2231.9
0.16	386.47	0.0010547	1.091	475.38	2696.2	2220.9
0.18	390.08	0.0010579	0.9772	490.70	2701.5	2210.8
0.2	393.38	0.0010608	0.8854	504.70	2706.3	2201.6
0.3	406.69	0.0010735	0.6056	561.43	2724.7	2163.2
0.4	416.77	0.0010839	0.4622	604.67	2737.6	2133.0
0.5	424.99	0.0010928	0.3747	640.12	2747.5	2107.4
0.6	431.99	0.0011009	0.3155	670.42	2755.5	2985.0
0.7	438.11	0.0011082	0.2727	697.06	2762.0	2064.9
0.8	443.56	0.0011150	0.2403	720.94	2767.5	2046.5
0.9	448.51	0.0011213	0.2148	724.64	2772.1	2029.5
1.0	453.03	0.0011274	0.1943	762.61	2776.2	2013.6
1.2	461.11	0.0011386	0.1632	798.43	2782.7	1984.3
1.4	468.19	0.0011489	0.1407	830.08	2787.8	1957.7
1.6	474.52	0.0011586	0.1237	858.56	2791.7	1933.2
1.8	480.26	0.0011678	0.1103	884.58	2794.8	1910.3
2.0	485.52	0.0011766	0.09954	908.59	2797.2	1888.6
2.2	490.39	0.0011850	0.00065	930.95	2799.1	1868.1
2.4	494.93	0.0011932	0.08320	951.93	2800.4	1848.5
2.6	499.19	0.0012011	0.07686	971.72	2801.6	1825.0
2.8	503.20	0.0012088	0.07139	990.48	2802.0	1811.5
3.0	506.99	0.0012163	0.06663	1008.4	2892.3	1793.9
3.5	515.69	0.0012345	0.05703	1049.8	2802.0	1752.2
4.0	523.48	0.0012521	0.04975	1087.4	2800.3	1712.9
4.5	530.56	0.0012691	0.04409	1122.1	2797.7	1675.0
5.0	537.06	0.0012858	0.03943	1154.5	2794.2	1639.7

III. 空氣物性值

一大氣壓下，空氣的物性值（1.atm）

溫度 t °C	密度 ρ g/l	恆壓比熱 cp cal/g·°C	動黏度 v cm²/sec	熱傳導率 k kcal/m·h·r°C	溫度傳導度 $\alpha = \kappa/\mathrm{cp}\,\rho$ cm²/sec	Prandtl 數 Pr $= v/\alpha$
200[a]	2.08	0.245	0.0268	0.0060	0.0330	0.81
−150	2.88	0.247	0.0311	0.0101	0.0411	0.76
100	2.04	0.244	0.0596	0.0141	0.0811	0.74
−50	1.582	0.241	0.0950	0.0176	0.1310	0.721
0	1.293	0.240	0.1370	0.0208	0.1930	0.712
50	1.093	0.241	0.1845	0.0241	0.264	0.701
100	0.946	0.242	0.2377	0.0275	0.346	0.690
200	0.746	0.246	0.3580	0.0936	0.527	0.678
300	0.616	0.251	0.494	0.0398	0.744	0.668
400	0.525	0.256	0.647	0.0459	0.982	0.661
500	0.455	0.250	0.813	0.0514	1.240	0.658
600	0.405	0.265	0.996	0.0573	1.521	0.655
700	0.363	0.270	1.185	0.0624	1.817	0.655
800	0.328	0.275	1.388	0.0671	2.12	0.655
900	0.300	0.279	1.609	0.0719	2.46	0.655
1000	0.278	0.283	1.826	0.0766	2.80	0.655
1100	0.258	0.285	2.065	0.0808	3.15	0.655
1200	0.240	0.288	2.315	0.0852	3.54	0.655
1300	0.224	0.291	2.573	0.0902	3.96	0.655
1400	0.211	0.293	2.832	0.0948	4.34	0.655
1500	0.200	0.295	3.10	0.0979	4.75	0.655
1600	0.188	0.296	3.39	0.1011	5.26	0.655

IV. 冰和液體的蒸氣壓

(1) 冰的蒸氣壓

溫度		蒸氣壓		溫度		蒸氣壓	
[°C]	[°F]	[mmHg]	[Microns]	[°C]	[°F]	[mmHg]	[Microns]
0	32	4.579	4579	−36	−32.8	0.1507	150.7
−2	28.4	3.880	3880	−40	−40.0	0.0966	96.6
−4	24.8	3.280	3280	−44	−47.2	0.0609	60.9
−6	21.2	2.765	2765	−48	−54.4	0.0378	37.8
−8	17.6	2.326	2326	−52	−61.6	0.02300	23.00
−10	14.0	1.950	1950	−56	−68.8	0.01380	13.80
−12	10.4	1.632	1632	−60	−76.0	0.00808	8.08
−14	6.8	1.361	1361	−64	−83.2	0.00464	4.64
−16	3.2	1.132	1132	−68	−90.4	0.00261	2.61
−18	−0.4	0.939	939	−72	−97.6	0.00143	1.43
−20	−4.0	0.776	776	−76	−104.8	0.00077	0.77
−22	−7.6	0.640	640	−80	−112.0	0.00040	0.40
−24	−11.2	0.526	526	−84	−119.2	0.00020	0.20
−26	−14.8	0.430	430	−80	−126.4	0.00010	0.10
−28	−18.4	0.351	351	−92	−133.6	0.000048	0.048
−30	−22.0	0.2859	285.9	−96	−140.8	0.000022	0.022
−32	−25.6	0.2318	231.8	−98	−144.4	0.000015	0.015
−34	−29.2	0.1873	187.3				

(2) 液體的蒸氣壓

Antoine 公式 $\log P_{mmHg} = A - B/(C + t[°C])$

物質	A	B	C	物質	A	B	C
Aceton	7.24	1280	237.5	Toluene	6.95	1345	219.5
Aniline	7.25	1684	201.2	Nitrobenzene	7.55	2064	230
Ethanol	8.21	1652	231.5	Benzene	6.91	1211	220.8
Ethyl-Oxide	7.10	1239	217.0	Methanol	8.07	1575	238.9

V. 溫度圖表 -1　低溫度溼度圖表

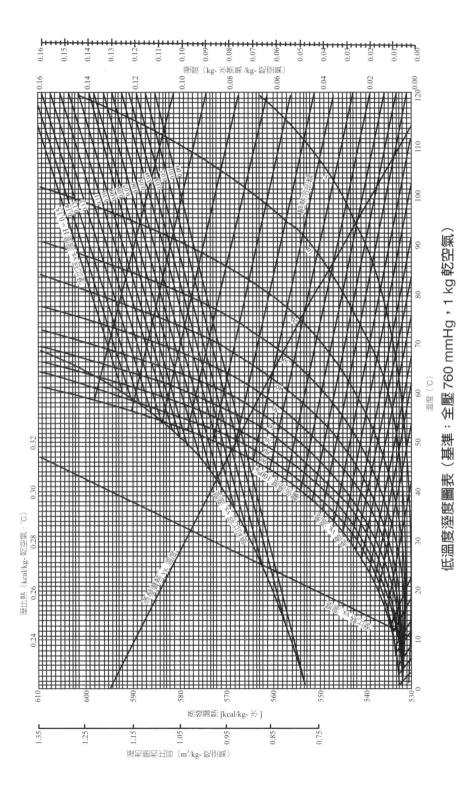

低溫度溼度圖表（基準：全壓 760 mmHg，1 kg 乾空氣）

V. 溫度圖表 -2　低溫度溼度圖表

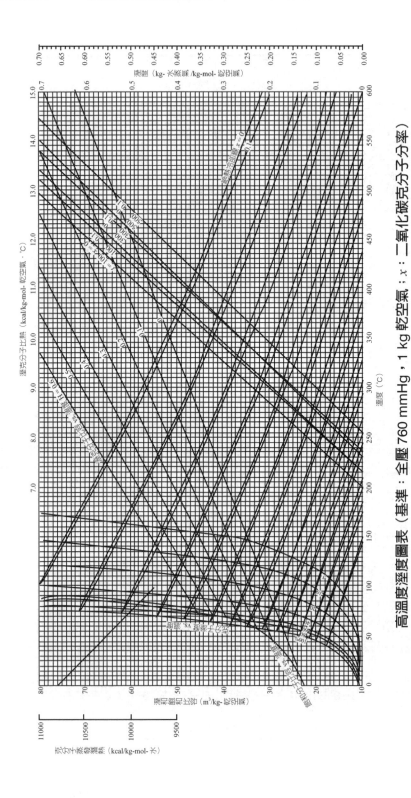

VI. 乾燥裝置價格概估圖

此項附錄的應用於乾燥操作的經濟解析可參考呂維明等編著化工程序設計概論，高立圖書出版（2011），ch.6。

(1) 熱風迴轉圓筒乾燥裝置價格圖

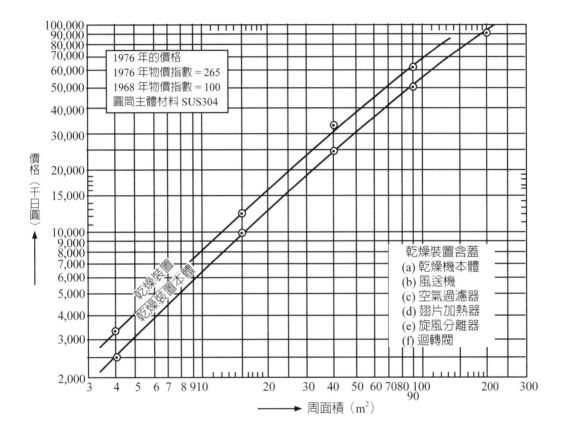

(2) 蒸氣管排型迴轉圓筒乾燥機價格圖

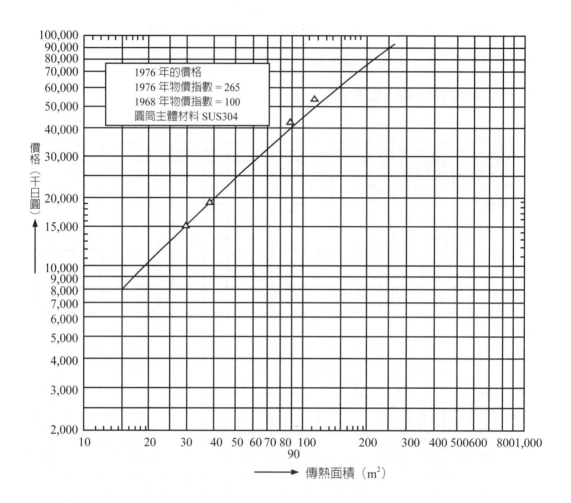

(3) 輸料帶乾燥裝置

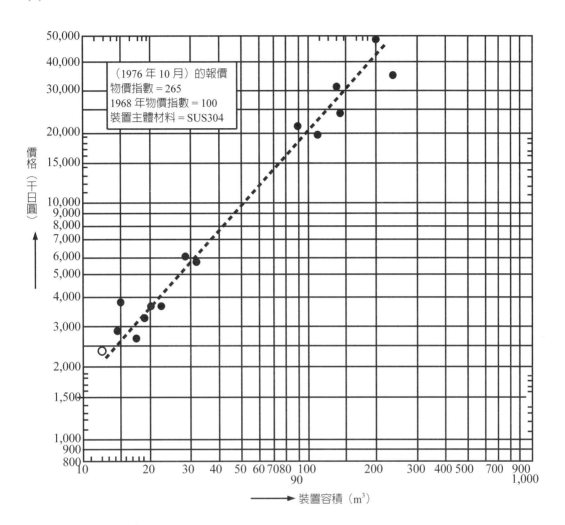

（1976 年 10 月）的報價
物價指數 = 265
1968 年物價指數 = 100
裝置主體材料 = SUS304

價格（千日圓）

裝置容積（m³）

(4) 箱形乾燥裝置

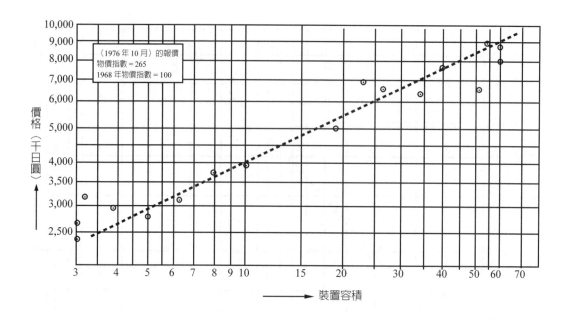

(5) 噴霧乾燥機

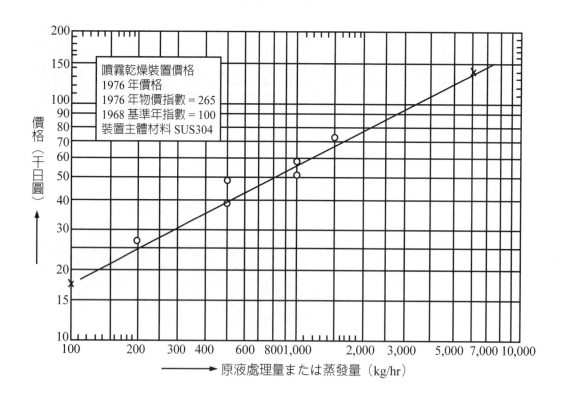

(6) 攪拌翼式乾燥機

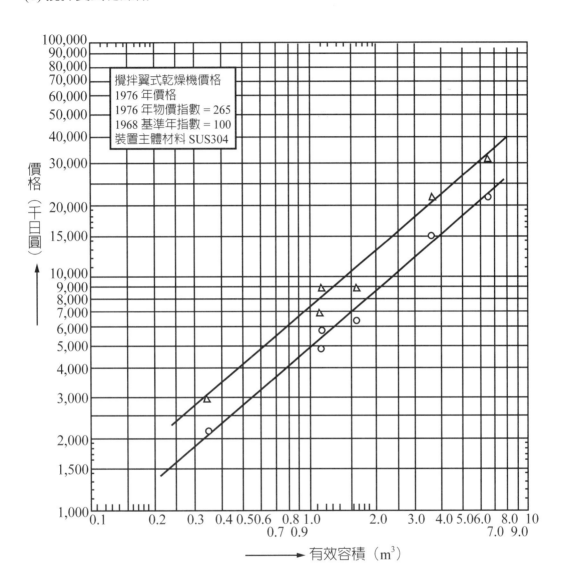

攪拌翼式乾燥機價格
1976 年價格
1976 年物價指數 = 265
1968 基準年指數 = 100
裝置主體材料 SUS304

價格（千日圓）

有效容積（m³）

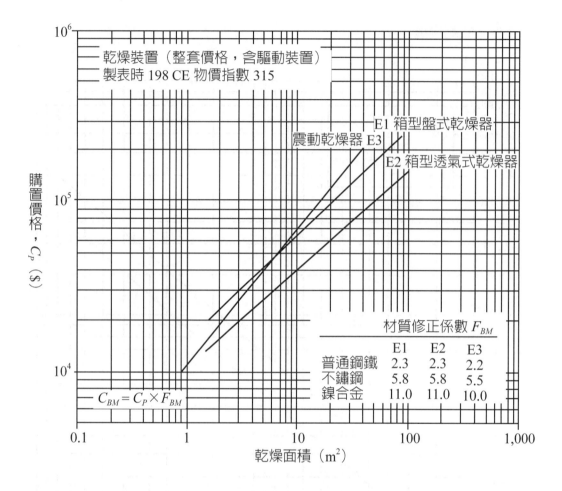

Curve	裝置	方程式	X範圍 （乾燥面積 [m²]）
E1	箱型盤式乾燥器	$C_P = 15,637x^{0.6069}$	1.5 〜 90
E2	箱型透氣式乾燥器	$C_P = 10,700x^{0.5734}$	1.5 〜 100
E3	震動乾燥器	$C_P = 10,867x^{0.7895}$	0.9 〜 40

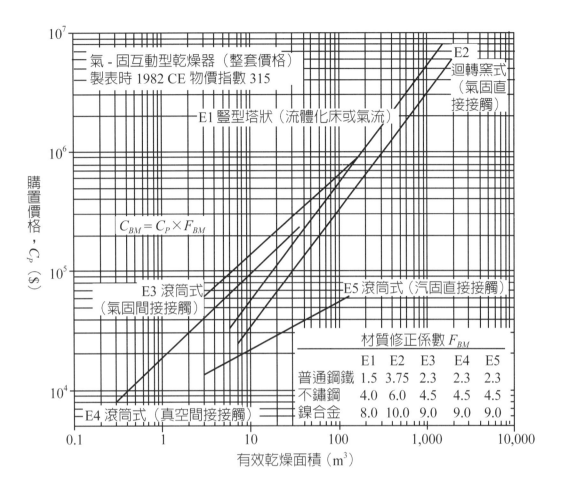

Curve	裝置	方程式	X範圍 (有效乾燥容積 [m³])
E1	豎型塔狀（流體化床或氣流）	$C_P = 5{,}779.3x^{0.989}$	$6 \sim 1{,}500$
E2	迴轉窯式（氣固直接接觸）	$C_P = 3{,}727.4x^{0.978}$	$7 \sim 1{,}900$
E3	滾筒式（氣固間接接觸）	$C_P = 28{,}394x^{0.681}$	$3 \sim 160$
E4	滾筒式（真空間接接觸）	$C_P = 18{,}639x^{0.7025}$	$0.3 \sim 38$
E5	滾筒式（氣固直接接觸）	$C_P = 9{,}069.5x^{0.3925}$	$3 \sim 150$

參考文獻

Barthknecht, W. VDI-Berichte Nr.165, 24(1971)

Coulson, J. M., Richardson, J. F. Backhursy, J, F., Harker, J. H.; Chemical Engineering, Vol. II, Fourth Ed., Pergamon Press, Oxford, GB. (1990)

Czeslaw Strumilo and Tadeuse Kudra; Drying: Principles, Applications and Design, Gordon and Breach Science Publishers, NY USA(1986)

Foust, A. S. Principles of Unit Operations, John-Wiley, New York, NY, USA(1980)

Frank-Kamenetskii, D. A.; Diffusion and Heat Transfer in Chemical Kinetics, Plenum Press, USA(1969)

化工便覽，第三版，丸善，東京，日本（20??）；#10，乾燥，桐榮良三（1960?）

化工便覽，第六版，丸善，東京，日本（20??）；鈴木睦，#14

粉體供給裝置委員會 編；粉粒體の貯槽と供給裝置，日刊工業新聞社 東京，日本（1967）

Geankopolis, C. J. Transport Process and Unit Operations. Third Edition. Pretice-Hall, London, UK.（1993）平田

Iinoya, K.；井伊谷鋼一；集塵，化學工學便覽（三版），日本化學工學會編，丸善，東京，日本（1968）

Iinoya, K.；井伊谷鋼一；集塵裝置 日刊工業社（1969）

Imasaka M.；今阪正典；連續流動層乾燥裝置；乾燥，化學工業社，東京，日本（2,000）

Imasaka M.；今阪正典；氣流乾燥裝置；乾燥，化學工業社，東京，日本（2,000）

Inoue, I.，井上一郎；集塵裝置，化學裝置便覽（改訂版）藤田重文編 科學技術社，東京，日本（1960）

Isobe, K.；礒部宏策；高周波加熱裝置；乾燥，化學工業社，東京，日本（2,000）

Ju, SP., Lu, WM., Kuo HP., Chu FS., Lu, YC., "The formation of a suspension bed on dual flow distributors", *Powder Technology*, 131(2003), pp.139-155

Hayashi, Nobuya；傳導加熱型乾燥裝置；乾燥，化學工業社，東京，日本（2,000）

Inazuni；稻積彥二；調溼裝置，Ch.12，化學裝置便覽 藤田重文編，科學技術社，東京，日本（1977）

Ishii, Yasuo；石井康雄；スチーム・チューブ ドライヤー，乾燥，化學工業社，東京，日本（2,000）

Kamei；龜井三郎；新版 化學機械の理論と計算 產業圖書，東京，日本（1975）

Kano, T.；狩野武；粉粒體輸送裝置，日刊工業社，東京，日本（1979）

Kanaoka, Chikao and Makino Nahoo；金岡千嘉男，牧野尚夫；はじめての集じん技術，日刊工業社，東京，日本（2013）

Kawamoto, Y.；河本康大郎；赤外放射源の種類と特性 p.167 乾燥技術ハンドブック，p.377 國井大藏編，總合技術センター（1991）

Kawamoto, Y.；河本康大郎；赤外放射による乾燥 p476 乾燥技術ハンドブック，p.377 國井大藏編，總合技術センター（1991）

Kawamura Yuji；河村祐治；Ch.9 凍結乾燥裝置 乾燥裝置，桐榮良三編 日刊工業社 東京，日本（1969）

Keey, R. B. Drying Priciples and Practice, Pergamon Press, Oxford, GB(1972)

Kubota, Atsushi；久保田濃；乾燥裝置；省エネルギーセンター（2.nd ed.）東京，日本（2004）

Kudra, Tadeusz & Mujumdar A.S; Advanced Drying Technology, Marcel Dekker, NY, USA

Kunii；國井大藏；熱的單位操作 Vol, II 丸善，東京，日本（1968）

Leuschke, G. Inst., *Chem. Eng.*, *Symp. Series*, No. 68, (1981)

Levenspiel, O. "Engineering Flow and Heat Exchange." Plenum, U.S.A. (1984).

Liang 梁，田中；化學工學論文集，13，p.63(1987)

Lu, W. M. "Fluidized Bed Dryer," *Taiwan Engineering*, 12(3&4), pp.39~44 (1959).

Lu, W. M；呂維明；化工單元操作 II, 流體力學與流體操作，Ch.16，流體化，高立，臺北，臺灣

Lu, W. M，呂維明；化工單元操作 II, 熱傳與熱傳操作，Ch.10 氣體調溼與冷水操作，高立，臺北，臺灣（2000）

Lu, W. M；呂維明；化工單元操作 II, 熱傳與熱傳操作，Ch.11 乾燥，高立，臺北，臺灣（2000）

Lu, W. M.；呂維明；固 - 液過濾技術，Ch.19，高立，臺北，臺灣（2004）

Lu, W. M.；呂維明粉粒體技術概論 . Ch.12, 高立，臺北，臺灣（2015）

Lu, W. M.；呂維明大家來認識化工，五南，臺北，臺灣（2015）

Lydersen, A. L. Mass Transfer in Engineering Practice, John Wiley & sons, Chichester, (1983)

MacCabe & Smith. Introduction to Chemical Unit Operations

Marutani. T.；丸谷理朗；ドラムドライヤー；乾燥，化學工業社，東京，日本（2,000）

Micro Denshi Co.；ミクロ電子 KK，マイクロ波加熱（網路資料）

Mizutani, S.；水谷榮；振動乾燥機の進展と振動流動層乾燥機への展開，最近の化學工學 52, p.137; 日化學工學會編，化學工業社，東京，日本（2000）

Morita, M.；森田正實；通氣乾燥裝置 乾燥，化學工業社，東京，日本（2, 000），p.91

Motoyama T.；本山武夫；多段圓盤乾燥機，乾燥技術ハンドブック，p.377 國井大藏編，總合技術センター（991）

Motoyama, Y.；凍結乾燥裝置，乾燥，化學工業社，東京，日本（2,000）

Mujumdar Arun S. Superheated Steam Drying (2008) PDF

Nagata, M.；永田穗；「送風機，空氣壓縮機の騷音防止」環境技術，vol.5, #3, p.25(1976)

Nakamura, K.；中村喜一郎、鈴木精次；化學・工業化學公式活用ポケットブック，オーム社。東京，日本（1969）；式 2.1-1

Nakamura；中村正秋立元雄治；初步から學ぶ乾燥技術，（2nd Ed.）工業調查會東京，日本（2005）

Nakamura；中村正秋立元雄治；はじめての乾燥技術 日刊工業社，東京，日本・（2014）

Nakayasu, M.；中安守宏；過熱蒸氣及び高溫高溼度乾燥，乾燥技術ハンドブック，p.377 國井大藏編，總合技術センター（1991）

Nichias；ニチアス技術時報，#3（2012）

Nihon Labor；日本勞動省安全衛生部安全課編；乾燥設備作業主任者の實務，中央勞動災害協會，東京，日本（1994）

Nihon；日本產業衛生學會；產業醫學，36，p.4，p.236（1994）

Nonhebel, M. A.and Moss, A. A. H. Drying of Solids in Chemical Industries; Clevelland, OH, USA

Rhodes, M. Introduction to Particle Technology, 2'nd editon, Wiley, New York, NY, USA(2008)

Sandall O. C., King, C. J., Wilke, C. R. *AIChE J.*, 13, 428(1967); *C.E.P.*, 64. (86), 43(1968)

Sakashita；阪下瀰：最新粉體プロセス技術，日刊工業社東京，日本（1,993）

Sirai, K.；白井一男；集塵，化學裝置・機械實用ハンドブック（藤田重文等編），朝倉書店，東京，日本（1967）

Sirai, K.；白井一男；集塵，化學裝置設計ハンドブック，工業調查會，東京，日本（1960）

Stefan Conkowski. U of Manitoba, Superheated Steam Drying and Processing, (2014) PDF

Sugi, Kazuo；杉和夫；パルプの乾燥；乾燥，化學工業社，東京，日本（2,000）

Suzuki M；鈴木睦；調溼，水冷卻，乾燥化工便覽，第六版 Ch.14

Suzuki M；鈴木睦；化工便覽，第六版，丸善，東京，日本（20??）；Ch.14

Suzuki, S.；鈴木茂；赤外線乾燥機，乾燥，化學工業社，東京，日本（2,000）

Takahashi 高橋敢一，Ch14，乾燥裝置；化學裝置ハンドブック（藤田重文等編），朝倉書店，東京，日本（1967）

Takeuchi, Y.；竹內雍；化學工學，改訂版，培風館東京，日本（2008）

Tamon, H.；田門肇；乾燥技術入門，日刊工業社，東京，日本（2012）

Tamon, H；田門肇；「5 調溼，水冷卻，乾燥」化工便覽，第七版；丸善，東京，日本（2011）

Tanaka, T.；田中達夫；粉體工學會；粉體工學便覽，Ch.3.8.5 第二版，日刊工業新聞社，東京，

日本（1998）

Tanaka, T.；田中達夫；Ch. 13.1，2 粉塵爆炸，粉體工學概論，粉體工學情報中心，東京，日本（1995）

Tanaka, I；田中勇武 粉體工學會；粉體工學便覽，Ch.7.2.4 第二版，日刊工業新聞社，東京，日本（1998）

Teuchi, A.；木內昭男；噴霧乾燥裝置，乾燥，化學工業社，東京，日本（2,000）

Toda, Minoru；多田豊；化學工學 - 解說と演習，朝倉書店，東京，日本（2008）

Toei, R.；桐榮良三；龜井三郎編；Ch.10，新版 化學機械の理論と計算 產業圖書，東京，日本（1975）

Toei；桐榮良三：Ch.21 乾燥，詳論化學工學 II，吉田文武編，朝倉，東京，日本（1968）

Toei；桐榮良三：乾燥裝置 日刊工業社 東京，日本（1969）

Toei；桐榮良三：乾燥裝置マニュアル 日刊工業社 東京，日本（1978）

Toei；桐榮良三；化工便覽 3rd EditionCh.10 凍結乾燥，丸善，東京，日本（1969）

Uchida；內田俊一編；化學裝置設計ハンドブック，工業調查會，東京，日本（1960）

Vojtech Vanecek, Miroslav Markvart and Radek Drbohlav、Fluidized Bed Drying, Leonard Hill London（1966）

Wales, S. Chemical Engineering Equipment Butterworth, Boston, MA, USA (1988)

Yamamoto Vinita

粉體供給裝置委員會 編；粉粒體の貯槽と供給裝置，日刊工業新聞社 東京，日本（1967）

主要共通符號

A	A	面積（乾燥面積）	[m²]
	A$_G$	接觸熱風的材料面積	[m²]
	A$_k$	傳導熱傳面積	[m²]
	A$_r$	參与輻射熱傳的面積	[m²]
	a	比表面積	[m²/m³]
B	B	裝置的寬度	[m]
C	C	比熱	[J/kg-ds・K]
	C$_p$	恆壓比熱	[J/kg-ds・K]
D	D	乾燥材料內蒸氣或水的擴散係數	[m²/hr] or [m²/s]
	D	裝置的直徑	[m]
	d_p	代表粒徑	[m]
	d.a. or da	乾空氣	
	d.s. or ds	乾材料	
F	F	自由含水率	[—]
	F/F$_G$	乾氣體的質量流量	[kg-da/s]
	F/F$_S$	乾涸材料的質量流量	[kg-ds/s]
G	G	氣體的質量流量	[kg-da/m²・s]
	G_m	熱風的質量流量	[kg-da/s]
	G'_m	含溼氣體的質量流量	[kg-humid-a/s]
	g	重力加速度	[m/s²]
H	H	氣體的絕對溼度	[kg-steam/kg-da]
	H$_1$	乾燥器進口熱風的絕對溼度	[kg-steam/kg-da]
	H$_2$	乾燥器產品出口熱風的絕對溼度	[kg-steam/kg-da]
	H$_m$	於氣溫為 T$_m$ 時該氣體的 H	[kg-steam/kg-da]
	H$_d$	壓露點時的該氣體的 H	[kg-steam/kg-da]
	H$_s$, H$_{sat}$	在 T = T$_m$ 該氣體的飽和絕對溼度	[kg-steam/kg-da]
	H$_w$	在 T = T$_w$ 該氣體的飽和絕對溼度	[kg-steam/kg-da]

	h, h_c	對流熱傳係數	$[W/m^2 \cdot K]$
	h_r	輻射熱傳係數	$[W/m^2 \cdot K]$
I	i	含溼氣體的熱容量（enthalpy）	[J/kg-da]
	λ_w	$T = T_w$ 時的水蒸氣的蒸發潛熱	[J/kg]
J	J	乾燥速率	[kg 水 /s $\cdot$ m^2]
	J_c	恆率乾燥速率	[kg 水 /s $\cdot$ m^2]
	J_d	減率乾燥速率	[kg 水 /s $\cdot$ m^2]
	J_m	乾涸材料質量基準的乾燥速率	[kg 水 /s $\cdot$ kg-ds]
K	K	透過係數	[m^2]
	k	質傳係數（ΔH 基準）	[kg/s $\cdot$ m^2 $\cdot$ ΔH]
	k_p	質傳係數（Δp 基準）	[kg/s $\cdot$ m^2 $\cdot$ Δp]
L	L	材料厚度或裝置長度	[m]
	l	材料厚度	[m]
M	M	克分子量	[kg/mol]
	m	質量，溼材料質量，水蒸氣量	[kg]
	m_s	乾涸材料的質量	[kg]
	m_w	含水量	[kg]
	m_T	全質量	[kg]
N	n	物質的克分子數	[mol]
	n	輸送單位數 或 指數	[一]
	N_{Pr}	Prandtl 數	[一]
	N_{Re}	Reynold 數	[一]
	N_{Sc}	Schmidt 數	[一]
P	P 或 P	全壓	[Pa]
	p_v	蒸氣壓	[Pa]
	p_s	飽和蒸氣壓	[Pa]
	p_w	$T = T_w$ 時的飽和蒸氣壓	[Pa]
Q	Q Q_{in} Q_{req} Q_{sup}	單位時間的熱傳量 輸進乾燥系的熱量 乾燥操作所需的熱量 流入溼材料的熱量	[W]

	q	輸至蒸發面的熱量	$[J/m^2 \cdot s]$
	q_m	乾涸材料的流量	$[kg\text{-}ds/s]$
R	R	半徑	$[m]$
	R	氣體常數	$[J/mol \cdot K]$
	r	半徑方向的座標	$[m]$
S	S	與移動方向垂直的材料截面積	$[m^2]$
	S	裝置的截面積	$[m^2]$
T	T	溫度、熱風、加熱，或空氣溫度	$[K]$
	T_0	基準溫度，或加熱前的空氣溫度	$[K]$
	T_1	進口熱風溫壓度	$[K]$
	T_2	排氣口排氣溫度	$[K]$
	T_d	露點	$[K]$
	T_k	傳導加熱板溫度	$[K]$
	T_m 或 T_s	材料溫度	$[K]$
	T_w	溼球溫度	$[K]$
	t	時間	$[s]$ 或 $[min]$ 或 $[hr]$
	t_I	預熱時間	$[s]$ 或 $[min]$ 或 $[hr]$
	t_{II}	恆率乾燥時間	$[s]$ 或 $[min]$ 或 $[hr]$
	t_{III}	減率乾燥時間	$[s]$ 或 $[min]$ 或 $[hr]$
U	U	總括熱傳係數	$[W/m^2 \cdot K]$
	u	熱風線速率	$[m/s]$
V	V	裝置容積	$[m^3]$
	V_I	預熱段容積	$[m^3]$
	V_{II}	恆率乾燥段容積	$[m^3]$
	V_{III}	減率乾燥段容積	$[m^3]$
	v_H	溼氣比容	$[[m^3\text{-humid a}/m^3\text{-da}]$
W	w	乾量基準含水率（局點值）	$[kg\text{- 水 }/kg\text{-ds}]$
	w_1	進口材料含水率	$[kg\text{- 水 }/kg\text{-ds}]$
	w_2	出口材料含水率	$[kg\text{- 水 }/kg\text{-ds}]$

	w_c	臨界含水率	[kg- 水 /kg-ds]
	w_e	平衡含水率	[kg- 水 /kg-ds]
	w_f	自肉含水率	[kg- 水 /kg-ds]
	w_w	溼量基準含水率	[kg- 水 /kg- 溼材料]
	ε	空隙率	[—]
	η_H	熱能效率	[—]
	λ_w	水蒸氣汽化潛熱	[J/kg]
	λ_g	氣體的熱導率	[W/m · K]
	λ_m	溼材料的熱傳導率	[W/m · K]
	λ_s	乾涸材料的傳導率	[W/m · K]
μ	μ	黏度	[Pa · s]
ρ	ρ	密度	[kg/m³]
σ	σ	表面張力	[N/m]
τ	τ	無因次時間	[—]ϕ
ϕ	ϕ	相對溼度	[%]

N_{Fr}	Froude Number n2D/g	—	—
N_{Pr}	Pradtl Number $C_p\mu/k$	—	—
N_{Re}	Reynold Number $Du\rho/\mu$	—	—
N_{Sc}	Schmit Number $\mu/\rho D$	—	—
N_{Sh}	Sherwood Numer kD/ D	—	—
N_P	Power Number $P/(\rho n^3 D^5)$	—	—

da = dried Air; ds = dried solid

註：除上列諸符號外，本文中尚有該章節另設符號（有附説明），於該章節就使用
這些例外的符號

索引

九畫

十畫

十一畫

十三畫

國家圖書館出版品預行編目資料

實用乾燥技術／呂維明，朱曉萍編著. -- 初
版. -- 臺北市：五南圖書出版股份有限公
司，2021.04
　　面；　公分
　　ISBN 978-986-522-504-9 (平裝)

1.工業技術

460.222　　　　　　　　110002466

5B54

實用乾燥技術

作　　　者 ―	呂維明（73.3）、朱曉萍
發 行 人 ―	楊榮川
總 經 理 ―	楊士清
總 編 輯 ―	楊秀麗
副總編輯 ―	王正華
責任編輯 ―	金明芬
封面設計 ―	王麗娟
出 版 者 ―	五南圖書出版股份有限公司
地　　　址：	106台北市大安區和平東路二段339號4樓
電　　　話：	(02)2705-5066　傳　真：(02)2706-6100
網　　　址：	https://www.wunan.com.tw
電子郵件：	wunan@wunan.com.tw
劃撥帳號：	01068953
戶　　　名：	五南圖書出版股份有限公司
法律顧問　林勝安律師事務所　林勝安律師	
出版日期　2021年4月初版一刷	
定　　　價　新臺幣900元	

經典永恆・名著常在

五十週年的獻禮 —— 經典名著文庫

五南，五十年了，半個世紀，人生旅程的一大半，走過來了。

思索著，邁向百年的未來歷程，能為知識界、文化學術界作些什麼？

在速食文化的生態下，有什麼值得讓人雋永品味的？

歷代經典・當今名著，經過時間的洗禮，千錘百鍊，流傳至今，光芒耀人；

不僅使我們能領悟前人的智慧，同時也增深加廣我們思考的深度與視野。

我們決心投入巨資，有計畫的系統梳選，成立「經典名著文庫」，

希望收入古今中外思想性的、充滿睿智與獨見的經典、名著。

這是一項理想性的、永續性的巨大出版工程。

不在意讀者的眾寡，只考慮它的學術價值，力求完整展現先哲思想的軌跡；

為知識界開啟一片智慧之窗，營造一座百花綻放的世界文明公園，

任君遨遊、取菁吸蜜、嘉惠學子！